屋久島の保護すべき重要地域
— 海岸と低地部 —

0　　　　　5　　　　　10 km

サツキ群落
宮之浦クロマツ林
富之浦
宮之浦港
楠川集落保安林
楠川磯浜海岸林
楠川
楠川温泉
小瀬田海岸湿原
（ヒトモトススキ群落）
楠川歩道
三本杉
小瀬田ヤマコンニャク海岸林
小瀬田
屋久島空港
長峰
小瀬田林道
愛子岳歩道
落川照葉樹林帯
永久保
愛子岳
(1235 m)
白谷雲水峡の利用の増進
田代ヶ浜海岸の保護と利用
太平洋
船行
杉谷
千尋滝
安房川
松峯
30°20′
安房川流域の保護
荒川林道
太忠岳
(1497 m)
屋久島公園安房線
世界遺産センター
屋久島環境文化研修センター
屋久杉自然館
安房港（高速船乗り場）
安房
春田浜海水浴場
ヤクスギランド
ヤクスギランドの利用の増進
春牧
平野
春田浜・隆起サンゴ礁の保護と利用
イソフサギ・イソマツ群落，屋久島最大規模のヒトモトススキ群落など
高平
千尋滝
鯛ノ川
鯛ノ川流域の保護
トローキの滝
鯛ノ川河畔・照葉樹林の利用
麦生
塩屋崎
ホテル屋久島

凡例

- 保護（強化）すべき地域
- ※ 利用すべき地域・地区
  （屋久島における保護と利用のあり方検討会資料より）
- ● 生態系保護上残したい海岸・低地林
  （平成11年，大山勇作氏報告）
- ■ 危機に瀕する屋久島の海岸部・前岳周辺の植生の生態学的調査とその保全
  （平成10～11年，岩川文寛氏報告）

『環境庁委託業務　平成11年　屋久島における島嶼生態系の保全に関する調査研究報告書』（自然環境研究センター，2000）により作成．

世界遺産

屋久島
― 亜熱帯の自然と生態系 ―

大澤雅彦＋田川日出夫＋山極寿一
［編集］

朝倉書店

はじめに

　屋久島は，九州の南端から南に 60 km ほどに位置する，周囲 105 km，面積 505 km² ほどの円形の島である．島の生態系は，隔離された孤立系であるから，生態学的には興味深いシステムで，これまでに多くの研究がなされている．「島の生態学」という一分野があるほどである．屋久島は，こうした島の特性に加えて，九州の最高峰・宮之浦岳（1935 m）を有することから，日本の南に位置する高山として，亜熱帯の低地部から亜高山帯までセットでみられる．しばしば日本の自然の縮図といわれる一つの理由である．

　屋久島が位置する北緯 30 度線は，ちょうど亜熱帯と温帯の移行部に位置し，種子島とともに熱帯に本拠を有するマングローブ林の自生地の北限にも当たっており，低地部では熱帯の，また，高地では温帯の様相を呈している．冬場に山から降りてくると，わずか 2 時間ほどの間に，ほとんど音のしない雪の積もったスギ林から次第に，鳥の声がするようになり，常緑葉の木漏れ日がやさしく，ブーゲンビレアやハイビスカスの花までみられる里に近づくころにはにぎやかな鳥の声に包まれて，その環境の幅を実感することができる．

　そしてなによりも屋久島を特徴づけているのは，山岳部に分布する縄文杉で知られる 1000 年以上の樹齢を重ねたスギ原生林の広がりである．日本の自然の中で，こうしたいくつものユニークな特性をもつ島なので，1993 年には世界遺産に指定された．その科学的解明という点では，研究論文も多くあり，内外の研究者の間ではそれなりに知られている．しかし，こうした興味深い島の科学的特性について一般の方々が具体的に知りたいと思っても，意外に適当な本がなかったように思う．

　本書は，これまで屋久島で研究を続けてきた第一線の研究者に，その最新の成果をなるべく平易にわかりやすくまとめてもらったものである．そのきっかけになったのは，環境庁（当時）が 1983 年に行った原生自然環境保全地域の総合調査，その後文部省の科学研究費補助金，環境省の研究費などの援助をいただいて行った，多くの研究者による調査研究などがもとになっている．

　第 I 部では，気候と地形・地表動態といった島の基盤を形づくる自然環境の特性，特に，屋久島ではなぜ雨が多いのか，標高に伴って気候条件はどのように変化し，ほぼ円形の島の方位によって気象が全く違うのはなぜかなどについて，そのメカニズムを説明し，亜熱帯としての特性も明確にしている．地形・地質では，急峻な花崗岩の斜面がどのように形成され，なぜ不安定なのか，そうした特性に対応して植物がどのように生育しているのか，などについて解説している．

　第 II 部では，その無機環境の上に成立する植物的自然について，海岸植生から高地のスギ林まで広く解説している．特徴のある植物相とそれがどのように形づくられてきたのか，島の森林の大部分を占める亜熱帯常緑広葉樹林について，樹木の特性，森林の構造，動態，地形に対応した森林の分化など，さらに屋久島で特徴的なスギ林について，20 年以上に及ぶ定点観測の結果から，森林の動態に及ぼす台風の影響，特徴的な着生植物などについて述べている．世界的にも屋久島で最もよく発達している湿潤亜熱帯林からスギ林が発達する高地まで，垂直分布帯の構造と気候条件との関係などを詳しく解説している．

　第 III 部では，俗に「人と同じ数だけいる」といわれてきた屋久島を代表するヤクシマザルとヤクシカといった動物たちと，その森の中での生活，食性などについて最新の研究成果について述べている．さらに鳥類，昆虫類など目に付きやすい動物相についても，島の特徴を多面的に明らかにしている．

　第 IV 部は，こうした自然資源に多くを依存してきた島の人々の生活と自然とのかかわりを，低地部については農業や生業とのかかわり，山岳部については林業とのかかわりでとらえた．人々が利用してきた人工林や農耕地などが織り成す島の緑の被覆について，歴史を踏まえながら解説している．

第V部は，今日観光が主要な産業となっている世界遺産屋久島の利用と保全ということで，自然とのかかわりを環境文化村構想，エコツーリズム，公園計画などの点から論じて，島の自然の保全と持続的な利用について考える．

　最後に第VI部では，屋久島の歴史を踏まえて，人と自然のかかわりの今後を見据えて，特に岳参りと呼ばれる伝統行事や，島の人々の生活の変遷，島におけるさまざまな自然と人との交流の新しい試みなどについて，とらえ直してみた．

　屋久島の自然と人の将来を考えたとき，島の自然について科学的に理解することがすべての前提になると思う．本書は，そうしたときの出発点として，屋久島についての幅広い情報を集めた研究の到達点の一つである．それぞれの専門領域によって用語も異なり，ある程度の基礎的知見が必要な点もある．やや多すぎるくらいの引用文献は，参照していただくことによって，理解を助ける上で役に立つことを意図した．なるべく読みやすいように執筆していただいたが，読者にとってやや難しい内容になっているところもあるかもしれない．自然を理解する上でご了承をお願いしたい．また，それぞれの章は独立しているので，どの章から読み進めていっても構わない．関連のありそうな相互の章を参照していただくと，さらに屋久島について立体的に知ることができるようになっている．

　これを機会に，日本の自然の宝庫ともいえる屋久島の自然にさらに深く親しむきっかけを得て，貴重な自然の保全の意味を考えていただければ，編著者一同これにまさる喜びはない．

　2006年9月

大澤雅彦・田川日出夫・山極寿一

編集者	大澤 雅彦	東京大学大学院新領域創成科学研究科・教授
	田川 日出夫	屋久島環境文化財団中核施設・館長
	山極 寿一	京都大学大学院理学研究科・教授
執筆者 (執筆順)	松本 淳	首都大学東京大学院都市環境科学研究科・教授／ 海洋研究開発機構地球環境観測研究センター・グループリーダー
	江口 卓	駒澤大学文学部・教授
	山本 啓司	鹿児島大学理学部・助教授
	下川 悦郎	鹿児島大学農学部・教授
	地頭薗 隆	鹿児島大学農学部・助教授
	堀田 満	西南日本植物情報研究所・所長
	田川 日出夫	屋久島環境文化財団中核施設・館長
	大澤 雅彦	東京大学大学院新領域創成科学研究科・教授
	岩川 文寛	屋久島フルーツガーデン・代表
	相場 慎一郎	鹿児島大学理学部・助手
	朱宮 丈晴	日本自然保護協会・研究員
	武生 雅明	東京農業大学地域環境科学部・講師
	沢田 治雄	森林総合研究所・国際研究コーディネータ
	揚妻 直樹	北海道大学北方生物圏フィールド科学センター・助教授
	揚妻-柳原 芳美	総合地球環境学研究所・共同研究員
	市川 聡	屋久島野外活動総合センター・取締役営業部長
	花輪 伸一	WWFジャパン自然保護室・主任
	山根 正気	鹿児島大学理学部・教授
	青木 淳一	横浜国立大学・名誉教授
	稲本 龍生	農林水産省林野庁森林整備部計画課・課長補佐
	小野寺 浩	東京大学・特任教授／前 環境省自然環境局・局長
	東岡 礼治	国立環境研究所企画部・主幹
	大山 勇作	鹿児島野生植物研究所・主宰
	松本 毅	屋久島野外活動総合センター・代表取締役
	田村 省二	国土交通省国土計画局総合計画課・専門調査官
	山本 秀雄	上屋久町歴史民俗資料館・館長
	山極 寿一	京都大学大学院理学研究科・教授
写真提供	日下田 紀三	屋久町立屋久杉自然館・館長
	塚田 拓	鹿児島昆虫同好会・会員

目　　次

第Ⅰ部　屋久島の気候と地形・地表動態

1. 気　　候 ……………………………………………………………………………………… 1
   1.1 東アジアのモンスーンと屋久島の気候 ……………………………（松本　淳）… 1
   1.2 雨の島の降雨特性 ……………………………………………………（江口　卓）… 5
   1.3 山頂付近の気候特性 …………………………………………………（江口　卓）…11

2. 地質・地形 ……………………………………………………………………………………18
   2.1 屋久島北西部の花崗岩分布域の地形と地質 ………………………（山本啓司）…18
   2.2 地表動態と土砂災害 …………………………………（下川悦郎・地頭薗　隆）…28

第Ⅱ部　屋久島の植物相と植生

1. 屋久島の植物相とその特性 ………………………………………………………………37
   1.1 屋久島の植物相とその成立 …………………………………………（堀田　満）…37
   1.2 屋久島の着生植物 …………………………………………………（田川日出夫）…56

2. 常緑広葉樹の特性とフェノロジー ………………………………………（大澤雅彦）…59
   2.1 熱帯・温帯移行部の温度環境と常緑樹の北限 ………………………………………59
   2.2 葉の寿命とシュート・フェノロジー …………………………………………………60
   2.3 常緑樹の葉の特性とリーフサイズ ……………………………………………………63
   2.4 常緑広葉樹のシュートの生活史 ………………………………………………………64
   2.5 常緑樹の3つの芽タイプの構造 ………………………………………………………66
   2.6 芽の構造，分枝型と樹型 ………………………………………………………………69

3. 屋久島の森林植生帯 ………………………………………………………（大澤雅彦）…73
   3.1 山地植生テンプレートからみた屋久島の位置 ………………………………………73
   3.2 屋久島の山地植生 ………………………………………………………………………76
   3.3 屋久島の垂直分布帯区分 ………………………………………………………………78
   3.4 群落の地形分布，群落動態を考慮した植生帯区分 …………………………………80
   3.5 植生帯の境界条件 ………………………………………………………………………83

4. 屋久島低地部と海岸の植生 ………………………………………………………………87
   4.1 低地部植物相の特徴 …………………………………………（堀田　満・岩川文寛）…87
   4.2 低地部における帰化植物の侵入と分布の拡大 ……………………（堀田　満）…91
   4.3 春田浜の植生 ………………………………………………（相場慎一郎・岩川文寛）…96

5. 屋久島の森林の分布と特性 ···102
　5.1 屋久島の森林の構造と機能 ····································(相場慎一郎)···102
　5.2 地形に伴う植生パターン ··(朱宮丈晴)···117
　5.3 山地帯スギ林の構造と動態 ····································(武生雅明)···125
　5.4 スギ天然林の初期再生 ··(田川日出夫)···136

6. 衛星からみた屋久島の植生 ··(沢田治雄)···138

第III部　屋久島の動物相と生態

1. ヤクシカの生態と食性 ··143
　1.1 ヤクシカの森林環境利用 ···················(揚妻直樹・揚妻-柳原芳美)···143
　1.2 白谷雲水峡のヤクシカの食性 ·································(市川　聡)···149

2. 照葉樹林に住むヤクシマザルの採食戦略 ·····················(揚妻直樹)···156

3. 屋久島の鳥類相と垂直分布 ··(花輪伸一)···163
　3.1 研究史 ··163
　3.2 鳥類相 ··163
　3.3 鳥類の垂直分布 ··165

4. 屋久島の昆虫相 ···(山根正気)···167
　4.1 昆虫の種数 ··167
　4.2 ファウナの特徴 ··171
　4.3 昆虫の垂直分布 ··174
　4.4 種間関係と生態 ··177

5. 屋久島の森のダニ―ササラダニ類― ···························(青木淳一)···180

第IV部　人の暮らしと植生のかかわり

1. 屋久島低地部における自然利用と植生遷移 ·················(大澤雅彦)···189
　1.1 低地部の土地利用と自然利用の生活誌 ··189
　1.2 奥岳と低地部のかかわり ···192
　1.3 集落の成立と自然林の保護 ···193
　1.4 低地部における自然・半自然植生と遷移 ··194
　1.5 草本期の遷移 ··195
　1.6 先駆木本期から極相林への遷移 ···196

2. 屋久島国有林の施業史 ··(稲本龍生)···199
　2.1 国有林経営の開始まで（明治・大正期）···199
　2.2 本格的国有林経営の開始（昭和初期）···200

 2.3　機械化（昭和初期） ……………………………………………………………203
 2.4　皆伐施業の展開（昭和10年代） …………………………………………………205
 2.5　復興資材生産と皆伐・人工造林（昭和20年代〜30年代前半） …………………206
 2.6　高度成長期の施業（昭和30年代後半〜40年代前半） ……………………………207
 2.7　自然保護への対応（昭和40年代後半〜　） ………………………………………210
 2.8　現在の森林施業と森林の将来像 ……………………………………………………215

第Ⅴ部　世界遺産屋久島の利用と保全

1.　環境文化村構想とその後 ………………………………………………（小野寺　浩）…217
 1.1　環境文化村構想とは …………………………………………………………………217
 1.2　構想その後 ……………………………………………………………………………224

2.　屋久島におけるエコツーリズム …………………………………………………………230
 2.1　屋久島におけるエコツーリズムの現状と今後の方向 ………………（東岡礼治）…230
 2.2　屋久島におけるエコツーリズムを地元ではどう考えるか …………（大山勇作）…232
 2.3　屋久島におけるエコツアーの試みと現状 ……………………………（松本　毅）…234

3.　公園計画と自然保護 ………………………………………………………（田村省二）…237

第Ⅵ部　屋久島の人・歴史・未来

1.　屋久島の岳参り ……………………………………………………………（山本秀雄）…243

2.　屋久島西部地区の変遷 ……………………………………………………（大山勇作）…246

3.　「学びの島」の歴史と未来 …………………………………………………（山極寿一）…252

屋久島の自然と人―あとがきにかえて― ……………………………………（大澤雅彦）…259

西部林道周辺地域と屋久島をめぐる近代年表 ………………………………………………262

索　　引 ……………………………………………………………………………………………273

I 屋久島の気候と地形・地表動態

屋久島南部［7月，南海上より］．船はトビウオ漁船．太平洋高気圧に覆われると，天気は安定するが，奥岳では午前中遅くから積雲の発達することが多い．

台風の波［9月，平野］

永田と奥岳［2月上旬，西海上より］．雲がかかっている付近に逆転層があり，その下では対流によって大気に混合が起こり，もやがかかっているようにみえる．

石塚岳（左）と石塚南沢方面［2月，投石岳山頂より］

［撮影：日下田紀三］

奥岳［1月末，北西側より］．写真手前は永田岳，左奥は宮之浦岳．冬型の気圧配置になると，島の北西部では天気が悪く，奥岳では降雪がみられる．

宮之浦岳方面［7月，西海上より］

永田岳山頂より国割岳方面の夕景［7月末］

花崗岩の山，モッチョム岳山頂

［撮影：日下田紀三］

西部の森林とホルンフェルス
国割岳南西方向 312 m のピーク.

屋久島空港南,東海岸の熊毛層

西部林道,半山の崩壊地［標高 150 m 付近の橋より］
標高 700 m 付近から海岸まで沢筋が崩壊.
写真左上が崩壊の最上部.

土面川流域の崩壊（© 屋久杉自然館）
標高 300 m 付近の花崗岩地帯.

［撮影：日下田紀三］

第1章
気　候

1.1　東アジアのモンスーンと屋久島の気候

1.1.1　モンスーンと雨季・乾季

モンスーン（季節風）とは，冬と夏とで卓越する風向が反対となる気候のことをいう．世界的にみるとモンスーンは主に熱帯に分布しており，アフリカから東南アジアにかけての地域に最も広く分布している．

モンスーンという言葉はまた，雨季と乾季の季節的交替に対して使われることもある．有名なケッペン（Köppen）による世界の気候区分では，「熱帯モンスーン気候区」とは，短い乾季をもつ熱帯多雨気候のことをいい，雨季・乾季の交替のある気候の中で乾季が密林の成立を妨げない程度に雨季の雨が多い気候を指す．また，インドでもモンスーンとは雨季のことをいう．一般に，冬の風は大陸から大洋に向かって吹き，大陸上での乾季に当たり，夏の風は逆に大洋から大陸に向かって吹き込み，大陸上での雨季に当たっており，風の交替と雨季・乾季の交替をほぼ同じ意味で使うことがある．

日本が位置する東アジアは，亜熱帯から温帯にかけて位置し，この緯度帯では，他の大陸では風からみても雨からみてもモンスーン気候は顕著にみられないのが普通である．ところが，後述するように東アジアでは風も夏と冬とできれいに交替し，雨も日本列島の日本海側のような例外はあるものの，通常は夏，中でも初夏の梅雨季を中心とした暖候季を中心に降る地域が広い．そこで「東アジアモンスーン」という言葉が世界的にも広く使われている．熱帯のモンスーン気候と大きく違うのは，夏の雨の主な原因が梅雨前線や低気圧など，温帯の天気システムによっていることである．一方で熱帯低気圧である台風もまた，多くの雨をもたらしている点も見逃せない．東アジアモンスーンを世界的な視野からは「亜熱帯モンスーン」と呼ぶことがあるのは，このような熱帯と温帯，両方の天気システムの影響を強く受けているためである．屋久島の気候もまた，東アジアモンスーンの影響を強く受けている．

1.1.2　アジアモンスーンの冬と夏の風

アジアモンスーン地域における冬と夏の地上付近での風を図I.1.1に示す．冬（同図(a)）には，東アジアの北緯25°以北の地域には強い北西モンスーンが認められる．東シナ海では，沖縄本島付近より南では東風成分が強くなって，北東モンスーンとなる．北東モンスーンは東南アジアからインド洋にかけての地域に広がっている．

夏（同図(b)）には風向は大きく変化し，インドからインドシナ半島・西太平洋にかけての広大な地域で南西モンスーンがみられる．南シナ海では南成分の風が強まり中国大陸上の南風へと連なる．華南の北緯25°付近には，モンスーントラフと呼ばれる風向が大きく変化する地域が形成されて，南シナ海からの南西風は南東風へと変化している．華中から日本列島にかけての風向は南東で，夏の南東モンスーンの影響下に入る．

このように広大なアジアモンスーン域の中では，屋久島は日本列島の他の地域と同様に，冬の北西モンスーンと夏の南東モンスーンの影響を受ける気候下にある．

1.1.3　アジアモンスーンの冬と夏の対流活動

東アジアのモンスーン地域では，季節により風向の変化が著しいだけでなく，雨の降り方も大きく変化する．ここでは，気象衛星の観測による外向き長波放射量（outgoing longwave radiation: OLR）という雲や地上の温度を示すデータから，各季節の広域的な雲分布の状態を示す．OLRは，雲がある場合には値が小さいほど雲の対流活動が活発で雨が多く降っていることを示す指標である．

冬（図I.1.2(a)）には，OLRはスマトラ島南部からジャワ島付近，カリマンタン島南部・ニューギニア島など，赤道付近で南半球にある大きな島の上で最も小さく，またオーストラリア北部でも小さい．これらの地域では南半球での夏の雨季になっている．一方，北半球のインドからインドシナ半島・

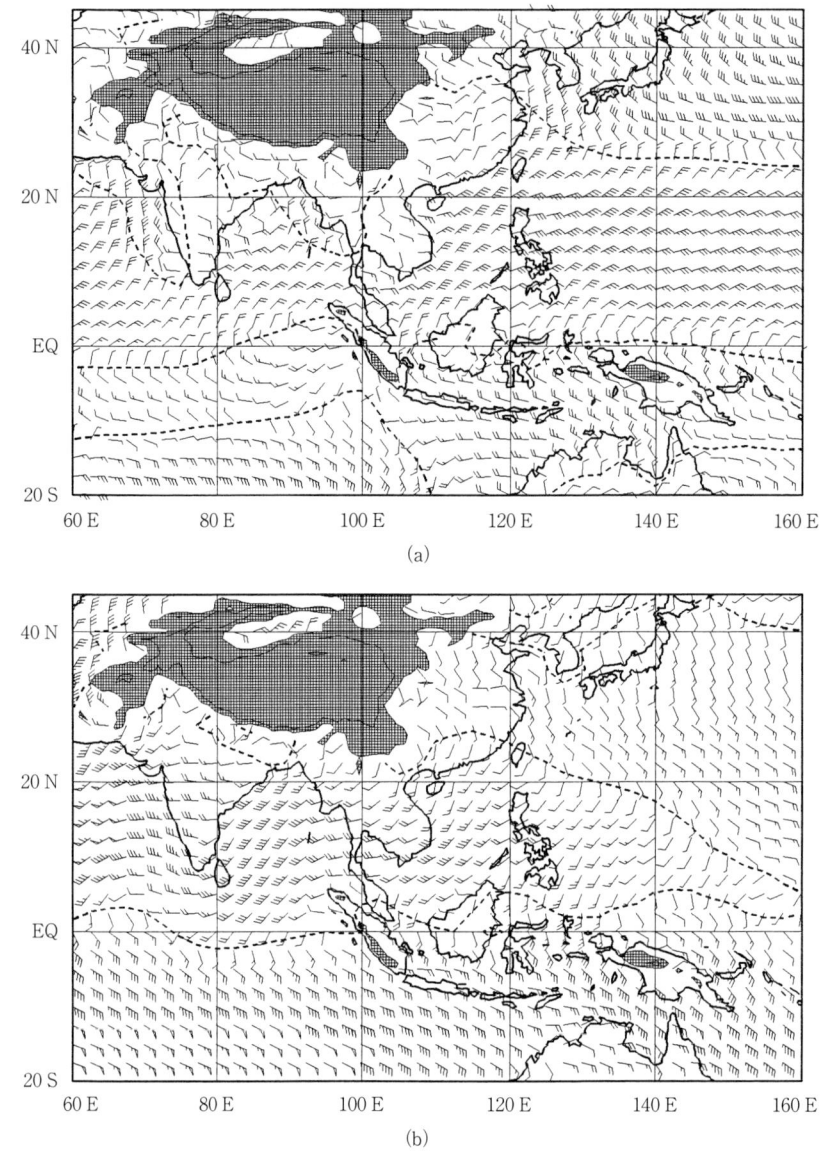

図 I.1.1 東アジアとその周辺地域における (a) 冬 (1月1日〜3月6日) と (b) 夏 (7月25日〜8月28日) の1000 hPa面での平均風 (Matsumoto, 1992 を改変)
短い矢羽は1 m/s, 長い矢羽は2 m/s, 旗は10 m/s. 点線は東風と西風の境界を示す.

西部北太平洋にかけての北緯10〜20°付近では, OLRの値は大きく, 乾季で天気がよい. なお, チベット高原上やユーラシア大陸東北部でOLRが小さいのは, 地面が冷えて低温になっているためで, 雲活動を示しているわけではない.

夏 (同図(b)) には, インド東部・インドシナ半島・フィリピン付近から東の西部北太平洋地域でOLRが小さい. OLRの値が最も低いのはベンガル湾北東部である. OLRの極小域は, このほか, インド中東部・インドシナ半島中部とフィリピン西方

の南シナ海に認められる. OLRが小さい領域は, 南は赤道東部インド洋に, また北はチベット高原東南部にも広がっている. 日本の南方海上から中国の華中地域にかけては, OLRが大きく, 梅雨が明けた後の晴天が卓越する盛夏の状態を示している.

このように東アジア周辺では, 活発な対流活動が起こる地域が夏と冬との間で大きく季節変化する. 日本付近から中国大陸にかけての地域では, 6月から7月にかけて梅雨前線帯の影響で対流活動が活発になる. 対流活動の季節変化の面でも屋久島上空の

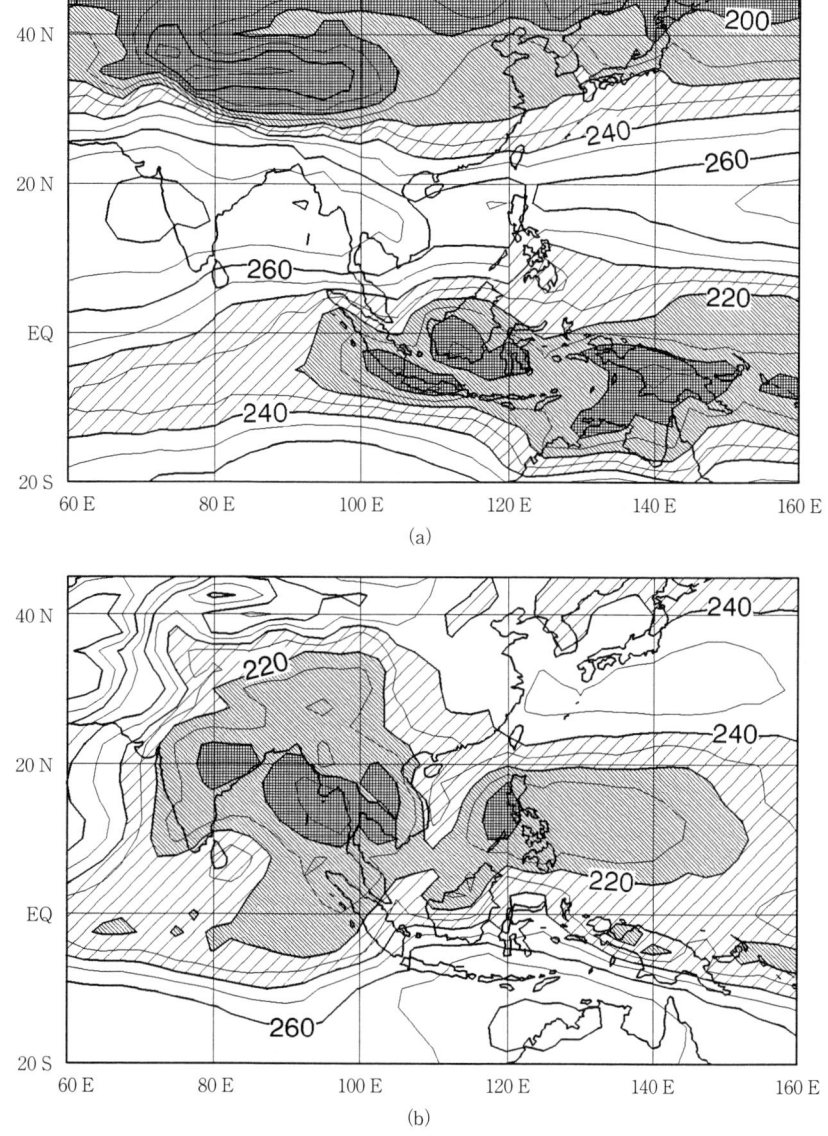

図 I.1.2 東アジアとその周辺地域における (a) 冬（1月1日〜3月6日）と (b) 夏（7月25日〜8月28日）の外向き長波放射量（OLR）の分布（松本，1997）
等値線の間隔は 10 W/m² で 240 W/m² 以下にハッチをかけた．

状態は日本列島南部と同じような状態にある．

1.1.4 屋久島の気候

最後に，屋久島における地上気象観測データによって，屋久島の気候を概観し，東アジアモンスーンとの関係についてみてみる．なお，屋久島測候所は屋久島空港内にあり，島内では北東部に位置している．このため，風や雨の状況は必ずしも島全体を代表しているわけではないことには注意が必要である．

表 I.1.1 は，各月および年間での卓越風向とその風向が全体に占める割合を示したものである．10月から4月にかけての寒候季には北西風が卓越し，特に1〜2月ではほぼ4日に1日の割合で北西風となっている．5月から9月にかけての暖候季には南成分の風となるが，卓越風の頻度は6日に1回程度と冬に比べて小さい．しかし，南風と北西風とがきれいに季節的に交替しており，屋久島測候所の地点データにも，モンスーンの影響がうかがえる．

次に，雨の季節変化をみてみる．屋久島は日本の

表 I.1.1 屋久島における各月および年間の卓越風向とその頻度

	1	2	3	4	5	6	7	8	9	10	11	12	年間
風　向	北西	北西	北西	北西	南	南	南	南	西南西	北西	北西	北西	北西
頻　度（％）	23	23	20	16	14	16	13	15	10	12	17	20	14

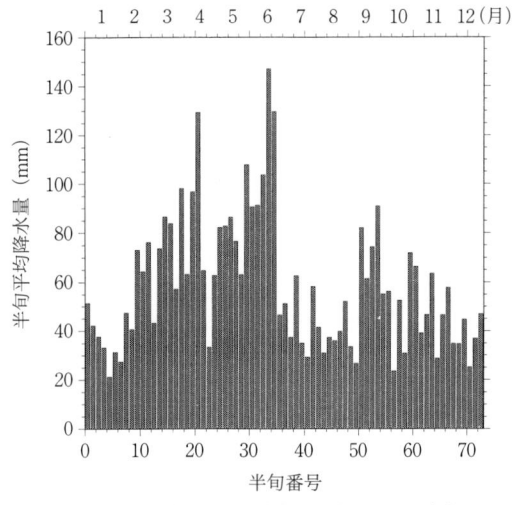

図 I.1.3 屋久島における半旬平均降水量の年変化

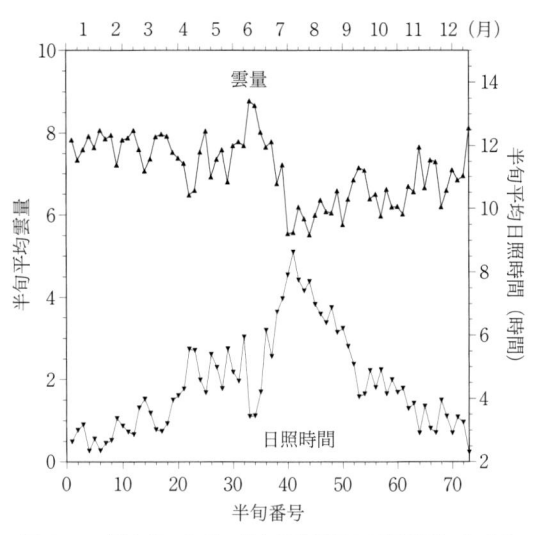

図 I.1.4 屋久島における半旬平均雲量と日照時間の年変化

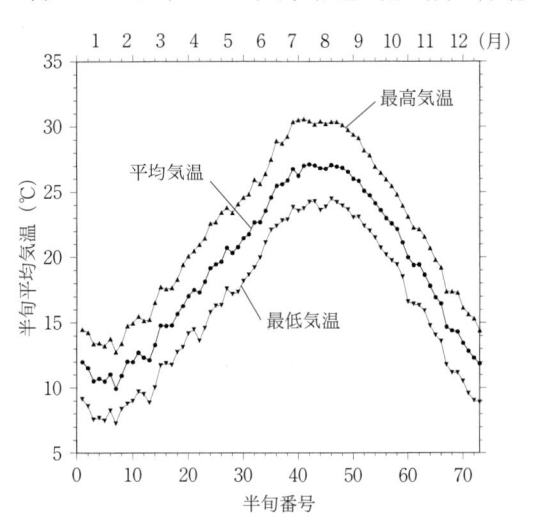

図 I.1.5 屋久島における半旬平均気温の年変化

気象庁の観測所の中では有数の多雨地になっており，年平均降水量は4300 mmを超え，アメダス観測地点の中では第2位である．ちなみに第1位は宮崎県えびので約4500 mmである（気象庁，1993）．降雨の季節変化の細かい特徴をみるために，ここでは半旬（5日）平均値を示す（図 I.1.3）．降水量は概して暖候季に多く，寒候季に少ない．したがって，降雨の季節性でもアジアモンスーンの影響がうかがえる．しかし，1年の前半での降雨が後半よりも多い，という特徴もみられ，他の東アジアモンスーン地域とは若干様相を異にしている．中でも，2月から4月にかけての春に降水が多いことが屋久島の大きな特徴としてあげることができる．年間のピークとなるのは6月中旬の梅雨時である．この時期に1年で最も雨が多くなるのは，与論島以北の島々で共通している．一方，日本列島の本州，特に東日本で降水量が多くなる秋の降水量は意外に少なく，9月にややまとまった雨があって，かろうじて秋雨といえる時期があるほかは比較的少ない．

1年の後半に天気がよくなる特徴は，図 I.1.4の雲量（空全体を10としたときの雲が空に占める割合）データにもよく現れている．雲量でみると，降水量が少ない冬には意外に雲が多い．雲量が年間の最大となるのは，ほぼ降水量と同じ6月中旬である．このときは日照時間も暖候季の中での極小となっている．逆に日照時間が最も長いのは，梅雨明け直後の7月中旬で，雲量もこの時期に極小となっている．

最後に気温のデータを示す（図 I.1.5）．最高・最低・平均気温ともに，2月上旬が年間の最低となっている．一方，年間の最高となる時期は，最高気温が梅雨明け直後の7月上旬，最低気温が8月上旬と若干時期がずれている．梅雨明けの後，2か月近くも気温が高い時期が続く特徴は，本州よりも沖縄に近い特徴といえよう．

（松本　淳）

1.2 雨の島の降雨特性

1.2.1 南九州・南西諸島における屋久島の降雨特性

最初に，屋久島が南九州および南西諸島の中でどのような降雨特性を示すのかを，屋久島（測候所）と鹿児島（地方気象台），種子島（測候所），名瀬（測候所）との比較で明らかにしてみたい．

屋久島の年平均降水量は4306.3 mmで，鹿児島の1.94倍，名瀬の1.53倍である（表I.1.2）．また，屋久島に最も近い種子島の降水量は鹿児島と同程度であり，屋久島の約半分である．屋久島と種子島は，広域的な気象条件がおおよそ同じであるにもかかわらず，降水量の差が大きい．屋久島が高い山岳を抱える島であるのに対し，種子島は小さな起伏の低平な島である．この地形条件の違いが，ローカルな気象条件の違いを生み出し，降水量差に結びついていると考えられる．

このような屋久島での降水量の多さは，林芙美子の小説「浮雲」の中の「屋久島は月のうち，三十五日は雨という位でございますからね」という表現で一般に有名である．では，屋久島の降水日数は，本当に多いのだろうか．屋久島の1 mm以上の年降水日数は，176.7日で，名瀬とほぼ同じであり，おおよそ2日に1回は降水がある計算になる（表I.1.2）．鹿児島や種子島と比べると40日ほど多いが，年降水量にみられる2倍に近い差はなく，屋久島で降水日数が顕著に多いわけではない．しかし，30 mm以上の年降水日数になると，屋久島は43.8日で，鹿児島や種子島の約1.86倍，名瀬の1.60倍となり，年降水量の地点間の比率に近くなる．つまり，屋久島では，雨の降る日数は周辺の島と比べ同じくらいか，やや多いくらいであるが，強い雨の降る日は周辺の島に比べ顕著に多く，それが年降水量の多さに結びついていることがわかる．

次に，月降水量のデータから，降水量の季節変化についてみてみたい．屋久島の降水量は，6月に最も多く，続いて3月，5月，4月の順に多い（図I.1.6）．一般には，台風期の降水量が多いように思われがちであるが，平均データでみると，3～6月の春先から梅雨にかけての降水量が台風および秋雨期である9月の降水量より多い．この屋久島の降水の季節変化の特徴を，鹿児島，種子島，名瀬と比較すると，7～8月を除いて，屋久島で他の地点よりも雨が多い（図I.1.7）．特に，3月から6月にかけて，温帯低気圧および梅雨前線によってもたらされる降水量が周辺地域より多い．それに対し，台風の襲来する季節である7月から9月にかけては，周辺地域と比べ降水量の差はむしろ小さくなる．降水日数においても同様の傾向がみられる．つまり，屋久島の海岸部の降水量が鹿児島や種子島や名瀬より多くなっているのは，7～9月の台風による降水量が多いためではなく，3～6月の温帯低気圧や梅雨前線の雨が多いことによる．

ただし，1982年のデータを用いた江口（1984）の解析によると，東部の海岸地域を除いた島の大部分の地域では，8～9月に降水量が最も多くなる．これは複数年の平均データを用いて解析した上記の結果と異なる．このように異なる結果が出てきた理由の一つは，6月の梅雨期の降水量に比べ，8～9月の台風による降水量は年々の変動が大きいことによるのではないかと考えられる．つまり，8～9月に大雨をもたらすような台風の襲来した年は8～9月に月降水量が最大になるのに対し，そうでない年は定常的に降水の多い梅雨期の6月の降水量が最大になる．

表 I.1.2 屋久島とその周辺のアメダス観測点における年降水量と年降水日数

屋久島，種子島，名瀬のアメダス観測点の位置は，それぞれ屋久島測候所，種子島測候所，名瀬測候所．鹿児島のアメダス観測点の位置は，鹿児島地方気象台．年降水量の単位はmm．データは，アメダス準平年値（1979～1990年の12年平均値）．

	地点名	屋久島	鹿児島	種子島	名瀬
地点情報	緯度	30°23.1′	31°33.2′	30°43.2′	28°22.7′
	経度	130°39.5′	130°32.8′	130°59.0′	129°29.7′
	標高 (m)	37	4	25	3
年降水量 (mm)		4306.3	2223.8	2232.3	2816.3
降水日数 (日)	1 mm 以上	176.7	131.7	138.6	176.5
	10 mm 以上	89.3	57.3	58.3	74.2
	30 mm 以上	43.8	23.5	23.6	27.3

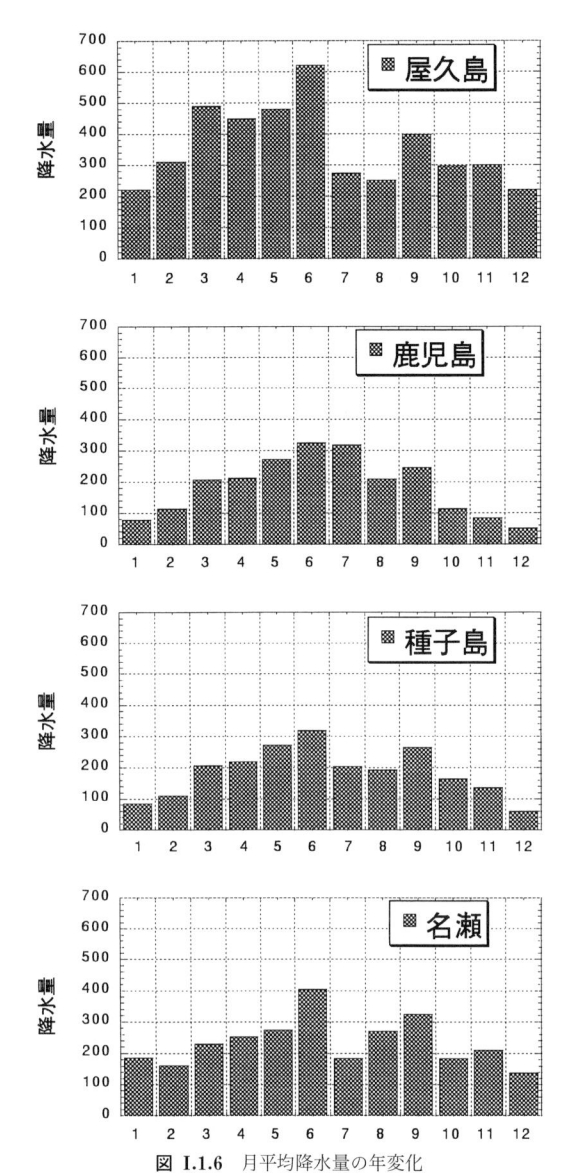

図 I.1.6 月平均降水量の年変化
データは，アメダス準平年値（1979～1990年の12年平均値）．単位は mm．

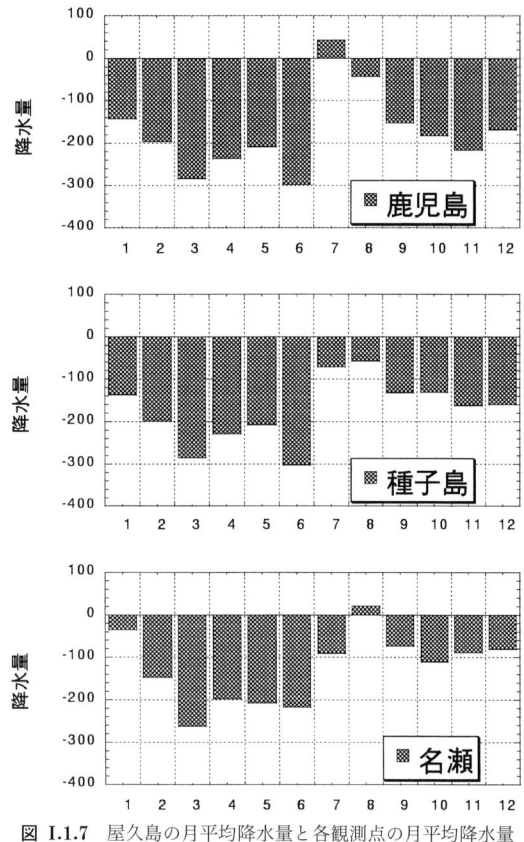

図 I.1.7 屋久島の月平均降水量と各観測点の月平均降水量との差の年変化
各月の値は，鹿児島，種子島，名瀬の月平均降水量から，屋久島の月平均降水量を差し引いた値である．データは，アメダス準平年値（1979～1990年の12年平均値）．単位は mm．

1.2.2 屋久島内における降雨特性

屋久島内における降水分布を対象とした研究としては，江口（1984）と高原・松本（2002）の研究がある．この2つの研究を中心に，屋久島内における降水特性についてみていきたい．

a. 降水分布の特徴

屋久島の海岸部の年降水量は方角により異なり，南東部で最も多く，次いで東部，北部・南部，西部の順に少なくなる（図I.1.8，I.1.9）．西部の年降水量（2400～2700 mm）は，東部・南東部の年降水量（4000 mm以上）の約半分であり，同じ島内で も降水量に大きな地域差が認められる．

海岸部から内陸の山岳部に入ると急激に降水量が増加し，山岳部では平均で5000～7400 mmの年降水量となる．海岸部から山岳部への降水量の増大は，前岳と呼ばれる屋久島の海岸部からみえる山の斜面上で著しい．屋久島の年降水量については，以前から10000 mmを超えるかどうか注目されていたが，雨の多い年（たとえば，1999年）には，屋久島森林環境保全センターの小杉谷観測点や淀川観測点で，10000 mmを超える降水量が観測されている．

b. 降水原因の違いによる降水量の地域差

次に，屋久島における降水の地域差は，どのような降水原因と関係しているかみてみたい．江口（1984）は，1982年に屋久島で大雨の降った26例の日降水量を，温帯低気圧，前線，台風，停滞前線の4つに分類し，比較している．

温帯低気圧による大雨の場合，島の東部で降水量が多く西部で少なくなる．一方，海岸部と山岳地域

1. 気　候

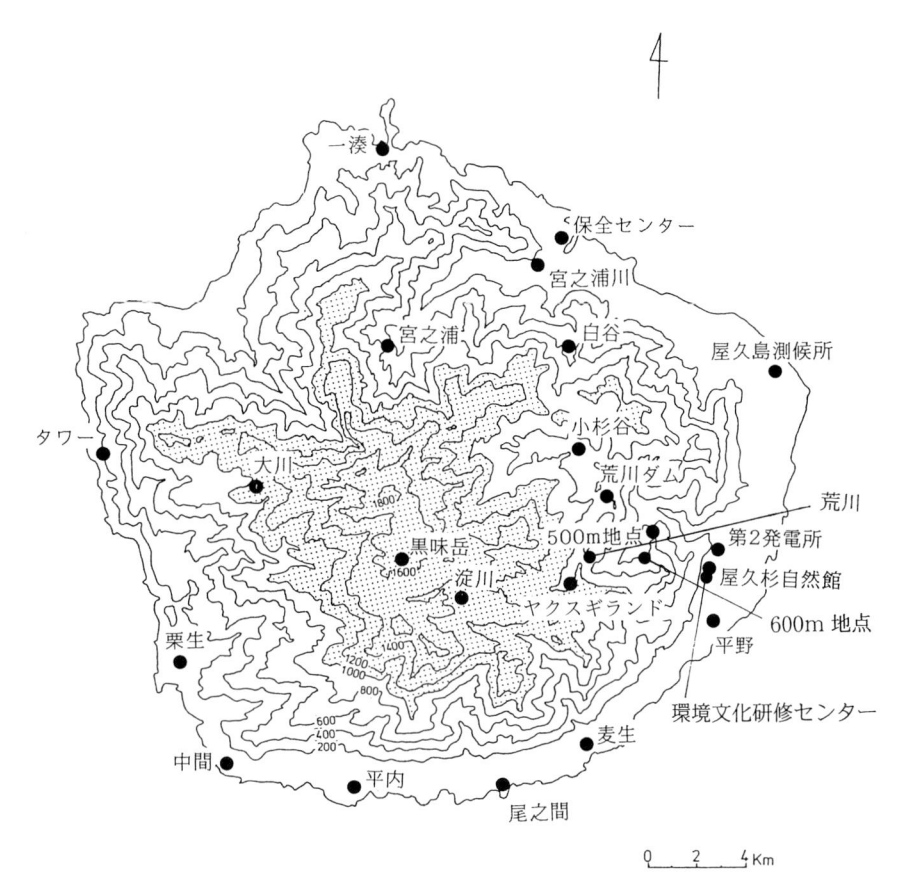

図 I.1.8　屋久島における気象観測点

屋久島森林環境保全センター，屋久町，屋久島電工および筆者が設置している観測点を示してある．地点名は，それぞれの観測機関の設定した名称になっている．多くは，地域名，施設名，林道名によるが，500 m および 600 m 地点は標高による．

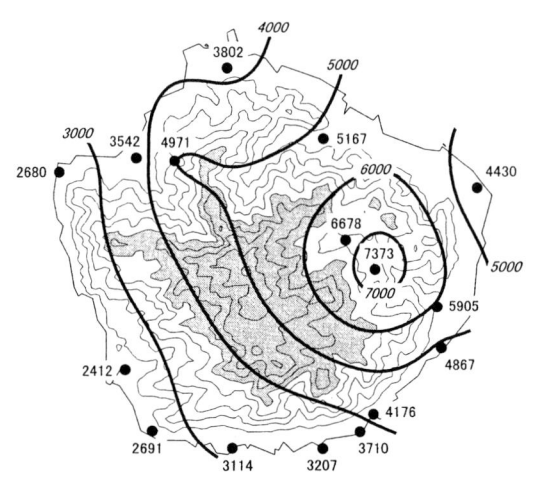

図 I.1.9　屋久島における年平均降水量の分布（高原・松本，2002 による）

単位は mm，等降水線は 1000 mm ごとである．等高線は 200 m ごと，灰色は標高 1000 m 以上の地域を示す．

の標高による降水量の差は，相対的に小さくなることが認められた．屋久島に大雨をもたらす温帯低気圧の中心は，屋久島の南西方向にある場合が多く，屋久島の降水は温帯低気圧の前面の降水である．このため，屋久島では，南東ないし東の風が卓越し，この風が降水量の東西差を生み出す原因となっていると考えられる．

台風の場合は，2 例しかなく，両方とも屋久島東方を通過している．そのためか，降水量は北岸で多く南岸で少ない．山岳地域では降水量が大きく増加し，海岸部と山岳地域の降水量の差が顕著である．梅雨前線による大雨の場合，全体的な傾向は低気圧と類似しているが，山岳地域で降水量がむしろ減少する傾向が認められた．前線（寒冷前線）の場合，降水量は北東部を中心に多く，南西部で少ない．標高による差は，標高の高いところで降水量がやや多い傾向が認められた．

高原・松本（2002）も同様に，降水原因の違いに

伴う，より詳細な降水分布の解析を行っている．その結果，台風時には北部で南部より降水量が多くなることや，温帯低気圧のときに南東部の山岳地域で，南西から北東方向に伸びる帯状の多雨域が形成されることなどを明らかにしている．

以上のことをまとめると，海岸部の降水量は，いずれの降水原因の場合も，東岸で多く西岸で少ない．海岸部と山岳地域の標高による降水量差については，特に台風のときに，降水量が山岳地域で増加し，海岸部と山岳地域の降水量差が顕著になる．これに対し，温帯低気圧の場合は，海岸部と山岳地域の降水量差が相対的に小さくなることが明らかになった．

c. 風向の違いによる降水量の地域差

さらに，降水分布が降水時の風向や地形とどのような関係にあるかみてみたい．江口（1984）は鹿児島の850 hPa面の風向により，1982年の屋久島の日降水量を分類している．その結果，北東岸から北岸，西岸にかけては東風のとき，南東岸から南岸にかけては南東風のとき，最も降水量が多くなることを明らかにしている．ただし，西岸の東風時の降水量には台風時の1例の寄与が大きく，それを除けば，西風時に最も降水量が多くなる．つまり，屋久島では一般的に風上側で降水量が多い．

高原・松本（2002）は，豪雨時の降水量分布と地形・風向との関係を，台風時とそれ以外の場合に分けて考察している．その結果，台風時には，東部の山岳地域の特に500〜1500 m程度の標高で最も降水量が多いことと，鹿児島・名瀬の上空の卓越風向がすべて東寄りであることから，山の風上側で対流の強化が起こっていることを明らかにしている．台風以外の場合は，いずれも鹿児島と名瀬の卓越風向に下層南風，上層西風という鉛直シアーがあり，700 hPaよりも上層は西南西の風となる．また，下層の南風の層の厚さは，温帯低気圧，停滞前線，寒冷前線の順で薄くなる．このため，山地斜面に対し西寄りの風が吹く高度領域の最も広い寒冷前線の場合，降水雲の形成域が西寄りに広がって，西部により多くの降水がもたらされる．これに対し，全高度で南寄りの風となる温帯低気圧の場合，多雨域が東部に限られることを明らかにしている．

d. 屋久島の地域区分

今まで述べてきた屋久島内における降水量の地域差をまとめる意味を含めて，降水量による地域区分を紹介したい．高原・松本（2002）は降水量データをもとに，クラスター分析によって，地域区分を行っている．その結果，図I.1.10に示したとおりA〜Eの5地域に区分された．各地域の特徴は下記の

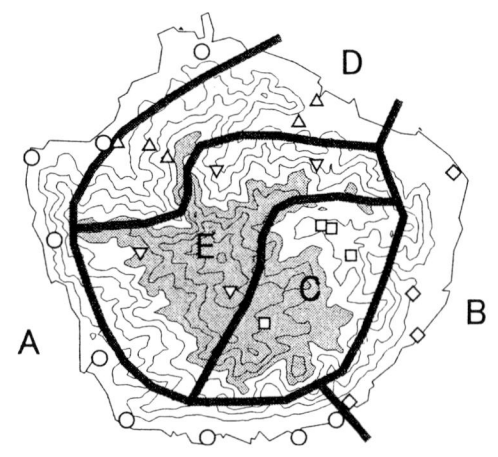

図 I.1.10 月平均降水量および豪雨発生日の平均相対的降水量を用いた2つのクラスター分析によるA〜E各地域の区分（高原・松本，2002による）
等高線は200 mごと，灰色は標高1000 m以上の地域を示す．

とおりである．なお，下記文中の擾乱とは，温帯低気圧，寒冷前線，停滞前線，台風の4種類の降水をもたらす原因のことを意味する．

A地域：　年平均降水量は約3100 mmで，屋久島で降水量の最も少ない地域である．島内において，比較的降水量が多い月や相対的に多くの降水量をもたらす擾乱は特に見当たらない．

B地域：　年平均降水量は約4800 mmである．温帯低気圧・停滞前線・寒冷前線による豪雨時に降水量が多くなりやすい．また，3〜5月には島内で最も降水量の多い地域となる．

C地域：　年平均降水量は，約7000 mmで，屋久島で降水量の最も多い地域である．各月の平均降水量のほとんどおよび各擾乱による平均降水量のすべてで島内の最大値を示す．

D地域：　年平均降水量は約5100 mmである．台風による豪雨時に降水量がやや多くなる．また，9月の月平均降水量が年間最大になるのが特徴である．

E地域：　平均降水量は不明である．台風・停滞前線・寒冷前線による豪雨時の降水量が多くなりやすい．

1.2.3　なぜ屋久島は雨が多いのか

最後に，屋久島はなぜ雨が多いかを2つのスケールから考えてみたい．まず，屋久島を含むより広い地域でみると，月平均降水量データで認められたように，屋久島では，3月から6月にかけての温帯低気圧および梅雨前線によって降水のもたらされる季

1. 気　候

節に，周辺地域より雨が多いことが明らかになった．つまり，3月から6月にかけて，温帯低気圧および梅雨前線によってもたらされる雨が多いことが，周辺地域より屋久島で雨が多いことのベースとなっている．

さらに，屋久島内においては，台風時に山岳地域で海岸部より降水量が多くなることが明らかになった．屋久島内における降水の地域差を，海岸部と山岳地域との比較によってみてみたい．海岸部にある屋久島測候所の1996年7月から1997年6月までの1年間の降水量は4089 mmであるのに対し，山岳地域にある白谷の同期間の降水量は7751 mmであり，他の山岳地域のデータからみても，山岳地域では海岸部の約2倍の降水量がある（図I.1.11）．同じ期間の1 mm以上の降水日数は，屋久島測候所で157日，白谷で187日であり，海岸部と山地部の降水量の差は，降水日数の差ではなく，単位時間あたりの降水強度の差によっていることがわかる（図I.1.11，I.1.12）．各観測点において降水量の多い日の降水原因をみると，山岳地域ではほとんど台風が関係しており，台風時に山岳地域と海岸部の降水量に顕著な差が認められることが明らかである．

では，なぜ台風時に山岳地域と海岸部で降水量の差が大きくなるのかを，1996年9月28～29日を中心に屋久島に大雨をもたらした台風21号の時間雨量データの解析から明らかにしたい（図I.1.13）．この2日間に，白谷で1201 mmなど，山岳地域では1000 mm以上の降水量を記録した．これに対し，海岸部にある測候所では87 mm，森林環境保全センターでは175 mmなど，山岳地域と海岸部で顕著な降水量差が認められた．白谷と森林環境保全センターの時間降水量の関係をみると，森林環境保全センターで降水量が増大するにつれ白谷でも降水量が増大しており，かつ両者の降水量差が大きくなる傾向を示した．森林環境保全センターで，時間降水量が10～20 mm程度のとき，白谷では50～70 mmの降水量を示し，このような降水強度の差の積算が海岸部と山岳地域の降水量の差となっていることが明らかになった．高原・松本（2002）は，台風時の山岳地域と海岸部の降水量差の原因を，風上側で強制上昇によって発生した強い雨雲が山岳地域のみにかかるからではないかと考えている．

以上をまとめると，3月から6月にかけて，低気圧および梅雨前線によってもたらされる雨が多いこ

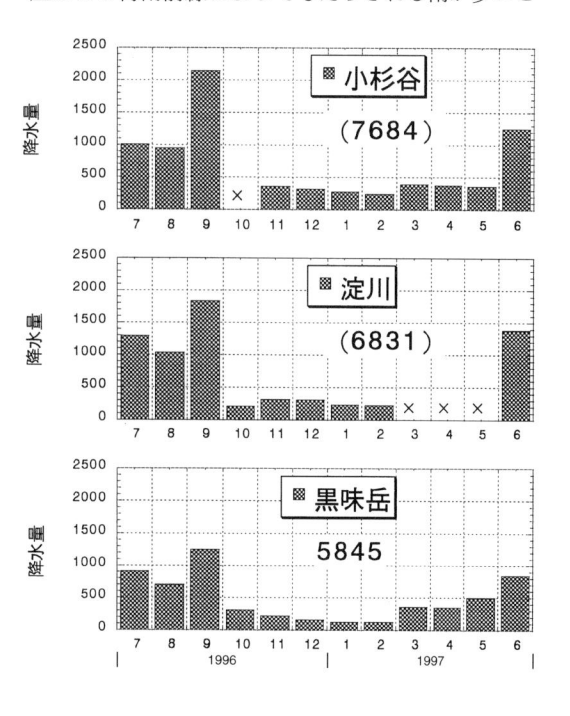

図 I.1.11　屋久島における月降水量の年変化
データ期間は1996年7月～1997年6月の12か月であり，その期間の積算降水量を図中に数字で示した．（ ）内の数字は，欠測月を除いた12か月積算降水量．単位はmm．×は欠測．

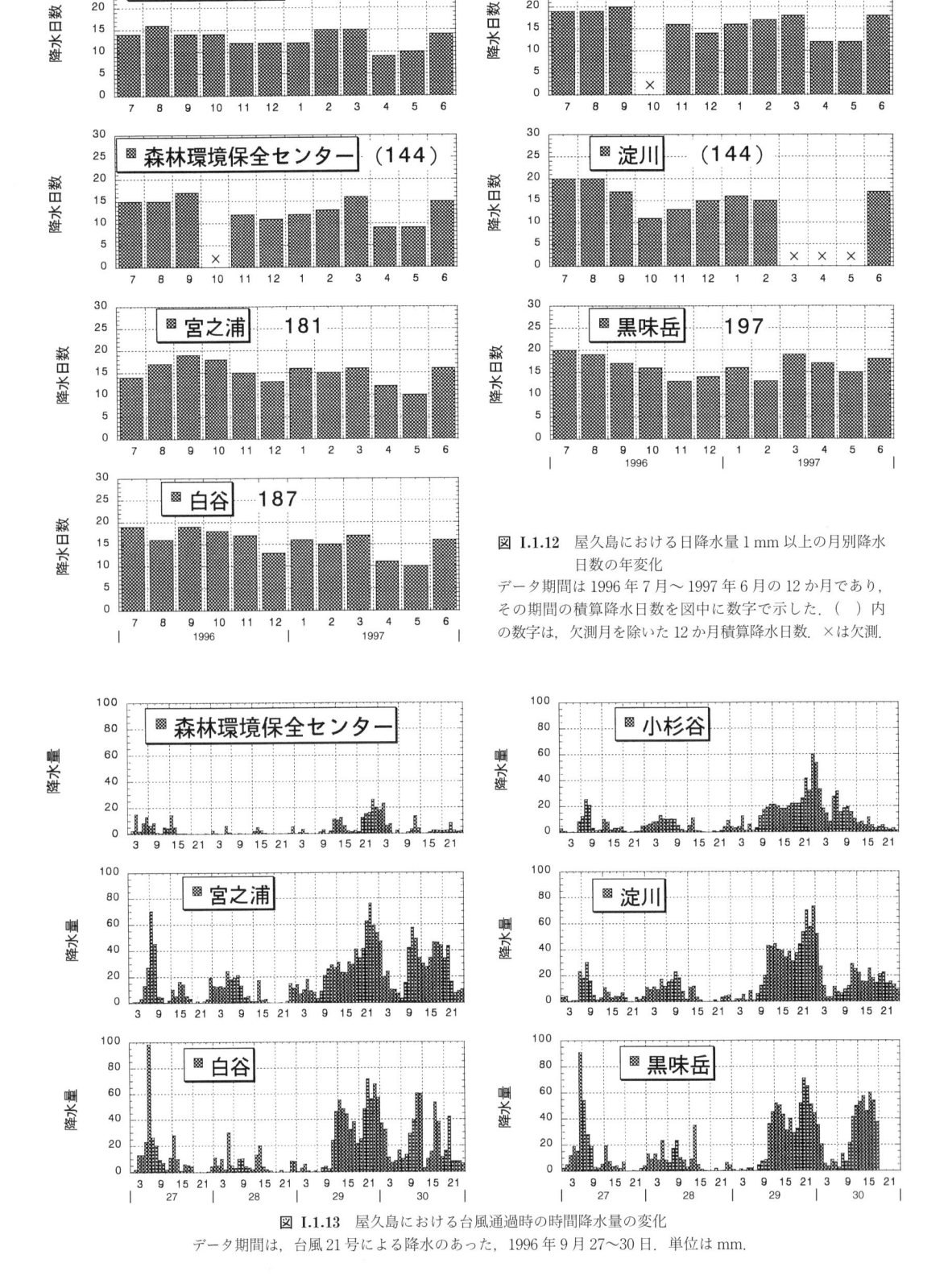

図 I.1.12 屋久島における日降水量 1 mm 以上の月別降水日数の年変化
データ期間は 1996 年 7 月～1997 年 6 月の 12 か月であり，その期間の積算降水日数を図中に数字で示した．（ ）内の数字は，欠測月を除いた 12 か月積算降水日数．×は欠測．

図 I.1.13 屋久島における台風通過時の時間降水量の変化
データ期間は，台風 21 号による降水のあった，1996 年 9 月 27～30 日．単位は mm．

とが，周辺地域より屋久島で雨が多いことのベースとなっている．さらに，山岳地域では，台風時の雨が屋久島の海岸部や周辺地域より多く，この雨量が加算されて，年降水量が7000 mmを超える多雨地域を形成していることが明らかになった．

（江口　卓）

文　献

江口　卓（1984）：屋久島の気候―特に降水量分布の地域性について―．環境庁自然保護局編，屋久島の自然（屋久島原生自然環境保全地域調査報告書），pp. 3-26，日本自然保護協会．

高原宏明・松本　淳（2002）：屋久島の降水量分布に関する気候学的研究．地学雑誌，111，726-746．

1.3　山頂付近の気候特性

　山岳地域において，標高に伴い気候が変化することはよく知られている．特に，気温が標高に伴いどのように変化するかは，植生の垂直分布との関連などから，注目されてきた．しかし，これまでの多くの研究は，対象としている時間スケールが月単位であり，日々の気温や湿度が標高に伴いどのように変化するのか，そしてその変化を規定している要因は何なのかということに関してはあまり論じられてこなかった．特に，高標高域の山頂部で，気温や湿度の日々の変化が海岸部と同じように起こっているのか，それとも全く異なった変化を示すのかということは，山岳地域の気候環境を考える上で重要であるとともに興味深い．

　山岳地域の気候を明らかにする上で最も障害となるのが，観測データの少ないことである．屋久島の山岳地域においても，短期の気温観測は行われてきたが，1年を通しての気温や湿度などに関する総合的観測は行われていなかった．そこで，筆者は，屋久島東部の安房林道沿いの環境文化研修センター，600 m地点，荒川，ヤクスギランド，淀川と黒味岳に機器を設置し，観測を行ってきた．観測間隔は1時間である．そのデータをもとに，標高による気温および相対湿度の変化がどのように日々変化しているかを明らかにするとともに，それらがどのような要因によって規定されているのかについて解析した結果を，ここでは紹介したい．

1.3.1　海岸部の気温の地域性

　標高による気温の変化について述べる前に，海岸部の気温の地域差について触れておきたい．屋久島の北東部に位置する屋久島測候所と南部に位置する尾之間では，12年平均（1979～1990年）のアメダス準平年値の年平均気温で，尾之間の方が0.7℃高い．月平均気温も，年間を通して尾之間の方が高いが，その差は夏季には0.5℃程度と小さく，冬季には1℃程度と大きくなる．冬季の気温差の拡大は，西高東低の冬型の気圧配置によるものであり，島の南北方向の気温差は，この2地点間の気温差よりさらに大きくなるものと推定される．

　一方，東西方向の変化をみると，屋久島西部の西部林道沿いに位置する植生観察用タワー（以下，タワーと記す．位置は図I.1.8参照）の気温は屋久島測候所より低いが，ほぼ同標高にある環境文化研修センターより高い．タワーの気温が環境文化研修センターより高い理由としては，タワーの観測点がタワー上部の林冠に設置しているため，地上に設置している環境文化研修センターより接地層の影響を受けにくいためと考えられる．

　以上をまとめると，海岸部の年平均気温の地域差は最大で1℃程度と考えられる．ただし，冬季には西高東低の冬型の気圧配置時を中心に地域差が大きくなり，月平均気温で，1～2℃の差が認められる．

1.3.2　山岳地域における気温変化の特徴
a．気温の標高による変化の特徴

　標高による気温分布の違いを，安房林道を中心とした東向き斜面を中心に解析した結果についてみてみたい．解析の対象とした地点は，環境文化研修センター，600 m地点，荒川，ヤクスギランド，淀川，黒味岳の6地点である（図I.1.8）．解析期間は，各地点においてデータの揃っている，2001年1～12月の1年間である．

　各地点における月平均気温を表I.1.3に，屋久島測候所のアメダスデータとの気温差を高度100 mあたりの気温減率に換算したものを表I.1.4に示した．月平均気温の年変化パターンは各地点で大きな違いは認められず，標高に伴う気温の低下量は冬季を中心に大きく，夏季を中心に小さい．

　高度100 mあたりの気温減率は，屋久島測候所と環境文化研修センター，600 m地点およびヤクスギランドとの間で0.7℃を超え，0.62～0.68℃を示す他の地点より大きい．このことは，海岸から山頂付近まで，気温が一様に低下するのではなく，海岸から200 mぐらいまでと，600 mから1000 mの間で気温が相対的に大きく低下していることを示している．

　海岸から200 m付近までの大きな気温の低下は，海洋からの距離が遠ざかることによる海洋の気温に

表 I.1.3 屋久島の標高別の月平均気温
データ期間は 2001 年 1～12 月．地点名の下は，各地点の標高．単位は℃．

月	屋久島測候所（アメダス）(36 m)	環境文化研修センター (175 m)	600 m 地点 (620 m)	荒川 (900 m)	ヤクスギランド (1010 m)	淀川 (1360 m)	黒味岳 (1800 m)
1	12.1	10.4	7.7	4.9	4.0	2.3	−0.5
2	13.2	11.9	9.3	6.6	5.8	4.2	1.9
3	14.1	12.8	10.2	7.4	6.2	4.9	2.1
4	17.6	16.4	13.8	11.1	10.0	8.4	7.3
5	20.9	19.7	17.5	15.1	14.2	12.7	11.4
6	24.6	23.5	21.4	19.5	18.7	17.0	15.0
7	27.7	26.4	24.3	21.9	20.9	19.4	18.0
8	27.7	26.1	23.7	20.9	20.0	18.6	19.6
9	25.3	23.9	21.6	19.0	18.4	17.0	15.2
10	22.8	21.3	18.7	15.7	15.0	13.4	11.5
11	17.2	15.9	12.9	9.6	8.7	6.7	4.7
12	13.6	12.3	9.6	6.7	5.9	4.2	1.7
平均	19.7	18.4	15.9	13.2	12.3	10.7	8.8

表 I.1.4 屋久島測候所（アメダス）と各地点間の気温減率
データ期間は 2001 年 1～12 月．地点名の下は，各地点の標高．単位は℃/100 m．

月	環境文化研修センター (175 m)	600 m 地点 (620 m)	荒川 (900 m)	ヤクスギランド (1010 m)	淀川 (1360 m)	黒味岳 (1800 m)
1	1.22	0.75	0.83	0.83	0.74	0.71
2	0.94	0.67	0.76	0.76	0.68	0.64
3	0.94	0.67	0.78	0.81	0.69	0.68
4	0.86	0.65	0.75	0.78	0.69	0.58
5	0.86	0.58	0.67	0.69	0.62	0.54
6	0.79	0.55	0.59	0.61	0.57	0.54
7	0.94	0.58	0.67	0.70	0.63	0.55
8	1.15	0.68	0.79	0.79	0.69	0.61
9	1.01	0.63	0.73	0.71	0.63	0.57
10	1.08	0.70	0.82	0.80	0.71	0.64
11	0.94	0.74	0.88	0.87	0.79	0.71
12	0.94	0.68	0.80	0.79	0.71	0.67
平均	0.97	0.66	0.76	0.76	0.68	0.62

対する影響の急激な減少と，標高に伴う気温の低下が合わさったものと考えられる．これに対し，600 m から 1000 m の間での気温の大きな低下については，これが屋久島全体において起こっている現象なのか，よりローカルな要因が働いているのかを判断するデータが不足しているため，原因を特定できるまでに至らなかった．

一方，環境文化研修センターと 600 m 地点の間およびヤクスギランドから黒味岳にかけての地域では，相対的に標高に伴う気温の低下が小さい．特に，淀川から黒味岳にかけての高標高域で，その傾向が顕著である．

現在までに得られたデータから推定される平均的な屋久島の月平均気温の標高別のデータを表 I.1.5 に示した．これは，屋久島測候所における 12 年間の月平均データをもとに，2001 年の屋久島測候所と各地点間の月平均気温差から算出したものである．

b. 山頂付近の気温特性

山頂付近の気温特性を明らかにするため，2000 年 10 月 1 日～12 月 31 日の 92 日間の日平均気温の標高による変化を解析した．ここでは，その結果を

1. 気　候

表 I.1.5　各観測点における推定月平均気温

屋久島測候所の気温はアメダスの準平年値（1979〜1990年の12年平均値）であり，推定値ではない．他の観測点は，屋久島測候所の準平年値と表 I.1.4 に示した屋久島測候所と各観測点間の気温減率から計算した推定値．地点名の下は，各地点の標高．単位は℃．

月	屋久島測候所（アメダス）(36 m)	環境文化研修センター (175 m)	600 m 地点 (620 m)	荒　川 (900 m)	ヤクスギランド (1010 m)	淀　川 (1360 m)	黒味岳 (1800 m)
1	11.1	9.4	6.7	3.9	3.0	1.3	−1.5
2	11.7	10.4	7.8	5.1	4.3	2.7	0.4
3	14.2	12.9	10.3	7.5	6.3	5.0	2.2
4	17.5	16.3	13.7	11.0	9.9	8.3	7.2
5	20.5	19.3	17.1	14.7	13.8	12.3	11.0
6	23.5	22.4	20.3	18.4	17.6	15.9	13.9
7	26.7	25.4	23.3	20.9	19.9	18.4	17.0
8	26.9	25.3	22.9	20.2	19.2	17.8	16.1
9	25.1	23.7	21.4	18.8	18.2	16.8	15.0
10	21.5	20.0	17.4	14.4	13.7	12.1	10.2
11	17.4	16.1	13.1	9.8	8.9	6.9	4.9
12	12.9	11.6	8.9	6.0	5.2	3.5	1.0
平均	19.1	17.7	15.2	12.6	11.7	10.1	8.1

表 I.1.6　屋久島の山頂付近で気温の逆転が起こっているときの気象条件
解析対象期間は，2000年10月1日〜12月31日．

月	日	地上気温（℃）		黒味岳の風（午前9時）		鹿児島の1800 m付近の風（午前9時）		鹿児島の逆転層下限高度（午前9時）(m)
		淀　川	黒味岳	風向（度）	風向（m/s）	風向（度）	風向（m/s）	
10	4	12.6	13.9	326	3	307	4	1358
	5	12.7	14.2	78	1	30	4	1241
	10	12.5	14.7	22	2	292	4	1571
	11	12.9	15.3	181	1	274	4	1706
	12	14.2	14.8	244	2	302	4	—
	13	12.5	13.9	261	2	268	6	1526
	21	14.0	15.1	330	2	1	5	1302
11	18	6.3	7.2	22	3	357	9	1153
12	6	2.8	4.6	12	2	296	12	—
	15	2.6	3.3	95	4	325	7	—
	16	3.8	4.3	231	2	233	5	—
	22	1.5	4.3	133	2	274	4	—
	27	1.0	3.2	22	3	309	7	—

みてみたい．日々の変化の相対的傾向は，おおよそ全地点で一致している（図 I.1.14）．しかし，図の最下段に示した淀川と黒味岳のグラフをみると，気温の逆転現象が時々認められる．そこで，淀川と黒味岳の間で気温の逆転が起こっているのは，どのような気象条件のときであるかについて解析を行った．

解析対象期間である 2000年10月1日〜12月31日の 92 日間のうち，淀川（1360 m）と黒味岳（1800 m）の間で日平均気温の逆転が認められたのは，13日であった（表 I.1.6）．13日の内訳は，10月が7日，11月が1日，12月が5日である．2地点間の気温の逆転は，最大で2.8℃に達している．これら気温の逆転は，11日が移動性高気圧に覆われた晴天日に起こっており，他の2例は，弱い寒冷前線の通過した日（10月12日）と西高東低の気圧配置の

日（12月27日）に起こっている．気温の逆転の起こっている日の鹿児島の高度1800 m付近の風は，西寄りの風を示している．風速は1例を除いて10 m/s以下であり，5 m/s以下が半数以上を占め，この高度帯の上層風としては弱い．そのときの屋久島の黒味岳の山頂付近の風をみると，鹿児島に比べ東寄りの風の頻度が高く，鹿児島の風向と1対1の対応は示さない．黒味岳の風速はすべて5 m/s以下であり，風が弱い．これらのことを総合して考えると，高気圧に覆われ，上層風が弱いため，黒味岳の風も局地的な影響を強く受けていると考えられる．

次に，鹿児島の気温の高度による変化（以下，気温の鉛直構造と記す）と屋久島の標高別の気温データとの比較を行った．屋久島の山頂部で気温の逆転が起こっているとき，鹿児島における気温の鉛直構造は大きく2つのパターンに分けられることがわかった．一つは，鹿児島の高層データでも顕著な気温の逆転が500 mから1000 mの間で発達している場合であり，もう一つは，気温の逆転はあるが顕著でない場合である．そこで，前者の例として2000年10月11日を，後者の例として同年12月22日を取り上げ，解析を行った．

図I.1.15に，両日の屋久島東部の気温の日変化を示した．この日変化をみると，900 mに位置する荒川より標高の高い地域では，昼間は同じような気温となり，標高に伴う地点間の気温差が小さいことが両日とも認められる．これに対し，夜間になると，標高の高い地点ほど気温の低下量が大きく，標高の違いによる気温差が大きくなる．しかし，黒味岳は最も高い地点であるにもかかわらず，夜間の気温の低下量は，荒川と同程度である．このため，夜間を中心に，淀川と黒味岳の間で顕著な気温の逆転が起こっている．そこで，両日の午後9時の屋久島の標高に伴う気温変化と鹿児島の気温の鉛直構造を示した（図I.1.16）．これをみると，黒味岳の気温は，両日とも鹿児島の同高度の気温とほぼ同じであるのに対し，淀川やヤクスギランドの気温は，同高

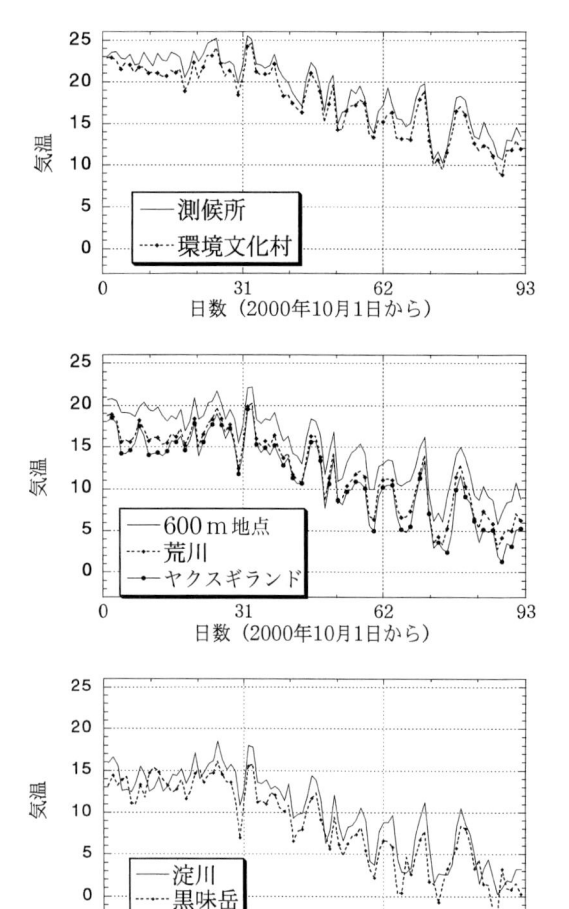

図 I.1.14 屋久島東部における日平均気温の変化
データ期間は2000年10月1日～12月31日．環境文化村は，環境文化研修センターのこと．単位は℃．

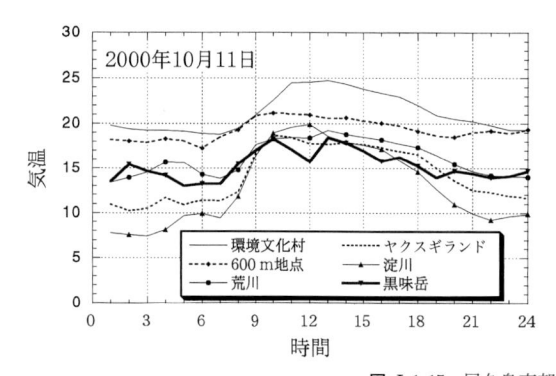

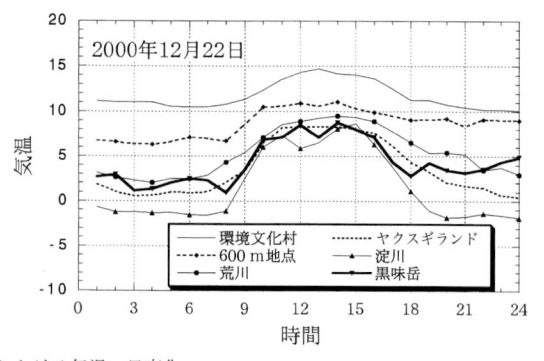

図 I.1.15 屋久島東部における気温の日変化
環境文化村は，環境文化研修センターのこと．単位は℃．

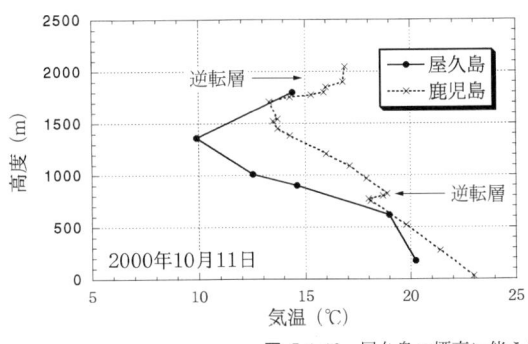

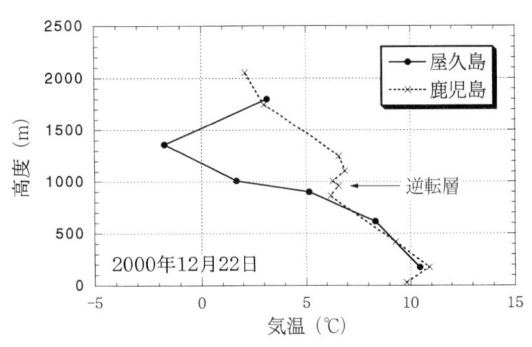

図 I.1.16 屋久島の標高に伴う気温変化と鹿児島の気温の鉛直構造

度の鹿児島の気温よりかなり低い．この傾向は，顕著な逆転層が発達している，いないにかかわらず認められた．

このように屋久島の高標高域で気温の逆転が起こる原因としては，以下のような要因が考えられる．つまり，気温の逆転が起こっているのは，高気圧下の晴天日であるので，屋久島全体として，放射冷却により夜間は気温の低下が起こる．この現象は，谷底だけでなく斜面上でも起こっており，斜面上に位置する観測点でも冷気の滞留が起こり，同高度の鹿児島の気温より低くなる．これに対し，山頂部に位置する黒味岳は尾根筋に位置するため，放射冷却は起こるが冷気が溜まりにくく，また自由大気（地面摩擦の影響を無視できる領域の大気）との混合も起こりやすい．そのため，鹿児島の同高度の気温とほぼ同じ気温となる．以上のようなプロセスで気温の

逆転が起こっていると考えられる．また，これには植生の状況も少なからず関与している可能性が指摘できる．それは，黒味岳は森林限界の上にあるのに対し，淀川以下の観測点は森林帯にあるため，森林の影響により，淀川より標高の低い観測点では自由大気との混合が，より起こりにくい環境にある．このことが，一層，気温の低下と結びついていると考えられる．

1.3.3 山岳地域における湿度変化の特徴
a. 湿度の標高による変化の特徴

月平均相対湿度の標高による変化を表 I.1.7 に示した．相対湿度は，海岸部から山岳部に入り，標高が高くなるにつれ高くなる傾向を示す．特に，600 m 地点から 1360 m に位置する淀川までは，年平均で 80％以上の値を示し，月平均でも定常的に 80％

表 I.1.7 屋久島の標高別の月平均相対湿度

データ期間は，黒味岳を除いて 2000 年 10 月〜2001 年 9 月，黒味岳は 1998 年 10 月〜1999 年 9 月．地点名の下は，各地点の標高．単位は％．

年	月	屋久島測候所（アメダス）(36 m)	環境文化研修センター (175 m)	600 m 地点 (620 m)	荒川 (900 m)	ヤクスギランド (1010 m)	淀川 (1360 m)	黒味岳 (1800 m)
2000	10	80	90	97	97	97	97	88
	11	76	84	98	98	97	96	70
	12	67	76	89	92	91	92	66
2001	1	67	77	89	92	90	91	82
	2	72	77	88	91	90	89	84
	3	67	73	80	86	87	83	86
	4	74	81	87	93	92	91	70
	5	79	85	86	89	88	91	63
	6	84	90	95	94	93	96	94
	7	79	88	97	96	94	95	91
	8	80	85	88	93	93	92	94
	9	82	91	93	98	98	98	92
平均		76	83	91	93	93	93	82

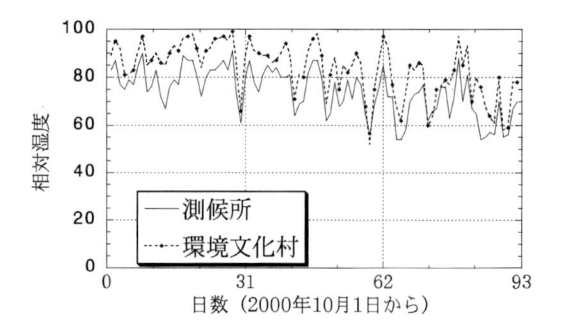

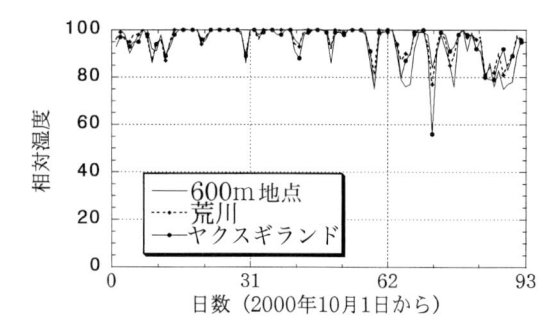

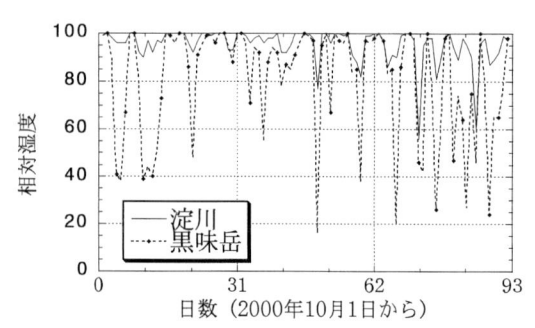

図 I.1.17 屋久島東部における日平均相対湿度の変化
データ期間は2000年10月1日～12月31日．環境文化村は，環境文化研修センターのこと．単位は％．

以上を示す．季節による変化はあるものの，非常に湿った状態が継続していることがわかる．さらに，日平均湿度の変化をみても，この600m地点から淀川までの標高帯では，日々の変化が小さく，変動傾向も同じである（図I.1.17）．これに対し，山頂部に位置する黒味岳の相対湿度は海岸部に近い値を示し，淀川から山頂部にかけての標高帯で湿度の減少が認められる．

b．山頂付近の湿度特性

前述のように，淀川から山頂部の黒味岳にかけて湿度の低下が認められた．この低下が，どのように起こっているかをみるために，日平均湿度の変化をみると，黒味岳では，相対湿度の急激な低下が，しばしば起こっていることがわかる（図I.1.17）．このような急激な湿度の低下は，他の地点では認められない．そこで，どのような条件のときにこのような，湿度の急減が起こっているかを，天気図および鹿児島の高層観測データをもとに解析した．

表I.1.8に，黒味岳の日平均相対湿度が50％より低くなる日を示した．10月が6日，11月が2日，12月が4日の，計12日である．これ以外でも，黒味岳の日平均相対湿度が50％近くまで下がる日もあったが，ここではとりあえず50％を一つの基準として設定した．この表をみると，海岸部の測候所では，1例を除いて，相対湿度は80％未満と相対的に低い湿度を示している．これに対し，月平均湿度でも認められるように，600m地点から淀川までの標高帯では，相対湿度が90％を超えるケースが多く，相対湿度がこの標高帯では高いことを示している．この標高帯から，黒味岳にかけて急激な相対湿度の低下が認められる．淀川から黒味岳の間で50％以上の急激な相対湿度の低下がほとんどの例で起こっている．このような急激な低下が起こっているケースでは，移動性高気圧の支配下にあることが多かった．そこで，鹿児島の相対湿度の高度による変化（以下，湿度の鉛直構造と記す）と屋久島の標高別の相対湿度データとの比較を行った．比較したのは，前述の気温の逆転で取り上げた10月11日と12月22日の2例である（図I.1.18）．

図I.1.16と図I.1.18を比較すると，逆転層を境としてその上部で相対湿度の顕著な低下が認められる．屋久島の淀川より低標高の地域では，鹿児島の湿度の鉛直構造に現れている急激な相対湿度の低下に対し，相対湿度の変動は小さく，両者が密接に関連して変動しているようにはみえない．特に，12月22日の鹿児島においては，弱い気温の逆転が認められる800mから900mの高度帯を境としてその上部では急激な相対湿度の低下が求められるのに対し，屋久島では，淀川に代表されるように急激な相対湿度の低下は認められず，同高度における鹿児島の相対湿度との間に大きな差が生じている．

このように鹿児島の相対湿度が大きく低下しているのに，屋久島の斜面上の観測点では，黒味岳を除いて大きな湿度の低下が認められなかった．屋久島の斜面上で相対湿度の低下が認められないことには，森林が関係しているのではないかと考えられる．淀川より低標高帯は森林帯である．この森林帯では，森林自体による蒸発散と森林があることによる森林内およびその土壌での水分の保持により，より湿った環境が維持されていると考えられる．このため，鹿児島に示したように自由大気の水分条件が急激に変化しても，森林がその変化を緩和する役割

表 I.1.8 屋久島山頂部で湿度が顕著に低下するときの日平均湿度の標高による変化
解析対象期間は2000年10月1日〜12月31日．地点名の下は，各地点の標高．単位は%．

月	日	屋久島測候所 (36 m)	環境文化村研修センター (175 m)	600 m 地点 (620 m)	荒川 (900 m)	ヤクスギランド (1010 m)	淀川 (1360 m)	黒味岳 (1800 m)
10	4	75	81	90	95	93	96	41
	5	79	81	94	98	95	96	38
	10	76	87	91	94	94	90	39
	11	83	90	98	96	96	97	44
	12	72	86	89	87	89	92	40
	21	72	84	96	97	97	92	48
11	18	62	69	93	92	86	77	16
	28	56	52	75	81	75	82	38
12	6	58	73	77	89	90	90	20
	15	76	79	85	85	91	81	26
	22	65	80	91	97	96	95	27
	27	70	80	75	81	92	87	24

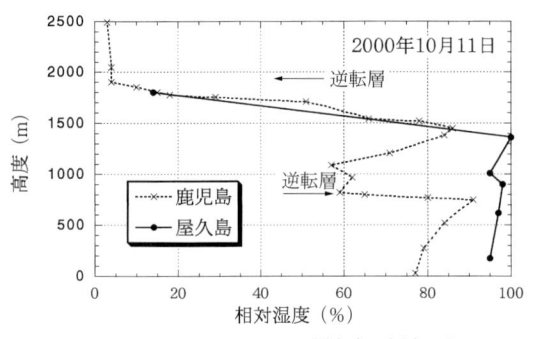

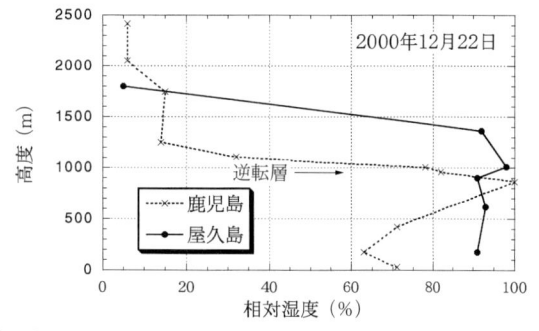

図 I.1.18 屋久島の標高に伴う相対湿度の変化と鹿児島の相対湿度の鉛直構造
図中の逆転層は，図 I.1.16 の気温の逆転を示す．

を果たしていると考えられる．これに対し，屋久島山頂部に位置する黒味岳は，森林限界を超えた高さにあるため，自由大気の水分条件の変化が直接的に影響するのではないかと考える．以上のような要因により，淀川より低標高域で湿度が高いときに，黒味岳で顕著な湿度の低下が起こっていると考えられる．

ここでは，屋久島の標高による気温および相対湿度の変化がどのように日々変化しているかを明らかにするとともに，それらがどのような要因によって規定されているのかを明らかにした．その結果，山頂部を中心とした高標高域で，気温の逆転現象がしばしば起こっていることや，相対湿度の急激な低下が起こっており，その下の森林帯にある標高帯と異なった変化をしていることが明らかになった．このような現象は，移動性高気圧に覆われたときに出現頻度が高かった．また，自由大気の鉛直構造との比較から，山頂部では同高度の自由大気の気温や湿度との対応がよかったのに対し，その下の森林帯では，自由大気の気温や湿度の変化と異なった変化をしていた．このような違いが認められた一因としては，森林帯では森林の影響によって自由大気との混合が阻害され，局地的な気候が形成されることにあると考えられる．

(江口 卓)

第2章
地質・地形

2.1 屋久島北西部の花崗岩分布域の地形と地質

　屋久島の西部には，人工的な改変をあまり受けていない照葉樹林が広く分布している．このような原生的自然環境が保存されている地域はもはや残り少なくなり，後世に継承すべき貴重な財産となってしまった．1993年9月3日に南九州地方に大きな災害をもたらした台風13号は，この貴重な森林にも被害を与えた．筆者は，台風13号通過の前後の1993年8月と12月に屋久島を訪れているが，8月には森林であった斜面に12月には斑点状に岩盤が露出しているのを，島の南部と西部の各地で多数目撃している．台風13号に限らず，屋久島の森林は，これまでにもたびたび台風による被害を受けてきたはずである．1994年から1996年にかけて，カンカケ岳・国割岳（図 I.2.1）の西斜面の森林において，台風などによって突発的に発生する被害に対する植生の回復過程について，詳細な調査が行われた（大澤，1996）．大型の植物がまとまって生育し，森林を形成してそれが遷移するメカニズムを考える上で，植物が根を張るための地盤の状態は重要な環境条件の一つである．しかし，この地域は豊かな植生に覆われてしまっているがゆえに地質調査が困難であり，地質についてはほとんど調べられていない．

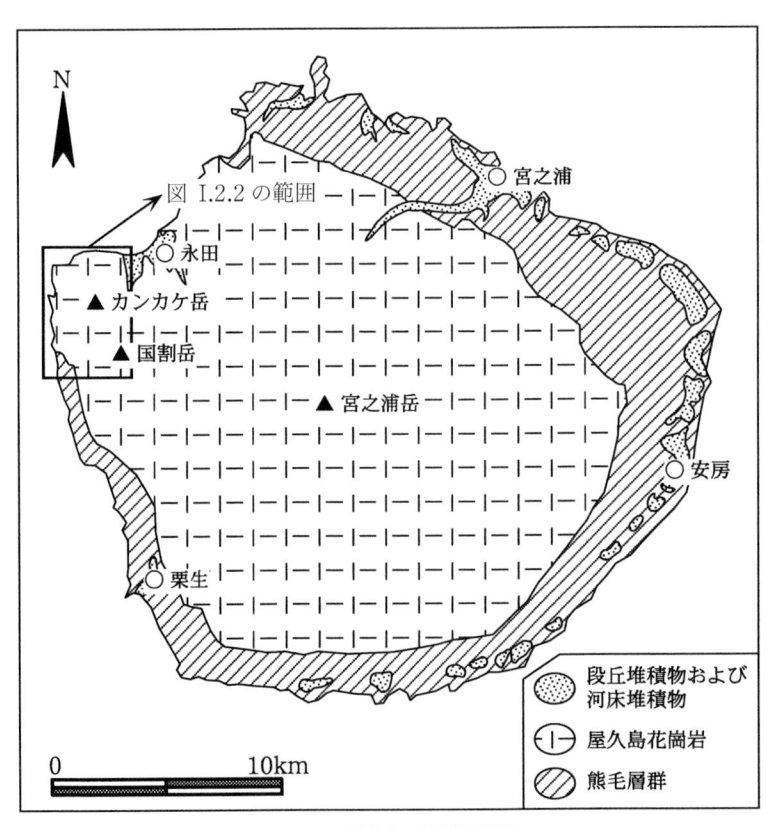

図 I.2.1　屋久島の地質概略図

そこで，前述の植生の調査と並行して，同地域の地形・地質学的な調査を行った．その成果に基づいて，調査地域の大部分を占めて分布する花崗岩類の表層部分がどのような構造をしているのか，そして，1985～1994年の9年間において，植被に覆われていない裸地の分布がどのように変化したかについて解説する．

なお，本節は山本（1996）を一部改変したものである．

2.1.1 屋久島の地形と地質の概要

九州の南から台湾の北東端にかけて，奄美・沖縄などの南西諸島が弧状に配列している．日本列島の地形区分の上では，九州と南西諸島は琉球弧に属していて，屋久島は琉球弧に含まれる．琉球弧の太平洋側には，琉球海溝と呼ばれる溝状の海底地形があり，最も深いところでは水深7000 mに達する．東シナ海側には水深2000 mに達する船底状の海底地形があり，沖縄トラフと呼ばれている．琉球弧の領域は，これらの深い海域よりも水深が浅い台地のようになっているが，その大部分は海水面下にある．南西諸島の島々は琉球弧のほんの一部が洋上に現れているものにすぎない．

南西諸島の島々は，現在は亜熱帯の森林やサンゴ礁に彩られているが，その基盤となっている地層・岩石は，約2億年前あるいはもっと古い時代から数千万年前までにできたものである．本州の関東山地から東海，近畿，四国の太平洋側，九州の南部，さらに南西諸島にかけての広い範囲に，四万十層群と総称される地層群が分布している．四万十層群は，白亜紀の初期から古第三紀末ごろにかけて（約1億3000万年前から約2400万年前まで），当時の海溝付近で形成されたものである．屋久島は，隣の種子島とともに，四万十層群の分布範囲に位置している．

屋久島を他の南西諸島の島々と比べたときに最も際立つ特徴は，島の中央部から北西部にかけての広い範囲に花崗岩質の貫入岩（屋久島花崗岩）が分布していることである（図I.2.1）．南西諸島の主要な島々の中で，島の大部分を花崗岩が占めているのは屋久島だけである．すぐ隣の種子島にも，このような規模の貫入岩は認められない．屋久島の周辺部には四万十層群に属する古第三系の地層（約6500万年前から約2400万年前まで）が分布する（図I.2.1）．この地層からは有効な示準化石が見つかっていないので正確な年代はわからないが，橋本（1956）の指摘以来，岩質の類似性から種子島に分布する熊毛層群に対比できるとされてきた．熊毛層群は，四万十層群を構成する地層の一つである．以下ではこの地層を単に熊毛層群と呼ぶことにする．熊毛層群は，砂岩，泥岩，砂岩泥岩互層と礫岩からなる．熊毛層群の走向は一般に北東-南西で，北西に急傾斜している．大局的には北西側が地層の上位である．屋久島花崗岩は，マグマの状態で地下深部から上昇してきて熊毛層群の砂岩や泥岩の地層に貫入したものである．屋久島花崗岩をつくったマグマは固まって岩石となった後，1300万～1400万年前ごろに約300℃以下の温度まで冷却されたと推定されている（Shibata and Nozawa, 1968）．屋久島の基本的な構造はこのようにしてできたものと考えられる．

熊毛層群が分布している地域の沿岸部には海岸段丘が発達し，熊毛層群は砂礫，シルトなどの段丘堆積物に覆われている．さらに，これらのすべてを覆って鬼界カルデラ起源の幸屋火砕流とアカホヤ火山灰が堆積している（岩松・小川内，1984）．これらの火山砕屑物は，個々の分布領域が狭く，かつ分散しているので図I.2.1には記載していない．

2.1.2 カンカケ岳周辺の地形と地質

屋久島の北西部において最も顕著な地形要素として，北西-南東方向にほぼ平行に発達する尾根と谷が認められる（図I.2.2, I.2.3）．カンカケ岳山頂から北西に伸びる尾根を境に，その北東側では比較的小規模な尾根と谷が発達していて，それらに卓越的な方向は認められない．この地域には「山頂緩斜面」が多く分布している．これに対し，南西側では，先に述べた北西-南東方向に比較的長く連続する尾根と谷が顕著であり，それらに対してほぼ直交方向に，より小規模な尾根が派生している．尾根・谷が卓越して発達する方向は，屋久島花崗岩の分布域に広域的にみられるリニアメント（下川・岩松，1983）の方位に一致している．「山頂緩斜面」は南西側にはあまり分布していない．

カンカケ岳周辺には正長石の巨晶（長さ3～10cm程度）を含む花崗岩が分布している．巨晶を除いた部分の主要な構成鉱物は，斜長石，石英，正長石であり，ほかに緑泥石，緑簾石，アパタイト，ジルコン，褐簾石，チタン鉄鉱，磁硫鉄鉱，方解石，電気石および白雲母を含む．調査地域の西南部の川原周辺には，熊毛層群に属すると考えられる砂岩と砂岩泥岩互層が分布する．これらの地層は，一般に北北東-南南西走向で，西に急傾斜している．屋久島花崗岩と熊毛層群は，比較的大きな谷の下流部においては崖錐堆積物あるいは沖積層に覆われている．永田岬の東方および，半山の南東の2地点の

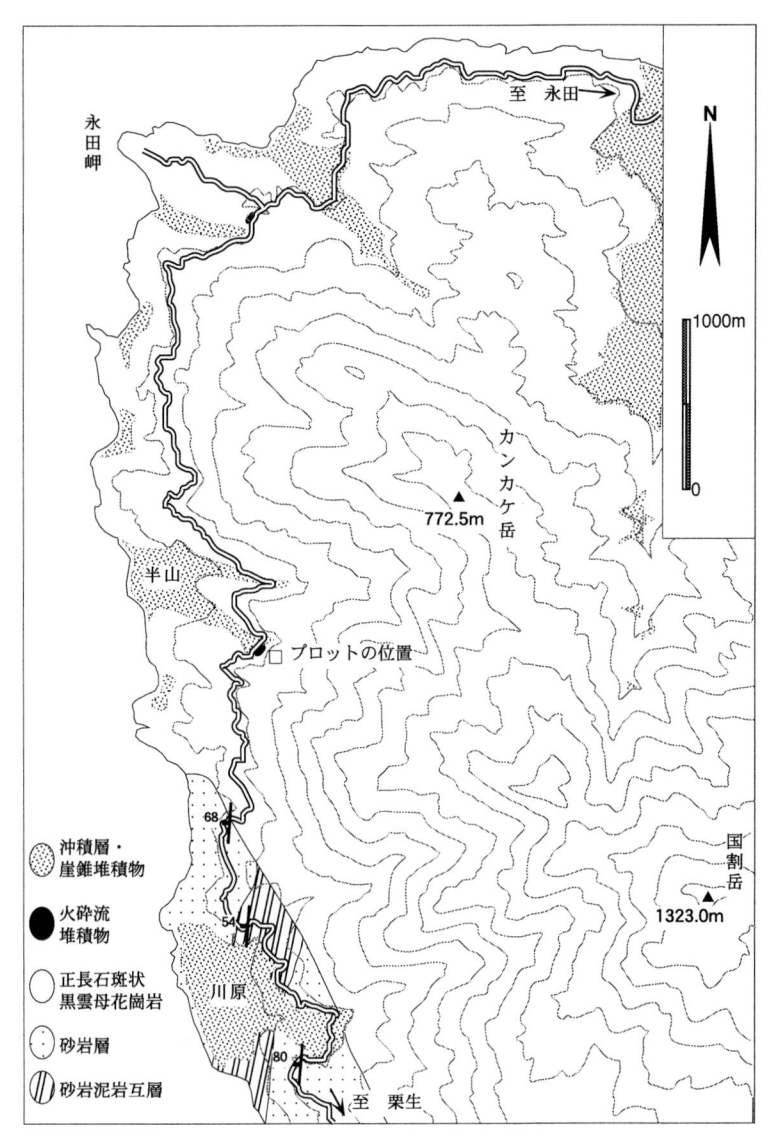

図 I.2.2 カンカケ岳周辺の地形と岩質
等高線間隔は 100 m.

狭い範囲に火砕流堆積物が分布している．火砕流堆積物は赤みがかった褐色あるいはオレンジ色を呈する細粒火山灰質基質と径数 mm〜10 mm 程度の灰白色の軽石からなる．分布が限られているので厳密な対比は困難であるが，おそらく，この火砕流堆積物は屋久島全体に散在している幸屋火砕流の一部であろう．幸屋火砕流は約 6300 年前の鬼界カルデラ形成時に噴出したと考えられている（町田・新井，1978）．半山の南東の火砕流堆積物は崖錐堆積物の一部を覆っているので，それを幸屋火砕流に対比できるとすると，この地域の大局的な地形は，約 6300 年以前に形成されていたものと考えられる．

2.1.3　花崗岩表層の構造

屋久島は海岸付近を除いて花崗岩質の岩石でできている．屋久島の多様な生物の大部分にとって，花崗岩の表層部が生命活動の基盤である．カンカケ岳の西側には，通称「西部林道」呼ばれる道路（鹿児島県道 78 号線）がある．この道路の建設の際に掘削された法面あるいは爆破された岩盤の大部分は，人工的なカバーがあまり施されていないので，花崗岩が連続的に露出している．この道路は花崗岩の表層を系統的に調査できる唯一のルートを提供している．

花崗岩の露頭を観察すると，花崗岩は亀裂によっ

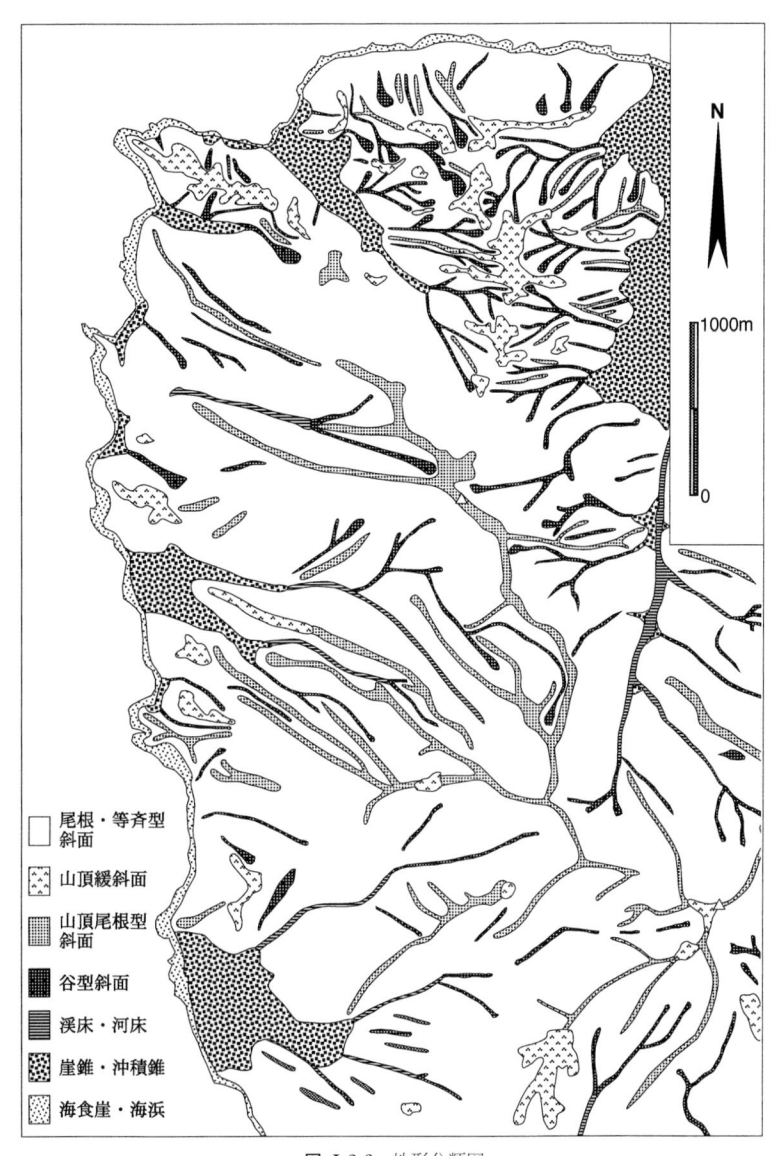

図 I.2.3 地形分類図
磯（1984）による地形分類を一部簡略化して適用した．

てブロック状に分段されていることがわかる．ま
た，この花崗岩は新鮮な部分では硬くて均質である
が，風化・劣化した部分では脆くて不均質である．
花崗岩の表層部の状態は，亀裂の入り方と風化・劣
化部分の分布によって大きく異なっている．

a. 亀裂系

永田岬付近から川原の手前までの区間，花崗岩に
発達する亀裂面の姿勢と亀裂面の間隔を測定した．
花崗岩に発達する亀裂には，両側の岩石が互いに接
して亀裂面が閉じている場合と，開口している場合
がある．ここでは，便宜的に亀裂面と露頭面が交わ
る線に直交方向に鉛筆の軸（直径 8 mm）が 10 cm
以上挿入できるものを開口型，挿入できないものを
非開口型と呼ぶことにする．亀裂をこのように分類
すると，開口型は大部分が西に傾斜していて，非開
口型はバラツキが大きいものの東傾斜の方が多いこ
とがわかる（図 I.2.4）．調査ルートはカンカケ岳
および国割岳の西麓の急傾斜地にあり，西に 30〜
60°傾斜した斜面を通過していることが多い．東に
傾斜した亀裂面はこの西傾斜の斜面に対して受盤状
となるので，岩盤それ自体の荷重によって亀裂面を
閉ざしているものと考えられる．一方，西に傾斜し
た亀裂面にはあまり重さが加わらないので開口して
いることが多いのであろう．これは，花崗岩体の表

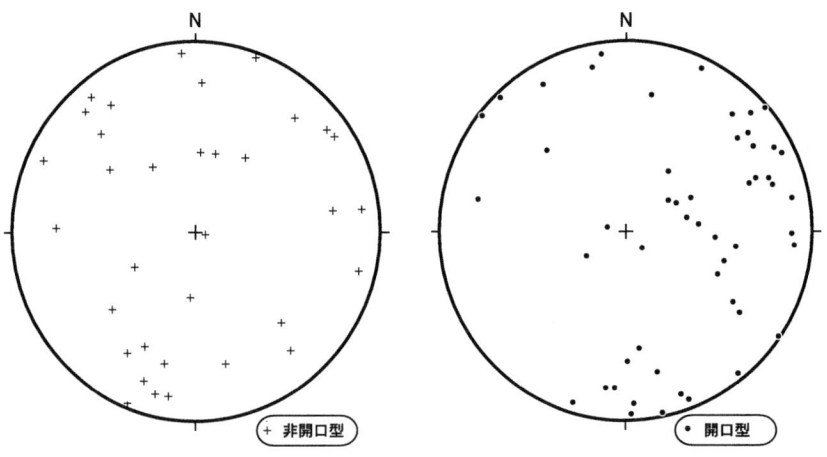

図 I.2.4 亀裂面の法線のステレオ投影図（等面積下半球投影）
＋または●の記号が，一つの亀裂面の姿勢を表している．円の中心付近に配置しているものは水平に近い亀裂面の姿勢の測定値を，円の周辺付近に記号があるものは鉛直に近いことを示す．記号が北寄りに配置されているときは亀裂面が南に傾斜していることを示す（他の方位についても同様に，亀裂面は記号の配置と逆側に傾斜）．

図 I.2.5 屋久島花崗岩に発達する亀裂
南西に 50°傾斜する 4 枚の亀裂面がほぼ平行に，画面の左下から右上に向かって，80 cm，90 cm，60 cm の間隔で並んでいる．これらの亀裂群に斜交する亀裂（北に 50°傾斜）も認められる．露頭の位置は図 I.2.8 の H16．北東向きに撮影．画面中央下部のハンマーの長さは 40 cm．

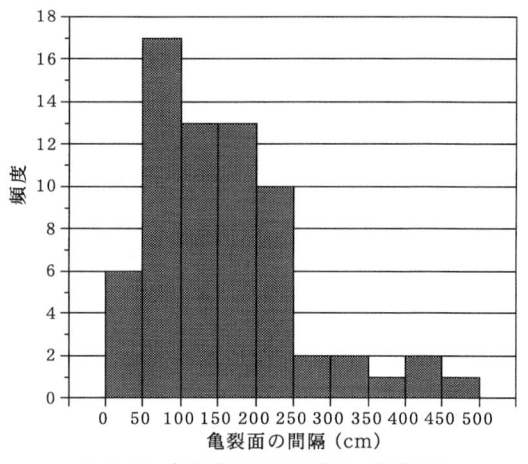

図 I.2.6 亀裂面の間隔の測定値の頻度分布

層部分は岩体の深部と連続していなくて，積み木のように不安定な状態で斜面に乗っていることを示している（図 I.2.5）．

このような斜面の表層部分が崩壊すると，その崩壊堆積物の大部分は亀裂面の間隔に相当する大きさの岩のブロックから構成されるであろう．図 I.2.6 に亀裂面の間隔の測定値の頻度分布を示す（総数 67）．一続きに見通せる露頭において，ほぼ平行な 2 枚以上の亀裂面が確認できたときに，それらの間隔を亀裂面群に垂直な線に沿って測定した（図 I.2.5，I.2.6）．たとえば，3 枚の亀裂面が平行に並んでいる場合には 2 つの測定値が得られる．最も多

く測定されたのは，50 cm を超え 1 m 以内の間隔をもつ亀裂面である．間隔が 250 cm を超えると急に少なくなるが，これは 3 m 以上の範囲を見通せる露頭の数がそれより狭い範囲のものより比較的少ないことによる．今回測定された頻度分布のうち，間隔が広いものは実際より少なめに数えられている可能性が高いが，250 cm 以下の部分については実際の亀裂面の間隔の頻度分布と大きくは違わないであろう．以上の測定結果は，カンカケ岳・国割岳の西側斜面が崩壊したときに供給されうる岩塊のサイズ分布を示唆するものである．

b. 風化・劣化した花崗岩の分布

調査地域の花崗岩は，新鮮な岩盤の状態から，固

結性をほとんど失って「マサ」となっているものまで，さまざまな程度に風化・劣化している．風化・劣化の程度を定量的に評価するために，「山中式土壌硬度計（A型）」（山村製作所製）を用いて花崗岩盤の荷重に対する「支持強度」を測定した．測定の手順は次のとおりである．まず，ハンマーとタガネを用いて露頭の表面を数十 cm 四方にわたって厚さ1cm程度削り取り平らにする（図 I.2.7）．削った部分の任意の3か所に，山中式土壌硬度計のコーン部分（アルミニウム製の円錐）を当てて露頭面に対して垂直にコーンを貫入させ，ばねの縮長を読み取る．読み取った値の平均値 X を次の式に代入し，支持強度 P を求めた．

$$P = \frac{100\,X}{0.7952\,(40-X)^2}$$

露頭面がハンマーとタガネでは削り取れない程度に硬い場合は，コーンをほとんど貫入させることができないので測定を行わず，5000 kg/cm^2（土壌硬度計の最大の指示値）以上の支持力があるものと見なした．土壌硬度計のコーンを貫入できる（測定可能）ということは，実はかなり風化・劣化が進んでいることを意味する．

測定結果を図 I.2.8 に示す．図の左側は測定した位置を示す地形図，右側は測定値の棒グラフである．グラフの縦軸の露頭番号は露頭の位置に従って北を上にして南に向かって並べたものである．測定ルート上の距離には比例していない．測定ルートが尾根の側面などの急傾斜地あるいは谷筋を横切っているところには比較的新鮮な花崗岩が分布していて，土壌硬度計のコーンを貫入させることはできない．そのような場所では，新鮮な花崗岩の上に直接土壌または崖錐堆積物が載っていて，風化・劣化した花崗岩は分布していない．測定ルートが尾根の頂部に沿っているところ，あるいは尾根状の地形を横切っているところでは，花崗岩は固結性をほとんど失ってマサ化していて，露頭面に容易にハンマーのピックを突き刺すことができる．この場合，支持強度の値は約 100 kg/cm^2 以下である．支持強度が低い測定地点の位置は，地形分類図（図 I.2.3）の「山頂緩斜面」の分布域と一致している．以上の結果から，調査地域全体についても，「山頂緩斜面」には，風化・劣化した花崗岩が侵食を免れて残存していて，「尾根・等斉型斜面」や「谷型斜面」は，硬い岩盤から構成されていると推定される．

2.1.4 半山プロット内の地盤表層の構造

調査ルートのほぼ中央の半山周辺では，約1haにわたる範囲（半山プロット）において，植生についての定期的，定量的な調査が行われている．半山プロットの内部には格子状に区画された領域（方形区）が設定されている．野間（1994）が設定した50 m × 45 m の方形区（以後，単に方形区と呼ぶ）については，その内部の地形測量も行われているので，斜面表層の状態を調べるのに都合がよい．この方形区内部の土壌の厚さと地表に露出している転石のサイズ分布を測定した．

半山プロットは，国割岳から北西に伸びる尾根の末端付近に位置する．調査した方形区は，その尾根の末端がいくつかに分岐したもののうちの一つを含んで設定されている．図 I.2.9 にその鳥瞰図を示す．方形区内部の地形は，北西-南東方向に伸びる尾根とその北東側の急斜面，および尾根とほぼ平行な谷の一部から構成されている．土壌の厚さを測定した測線は，この尾根と谷の最上部（a-a′），中央部（b-b′），および最下部（c-c′）を横断する方向に各々1本ずつ，そして尾根の北東側の急斜面を尾根とほぼ平行に縦断する方向に2本（d-d′, e-e′）設定した．これらの測線に沿って水平距離約1m間隔で鉛直方向に人力で検土杖を貫入させ，貫入できた長さを各地点での土壌の厚さとした（図 I.2.10）．測定点に長径 50 cm 以上の礫または岩盤が露出している場合は厚さを0とした．測線 a-a′ は尾根の頂部を横切っていて露岩や転石が多く，当然ながら土壌はあまり発達していない．測線 b-b′ の尾根上の部分ではやはり土壌は薄いが，谷筋に向かって厚くなる傾向が認められる．測線 c-c′ では，尾根の直下の緩斜面において最も厚く土壌が発達しており，谷筋では，より上部での測定結果とあまり変わらない．測線 d-d′ はこの方形区で最も急傾斜の部分を縦断していて露岩が多く，土壌は露岩の隙間に点在するのみである．測線 e-e′ は d-d′ よりも

図 I.2.7 ハンマーで削れる程度に風化・劣化した花崗岩
黒っぽくみえる部分には泥や地衣類が付着している．画面左のハンマーの長さは 40 cm．

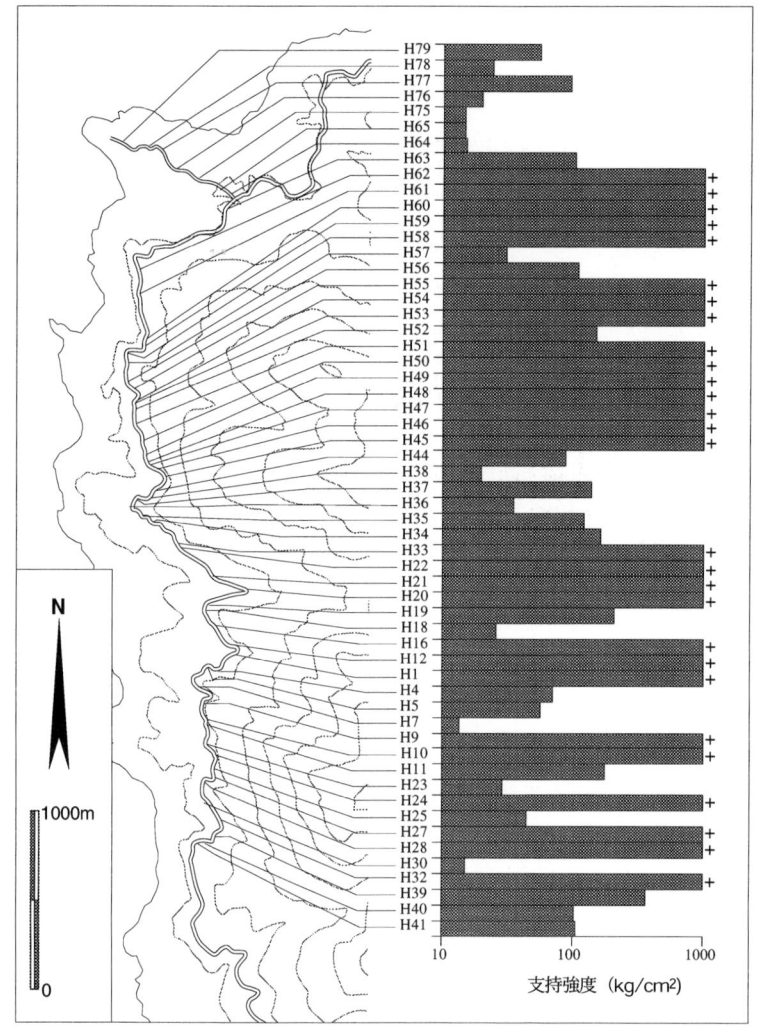

図 I.2.8　山中式土壌硬度計による花崗岩および風化花崗岩の支持強度の分布

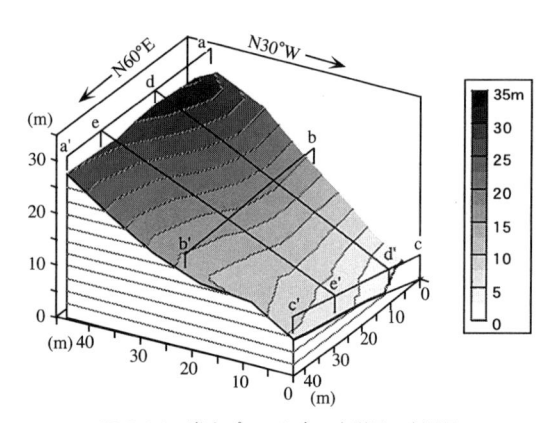

図 I.2.9　半山プロット内の方形区の鳥瞰図
梅木（未公表）による簡易測量データを使用して作成した．
a-a′, …, e-e′ は土壌の厚さを測定した測線の位置を示す．

谷寄りの斜面を縦断していて，谷の上部で薄く下部に向かって厚くなっている．この方形区内で，数 m 以上にわたって連続して 40 cm 以上の土壌の厚さが測定されたのは尾根の直下の緩斜面と谷筋の一部に限られ，それ以外の場所では土壌は露岩や転石の隙間を充填する程度で地表を覆うほどには発達していない．

地盤表層の大部分を花崗岩の礫が占めているので，それらのサイズが土壌の分布を規制していると考えられる．そこで土壌の厚さを測定したときの測線に沿って，地表に露出している花崗岩の礫 138 個の長径を測定した．礫の全体が露出していない場合は，露出部分のみを測定した．測定結果を礫の長径の頻度分布図（図 I.2.11）に示した．50 cm を超え 100 cm 以内の大きさの転石が最も多く，全測定個数の約半数を占める．大きな礫については，その一

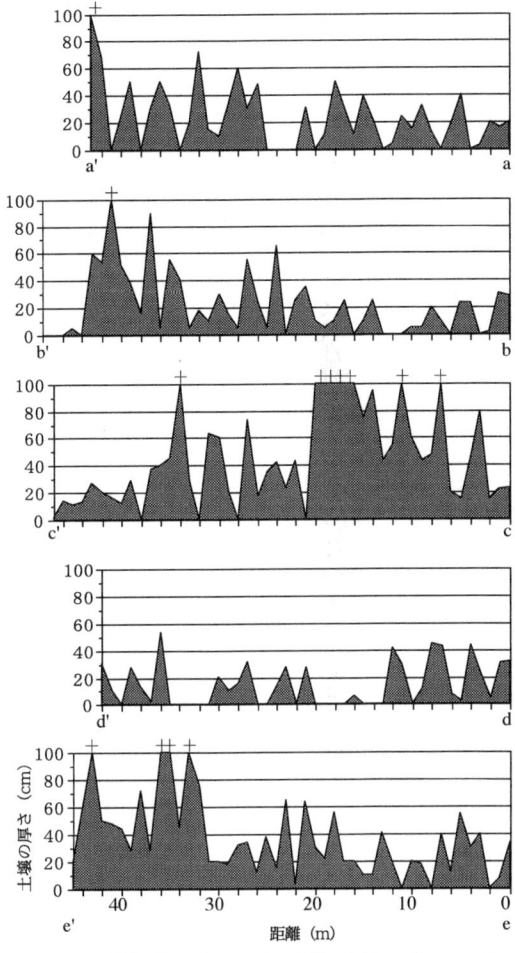

図 I.2.10 半山プロットにおける土壌の厚さのプロファイル

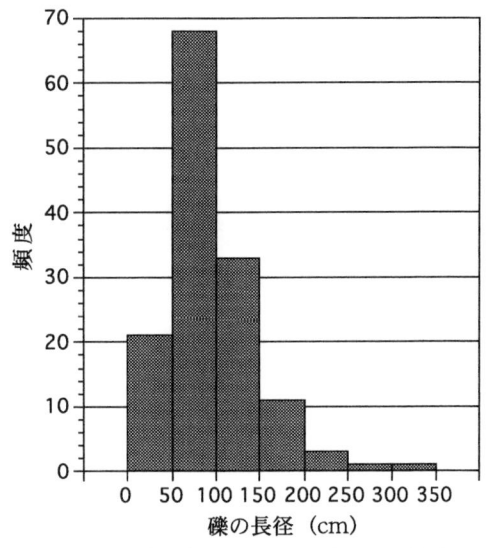

図 I.2.11 半山プロットにおける礫のサイズ分布

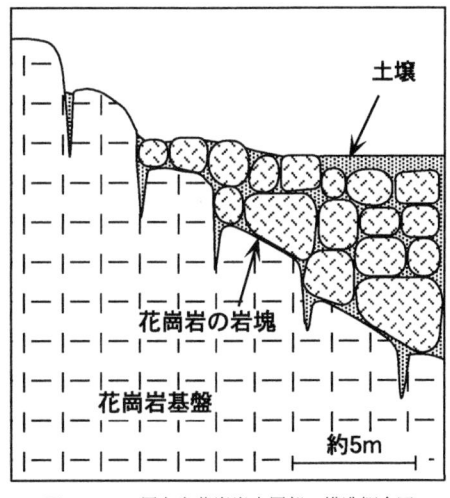

図 I.2.12 屋久島花崗岩表層部の構造概念図

部しか測定できないので100 cmを超える礫はもっと多く分布しているであろう．このことを考慮すれば，礫の長径の頻度分布は前に述べた亀裂面間隔の測定値の頻度分布とよく似ている．これは，亀裂が入った岩のブロックでできている斜面が崩壊したときに生じた岩塊が，ほぼそのままプロットに堆積していることを示唆する．

以上の結果から推定される半山プロットの地盤表層の構造を図I.2.12に概念的に示した．花崗岩基盤の上には花崗岩の岩塊が積み重なった崖錐堆積物がある．崖錐堆積物の厚さは場所によって異なり，部分的には基盤が露出している．土壌は開口した亀裂や岩塊の隙間を充塡する程度しか発達していないが，部分的には崖錐堆積物を覆っていることもある．屋久島の植生は大変豊かにみえるが，このようなきわめて貧弱ともいえる土壌の上に成り立っている．

2.1.5 裸地の分布

屋久島には，植被に覆われていない裸地（図I.2.13）が多数分布している．1985年7月15日，1990年11月7日，1994年11月27日に撮影された3組の空中写真（林野庁）を判読して，1993年9月の台風通過前後における裸地の分布の変化を調べた．裸地の抽出と面積の計測は以下のように行った．まず，裸地の分布域を空中写真（縮尺はおよそ2万分の1に相当）から判読し，その輪郭を2万5千分の1地形図「永田岳」に写し取る．このとき，判読と地形図への転記が困難な小さな裸地を無視し，100 m² 以上の面積を有するもののみを抽出した．また，伐採跡地の内部とその周囲，および道路沿いの人工的な改変に起因すると考えられる裸地，

図 I.2.13 新鮮な花崗岩が露出する裸地（画面左上）と植被のコントラスト
半山の北方.

そして，海岸線に沿う海食崖などは抽出しなかった．裸地を転記した地形図をカラーイメージスキャナ（エプソン製"GT-6500"）により，144 dot/inch の解像度の画像としてコンピュータ（アップルコンピュータ製"Power Macintosh 7100"）に取り込み，画像処理ソフトウェア"NIH Image"により裸地の面積を測定した．面積の値はすべて平面図上に投影した面積を示していて，地表の起伏を考慮した表面積ではない．

1985年の空中写真によると，裸地は49か所に認められ，それらのほとんどが「山頂尾根型斜面」の末端および「尾根・等斉型斜面」に分布している（図I.2.3，I.2.14(a)）．裸地の下端は渓床または河床まで達していない．裸地の総面積は65787 m^{2}であり，調査地域の面積（20.85 km^2）の0.31%を占める．1990年の空中写真によると，裸地は25か所に認められ，1985年の場合を同様にそれらのすべてが「山頂尾根型斜面」の末端および「尾根・等斉型斜面」に分布している（図I.2.3，I.2.14(b)）．裸地の総面積は58800 m^{2}であり，調査地域の面積の0.28%を占める．1994年の空中写真では裸地は54か所，総面積は176211 m^2（調査地域の面積の0.85%）である（図I.2.14(c)）．崖錐の斜面が崩壊しているところ（永田岬の東方）を除いて，1985年および1990年の場合と同様に裸地のほとんどは「山頂尾根型斜面」の末端および「尾根・等斉型斜面」（図I.2.3）に分布している．一部の裸地の下端は渓床または河床まで達している．しかし，裸地の下端から土石流堆積物が谷を広く覆っている場所は認められないし，崩積土もあまり形成されていない．このことは，急傾斜面では新鮮な花崗岩の上に直接土壌が載っているという林道沿いでの観察事実とも一致する．以上の観察結果は，これらの空中写真で認められる裸地のほとんどは植被の部分のみが地盤から剥離して生じたものであって，地盤そのものの崩壊は1985～1994年の間には起こっていないことを示す．1985年と1990年の写真の判読結果を比較すると，この5年間に裸地の数・面積ともに減少している．これに対し，1994年には数・面積ともに1990年の倍以上に増加している．

1985年と1990年の両方の空中写真から重複して

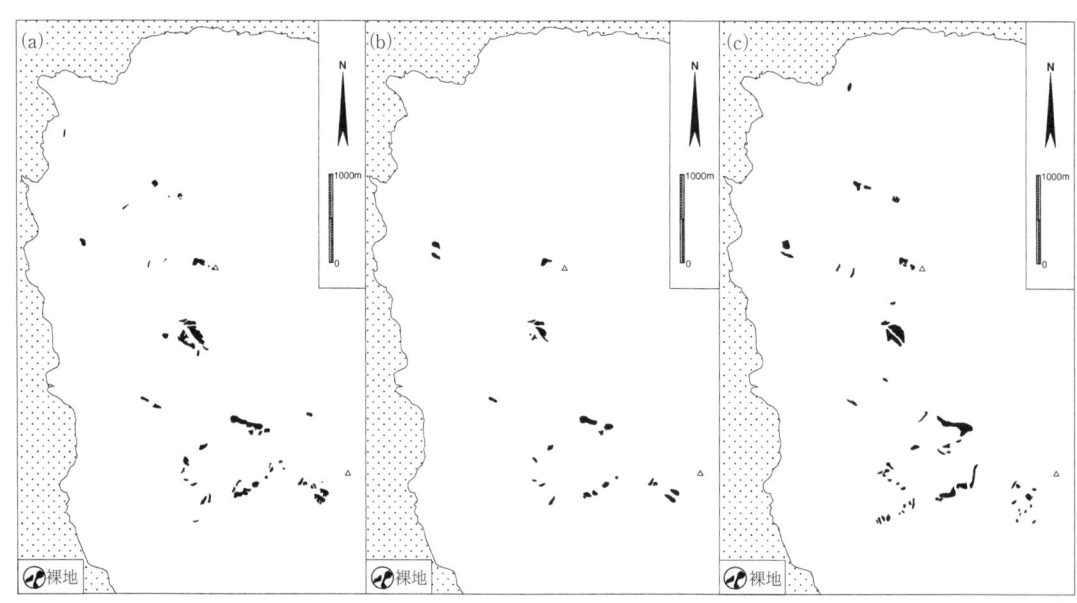

図 I.2.14 裸地の分布図
裸地の抽出に使用した空中写真の撮影年は，(a) 1985年，(b) 1990年，(c) 1994年．

裸地として抽出された部分の面積は，合計14298 m² である．空中写真の撮影間隔（5年）より短い期間のうちに，同じ場所に裸地が生じて植被が回復することの繰り返しがなかったと仮定すると，この値（14298 m²）と1985年の裸地面積（65787 m²）との差（51489 m²）は，5年間のうちに植物に覆われることによって消失した裸地の面積である．また，1990年の裸地面積（58800 m²）との差（44502 m²）は，5年間のうちに新たに生じた裸地の面積である．これは1985年に存在した裸地の大部分において1990年までの間に植被が回復し，同程度の面積の裸地が新規に発生したことを示している．この間については，裸地の発生と植被の回復とはおおむねバランスがとれていたものと思われる．

1990年と1994年の両方の空中写真から重複して裸地として抽出された部分の面積は，合計39551 m² である．前述と同様に，空中写真の撮影間隔（4年）以内に，裸地の形成・回復の繰り返しがなかったと仮定すると，この値（39551 m²）と1990年の裸地面積（58800 m²）との差（19249 m²）は，4年間に植物に覆われて消失した裸地の面積を示す．また，1994年の裸地面積（176211 m²）との差（136660 m²）は，新たに生じた裸地の面積である．1990年と1994年の空中写真の比較においては，新しく発生した裸地の方がはるかに多い．本地域において1990～1994年の間は，裸地の形成が植被の回復よりも圧倒的に早く進んだことになる．

屋久島には毎年1個以上の台風が接近しているので，4～5年間隔で撮影された空中写真から裸地の面積が増加したことの原因を厳密に特定することは困難である．しかし，1993年の台風13号通過後に新聞紙上に報告された森林被害の様相や，冒頭に述べた筆者自身による森林被害の目撃例，そして，この台風が西風成分をもった最大瞬間風速としては観測史上第1～第2位の強さ（松本ほか，1996）であり，調査地域のカンカケ岳・国割岳の西側斜面は強風の直撃を受けたと思われることから，最も大きな原因は1993年の台風13号である可能性が高い．

1990年の空中写真は1989年の台風22号通過から約1年後，1990年の台風20号通過から約1か月後に撮影されている．1975年4月～1995年3月の屋久島測候所の観測値によると，1989年台風22号と1990年台風20号についてはそれぞれ，その期間の第4位と第6位の最大瞬間風速が記録されている（松本ほか，1996）にもかかわらず，1990年の空中写真では1985年よりも裸地は減少している．このことからも，1993年の台風13号の影響によって森林が受けた被害は最近の10年間で最も大きかったと思われる．ある特定の台風による森林の被害とその回復過程を定量的に調査するためには，屋久島に台風が接近する頻度を考慮して1年以内の間隔で定期的に空中写真を撮影するか，あるいは高解像度の衛星画像の利用を試みる必要がある．

永田岬からカンカケ岳・国割岳周辺にかけての基盤岩は，ほとんどが屋久島花崗岩からなり，南西部にわずかに古第三系熊毛層群相当の砂岩層と砂岩泥岩互層が分布する．基盤岩の一部は沖積層・崖錐堆積物に覆われ，それらを局所的に幸屋火砕流起源と思われる堆積物が覆っている．

屋久島花崗岩には，数十cm以上5m程度までのさまざまな間隔で亀裂が発達している．地形の傾斜方向と同じ向きに傾斜している亀裂面は開口していることが多く，逆に傾斜している亀裂面は密着していることが多い．屋久島花崗岩の一部は，著しく風化・劣化し，固結性をほとんど失っている．風化・劣化した花崗岩の分布は尾根の末端や尾根上の緩斜面に限られ，尾根の側面には分布していない．

半山プロット内に設定された方形区において，尾根および尾根の側面では土壌はほとんど発達しておらず，花崗岩の岩塊または開口した亀裂の間を埋めているにすぎない．花崗岩の基盤または岩塊が，厚さ40 cm以上の土壌に覆われているのは，尾根の直下の緩傾斜面と谷筋の一部に限られる．

1985年，1990年，1994年撮影の空中写真の判読結果と現地における観察事実を総合すると，裸地のほとんどは植被の部分のみが失われたものであって，地盤そのものの崩壊は起こっていない．1994年の空中写真で確認できる裸地の総面積は，1985年と1990年の空中写真で確認できるものよりも2倍以上大きく，1990年～1994年の4年間には裸地の形成が植被の回復よりも圧倒的に早く進んでいることがわかった．

（山本啓司）

文献

橋本 勇（1956）：屋久島の時代未詳層群の層序とその地質構造および種子島西部の熊毛層群に関する1,2の事実．九州大学教養部地学研究報告，No. 2, 23-34．

磯 望（1984）：小楊子川流域の地形．環境庁自然保護局編，屋久島の自然（屋久島原生自然環境保全地域調査報告書），pp. 41-61，日本自然保護協会．

岩松 暉・小川内良人（1984）：屋久島小楊子川流域の地質．環境庁自然保護局編，屋久島の自然（屋久島原生自然環境保全地域調査報告書），pp. 27-39，日本自然保護協会．

町田 洋・新井房夫（1978）：南九州鬼界カルデラから噴出した広域テフラーアカホヤ火山灰．第四紀研究，17, 143-163．

松本 淳・岡谷隆基・江口 卓（1996）：屋久島における台風

の気候学的解析．文部省科学研究費補助金研究成果報告書―屋久島における気候変動と森林系のレスポンス，pp. 53-79.

野間直彦 (1994)：原生的照葉樹林群集の果実のフェノロジー．環境庁自然保護局編，屋久島原生自然環境保全地域調査報告書，pp. 127-137, 日本自然保護協会．

大澤雅彦 (1996)：屋久島における気候変動と森林系のレスポンス．文部省科学研究費補助金研究成果報告書，241 pp.

Shibata, K. and Nozawa, T. (1968)：K-Ar ages of Yakushima Granite, Kyushu, Japan. *Bull. Geol. Surv. Jpn.*, **19**, 237-241.

下川悦郎・岩松 暉 (1982)：屋久島永田における山くずれ・土石流災害 (その1)．新砂防，No. 123, 26-31.

山本啓司 (1996)：屋久島北西部，カンカケ岳周辺の花崗岩質地盤の構造．鹿児島大学理学部紀要 (地学・生物学)，No. 29, 71-87.

2.2　地表動態と土砂災害

2.2.1　斜面表層物質の更新

一般に，斜面の表層は，土壌を含む密度の小さい斜面表層物質（土層ともいう）から構成される．この土層は，永久に斜面にとどまることはなく，崩壊や侵食の発生に伴って斜面から排出される．その後，この跡地では長い時間をかけて岩石の風化や土砂の集積が進み，再び土層が生成される．こうして土層は斜面の崩壊や侵食を通して更新され，これに連動して同じ斜面の植生も消失し再生する（下川，1984；Shimokawa, 1984）．

土層の更新をもたらす崩壊・侵食の形態として，一般に，山崩れ，地すべり，土石流の3つがある．屋久島の花崗岩地域では地すべりはみられない．山崩れは主に豪雨時に発生するもので，表層崩壊，深層崩壊，節理性岩崩落に分かれる（下川・岩松，1982, 1983）．その大部分が表層崩壊である．

表層崩壊は，傾斜30～40°の急斜面を覆う厚さ1m前後の土層が基岩（マサ状に風化している場合もある）を境にしてすべり落ちるもので，小規模（面積1000 m² 以下）である（図I.2.15）．深層崩壊は，風化層が分厚く発達した遷急線より上部の緩斜面に発生する，すべり面が深部に及ぶ規模の大きな崩壊で，表層崩壊に比較すると発生頻度は低い（図I.2.16）．節理性岩崩落は崖状の斜面で発生する岩盤の崩落である（図I.2.17）．

屋久島の花崗岩には，急角度（70～90°）で傾斜する2系統の節理と，それより緩い角度（20～40°）で傾斜する1系統の節理が著しく発達しており，節理性岩崩落はこれらの節理に沿って発生する．渓流沿いの急崖や岩盤斜面でみられ，規模は小さく，面

図 I.2.15　自然林伐採後の幼齢人工林地の急斜面に発生した表層崩壊（大川流域）
(a) 遠景，(b) 近景．

図 I.2.16　遷急線上部の緩斜面に発生した深層崩壊（宮之浦川流域）

積1000 m² 以下である．土石流は一般に，山崩れや河道の閉塞，渓床堆積土砂の侵食に伴って発生する．屋久島の花崗岩地域では，土石流の大部分は山

図 I.2.17 岩盤斜面に発生した節理性岩崩落（大川流域）

崩れに関係している．これは，河道の閉塞をもたらすような大規模な崩壊が生じにくく，渓床勾配が急で出水のたびに渓床堆積物が流出し累積しにくいためである．土石流の場合，表層物質は発生部から流下・堆積部までの細長い区間にわたって更新される．その面積は土石流の流下距離により異なるが，0.1 ha（流下距離 100 m 以下）から 2 ha 程度（流下距離 2～3 km）である．

2.2.2 土砂災害

表層物質更新の契機となる山崩れや土石流は，それが奥地の山岳部（屋久島では奥岳と呼ばれる）で発生する限り土砂災害に結びつくことはない．しかし，集落が発達する海岸部に面した斜面や渓流で発生する山崩れや土石流は土砂災害を引き起こす場合がある．屋久島で発生した主な土砂災害として，1942 年の永田災害，1965 年の吉田災害，1979 年の永田災害があげられる．いずれも台風に伴う集中豪雨によって発生した土砂災害である．屋久島北西部の吉田から永田・半山にかけては海岸に面する斜面も花崗岩で構成されており，山崩れや土石流が発生しやすい．

詳しい記録がある 1979 年の永田災害について，その概要を紹介する．この災害は，9 月 30 日未明，台風 16 号に伴う集中豪雨（総雨量 441 mm：小瀬田屋久島測候所）によって土面川流域で発生した土石流災害である（下川・岩松，1982，1983）．この土石流は，流域最上流部の斜面で発生した表層崩壊が起源となっている（図 I.2.18）．崩壊が発生した斜面の傾斜は 35°（平均値）である．地質は花崗岩からなり，その表層部はマサ状に風化している．植生は，樹齢 10 年程度のスギ人工林である．土面川中・上流域では 1963 年以来，広域にわたって自然林の伐採が進み，災害時はその後植えられた幼齢のスギ林に換わっていた．表層崩壊は面積 300 m^2

図 I.2.18 土石流発生源の表層崩壊（土面川流域）
(a) 崩壊地全景，(b) すべり面直下のマサ状風化物．

（幅 15 m，長さ 20 m），容積 210 m^3（崩壊深 0.7 m）で，小規模である．土石流は発生源の土砂だけでなく移動する過程で渓床に堆積した崩壊堆積物や渓床堆積物，流木を取り込みながら肥大化し，節理に沿って発達した直線的な渓谷（縦断方向の勾配は上流部で 20～25°，中流部で 10～15°，下流部で 7～10°）を流下した（図 I.2.19）．流下痕跡から判断して土石流は中流部で停止しており，河口部の集落に被害を与えたのはその後続の流れである．この流れが河口部の集落を直撃し，家屋の全半壊や浸水など大きな物的被害をもたらした．軽傷を負った人はいたが，さいわい死者，重傷者は出なかった．

土面川流域では，それから 18 年後の 1997 年 9 月にも，台風 19 号に伴う集中豪雨（総雨量 2122 mm，日雨量 1178 mm）によって土石流が発生した．この土石流は上流域の深層崩壊（最大幅 150

図 I.2.19 北西～南東方向の走行をもつ節理に沿って発達した谷に形成された土石流の流下痕跡（土面川流域）

図 I.2.20 1997 年の豪雨で発生した大規模深層崩壊（土面川流域）

図 I.2.21 崩壊後 5 年が経過した表層崩壊跡地（白谷川流域）
(a) 崩壊跡地全景, (b) 崩壊跡地の窪みに侵入したスギ．

m，長さ 200 m，最大深さ 10 m）を起源として発生し，大規模で，流出した土砂量は少なく見積もっても 10 万 m³ は下回らない（図 I.2.20）．土面川流域では 1979 年の災害後治山・砂防工事が行われており，災害の発生を防いだ．

2.2.3 表層物質更新後の斜面における植生回復

屋久島南西部に位置する小楊子川上流域と黒味川上流域，北部の宮之浦川上流域，北東部の白谷川上流域に調査地を設け，急斜面に形成された年代の異なる表層崩壊跡地の植生を調べた（下川・地頭薗，1984，1987）．調査地は標高 700～1350 m の範囲にあり，スギが多く分布する．崩壊跡地の年代は，そこに侵入したスギを指標植物として推定した，調査時点（1983 年または 1984 年）を基準にした崩壊後の経過年数である．この結果に基づいて表層物質更新後の植生回復状況を概観する．

崩壊後 5 年が経過した表層崩壊跡地（白谷川上流域）では，植生の侵入はその周縁部や窪みなど，地表面が比較的安定し水分条件に恵まれた場所に限られ，個体数はごく少ない．そのため跡地全体としては裸地が広い面積を占める（図 I.2.21(a)）．侵入種として，スギ，サクラツツジ，ヒサカキ，アセビ

図 I.2.22　表層崩壊跡地における植生回復状況
（小楊子川流域）
(a) 崩壊後 40 年，(b) 同 180 年．

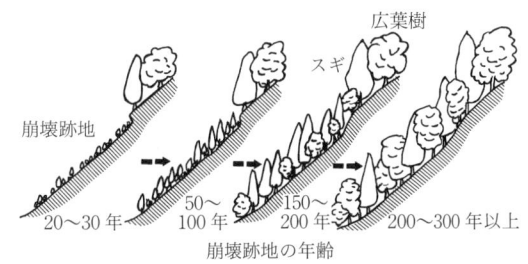

図 I.2.23　表層崩壊跡地における植生回復過程の概念図
（下川・地頭薗，1984）

などがあげられる．それらの中で，崩壊と同時に侵入し個体数が多いのはスギである（同図(b)）．

時間の経過とともに侵入した植物が生長し，跡地の表面が安定化するにつれ，植物の個体数も増加する．崩壊後の経過年数 40 年の跡地（小楊子川上流域）では，植物の侵入個体数は単位面積（$1 m^2$）あたり 4～30 で，スギが多く出現している（図 I.2.22(a)）．ごく部分的に裸地が存在するものの，跡地の全体がまんべんなく植生で覆われる．土壌が未発達のためか，スギは大きいもので樹高 8 m，胸高直径（地表面からの高さ 1.2 m の位置で測定した幹の直径）10 cm 程度で，生長は悪い．崩壊後の経過年数 100 年程度の跡地（白谷川上流域）においては，個体数は減少するが引き続きスギが主要な種となって植生を構成している．

崩壊後の経過年数 180 年の跡地（小楊子川上流域）では植生の遷移が進み，一見しただけでは周辺の植生と見分けることが難しい．その状況は，スギが中心になるものの，サクラツツジ，ツガ，ヤマグルマ，シキミ，ハイノキなどの樹種が加わり組成種の多様化がみられる．スギの個体数はこのころにな

るとかなり減少し，跡地（面積 300～400 m^2）あたり 20 程度である（図 I.2.22(b)）．さらに崩壊後 200～300 年が経過した跡地（小楊子川上流域，白谷川上流域）では，スギの個体数は一段と減少し（1 跡地あたり 10 以下），植生は，スギ，ツガ，ヤマグルマ，サクラツツジ，シキミ，ハイノキなどの植物が混在した状況を呈するまでに遷移している．以上の表層崩壊跡地における植生の回復状況を模式的に示すと，図 I.2.23 のようになる．

2.2.4　表層物質更新の回帰年の推定

小楊子川上流域の小流域（面積 0.069 km^2，高度 1100～1300 m，傾斜 20～40°）と白谷川上流域の小流域（面積 0.075 km^2，高度 850～1070 m，傾斜 30～40°）において，斜面に刻まれた崩壊跡地を現地で確認するとともに，その形成年代を同定した（下川・地頭薗，1984，1987）．図 I.2.24 は小楊子川上流域の小流域における山崩れ跡地の分布図である．渓流沿いの急崖で一部みられる節理性岩崩落による跡地を除いて，表層崩壊跡地が大部分を占める．小流域内には数多くの山崩れ跡地が分布している．その面積は 200～500 m^2，崩壊深は 0.5～1.5 m である．

小流域内の斜面に刻まれた崩壊跡地の約半数の 49 か所について，各々の跡地に侵入したスギの樹齢を指標として崩壊跡地の年代を同定した．スギの樹齢は小径木を除いて直接測定することが困難なため，現地では幹周囲長を測定し，幹の大きさから間接的に推定することとした．そのため，図 I.2.25 に示すように，今回の測定結果と既往の測定結果（堀場，1977；柿木，1940；真鍋・川勝，1966；西・東，1938；西ほか，1938）に基づいて幹周囲長と樹齢の関係図を作成した（下川・地頭薗，1984）．図によると，スギの生長は立地条件によると考えられるが，推定される樹齢は幹周囲長に対して一定の幅をもつ．柿木（1940）のデータが平均的な値を示しているので，この曲線を用いて樹齢を推定した．

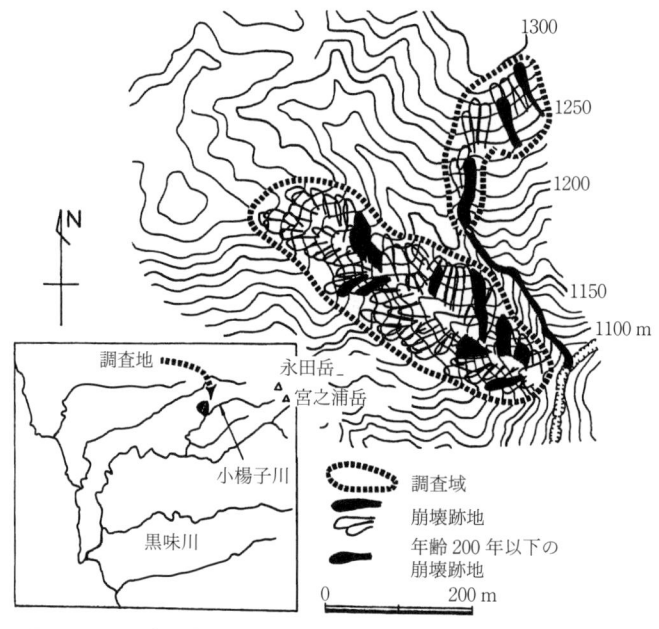

図 I.2.24 山崩れ跡地の分布図（小楊子川流域）（下川・地頭薗，1984）

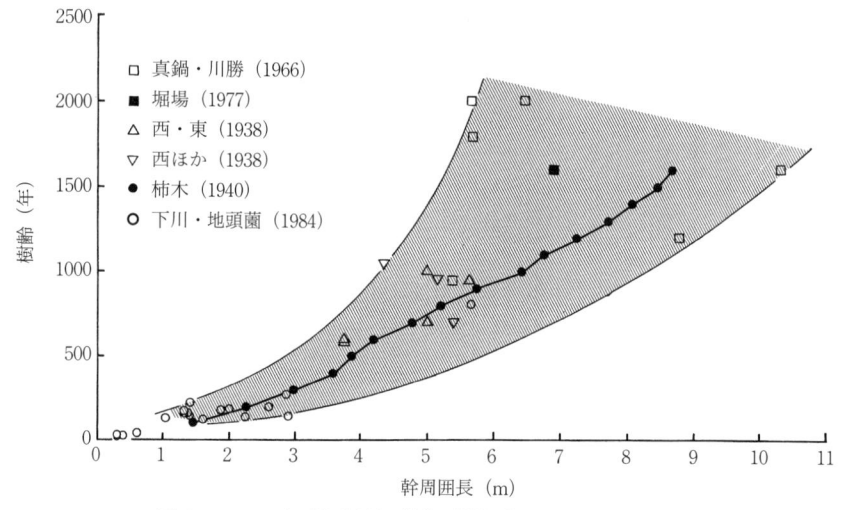

図 I.2.25 スギの幹周囲長と樹齢の関係（下川・地頭薗，1984）

　年代が近接した表層崩壊跡地を，同じ年代に発生したものと見なして一括すると，1983年を基準にした経過年数で，38～40，78～80，110～130，150～180，210～230，320～370，420～460，540～560，630，690～750，800～830，880，970～980となった．そのうち最近200年以内の表層崩壊跡地は，図I.2.24に黒塗りで表示している．また，図I.2.26は，100年刻みで描いた49か所の崩壊跡地の頻度分布図（100年刻みの頻度と累積頻度）である．
　これらの分析結果から，次のようなことがいえる．①山崩れ跡地は年代を異にすることによって調査対象の小流域全体をカバーしている．②小流域では数十年～100数十年の時間間隔をもってどこかの斜面で山崩れが発生している．山崩れ跡地が小流域内の全斜面を覆ってしまうまでの期間は，最も古い跡地の年代から考えて1000年程度と推定される．③1000年程度経過すると，過去に刻まれた崩壊跡地と同じ斜面に再び山崩れが発生する．これに連動して，斜面の表層物質は少なくとも1000年の周期で更新される．

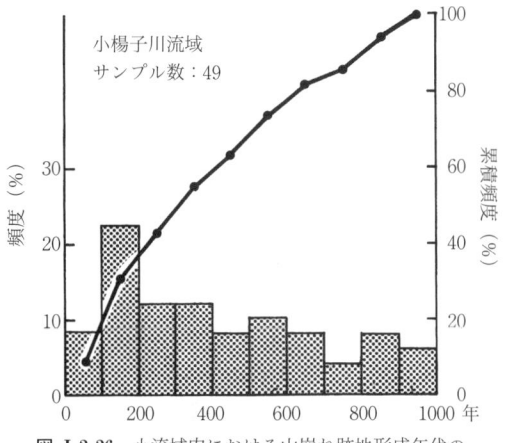

図 I.2.26 小流域内における山崩れ跡地形成年代の頻度分布図（小楊子川流域）

白谷川上流域の小流域でも同様な作業を行った。その結果、表層物質更新の周期は1400年程度と推定された。小楊子川上流域のそれより長いが、推定値であるので本質的な差ではないと考えている。磯（1984）は、山崩れが山地全体に行き渡るまでの期間を別な方法で推測し、1150年としている。これらの結果は、屋久島の花崗岩山地では1000年程度のサイクルで表層物質が更新されることを示唆するものである。

2.2.5 表層物質の更新と土壌断面

前述したように、流域内の斜面には形成年代の異なる山崩れ跡地が分布している。これに合わせ、斜面によって表層物質の発達度や土壌層位は異なっているはずである。植生を調査した同じ崩壊跡地に設けた土壌断面の観察結果（下川・地頭薗、1984、1987）に基づいて、そうした考えを確かめる。

崩壊後5年の表層崩壊跡地（白谷川上流域）は、一部にマサ状の風化物が分布するが、乳白色ないし灰白色の岩塊が露出し、土壌の母材となる土砂の集積は窪みのごく一部に限られ、土壌の発達は認められない。崩壊後40年の崩壊跡地（小楊子川上流域）では、窪みにおける土砂の集積は面的に広がりつつあるが、土壌の発達を促す腐植層の形成は未だ貧弱である。図I.2.27(a)は、崩壊後180年程度が経過した表層崩壊跡地の土壌断面である。場所は、小楊子川上流域の小流域内の斜面（高度1210〜1230 m、傾斜30〜35°、向き南南東）の中央部に位置する。植生はスギを中心に、サクラツツジ、シキミ、クロキ、ハイノキなどで構成される。土壌断面は表面からA_0・A・B・C層に区分でき、すべての層位が揃っている。しかし、B層までの深さは58 cm程度で浅く、色は暗灰褐色ないし明灰褐色を呈し、その発達度は未熟である。同図(b)は、崩壊後830年の表層崩壊跡地における土壌断面である。場所は、小楊子川上流域の小流域内の斜面（高度1150〜1170 m、傾斜33°、向き北東）の中央部に位置する。植生は、スギ、ヤマグルマ、サクラツツジ、シキミ、ハイノキなどの種から構成される。この断面では、土壌生成作用は深くまで及び、B層までの深

図 I.2.27 表層崩壊跡地の土壌断面（小楊子川流域）
(a) 崩壊後180年、(b) 同830年.

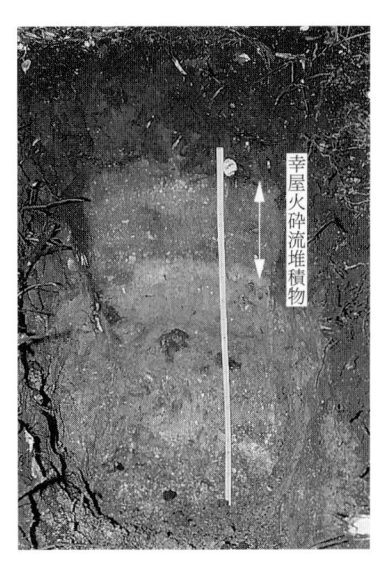

図 I.2.28 尾根部緩斜面の土壌断面
（小楊子川流域）

さは137 cmにも達し，褐色ないし暗褐色の成熟した土壌に発達を遂げている．

一方，急斜面の表層物質と比較するため，尾根部の緩斜面に土壌断面を設けた（図I.2.28）．場所は，小楊子川上流域の同じ小流域内の尾根部（高度1320 m）に位置する．植生は，スギ，モミ，ヤマグルマ，サクラツツジ，シキミ，ハイノキなどからなる．この土壌断面には，前記の表層崩壊跡地では存在しなかった幸屋火砕流堆積物が，現在のA層の下位に22 cmの厚さで観察された．この堆積物は，火山灰や軽石などの火山砕屑物からなり，色調は黄褐色を示す．よくみると，花崗岩の微小岩片を含むが分級度が悪いことから，侵食による2次的堆積物ではない．すぐ近くの登山歩道上にはこの堆積物の露頭が広く観察されるので，この一帯の土壌は，かなり長い間，少なくとも火砕流堆積以後の6300年間は同じ場所にとどまっていると考えられる．幸屋火砕流堆積物の下位には，旧土壌と考えられる厚さ30 cmの赤褐色土壌と淡褐色土壌が観察される．尾根部の緩斜面では崩壊や侵食が生じにくいため，表層物質は長きにわたって安定性を保っているようである．

このように，急斜面では，表層物質は山崩れ跡地の年代に応じて発達度や土壌層位を異にして流域内に分布している．また，急斜面と尾根部緩斜面では，表層物質の態様や安定性に大きな違いがある．

2.2.6 斜面表層物質の更新とスギの樹齢

表層物質の更新は，急斜面における植生遷移の進行を中断させ，長寿木としてのスギの樹齢を制限している可能性がある．このことを確認するために，小楊子川上流域の小流域において急斜面に生えたスギの樹齢と尾根部緩斜面のそれを比較した（下川・地頭薗，1984）．

図I.2.29は，幹周囲長測定結果をスギの立地位置によって，尾根部緩斜面と急斜面の2つの地形に区分して階級別頻度分布を示したものである．いずれの区分においても幹周囲長は広く連続した分布を示すが，これはスギの維持更新の条件となる攪乱が一定の間隔で連続して生じていることによるものであろう．また，急斜面と尾根部緩斜面との間でスギの幹周囲長構成に大きな差が認められる．すなわち，急斜面に立地したスギの幹周囲長は大部分5 m以下，最大のものでも6 mであるのに対し，尾根部緩斜面に立地したスギの最大値は10 mにも達する．幹周囲長から樹齢を推定すると，急斜面における幹周囲長の最大値6 mはスギが平均的な生長をしたとして，樹齢900～1000年となる（図I.2.25参照）．一方，尾根における幹周囲長の最大値は，スギが良好な生長をしたとしても樹齢約1500年に相当する．ところで，スギの生長は斜面に比較し尾根部緩斜面は劣るとされている．このことが屋久島におけるような天然スギにも成立するとすれば，尾

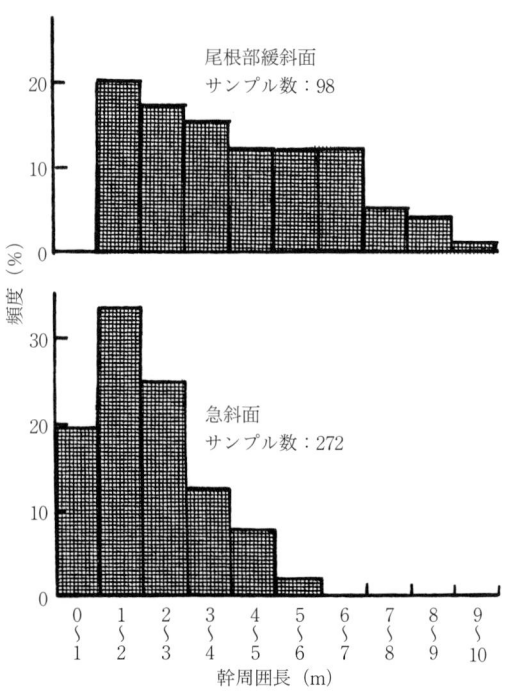

図 I.2.29 急斜面と尾根部緩斜面におけるスギの幹周囲長分布（小楊子川流域）
（下川・地頭薗，1984）

根における幹周囲長の最大値10 mに相当する樹齢は，1500年よりさらに大きくなる．以上の結果は，スギは環境によっては長命となるものの，急斜面では表層物質の更新によってその寿命が制限されていることを示唆するものである．

（下川悦郎・地頭薗　隆）

文　献

堀場義平 (1977)：屋久島天然性林におけるスギの更新状態について．日本林学会誌，**15**-3, 2-14.

磯　望 (1984)：小楊子川流域の地形．環境庁自然保護局編，屋久島の自然（屋久島原生自然環境保全地域調査報告書），pp. 41-61, 日本自然保護協会．

柿木　司 (1940)：屋久杉林の成立に関する研究．研修，**25**-3, 34-55.

真鍋大覚・川勝紀美子 (1966)：屋久杉の年輪から解析された古代気象の永年変化と大風の変遷．九州大学農学部演習林報告，No. 22, 127-158.

西　力造・東　巽 (1938)：屋久杉材の研究（第1報）．鹿児島高等農林学校学術報告，No. 13, 117-149.

西　力造・東　巽・木村大造 (1938)：屋久杉連年直径成長の経過．鹿児島高等農林学校学術報告，No. 13, 151-164.

下川悦郎 (1984)：崩壊地の植生回復過程．林業技術，No. 496, 23-26.

Shimokawa, E. (1984): A natural recovery process of vegetation on landslide scars and landslide periodicity in forested drainage basins. *Proc. Symp. Effects of Forest Land Use on Erosion and Slope Stability, Hawaii*, pp. 99-107.

下川悦郎・岩松　暉 (1982)：屋久島永田における山くずれ・土石流災害（その1）．新砂防，No. 123, 26-31.

下川悦郎・岩松　暉 (1983)：屋久島永田における山くずれ・土石流災害（その2）．新砂防，No. 126, 20-27.

下川悦郎・地頭薗　隆 (1984)：屋久島原生自然環境保全地域における土壌の居留時間とヤクスギ．環境庁自然保護局編，屋久島の自然（屋久島原生自然環境保全地域調査報告書），pp. 83-100, 日本自然保護協会．

下川悦郎・地頭薗　隆 (1987)：屋久島生物圏保護区における斜面表層物質の滞留時間の推定と植生への影響評価．屋久島生物圏保護区の動態と管理に関する研究「環境科学」研究報告集，B 335-R 12-12, 32-49.

II 屋久島の植物相と植生

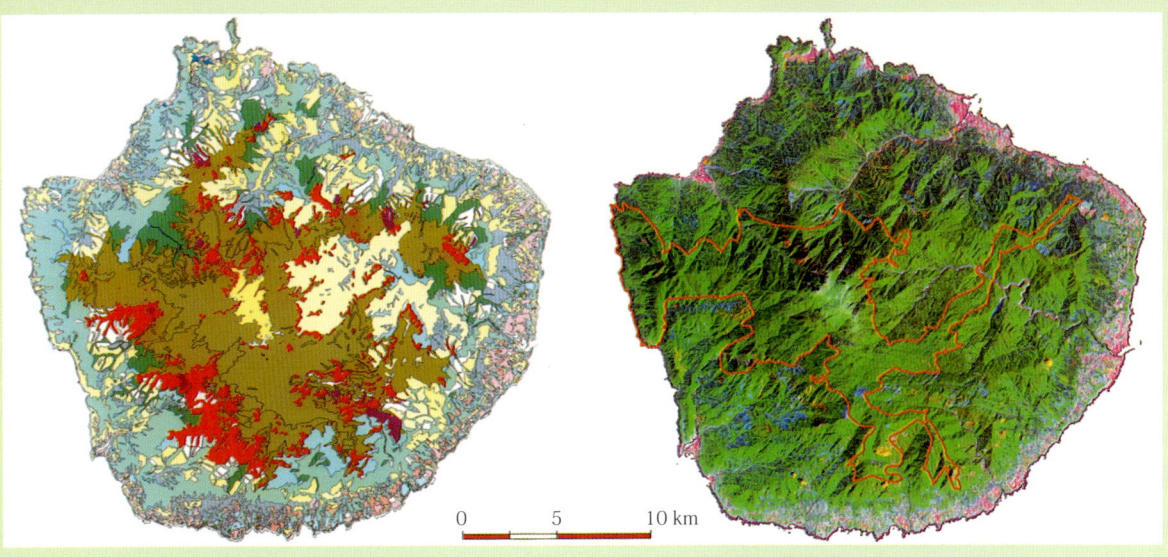

植生図と衛星データによる屋久杉分布域の同定
（本文図 II.6.3 参照）

2時期（1984年と1997年）の衛星データによる変化
強調画像（本文図 II.6.4 参照）

[作成：沢田治雄]

隆起サンゴ礁に生えるイワタイゲキ（左）とイソマツ（右）［7月］

草地のハマオモト

大株歩道，標高1100m付近の屋久杉林のギャップ
（© 屋久杉自然館）

[撮影：日下田紀三]

山頂帯の花崗岩とビャクシン［6月，投石平付近］

西部林道南部，標高250m付近のヤクタネゴヨウ

ギャップにみられるスギの幼樹
［花山原生地域，標高800m付近］

屋久杉林上部［5月，宮之浦岳登山道，標高1500m付近の第2展望台より］

投石岳南斜面，標高1700m付近の風衝林［6月］

石塚山〜石塚小屋の尾根，標高1500m付近のモミ

［撮影：日下田紀三］

蛇紋杉の倒れた後の根（左）と幹に育つスギの幼樹（© 屋久杉自然館）

白谷雲水峡，標高700m付近の二代杉にみられる着生
ヤマグルマ，サクラツツジなど．

安房林道，標高1100m付近のツガにみられるさまざまな着生

着生するナナカマド［11月，安房林道，標高1100m付近］

［撮影：日下田紀三］

第1章
屋久島の植物相とその特性

1.1 屋久島の植物相とその成立

屋久島は植物自然が豊かで，日本列島の植物たちの生き方の縮図がみられるといわれる．種類数も格別に多いと思われている．しかし，屋久島の植物相をみていくと，ひどく妙なところもある．屋久島に分布していてもおかしくない種であるのに，分布が知られていない植物が案外と多い．この屋久島の植物相とその来歴について考えてみたい．

屋久島は，第四紀のウルム氷期には九州南部から種子島を通じて大陸と接続していたと考えられる（図II.1.1）．だから，大陸系の豊かな植物相を受け取る機会があったに違いない．

この屋久島の植物相の調査研究は100年以上も前，1890年代に開始され，その後多くの植物研究者が屋久島を訪れ，採集を行い，新分類群を報告している．その初期，1909年に牧野富太郎は屋久島の調査を行い，ヒメヒサカキ，ヤクシマシオガマ，ホソバハグマ，カンツワブキ，ヒメコイワカガミなどの多くの新種や新変種を記載した（牧野，1909など）．1914年にはアメリカのアーノルド樹木園のウィルソン博士（E. H. Wilson）が屋久島を訪れ，林床植物，特にシダやコケ類の豊富さ，よく茂った原生林に驚嘆している（Wilson, 1916）．最大のスギの切株，ウィルソン株は彼によってその存在が世に広められた．20世紀の初めには九州の南に屋久島という植物が豊かに茂っている島があることは，植物研究者の間に広く知られ始めたのである．

屋久島には，九州から南西諸島地域の植物相の調査研究に尽力した田代善太郎や小泉源一も，もちろん訪れている．小泉は，ヤクシマオナガカエデ，アマミゴヨウ，ヤクシマカワゴロモ，オオゴカヨウオウレンなどを記載発表している（小泉，1914など）．

しかしこの多様な屋久島の植物相の全体像を明らかにしたのは，正宗厳敬である．彼は1922年の最初の屋久島調査から始まり，10年間以上もかけて屋久島の植物相の調査を行った．当時の屋久島は東京から訪れるのはなかなか難しいことだったが，正宗は，学位論文の標本資料を採集するために10年あまりの間に9回も調査に訪れている．まだ開発破壊される前の屋久島の原生自然の森林を最も詳しく踏破し，調査した研究者である．その成果は1934年に"Floristic and geographical studies on the island of Yakushima, Province of Ohsumi"という640ページ近い大論文としてまとめられた．彼は数多くの新種，新変種を屋久島から報告している．その中には屋久島に特徴的な山頂部の矮小化した植物が多数含まれている．また，正宗が採集報告はしたが，その後は誰も採集していない植物も散見される．その後は彼ほどくまなく，時間をかけて屋久島を歩いた研究者はいないから，どこかに人知れずに生き残っているかもしれない．残念なことに彼が引用している標本の多くは"Yakushima"としか記録されていなくて，正確な場所がわからない．

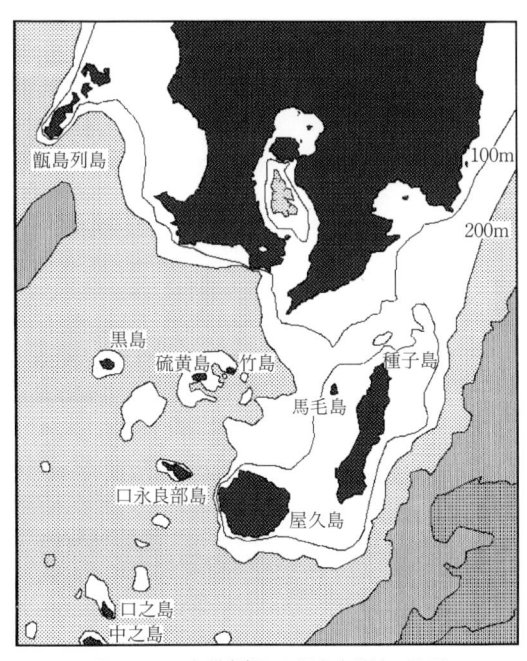

図 II.1.1 九州南部から屋久島地域の地形

戦後は，さらに多くの研究者が屋久島での調査を行った．その中でもシダの分類研究者として著名な田川基二（京都大学）は，戦前から戦後にかけて屋久島を5回も訪れ，日本では最も多様な屋久島のシダ植物相をほぼ解明した（田川，1932など）．初島住彦（鹿児島大学）は戦前から最近まで10数回もの訪島を行い，多くの新知見を得ている．その成果は『北琉球の植物』（初島，1991）に手際よくまとめられている．

1980年代以降にもMurata and Yahara (1985)によるハナヤマツルリンドウの発見，光田重幸（1984）によるムカシベニシダなどの発見があり，屋久島固有植物群についてはYahara et al. (1987)による詳細な分類学的再検討が行われている．ヤクシマイトラッキョウも数年前に固有の新変種として報告された（堀田，1998）．まだまだ未発見の植物が屋久島には存在している．

しかし屋久島での植物相の研究は，新しい屋久島産植物の発見報告から，さらに集団や集団間の変異の解析，貴重な屋久島産植物集団の保全へと研究の重点を移している．青山（2001）の屋久島の植物についてのスケッチには，それを予感させる多くの例がまとめられている．

また，屋久島の植物相の研究史については，詳しい文献リストを伴ったまとめが初島（1991）によって行われている．さらに興味がある方はそれを参照してほしい．

1.1.1 屋久島に分布を欠く植物群—ブナ科の場合—

亜熱帯から冷温帯までの日本列島の植生帯が屋久島に凝集されているとよくいわれる（図II.1.2）．本当にそうなのか．北半球の森林植生の中核を構成しているブナ科の樹木の分布をみると，いろいろな問題が浮かび上がってくる．

a. 落葉性のブナ科植物の欠落

ブナが屋久島に分布していないことはよく知られている．屋久島の上部は，ブナの生育ゾーンとなる温量指数で85度以下の冷温帯域である．大量の降水でブナが好む湿潤さも保たれている．それなのにブナは見つからない．日本列島でのブナの分布南限は大隅半島高隈山系の大篦柄岳（オノガラ）（1237 m）周辺であるが，そこでは標高1000 mほどから上部にみられる．その分布域は高隈山系の中でも花崗岩地域で，同じ山系で，基盤岩が堆積岩で形成されていて，標高はあまり違わない御岳（1182 m）にはブナはみられない．代わりにミズナラが生育する．屋久島高地が花崗岩でつくられているからブナが生育

図 II.1.2 屋久島の植生の中核的な部分．スギを混生する屋久島の温帯林（白谷雲水峡付近）

できないというわけではない．寒冷なウルム氷期の時期にもブナは屋久島には侵入できなかったのか，屋久島高地にブナが生育できない，何か生態的な要因があるのかが大きな問題であろう．

ブナやミズナラだけでなく落葉性のブナ科植物であるイヌブナ，クリ，クヌギ，コナラなども見事にまとまって屋久島には分布を欠く（初島，1986；鹿児島県，2003）．これら落葉性のブナ科植物では，分布の欠落を温暖多湿な屋久島の生態環境で，常緑性の広葉樹との生育地をめぐる競争に敗れて分布圏を失ったと説明ができるかもしれない．

b. 常緑性のブナ科植物の分布

常緑のブナ科植物は九州南部には，ツブラジイ，スダジイ，マテバシイ，ウバメガシ，アラカシ，ウラジロガシ，アカガシ，イチイガシ，シリブカガシ，ツクバネガシ，シラカシ，ハナガガシの12種類が知られているが，そのうちの半数，スダジイ，マテバシイ，ウバメガシ，ウラジロガシ，アカガシ，アラカシ（本当の自生かどうかには問題がある）の6種だけが屋久島に分布している．

立派な照葉樹の森が繁茂するにもかかわらず，屋久島には，九州南部には分布するシリブカガシ，イチイガシ，ハナガガシ，シラカシなどの常緑のブナ科植物も，落葉性のブナ科植物のように分布を欠く（図II.1.3）．わずかにみられるというアラカシも天然分布なのか，人間による移入なのかよくわからない．「これこそ本来の野生だ」と思われるようなア

種類数との関係では，面積が狭く生態環境が単純であると種数は少ないという「種数の多少は島の面積と地形的な多様性と関係している」という島の種数に関する法則が屋久島の植物相にもきちんと作用しているのだろう（木元, 1979 に詳しく解説されている）．

今，九州南部から南西諸島地域を九州南部，屋久/種子島地域，トカラ列島地域，奄美群島地域，沖縄群島地域，八重山諸島地域に区分して，それぞれの地域に産する種子植物の種類数と陸地面積をみると（表 II.1.1：堀田編, 1996 による），面積がトカラ列島を除く他の島嶼地域の 8～13 倍になる九州南部は断然多くて 1800 種近く，他の島嶼地域は屋久/種子地域は確かに多いが 1150 種あまり（屋久島だけではさらに少なくなる），奄美・沖縄・八重山のいずれも 1050～1100 種ほどが知られている．面積がやや広い奄美地域よりも屋久/種子地域が種数は多いが，飛び抜けて多いとはいえないし，大陸地域と比較的最近まで接続していた地域と，古くに隔離された奄美や沖縄地域とでは，後者が種数が少ないのは隔離効果として認めてもよいだろう．というわけで，屋久島が特別に多い種数を有しているわけではない．島ごとの面積と産する種数とを比較しても，高い山を有し，生態環境が多様な屋久島が他の島よりも多い種数を有してはいるが，島の面積あたりの種数としては特別な異常値ではないのである．

トカラ列島地域は面積的にはひどく狭い（九州南部の 60 分の 1）だけでなく，やや古い火山島である黒島を除けば，すべて島として形成されてから数万年ほどの比較的若い火山島であり，分布する種類数も少ない．

島の生物相の種数は，島外からの移入される種と島内での種の絶滅のバランスで決定され，それに加えて島内での新種の形成がある．屋久島ほどのサイズで，地形の変化に富んでいても，島の自然環境で長く生存を続けられる種数は，最大限のサイズ（飽和種数）があることになる．そのことが，ブナ科の

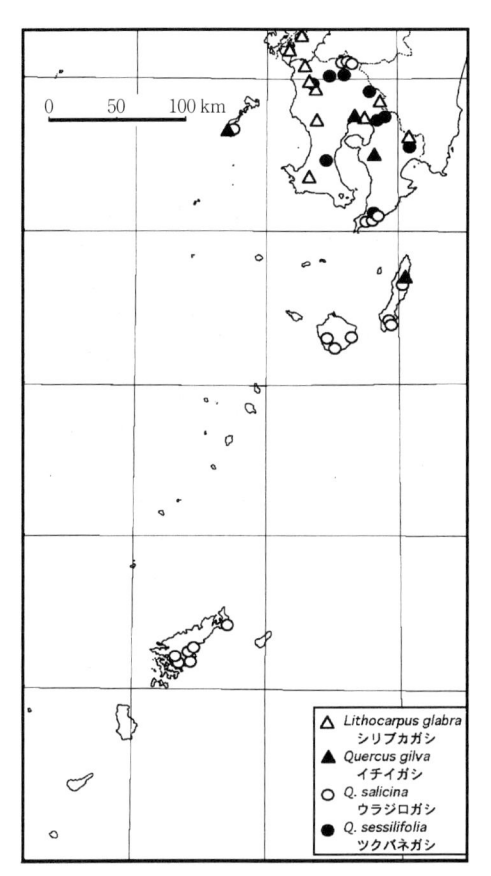

図 II.1.3 九州南部から奄美群島にかけての常緑カシ類の分布

- △ *Lithocarpus glabra* シリブカガシ
- ▲ *Quercus gilva* イチイガシ
- ○ *Q. salicina* ウラジロガシ
- ● *Q. sessilifolia* ツクバネガシ

ラカシを私はみたことがない．

シリブカガシやハナガガシは，九州南端部の地域には分布を欠くから，その延長上の屋久島には分布しないこともわかるような気もするが，ツクバネガシは大隅半島南部に，イチイガシは種子島にも分布しているが，屋久島に分布を欠くのである．落葉樹と常緑樹の競争で，屋久島では常緑樹が優勢になり，落葉性のブナ科植物の種が欠けるという考えでは，これら常緑性のブナ科植物の欠落は説明できない．「屋久島の植物相の構成が少々変だ」というのは，気候環境的にはあってもよい種の分布が欠落することに，よく現れている．

もし屋久島が日本列島の照葉樹林の典型・代表というなら，もう少し常緑のカシ類の種がいろいろ生育していてもよいと思われる．

c. 面積と生態環境の多様さと種類数

屋久島で落葉性のブナ科植物だけでなく，九州南部には生育する常緑性のブナ科植物の半数近くの種が分布していないということは，島の面積と地形（生態的ニッチの多様さ）と，その島に生育できる

表 II.1.1 九州南部から琉球列島の各地域ごとの原生・帰化種数，および帰化率と地域の面積

地域	種子植物種数			帰化率（％）	地域の面積（km²）
	原生	帰化	合計		
九州南部	1773	226	1999	11.3	9641
屋久/種子島	1164	112	1276	8.8	956
トカラ列島	714	88	802	11.0	159
奄美群島	1007	193	1200	16.1	1234
沖縄群島	1084	253	1337	18.9	696
八重山諸島	1039	135	1174	11.5	794

場合は落葉性の種は完全に欠落し、常緑性の種も九州南部の約半数ほどの種数しか屋久島には分布していない基本的な条件になっている。それとともに、問題になるのは、どのような形態的、生態的な特徴をもった種が屋久島に分布を欠くのかということである。この問題については、ブナ科以外の植物群も含めて後で再論することとしたい。

ついでに、人為的環境の広がりの指標として帰化植物の侵入についてみておくと、奄美群島と沖縄群島が特別に高い帰化率を示す。これはこの地域が亜熱帯気候域で、熱帯系の帰化植物が侵入・定着しやすいことがあるだろうが、同じ気候域の八重山群島の帰化率はそれほど高くはない。また屋久/種子地域は明らかに低い（1995年の状況：堀田編、1996による）。この地域は総体的に人為的攪乱の程度が低いと考えられる。しかし、世界自然遺産に指定されてから、各種の開発工事が多くなり、たとえば安房の町立屋久杉自然館、県研修センター、それに環境省の世界遺産センターの集中した工事が、セイタカアワダチソウの屋久島への初期侵入の地点になっていたり、道路法面の吹き付け工事でイタドリやオオイタドリが各地に侵入しているので、屋久島の帰化植物率も高まってきている。

1.1.2 スギの島

北半球の温帯圏では、日本列島は温帯系の針葉樹の種類も森林面積も多い地域である。モミ、ツガ、サワラ、ヒノキ、クロベ、アスナロ、そしてスギと、いずれも立派な森林をつくる温帯系の針葉樹が分布する。中でも屋久島は多くの温帯系針葉樹を有している。

a. 屋久島の温帯系針葉樹

温帯系の針葉樹の種類をみると、屋久島には、カヤ、イヌマキ、ナギ、イヌガヤ、モミ、ヤクタネゴヨウ、アカマツ、クロマツ、ツガ、スギ、ヒノキ、ビャクシンと、多くの種が記録されている（初島、1986）。そしてこの屋久島産の12種のうちの実に4分の3に当たる9種が、屋久島が分布の南限となる。また、ヤクタネゴヨウは屋久島と種子島に固有な種である。九州南部に分布して屋久島にはみられない温帯系針葉樹は、イチイ、バラモミ、ヒメコマツの3種で、いずれも大隅半島高隈山系が南限となっている種である。また、温帯系針葉樹とはいえないが、屋久島にはソテツの自生分布記録がないのは不思議なことの一つである。

屋久島は低地では照葉樹、山地ではスギの王国といわれる。それほどまでに見事なスギの森林が発達する背景には、温帯系針葉樹種の多様性が日本列島

図 II.1.4　スギが優占する温帯林（小杉谷ヤクスギランド）

図 II.1.5　ヤクタネゴヨウの巨木（屋久島南部破沙岳）

の中では最も高い地域であり、モミやツガ、あるいはヤクタネゴヨウの巨木がある（図 II.1.4, III.1.5）。温帯系針葉樹が頑張っている地域でもあることがあずかっているだろう。

しかし、西南日本ではごく普通なアカマツは、屋久島では知られているのは3集団で、それも少数個体しかない稀少種になる。イヌガヤやカヤも屋久島では稀少種である。ビャクシンはもともと集団数の多い種ではないが、屋久島でも分布地は限られている。

b. 温帯系針葉樹林の分布

日本列島における温帯系の針葉樹林の分布は、降水量とそれの季節的な分布によく対応している。これらの針葉樹は、種としては広い地域にわたって分布してはいるが、まとまった林分としての分布をみると、北海道南部から東北地方太平洋側、そして本州中部には鱗片状の葉を有するクロベ林が、東北南部太平洋側から九州にかけては線形の葉を有するモミ・ツガ林が分布し、このモミ・ツガ林地域の尾根筋などの生育環境としてはやや乾燥する場所に鱗片状の葉を有するヒノキ林がみられる（堀田、1981）。またカラマツは、その自然分布地域は、降水量が少なく、年間の気温較差の大きい本州中部の冷温帯上部である（図 II.1.6）。常識的にはカラマツは亜寒帯針葉樹と思われているが、日本のカラマツは温帯系の針葉樹と考えられる。

屋久島の森林を代表するスギは、秋田から中国地方の冬に大量に降雪する日本海側のウラスギと呼ばれるものと、夏期間に多くの降水があり、その中でも特に5〜10月の月平均降水量が200 mm以上にも及ぶ、北半球では異例な多雨地域（九州東南部、四国太平洋側の一部、紀伊半島東南部、東海地方東部など）に知られるオモテスギが区別される。屋久島と立山地域だけは冬も夏も、1年を通しして多量の雨や雪の形での降水がある。この地域ではスギの王国が成り立ち、屋久島のスギは屋久杉と呼ばれ、立山のスギはしばしば立山杉と呼ばれる。屋久島を除く太平洋側のスギは、広い面積のスギ天然林を形成することはないし、九州東南部（宮崎地方）にはスギが自然分布していたかどうかもはっきりしない。スギは日本列島に分布する温帯系針葉樹の中では特別に春の生育期に湿潤な生育環境を要求する樹種のようにみえる。

c. スギの来歴

北半球の温帯地域に主要な生育地を有するスギ科植物（南半球ではタスマニアにミナミスギ属だけが分布する）は、各属が少数、あるいは1種からなり、分布域は狭く、それぞれの属が隔離的な分布状態（遺存的な分布）を示す。アケボノスギ属、セコイアの仲間、ヌマスギ属などは第三紀の中ごろの、気候がまだ温暖で湿潤であった時代には比較的広い分布領域を有していたが、気候の乾燥・寒冷化に伴って急速に分布域を狭め、現在のような分布域を示すようになることが知られている（Florin, 1963）。

ところが、化石から知られる限りは、スギは広い分布域を確立したことはないし、その起源は他のスギ科植物群に比較すると新しい（Nishida and Uemura, 1997）。スギの古い化石はシベリア東部の第三紀中ごろから知られているし、それに続いて日本列島からも化石が産出されるようになる（図 II.1.7）。第四紀の寒冷な時期には、たぶんスギ属植物は日本列島の比較的温暖で湿潤な地域と中国大陸南部にだけ生き残り、大陸の他の地域では絶滅した。

ウルム氷期の寒冷の時期には、日本列島の中でも限定された地域だけにスギは生き残っていたのみだろう。日本海側の現在のスギ分布域は、若狭湾付近から気候の温暖化とともに急速に分布域が北上したことが知られている（Tsukada, 1986）。太平洋側では、九州から中部地方にかけてはごく狭い地点に少数個体が生存し続けたかもしれないが、はっきりしたことはわからない。ただ屋久島だけは、温暖な

図 II.1.6 温帯系針葉樹林の地理的分布（堀田、1981 による）

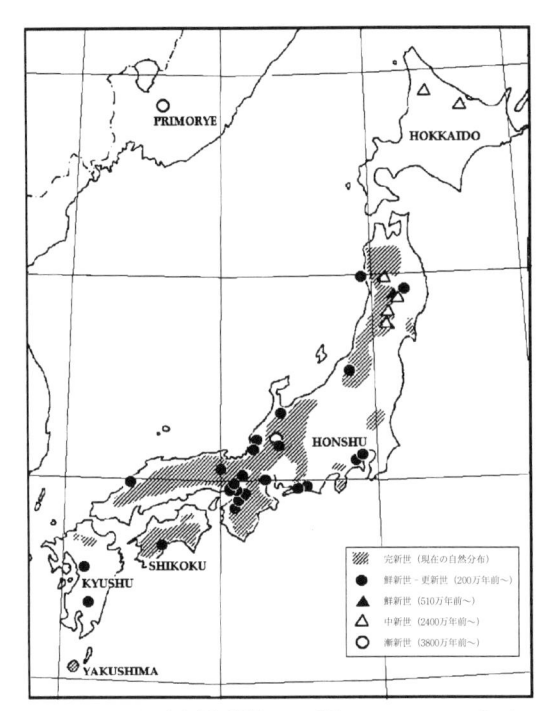

図 II.1.7 日本と周辺地域のスギ属 *Cryptomeria* の化石と現生種の分布（Nishida and Uemura, 1997 を改変）

図 II.1.8 樹齢 1000 年を超える屋久杉（白谷雲水峡）

時期も寒冷な時期も，スギは安定的な分布圏を確保していただろう．寒冷な時期の分布域の低下，温暖な時期の上昇はあっただろうが，屋久島の標高 2000 m にも達する地形は，気候の変動に対応するこのようなスギの生育圏の下降と上昇の移動を可能にしていただろう．

現在では九州から本州中部にかけての夏期間は著しい多雨地域であるが，氷期の寒冷な時期には大陸的な気候が卓越して，多雨地域は消滅していたと推定される．たとえば夏期間に大量の雨をもたらす梅雨前線は，氷期の寒冷期には九州南部地域までしか到達していなかったと考えられるし，日本列島に雨をもたらす台風の進路も異なっていただろう．寒冷期の乾燥気候が太平洋側でも卓越し，その結果，この地域でのスギ自然林が衰退，あるいは消滅したことが，現在では，多雨条件下にある日本列島太平洋側の地域には広い面積のスギ自然林がみられない原因の一つと思われる．そして屋久島だけは，日本列島の中で寒冷期でも暖温帯域に位置し，夏の多雨と冬の多雪という気候環境を保持し続けた地域である．そこでは多くの温帯系の針葉樹，特にスギがたくましく生き続けてきた地域であり（図 II.1.8），そのような生態環境下では温帯系の落葉樹が生育地を確保することは少々困難なことだった．それが現在みられるような少しいびつな屋久島の樹木相の種類構成に反映されているのだろう．

1.1.3 温帯系植物群の南限地域―日本列島の中で―

九州南部から屋久島にかけては，日本列島の中では非常に多くの南限種が集中している地域である．温帯から亜熱帯に移行するこの地域は，南から分布してきた熱帯や亜熱帯系の植物群の北限地域として人々はイメージしている．しかし南方系の植物群の北上は，海岸線に沿っていろいろな程度に分布域が北上していて，はっきりした植物相の変化の急変（植物相の瀧）は存在していない．奄美群島，屋久島，大隅半島，四国南部，紀伊半島，あるいはさらに伊豆や房総半島と亜熱帯系や暖温帯系の植物群は，徐々にその種類数を減少させ，構成を変えていくのである．

a. 温帯系植物群の南限ということ

ところが温帯系の植物群についてみると，九州南部から屋久島地域での南限種（日本列島地域では南限となるが，台湾や中国南部には分布する種を含む）は，この地域の維管束植物約 3000 種の半数以上，1800 種にものぼる．

南西諸島の奄美群島，沖縄群島，先島群島には 1000 m を超えるような山岳地域はないし，温帯的な生態環境は奄美群島の湯湾岳，天城岳などの高地のごく狭い地域にみられるだけである．日本列島で

のまとまった温帯的な生態領域は屋久島で終わる.そのことが,九州南部から屋久島地域に南限種が集中する現象として現れてくる（堀田,2003a）.

しかし,九州南部から屋久島地域の南限の問題には厄介な点がある.台湾や中国大陸南部には屋久島につながるような温帯環境が存在している.南西諸島には分布を欠くが台湾や中国大陸には分布するという,日本列島では九州南部や屋久島が南限という種が多く存在している.それに対して,地球上の分布圏として九州南部や屋久島で南限という種も多い.さらに温帯系の種でありながら南西諸島の亜熱帯的な生態環境に適応的に進化した種もいくつも知られている（堀田,2003b）.単純に温帯的な生態環境が屋久島以南にはなくなるから,その環境に適応した種の分布圏が,屋久島で終わるということではないのである.いくつかの植物群で,分布域と分化の様相をみてみよう.

b. エビネ属の場合

熱帯域にも多くの種があるが,日本列島でも温帯系の多くの種を分化しているラン科エビネ属は,鹿児島県にレンギョウエビネ,サクラジマエビネ,キエビネ,エビネ,ハノジエビネ(変種),トクノシマエビネ(変種),キリシマエビネ,アマミエビネ(変種),ツルラン,オナガエビネ,ナツエビネ,サルメンエビネ,ヒロハノカランの10種3変種を産している(図II.1.9).またカツウダケエビネやタマザキエビネも徳之島から報告されている.さらにタカネ,ヒゴエビネ,ヒゼンエビネ,サツマエビネなどの種間の自然雑種も多く報告されている.日本列島では,1つの府県でこれほど多くのエビネ類を有している地域はない.そのうち日本の温帯域に分布するエビネ,ナツエビネ,サルメンエビネは屋久島には分布が知られていない.またキエビネはMasamune(1934)が報告しているが,確実な標本が見当たらないし,その後は誰も採集できない種である.エビネは種子島まで分布し,その変種や近縁種は徳之島や沖縄島に分布するが,屋久島には記録がないのはなぜなのだろうか.また,屋久島に分布を欠くナツエビネとサルメンエビネは台湾からヒマラヤ地域にも分布する種である.なぜ屋久島にこれら温帯系のエビネ類の分布が欠落するのか,その要因ははっきりしない.想像をたくましくするなら,これら温帯系のエビネの多くは,落葉樹林の比較的明るい林床や,常緑樹林でもやや明るい林床を好み,よく茂って薄暗い屋久島の常緑樹林の林床では暮らしにくかったのではないかと思われる.

キリシマエビネ(図II.1.10)は,屋久島の南西部の標高500m以下の山地にまれにみられ,数集

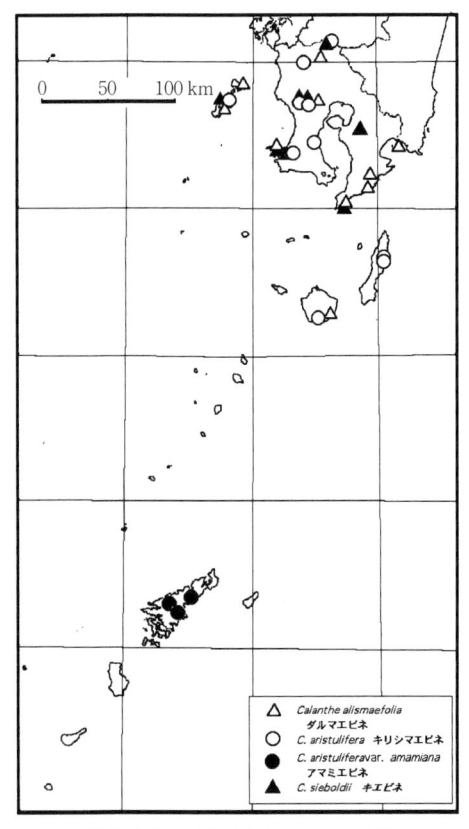

図 II.1.9 エビネ属 *Calanthe* の分布
ダルマエビネはヒマラヤから中国や台湾に分布する南方系のエビネである.

図 II.1.10 屋久島が南限となるキリシマエビネ

団が確認されている.また,キリシマエビネに近縁な島嶼隔離型の集団となったのが,奄美大島固有のアマミエビネや伊豆諸島のオオキリシマエビネであろう.

これら屋久島のエビネ類は,建設されつつある南

図 II.1.11 オオオサラン
屋久島南部の森林はラン科植物の宝庫である．多数の地生や着生，それに腐生の無葉ランが知られる．ボルネオやスマトラでもこれほどのランの王国には私は出会ったことがない．着生のオオオサランは北限種の一つで，生育地は限られている．

部林道を利用して，エビネ愛好家が生育地に侵入し徹底的な採取をすれば，屋久島に稀産したレンギョウエビネのように野生集団が絶滅する可能性が高いものである．たぶん，温帯系のエビネの種の欠落の原因の一つは，多くの分布限界地域でみられるように集団数や個体数がひどく少なくなり，その結果として容易に集団の減少から絶滅に至ったことと推定される．

屋久島南部地域は，この地域にキリシマエビネがみられることに象徴されるように，ラン科植物の宝庫である．林床は場所によってはツルランによって覆われ，シュスラン属やムヨウラン類の個体数も非常に多い地域である．また，夏の多湿条件から，オオオサラン（図II.1.11）のような，着生のランも多い．この地域に近い将来，現在建設が進行中の南部林道を利用して，多くのランマニアが簡単に近づき，乱採し，多くの種を絶滅させる事態も予想される．大変憂慮される状況である．

c. ヒトリシズカとフタリシズカ—分布を欠く種と分布する種—

屋久島を南限とする植物は多いが，それとともに，なぜ屋久島に分布が欠落するのかよくわからない種も多い．リンドウ，アキノタムラソウ，ワレモコウなどは種子島まで分布しているのに屋久島には分布しない．ハナイカダは九州南部にはコバノハナイカダがやや普通に分布しているが，種子島と屋久島には分布しない．そして奄美群島から沖縄群島には別種リュウキュウハナイカダが知られている．キキョウは種としては奄美群島にまで分布するのに，種子島や屋久島，それにトカラ列島にはみられない．イタドリのように九州南部ではごく普通な種が，種子島では1か所だけ（生育地は台風で破壊され失われた），屋久島では正宗が1回記録しただけで，その後は誰も採集したことがないという不思議な例もある．イタドリはトカラ列島や奄美群島には広く分布しているし，奄美大島ではアマミイタドリと呼べるような形態的な変異を起こしているが普通な種である．

この問題の解析の手がかりとして，ヒトリシズカとフタリシズカの分布をみてみよう（図II.1.12）．どちらもセンリョウ科の温帯系の林床や林縁にみられる種である．フタリシズカは屋久島ではまれな種ではなく，秋には長い地上性のストローン（匍枝）を伸ばすのが特徴的で，このような地上性の匍枝は九州南部の集団でもよくみられる．屋久島からヒトリシズカが報告されているが，その標本は私が調べた限りフタリシズカの発育の悪い個体であった．他方，ヒトリシズカは鹿児島県西北部から鹿児島市に点在的に分布していて，鹿児島市での分布域は姶良カルデラ形成時の厚いシラス層に覆われて，噴火当時は完全に植生が破壊された地域である（町田ほ

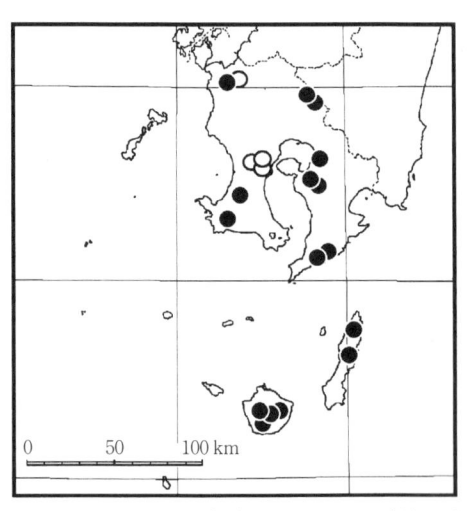

図 II.1.12 ヒトリシズカ（○）とフタリシズカ（●）の分布

か，2001）．大隅半島からは今のところ知られていない．したがって，ヒトリシズカの薩摩半島への分布圏の拡大は比較的新しいウルム氷期の終わり近くか，あるいは氷期が終わってからと推定される．

ヒトリシズカは中国大陸東北部から沿海州，朝鮮半島にも分布する．大陸系とも考えられる種である．九州南部ではいくつかの大陸系の植物が遺存的に分布する．イワギク，ノハラクサフジなどはその代表的な例であるが，冷温帯系の一部の種を除くと，大陸系の要素は薩摩半島には分布するが大隅半島には分布していない．また，その多くはヒトリシズカのように屋久島には分布を欠く．

フタリシズカは日本列島の温帯域に固有で，九州南部では薩摩半島にも大隅半島にも分布し，また種子島から屋久島まで分布している．フタリシズカのように日本の温帯系の固有種は湿潤な生態環境に適応的な種が多いが，それらは屋久島に分布できる．しかし，草原的環境に適応したリンドウ（図II.1.13），アキノタムラソウやイタドリのような種は，種子島までは分布域を広げることができたが，屋久島には分布していないか，ごくまれである．ヒトリシズカもその範疇に入るのだろうか．

d. 屋久島を飛び越えて

上にあげたリンドウなどの例は，実は種としては九州南部や奄美群島に分布するのに，屋久島には分布を欠く植物の例である．このような例としてはほかにもナツトウダイ，ウマノスズクサ，アキカラマツなどいくつかの種が知られている．いずれも草原生であったり，明るい林床や林縁を生育地とする種類である．

ナツトウダイでは鹿児島県北部までナツトウダイが，大隅半島南部から種子島にはオオスミナツトウダイが，そして奄美大島にはアマミナツトウダイが分化している（図II.1.14）．アマミナツトウダイは現在のところ3か所の産地が知られているが，どちらも瀬海地の低標高地点で，路傍林縁の明るい場所である（鹿児島県，2003）．ところがナツトウダイの仲間は屋久島からは知られていない．またナツトウダイは2倍体であるが，アマミナツトウダイは4倍体である（Shiuchi, 2000）．ナツトウダイでは亜熱帯地域に適応した群が染色体数の倍数化を起こしているのである．同じような例はノジギク群にも認

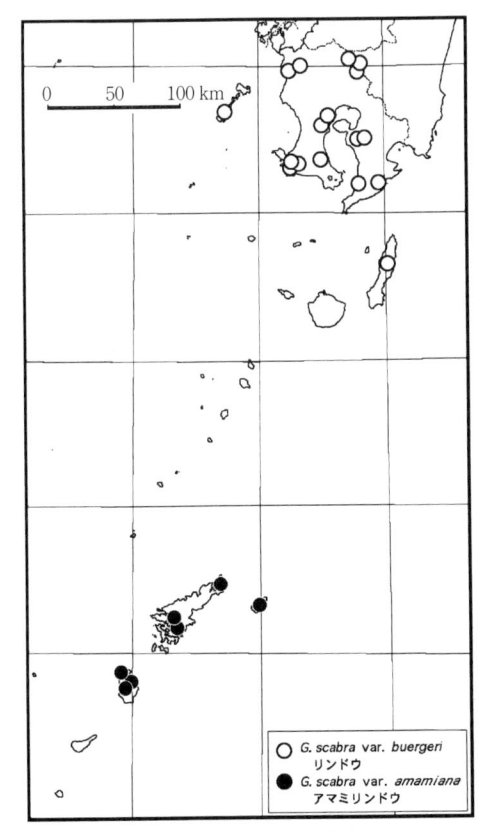

図 II.1.13 リンドウの分布
アマミリンドウは未記載分類群．

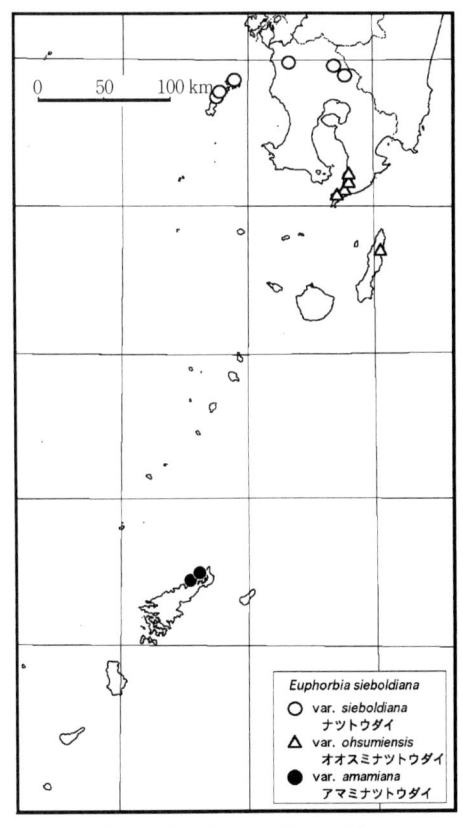

図 II.1.14 ナツトウダイの分布

められ，九州から近畿地方に分布するノジギクは6倍体，九州西南部のサツマノギクとトカラ列島地域のトカラノギクは8倍体，そして最も分布域の南部にみられるオオシマノギクは10倍体である（堀田ほか，1996）．温帯系植物群のより温暖な亜熱帯環境への適応と染色体数の高次倍数化が関係している例であろう．屋久島を飛び越えて，より南の地域に分布する植物群の中には，ナツトウダイやリンドウのように奄美群島に分布するものには明らかな分化が認められるものがある．ウルム寒冷期やそれ以前の氷期にこれらの群はこの地域への分布を完成し，温暖期の隔離と亜熱帯環境への適応の中で現在みられるような地理的分化を完成してきたのだろう（堀田，2003b）．しかし屋久島はウルム寒冷期においても常緑広葉樹林とスギ林が維持される森林地域であり続けたから，たとえ大隅半島と陸地でつながっていたとしても草原生植物群の侵入は困難であっただろう．この屋久島の生態環境の特性が，これら草原生植物群の屋久島での欠落をもたらしたのではないかと考えられる．

e. 温帯系の落葉樹

落葉性のブナ科植物が屋久島の植物相からは欠落することははじめに述べたが，それでも温帯系の落葉樹を屋久島で見かけることは多い．決して少ないものではない．春3月，暗い常緑林の樹冠にカエデ科の固有種ヤクシマオナガカエデの明るい黄緑色の新緑が点々と目立つ．同じように奄美の春の森はシマウリカエデの美しい新緑が彩る．そして3月中ごろを過ぎると，屋久島の各地でヤマザクラが開花する．屋久島の美しいヤマザクラはあちこちの家の庭にも植えられている．九州西部に分布するツクシザクラに近い集団であるが，ソメイヨシノに似て開花時にはまだ新葉がほとんど展開しない個体が多い．屋久島に特徴的な，ヤクシマヤマザクラとでも呼びたいようなサクラである．

ほかにも屋久島固有のヤクシマカラスザンショウやヤクシマサルスベリ（種子島にもある）など，屋久島固有の暖温帯系落葉樹がある．これらの樹種は「照葉樹とスギの王国」屋久島で，どのように生きながらえ，固有性を確立してきたのだろう．これら落葉広葉樹が森林植生の中で占める位置には特徴がある．その生育地は崩壊地や伐採後地，あるいは林道脇などに形成される二次林であることが多い．ブナ科植物のような成熟した森林に生活領域を有する樹種群では，落葉性の種は常緑の森林の中では生存を続けることができなかったが，落葉樹であってもギャップ種は生存ができたのである．

その急峻な地形から，屋久島では各所に崩壊地が次々に形成される（Shimokawa and Jitouzono, 1997）．人間が林道をつくり，森林を伐採する前にも，この自然の崩壊地を基盤にして，このようなギャップを渡り歩いたギャップ種は，屋久島では生存を続けることができたのであろう．これら樹種は鳥散布型か効率的な風散布型の果実や種子をもっているから，崩壊地から崩壊地へと渡り歩く能力も高い．それに加えて，ウルム寒冷期には海面低下で東シナ海の広い面積が陸化し，屋久島も現在よりは寒冷で乾燥した環境の下にあった．奄美群島にもいくつかの固有な落葉性の木本植物が知られている．それらは寒冷期の大陸的な気候下に中国大陸から現在の東シナ海地域にまで分布を広げた暖温帯落葉森林植生の構成樹種が奄美群島にも渡来し，隔離分化したものではないかということを論じたが（堀田，2003b：図II.1.19参照），同じことは屋久島にも起きた出来事であるだろう．

f. 北からと南からの要素が錯綜する屋久島

ある特定の地域植物相を，構成する種の分布圏のパターンを手がかりに解析すると，さまざまな地理的要素の複合であることが認められる．ここでは，屋久島の南からの分布要素と北からの分布要素を，ツツジの仲間を例にとって解析してみよう．屋久島のツツジ属には，マルバサツキ，サツキ，ヒカゲツツジ，ハイヒカゲツツジ（変種），バイカツツジ，サクラツツジ，ヤクシマヤマツツジ，ヤクシマミツバツツジ，ヤクシマシャクナゲ，オオヤクシマシャクナゲ（変種）の8種2変種が知られている．その中から九州南部で複雑な分化をしているヤマツツジ群（図II.1.15）についてみると，九州南部にはヤマツツジ（九州南部型）やサタツツジが，甑島にはサイカイツツジが，種子島にはタネガシマヤマツツジ（仮称）が分布しているのに，屋久島のヤクシマヤマツツジはこれら北方系の雄しべが5本のヤマツツジ群とは違い，中国大陸や台湾から南西諸島にかけて分布しているタイワンヤマツツジに類縁を有する雄しべが10本のツツジである．九州南部では普通なヤマツツジは，屋久島には分布していない．屋久島と種子島は近接し，ウルム氷期には確実に陸地で接続していたが，屋久島にはタネガシマヤマツツジはみられない．代わりに薩摩半島や大隅半島，あるいは種子島には分布しないサツキ（図II.1.16）が屋久島には多い．この屋久島のサツキは本州や九州本島に分布するサツキに比較すると開花期が遅く，花が大きく，花冠はやや平開する点で異なり，屋久島に特徴的なヤクシマサツキとでも呼べる型に分化している．生育地も渓流沿いが多いが，屋久島南部ではしょっちゅう雲がかかる花崗岩の尾根筋に

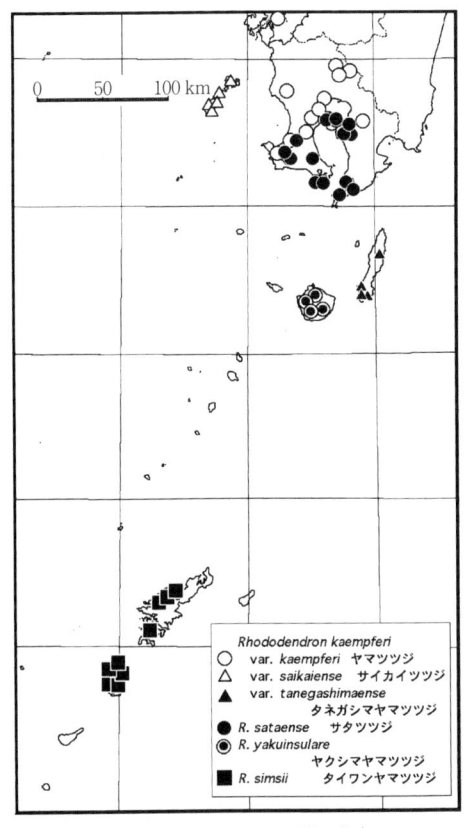

図 II.1.15 ヤマツツジ群の分布

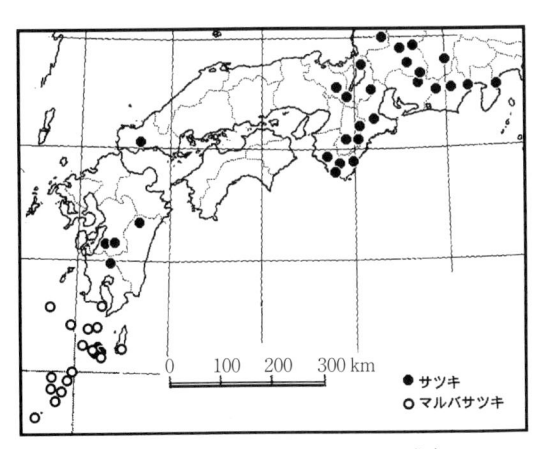

Rhododendron kaempferi
○ var. kaempferi　ヤマツツジ
△ var. saikaiense　サイカイツツジ
▲ var. tanegashimaense
　　　　　　　　タネガシマヤマツツジ
● R. sataense　サタツツジ
◉ R. yakuinsulare　ヤクシマヤマツツジ
■ R. simsii　タイワンヤマツツジ

図 II.1.16　サツキとマルバサツキの分布

● サツキ
○ マルバサツキ

図 II.1.17　家の庭に移動したマルバサツキ

瀬海山地である．その開花期からするとヤマツツジよりはサツキに近縁なツツジである．そうであればサツキは分布域を異にする本州から九州のサツキ（渓流型）と九州島嶼域のサイカイツツジ，タネガシマヤマツツジ，それに屋久島のサツキ（渓流型）と地理的/生態的な住み分けと分化をしていることになる．そして渓流環境によく適応したサツキは，九州の島嶼部にみられる山地性のサツキとの関係を推定させるようなツツジにその原型が求められるのではないだろうか．屋久島のサツキは冬に美しく紅葉する性質があり，園芸的にも利用されていて，鹿児島ではサツマベニサツキと呼ばれている．

　マルバサツキは，サツキとは異なる雄しべが10本のツツジである（図II.1.17）．分布域は薩摩半島南部〜種子島（1か所），屋久島，宇治群島〜三島，口永良部島，そしてトカラ列島である．トカラ列島では海岸岩場から活火山山頂部の荒原にまでの広い生態領域に生育する（堀田編，1995）．マルバサツキは，数少ない九州南部島嶼域の固有種である．屋久島では，以前はイソツツジと呼ばれ，大きな集団がみられたといわれるが，現在その多くは人家の庭に移動し，西部林道や屋久島南部の海岸岩場に少数の集団が残っているだけである．この屋久島や種子島のマルバサツキは，薩摩半島南部からトカラ列島のマルバサツキと比較すると，葉の先端が尖り，厚さが薄い点で少し違っているが，それはアラゲサクラツツジとサクラツツジの分化（堀田，2003b）と並行的な現象である．また，マルバサツキは九州本島のミヤマキリシマを一方の親とした雑種起源が疑われる種である．そうであればもう一方の親はヤクシマヤマツツジかタイワンヤマツツジであろう．

　屋久島に分布するヤマツツジ群は，北方系とされるサツキ，南方系とされるヤクシマヤマツツジ，そして地域固有的なマルバサツキに分布要素的には区

もみられる．サツキは屋久島を南限とする種であるが，中国地方や四国，九州北部には分布の空白地域があり，そこはサツキと同じ渓流河岸に生育するキシツツジが分布する．そして甑島のサイカイツツジも種子島のタネガシマヤマツツジも，開花期はヤマツツジとは異なり，サツキと同じ5〜6月である．生育地は渓流沿いではなく，内陸岩場のことが多いが，サツキに比較すると背が高くなり，生育場所も

別されるが，そのどれもが屋久島固有の形態的な特徴をもち，地理的隔離の程度の高いヤクシマヤマツツジは固有種にまで分化している．さらに注意されるべきこととしては，屋久島ではヤクシマヤマツツジとサツキ，種子島ではタネガシマヤマツツジとマルバサツキ，薩摩半島の開聞岳ではヤマツツジとマルバサツキといった組み合わせの自然交雑が起こっており，この地域のヤマツツジ群の複雑さを増している．また，九州南部のサタツツジは，その花色の変異からみると，朱赤色のヤマツツジと藤色のツツジとの交雑から起源したものである可能性が高い．九州南部から屋久島にかけては，全く厄介な地域である．

1.1.4　大陸との関係—東シナ海を通って—

屋久島には，いくつかの中国大陸南部から隔離的な分布をする植物が知られている．ヤクシマリンドウやホソバハグマはその一例である．ここでは，周辺地域も含めて大陸との関連がある程度明らかになっているテイショウソウの仲間について考えてみたい（図II.1.18）．

この仲間は，屋久島には日本列島に分布し屋久島が分布南限となるキッコウハグマと，中国大陸中部に近縁種が分布するホソバハグマが知られる．また，九州南西部の限られた地域にマルバテイショウソウが分布するが，この種もまた中国大陸南部から隔離分布している．南西諸島に広く分布するオキナワハグマは中国大陸中部にも分布し，南西諸島の渓流域でオオシマハグマやナガバハグマを分化している．このオキナワハグマの分布域は，大陸から八重山諸島，沖縄群島，トカラ列島を経て黒島や宇治群島にまで北上しているが，あってもよいのに屋久島には分布していない．代わりにホソバハグマが隔離的に分布しているのである．オキナワハグマがトカラ列島地域に広く分布していることから，この種は海が隔離条件にはならないのではないかと推定される．そうであればオキナワハグマが南西諸島域に分布を拡大してきたのはそれほど古いことではないだろう．

マルバテイショウソウの分布域も日本列島では九州の南西部に限られている．この地域にはほかにもウスギモクセイやチャンチンモドキが分布し，どちらも中国大陸から日本列島西南部の狭い地域に隔離的に分布する例になっている．ホソバハグマ，マルバテイショウソウ，ウスギモクセイ，チャンチンモドキの生育環境の共通点は，いずれもが主たる生育

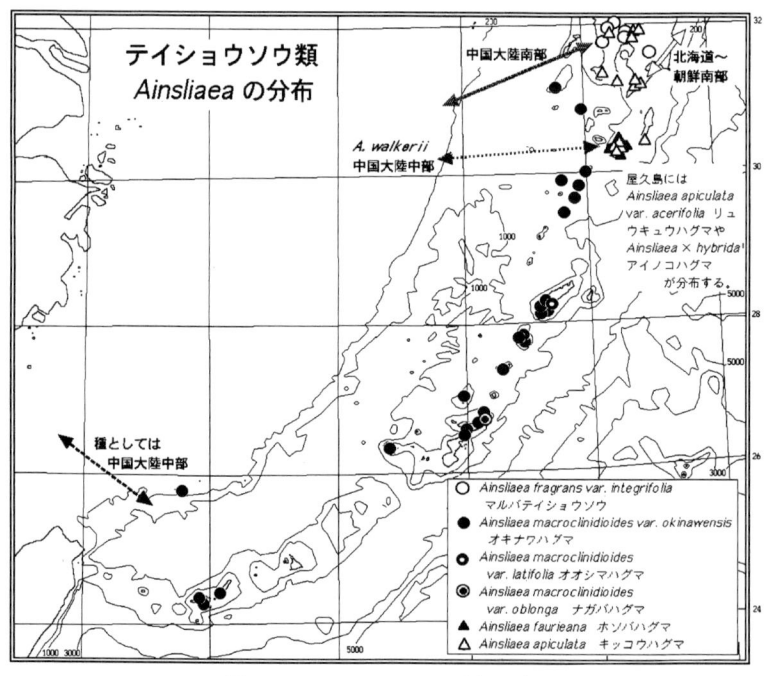

図 II.1.18　テイショウソウ類の分布
テイショウソウ類はまだ分類が完全ではない．特にオキナワハグマの分類には異なった意見がある．屋久島のリュウキュウハグマは，キッコウハグマの葉がやや大型になりモミジのように掌状に中裂するもの．アイノコハグマはホソバハグマとキッコウハグマの生育地の接触する地域で生じた雑種である．

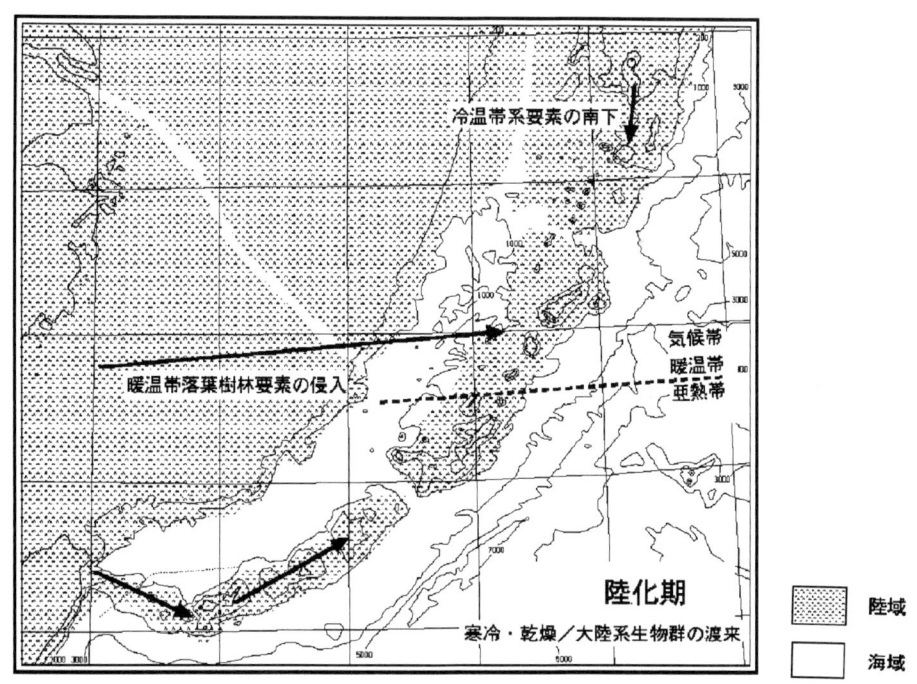

図 II.1.19 第四紀寒冷期に海面低下により陸化した地域
最大陸化の状態を概念的に示してある．ウルム氷期の最寒冷期には屋久島までは冷温帯系の生物群が，また，奄美群島までは暖温帯系の生物群が南下したことだろう．第四紀の氷期と間氷期の繰り返し，海水面の低下と上昇，地殻の変動によって，南西諸島地域は陸地の断続を繰り返したであろう．Kimura (2000) や他の各種資料に基づく．

地が暖温帯域である点だろう．チャンチンモドキは，代表的な暖温帯落葉樹である．

これら暖温帯をその生活領域とする中国大陸の植物群が，直接的に日本列島の南部地域に分布を広げる機会は，過去の氷期の寒冷な時期の著しい海面低下による東シナ海の陸化の時期と推定される（図II.1.19：堀田，2003b）．このような隔離分布型の形成は，オキナワハグマ型の南西諸島の島伝いの分布型ではないと思われるのである．

ヤクシマリンドウのような遠く中国大陸西南部に近縁種が隔離分布し，ほかには類縁種が見つからないような分布型は，アマミノクロウサギやアマミテンナンショウのような第三紀に遡ることも考えられる古い遺存的な隔離分布である可能性がある．それとともにヒマラヤから日本列島まで広く分布するオタカラコウは，屋久島からは知られていない．屋久島は，いろいろな程度に遡る時期に形成された隔離分布をする植物がみられるとともに，広い分布をしていて屋久島にもその生育環境があるような植物でも分布を欠く種があるという奇妙な島なのである．

1.1.5 矮小になる植物

屋久島高地からは多くの固有種や固有変種が報告されているが，イッスンキンカに代表されるように，それらの大部分はひどく矮小になった植物である（初島，1991に詳細なリストがある）．この屋久島での植物の矮小化問題は有名ではあるが，その原因はそれほどはっきりはしていない．花崗岩質のため土壌が貧栄養で植物の生育に必要なミネラル成分に偏りがあるため正常な生育ができないとか，多雨による脱栄養分によるとかいわれる（図II.1.20）．しかし実験的に証明されてはいない．確かに日本の他の地域でも花崗岩や蛇紋岩が基盤岩となって形成された土壌に生育する植物は特殊な種類に限られたり，小型化する．

屋久島の矮小化した植物は，同じ種の正常な植物の半分以下，時には10分の1にまで小さくなるが，葉や植物体は著しく小型になっても花や果実や種子はそれほど小さくはならないのも，もう一つの特徴である．

a. 九州南部地域との関係

植物の矮小化現象は決して屋久島に限定されたことではない．屋久島と九州南部の植物群を比較してみると，しばしば並行した矮小化がみられることがある．

いくつかの例をあげれば，屋久島で知られる矮小

図 II.1.20　霧がかかる花崗岩の岩山, 七五岳
手前のスギも矮小で, 人間の背にも達しない.

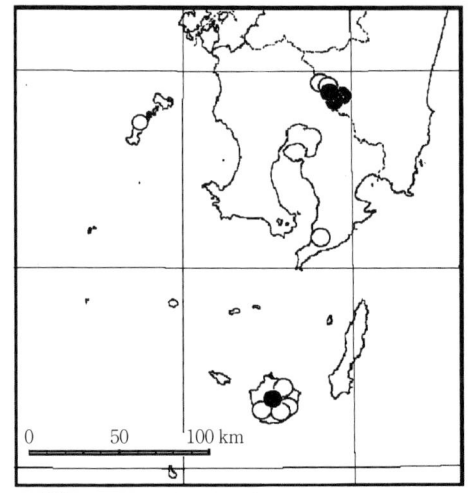

○ *Rhododendron keiskei* ヒカゲツツジ
● *R. keiskei* var. *ozawae* ハイヒカゲツツジ
図 II.1.21　ヒカゲツツジとハイヒカゲツツジの分布

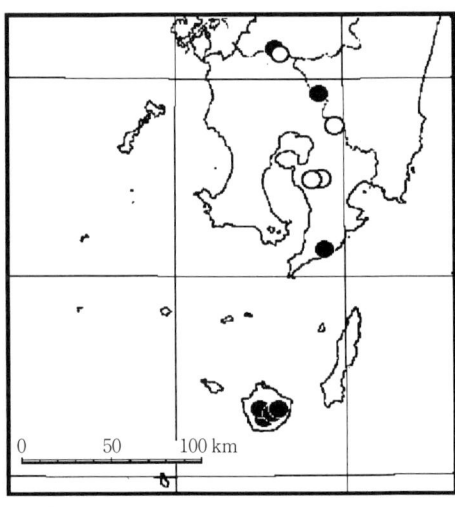

○ ツルアリドオシ　*Mitchella undulata*
● ヒメツルアリドオシ　*M. undulata* var. *minor*
図 II.1.22　ツルアリドオシとヒメツルアリドオシの分布

化したヒメコナスビは植物体は小型となり, しばしば茎が匍匐するが, 花は小さくならないので, なかなか美しい植物である. 大隅半島の野首岳周辺には, このヒメコナスビと区別できない集団がみられる. この地域は面白いことに花崗岩地帯である.

　ヒカゲツツジとその変種ハイヒカゲツツジは, 屋久島から九州南部にまたがって分布している (図II.1.21). 匍匐型になったハイヒカゲツツジは高地にみられ, それに対してヒカゲツツジの生育地の多くは標高 1000 m 以下の山地の林縁や林内の岩場にある. ヒメコナスビに似た系統がみられる野首岳にはハイヒカゲツツジはなく, ヒカゲツツジが知られている. ヒカゲツツジの匍匐型のハイヒカゲツツジは, 山頂部の強風環境に適応した生態型と考えられる. 霧島山系は火山であるから, 花崗岩の貧栄養土壌環境は, この生態型の原因にはなっていない.

　ツルアリドオシは, 林床や林縁にみられる地表を匍匐するアカネ科の植物であるが, 屋久島には矮小化したヒメツルアリドオシが知られている. そのように矮小化したツルアリドオシは, 鹿児島県の北部山地や大隅半島南部の肝属山地にも分布する (図II.1.22). ヒメツルアリドオシの屋久島での生育地点は, 標高 1000 m 以上の山地林内であるが, 九州南部でもツルアリドオシよりは標高の高い地点に分布する. たとえば大口市北部ではツルアリドオシとヒメツルアリドオシが同じ地域に分布しているが, 前者は標高 500 m 地点に, 後者は 700 m 地点から知られている.

　ほかにも九州南部で矮小化する植物はいくつか知られている. ユリ科植物だけを取り上げてもホウチャクソウ, ツクシショウジョウバカマ, マイヅルソウ, ツクバネソウなどが目立つ. そして屋久島ではさらに矮小化するが, ヤクシマショウジョウバカマが固有変種として区別されているだけである. これ

らの例は，矮小化は屋久島では特に著しいのではあるが，屋久島と九州南部との生態環境の共通性に関係しているのではないかということを推測させる．

b. 日本列島域でのクライン的な変異の端で

マイヅルソウやツクバネソウでよく知られているように，日本列島に広く分布し屋久島にも知られている植物の中には，日本海側の多雪地域では葉が著しく広葉化し，植物体も大型になるが，本州から九州にかけての太平洋側では，葉の狭葉化と葉面積の縮小だけでなく植物体の小型化がみられる（Hara, 1969）．そして屋久島では，小型化が極端になる．前に論じたキッコウハグマも同じような変異がみられ，屋久島高地のキッコウハグマは，これがあのキッコウハグマかと思えるほど矮小化する（図II.1.23）．低地ではこのような著しい矮小化はみられない（杉本，1957）．

日本列島でのこのクライン的な変異は，多くの植物群にみられ，共通した生態環境，特に降水量の季節配分の違いという気候的な環境が作用していると考えられる．日本海側の多雪環境は，春の植物の生育初期に融雪による大量の水の供給によって葉が展開する時期に水分ストレスがない状態になるが，太平洋側ではこの時期の植物への水の供給は少ない．葉の展開期に水分ストレスがあると葉が小さくなることはよく知られている．

ところが屋久島は，日本列島の中では異例に降水量の多い地域であり，それも夏だけでなく，冬の高地では大量の降雪がある多雪地域になる．この地域がまた，著しい矮小化が起こる地域でもある．日本海側多雪地帯では広葉化と大型化が起きているのだから，それと同じような多雪環境の屋久島高地でも同じ広葉化や大型化の現象がみられてもよいのに，事実は逆である．また最も湿潤な環境にある花之江河湿原では多くの植物に著しい矮小化が起きていることも注目される．

かつてボルネオのキナバル山の調査をしたときに印象的だった分布現象は，標高 3800 m 以上の高地にオーストラリア系の乾燥適応型の種が優占していることだった．なぜ湿潤でしょっちゅう雲がかかるこの地域に，葉が小型で厚くなり，さらに厚くクチクラに包まれたような植物が優勢になり，闊大な葉を有する種が姿を消してしまうのかはしばらくは謎であった．ところが調査中に見事な晴天が1週間ほど続いたことがあった．熱帯高地の強い陽射しで林床までからからに乾燥し，乾燥適応的な種以外はこのような偶然的ではあるが危機的な期間を生き残れないことがはっきりした．キナバル山も屋久島と同じ花崗岩の山体で，薄い土壌には保水力がない．それがオーストラリア系の植物群の優占的なエリカ型森林の形成にあずかっているのだろう．初島（1991）はノギランの例として，陽当たりのよい場所では矮小化が著しいが，岩隙の日陰のものは普通品と変わらないことを報告している．屋久島の夏の偶然的であるが熱帯的な強い陽射しによる乾燥環境の形成が，高地の矮小化の原因の一つになっているのだろう．屋久島は非常に降水量の大きい地域ではあるが，キナバルにみられたような，偶然的ではあるが短期間の強い乾燥が入ることがあり，それが強い淘汰圧になって高地の矮小化した植物群の形成が起きてきたと推定される．

c. 屋久島と奄美群島の矮小になった植物

屋久島と奄美大島湯湾岳に固有分布するヒメカカラ（図II.1.24），奄美群島では湯湾岳とともに徳之島の高地にも分布するヤクシマスミレは，どちらも矮小な植物である．屋久島にはほかに矮小化したスミレとして，ヤクシマミヤマスミレやコケスミレが知られている．

図 II.1.23 矮小化したキッコウハグマ
花はそれほど小さくはならない．

図 II.1.24 屋久島高地のヒメカカラ（七五岳）

湯湾岳（694 m）のヒメカカラは，高地岩場に多い屋久島のヒメカカラと比較すると，より生育地の標高が低く，林縁や林床に生活することだけでなく，葉はやや大型広葉化していることでも明らかに異なっている．屋久島では比較的標高が高い地域に分布しているが，奄美大島では湯湾岳の周辺にだけみられる植物はほかにもある．この地域から知られている「リュウキュウアセビ」は，葉や花冠の形態で，沖縄北部の急流河岸から報じられたリュウキュウアセビとは異なることが報告されていたが（新原，2000），さらに分子遺伝学的な解析から，実はリュウキュウアセビではなく，屋久島高地のアセビの集団にごく近縁なことがはっきりしている．

奄美大島には特殊な矮小植物が知られている．コビトホラシノブ，アマミスミレ，ヒメミヤコナスビ，ヒメタムラソウ，アマミカタバミ，コバノアマミフユイチゴ，アマミアワゴケなど，急流の河岸を生育場所とする種である．基盤岩は花崗岩ではない．渓流型への適応と強い陽射しがこのような矮小型の種を生んだと推定される．

1.1.6 渓流特殊環境への適応

マレーシア熱帯では，山地急流河川の洪水時には水没し，減水時には強い陽射しが入る川岸にだけ生育する，葉が狭葉化して厚くなり，根系が発達し，洪水時の水流に葉が傷害を受けたり，株が流されることが少ないように適応した形態を示す植物が多く知られている．このような植物は渓流植物（狭葉植物，奔流生育型植物）と呼ばれる．屋久島でも多くの急流河川が海に流れ込んでいる．この渓谷川岸の特殊な環境に代表的な渓流植物は，サツキとホソバハグマ（図II.1.25）である．

サツキは本州や九州では典型的な渓流植物であるが，屋久島では渓流沿いだけでなく山地の尾根にもみられることはすでに述べた．ホソバハグマは中国大陸から隔離的に分布する種であるが，屋久島ではキッコウハグマとの交雑から中間的な形態のものが知られる．それで，ホソバハグマはキッコウハグマの変種とする見解もあるが，中間型は両種の生育地の接触域でみられるもの（自然雑種）で，両者は別種とすべきであろう．

屋久島で特徴的なことは，河岸に生育する系統のちょっとした狭葉化がみられることである．初島（1991）は，そのような種として，ヤクシマヤマツツジ，ヤクシマダイモンジソウ，アオヤギソウ，シャシャンボ，ナンゴクアオキ，イズセンリョウなどをあげている．このような例は，屋久島で正常型と渓流環境での狭葉型が共存し，しかも現在分化が進

図 II.1.25 渓流植物のホソバハグマ（二又川）

行中であると推定されるから，特殊環境に適応した渓流型植物の初期分化についての適切な研究の場と考えられる．

1.1.7 屋久島の植物相の多様さの特徴

「洋上アルプス」と呼ばれる屋久島は，2000 m近い高山を有し，ヒロハノコメススキやコメススキ，シロバナヘビイチゴ，ヤクシマシオガマ，キバナノコマノツメなど，本州中部では高山植物とされているような種や，それに類縁があるとされる種がみられる．いずれもが屋久島の特徴とされる著しい矮小化が起きている．亜熱帯に位置しながら，冷温帯上部から時には亜寒帯的な環境に生育する種が生存できる環境が，屋久島の植物相を多彩にしている．

a. 基盤岩の違いを住み分ける

山頂部の特異性に加えて，屋久島の地質には特徴がある．屋久島は島の中央部～西部は中新世に形成された花崗岩で構成されているが，東部や南部はそれを取り巻くように古くに堆積した熊毛層群が配置し，基盤岩の著しい対照がみられる（町田ほか編，2001）．この基盤岩の違いに対応した植物群の分布は面白い問題であるが，それについては，まだ詳細な調査はなされていない．しかし，カンアオイ類でそれぞれの基盤岩を住み分けている例が知られている（前川，1978）．屋久島にはヤクシマアオイ（オニカンアオイ）とクワイバカンアオイの2種が分布する（図II.1.26）．ヤクシマアオイは別名オニカンアオイと呼ばれることからもわかるように，闊大な葉を有し，花も大きい．千尋滝，モッチョム岳，尾之間から花之江河，荒川，それに中間などに

図 II.1.26 (a) クワイバカンアオイと (b) ヤクシマアオイ（オニカンアオイ）
写真右は花.

知られているが，いずれの生育地も花崗岩地域である．それに対してクワイバカンアオイは楠川林道，安房から小杉谷，花揚川などから知られているが，いずれも基盤岩は熊毛層群の地域で，また変種のムラクモアオイが熊毛層群からなる種子島に，ヒュウガカンアオイが宮崎県南部や高隈山系の御岳に分布している．御岳は前にも述べたがこの山系の中での堆積岩域である．

これら2種が基盤岩質に対応して分布しているのは確かと思われるが，その要因ははっきりしない．

b. 温帯系針葉樹林との共存

屋久島は前に述べたように温帯系の針葉樹が栄えている．その針葉樹林環境に対応した固有種も存在する．そのような種，オオゴカヨウオウレンは匍枝を出さないのでバイカオウレン（ゴカヨウオウレン）から区別される屋久島固有種である．バイカオウレンが亜高山針葉樹林や冷温帯上部の温帯針葉樹林の林床を生育場所としているのに対して，オオゴカヨウオウレンは屋久島の温帯針葉樹林を住み場所にしている．そして屋久島が南限となる温帯系の針葉樹は，島の南部では分布高度が著しく低い．南限地域のツガ（図II.1.27）やヒノキやモミの分布標高は300～400 mで，その林床にオオゴカヨウオウレンが生育している．まわりは亜熱帯的な常緑広葉樹林の中に針葉樹の巨木がそびえ，その下に生育するオオゴカヨウオウレンは，近縁のバイカオウレンが高山的な種であるので，少し異様な眺めである．

c. ヤクシマコンテリギ—複雑な様相—

屋久島・トカラ地域で多様な変異を示しているヤクシマコンテリギ（ヤクシマアジサイ：図II.1.28）とトカラアジサイ，それと近縁なガクウツギやコガクウツギの分布は，屋久島の植物相の構成についての面白い問題を示してくれる（図II.1.29）．また，中国大陸から台湾，さらに西南諸島の中南部には，カラコンテリギ，ヤエヤマコンテリギ，リュウキュウコンテリギなどが複雑に分化している．

ヤクシマコンテリギとトカラアジサイは，サクラツツジとアラゲサクラツツジに代表されるようなこの地域での東と西の列島間での変異と同じ変異を示している．ヤクシマコンテリギは葉質が薄く，鋸歯

図 II.1.27 分布南限のツガの巨木（七五岳）
背後の斜面はスギの植林になっている．

図 II.1.28 ヤクシマコンテリギ

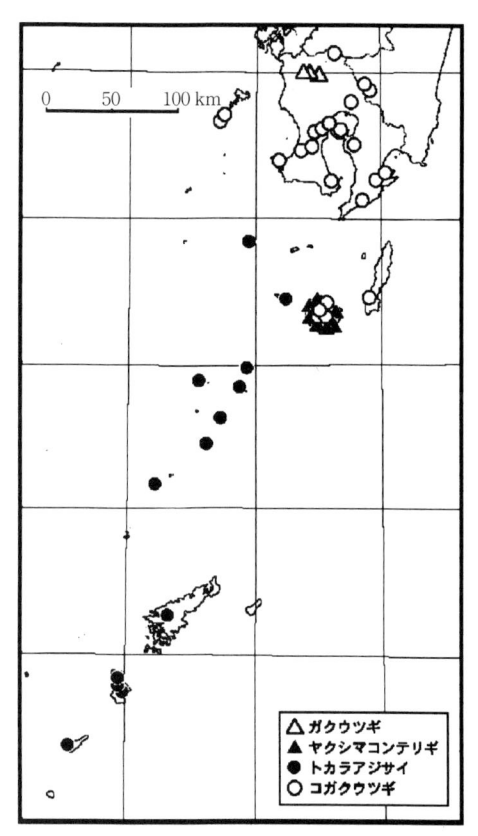

図 II.1.29 九州南部から南西諸島のアジサイ類の分布

が荒く，葉が細長であることで，葉が厚く，鋸歯がやや細かく，時には広卵形や広楕円形の大きな葉を有するトカラアジサイとは区別はできるが，多くの集団を比較するとその変異は連続的で，種を区別す るようなものではない．ヤクシマコンテリギに近縁な種はたぶんガクウツギであろうが，九州南部ではまれな植物で，鹿児島県では北西部地域に知られているのみである．薩摩半島や大隅半島，種子島には知られていない．ヤクシマコンテリギは標高1000m以下に多く分布している．林内や林縁には普通な種である．トカラアジサイも分布域では低地からみられる．火山島のトカラ列島では，林縁から火山荒原の陽地にまで広い生態域にみられ，この陽地環境への適応がトカラアジサイの厚く鋸歯が低い葉の形態的特徴によく反映されている．奄美大島のトカラアジサイは，湯湾岳で1回採集されただけのまれな種で，その後は採集できない．絶滅の可能性が高い．しかし徳之島ではよく見かける．沖永良部島では1回採集されただけである．

コガクウツギは九州南部には普通種である．しかし種子島ではごくまれで，南部に1か所の産地が知られるのみである．屋久島ではヤクシマコンテリギに置き換わるように高地に分布しているが，1か所，楠川温泉に低地集団が分布している．この高地集団は，固有変種のヤクシマガクウツギと呼ばれることもある（和名はガクウツギと呼ばれているが，

コガクウツギ群である）．形質的には低地の楠川集団は九州南部のコガクウツギと違いがないが，高地集団は装飾花が大きく美しいし，葉もやや大きくて鋸歯が粗くなり，ヤクシマガクウツギとして区別ができないこともない．

屋久島のアジサイ類は，低地にはガクウツギと関係したヤクシマコンテリギやコガクウツギと，高地に分布するコガクウツギ群のヤクシマガクウツギと呼ばれる集団が分化していると考えられる．本州などでのコガクウツギとガクウツギの分布をみると，どうも地域ごとに単一の種が分布していることが多いが，狭い地域に両種が生育高度を上下に分けて分布する屋久島のような例は知られていない．屋久島にはほかにアジサイの仲間としてはヤマアジサイやウラジロゴトウヅルが分布するといわれるが，その詳しい状況は明らかでない．

d. 多様な環境と多様な植物世界

屋久島には，低地の亜熱帯的な気候から山頂部の冷温帯的な気候まで，狭い島に異なった気候帯が詰まっている．この低地から高地までに1つの種が分布している場合には，低地の大型な系統から高地の矮小化した系統までの形態分化がみられ，コナスビとヒメコナスビのように分類群として区別されることもあるし，ヤクシマショウマのように形態的には著しい変異は認められるが区別されていないこともある．

屋久島の植物世界の多様性をもたらす要因には，同じ系統群の植物が島の標高の上と下を住み分ける，あるいは別種が上と下を住み分けることを可能とする気候的・地形的多様さがあるのだ．それとともに落葉性のブナ科植物の欠落（暗い林床），多くの北方系植物の生育を許す花崗岩で形成される山頂部の特異な生態環境，あるいは花崗岩か堆積岩かという基盤岩の違いの影響もあるだろう．

屋久島からは約350種ものシダ植物が知られている．屋久島の暗くて湿潤な林床は，屋久島を世界一の「シダの王国」にしているが，胞子による風散布という繁殖から，種子植物とは散布・分布域の拡大の様式は異なっている．植物相の形成については胞子散布するシダ植物についても検討されるべきであろうが，この小論では触れることができなかった．

多くの分布図は，「鹿児島県の絶滅危惧植物調査」で得られた標本データに基づいている．この調査と資料収集の基礎となった標本収集に長年月にわたって当たられた初島住彦先生や迫 静男先生をはじめ，多くの皆様方に心からの謝意を表したい．

（堀田　満）

文　献

青山潤三（2001）：世界遺産の森　屋久島（平凡社新書101），平凡社．

Florin, R. (1963): The distribution of conifer and tazad genera in time and space. *Acta Horti Bergiani*, **20**, 121-312.

Hara, H. (1969): Variation in *Paris polyphylla* Smits, with reference to other Asiatic species. *Jour. Fac. Sci. Univ. Tokyo*, III, 10, 141-180.

初島住彦（1986）：改訂鹿児島県植物目録，290 pp.，鹿児島植物同好会．

初島住彦（1991）：北琉球の植物，116 pls＋257 pp.，朝日印刷（屋久島の植物相についての記述と詳細な文献リストがある）．

堀田　満（1981）：日本列島の植物分布．千地万造ほか編，古生物から人類まで［自然史博物館］（日本の博物館10），pp. 152-158，講談社．

堀田　満編（1995）：トカラ列島の固有的植物種とその種内分化―侵入と地理的隔離作用．1993-94年度科学研究費（B）報告書，鹿児島大学理学部．

堀田　満編（1996）：日本の亜熱帯諸島域における被子植物の性表現―性的システムの多様性とその進化―，43 pp.，付属資料1　南西諸島域に分布する植物の性型，生態特性等についてのデータベース，36，付属資料2　小笠原諸島と火山列島諸島に分布する植物の性型，生態特性等についてのデータベース，7 pp.，日本生命財団研究報告書，鹿児島大学理学部．

堀田　満（1998）：西南日本の植物雑記IV―九州南部から南西諸島のヤマラッキョウ類の分類．植物分類地理，**49**-1，57-66．

Hotta, M. (2000): List of plants in Yakushima and Tanegashima. Fujiwara, K. and Box, E. O. eds., "A Guide Book of Post-Symposium Excursion in Japan for 43rd Symposium of the International Association for Vegetation Science", pp. 108-126（屋久島と種子島の植物相の簡単なリスト）．

堀田　満（2003a）：なぜ九州南部から南西諸島地域には絶滅危惧植物が多いのか．鹿児島県レッドデータブック（植物編），pp. 589-596．

堀田　満（2003b）：九州南部から南西諸島地域での植物の進化―隔離と分断の生物地理．分類，**3**-2，77-94．

堀田　満・山川直子・平井雄基・志内利明（1996）：西南日本の植物雑記III―九州から南西諸島にかけてのノジギク群の分布と分類．植物分類地理，**47**-1，91-104．

鹿児島県（2003）：堀田　満編，鹿児島県の絶滅のおそれのある野生動植物（鹿児島県レッドデータブック）―植物編，iv＋657 pp.，鹿児島県環境技術協会．

木元新作（1979）：南の島の生きものたち　島の生物地理学（共立科学ブックス38），共立出版（特に第2章　島の生物相のなりたち）．

Kimura, M. (2000): Paleogeography of the Ryukyu Islands. *Tropics* **10**, 5-24.

小泉源一（1914）：日本産新種植物，植物学雑誌，**28**，148-152．

町田　洋・太田陽子・河名俊男・森　脇広・長岡信治編（2001）：日本の地形7　九州・南西諸島，355 pp.，東京大学出版会（特に3　南部九州）．

前川文夫（1978）：日本固有の植物，204 pp.，玉川大学出版部．

牧野富太郎（1909）：日本植物考察．植物学雑誌，**23**, 244-252.

Masamune, G. (1934): Floristic and geobotanical studies in the island of Yakushima, Province of Osumi. 台北帝国大学紀要, **11**, 1-637.

光田重光・永益英敏（1984）：屋久島原生自然環境保全地域のシダ植物相と顕花植物相．環境庁自然保護局編，屋久島の自然（屋久島原生自然環境保全地域調査報告書），pp. 103-286, 日本自然保護協会．

Murata, J. and Yahara, T. (1985): *Tripterospermum distylum* J. Murata et Yahara (Gentianaceae), a new species from Yakushima Island, Japan. *Acta Phyotax. Geobot.*, **36**, 162-166.

Nishida, H. and Uemura, K. (1997): Phytogeographic history of Taxodiaceae and importance of preserving mixed broad-leaved deciduous/evergreen forest. *Tropics*, **6**, 413-420.

島袋敬一（1997）：琉球列島維管束植物集覧（改訂版），855 pp.，九州大学出版会．

Shimokawa, E. and Jitouzono, T. (1997): Recurrence interval of shallow landslide on forested steep slope in Yakushima Island. *Tropics*, **6**, 435-440.

新原修一（2000）：鹿児島県に固有の木本植物の収集と保存（1）．鹿児島県林業試験所研究報告，No. 5, 19-31.

Shiuchi, T. (2000): Chromosome numbers of plants cultivated in the Botanic Garden of Toyama (1). *Bull. Bot. Gard. Toyama*, **5**, 59-63.

杉本順一（1957）：キッコウハグマの変異．植物研究雑誌，**32**, 62-64.

田川基二（1932）：東亜羊歯植物考察2．植物分類地理，**1**, 167.

Tsukada, M. (1986): Altitudinal and latitudinal migration of *Cryptomeria japonica* for the past 20,000 years in Japan. *Quat. Res.*, **26**, 135-152.

Wilson, E. H. (1916): Conifers and Taxads of Japan, pp. 1-91, 59 pls.

Yahara, T., Ohba, H., Murata, J. and Iwatsuki, K. (1987): Taxonomic review of vascular plants endemic to Yakushima island, Japan. *Jour. Fac. Sci. Univ. Tokyo*, III, **14**, 69-119.

1.2 屋久島の着生植物

北赤道海流の支流がフィリピン，台湾の東を流れ北上する黒潮となり，屋久島の南西海上で黒潮本流と対馬暖流とに分かれる．分岐点付近では厳冬でも26℃の温度を保っているので，蒸発した水蒸気が上昇し冷却されて雲や霧となり，夏には多量の雨，冬には雪を屋久島に降らせる．そのため，およそ1000～1700 m のスギ林帯は，ところによっては10000 mm を超える雨が降り，山頂部では時に南国ではみられない豪雪をもたらす．このような気候条件にある山岳地は雲霧帯と呼ばれている．屋久島の場合，地表はもちろん，樹皮や葉上，地表や枯れ落ちた樹木や岩石にも，つまりありとあらゆる表面に蘚苔類，地衣類や高等植物が着生している．このような形態をもっている植生を雲霧林と呼んでいるが，アンデス山脈，ヒマラヤ山脈や熱帯多雨地域の高山域などで知られている．

屋久島瀬切川流域の，過去に伐採された履歴のないスギ林の中から調査区を設定して着生植物の調査をした．3方形区（それぞれ50 m四方）で着生植物が認められた樹木69本の種とそれに着生している種を調べた．着生植物の大きさを測定することが望ましいが，大型の機器を導入することはできなかった．

表II.1.2によると，枯れたスギと生存スギとを合わせると着生個体は159を数え，最も着生個体が多かった．スギに次いで多いのはヤマグルマであった．スギが着生植物にとって着生しやすい理由は，その樹皮の構造にあると考えられる．スギの樹皮は薄いコルク層が多数重なってできており，薄いコルク層の間に着生植物が根を伸ばすことによって，樹幹流からの水分と塩類が供給されるからであろう．スギと対照的な常緑広葉樹，特に平滑な樹皮をもつ種では着生することが困難である．樹皮が肥大成長するにつれて垂直に裂けるような樹種（たとえばニワトコ，ナラ類など）では，その裂け目が樹幹流の流れる道となり，乾燥が妨げられるので，着生の部位としては可能性が高い．

着生植物は樹上で光合成をするので，ある程度明るいところでないと肥大成長することができない．したがって，完全に閉鎖した暗い林冠をもつ森林では，生活が成り立たない．ところどころギャップがあるとか，枝が折損したとかで林冠が空いている森林で多くなる．着生植物と拮抗する植物は蔓植物である．しかし，屋久島のスギの自然林では林床に植物が少なく，蔓植物もほとんどみられない．アカマツ林の土壌では，アカマツの落葉の分解過程で生産され，アレロパシー効果（他の植物の発芽，成長などを抑制する化学物質を生産し，他種の植物の発芽・成長を抑える働き）をもっているクマリンが検出されているが，スギまたはその落葉からは検出の報告がないので，原因はわからないが，スギ林の林床に生育する種が少ないのは事実である．

着生する種で最も多いものは，サクラツツジである．屋久島ではツツジ属で着生する種はほかにヒカゲツツジがある．次に多いのはヤマグルマで，特に枯れたスギに多いのはスギの上で成長し，スギを絞

1. 屋久島の植物相とその特性

表 II.1.2 3方形区内の宿主植物と着生植物との関係
数字は着生個体数を示す.

宿　主	スギ（枯）	スギ（生）	ヤマグルマ	モ　ミ	シキミ	ハリギリ	種不明（枯）	計
宿主数	30	6	10	1	2	1	19	69
着生種	着生個体数							
サクラツツジ	61	11	10	5	—	—	23	110
ヤマグルマ	25	1	—	—	2	—	10	38
リョウブ	6	—	1	—	—	—	2	9
サカキ	26	—	1	—	—	—	3	30
スギ	7	—	—	—	—	—	1	8
アセビ	1	—	2	—	—	—	7	10
ヒサカキ	—	1	—	—	—	—	3	4
イスノキ	2	—	—	—	—	1	—	3
シキミ	3	—	—	—	—	—	6	9
ハイノキ	—	—	1	—	—	—	4	5
ムッチャガラ	2	—	—	—	—	—	2	4
カクレミノ	7	—	—	—	—	—	—	7
ソヨゴ	—	—	2	—	—	—	—	2
ユズリハ	—	—	—	—	—	—	2	2
サザンカ	1	—	—	—	—	—	—	1
ハリギリ	1	—	—	—	—	—	—	1
クロバイ	—	1	—	—	—	—	—	1
ナナカマド	—	—	—	—	—	—	1	1
スギ（枯）	2	—	—	—	—	—	—	2
ヤマグルマ（枯）	1	—	—	—	—	—	—	1
種名不詳（枯）	—	—	—	—	—	—	1	1
計	145	14	17	5	2	1	65	249

め殺した結果が表にも出ている．表には出ていないが，生きているスギに着生するスギもまれではあるがみられる．しかし，現実にはスギに着生して大きく育ったスギはみられないので，着生スギは成長するにつれて枯れるのであろう．その理由は，スギは地面に根が届くまでの乾燥に耐えられないからではないだろうか．

屋久島の着生植物で，日本全国どこでもみられない現象がある．それは，着生植物に着生している現象である．つまり2次着生がみられることである．例を示すと，スギ切株上に広葉樹（種名不詳）の枯れ株が着生しており，それにシキミ，サクラツツジ，ヤマグルマが各1個体着生，さらにそのヤマグルマにサクラツツジが2個体着生していた．スギの切株を除けば，2次着生ということになる．樹木が2次着生をする例は，パプアニューギニア，オーエンスタンレー山脈のナンキョクブナ（*Nothofagus grandis*）の雲霧林でも，筆者はこれまで遭遇したことがない．この着生状態を筆者なりに定式化して表示すると，次のとおりである．

①スギ（広葉樹〈シキミ1，サクラツツジ1，ヤマグルマ1《サクラツツジ2》〉）：　この場合，最初のスギが伐倒された後，その切株の上に広葉樹（枯死しているので種名不詳）が芽生え，成長して，それに着生している3種の木本とヤマグルマに着生するサクラツツジを支えていたと考えられる．サクラツツジ2本は胸高直径が測定できる個体であったので，着生してからかなり時間が経っていることを示している．もし，最後のサクラツツジに着生のランがついていたら，3次着生ということになるのだが，残念ながら着生していなかった．なお下線は，切株または倒木枯死状態を示している．

②スギ（スギ2〈サクラツツジ1，ヤマグルマ1〉）：　この場合は1次着生である．最初のスギは藩政時代に伐採された切株である．この切株上で芽生え，成長し枯れたスギに着生するサクラツツジとヤマグルマを示している．

さらに屋久島でなければみられない現象として，スギの老木に多数の木本植物が着生していることをあげることができる．1983年に名前がついた屋久杉（銘木杉）に着生する木本植物を調査した屋久杉自然館（1999）によると，最も多く着生木本をつけていた宿主のスギは川上杉，紀元杉，小田杉，母小杉，モッチョム太郎の5本で，それぞれ12種，縄

文杉，翁杉，三根杉，太古杉の4本は，それぞれ11種であった．以下，調査された37本の銘木杉の着生種数は，10種が2本，9種が2本，8種が4本，7種が1本，6種が5本，5種以下が14本であった．最も多い着生種サクラツツジは34本の名前のついた宿主スギでみられた．以下，多い順に並べるとヤマグルマは28個体（以下同様），ナナカマドは25，ヒカゲツツジは17，アクシバモドキは16，マルバヤマシグレは14，アセビとスギは13，ソヨゴは12，アオツリバナは10本のスギでみられた．その他の着生種は，多い順に，ミヤマシキミ，サカキ，カクレミノ，ユズリハ，ヒノキ，シキミ，リョウブ，ハイノキ，ヒメシャラ，タイミンタチバナ，ツガ，イワガラミであった．アオモジ，カナクギノキ，ゴトウヅル，ヤクシマキイチゴ，アブラギリ，ツタウルシ，モチノキ，イソノキ，コバンモチ，ヤクシマシャクナゲ，ヤクシマホツツジ，エゴノキ，コツクバネウツギ，ハリギリ，イヌガシの16種は，単独で着生していた．

以上，着生する木本種について述べたが，着生する蘚苔植物，地衣類やシダ植物を考慮に入れると，さらに数多くの植物が1本のスギに生活の場を求めているのである．このように屋久島のスギ大木の上では多くの命が宿っており，利用できるスペースを巧みに利用していることを知ることができる．

（田川日出夫）

文　献

田川日出夫・鈴木英治・富士篤也・藤井宏治・大平　裕・薄田二郎・塩谷克典（1984）：スギ天然林における諸組成の高度による変化と再生産構造．環境庁自然保護局編，屋久島の自然（屋久島原生自然環境保全地域調査報告書），pp. 481-500，日本庁自然保護協会．

屋久島自然館（1999）：屋久杉巨樹・著名木（改訂版），63 pp.

第2章

常緑広葉樹の特性とフェノロジー

　屋久島が位置する北緯30度は，気候帯でいうと熱帯と温帯の境界付近に当たる．厳密にいうと熱帯の北端の亜熱帯と，温帯のうち最も南に位置する暖温帯がちょうど接する位置に当たるので，両気候帯からの北限種，南限種が集まっている．屋久島を分布北限とする種は23科72種，逆に南限とする種は71科235種となっている（濱田，1992）．それぞれ，屋久島産全種数178科1328種の5.4％と17.7％に当たる．ただし，厳密な種数や北限，南限の定義は研究者によってまちまちなので，おおよその種数の割合として理解しておいた方がよい．いずれにしても，生物地理学的な亜熱帯と暖温帯の境界の渡瀬線が屋久島の南側トカラ海峡に引かれていることからも，屋久島が生物分布の上で大きな境界にあることは間違いない．

　熱帯は，年間を通じて温度が変化しない常夏の国であるが，日本あたりまで来ると，夏は熱帯，冬は寒帯といわれるように，大きな季節変化を実感できる．冬の間，葉が1枚もついていなかった樹木が一斉に芽吹いて，新緑になる時期，秋になって葉が紅葉に染まる様子など，季節の移り変わりを実感させてくれるのは，なんといっても樹木の葉の変化であろう．ここでは，そうした生物の季節現象（フェノロジーという）と，それに関連した樹木の形態的特徴について，熱帯と温帯の移行という点に着目して，みてみたい．

　植物学でも，世界の樹木のおおまかな分類は，葉の特性によってなされており，常緑樹，落葉樹，針葉樹に三分される．それぞれの葉の特性（生活型）は，その場の環境条件と深く結びついている．常に高温多雨の熱帯多雨林地帯では常緑樹林，熱帯でも強い乾季をもつ地域や，温帯で冬が寒冷になる地方など季節変化が大きい地域では生育不適期には葉を落とす落葉樹林，厳しい低温が支配する北方や高山では低温に耐えられる針葉樹林となる．このような森林の外観（相観という）を決めているのが葉の生活型である．

　屋久島には，281種の樹木が分布するが，そのうち154種が常緑広葉樹である．日本全体では1481種の樹木（単子葉類，シダ類は除く）がみられ，476種（39％）が常緑広葉樹，落葉広葉樹が843種（56.8％），62種（4.2％）が針葉樹である（大澤，2005）．屋久島まで来ると常緑樹の割合が55％とかなり高くなり，日本の常緑広葉樹の3割強がみられることになる．さらに南，赤道直下のシンガポールでは95％の樹木が常緑性である（郡場，1947）．

2.1　熱帯・温帯移行部の温度環境と常緑樹の北限

　屋久島の温度の季節変化を，南の沖縄から北の果ての北海道まで緯度軸に沿って比較してみると，南北に長い日本の温度環境の幅を理解しやすい（図II.2.1）．屋久島付近はちょうど年較差が約20℃である．

　この年較差20℃は，東アジアの植生分布と気候条件との関係からみると，熱帯の常緑樹林から，温帯の落葉樹林へと移行し始める温度条件に当たっている（Wolfe, 1979）．湿潤熱帯のように温度に季節変化がなければいつでも葉をつけていて問題ないが，次第に冬の低温が厳しくなると常緑樹は耐えられず，葉を落としてしまう落葉樹になる．常緑樹の分布北限を決めている要因は，冬の月平均気温でみるとほぼ$0〜-1℃$の等温線とよく一致する（Iversen, 1944；Ohsawa, 1990）．特に，Iversen (1944) が考案した種の分布温度圏は，夏と冬の月平均気温を2軸に種の分布をプロットしたもので，夏と冬の温度の働きの違いを見事に示した（図II.2.2）．

　これによって，北ヨーロッパにもともと自生している常緑広葉樹のヒイラギモチ，キヅタなどの常緑広葉樹の北方への分布限界を決めている温度要因を調べた．図II.2.2から読み取れるように，冬の温度限界は絶対的，すなわち夏の温度が変わったとしても常に一定の$0〜-1℃$であった．それに対して夏の気温は，冬の気温が高ければ多少低くても問題がない．夏の分布北限線は，冬の気温に応じて変化する（図II.2.2）．このことは，夏の温度は年間に

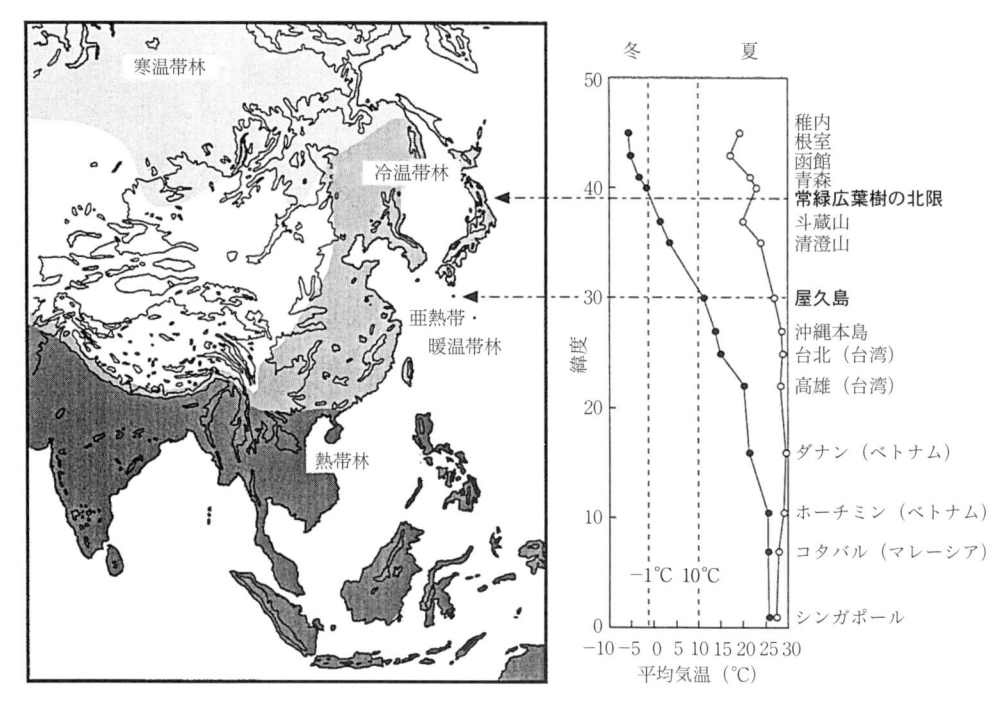

図 II.2.1　東南〜東アジアの夏と冬の月平均気温
両者の間が年較差．屋久島でほぼ20℃．

受け取る熱の総量としての有効熱量（積算温度）として効いていることを示している．この夏と冬2つの温度要因の違いは，もちろん古くから作物や果樹を栽培する農民にとって経験的によく知られた事実で，冬の気温は生理的な耐性限界，夏の温度は成熟のための要求限界（成熟限界）と呼んで区別している（Ohsawa, 1990）．

日本で常緑広葉樹林が北限に達する冬の月平均気温−1℃は，さらに緯度にして10度以上も北の仙台付近にある．屋久島は北緯30度にあるから，常緑樹にとっては好適な環境であるが，標高が高い（1935 m）ので，常緑広葉樹林の分布上限をみることができる．相観的にはほぼ1000 m付近が常緑広葉樹林とスギ林との境界であるが，実際の常緑広葉樹の種としての分布上限はもっとずっと上の，標高1700 m付近になる（第3章参照）．

2.2　葉の寿命とシュート・フェノロジー

熱帯的な気候に適応して進化した常緑広葉樹は，次第に厳しくなる冬の寒さに対してどのような適応を果たしているのだろう．その点を調べるには，ちょうど日本で北限に達する常緑樹の生態についてみてみるのがよい．まず，常緑樹たらしめている葉の寿命とシュート・フェノロジー，次いでリーフサイズ，葉縁の構造などについて順にみてみよう．

植物は，動物と違ってすべての成長は生長点と呼ばれる茎の先端にある分裂組織で起こっているから，新たな成長は茎の先端にある芽から始まる．これは常緑樹でも落葉樹でも同じで，1個の芽から伸び出す茎と葉の全体を，1個のシュートと呼ぶ．大きな木もこのシュート・モジュールが積み上がってできている．シュートの成長は，芽が開いて葉を出す開芽もしくは出葉，同時に茎の成長（節間成長），葉の展葉が起こり，成熟した葉は一定期間光合成を行い，やがて落葉する．葉の寿命が1年に満たない落葉樹では葉が一斉に出葉，落葉する．落葉期にはシュート先端部を保護する芽だけついて葉のない時期が一定期間ある．

熱帯に行けば，常緑樹であっても個々の葉の寿命が1年以内の樹木はたくさんあるが，1年のうちに温度の季節変化がなく，いつでも出葉，展葉が可能であるから，多くの草本類でみられるように，たとえ葉の寿命が1年以内でも，生育している間はいつでも葉をつけており，常緑ということになる．このような例は，屋久島ではウラジロエノキが典型である．温度が下がる冬には，成長はほとんど停止するが，春にはそのまま再開する（図II.2.3）．

2. 常緑広葉樹の特性とフェノロジー

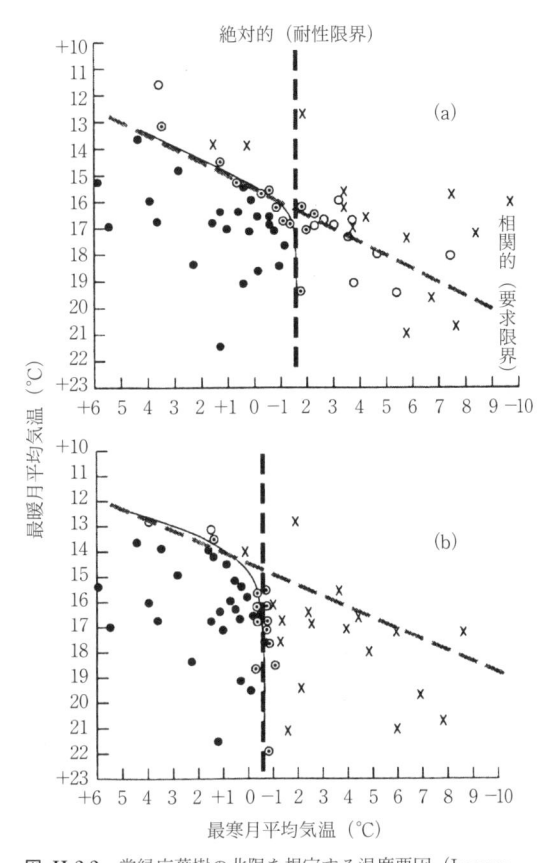

図 II.2.2 常緑広葉樹の北限を規定する温度要因（Iversen, 1944を改変）
(a) キヅタと (b) ヨーロッパヒイラギモチ. 冬の耐性限界と夏の要求限界を示す.

図 II.2.3 屋久島のウラジロエノキ(2004年1月) 連続成長, 常緑.

また，出葉，展葉といっても常緑樹では，サクラの開花のように気温条件など外的な要因だけで決まっているわけではないものが多い．熱帯では枝ごとにフェノロジーが異なっている場合もある．面白いのは，枝を剪定して再生時期を違えてやると，それぞれが，ずれたままフェノロジーが進行していくので，極端にいえば1本の木でいつでも花を楽しむこともできる．温帯の常緑樹では気温条件と体内のリズムの両方の要因でフェノロジーが決まっていることが多い．たとえ温度は高く，水分が十分得られる夏であっても，冬芽のような芽をつくってシュート成長そのものは止めているようにみえる常緑樹もある．しかし，その間，シュートは光合成を行い，その産物は根や翌年の芽の形成など外見からはわからないところで使われている．

常緑樹と落葉樹では枝の成長・動態という点でも異なる．落葉樹では新たな葉をつけない枝は枯死するが，常緑樹では同じ樹体内でも新たな葉をつけて成長する枝と，年によっては古い葉のみで新たな成長をしない枝もある．新しく葉を出さない枝はやがて枯れることが多いが，古い葉が残っていれば，生き延びて，後でまた新たなシュートを出す場合もある．芽についても，頂芽がそのままシュートを出さずに休む場合もあるが，新たに別な休眠芽が伸びる場合もある．芽の挙動については後で詳しく検討する．

常緑葉の寿命はこの芽の動きと連動している．芽が動かなければ古い葉は長生きする．芽が動かないということは，普通は日射量が足りないことが多いので，日陰の葉ということになる．日陰にある枝は，こうして成長せずにやがて枯れ落ちていく．しかし，常緑樹は落葉樹と違って葉が出なければ枝が1年で枯れてしまうというわけではなく，上述したように古い葉が枯れるまでの間は生き延びる．しかも，日陰の葉は日なたの葉と比べると概して長生きする．スダジイやカシ類では，樹冠の外側の光が十分当たる葉は1～2年の寿命しかないが，樹冠の内側で光があまり当たらない葉は3年以上生きているといったこともある．葉の寿命は，その活性に反比例すると考えられている．

この出葉と落葉が，1年を通していつでも可能なのか，それともある特定の時期に限定されるのかという成長のタイミング，さらに，その葉がどの程度の期間生きているのか（葉の寿命）などの特性が，樹木の形や生存戦略を理解する上で重要である．前述したように，屋久島は亜熱帯と暖温帯の境界に位置し，しかも常緑広葉樹林の上限を超える標高をもつので，熱帯から分布して北限に到達した常緑樹のこのような特性を調べるのに最適の場所である．

屋久島の常緑樹の葉の寿命を，千葉県清澄山での値と比較してみると，林冠層，下層のいずれにおいても屋久島とほぼ同じか，屋久島の方が1～2年長

い種類とがみられ，平均するとほぼ1年長い（表II.2.1）．これは葉数が半減するまでの年数をみた半減寿命，ついている最高齢の葉までの寿命のいずれにおいても同じ傾向であった．しかし，中にはタイミンタチバナのように逆の傾向を示す種もあり，また両地点でほとんど差がない種も多くみられるので，それほどはっきりした傾向ではない．常緑樹では生育地点の立地環境，光条件，あるいは個体の状態などさまざまな要因で寿命が変化する．

常緑，落葉の区別は温帯ではあまり迷うことはないが，南に行くと次第に難しくなる．葉の寿命，葉の交代つまり出葉，落葉の斉一性（一斉か順次か）によっても見かけの樹木の相観が変化するからである．そこで熱帯と温帯で，落葉が一斉か順次か，葉の寿命が1年以上か以下かといった特性で区分してみると，常緑（evergreen），常緑（一斉交代：leaf exchanging），落葉（deciduous）の3タイプが区別できる．郡場（1947）は一斉交代を，数日でも完全に裸になれば落葉であるとしているが，一斉交代というのは葉の寿命がちょうど1年で，一斉に葉が交代するのであるから，一時的に（数日程度）木が裸になることもあるが，逆に新葉が開いてから旧葉が落ちることもあるので，ここでは常緑とする．日本ではアカガシの一部の個体，小笠原や沖縄に分布するシクンシ科のモモタマナなどがある．ヒマラヤではネパールハンノキ，インドカンバなど，温帯では明瞭な落葉樹になっているグループ，また，日本のアカガシのような常緑のカシ類（*Quercus lineata*, *Q. lamellosa* など）に，そのような挙動をするものがみられる．マレーシアまで行くと5%の樹木が一斉交代型の葉の交代をする（郡場，1947）．乾燥がきつくなる地域では，旧葉を落とすことによって体内の水分状態を少しでもよくし，それから新葉が開くという例も知られているが（Borchert, 1978），この場合も一斉交代型になる．

このように葉の特性に着目したとき，熱帯と温帯で最も大きく異なるのは葉の寿命が1年以内で，しかも葉の交代が順次的に起こる場合の樹木の葉の特性である．葉の寿命が1年以内で落葉が順次の場合，熱帯ではいつでも出葉可能なので，前に述べたウラジロエノキのように常緑になるが，温帯では出葉が季節的に制約された一斉型なので，冬の期間は

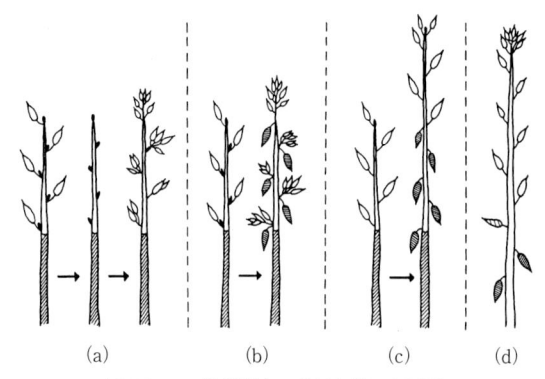

図 II.2.4 熱帯樹木の成長と葉の生活型
(Longman and Jenik, 1974)
(a) 周期成長・落葉，(b) 周期成長・一斉交代，
(c) 周期成長・常緑，(d) 連続成長・常緑．

表 II.2.1 屋久島と千葉県清澄山に共通する樹種の葉の寿命（大澤・新田，1996；Nitta and Ohsawa，1997）最高葉齢は1995年12月時点．

	樹種	清澄山（北緯35度12分）		屋久島（北緯30度20分）	
		半減寿命	最高葉齢	半減寿命	最高葉齢
林冠木	スダジイ	1.9	3.0	4.0	5.0
	ウラジロガシ	2.0	3.0	3.3	3.3
	アカガシ	3.0	4.0	2.0	3.0
	タブノキ	2.5	2.8	3.3	3.5
	シロダモ	2.5	3.0	4.5	4.8
	ヤブニッケイ	4.3	5.0	5.0	6.0
	平均	2.7	3.5	3.7	4.3
下層木	タイミンタチバナ	4.3	4.8	3.0	3.3
	クロバイ	1.5	2.0	2.5	3.5
	シキミ	2.3	2.8	5.5	5.5
	サカキ	2.5	4.0	3.8	3.8
	ヒサカキ	3.0	3.0	2.8	3.8
	平均	2.7	3.3	3.5	4.0
	総平均	2.7	3.4	3.6	4.1

落葉して，常緑性にはならない．しかし熱帯でも，体内リズムの関係で出葉が周期的（リズミック）であれば，落葉性になることもある．それらを葉の生活型と成長の周期性で区分すると，①周期成長・落葉，②周期成長・一斉交代，③周期成長・常緑，④連続成長・常緑となる（図II.2.4）．日本では葉の寿命と落葉の斉一性に基づく常緑広葉樹のタイプとしては，1つのタイプしかない．熱帯から北上するにつれて，生育可能な常緑広葉樹が制限されてくるためである．

2.3 常緑樹の葉の特性とリーフサイズ

常緑葉は，落葉に比べると光合成器官として長い時間機能するので，さまざまな特徴がみられる．それらは，単葉かそれともいくつかの小葉が集まった複葉になるか，葉の縁が鋸歯のない滑らかな状態（全縁という）か，それとも鋸歯や切れ込みがあるか，などの特性である．熱帯多雨林では葉の先端が水切り状になった滴下先端もあるが，これは暖温帯ではほとんどみられない．これら葉の定性的な特性に対して，広く用いられるのは統計的に処理できるリーフサイズである．以下に，これら3つの葉の特徴についてみてみよう．

①単葉／複葉：　屋久島の常緑樹はそのほとんどが単葉であるが，わずかにショウベンノキとフカノキが複葉の葉をもっている．木本性の常緑蔓性植物まで入れるとさらに何種か増える．

②全縁／鋸歯縁：　葉縁の特徴，すなわち葉の縁が全縁になるか鋸歯縁になるかという特性と環境要因，特に気温との関係に着目したのは Bailey and Sinnott (1916) である．Wolfe (1979) は，この全縁葉の割合と年平均気温との関係を東南～東アジアの樹木について調べて有意な関係があることを示した（図II.2.5）．気温の年較差との関係も調べたが，こちらはバラツキが大きく特別な関係はみられなかった．地質学の分野では，この葉縁の特徴を，葉の化石しか出現しないような地層における過去の気候条件の推定などに応用している．

ここでは，日本の南から北まで4地点に出現する常緑樹の全縁葉の割合を，Wolfe (1979) が描いた図に載せてみた（図II.2.5）．沖縄（65.6%）はやや外れるが，その他の3地点，屋久島（67.2%），千葉県清澄山（60.5%），宮城県斗蔵山（33.3%）はこの関係によく乗っており，東アジアの一般的な傾向によく合致した．熱帯地域の植生を研究する上で，この全縁葉の割合はたとえ種類の同定ができなくても熱帯～亜熱帯地域の中での同位的な植生や温度条件の地域を特定するのに使える（Flenly, 1979）．屋久島の位置は，台湾の亜熱帯林やフィリピンの下部山地林などの値に近い．

③リーフサイズ：　常緑性でいつでも葉をつけているとなると，葉はその間のさまざまな環境ストレスに耐える意味でも，多様な適応形態を示すが，その最もわかりやすい例がリーフサイズである．これは葉面積をいくつかのサイズ階級に区分し，その種がどのサイズクラスに含まれるかによって，樹種を特徴付けて，それを指標に使う方法である．もともと生活型を区分したことでよく知られる Raunkiaer (1916) が生活型の一環として考案したものに，オーストラリアの Webb (1959) が暖温帯から亜熱帯地域でよく出現する亜中形葉（notophyll）のクラスを加えて改良したものである（大澤・尾崎，1992）．図II.2.6には，日本の常緑広葉樹林でよくみられる樹種について，葉をシルエットで示す．

熱帯山地の垂直分布帯を調べてみると，明らかにリーフサイズは標高が高くなるほど小さくなる（Wolfe, 1979；大澤・尾崎，1992）．Wolfe (1979) は，亜中形葉（notophyll）は最暖月平均気温20℃ないしそれ以下では針葉樹林や小形葉（microphyll）の常緑樹林に移行するとしている．しかし，日本のように温度の年較差が大きいところでは，この温度条件では低すぎて落葉樹林になってしまう．日本の南半分では，林冠は亜中形葉をもったタブノキやカシ類が優占するが，種数でみると圧倒的に小形葉の樹種が多い．日本の3地点（沖縄，屋久島，清澄山）はほぼ同じリーフサイズ構成を示すので，これらを平均した値で比べてみると，最も多いのが小形葉（57.2%），次いで亜中形葉（33.3%），中形葉（9.5%）という割合になる．林冠構成種（カシ

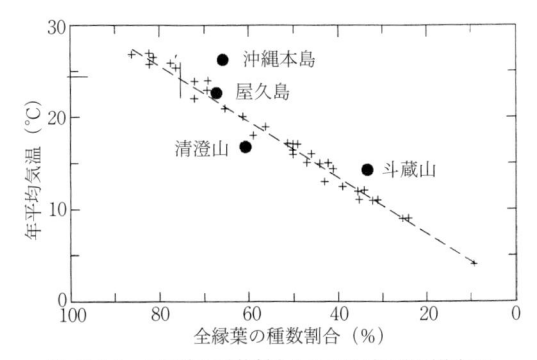

図 II.2.5　全縁葉の種数割合とその地域の年平均気温との関係（Wolfe, 1979 に加筆）

Aj : *Aucuba japonica*（アオキ）
Al : *Actinodaphne lancifolia*
　　（カゴノキ）
Ca : *Camellia japonica*
　　（ヤブツバキ）
Cj : *Cinnamomum japonicum*
　　（ヤブニッケイ）
Cl : *Cleyera japonica*（サカキ）
Cs : *Castanopsis cuspidata*
　　var. *sieboldii*（スダジイ）
Dt : *Dendropanax trifidus*
　　（カクレミノ）
Ej : *Eurya japonica*（ヒサカキ）
Ii : *Ilex integra*（モチノキ）
Il : *Illicium religiosum*
　　（シキミ）
Ir : *Ilex rotunda*
　　（クロガネモチ）
Qa : *Quercus acuta*（アカガシ）
Qg : *Quercus glauca*（アラカシ）
Qs : *Quercus salicina*
　　（ウラジロガシ）
Mr : *Myrica rubra*（ヤマモモ）
Mt : *Machilus thunbergii*
　　（タブノキ）
Ns : *Neolitsea sericea*（シロダモ）
Oh : *Osmanthus heterophyllus*
　　（ヒイラギ）
Pt : *Pittosporum tobira*
　　（トベラ）
Sp : *Symplocos prunifolia*
　　（クロバイ）

図 II.2.6 日本の亜熱帯・暖温帯常緑広葉樹林の主要構成種のリーフサイズ（鈴木由香理，未発表資料）

類，タブノキ類など）は亜中形葉が多く，下層木になると小形葉の樹種（ヒサカキ，サカキ，モチノキ，タイミンタチバナ，ハイノキなど）が圧倒的に多くなる．このような特徴はフィリピンの山地，中国・四川省の峨眉山，熱帯のキナバル山，スマトラ・ケリンチ山などの熱帯・亜熱帯山地林で広くみられるリーフサイズ・スペクトルとよく似ている（Ohsawa and Nitta, 2002）．

熱帯多雨林になると，大形の葉が多くなるが，たとえばニューギニアの熱帯多雨林の例では，小形葉はなく，亜中形葉が13％，中形葉が73％，大形葉が15％となっており，中形葉が最も多い（Grubb, 1974）．

以上みてきたように，常緑葉のサイズ・スペクトル，葉縁などいろいろな点で，屋久島の常緑樹は熱帯のうちでも低地林よりは山地林とよく似ている．

2.4　常緑広葉樹のシュートの生活史

屋久島の常緑広葉樹をみていると，冬が休眠している時期とは到底思えない現象がいくつもある．リンゴツバキやサザンカの花は，雪が降る屋久島の常緑樹林で最も美しい彩りであるし，時にサクラツツジ，シロダモの花をみることもある．牧野富太郎（1919）は，シロダモが秋〜冬に花が咲き，春の出葉時に軟毛が密生した新葉を垂らしているのをみて，これは熱帯植物の特性を未だに残している常緑樹ではないかという意味のことを述べている．熱帯樹木ではマンゴーのように新葉を垂らす樹木が多いのに着目したのである．また，屋久島では冬でも芽をきちんと閉じておらず，成り行きで伸び始めてしまったようなタイミンタチバナ，ヒサカキなどもよく目にする（図II.2.7）．

しかし，それは偶然そうなったわけではなく，連続成長する熱帯樹木の性質を残したこれらの種がもつ固有の特性といえる．このような樹木では休眠といっても絶対的でなく，冬になって成長にややブレーキがかかった程度なので，少しでも暖かい日が続けば簡単に伸び出してしまう．1年のうち，いつ芽が開いてシュートの成長が始まり，当年のシュートがいつ完成するのか，また，その後，古い葉はどのように落ちていくのかといった情報は，樹木の生活と深くかかわっており，それをシュートの生活史と呼ぶ．そのメカニズムは，単に年々の気候条件のためにそうなるのでもない．シュート先端部の原基をつくる時期，その後の休眠の深さなど，その種が有している成長特性が深くかかわっているのである．

熱帯の樹木について出葉と落葉，さらに成長の周

図 II.2.7 屋久島の冬のタイミンタチバナ（2006年1月）
芽がルーズになり，すでに伸び出している．

期性について包括的に研究したのは郡場 寛（1947, 1948）である．芽が開いてシュートが伸長するパターンについて郡場（1947）は，シンガポールの樹木で詳しく調べ，基本を連続成長（evergrowing：常伸），周期成長（intermittent：隔伸），マニホールド成長（manifold：交伸）の3タイプに分けた．シンガポールの樹木のうち20%が連続成長，残りの80%は周期成長だという．熱帯のほとんど一定な気候条件のもとで周期成長をする樹木が意外と大きい割合を占める．この周期性は樹体が大きくなるほど明瞭になるので，シュート成長，根や幹の成長，開花結実など個体内でのさまざまな成長部分へと限られた物質を振り分けて成長しているためと考えられる（Borchert, 1978）．

落葉樹では，シュート成長にナラ型，ポプラ型の2型が知られている（Kozlowski, 1971）．前者は春先短期間に伸長成長が終わる，いわばタケノコの伸長のようなパターンを示すもので，前年の間に芽の中にシュートがつくられ，春はそれが伸びるだけで，当年の光合成産物は主として翌年の成長の準備に回すタイプである．それに対して，後者は，前年につくられたシュートだけでなく，その後，条件が許す間は，新しく形態形成が行われ，当年の光合成産物を成長にも振り向ける日和見タイプということになる．丸山（1978）は，ナラ型をブナ型と呼び，これらに中間型としてクロモジ型を加えた．

先にも触れたように，常緑樹であってもいつでも伸長成長しているわけではない．種類によっては春先，ごく短期間に成長を終えてしまう種もある．ゆっくり成長するものでは，夏至前までは伸び続けるような種もある．いろいろな常緑広葉樹について，春先は数日ごと，夏はもっと長い間隔で茎の伸長成長を測ってみると，スダジイ，ウラジロガシ，アカガシ（いずれもブナ科）やタブノキ（クスノキ科）などの大型になる林冠木は，上記のブナ型の成長，すなわち春短期間に一斉に伸び切ってしまうのに対して，ヒサカキ，タイミンタチバナ，クロバイなどの下層に生育する亜高木性の小形葉の樹木はどちらかというとクロモジ型に近い漸次成長型を示した（図II.2.8：Nitta and Ohsawa, 1997）．ただし，亜高木性の樹木は多様で，中にはサカキのように比較的短期間に成長を終えてしまう種もある．

極相林の林冠を構成する落葉樹のブナや常緑樹のスダジイやカシ類などの成長は，安定した環境下で，前年の間に翌年の準備を終えて待機する．それに対して，ポプラや，屋久島の常緑樹でいえばウラジロエノキなどのパイオニア的な種は，不定期に出現する裸地に進入し，日和見的に環境が許せば成長し続けて，短期的に，急速に成長する．そして，ヒサカキ，タイミンタチバナやクロバイなどの小形葉の低木・亜高木は，ブナ林との対比でいえば，クロモジ型に相当するのであるが，次に述べる芽の構造や成長様式の違いとのかかわりでみると，クロモジでいわれていたような単なる中間型というようなも

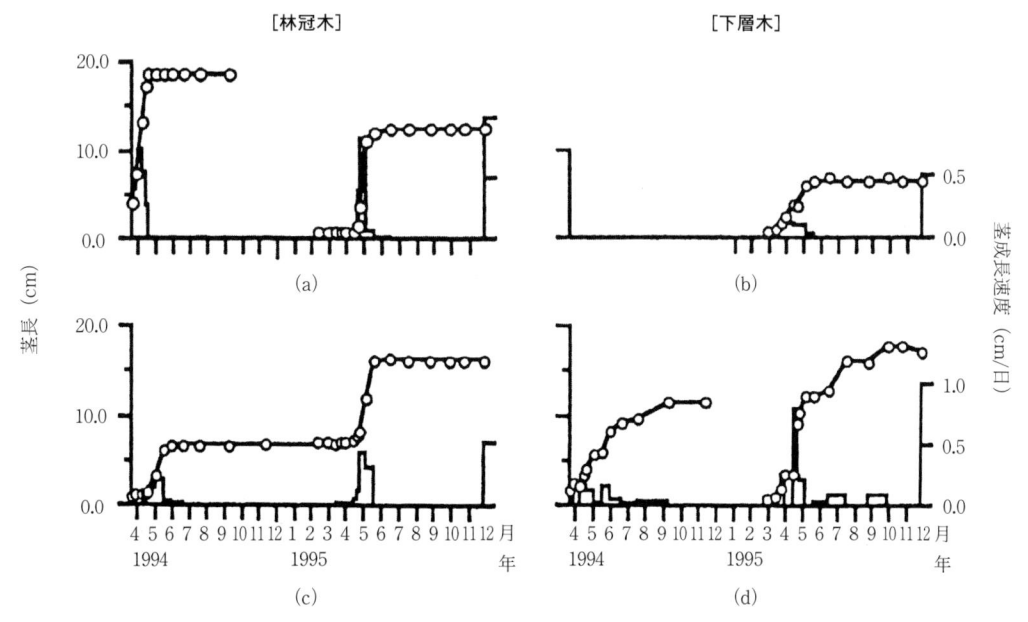

図 II.2.8 林冠木と下層木のシュート成長曲線と1日あたりの平均成長速度（ヒストグラム）（Nitta and Ohsawa, 1997）
(a) スダジイ，(b) タイミンタチバナ，(c) アカガシ，(d) ヒサカキ．

のではなく，明らかにほかの2つのグループとは異なる生活様式であることがみえてくる．

これら極相林の林内下層を構成する亜高木樹種は，遷移的には極相樹種のように思い込みがちであるが，実際は裸地に最初に出てくる樹木でもある．屋久島でも伐採跡地や畑放棄地などの裸地に，ヒサカキ，タイミンタチバナ，モクタチバナ，クロバイ，クロキなどの林内の下層構成樹種が真っ先に先駆種として出現することがよくみられる．そうしてみると，これらの樹木群は単に暗い林内を好んで，極相林の下層に生育しているのではない．裸地のように光条件だけでなく，水分，栄養条件なども大きく変動するような厳しいストレス環境下で生育可能な種群とみた方が，さまざまな挙動が矛盾なく説明できる．森林の下層に生育するのも，光不足というストレスに耐えているとみることができる．こうした複合した要因に対する種の性質は，単純に耐陰性，水分耐性，乾燥耐性など個別の物理・化学的要因に対する反応だけで測り切れるものではない．生態学的な複合要因に対する反応としては，ここでみた成長速度のような植物側の反応で測った方が明瞭に示すことができる．

2.5　常緑樹の3つの芽タイプの構造

こうした常緑樹のリーフサイズ，シュートの成長特性の違いなどを調べていた，当時千葉大学大学院生だった新田は，それが芽の構造の違いと対応していることに気づいた（Nitta and Ohsawa, 1998）．普通は常緑広葉樹，落葉広葉樹，針葉樹とひとまとめにされる樹木群であるが，常緑広葉樹の中にもひとまとめにしくくれないいくつかの樹木群があるらしいことが，芽の構造から示唆されたのである．芽というのは，葉が変化した保護器官がシュートの原基を保護している構造のことを指す．植物のシュートは，前に述べたように，茎とその上に一定の順序で配列した葉的器官から構成されている．軸である茎についているすべての鱗片，葉，花を構成する器官などは，葉と同じ原基が変形したものである．そこで，日本の多くの常緑広葉樹について芽の構造を詳しく調べた結果，3つのタイプがあることが明らかになった（Nitta and Ohsawa, 1998）．それが裸芽，苞芽，鱗芽である（図II.2.9，II.2.10）．

最も単純なのは，芽といっても特別にシュート先端部を保護する器官を何ももたないタイプで，単純に次に伸びていく葉の原基が集まっているだけの構造で，これは裸芽（naked bud）と呼ぶ．花器官を除いたすべての原基から生まれた葉的器官が光合成を行う通常葉になっているものを指している．屋久島では，ウラジロエノキ，ヒサカキ，シマイズセンリョウ，イスノキなどがみられる．屋久島が分布北限に当たる裸芽のウラジロエノキの場合は，葉の寿命は1年以下であるが出葉を繰り返すので常緑性になっている．ただ，北限に近いので，冬になると葉の交代は行われず，ほとんど休止しているようにみえる個体もある．同じく裸芽のイズセンリョウで調べたところでは，冬の間，出葉は止まっていて，春になってシュートが動き出すと，成長が休止していた間の未発達な葉は，成長を再開する．しかし，これは前後の葉と比べると少し小型になっているので，冬の間に形成された葉であることがわかる．

裸芽以外の芽タイプでは，光合成器官としての通常葉以外に保護のための葉的器官を有している．そこで芽タイプを決めるメルクマールは，芽を保護している器官としてどのような葉的器官がついているかということになる．

春先，芽が開いたとき，伸び始めたシュートの付け根部分には，薄緑，白，ベージュ，ピンク～紫色など，樹種によってさまざまな色をした鱗片と葉の中間のような葉的器官がたくさんついて目立つ．これは早落性で，葉が展開するころには落ちてしまうので，季節的にみないと見逃してしまう．これはシュートが伸びるとき茎の一番下部について新しく伸びる芽を保護している葉的器官なので，低出葉（カタフィル）と呼ぶ．

低出葉は，芽の中に収まっているもので，芽のさらに外側には芽全体を包んでいる鱗片状の保護器官がある．これは伸び始めるときには，真っ先に剝がれて落ちる（図II.2.11）．この芽を包んでいる最外層の鱗片状の器官は，その上部についている低出葉（カタフィル）の一部と考えた人もいる．しかし，それは前年に新しいシュートが伸び始めたときには，すでにその先端に備わっていて，1年後に伸びるシュートの原基をずっと保護している．前年からシュートの先端にできている保護のための葉的器官だから，これは前年の最後（つまり茎の先端）につくられた保護器官（$n-1$年）ということになる．これはシュートの最先端部につくられた葉だから，高出葉（ヒプソフィル）と呼ぶのが正しい．そして，高出葉は低出葉（新しいシュートの最も基部にできる器官（n年））の下についており，名前とは逆の上下関係になっているように感ずるが，実はその間には年枝の境がある．最外側の高出葉は前年の器官，それ以外の芽を構成する器官は当年生という

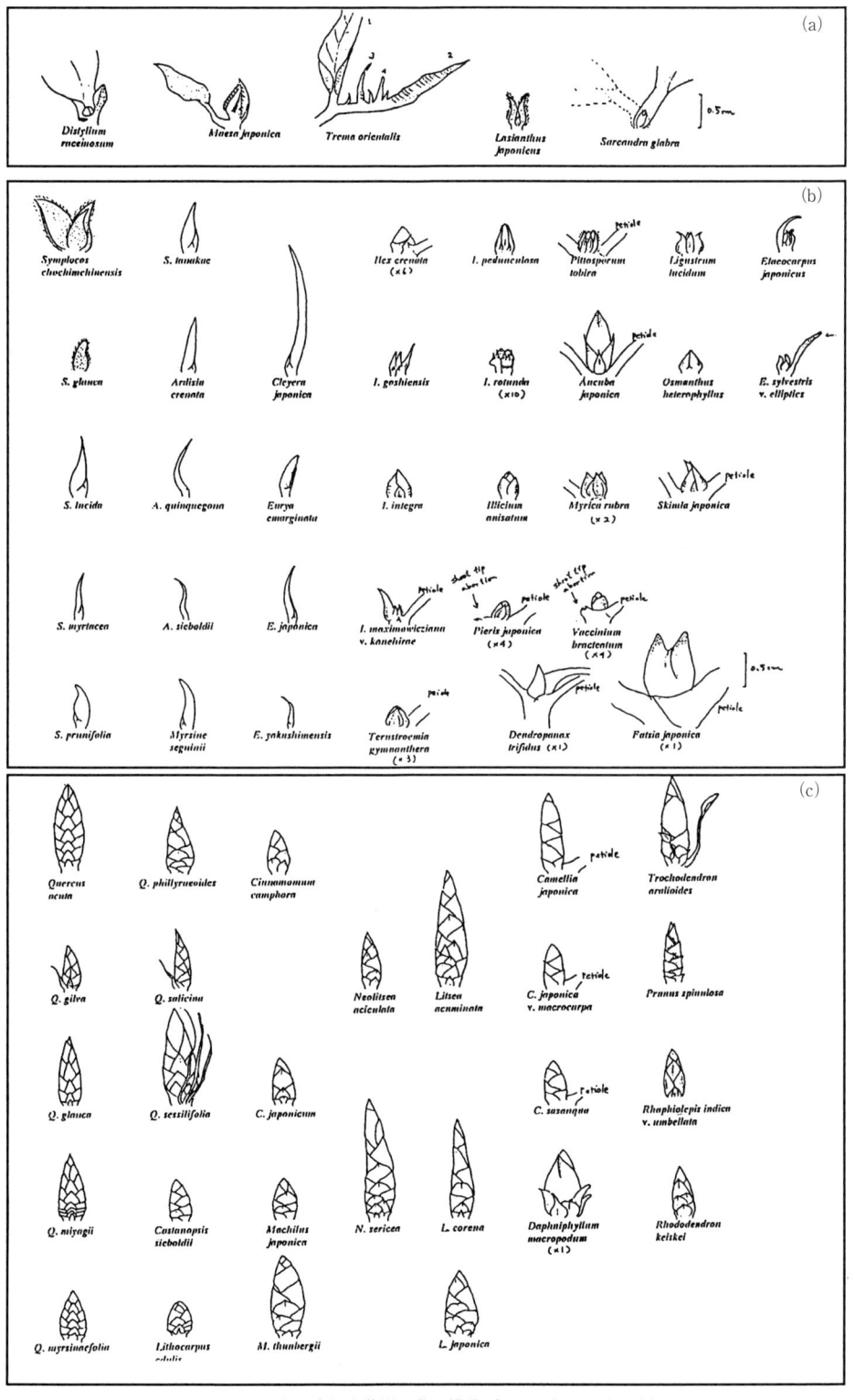

図 II.2.9 主な常緑広葉樹の芽の構造（大澤・新田, 未発表）
(a) 裸芽, (b) 苞芽（ヒプソフィル芽）, (c) 鱗芽（スケール芽）.

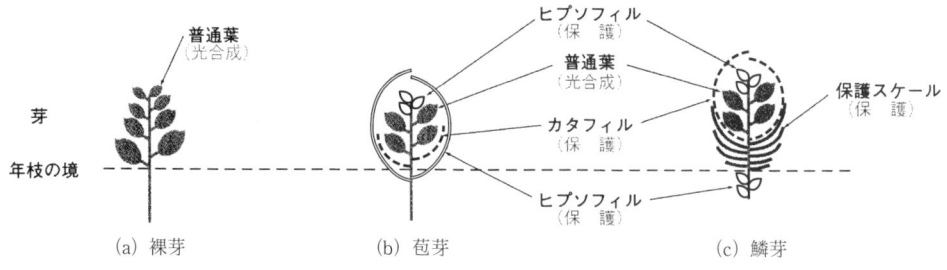

図 II.2.10 3つの芽タイプの構造と成り立ち（大澤・新田，2001）

(a) 裸芽　(b) 苞芽　(c) 鱗芽

図 II.2.11 クロバイの春の開芽の状態
左は芽を包んでいた芽鱗（ヒプソフィル）．ちょうど開いて，中のシュートが伸び始めている．

図 II.2.12 屋久島のオニクロキの新しいシュート
基部にみえる白い葉的器官はカタフィル．ヒプソフィルはすでに落ちてしまった．

図 II.2.13 ホソバタブの鱗芽

ことになる．
　このように，芽は2年分の形態形成の結果を包含した複合体なのである．われわれは，この芽を保護している器官（高出葉）の名をとってヒプソフィル芽（hypsophyllary bud）と名づけた．形態学的にいうと，高出葉の代表は花を保護している苞であるから日本語ではこの芽を苞芽と呼ぶことにする．芽の外観も外からは1〜2枚の苞葉が全体を包んでいる形をしている．このタイプの芽はクロバイ，オニクロキ（図II.2.12），ヒサカキ，タイミンタチバナなど，照葉樹林の下層を構成する多くの小形葉をもつ種群にみられる．
　3つのうち最後の芽タイプは，北限の常緑広葉樹林では林冠を構成する種類にみられるものである．それは，多くの落葉樹と同じように，鱗状の鱗片（スケール，芽鱗）が，瓦のように重なり合って芽をつくっている（図II.2.13）．上で述べたヒプソフィル芽の場合と違って，この鱗片状の構造は明らかに違う．これをスケール芽（scaled bud），日本語

では鱗芽と呼ぶ．
　スケール芽でも春先，できたてのシュートの先端をみると，ヒプソフィル芽と同じような形の芽がある．それが鱗片の一番外側に多肉質で，その後につくられる鱗片とは明らかに異質のヒプソフィルの残骸として基部に残っている．結局，スケール芽はヒプソフィル芽の内部でさらに形態形成が進行し，特殊化した鱗片をつくり出すことによってできた，特殊化した芽タイプであることがわかった（図

図 II.2.14 鱗芽をもつバリバリノキの開芽
基部にスケールが残っている．伸び途中の芽
全体を包んで保護しているのがカタフィル．
先端から出ているのが普通葉．

II.2.10，II.2.14）(Nitta and Ohsawa, 1998)．

　常緑樹では，シュートの成長速度が，そこにどのような葉的器官をつくるか決めているらしい．シュートの伸びと何枚葉をつくるかが生産量に直接関係するチャノキでは，つくられる葉的器官について詳しく調べられている (Bond, 1942)．チャノキのシュートでは，葉的器官は，2枚の芽鱗，1枚のフィッシュ・リーフ（小型の鋸歯がほとんどない移行的な葉），4枚の普通葉（普通のサイズで鋸歯がある），すなわち全部で7つの葉的器官からなる．ここで芽鱗と呼ぶのは早落性のカタフィルのことである．フィッシュ・リーフは，カタフィルと普通葉の移行形と考えられている．2枚の芽鱗は，外側と内側では異なるという観察もある．とすれば外側の1枚はヒプソフィルの可能性が高い．いずれにしても，芽鱗からフィッシュ・リーフまでは伸長量が小さく，その間は保護的な機能をもった器官がつくられる．その後，大きく伸長成長するときに普通葉がつくられる．このように，どのような葉的器官がつくられるかは，シュートの伸長速度によって決まっている．前述したように，ヒプソフィル芽の樹木では休眠がそれほど深くなく，成長速度はゆっくりだが，冬でも徐々に動いている．冬でも陽気がよいと，そのまま伸び出してしまう．もう一つのスケール芽は，そこのところがもっとはっきりしていて，シュートの伸長が終わって先端にヒプソフィルができると，そこでモジュールが切り替わる．その後にできる葉的器官は，芽の中で成長を再開し，保護のために特殊化した葉的器官のスケールをつくり出す．このスケールははじめは小さいが徐々に大きくなり，それが瓦重ねになってヒプソフィル芽の外へと伸び出していく．こうしてつくられたのがスケール芽である (Nitta and Ohsawa, 1998)．このスケール芽は冬の間もどんどん大きくなって，春先の素早い成長へと引き継ぐ（図II.2.8参照）．

　その後，日本の常緑樹で明らかになった芽の構造の違いを確認するために，沖縄，さらに，中国，ブータン，東南アジア，アフリカの西にあるカナリー諸島テネリフェの第三紀遺存型照葉樹林まで行って常緑樹の芽の構造を調べた．その結果，この3つの芽が，常緑樹でみられるすべての芽タイプであることが確認できた．

2.6　芽の構造，分枝型と樹型

　巨木といえども樹木個体はすべてシュート単位（モジュールと呼ぶ）から成り立っている．芽はこのシュートをつくる原基である．たとえば，ヤシ類などは，高さが数十mになっても1個のシュートからできている．生長点は頂端に1個しかないから，台風などで先端のたった1個の芽が傷つけられると死んでしまう．それに対して盆栽などの樹木では，1個の芽からつくり出される単位シュートが1cm以下のこともざらにある．この1個の芽からつくり出されるシュートには，2つのタイプがある．そのことを見つけたのは Späth (1912) といわれている．一つは，枝は必ず一度休眠してから伸び出すタイプで，これを先発枝（proleptic branching）と呼ぶ．もう一つは，枝が休眠しないまま同じ年のうちに伸びてしまうもので，同時枝（sylleptic branching）と呼ぶ (Tomlinson and Gill, 1973)．この2つの分枝型は形態的にはっきり異なるので，すぐに区別できる（図II.2.15）．

　この2つの枝の伸長様式は，これまで述べてきた樹木の芽の成長速度と休眠の深さとに密接にかかわっている．

　そのことをみるのに最適の樹木が，屋久島に生育している．それがクスノキ科のマルバニッケイ (*Cinnamomum daphnoides*) である．この種は，屋久島の海岸に比較的広くみられるが，あまり意識されてはいないので，その生育地を破壊してしまわ

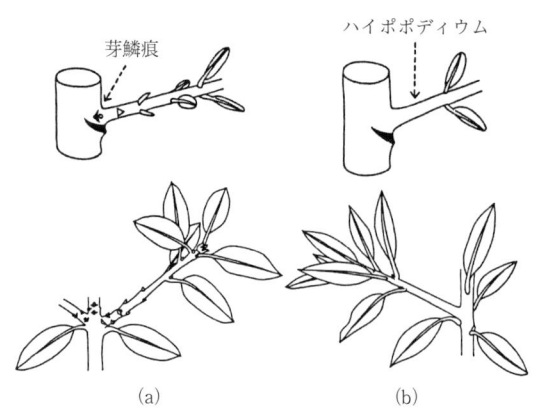

図 II.2.15 先発枝と同時枝の構造（Tomlinson and Gill, 1973）
(a) 先発枝：枝の基部に芽鱗やカタフィルの痕跡が残る.
(b) 同時枝：枝の基部はハイポポディウムと呼ばれる一種の柄的な部分ができる. ここには先発枝のような芽鱗などの痕跡は全くない.

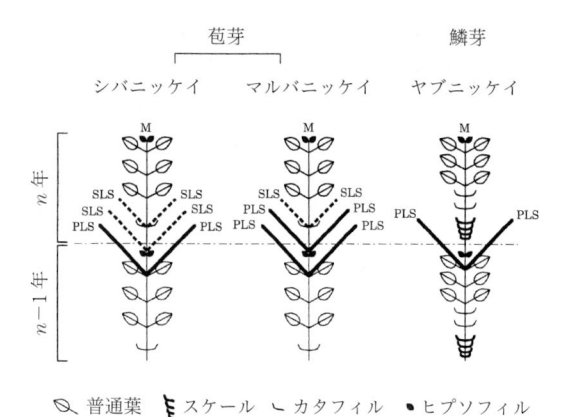

図 II.2.17 クスノキ属3種のシュート構造と先発枝（PLS）・同時枝の関係（SLS）（Nitta and Ohsawa, 2001）
前年枝（$n-1$ 年）の普通葉の葉腋につくのはすべて先発枝. ヒプソフィルにつく枝はシバニッケイとマルバニッケイで異なる. 当年（n 年）シュートには同時枝が出る.

図 II.2.16 西部林道，半山下の海岸に生えるマルバニッケイ 海岸の最前部にシャリンバイ，ハマヒサカキなどと一緒に生える.

ないように注意深く守っていくことが必要である（図II.2.16）. なぜこの樹木が面白いかというと，枝の成長速度によって先発枝，同時枝をさまざまにつくり分けているのである（Nitta and Ohsawa, 2001）.

先駆樹種は，草的な成長をするので，同時枝をもつことが多いが，極相性樹種に限れば，一般的に，熱帯樹木は同時枝，温帯樹木は先発枝をもっている. 熱帯で常に成長していれば，極相樹種であっても草的な同時枝タイプになる. 温帯では生育期間が限られるので，同時枝をもつ余裕はほとんどなく，先発枝が多い（タブノキは例外的に同時枝をもつ）. 南日本はちょうどその中間なので，同時枝と先発枝の両方をもっていて，状況によってどちらでもつけることができる樹木が多くみられるのである.

図II.2.17は，マルバニッケイとそれよりも南の沖縄に分布するシバニッケイ（*C. doederleinii*），さらにこれらの2種の分布域をまたがるようにより北方まで広く分布するヤブニッケイ（*C. japonicum*）の3種の枝の性質を示した模式図である.

スケール芽（鱗芽）のヤブニッケイでは，すべての枝は先発枝であるが，ヒプソフィル芽のマルバニッケイとシバニッケイになると，先発枝と同時枝の両方をもっている. 前年枝に出る枝は，その間に芽は休眠しているので，必ず先発枝である. これは，3種に共通している. また，当年枝に出る枝も同時枝で，これはマルバニッケイとシバニッケイで共通している. より北方に分布を広げるヤブニッケイは，先発枝だけで同時枝はもたない.

ところが興味深いのは，芽のところで説明したヒプソフィル（高出葉）の葉腋に出る枝で，これは，芽の構造で説明したように前年につくられたヒプソフィルの腋に出る枝であるから，本来，先発枝になるはずである. それがマルバニッケイでは確かに先発枝になるが，シバニッケイでは同時枝になっている. このことは，マルバニッケイとシバニッケイでは，同じヒプソフィル芽ではあるがその芽の休眠の深さに差があることを示している. すなわち，屋久島より北に分布し，芽の休眠が深いマルバニッケイの場合は，その腋に形成された腋芽の休眠も深くなり，芽の下にある前年枝につく枝と同じように先発枝になる（図II.2.18）. ところが沖縄に分布し，休

図 II.2.18 マルバニッケイの葉とヒプソフィル芽（2004年1月）
春に先発枝になる普通葉の腋芽もみえる．

図 II.2.19 ミミズバイのシュート（2004年4月）

眠とはいってもシュートの成長が小休止する程度にしかならないシバニッケイでは，たとえヒプソフィルの腋芽であっても深い休眠には入らず，すぐに成長を再開するので同時枝になるらしいのである．

このマルバニッケイの場合と同じように，ヒプソフィルの腋にも枝が出る種類は，屋久島ではほかにもみることができる．図II.2.19は，屋久島の常緑樹林に広くみられるミミズバイ（ハイノキ科）のシュートの春の状態である．旧葉の直上にあるヒプソフィルの腋から2本のシュートが伸びている．このように屋久島の森林には熱帯から温帯への移行を示すような特性を示す興味深い種をみることができる．

先発枝，同時枝という古くから知られていた分枝パターンの違いが，芽の構造の成り立ちを詳しく解析することによって休眠の深さと関係があり，それが樹木をつくり上げるシュート・モジュールの間の連続性，結節性の強弱とも関係している．

屋久島の常緑樹の特徴を，葉，シュート，芽について概観してきた．熱帯から分布してきた常緑広葉樹がその北限に達して，落葉広葉樹や針葉樹に変化してしまうという樹木の生活型の大変化が起こる日本は，その移行を研究するのに最適な地域であるにもかかわらず，ほとんど調査がなされてこなかった．

これまでの研究から，日本の常緑広葉樹林が熱帯山地林から直接由来するものであることがわかっており，樹木はさまざまな特性からそのことを示している．その中でも日本に分布する北限の常緑広葉樹林では，熱帯山地林の異なる樹木群を階層的に共存させていることは，緯度的な森林帯変化と関連して，進化的にもきわめて興味深い（Ohsawa and Nitta, 1997；大澤・新田, 2001）．そうした点が明らかになったのは，常緑広葉樹のリーフサイズの意味，芽タイプについて詳しい解剖学的構造が明らかになったこと，シュート・フェノロジーや分枝型の研究を通して樹木のモジュール性について理解が深まったことなどが大きく貢献している．

しかし，実はまだまだ関連して明らかにしなければならない樹木の特性が山積している．これからの研究の進展が大いに待たれるところである．

（大澤雅彦）

文　献

Bailey, I. W. and Sinnott, E. W. (1916) : The climatic distribution of certain types of Angiosperm leaves. *Am. Jour. Bot.*, **3**, 24-39

Bond, T. E. T. (1942) : Studies in the vegetative growth and anatomy of the tea plant (*Camellia thea* Link.) with special reference to the phloem. *Ann. Bot. NS*, **6**, 607-629.

Borchert, R. (1978) : Feedback control and age-related changes of shoot growth in seasonal and non-seasonal climates. Tomlinson, P. B. and Zimmermann, M. H. eds., Tropical Trees as Living System, pp. 497-515, Cambridge University Press.

Flenley, J. (1979) : The Equatorial Rain Forest : a Geological History, Butterworths.

Grubb, P. J. (1974) : Factors controlling the distribution of forest types on tropical mountains : new facts and a new perspective. Flenley, J. R. ed., Transactions of the Third Aberdeen-Hull Symposium on Malesian Ecology, University of Hull, Department of Geography, Miscellaneous Series, No. 16, 13-46.

濱田英昭（1992）：屋久島野生植物目録，自費出版．

Iversen, I. (1944) : *Viscum*, *Hedera* and *Ilex* as climatic indicators. A contribution to the study of the Post-Glacial temperature climate. *Geol. Foren. Fuehandl.*, **66**, 463-483.

郡場　寛（1947）：馬来特にシンガポールに於ける樹木生長の

周期について (1). 生理生態, **1**-2, 93-109；同 (2). **1**-3, 160-170.

郡場 寛 (1948)：熱帯樹木の習性より見たる落葉樹の由来と意義 (I). 生理生態, **2**-2, 85-93；同 (II). **2**-3・4, 130-139.

Koriba, K. (1958)：On the periodicity of tree-growth in the tropics, with reference to the mode of branching, the leaf-fall, and the formation of the resting bud. *Gardens Bulletin*, **XVII**, 11-81.

Kozlowski, T. T. (1971)：Growth and Development of Trees I. Seed Germination, Ontogeny, and Shoot Growth, Academic Press.

Longman, K. A. and Jenik, J. (1974, 1987)：Tropical Forest and its Environment, 1st & 2nd eds., Longman.

牧野富太郎 (1919)：断枝片葉 (其9). 植物研究雑誌, **2**-3, 61-65.

丸山幸平 (1978)：ブナ天然林―とくに低木層および林床―を構成する主要木本植物の伸長パターンと生物季節について. 新潟大学農学部演習林報告, **11**, 1-30.

Nitta, I. and Ohsawa, M. (1997)：Leaf dynamics and shoot phenology of eleven warm-temperate evergreen broad-leaved trees near their northern limit in central Japan. *Plant Ecology*, **130**, 71-88.

Nitta, I. and Ohsawa, M. (1998)：Bud structure and shoot architecture of canopy and understory evergreen broad-leaved trees at their northern limit in East Asia. *Ann. Bot.*, **81**, 115-129.

Nitta, I. and Ohsawa, M. (2001)：Geographical transition of sylleptic/proleptic branching in three *Cinnamomum* species with different bud types. *Ann. Bot.*, **87**, 35-45.

Ohsawa, M. (1990)：An interpretation of latitudinal patterns of forest limits in South and East Asian mountains. *Jour. Ecol.*, **78**, 326-339.

大澤雅彦 (2005)：日本の森林. 中村和郎ほか編, 日本の地誌1 日本総論I (自然編), pp. 62-70, 朝倉書店.

大澤雅彦・尾崎煙雄 (1992)：東アジアにおける亜熱帯・暖温帯常緑広葉樹林域の植生―環境パターンのヒエラルキー分析―. 日本生気象学会雑誌, No. 29 (特別号), 93-103.

Ohsawa, M. and Nitta, I. (1997)：Patterning of subtropical/warm-temperate evergreen broad-leaved forests in east Asian mountains with special reference to shoot phenology. *Tropics*, **6**, 317-334.

大澤雅彦・新田郁子 (2001)：常緑広葉樹の生活と季節性. 千葉県の自然誌 本編5 千葉県の植物2―植生―, pp. 565-579, 千葉県.

Ohsawa, M. and Nitta, I. (2002)：Forest zonation and morphological tree-traits along latitudinal and altitudinal environmental gradients in humid monsoon Asia. *Global Environmental Research*, **6**-1, 41-52.

Raunkiaer, C. (1916)：The use of leaf size in biological plant geography, Botanisk Tidskrift 34； *In*：Raunkiaer, C. (1977)：Life Forms of Plants and Statistical Plant Geography, pp. 368-378, Arno Press.

Späth, H. L. (1912)：Der Johannistriebe, Parey.

Tomlinson, P. B. and Gill, A. M. (1973)：Growth habits of tropical trees：some guiding principles. Mggers, B. J. ed., Tropical Forest Ecosystems in Africa and South America：A Comparative Review, pp. 129-143, Smithsonian Institution.

Webb, L. J. (1959)：A physiognomic classification of Australian rain forests. *Jour. Ecol.*, **47**, 551-570.

Wolfe, J. A. (1979)：Temperature parameters of humid to mesic forests of eastern Asia and relation to forests of other regions of the northern hemisphere and Australasia. *US Geological Survey Professional Paper*, No. 1106, pp. 1-37, US Government Printing Office.

第3章

屋久島の森林植生帯

　山岳島で知られる屋久島は，日本で最も南に位置する高山である．一般的に植生帯は南ほど標高が高く，北に向かうにつれて徐々に下がり，下部の植生帯から順次消えていく．したがって，屋久島では，南でみられる低地の植生帯から，より北方の植生帯に対応する高山の植生まで垂直分布帯として，連続してみられる貴重な山である．この，低地の亜熱帯林から照葉樹林，スギ林という異なる植生帯がセットとしてみられることの重要さが認められ，ユネスコの世界遺産，生物圏保存地域，日本の天然記念物，原生自然環境保全地域をはじめとするいろいろな保護の網がかけられ，保護されている（田川，1994；日本MAB計画国内委員会，1999）．

　山岳の標高はさまざまな自然現象の変化だけでなく，人に対しても独特の作用をもたらし，古くから信仰の対象となってきた．人の意識にとって，山の霊気は山の神への階梯を示しており，屋久島では前岳，奥岳という，里からの距離や標高の違いがそのまま精霊の強さの傾度と考えられている．岳参りという屋久島独特の風習は，里山の終わるところで，装束を着替え，清めの儀式をする詣所を設けて，村人が代表者の奥岳への送り迎えの儀式をするというもので，人々のこのような態度も（中島，1998；山本，本書第Ⅳ部第1章），こうした異界に踏み入るときの心構えを示しているように思われる．

　人々の意識にも大きな影響をもつ山岳地域における自然の構造は，生態系の垂直分布という形でとらえられるので，ここでは屋久島の垂直分布の構造を，アジア全体の植生パターンの中で整理し，とらえ直してみよう．

3.1　山地植生テンプレートからみた屋久島の位置

　屋久島には1000 mを超える山が30座以上あるといわれるが，そのうち宮之浦岳（1935 m，北緯30度20分）は九州全体の最高峰である．南アルプス以南では，四国の石鎚山（1982 m，33度46分）に次いでおり，南西日本の最高峰の一つである．石鎚山の山頂部にはモミ属の亜高山性樹種のシコクシラベが林分を形成しているが，宮之浦岳を含む屋久島ではスギ帯が上限に達した1800 m以上の山頂部にも，亜高山性モミ属は分布せず，代わりに台湾，ヒマラヤなどの高山帯と共通するビャクシン属のミヤマビャクシンが矮生化して岩角地に生育している．このことから日本で唯一，亜熱帯高山的な特徴を示す山といってよい．

　日本を含む東アジアは，湿潤森林気候が赤道熱帯から北方森林限界まで連続しており，水平分布として森林の緯度的変化をみることができる．その上，熱帯域から高山が，飛び飛びながら連続して分布しているので，森林の水平分布と関連させて垂直分布の構造を調べるのに最適の地域である．このような東アジアの特性を活かして，赤道域から日本を経て北方森林限界まで，山岳プロファイルを背景に，垂直分布帯の緯度的変化を描いた山地植生テンプレートは，温度変化に伴う水平分布，垂直分布の構造を調べる枠組みを提供する（図Ⅱ.3.1(a)；Ohsawa, 1990；Ohsawa and Nitta, 2002）．屋久島は日本の山地プロファイルの中では，九州との間を水深150 mの大隅海峡で隔てられ，南に孤立した高山として描ける．垂直分布帯はしばしば模式的に，熱帯の山から極に向かって各植生帯が平行に傾斜していくようなパターンがいまだに描かれているが（たとえばKörner, 1999），実際はそのようにはなっておらず，このテンプレートにあるように，全体は北緯20～30度付近で，熱帯型と温帯型の垂直分布帯に区分され，それらが不連続に接している（Ohsawa, 1990）．この境界域はちょうど年較差10～20℃と一致している（同図(b)）．この温度の年較差は，熱帯で優占していた常緑広葉樹が冬の低温に耐えられず，落葉広葉樹林へと移行し始める条件といわれている（Wolfe, 1979）．熱帯の日変化気候（温度の季節変化がほとんどない）から高緯度に向かって，夏の気温はほとんど変化しないので，年較差の増大は冬の温度の低下によって引き起こされている．具体的には緯度20～30度以北でシベリア

図 II.3.1 湿潤モンスーンアジアの山地植生テンプレートと環境条件
(a) 湿潤モンスーンアジアの山地プロファイルとテンプレート（Ohsawa and Nitta, 2002），(b) 緯度に伴う年較差の変化（Ohsawa, 1990），(c) 緯度別にみた森林限界における月平均気温の年変化（大澤, 1993）．

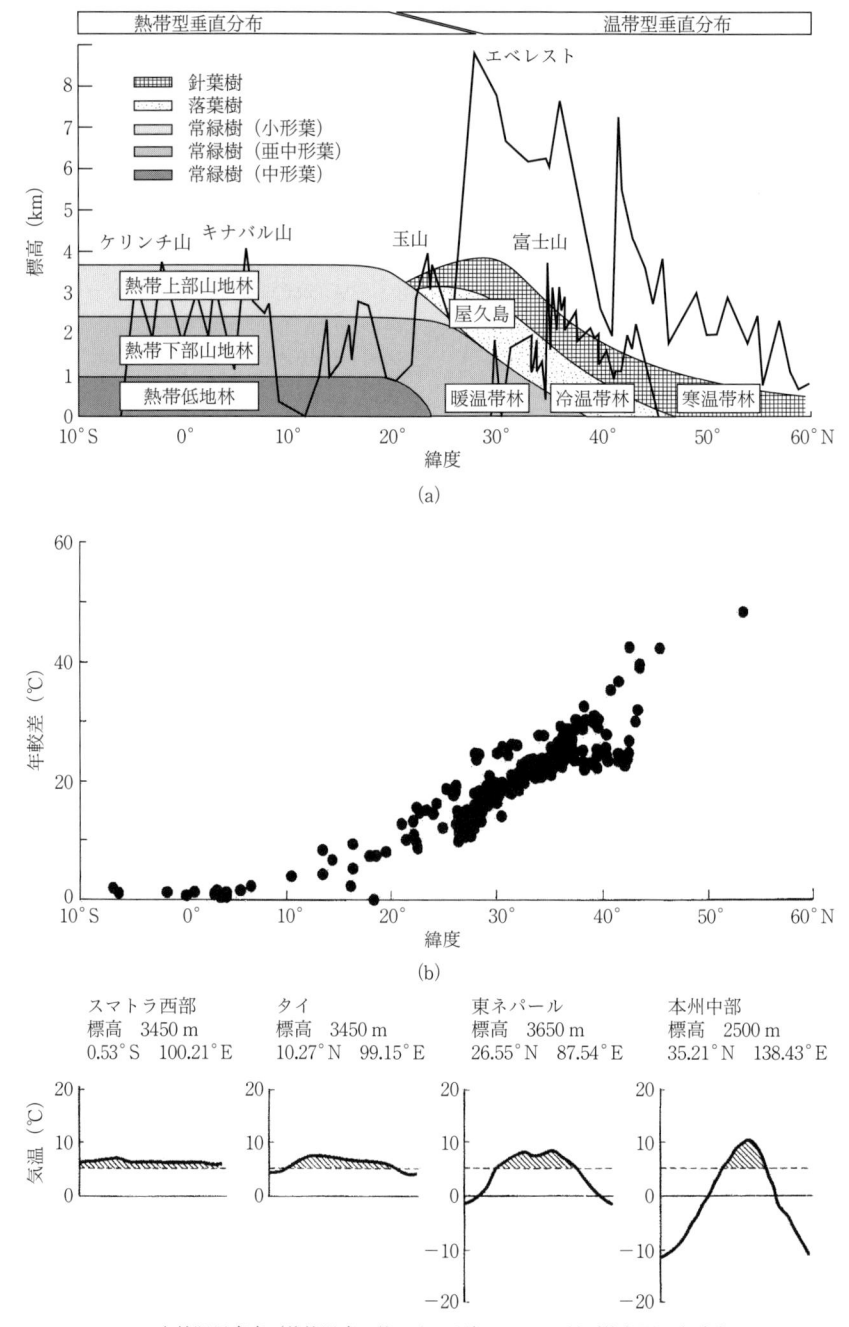

寒気団の発達による寒気の吹き出しが強くなり，冬の低温をもたらし，常緑樹林の北上が妨げられる形になっている．熱帯型，温帯型という2つの垂直分布帯の構造の違いとその意味については何度か論じたので（大澤, 1993, 1995），ここでは繰り返さないが，熱帯と温帯の森林植生帯の基本構造の差異を

3. 屋久島の森林植生帯

もたらしているのは，この気温の季節性の変化である．熱帯型垂直分布では，森林限界でも，年間を通して平均気温は6℃もあって（同図(c)）東京の冬の4℃よりも暖かいので，低地から森林限界まですべて常緑樹林となっている．それが北緯20〜30度以上になると年較差が20℃を超え，森林限界における最寒月の月平均気温が−1℃以下になり，常緑広葉樹の分布は森林限界よりもはるかに低い標高で上限に達してしまう．低地の水平分布ではこの温度になるのは仙台付近，北緯38度付近である．これよりも冬の寒さが厳しい地域では垂直分布でも水平分布でも常緑広葉樹は生育できず，冬の寒さに耐えられる落葉樹林や針葉樹林となってしまう．このような常緑から落葉への移行が始まるのが，緯度的にはちょうど屋久島付近なのである．

屋久島は北緯30度線に沿った東西方向の山岳プロファイルでも（図II.3.2：Fang et al., 1997），もちろんほぼ同緯度にあるヒマラヤや中国の高山に

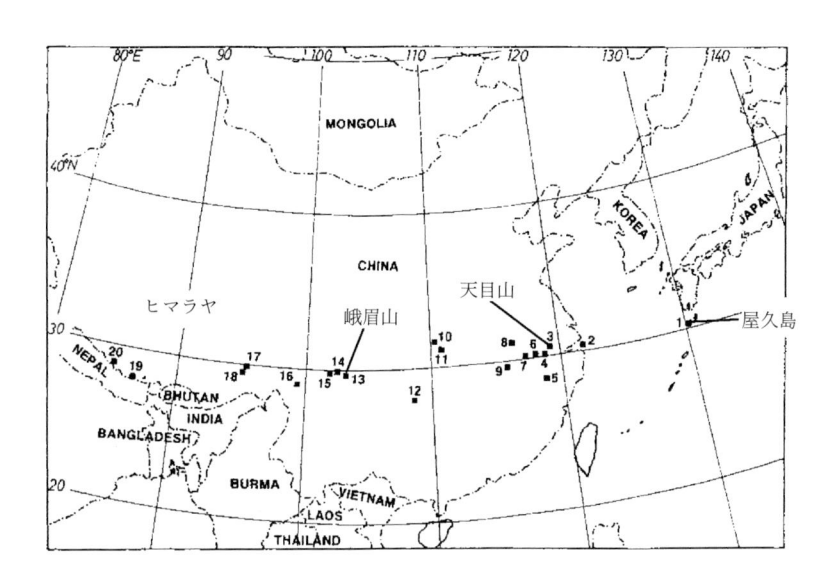

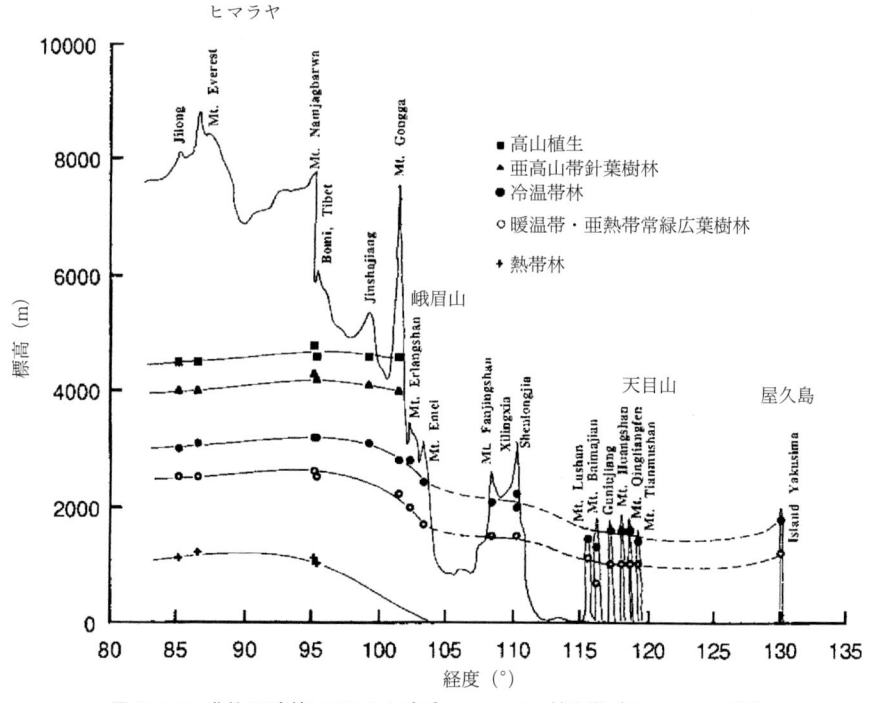

図 II.3.2 北緯30度線における山岳プロファイルと植生帯（Fang et al., 1997）

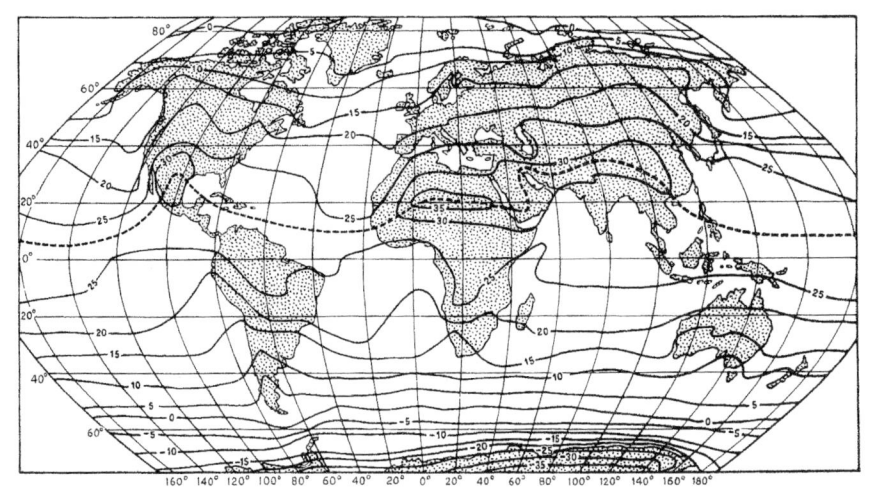

図 II.3.3 7月の海面高度平均気温の等値線と熱赤道（破線）の位置（Barry and Chorley, 1992）

は及ばないが，ひときわその孤立峰ぶりが印象的である．この図に示すように，ほぼ同じ北緯30度線上にあるが，植生帯の位置は，ヒマラヤでははるかに高い位置にあるが，東に向かうと標高が下がり，屋久島ではヒマラヤの植生帯との標高差はおよそ1600mほどに達する（大澤，1977）．このことは屋久島，種子島に分布する遺存種のヤクタネゴヨウの垂直分布幅にも表れていて，屋久島では250〜800m，種子島では30〜200mの範囲に分布するが（九州森林管理局，2000），その母種に当たるタカネゴヨウ（華山松：*Pinus armandi*）の分布域は中国の四川省，雲南省で1800〜3300m付近，また，台湾の台湾果松（*P. armandi* v. *mastersiana*）では1800〜2800m（『中国樹木誌』第1巻，1982）にあることからも，そのずれがよくわかる．その一つの理由は，熱赤道がヒマラヤ南麓では大きく北に偏奇して温席帯が高標高にずれているため，緯度のわりに温度が高いことによっている（図II.3.3：Barry and Chorley, 1992）．大陸の東端に当たる屋久島ではモンスーンの影響もあって，緯度のわりにずっと冬が低温になる．また，台湾から屋久島にかけて急激に低温の影響が強くなるのはいわゆる全球的な前線帯がちょうどこの北緯25度付近から始まって（Weischet, 1988），高緯度側に急激な温度低下が起こるためである．

3.2　屋久島の山地植生

屋久島の孤立峰としての特徴は，特に山頂部に多くの固有種を有することでもよくわかる．屋久島には約1400種あまりの高等植物が分布するが，90種以上とされる固有種や固有変種のおよそ半分は山頂部に分布し，固有率は低地部に比べるとずっと高い（初島，1991；田川，1994）．

高山はそれ自体，大きな標高差に伴う環境傾度をもつので，多様な生態系の分化をもたらし，生態学的に興味深い．植生帯の配列を決めるのは温度条件であるが，そのほかに気圧，降水量，紫外線などさまざまな要因が変化する．個別の環境要因の傾度だけでなく，雲霧帯，山塊効果，山頂現象など，複合的な山岳特有の環境要因の作用による雲霧林，山頂部のササ草原の発達など特異な生態系の分化もある．屋久島の森林はどこも多湿であるが，特にスギが優占する1000m付近は空中湿度も高く，われわれが花山歩道で調べたところによると，大気中湿度は低地からしだいに高くなり，ちょうどスギ帯の辺りで最大になった（図II.3.4）．屋久島では，スギの幹から気中根が出ることがよくみられる．また，スギの老齢木では着生植物が豊富で，特に他の場所では地表に生えている維管束植物が樹上に着生することでも知られている（初島，1991）．このような特性は大気中の水分が豊富で，しかも種子散布の確率からいっても老齢の樹木でないと起こらない．このように屋久島のスギ帯は長い時間安定的に維持されてきた雲霧帯とみることができる．日本には屋久島以北のあちこちにスギ自然林が知られているが，標高的にはその分布と雲霧帯の位置はよく一致して，北に向かうほど標高は低くなる（Ohsawa, 1995a）．

ところで，先に示した図II.3.1の山地植生テンプレートをみると，フタバガキ科が優占する熱帯低地多雨林が，北緯20〜30度付近で北限に達すると，

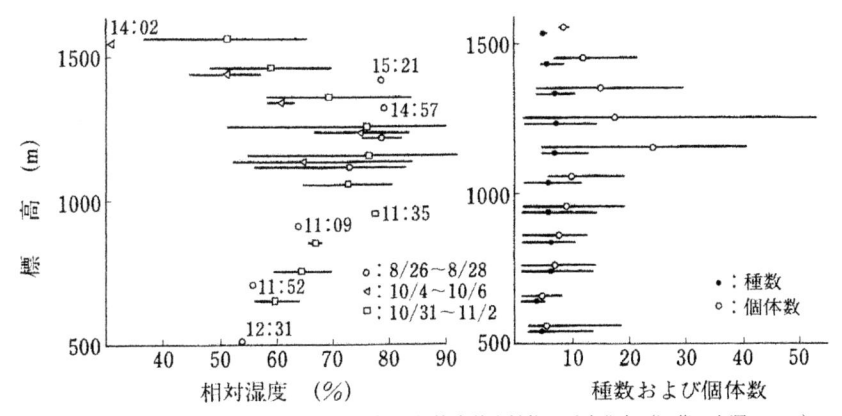

図 II.3.4 屋久島における相対湿度（左）と維管束着生植物の垂直分布（江草・大澤，1994）

その上部でマテバシイ類，カシ類などが優占する熱帯下部山地林は日本の南半分のように海面高度に降りて，亜熱帯・暖温帯常緑広葉樹林（照葉樹林）となる．そのときには同時にハイノキ科，ヤブコウジ科，モチノキ科，ツバキ科などが主要な林冠構成種となっている熱帯上部山地林も北限に至り，成帯的な植生帯としては消滅する（図II.3.1(a) 参照）(Ohsawa, 1991)．しかし，上部山地林の構成種そのものがなくなるわけではなく，北限の日本でみられる暖温帯常緑広葉樹林のように，シイ・カシ類が林冠で優占し，熱帯上部山地林を構成していたハイノキ科などの樹木は下層の構成種となり，同じ林の中で階層的に住み分ける形で共存する．そのほかにも，これら上部山地林の構成種は，北限域では尾根の貧栄養な立地や遷移の初期相などでよく出現し，シイ・カシ類の林冠木とさまざまな住み分け様式をとって生き延びている（Ohsawa and Nitta, 1997）．南西日本の低地に分布する照葉樹林は，こうした熱帯上部山地林と下部山地林が混在したような，北限の熱帯山地型常緑広葉樹林なのである．ただ，当然のことながら，北限に至った森林では多くの特徴的な種群はすでに失われており，科や属あたりの種数も大きく減少している（Ohsawa and Nitta, 1997）．このように変質はしていたとしても，その類縁はどこにあるかといえば，熱帯山地林としかいいようがない．熱帯山地林と高緯度の低地林との同じような関係は，アフリカ山地林でも確認されており，ケープ地方（南緯34度）の海岸付近に成立する湿性常緑広葉樹林を東アフリカ高山の山地林と相同のものとして，アフリカ山地林（Afromontane forest）と呼んでいるのと同じような発想である（大澤，2003）．日本付近では，この常緑樹林の上部ではブナが優占する冷温帯落葉広葉樹林へと移行するが，この常緑広葉樹林と落葉広葉樹林の移行部に，屋久島におけるスギのように，遺存固有型のいわゆる温帯性針葉樹林が分布することは注目される（堀田，1974；前川，1977；大澤，1983，2005）．

スギ林は現在では屋久島を南限とし，秋田を北限とする緯度域にしか分布しない．スギの自然分布は日本と中国にしかないが，中国でもほぼ緯度的に同じで，ちょうど東シナ海を挟んだ対岸の位置に当たる天目山（30度24分）に自生が知られているのみである（夏ほか，2004）．天目山では Pseudolarix, Emmenopteris などの遺存種とともに標高350〜1100 mの範囲に分布するが1100 m付近が分布の中心となっており（夏ほか，2004），屋久島と対応する．ちょうど常緑広葉樹林と落葉広葉樹林の移行部にみられる点でも，屋久島の場合とよく似ている．このスギ林が出現する標高域を東アジアの山地植生帯の中で位置づけると，いわゆる中間温帯で多くの第三紀遺存植物種が分布する標高と一致する（大澤，2005）．

屋久島では，常緑広葉樹林の上部，ほぼ1000 m以上は，スギが優占し，ツガ，モミなどのいわゆる温帯性（遺存型）針葉樹，またヤマグルマ，ウラジロガシなどの常緑樹を交え，下層にはハイノキをはじめ，ヒメヒサカキ，シキミなどの常緑樹が生育する森林となっている．屋久島の垂直分布帯については次に詳しく検討するが，群系レベルの生活型組成でみると，屋久島から霧島（31度50分），伊豆（34度50分）と高緯度になるにつれてスギ，ツガ，モミなどを交えた針葉樹林の優占部分が減り，代わりにブナを主とする落葉広葉樹林の領域が目立つようになる（図II.3.5）．逆に日本から南西，中国，ヒマラヤへ向かっていくとスギは南限となり，みられないが，ツガ，モミ，トウヒなどその他の針葉樹類が優占した温帯性針葉樹林が多くなる．このよう

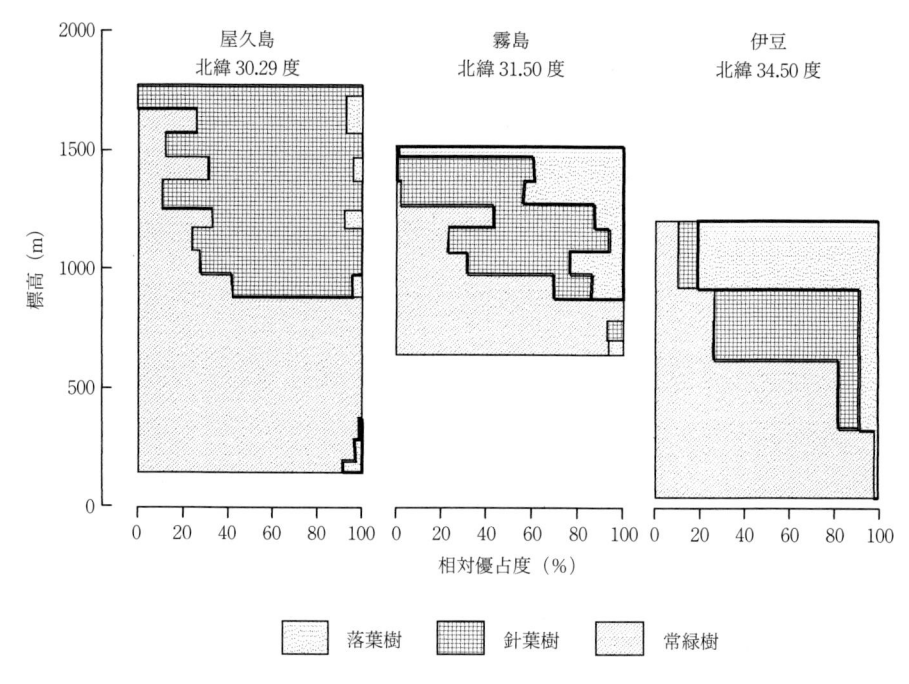

図 II.3.5 屋久島以北の山地における群系分布
屋久島では 900 m 以上でスギの優占が卓越するが，霧島，伊豆と北上するにつれて次第に落葉広葉樹林が
直接，常緑樹林と接するようになる（入倉，1984；北沢ほか，1959；鈴木，1951などをもとに描く）．

な垂直分布帯の構造は，四川省の峨眉山（北緯29度34分）（Tang and Ohsawa, 1997），ヒマラヤ（北緯28度）（Ohsawa, 1992）などでも同様で，これら温帯性針葉樹林の上部ではモミ属（*Abies*）が優占する亜高山帯針葉樹林へと直接移行し，落葉樹林がほとんどみられなくなる．このように緯度的に垂直分布帯を比較してみると，屋久島でスギ，モミ，ツガを主体とする針葉樹林帯が発達して，明確な落葉広葉樹林帯が分布しないことは，特殊なことではなく，東南・東アジア全体の植生パターンの中でみると，亜熱帯域の高山として，むしろ普通のことなのである（大澤，1984，2005）．垂直分布ではないが，低地の植生水平分布でもアメリカ東南部の屋久島と同じ北緯30度付近には，同じスギ科のヌマスギ属（*Taxodium*）やヒノキ科のヌマヒノキ属（*Chamaecyparis*）が，地下水や雨水だけで涵養される貧栄養な湿地に生育する（Barbour and Christensen, 1993）．これはアメリカ東南部に生育するタイサンボク，タイワンツバキの仲間など，ベイツリーと俗称される常緑広葉樹が多く混じる常緑・落葉混交林の北限付近に相当し，ここでも移行部に遺存的な針葉樹林が残存している．これ以北では落葉樹を主体とした森林に移行し，常緑樹は下層を構成する種のみになってしまう．また，同じスギ科とし

ては，アメリカ西部のセコイアの仲間も緯度的には，ほぼ対応する地域に分布する．これら北アメリカの場合は，地形・土壌的に特殊な条件となり，東アジアのような温度条件に支配された森林の移行は明確ではないが，いずれにしても地球的なスケールで，この北緯30度線付近は，熱帯型と温帯型の植生の重要な境界部になって，そこに遺存型の針葉樹が出現している．

3.3　屋久島の垂直分布帯区分

上でみてきた広域的な植生垂直分布帯構造を背景に，屋久島の植生帯についてもう少し個別にみてみよう．これまで屋久島の垂直分布帯については多くの研究がある．植物の分布を概観して区分したもの（田代，1923；正宗，1934；今西，1950）から，詳しい群落構造の解析（入倉，1984；田川，1980），植物社会学的区分（鈴木，1976；宮脇，1980），各植生帯の地形分布，植生動態まで考慮して区分したもの（大澤，1984）までさまざまである．その方法はまちまちであるが，得られる結論は垂直分布帯をどのように分けるか，という単純なものであるか

3. 屋久島の森林植生帯

ら，具体的な区分はほぼ同じところに落ち着くのは当然である．しかし，個々の研究者による自然の構造のとらえ方を反映して，細部や，逆に大きな構造のとらえ方などに差異がみられる．前項でみた東・東南アジアの植生帯の中での屋久島の植生帯の位置づけを考慮に入れながら，屋久島の植生帯区分について検討してみよう．

図II.3.6は，これまでの主要な垂直分布帯区分を比較したものである．田代（1926）は，植物分布を7帯に区分しているが，これらのデータをもとに垂直分布帯を山麓帯（0～200m）と山岳帯に大きく二分し，山岳帯は下帯（広（潤）葉樹帯：200～1000m）と上帯（針葉樹帯：1000～1800m）とに区分し，山頂部1800m以上は草原としている．各境界標高は，島の中の位置，海岸からの距離などいろいろな要因で変化し，時に標高の変動幅は数百mに及ぶとしている．その後，正宗（1934）は低地～海浜地帯，山麓帯（～100m），潤葉樹帯（100～800m），針潤混交樹林帯（800～1600m），ヤクザサ群叢帯（1800m～）と区分している．今西（1950）は，宮之浦岳の垂直分布と島の周辺の観察から，ほぼ同様に100mまでを亜熱帯常緑広葉樹林，100～900mを暖帯常緑広葉樹林，900～1000mを雲霧帯に関連した気候的不連続線とし，その上部1700mまでをスギ・モミ・ツガ林，1700m以上をヤクザサ原としている．屋久島のスギ林が成立するのは本来暖帯常緑樹林の領域であるが，雲霧帯のせいで温帯性スギ・モミ・ツガ帯ができ上がっているので，これに針潤混交樹林帯という曖昧な呼称を使うべきでないと述べている．初島（1950）は海浜地帯，山地帯，高地帯（1600ないし1700m<）に大きく三分し，山地帯はさらに亜熱帯常緑広葉樹林群系（<100ないし150m），暖帯常緑広葉樹林群系（100ないし150m～800ないし900m），暖帯性雲帯林群系（800ないし900m～1400ないし1500m），温帯性雲帯林群系（1400ないし1500m～1600ないし1700m）に区分している．このうち暖帯雲帯林はアカガシ，ウラジロガシ，ヤマグルマなどの常緑広葉樹とスギ，モミ，ツガなどの針葉樹が混交し，下層もハイノキなどの常緑樹になる．温帯性雲帯林はスギ，ツガのほかはヤマボウシ，アズキナシ，コハウチワカエデなどの落葉広葉樹が主体で，上木が欠けるとヒメヒサカキ，ユズリハ，ハイノキ，アサマツゲ，シキミなど低木性ないし亜高木性の常緑樹を交える．西部林道国割岳西斜面で調査した田川（1980）は，垂直分布帯に関しては，基本的に正宗（1934）の考え方に従って照葉樹林帯，針葉・照葉樹林帯の2つに分けて，それぞれの群落を記載し，垂直的な植生変化について検討している．特に島の西側に当たるこの地域ではスダジイがほとんどみられず，また多くの種が混在して優占種がはっきりしない群落になっていることを報告している．その内容をみると林冠を占めるバリバリノキ，マテバシイ，ウラジロガシ，アカガシなどブナ科，クスノキ科の樹種も出現しているが，同時にコバンモチ，ヒメユズリハ，タイミンタチバナなど低木・亜高木層の主要構成種も林冠の空所となった部分や林縁などで優占するのが特徴である．この2群の樹木については後述する．入倉（1984）は，標高100～1800mにわたってすべてコドラート法で垂直分布を調査した．急峻な地形のためにプロットサイズは限定されてしまうので，出現種の上下限をこのデータから論ずるのは無理があるが，群落組成に基づいて区分すると，スギが優占し下層に常緑広葉樹が出現する900～1200mの扱いをどうするかが問題であるとし，林冠の組成に着目してこれをスギ帯に含めている．この区分は大澤（1984）が相観型という類型概念を用いて，屋久島原生自然環境保全地域の森林をマクロスケールで，常緑広葉樹相観型，ツガ相観型，スギ相観型と区分した視点と共通しており，操作的な単位として植生帯を林冠優占種だけに着目して区分したものである（図II.3.8参照）．

植物社会学的区分は鈴木，奥富，宮脇らによってなされているが，森林帯に相当するレベルではスダジイ群団，ツガ群団，あるいはヤブツバキクラス，ブナクラスに区分している．これらは，正宗（1934）に始まる潤葉樹帯，針潤混交樹帯に相当するものを植物社会学的単位でとらえたものである．

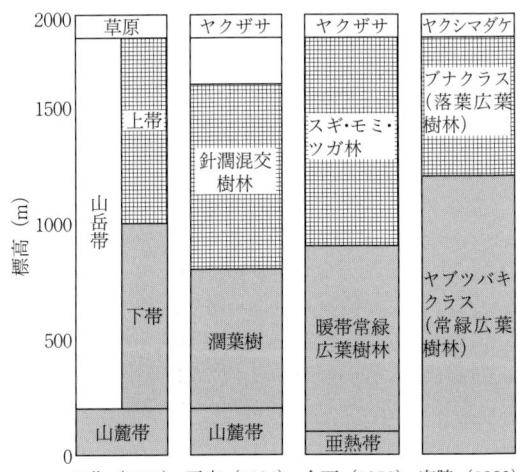

図 II.3.6 屋久島における垂直分布帯の区分

3.4 群落の地形分布，群落動態を考慮した植生帯区分

垂直分布帯は上で述べたように，もともと広域的な群系レベルの区分に基づいて，生態系分布の比較をするといった目的のために区分されるものである．こうした目的で用いられる植生帯区分ではどうしても操作的な単位にならざるをえない．しかし，他方で植生帯そのものは，さまざまな要因で変化する．植生帯の形成過程すなわち，生態系の分化は，構成種間の相互作用の結果として生起するものである（Ohsawa, 1984）．したがって，さまざまな時間・空間スケールで，種個体群の相互関係と環境要

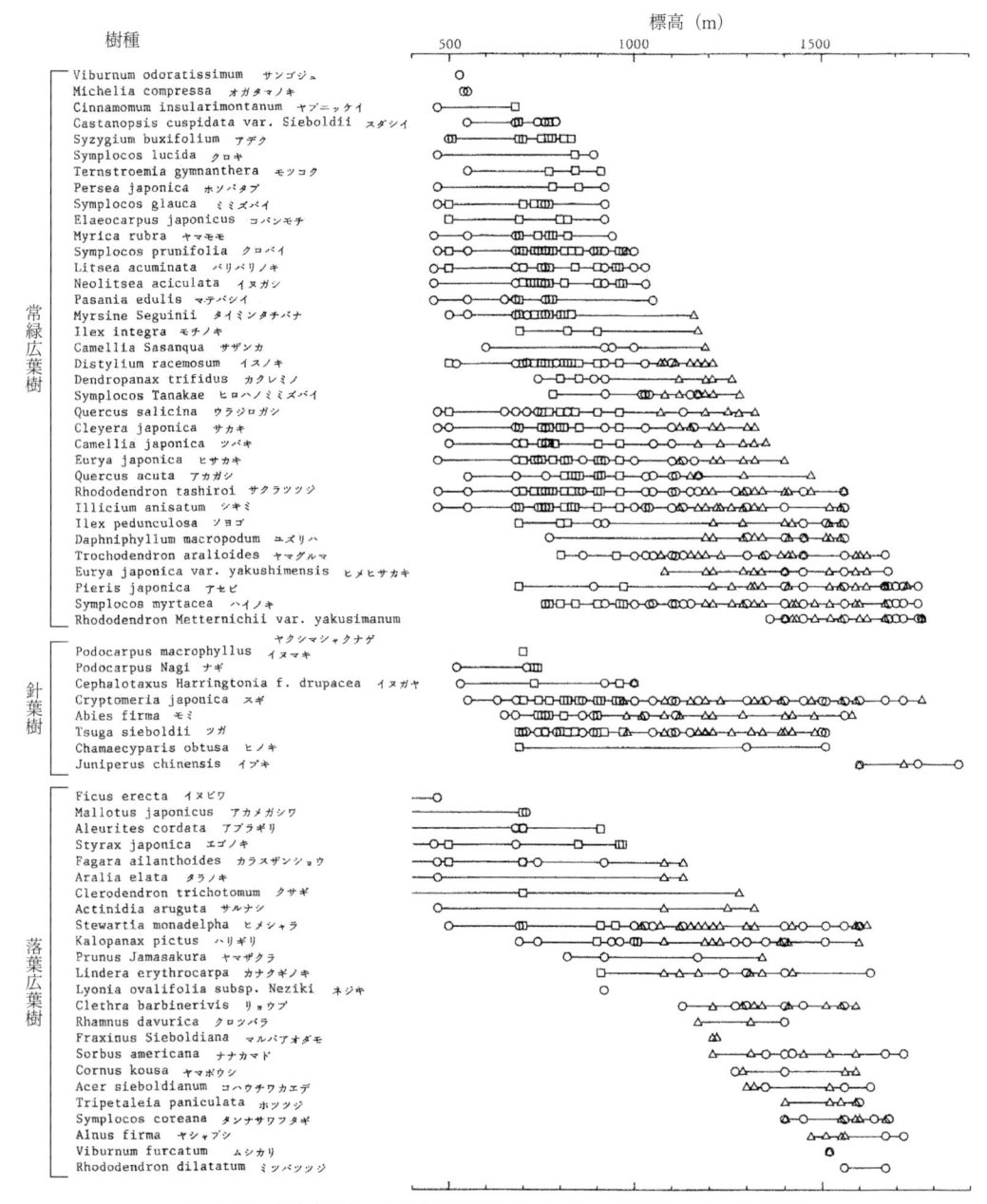

図 II.3.7 屋久島西部の原生自然環境保全地域における樹種分布（大澤, 1984）
○は花山ルート，□は花山下部の枝尾根ルート，△は中俣ルートでの出現記録（いずれも屋久島南西部原生自然環境保全地域内部の調査ルート）．

因とのかかわりを解明していく必要がある．植生帯の構成要素である種のうちには，直接，相観を支配し，植生帯区分の指標に使える種，他の種の分布に影響を与える種，生態系機能の鍵となる種，森林のパッチダイナミクスなど森林の維持機構に組み込まれて景観スケールでの遷移過程にとって重要な種など，それぞれの特性に応じて植生帯区分にとって重視すべき種は異なる．また，単に広域的な比較というだけでなく，上述した植生帯の地史的，進化史的な成立過程を明らかにするには，単なる相観的な区分だけでは，それ以上，植生帯の成因に迫ることはできない．

図II.3.7は，屋久島原生自然環境保全地域に指定されている屋久島南西部の花山歩道とその周辺地域での主要樹種の高度分布をみたものである．大きく低地から分布を広げる常緑広葉樹，高地に分布の主体があり常緑樹と逆に低地に向かって降りている形の落葉広葉樹，それに挟まれるように，中腹に分布の中心がある針葉樹というそれぞれの生活型群に共通する一般的な分布様式の特性がみられる．

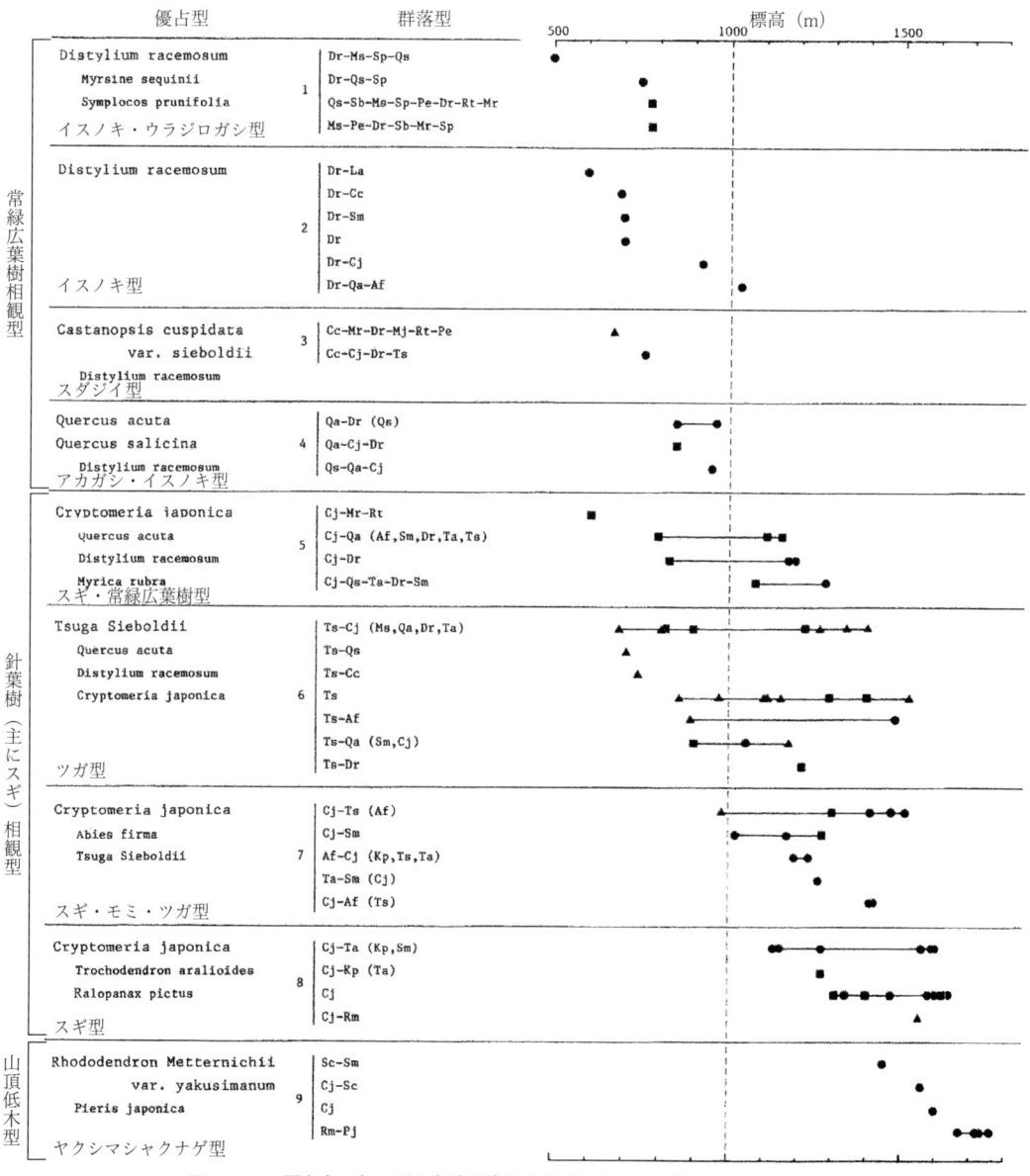

図 II.3.8 屋久島西部の原生自然環境保全地域における群落分布（大澤，1984）
各群落型の出現標高とその生育立地を示す．●は斜面，■は平坦尾根，▲は岩塊尾根を示す．優占型は類似度分析に基づいて代表種でまとめた林型．さらに相観型は優占種の生活型によって3つのタイプにまとめられる．

植生帯を構成する，より下位の単位は個々の群落であるが，この群落単位を，成因によって区分したパッチ単位（動態単位）でとらえるパッチサンプリング法によって垂直分布を調査した（大澤，1984）．それぞれの群落を，優占種によって類型化した優占型について，出現標高と同時に，生育地の地形条件を表現してその分布をみると図II.3.8のようになる．優占型によって出現する標高域が異なるだけでなく，地形にも特徴がある．屋久島の山体を形づくる花崗岩の節理に沿って，土壌の堆積厚が変化し，出現種，群落が変化する（図II.3.9：小野・大澤，1994）．花崗岩の節理系（岩松・小川内，1984；山本，1996）に対応して小稜線や露岩地が分布し，そこにツガ林など浅い土壌で生育できる種が出現する．多くの場合，下層はハイノキ，クロバイ，サクラツツジなど小形葉の低木が密生している．このように単純に標高による垂直分布だけではなく，その内部では地形条件による森林分布の変化が起こる．

スギの分布も低標高域から出現することはよく知られているが，その出現立地は低地部では岩尾根や小ピーク，川の流路近くの露岩地，あるいは崩積斜面に限定される（大澤，1984）．こうした分布は地形的に限定されるアウトポスト型分布の典型で，これは本来の生育域を外れた地域で，局所的に出現する適地あるいは卓越する極相種から逃れることのできるレフュジア（refugia：避難場）に飛び地的に成立しているものである．しかし，標高1000 m付近になると，こうした制約はなくなり，尾根から斜面，谷まですべてスギが卓越するようになる．

こうしたデータに基づいて，屋久島の植生帯を，地形条件も含めて区分すると，図II.3.10のようになる．縦軸は標高，横軸には地形区分をとると，谷や斜面では境界はほぼ1000 m付近にあるが，尾根や岩塊尾根では移行部に出現する遺存種が上下に浸透し，境界域，あるいは隣り合う植生帯にまで入り込んでいる様子がわかる．図には表現されていないが，このほかに，海岸部を除いて，撹乱を受けた立地には，ほぼ全域にわたって落葉樹のヒメシャラの

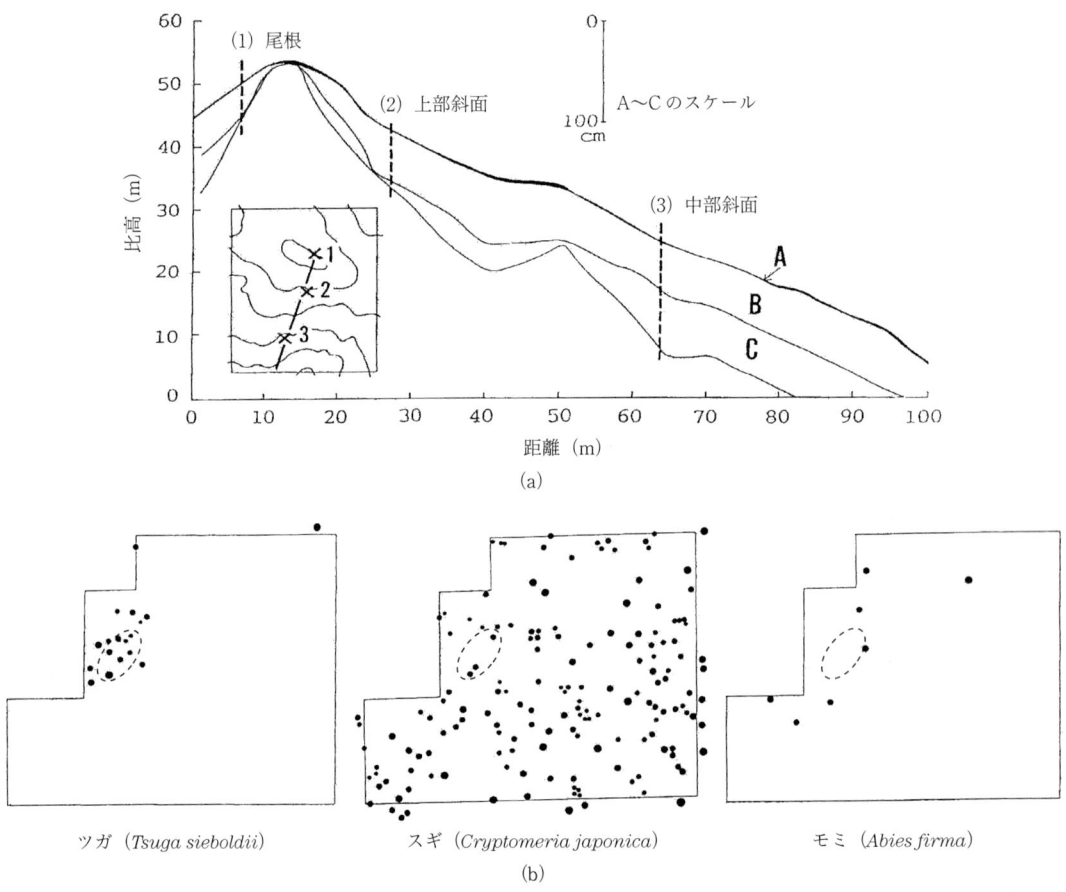

図 II.3.9 屋久島原生自然環境保全地域の1300 m永久調査区（II.5.3参照）における（a）地形・土壌断面（A, B, C層の厚さ）と（b）対応する3種の針葉樹の分布（破線は尾根頂部の位置）（小野・大澤，1994）

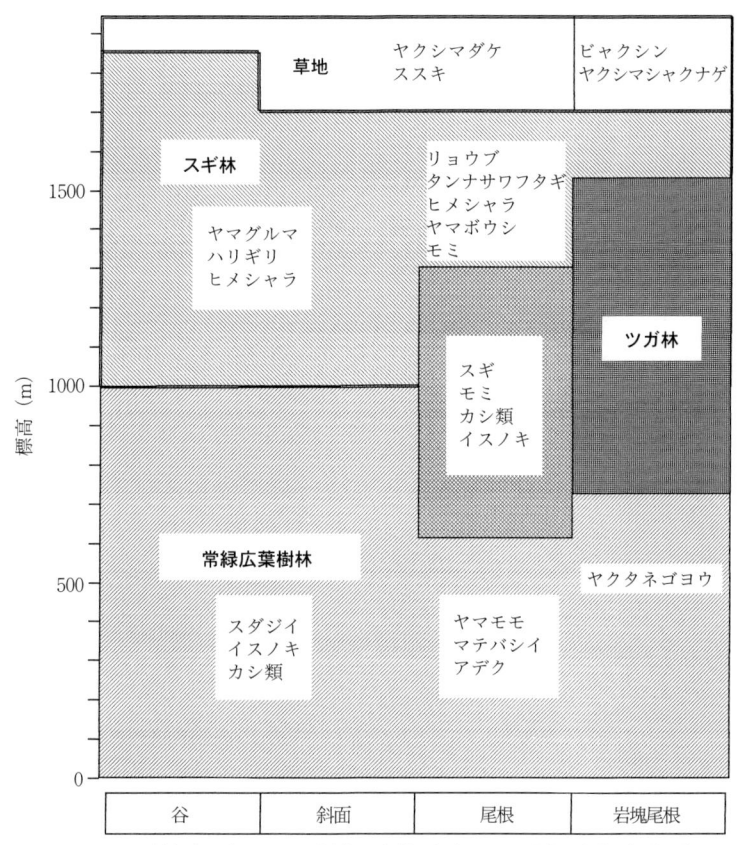

図 II.3.10　屋久島西部における標高と地形に規定された垂直分布帯（相観型）

パッチ群落が成立し，1300 m 以上になると尾根や露岩地周辺にタンナサワフタギ，ヤマボウシ，リョウブ，ナナカマドなどの落葉樹のパッチ群落が出現する．これらは，ブナ帯の落葉広葉樹の中でも特に広域分布し，時には暖温帯林の領域まで出現するような種も多い．

3.5　植生帯の境界条件

上でみてきたように，屋久島の植生帯を常緑広葉樹林帯と針葉樹林帯に二分するという点は，すべての研究者で共通している．このうち常緑広葉樹林は，前に述べたように熱帯山地林の北限に相当する．熱帯型常緑広葉樹林の北限と一致する冬の最寒月平均気温 −1℃ (Ohsawa, 1990) は，世界的に常緑広葉樹林ないし種としての常緑広葉樹の北限と一致する（大澤，2005）．この温度条件が屋久島では標高 1663 m にあることが，最近，花山歩道に設置したデータロガーを用いて実測確認された（図 II.3.11）．年間を通した逓減率は 0.63℃/100 m であるが，乾燥する冬場はかなり大きくなり 0.76℃/100 m であった．これからすると，ほとんど山頂直下 1600〜1700 m 付近まで常緑広葉樹林が成立しうる温度条件ということになる．これまで，屋久島の森林植生帯区分は，相観に基づいて，前節で述べたように 800 ないし 1000 m までの常緑広葉樹林帯，800〜1200 m の混交林帯，1200〜1800 m のスギ樹林帯などと区分されることが多かった．しかし，スギ林帯の中にヤマグルマをはじめウラジロガシ，イヌガシ，ユズリハ，シキミなどの常緑広葉樹が標高 1000 m，時には 1200 m までは混生している．高木のヤマグルマ，低木のハイノキ，ヒメヒサカキなどは種としては，時には 1700 m 付近まで達する．機械的に林冠優占種だけに基づいて相観区分しただけでは，植生帯の成り立ちは曖昧なものになってしまう．すなわち，スギ帯では確かにスギが林冠で優占しているが，下層の常緑樹との関係をどのように考えるかによってスギ帯のとらえ方は異なってくる．今回得られた花山歩道沿いの温度環境は，このスギ帯をどのように考えるかについて，一つの興味深い

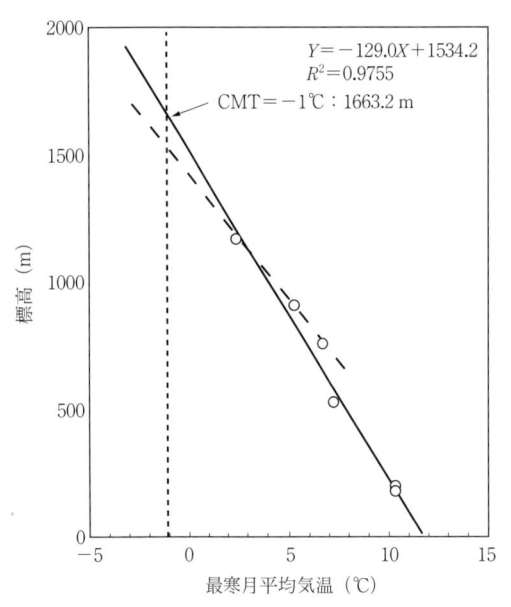

図 II.3.11 屋久島西部花山歩道沿いの観測点における最寒月（1月）平均気温の標高分布

-1℃は標高 1663.2 m 地点となる．1点鎖線の回帰線は標高 750 m 付近で傾きが変化したと見なした場合で，-1℃ は 100 m ほど低くなり，1500 m 付近になる．標高別に設置した HOBO Onset data logger 6 個での測定値（2004 年）に基づく．

視点を提供してくれる．

　以下，この温度条件に基づいて垂直分布帯の成り立ちについて少し詳しくみてみよう．これまで何人かの研究者が 1200 m を混交林の上限とし，その上をスギ林帯と区分した根拠の一つは，おそらく温量指数 85℃・月がその付近に来るので，その温度条件を推定して設定した可能性もある．実は，日本付近の常緑広葉樹林の上限を設定する温度条件はやや複雑で，図 II.3.12 に示すように，これまで提案されている 3 つの温度条件，すなわち温量指数 85℃・月，寒さの指数 -10℃・月，そして最寒月平均気温 -1℃ はちょうど日本付近では，ほぼ同じ標高に収斂している．したがって，見かけ上，日本ではどの条件を使っても常緑広葉樹林の北限とよく一致することになるが，実はこれらの条件をさらに南方の熱帯まで引き伸ばすと，それぞれの条件が少しずつずれてきて，3 つの条件が生物地理学的要因としては相同ではないことが明らかになる．特に境界条件として生物学的に意味がある 2 つの条件，すなわち温量指数 85℃・月と最寒月平均気温 -1℃ は低緯度に向かうにつれて大きくずれる．その理由は，はじめにも述べたように，緯度に伴う温度季節性の変化によるものである．たとえば，常緑広葉樹林の北限ないし上限という点に関してみると，温帯の北限付近では，積算温度 85℃・月という値を夏の数か月で実現し，冬の休眠期には -1℃ になる，という条件が，同時に存在しうる．一方，季節性のない熱帯では，夏冬同じ平均気温であるから，85℃・月を実現するのは月平均気温 12℃ の 12 か月積算 [85℃・月 = (12℃ $-$ 5℃) × 12 か月] しかありえず，-1℃ という低温条件と共存することは起こりえない．日本の南の端に当たる屋久島の垂直分布では，南へ向かって年較差が小さくなり始めて，この積算温度と最寒月平均気温という 2 つの条件が，ちょうどずれ始めるところに当たっているのである（図 II.3.12 参照）．熱帯山地での垂直分布帯の構造を調べてみると，温量指数 85℃・月をはじめとする積算温度（エネルギー量）は，森林の構造，特に樹高や階層構造を決める要因として作用していると考えられる (Ohsawa, 1991, 1995b)．生育期間に利用できるエネルギー量は，森林構造をつくり出す構成要素としての樹木の生活型のタイプを決める．照葉樹林の林冠を形成するシイ・カシなどの樹木の生育に必要なエネルギー量の閾値は大きく，エネルギー量がそれ以下になると，シイ・カシ型の林冠はつくれなくなり，同じ常緑樹ではあるが，亜高木や低木性のハイノキ科，ヤブコウジ科，ツバキ科などの樹種に置き換わる．

　この 2 群は単に階層を住み分けているだけでなく，同じ常緑広葉樹ではあるが，形態的にも大きく異なる樹木群である（第 2 章参照）．林冠木を主とする前者はクスノキ・カシ (lauro-fagaceous) 群，下層木を主体とする後者はハイノキ・ヤブコウジ (symploco-myrsinaceous) 群と呼んで区別している（図 II.3.13）(Ohsawa and Nitta, 1997, 2002;

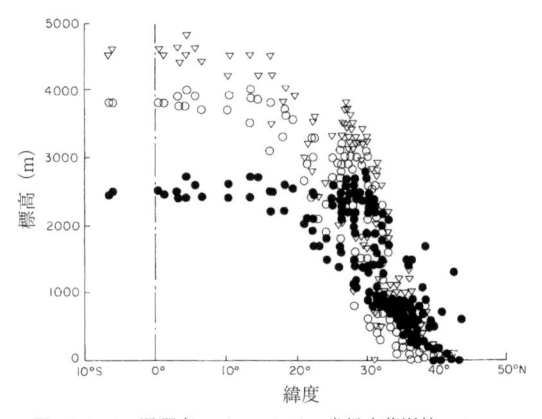

図 II.3.12 湿潤東アジアにおける常緑広葉樹林の 3 つの分布制御要因のパターン (Ohsawa, 1990)

●は温量指数 85℃・月，○は寒さの指数 -10℃・月，▽は最寒月平均気温 -1℃ を示す標高．

第三紀遺存種群の温帯性針葉樹のスギ，モミ，ツガや，仮道管しかもたない原始的なヤマグルマなどが林冠を形成し，その結果，これらハイノキ・ヤブコウジ群はクスノキ・カシ群が上限に達した標高1200 m 以上でも熱帯上部山地林のように林冠の最上層を構成することはなく，スギを主体とした森林の下層を占めている．しかし，屋久島でも局所的には上木としてスギが生育せず，これらハイノキ・ヤブコウジ群が最上層の林冠を直接，形成する形のパッチ群落も尾根などに点在している．クスノキ・カシ群が優占する1200 m 以下の領域でも尾根や土壌の薄い露岩地などではこのハイノキ・ヤブコウジ群の樹木がパッチ群落をつくる．西部林道沿いで田川（1980）が報告しているシイ・カシ類が優占しない森林というのは，このような群落と見なすことができる．組成的特徴だけでなく，群落構造，リーフサイズ，さらに芽の特性などについても特徴的な2つの常緑広葉樹林になっている（大澤ほか，1994）．

おわりに―東アジアの中での位置づけ―

以上みてきたように，屋久島は，世界的にもまれな熱帯型常緑広葉樹林の北限域の森林垂直分布構造を示す貴重な高山である．気候的に熱帯と温帯の移行部に相当する北緯30度線上に位置し，ヒマラヤほどの高度はないが，中国からさらに日本へと連なる一連の山岳植生の分布パターンの中で，ほかにない特性を有している．遺存固有種と新規固有種をともに有するのも，島嶼としての特性の一つであり，これは他の30度線上の山岳にはみられない．スギ林の存在そのものが，中国の天目山とともに唯一のものであるし，そのスギ林と熱帯型常緑広葉樹との共存の姿も屋久島以外にはみられない．そうした固有性と，熱帯から北方の森林へと広がる連続的な植生パターンの中に占める一般性とが，その価値を高めているといえよう．

（大澤雅彦）

図 II.3.13 (a) クスノキ・カシ群（スケール芽）と (b) ハイノキ・ヤブコウジ群（ピプソフィル芽）の特性（大澤・新田，2001）(a) タブノキ，(b) クロバイ．

大澤・新田，2001）．図II.3.1に示した熱帯山地の垂直分布帯は上部と下部に区分されているが，実は上部山地林はこのハイノキ・ヤブコウジ群，下部山地林はクスノキ・カシ群が卓越する領域なのである(Ohsawa, 1991)．この2つの樹木群の特性については第2章で常緑広葉樹の特性に関連して述べたが，それぞれは芽の構造 (Nitta and Ohsawa, 1998)，リーフサイズ（大澤ほか，1994），樹形 (Nitta and Ohsawa, 1989 ; Ohsawa and Nitta, 2002) などさまざまな特性が異なっており，同じ常緑広葉樹ではあるが，由来や生態的，形態的特性が大きく異なる樹木群である．

そのようにみてくると，亜熱帯高山としての屋久島では，以北の日本の山地でははっきりしない北限地域の常緑広葉樹林の分化の様子が，非常にはっきりとみえていることがわかる．1200 m 付近で上限に達したクスノキ・カシ群は，熱帯上部山地林と組成的類縁が近いハイノキ・ヤブコウジ群の領域に移行し，最終的に，最寒月平均気温－1℃になる標高1600～1700 m 付近まで達することになる．1600～1700 m 以上の領域は，より高緯度地域に分布する本来の冷温帯落葉樹林帯の領域である．そして，亜熱帯高山的性格をもつ屋久島では，その移行部分に

文　献

Barry, R. G. and Chorley, R. J. (1992) : Atmosphere, Weather and Climate, Routledge.

Barbour, M. G. and Christensen, N. L. (1993) : Vegetation. Flora of North America North of Mexico, pp. 97-131, Oxford.

江草清和・大澤雅彦（1994）：屋久島における維管束着生植物の垂直分布と環境要因に関する予報．環境庁自然保護局編，屋久島原生自然環境保全地域調査報告書，pp. 115-125，日本自然保護協会．

Fang, J-Y., Ohsawa, M. and Kira, T. (1997) : Vertical vegetation zones along 30°N latitude in humid East Asia. *Vegetatio*, **126**, 135-149.

初島住彦（1950）：屋久島の植物．鹿児島国立公園候補地学術

調査報告 後編, pp. 85-135.
初島住彦 (1991):北琉球の植物, 朝日印刷.
林 弥栄 (1960):日本産針葉樹の分類と分布, 農林出版.
堀田 満 (1974):植物の分布と分化, 三省堂.
今西錦司 (1950):屋久島の垂直分布帯. 暖帯林, 2月号, 9-14.
入倉清次 (1984):屋久島西部における植生の垂直分布帯の構造. 環境庁自然保護局編, 屋久島の自然, pp. 353-374, 日本自然保護協会.
岩松 暉・小川内良人 (1984):屋久島小楊子川流域の地質. 環境庁自然保護局編, 屋久島の自然, pp. 27-39, 日本自然保護協会.
北沢右三・木村 允・手塚泰彦・倉沢秀夫・吉野みどり (1959):大隅半島内部の植物生態学的研究. 資源科学研究所彙報, **49**, 19-36.
Körner, C. (1999): Alpine Plant Life, Springer.
九州森林管理局 (2000):平成11年度屋久島生態系モニタリング調査報告書, 九州森林管理局.
前川文夫 (1977):日本の植物区系, 玉川大学出版部.
Masamune, G. (1934): Floristic and geobotanical studies on the island of Yakushima, Prov. Ohsumi. 台北帝国大学理農学部紀要11, 植物学, No. 4, 1-637 (初島, 1950の引用).
宮脇 昭 (1980):日本植生誌 屋久島, 至文堂.
中島成久 (1998):屋久島の環境民俗学, 明石書店.
日本MAB計画国内委員会 (1999):日本のユネスコ/MAB生物圏保存地域カタログ, 国際生態学センター.
Nitta, I. and Ohsawa, M. (1998): Bud structure and shoot architecture of canopy and understory evergreen broad-leaved trees at their northern limit in East Asia. *Ann. Bot.*, **81**, 115-129.
大澤雅彦 (1977):東部ネパールヒマラヤの植生―日華区系域の植生帯との関連―. ペドロジスト, **21**, 76-94.
大澤雅彦 (1983):東アジアの比較植生帯論. 現代生態学の断面, pp. 206-213, 共立出版.
大澤雅彦 (1984):屋久島原生自然環境保全地域の植生構造と動態. 環境庁自然保護局編, 屋久島の自然, pp. 317-351, 日本自然保護協会.
Ohsawa, M. (1984): Differentiation of vegetation zones and species strategies in the subalpine region of Mt. Fuji. *Vegetatio*, **57**, 15-52.
Ohsawa, M. (1990): An interpretation of latitudinal patterns of forest limits in South and East Asian mountains. *Journal of Ecology*, **78**, 326-339.
Ohsawa, M. (1991): Structural comparison of tropical montane rain forests along latitudinal and altitudinal gradients in south and east Asia. *Vegetatio*, **97**, 1-10.
大澤雅彦 (1993):東アジアの植生と気候. 科学, **63**, 664-672.
大澤雅彦 (1995):湿潤アジアの垂直分布帯と山地植生テンプレート. 沼田 真編, 現代生態学とその周辺, pp. 78-88, 東海大学出版会.
Ohsawa, M. (1995a): The montane cloud forest and its gradational change in Southeast Asia. Hamilton, L. S., Juvik, J. O., Scatena, F. N. eds., Tropical Montane Cloud Forests, pp. 254-265, Springer.
Ohsawa, M. (1995b): Latitudinal comparison of altitudinal changes in forest structure, leaf-type, and species richness in humd monsoon Asia. *Vegetatio*, **121**, 3-10.
大澤雅彦 (2003):ケープのアフリカ山地林. JISEニュースレター, No. 42, 4.
大澤雅彦 (2005):日本の森林. 中村和郎ほか編, 日本の地誌1 日本総論I (自然編), pp. 62-70, 朝倉書店.
Ohsawa, M. and Nitta, I. (1997): Patterning of subtropical/warm-temperate evergreen broad-leaved forests in east Asian mountains with special reference to shoot phenology. *Tropics*, **6**, 317-334.
大澤雅彦・新田郁子 (2001):常緑広葉樹の生活と季節性. 千葉県の自然誌 本編5 千葉県の植物2―植生―, pp. 565-579, 千葉県.
Ohsawa, M. and Nitta, I. (2002): Forest zonation and morphological tree-traits along latitudinal and altitudinal environmental gradients in humid monsoon Asia. *Global Environmental Research*, **6-1**, 41-52.
Ohsawa, M., Shakya, P. R. and Numata, M. (1986): Distribution and succession of the West Himalayan type of forests in the eastern part of Nepal Himalaya. *Mountain Research and Development*, **6**, 143-157.
大澤雅彦・武生雅明・大塚俊之 (1994):屋久島低地におけるリーフサイズが異なる2つの常緑広葉樹林の比較. 環境庁自然保護局編, 屋久島原生自然環境保全地域調査報告書, pp. 87-100, 日本自然保護協会.
小野昌輝・大澤雅彦 (1994):屋久島原生自然環境保全地域の土壌と針葉樹3種の分布. 環境庁自然保護局編, 屋久島原生自然環境保全地域調査報告書, pp. 157-167, 日本自然保護協会.
Suzuki, T. (1976): Die Vegetation der Insel Yaku. 鈴木時夫博士退官記念森林生態学論文集, pp. 1-75.
鈴木時夫・蜂屋欣二 (1951):伊豆半島の森林植生. 東京大学農学部演習林報告, **39**, 145-169.
田川日出夫 (1980):屋久島国割岳西斜面の植生. 鹿児島大学理科報告, **29**, 121-137.
田川日出夫 (1994):世界の自然遺産 屋久島 (NHKブックス 686), 日本放送出版協会.
Tang, C. Q. and Ohsawa, M. (1997): Zonal transition of evergreen, deciduous, and coniferous forests along the altitudinal gradient on humid subtropical mountain, Mt. Emei, Sichuan, China. *Plant Ecology*, **133**, 63-78.
田代善太郎 (1926):鹿児島県, 屋久島の天然記念物調査報告 (大正12年6月). 天然記念物調査報告 植物之部 第五輯, pp. 63-149, 内務省.
Weischet, W. (1988): Einfürung in die Allgemeine Klimatologie, Teubner.
Wolfe, J. A. (1979): Temperature parameters of humid to mesic forests of eastern Asia and relation to forests of other regions of the northern hemisphere and Australasia. *US Geological Survey Professional Paper*, No. 1106, pp. 1-37, US Government Printing Office.
夏愛梅・達良俊・朱虹霞・趙明水 (2004):天目山柳杉群落構造及其更新類型. 浙江省林科学院報告, **21**, 44-50.
山本啓司 (1996):屋久島北西部, カンカケ岳周辺の花崗岩質地盤の構造. 鹿児島大学理学部紀要 (地学・生物学), No. 29, 71-87.

第 4 章

屋久島低地部と海岸の植生

4.1 低地部植物相の特徴

　屋久島の亜熱帯地域がどのぐらいの広がりを有しているかについては問題がある．すでに青山（2001）も指摘しているが，吉良の暖かさの指数180を暖温帯と亜熱帯の区分線とするならば，屋久島北部の低地はそれよりも低いので，暖温帯に所属することになる．しかし東部の安房では190を超え，南部から南西部の低地は暖かさの指数から明らかに亜熱帯気候域に入る．また，亜熱帯の特徴として，これらの地域は無霜地帯である．この屋久島南部の低地植物相について，その特徴をみてみよう．この南部の地域は，人間の諸活動で，原生植生はあまり残されていない．山からかけ下った急流河川がそのまま海に注ぐから，海岸近くでも川の両岸は切り立った崖になっている．そのような場所に原生植生がわずかに残されてはいる．

4.1.1 落葉樹が目立つ不思議な眺め

　南部の低地域で大変目立つ樹木がある．ウラジロエノキである．美しい花もつけないニレ科の植物であるが，気をつけてみると，谷沿いや道沿いのあちこちに見かける．東南アジア熱帯でもよく見かける植物で，屋久島は分布の北限地帯になる．ウラジロエノキは熱帯ではしっかりした常伸性の常緑樹であるが，屋久島まで来ると冬が寒すぎるのか，冬は多くの葉を落として，ちょっと落葉樹的になってしまう．しかし熱帯の樹木だからか休眠芽はつくらない．春はまっ先に枝を伸ばし新葉を展開する．枝を横に張り傘状の樹冠をつくるので夏の日陰樹としてよい植物と思われるが，きれいな花も咲かないし，ざらざらした，つやのない葉は日本人の美的感覚には合わないのか，特別に植えられることはないようだ．
　ウラジロエノキは，奄美群島からトカラ列島を経て屋久島から種子島や黒島まで分布している（図 II.4.1）．九州南部の産地，山川は標本には「栽培」

とされているし，大隅半島南端部のものは「栽培か？」とノートされているから，本来の自然分布ではないだろう．成長が速く軽軟な材は器具材にされるし，丈夫な繊維が樹皮から得られるから，利用価値はあったのだろう．奄美群島からトカラ列島を通って屋久島地域にまで連続的な分布をしているし，果実は小さい核果で鳥によって散布されるから，気候の温暖化によってさらに分布圏を広げることが予想される種である．
　このウラジロエノキには近縁な種として，キリエノキがある．この種は世界的な分布圏はウラジロエノキとほぼ同じで，南はオーストラリア北部から東

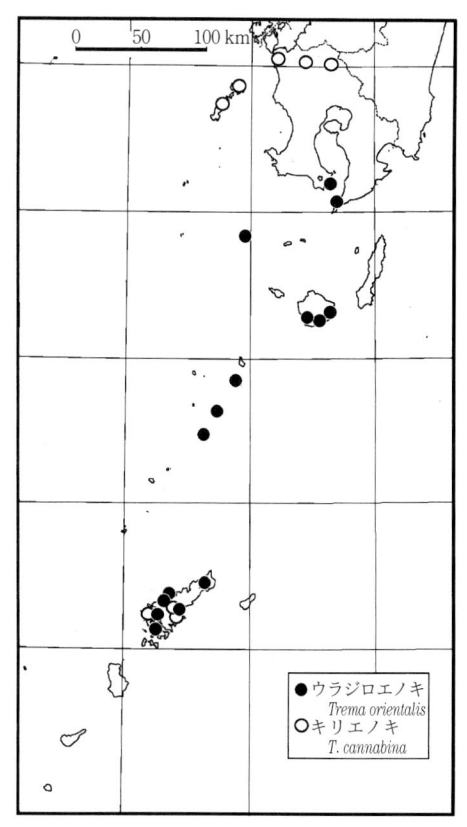

図 II.4.1 ウラジロエノキ類の分布
ウラジロエノキは種子島にも分布している．

南アジアや中国南部を通って日本列島南部にまで生育している．ところが奄美群島までは両種は同じ地域に共存しているのに，キリエノキは奄美群島から甑島や鹿児島北部地域に隔離的に分布する．トカラ列島から屋久島や種子島には分布しない．両種の住み分け的な分布がどのように形成されたかは謎である．

南部の低地を歩くと，ほかにも落葉樹に出会うことが多い．冬，鮮紅色の果実をぶら下げているイイギリは，特に目につく．イイギリは本州から南西諸島にかけて分布する暖温帯系の木本植物であるが，二次林性の種である．またアブラギリも目につくが，これはヒトによって導入された植物である．

屋久島では温帯系の落葉樹には，それなりに特徴的な固有種や変種に進化したものが多いが，低地に多いこれら落葉的な二次林性の種にはそのような分化が認められない．どこにでもみられるアマクサギ，南部の海岸林に知られるアオギリなどもそうであろう．しかしアオギリの場合は，南部の海岸林に生育しているからか，形態的には葉が頻海環境に適応して小型になっている．

4.1.2 亜熱帯系の植物

屋久島の亜熱帯を代表する植物をあげるとすれば，温帯にはみられない気根を垂らし，黒々とした樹冠を広げるアコウとガジュマルがあげられるだろう．

アコウは海岸沿いの無霜地帯を北上して，分布圏は紀伊半島まで達している．それに対してガジュマルは，耐寒性が弱いからか種子島が北限になっている．薩摩半島や大隅半島の南端部から採集された標本はあるが，たぶん栽培であろう．

奄美群島では，アコウは海岸だけではなく，山地林にもみられ，熱帯によくみられるような「絞め殺し木」になっていることも見かけられるが，屋久島では低標高地域に分布は限られている．

ガジュマルも志戸子の群落が有名であるが（鹿児島県保健環境部，1989），中間など村落の中を流れる川沿いのあちこちに立派な群落がみられることが多いし，海岸の自然林を形成していることもある（図II.4.2）．アコウやガジュマルが所属するイチジク属は熱帯を中心に広く分布し，東南アジア熱帯だけでも300種以上が分布している大きな属である．奄美群島には，ハマイヌビワ，ホソバムクイヌビワ，アカメイヌビワ，オオバイヌビワなど，多くの南方系のイチジク属の種が知られているが，それらは屋久島には分布していない．その点からは，イチジク属に関しては，屋久島はかろうじて亜熱帯の北

図 II.4.2 南部海岸地域のガジュマルの大木

の端っこに位置しているともいえる．イチジク属の種子散布の多くは鳥散布型である．気候の温暖化が進めば，海を越えての散布能力があるこれらの種が，やがては屋久島にたどり着くことであろう．

観光資源としての熱帯のイメージをつくり出すのによくハイビスカスが植栽されるが，屋久島の秋を彩るサキシマフヨウは，亜熱帯地域の南西諸島に固有のハイビスカスである．屋久島では西部から南部地域に多い落葉の低木であるが，種子島や奄美群島にも多くみられ，北は甑島にまで分布する（図

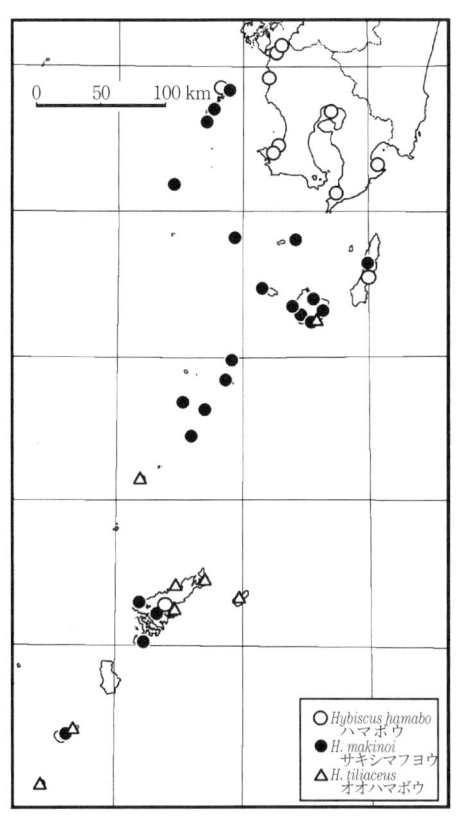

図 II.4.3　フヨウ属の分布

II.4.3)．栽培すると鹿児島市内でも丈夫に育つが，開花期が遅く，結実期には寒くなってしまい，結実率がよくない．奄美群島のサキシマフヨウの多くは白い花をつけるが，屋久島の系統は桃色が濃い個体が多く，美しい．

また，オオハマボウも種子島が北限となる南方系の植物であるが，栗生のメヒルギ群落の側にかろうじて生き残っている．サキシマフヨウもオオハマボウも海流によって種子が散布される．鳥散布よりも有効な遠距離散布がなされる種である．同じように海流散布がなされると考えられるモダマが安房に1か所みられるのも，注意されるべきことである．

ハマボウは，本州から奄美まで分布する，どちらかというと北方系のハイビスカスであるが，宮之浦の屋久島環境文化村センターの前に植栽されているのはうれしい．世界自然遺産に指定されている屋久島では原産のこれらの種の植栽がもっと進められたらと思われる．自然に触れる観光に来た人々が園芸のハイビスカスではなくサキシマフヨウを，伊豆原産のアジサイではなくヤクシマコンテリギやヤクシマガクウツギを楽しんで帰られるようにしたいものである．

4.1.3　ランとシダの王国

低地植物相では，森林を形成するスダジイ，マテバシイ，タブノキなど高木性樹種の多くは，暖温帯系のものであるが，林床にはルリミノキの仲間が目立ったり，多くの台湾から東南アジアにつながるシダ植物やランの仲間がみられる．前に論じたいくつかの南方系の植物は，いずれも海流散布や鳥散布型で，生態環境の変動に対応して分布域を変動できる植物群であった．たぶんウルム氷期が終わり，屋久島地域が亜熱帯的な気候環境になってから分布を広げてきた可能性が高い．

もう一つ，屋久島南部の森林に多い植物に風散布型の植物群がある．ランとシダである．ラン科植物は屋久島から約100種もが知られている．シダ類に至っては驚くことに320種以上が数えられる（初島，1991）．

屋久島南部の森林林床に多くみられるランの一種に，ハチジョウシュスランの仲間のヤクシマシュスラン，カゴメラン（図II.4.4），シライトシュスランがある．いずれもハチジョウシュスランの変種とされていて，カゴメランは台湾から種子島にわたっ

図 II.4.4　南部の森林の中で
左から，ヤクシマシュスラン，カゴメランの葉，タイワンアオネカズラ．

て広く分布し，後の2変種は屋久島固有とされる．しかし，これらの間の違いは，葉の斑紋以外にはほとんどない．シライトシュスランの葉は緑で，名前のように白い筋が中央部にある．ヤクシマシュスランは葉の中央部に幅広い白斑がある．カゴメランは名前のように，葉の全面に網状の斑が入る．これらの多彩な葉の形質の変異は，同所的に混生していることが多い．葉の諸形質が多型になり，それが同じ地域集団を形成している例は熱帯にはしばしばみられる（堀田，1989）．屋久島のハチジョウシュスランの仲間の変異をみていると，熱帯の森林を歩いているような錯覚に襲われる．

屋久島南部の林床に多い地生ランにツルランがある．この種はマレーシア熱帯に広く分布し，九州南部まで北上しているエビネの一種であるが，夏に純白の花をたくさんつけて美しい．私が以前スマトラやボルネオで出会っていたランである．大型の地生ランであるカクチョウランは，ほとんど採取しつくされて，自生のものにはなかなか出会えない．南太平洋から東南アジア，北は種子島まで知られている．屋久島では時々家の庭で見かけることがある．

屋久島の低標高の亜熱帯的な地域には熱帯系のランもみられるが，ツリシュスラン（着生）やミヤマムギラン（着生）などの北方系のランも多い．ランにも分布からみるといろいろな要素が混在しているのである．

この地域には，ラン科の中では最も原始的な群に所属するヤクシマラン（屋久島と中之島）や，中国の雲南省に近縁種が隔離分布するヒメクリソランがみられる．ランは，遠距離散布に適した埃のような微細な種子を風散布する．そして，屋久島南部の低標高地域はランには好適な環境なのだろう．

屋久島のシダ植物の種類数の多さは，温帯系のシダの分布南限になっていることとともに，熱帯系のシダの北限地域にもなっていることが相まって働いている．屋久島から台湾の間に位置する南西諸島の島々には冷温帯的な気候環境はないから，屋久島には多くの屋久島と台湾間に隔離分布する温帯系のシダ植物が知られている．しかし，タイワンジュウモンジシダ，タイワンクリハラン，タイワンアオネカズラのように冷温帯ではなく，亜熱帯が分布中心になっているような種もある．

タイワンアオネカズラ（図II.4.4参照）は，屋久島では稀少な種であるが，台湾から途中の南西諸島を飛び越して屋久島に分布する．そして途中の奄美群島にはアマミアオネカズラが報告されている．奇妙な地理的分化である．

屋久島南部の亜熱帯的な照葉樹林は，風で種子や胞子を散布するランやシダの王国である．日本列島にも湿潤な熱帯地域にもこのような植生の組み合わせはみられない．しかもこの多様性に満ちた地域の多くは，自然遺産に指定された島でありながら，特別な保護の網がかかっていない．

4.1.4　王国を突っ切る南部林道

鹿児島県が企画した広域基幹林道屋久島南部線（南部林道）が，このランとシダの王国を突っ切る．日本列島での亜熱帯の北限地域の屋久島南部には，ヤクシマノギクやシマコウヤボウキなどの固有種が集中する鯛ノ川の千尋滝（せんぴろのたき），ムヨウランの仲間が多い二又川，ヤクタネゴヨウの巨木の残る平内から破沙岳に至る尾根（途中の谷にはランが多い），あるいは湯川から東尾根の成熟した照葉樹林地帯など（図II.4.5），植物分布からみるとホットスポットともいえる地点がつながる．この二又川から中間の東地点に至る標高300〜400 m地域を通る林道が南部林道である．湯泊近くの林道予定路線にあった数十個体もの大きなヤクシマランの集団は，そこは大事

図 II.4.5　南部林道西部にある成熟した照葉樹林
この中を南部林道が突っ切る予定になっている．ヒメウマノミツバ，ヤクシマラン，ミヤマムギランなどの稀少種が多い．

熱帯の生態系の保護の今後には，多くの課題が残されている．
(堀田　満・岩川文寛)

文　献

分布情報は，鹿児島県（2003）の基本標本データベース（西南日本植物情報研究所で保管）に基づく．

青山潤三（2001）：世界遺産の森　屋久島（平凡社新書101），平凡社.

初島住彦（1991）：北琉球の植物，朝日印刷.

堀田　満（1989）：湿潤熱帯での種の分化．日本学術振興会編，東南アジアの植物と農林業，pp.70-87，丸善.

堀田　満（2001）：危機に瀕する屋久島南部の稀少植物たち．プランタ，**76**，22-29.

鹿児島県（2003）：堀田　満編，鹿児島県の絶滅のおそれのある野生動植物（鹿児島県レッドデータブック）―植物編，iv+657 pp.，鹿児島県環境技術協会.

鹿児島県保健環境部（1989）：鹿児島のすぐれた自然，314 pp.，鹿児島県公害防止協会.

4.2　低地部における帰化植物の侵入と分布の拡大

　日本に帰化した植物は，約1200種が現在までに記録されている（山口，1997）．特に，市街地など人間活動による攪乱を受けてきた環境では帰化植物の出現頻度が高く，大阪や東京の市街地における帰化率は，約80％になると推定されている．

　帰化植物の都市部への侵入と分布域の拡大の問題は，1970年代にセイヨウタンポポの分布圏の拡大と日本原産のタンポポ類の分布域の縮小の問題として，いろいろと議論されたし，長期にわたる分布域の変動の状況が関西地方で明らかにされてきた（堀田，1977）．当時はまた，都市の急激な膨張と開発に伴い，セイタカアワダチソウも首都圏や関西地方で急速な分布域の拡大が進み，社会的な問題ともなっていた．

　現在，日本の自然界では生物種の絶滅危惧問題が大きな注目を集めているが，一方で，生物的侵入，すなわち帰化植物の増加と分布拡大も深刻な問題をはらんでいる．しかし種子/屋久島地域は，九州南部から南西諸島地域の中では相対的に低い帰化率を示してきた（表II.1.1参照）．九州南部で記録される帰化植物は230種近くに及ぶが，種子/屋久島地域はその半数が記録されるだけである．また，奄美群島や沖縄群島は，九州南部の約2〜2.5倍の帰化植物の種が記録されている．

　しかし屋久島では，1993年の「世界自然遺産」の指定に伴い各種の開発が急激に進み，現状は予断を許さない状況に至っている．しかも，この島では

図 II.4.6　南部林道
(a) 南部の急斜面を切り裂いて走っている．(b) 最近建設された部分．緑化にはシナダレスズメガヤが多用されている．

な場所だと県当事者に知らせたが，工事の結果絶滅した．

　南部林道は，斜面崩壊が目立つ花崗岩の急斜面に強引にこじ開けるようにつくられる林道である（図II.4.6(a)）．急斜面だから，土工量も多くなる．林業施業にはあまり役立つことがない林道である．さらに法面緑化には，部分的にはタマシダの集団が侵入していたりスギの芽生えがみられるが，シナダレスズメガヤが多く用いられ，自然保護の観点からは問題が残る（同図(b)）．

　しかしこの林道の最大の問題は，ランマニアにとって南部の「ランの王国」にとりつくルートとして，これほど便利な道はないことだろう．屋久島南部には，遠く東京からも集団でランだけを採集に来る人たちが今でもいる．この地域の大部分は国立公園の特別保護地域にも，自然遺産の保護地域にも指定されていないから，開発や採集には強い規制がかからない．鹿児島県はどのようにして，このランとシダの王国を保護するのだろう．屋久島の貴重な亜

自然植生の調査はいろいろと進められているが，帰化植物に関してはみるべき調査がない．帰化植物の侵入と分布域の拡大の過程の追跡は経時的で広い地域にわたっての野外調査が必要とされるが，1999～2000年に行われた天田智久のセイタカアワダチソウに関する調査以外は，そのような調査はほとんどなされていない．

4.2.1 セイタカアワダチソウの場合

人為的に攪乱を受けた地域に先駆者として侵入する北アメリカ原産のセイタカアワダチソウは，その生態的特性（種子生産力，地下茎による生育地の確保と拡大，ロゼットでの越冬，アレロパシーなど）を生かした繁殖力で，日本本土では爆発的に分布を広げてきた．日本本土においては地表面を攪乱した場所に種子で侵入した後，地下茎による栄養繁殖で急速に集団を形成する能力がある．セイタカアワダチソウは，2次遷移の初期に現れる代表的な植物であり，すでに森林などの植生が安定した地域に侵入し，定着することは困難である．つまり，人為的な攪乱（主に開発）と分布の拡大が密接に関係している．セイタカアワダチソウは，分布の状況からみると地理的に隔離されている南西諸島地域が，現在は日本列島での分布拡大の最前線であると推定される．このセイタカアワダチソウを中心に，屋久島への外来植物の侵入と分布の拡大について考えてみる．

a. セイタカアワダチソウの初期侵入

初島（1986）によると，セイタカアワダチソウは，1980年代には鹿児島市域で散在的にみられたが，島嶼部からは記録されていない．1990年代初期でもトカラ列島での分布は知られていない（志内，1995）．また，屋久島では1995年の段階でもまだごく少数の集団がみられるだけであった．

初島の記録からは，セイタカアワダチソウの九州南部への分布域の拡大は1970～1980年代に進んだものと推定されるし，屋久島は1990年代の比較的最近の侵入によるものと推定される．また，奄美大島には1990年代に入ると「奄美振興事業」による開発地域や森林の皆伐地域に巨大集団がみられたが，現在までの観察では，集団は安定的に存続し続けてはいない．

1995年以前に屋久島で確認されたセイタカアワダチソウ集団は，安房からヤクスギランドを結ぶ県道592号線の研修センターや屋久杉自然館が建設された地域の道路端であった．ごく小型の1個体が確認されただけであるが，この集団は2年後には消滅していた．1997年にはこの近傍で2集団が確認さ

図Ⅱ.4.7 セイタカアワダチソウの初期侵入集団（屋久杉自然館近く，1990年）

れ（図Ⅱ.4.7），また，安房近くの県道77号線では，県道の改修工事（街路樹の植樹）に伴って侵入した新しい集団が確認された．この時期には，屋久島各地にセイタカアワダチソウが分布していることが確認され始めた．当時セイタカアワダチソウは屋久島では新奇で，それなりにきれいな植物であるため，観賞用に庭に植栽されていることもあった．

b. 屋久島でのセイタカアワダチソウの分布状況（1999～2000年）

天田によるルートセンサス法でのセイタカアワダチソウの分布調査が屋久島で行われたのは，1999～2000年である（天田・堀田，2001）．屋久島での調査ルートの総延長は，約215kmになった．セイタカアワダチソウが分布していた地点は17か所である．小規模な集団が全島にわたり散在している状況だった（図Ⅱ.4.8）．

屋久島で最も開発の進んでいる地域の宮之浦港周辺では，地上茎の高さの平均が100～200cmで集団サイズでは中規模なものが1か所，県道78号沿いの空き地で確認されたのみである．

集団は，全体としては散在しているものの，地域的な分布の集中が，以下に示す3か所でみられた．

まず，宮之浦から安房に至る県道77号線に交わる男川，女川沿いで，かつて空港建設が行われた地域である．女川周辺には，道路に沿って帯状に比較的大きな集団を含む3か所が確認された．一方，男川においては，集団規模は小規模なものの，地上茎が本島で最も大きな集団が確認された．この集団でのみ，1999年の調査から2000年の調査の間に周辺地域（対岸）への分布の拡大がみられた．初期侵入の場所は，河川による侵食でできた裸地であった．

安房周辺では，道路沿いの街路樹植え込みに帯状の巨大な集団が確認された．この集団は，栄養繁殖により集団サイズは大きくなっていたが，周囲への

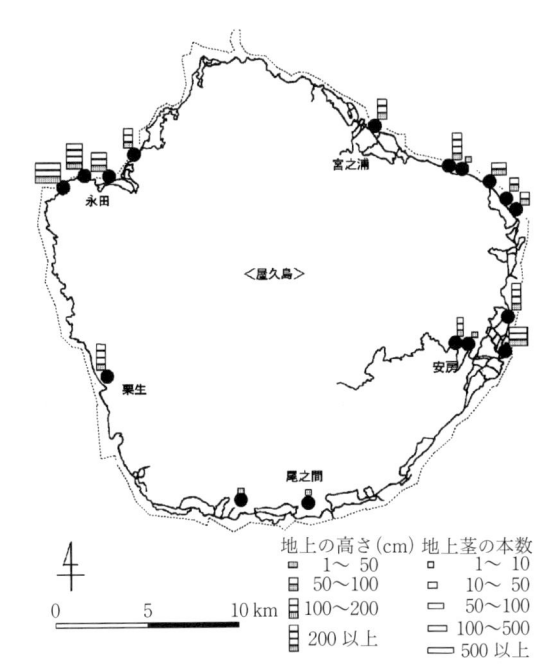

図 II.4.8 屋久島のセイタカアワダチソウの分布
(天田・堀田, 2001 による)
1999〜2000年の状態. 黒線は215 kmにわたる調査ルート. およその集団のサイズを地上茎の高さと本数で表示してある.

分布拡大は確認されなかった. また, 県道75号線から屋久杉自然館, ヤクスギランドを結ぶ県道592号線では, 侵入が2か所確認された.

永田周辺では, 県道78号に沿って, 本島では比較的巨大な集団が4か所みられ, フェンスに囲まれた携帯電話中継局内では, 複数年草刈り管理を受けていない集団がみられた. また, 放棄水田にも同じように管理を受けていない集団が確認された.

島の南部地域は, 屋久島への侵入の入口の宮之浦や安房から最も距離のある地域で, 少数の侵入初期の小集団がみられた. 最近は, この地域では町営牧場の建設などの大規模開発が進んでいるので, 今後の分布地点の拡大と巨大集団の形成が憂慮される.

c. 島嶼地域への侵入の状況—島ごとに異なる侵入の仕方—

離島である南西諸島域に対するセイタカアワダチソウの侵入は, 比較的最近に起きた. しかしそれは島ごとに異なった様相を示している. ごく簡単に天田の報告をまとめておく(天田・堀田, 2001).

i) 種子島 分布は, ルートセンサス総延長318.6 kmでセイタカアワダチソウの分布地点は196か所であった. 分布は全島にさまざまなサイズの集団が広く分布していたが, 南部に比べ北部に分布の集中がみられた. 最も開発の進んでいる西之表市では, 市街地の中心部にはなく, その周辺部に小規模な集団が散在して確認された. さらに, 甲女川を中心に市街地を取り囲むように巨大な帯状の集団が県道75, 76号線で確認された. 分布の確認された場所は, 道路沿いの植え込みや空き地, 放棄農耕地などさまざまなところであり, 初期侵入と思われるところも数か所存在していた. また, 本島中部に当たる中種子町においても, 市街地ではなく, その周辺部に分布しているのが確認された. 特に, 大塩屋のゴルフ場と人工衛星観測所が隣接する地域では, 本島最大の巨大な帯状集団が県道75号線に沿って約3 kmにわたり分布していた. 本島南部では新長谷, 郡原, 平山周辺に小規模な集団が連続してみられたが, 地上茎が100 cmを超えるような集団は確認されなかった. 現在, 種子島では新空港の建設が進行中で, それに伴った新しい侵入と分布圏の拡大が進行するだろう.

ii) 奄美大島 分布はルートセンサス総延長393 kmで, セイタカアワダチソウの分布地点は19か所であった. 帯状の巨大集団が局所的に分布している地域と, 小規模な集団が散在している地域が認められた. 最も開発の進んでいる名瀬港周辺では, 空き地, 駐車場, 県道79号沿いの3か所で小規模な集団が確認されたのみである. 本島北部では, 国道58号沿いの本茶峠で小規模な集団が1か所確認された. 龍郷町の安木屋場では, 1995年には道路脇から伐採された山腹にかけて大きな集団が存在したが, 1999年には消滅していた.

集中して集団がみられたのは, 宇検村と住用村を結ぶ国道58号線沿いで, 周囲は森林地域である. ここでは地上茎が2000本を超えるような巨大な集団を含め, 大きな集団が帯状に分布していた. ほかに, 宇検村へ通ずる県道79号線沿いで比較的大きな集団が連続して確認された. これらの地点はいずれも都市域ではなく, 森林域の中での新しい道路工事に伴って起きた分布域の拡大定着である点が奄美大島の特徴である.

iii) 徳之島 ルートセンサス総延長140.4 kmで, セイタカアワダチソウの分布地点は18か所であった. 分布は全島にわたってみられ, 中規模な集団が局所的に連続しているのが確認された. 最も開発の進んでいる徳之島町亀徳港周辺では, 県道80号線に沿った空き地および道路植え込みに, 中規模な集団が確認された. ほかに, 同じ国道沿いの農耕地脇で1か所確認された. 最も分布が集中していたのは, 本島南部の亀津から木之香を結ぶ県道617号線沿いで, 連続して中規模な3つの集団が確認され

た．また，北部の天城町では，県道629号線沿いでも連続して3つの集団が確認された．北部花徳の万田川下流部でも，集団サイズは小規模なものの，連続した分布がみられた．徳之島では大規模な耕地整理工事が進行し，それがセイタカアワダチソウの分布や拡大に寄与しているようにみえる．

このように，島ごとの比較をすると，種子島や徳之島では，人間の農耕活動に伴っての比較的大規模な侵入が起こっている．それに対して奄美大島では，森林域における工事地域に大規模な侵入がみられる．奄美大島では，厳しい木本植物との競合があるから，セイタカアワダチソウの亜熱帯地域への侵入定着が可能かどうかが問題になるだろう．龍郷町でみられたような二次林の急速な形成で大きな集団が数年で消滅した例もあり，定着は困難であることが推定される．

4.2.2 人為的で大規模な侵入

セイタカアワダチソウでは，生育環境が人為的に形成されるが，侵入は人間の意図した結果ではない．ところが1980年代，自然保護運動の高揚に伴って，道路工事の法面緑化には在来種を使うべきだとの意見が取り入れられた．その結果は悲惨なことになっている．当時建設省が出した「法面緑化指針」には，ハギだとかヨモギ（種名ではない）がふさわしいとされていた．それで，緑化に使用される種子の大部分は，中国や朝鮮半島から輸入される安価なハギやヨモギとなった．大量の近縁や，同じ種ではあるが遺伝的には異なった大陸系の植物が，日本列島の各地に散布されることとなった．

a. イタドリ

イタドリは，九州南部でもごく普通の種であるが，奄美大島の系統は大型になり，雌雄同株の個体が集団内に混在することで異なるので（図II.4.9），九州南部から奄美大島にかけてのイタドリの調査を開始した．ところがイタドリは，種子島では南部海岸に1か所だけ分布していたが，2004年に台風のためこの生育地は失われた．屋久島からは古いMasamune（1934）の記録しかないし，それも再確認ができない状況にあった．それで屋久島のイタドリについての詳細な調査を行ったが，見つからない．1999年に最初に発見したのは，安房からヤクスギランドに至る道路脇で，それもイタドリではなくオオイタドリであった．当時，西南日本の各地から道路の法面吹き付け緑化に伴ってオオイタドリが侵入していることが報告されていたが，屋久島のオオイタドリも道路工事に伴った侵入と推定された．大陸系で，日本のオオイタドリほどは茎は高くなら

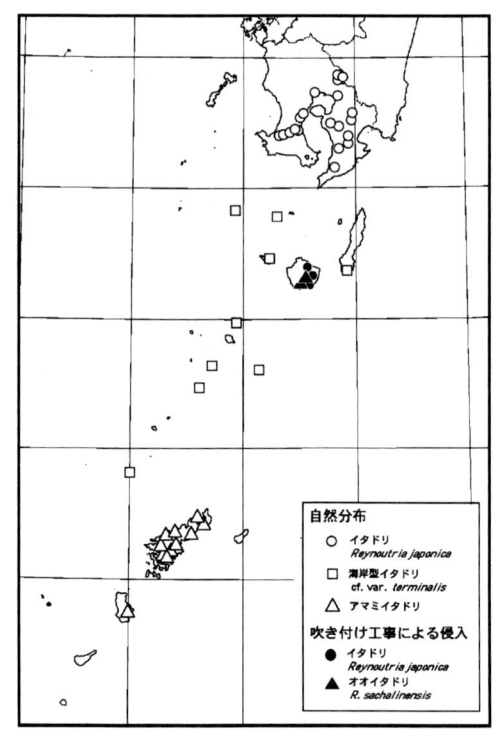

図 II.4.9 九州南部から奄美群島地域でのイタドリの分布

自然分布のイタドリは，九州南部集団，種子島〜トカラ列島の海岸型集団，奄美群島の大型集団と地理的な分化がみられるが，その地域に大陸系のイタドリ類が人為的な侵入をしている．

ない．さらに，イタドリも低地の道路工事現場に発見された．ところがこのイタドリは，開花期が異なっていた．九州南部や種子島のイタドリの開花期は9月になってからであるが，発見されたイタドリは7月に開花を始める．たぶん，道路の法面吹き付け工事に伴って侵入した朝鮮半島か中国東北部のイタドリと推定される．現在までに判明している吹き付けに伴った侵入は，オオイタドリでは安房の研修センター近くの路傍と南部地域の2か所，イタドリは空港近く，安房，南部地域の3か所である．

この侵入したオオイタドリもイタドリもなかなか元気で，種子の結実もよい．今では確かめようもないが，正宗によって記録されたイタドリも，小杉谷の伐採工事に伴う人為的な侵入の疑いがあり，屋久島のイタドリには未解決の問題が残される．

b. ヤマハギなど

ハギは，日本列島の中では複雑な地理的分化をしている植物群である．ところが屋久島にはヤマハギは分布していなかった．屋久島南部の道端で「ヤマハギ」に出会ったときは，屋久島新産だとちょっと

図 II.4.10 吹き付けで屋久島に侵入したハギ

興奮したが，調べてみると吹き付けで侵入したハギの一種であった．同じことは，種子島や奄美大島でも起きている（図II.4.10）．

建設省（現 国土交通省）の指針では，「ハギ」であればよいことになっていることが，このような事態をもたらしている．日本列島における複雑な種分化をしている植物群の実体に全く注意しない緑化指針は，早急に改訂されるべきであろう．

そのほかにも，朝鮮半島や中国大陸原産の植物がいろいろと法面吹き付けで侵入している．特に注意されるのはヨモギ属の種で，鹿児島では3種から時には6種以上のヨモギ類が1か所の吹き付け工事現場に侵入している場合がみられる．それらの合計種数は10種を超えるだろうし，屋久島にも何種もの吹き付け由来のヨモギ類がみられる．ヨモギ属の分類はなかなか厄介なので，それらが中国大陸のどの種に当たるのかを決めるのは難しい．鹿児島では，オオヨモギやヒメヨモギのように急激に法面以外の場所に分布域を広げている例もある．

道路の法面緑化工事は，ヒトによる意図的な外来種の導入である．その結果が自然種の分布域を乱し，さらにはハギの場合は日本原産種との交雑も起きることが予想される．残念なことに研究の不足もあって，日本原産種の法面吹き付け工事への利用は，今のところあまり成功していない．

4.2.3 これからの問題

帰化植物は，侵入―定着―集団拡大というサイクルを通して分布を広げていくが，その侵入は一般的には人為的に形成された環境，つまり，地表面の攪乱や森林の皆伐などの環境破壊を伴った開発が行われた地域にほぼ限られ，さらに定着し分布を広げていくのは，競争や人間による管理（除草や刈り込みなど）が働くために困難であることが多い．

島嶼環境は，地理的な隔離によって帰化植物の侵入は容易でないように思われているが，実際はそうではなく，奄美群島や沖縄群島の帰化植物の帰化率（植物相の中で占める帰化植物の種数比）は九州南部よりも高いことが知られている（堀田，1996）．島の生態系の脆弱さとともに，米軍基地の存在によって容易に帰化植物の種子が運ばれたり，亜熱帯的な気候によって多くの熱帯系の帰化植物がこの地域に侵入していることが，高い帰化率の原因と考えられる．しかし，米軍基地のない八重山諸島域では，帰化率は低くなる．

屋久島において，セイタカアワダチソウの分布地の多くは，外部から直接種子が持ち込まれた1次帰化地と呼ばれるような地点だった（さらにその場所から広がった場所は2次帰化地と呼ばれる）．屋久島で分布の確認された場所17か所中8か所が1次帰化地と推定される．屋久島では現在侵入に成功した集団が定着をし，集団規模を拡大しつつある状態である．

一方，セイタカアワダチソウの大集団が存在する鹿児島市からの距離が屋久島とほぼ等しい種子島では，全島にわたる広い分布がみられた．これは，種子島が大変扁平な島であり，島の大部分で古くから農耕地を中心に開発が進んでいて，セイタカアワダチソウの生育場所が多く用意されていたためと考えられる．

屋久島では，世界遺産登録後，島の一部の地域での開発の抑制はあるものの，観光客の増加に伴い開発が進み，必然的に侵入の機会は増えてきていると考えられる．しかし分布の拡大が急速に進むのは困難であるだろう．屋久島は，海岸線からすぐに険しい山々が島の中央へ向かってそびえ，河川は切り立った谷を下り，さらに花崗岩がむき出しとなる河川流域ではセイタカアワダチソウが侵入するのに好適な河川敷の形成がみられない．このような地形では，巨大な集団を形成し大量の種子を生産するのは難しく，分布を広げるのは困難である．また，交通上または景観上の配慮から，国道沿いでは定期的に刈り込みが行われているが，年間を通じて雨量の多い本島では植物の成長速度は速く，仮に刈り込み後のギャップに侵入できても，すぐに周囲を雑草が覆うため，光条件の悪さから定着は困難になる．奄美大島の巨大集団が数年で消滅したような例は屋久島でも起きるだろう．路傍にはすぐに低木が繁茂し，セイタカアワダチソウが侵入するのに好適な場所が少なく，また国道沿いにある居住地においても，雨の多いこの島では防災上地表面をコンクリートで覆ったところが多いのも，侵入を困難にしている．し

かし，分布地の中には，永田の携帯電話電波中継局や安房や宮之浦の空き地で観察されたような大型の集団では複数年にわたって刈り込みの形跡がないところもあり，このように定着後の管理圧が弱い集団が今後，屋久島における分布拡大の核となっていくことが推定される．

自然保全という観点からも，植生における種多様性を保つためにも，競争力の強いセイタカアワダチソウのような植物は強い管理が必要だろう．特に手つかずの自然の多く残る屋久島は侵入初期の段階であり，除去するならば早いうちに行うべきだろう．仮にそのような管理を行う場合，除去の対象であるセイタカアワダチソウの亜熱帯環境に適応した生態的な特性や侵入場所での個体群動態を十分に把握した上で，効率的な方法をとる必要があると思われる．

また，道路の法面工事に伴う東アジア産大陸系の植物の侵入は，低地の屋久島の自然を保全する点から，早急な対策が望まれる．1970年代にすでにアカミタンポポが屋久島から記録されているが，最近はセイヨウタンポポを島内各地で見かけるようになった．タンポポは屋久島にはなかった植物である．

（堀田　満）

文　　献

天田智久・堀田　満（2001）：九州南部から南西諸島地域へのセイタカアワダチソウ Solidago altissima の分布拡大．堀田　満編，南西諸島における自然環境の保全と人間活動（2000年鹿児島大学合同研究プロジェクト自然班報告書），pp. 99-115，鹿児島大学．

初島住彦（1986）：改訂鹿児島県植物目録，290 pp., 鹿児島植物同好会．

堀田　満（1977）：近畿地方におけるタンポポ類の分布．自然史研究（大阪市立自然史博物館），1-12, 117-134.

堀田　満編（1996）：日本の亜熱帯諸島域における被子植物の性表現—性的システムの多様性とその進化—（日本生命財団研究報告書），43 pp., 鹿児島大学理学部．

志内利明（1995）：トカラ列島の植物相．鹿児島大学理学部修士論文，255 pp.＋12 phots.

山口　聡（1975）：アカミタンポポ屋久島に侵入．植物採集ニュース，**79**, 74-75.

山口祐文編著（1997）：雑草の自然史—たくましさの生態学—，北海道大学図書刊行会．

4.3　春田浜の植生

屋久島東部の安房川河口の南側に位置する春田浜には，海岸線から150 mほどの間に，屋久島には珍しい大規模な草原が広がっており，しかも，優占種が異なる植生が帯状に分布する様子が明瞭にみられる．これらの植生の小規模なものは，屋久島の各地の海岸にも分布するが，春田浜ほど明瞭な帯状分布を示す場所はほかにない．屋久島の多様な海岸植生が1か所に集まっているという意味では，春田浜は屋久島の海岸植生の縮図といえるだろう．

4.3.1　植　生　帯

春田浜は，海岸段丘の段丘斜面（旧海食崖）の下に広がる旧海食台と思われる平坦な海岸で，海岸線から段丘斜面までの奥行き150 m，幅約300 mにわたって，比高5 mほどの平地が広がっている．段丘斜面は海岸風衝低木林となっているが，その下の平坦な部分には，優占種が異なる草原植生が帯状に分布する．最も海岸線に近い部分には隆起サンゴ礁が分布する．ところどころ，むき出しになった基盤の堆積岩とタイドプール（潮溜まり）がモザイク状に分布する．段丘斜面の下の内陸部には，砂質の無機質土壌が基盤上に堆積し，緩やかな斜面となっていて，段丘斜面からの淡水の湧水による湿地が形成されている．隆起サンゴ礁と湿地との間には，短い砂浜がみられる．湿地から流れてきた淡水は，隆起サンゴの基盤に当たると，その間を細い川となって，あるいはその下を再び伏流して海に注ぐ．なお，完新世（地質学の時代区分で約1万年前から現在まで）の隆起サンゴ礁は，屋久島・種子島（馬毛島）が太平洋における北限で，放射性炭素を用いた分析（^{14}C年代測定法）により，春田浜では約5000年前に形成されたことがわかっている（中田ほか，1978）．隆起サンゴ礁は，屋久島の各地の海岸に分布するが，春田浜のものが最も大規模である．

以上のような地質・地形条件に対応して，優占種が異なる植生が帯状に分布する（図II.4.11）．優占種の異なる帯状の植生を「植生帯」と呼ぶとすると，隣り合う植生帯の間は徐々に変化するというよりは，不連続的に変化している．一般に，海岸の植生に影響を与える環境要因としては，潮風が重要だといわれている．しかし，潮風の影響は海岸線から遠くなるにつれ連続的に弱くなるので，不連続な帯状分布の原因とはなりえない．春田浜の不連続な帯状分布は，主に基盤（地質）の差に由来していると考えられる（鈴木，1980）．また，隆起サンゴ礁と湿地という特殊な生育環境のため，一般的な岩礁性・砂丘性の海岸植生とは異なる植生がみられる．海岸から内陸に向かって，以下のような植生帯が認識できる．

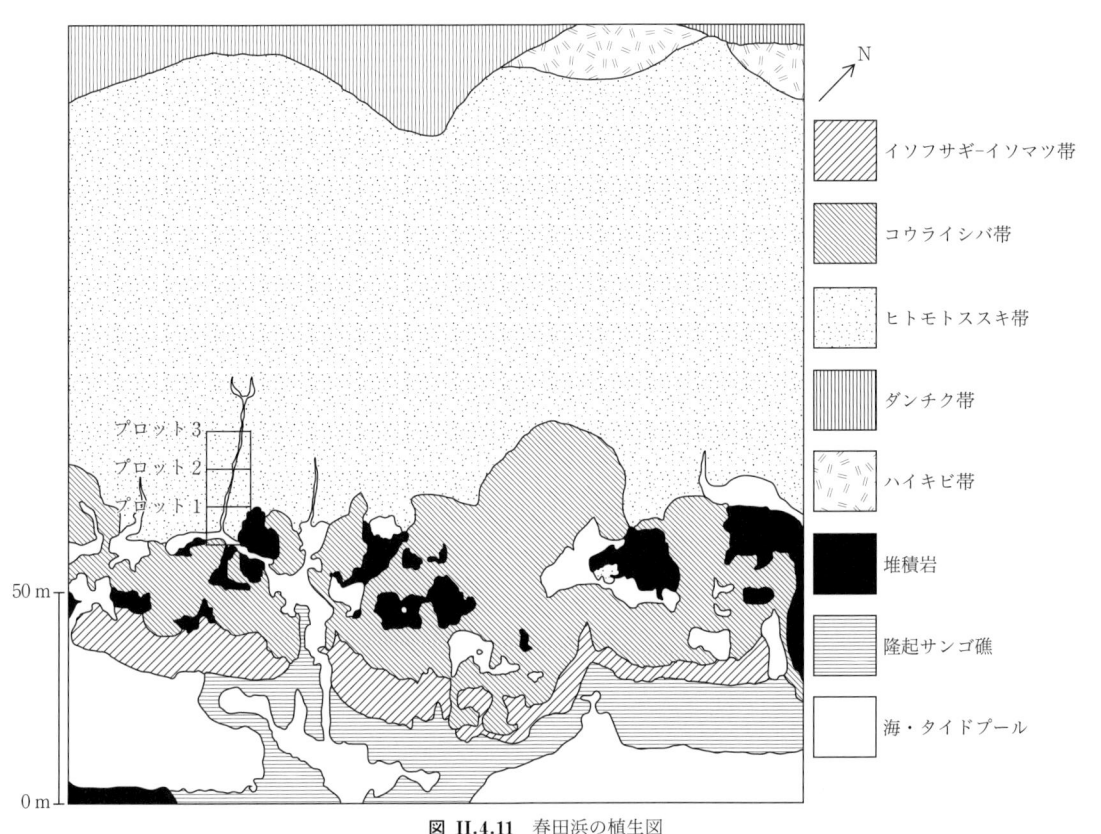

図 II.4.11 春田浜の植生図
ヒトモトススキ現存量の調査を行ったプロット1～3の位置も示す．

a. イソフサギ-イソマツ帯

　土壌のないむき出しの隆起サンゴ礁の部分で，満潮時には一部水没し，しばしば潮のしぶきをかぶる．ここには耐塩性の強いイソフサギ（ヒユ科），イソマツ（イソマツ科），ソナレムグラ（アカネ科）が隆起サンゴの岩の割れ目に根を張っている．また，やや内側のコウライシバ（イネ科）が混ざってくる移行部では，イワタイゲキ（トウダイグサ科）やイソテンツキ（カヤツリグサ科）が至るところにみられた．イワタイゲキ以外の植物は草丈が低く（1～6 cm），岩の上を這うように広がっていた．宮脇（1980）は，イソフサギ群落とイソマツ群落（イソマツ-モクビャッコウ群落）とを区別しているが，実際にはイソフサギとイソマツの分布はかなり重なっており，両群落を明瞭に区別することはできない（Nakanishi and Nakagoshi, 1975）．

b. コウライシバ帯

　隆起サンゴ礁の上に砂質の土壌が浅く堆積した砂浜の部分で，その厚さは平均41 cmである．一面に草丈10 cm程度のコウライシバが生育していて，イソフサギ-イソマツ帯やヒトモトススキ帯への移行部，タイドプールの縁，踏みつけ道沿いなどを除いてほとんどコウライシバが占めていた．同種に混ざって，オオジシバリ（キク科）が高い頻度でみられた．シマセンブリやリュウキュウコケリンドウ（ともにリンドウ科）もみられた．この植生帯には，ところどころ堆積岩の露岩もみられ，大きい露岩の上には，樹木（ハマヒサカキ，ウバメガシ，トベラ，シマエンジュなど）が生育する．タイドプールの縁やイソフサギ-イソマツ帯との移行部には，イワタイゲキがみられた．宮脇（1980）のコウライシバ群落に相当する．

　ヒトモトススキ帯への移行部や踏みつけ道沿いではイワタイゲキ，ハマユウ（ヒガンバナ科），ノビルおよびテッポウユリ（ともにユリ科），カモノハシ（イネ科），テリハノイバラ（バラ科），シオクグ（カヤツリグサ科），セリ科の一年草（未同定）などがみられた．この部分は非常に植物が多様であった．

c. ヒトモトススキ帯

　砂質の無機質土壌からなる湿地の部分で，大型（高さ2 m以上）で株立ちするカヤツリグサ科の多年生草本ヒトモトススキが優占する．土壌の深さは1.5 m以上に達する．宮脇（1980）のヒトモトスス

キ群落に相当する．海側から内陸に向かって約20mまでは，ヒトモトススキは谷地坊主（根茎が地上に盛り上がっている状態）をつくっていた．谷地坊主の根茎部分は，高さ50cm，周囲長2.5mにも達する．谷地坊主の間は裸地であり植物はみられなかったが，谷地坊主の根茎上には多くの植物が着生して生育していた．10m×30mの調査区（後述）内には，合計19種の着生植物が出現し，オオジシバリとイワタイゲキが特に多くみられた．

内陸側になると，ヒトモトススキの密度が高くなってきて株同士が密着してマット状になり，1個体を認識できないようになった．草丈も高くなり根元には枯れた茎葉が集積していた．その辺りからヒトモトススキに混ざってテツホシダ（ヒメシダ科）が出現していた．場所によっては周囲よりも地面が高く，比較的乾燥しているところがあった．そういう場所には，ハイキビやハチジョウススキ（ともにイネ科），オオハマグルマやオオキダチハマグルマ（ともにキク科）がみられた．オオハマグルマやハマヒルガオ（ヒルガオ科）はヒトモトススキに這い登るようにして被度は小さいながら広く分布していた．ダンチク帯への移行部には，ダンチク（イネ科）やイ（イグサ科）の小さい個体がみられた．かつては，この湿地にヤマドリゼンマイ（ゼンマイ科）も生育していたらしい（初島，1991）が，今回の調査では発見できなかった．また，初島（1991）は泥炭層の存在に言及し，1949年に測定したpHは5.6と報告している．本調査の範囲では，砂質の無機質土壌のみが見出され，湿地の14か所で測定したpHは6.0～7.9の範囲であった．ヒトモトススキが生育する湿地は屋久島の各地の海岸にみられるが，春田浜のものが最も広い面積をもっている．

d. ハイキビ帯

湿地の奥は急な段丘斜面になっている．しかしここでは段階的に高さが増しているため，乾燥した環境である．高さ50cm～1.2mに達するハイキビが群生している．宮脇（1980）のハイキビ群落に相当する．

e. ダンチク帯

比較的水位の低い，湿地の周辺部に生育する．3～5mの高さに達し，群生している．ハマヒルガオが巻き付いているときもあるが，ほとんどはダンチクのみで多様度は小さい．宮脇（1980）のダンチク群落に相当する．ここが湿地の端であり，その奥には段丘斜面（旧海食崖）があり，海岸風衝低木林となっている．

4.3.2 被度と種多様性

菊池・相場（2001）は，春田浜で次のような調査を行った．簡易測量を行って，海岸線とほぼ直角になるように，5本のラインを50m間隔で設定した．ラインは海岸の陸上植物が出現し始める地点から内陸の湿地の端まで伸ばした．ラインに沿って1m間隔で1m四方の調査区を設置し，調査区内の植物を種同定し，種ごとに被度（植物が調査区を覆っている割合）を推定するとともに最大の高さを測定した．以下では，5本のラインについて，海岸からの距離が同じ調査区を平均した被度を示す．また，長さ1.5mの検土杖という道具で土壌の深さを適宜測った．地形の複雑なところは巻き尺を張って，それを基準に，歩幅によって，おおよその植生の範囲や地形を調べた．図Ⅱ.4.11の植生図は，以上のような調査と航空写真をもとに作成したものである．

まず，種ごとの被度をみると，植生の帯状分布と対応して，海岸からの距離に応じて出現する種が入れ換わっていることがわかる（図Ⅱ.4.12）．植生の帯状分布に伴って植物の被度（全種合わせたもの）と種多様性（調査区あたり種数）は次のように変化する（図Ⅱ.4.13）．イソフサギ-イソマツ帯では，被度は小さく，多様性もきわめて低い．被度は，コウライシバ帯からヒトモトススキ帯にかけて増加していき，ヒトモトススキ帯の内陸部からハイキビ帯，ダンチク帯にかけてほぼ100％となっている．種多様性は，コウライシバ帯からヒトモトススキ帯の移行部（海岸からの距離60～80m）で最大となり，ヒトモトススキ帯の内陸部からハイキビ帯，ダンチク帯にかけては，再び低くなる．ダンチク帯の172m地点の多様性が高いが，168mよりも内陸を調査しているラインは1本だけなので，たまたま多様性が高い場所を調査してしまったと考えた方がよい．

以上のような種多様性の変化には，環境条件だけではなく，植物間の相互作用（競争）も影響を与えているように思われる．潮風の影響は海岸からの距離が大きくなるにつれ減少する．これに対応して，波打ち際では高い耐塩性をもつイソフサギ，イソマツのみが生育するが，コウライシバ帯に入ると多くの植物種が生育できるようになり，さらに内陸のヒトモトススキ帯に入ると植物の被度は100％に達する．内陸に向かって潮風の影響が低下していくのと反対に，植物間の光をめぐる競争は，植物被度が増加するとともに激化する．内陸の植物被度が100％に達する場所で優占するのは，ヒトモトススキ，ハチジョウススキ，ダンチク，ハイキビなどの高さ1

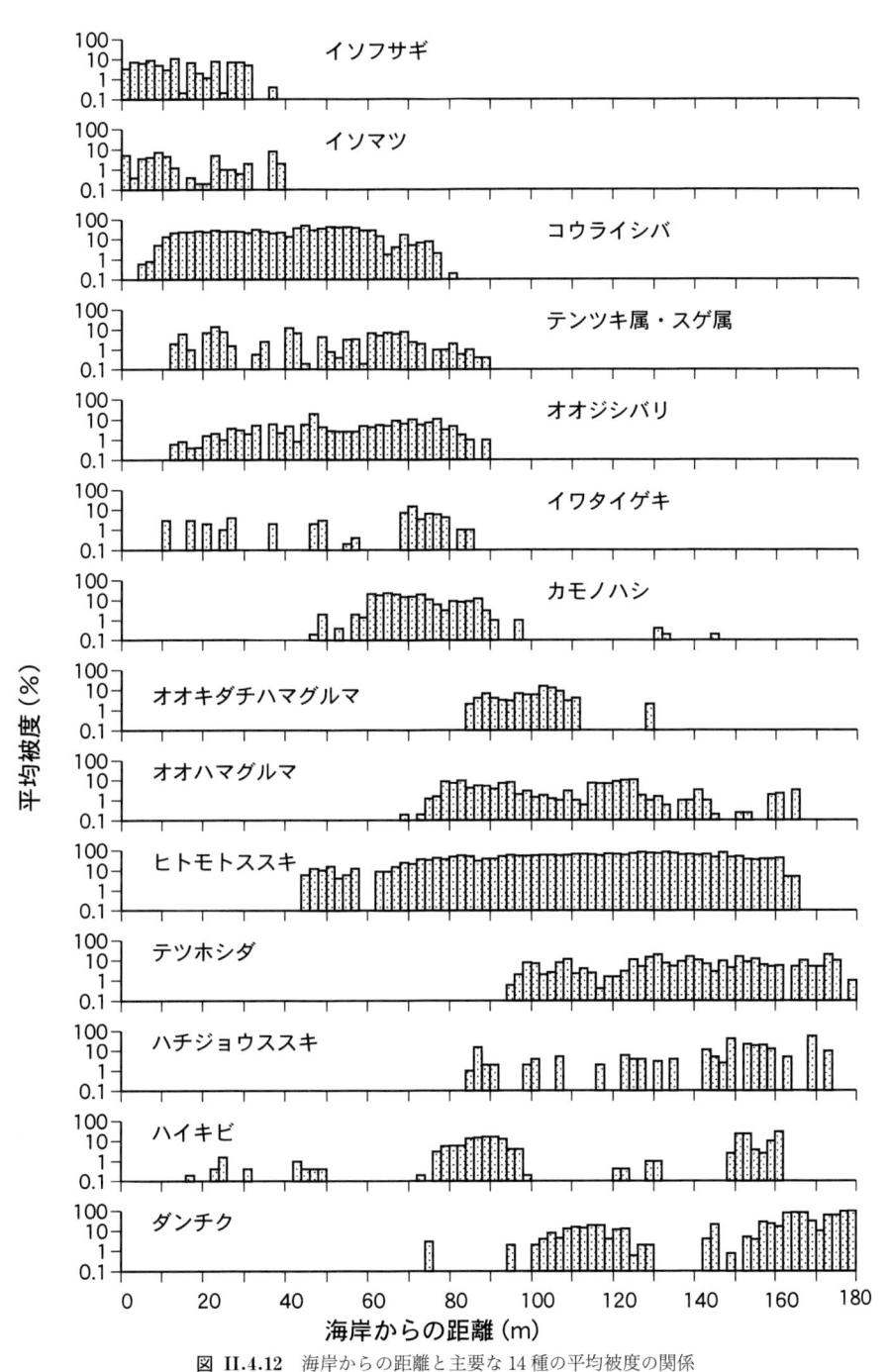

図 II.4.12 海岸からの距離と主要な 14 種の平均被度の関係
縦軸は対数目盛り．テンツキ属とスゲ属（イソテンツキ，シオカゼテンツキ，シオクグ）は同定が困難だったのでまとめて被度を計算した．

m以上になる大型多年生草本である．これらが他の植物を被陰することによって，内陸部の植生の種多様性は低くなっていると思われる．以上のように考えると，種多様性が最大となっているコウライシバ帯とヒトモトススキ帯の移行部は，潮風と植物間競争の両方の影響が中程度となる地点に対応する．この地点では，ヒトモトススキが谷地坊主を形成しており，それに多くの着生植物がみられることも，高い種多様性に貢献している．

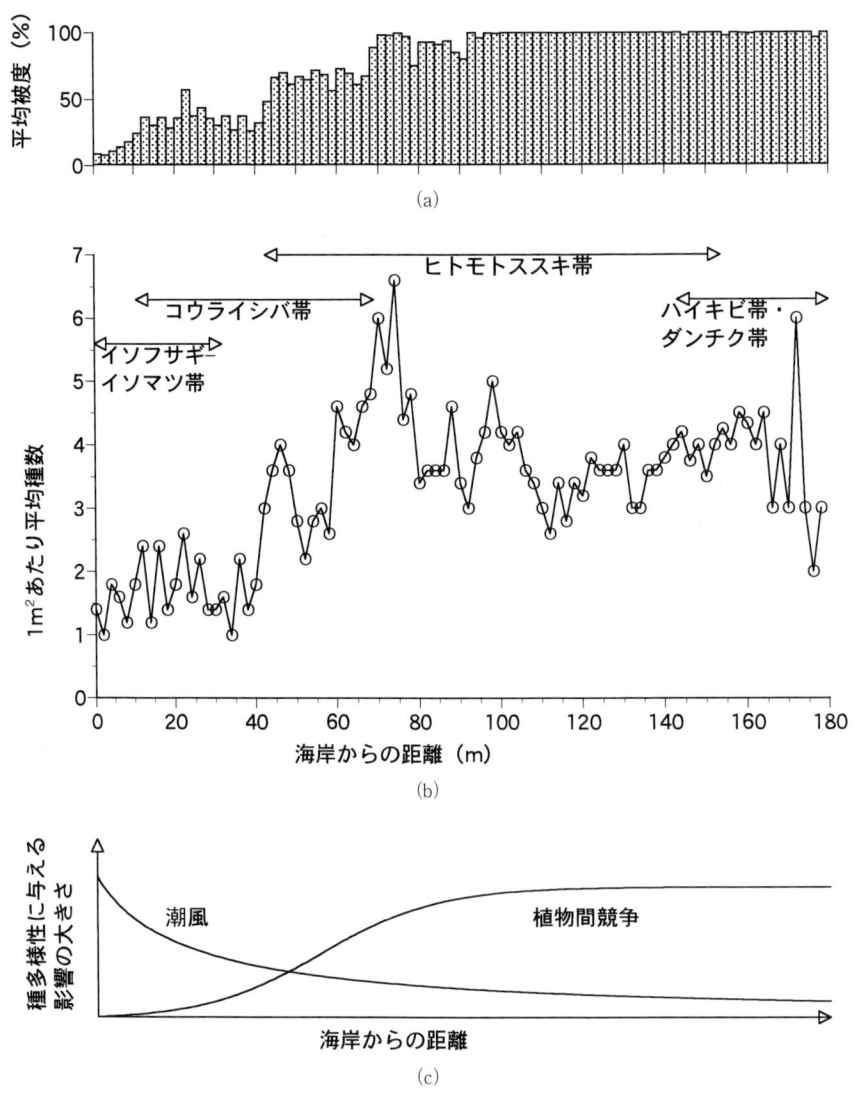

図 II.4.13 海岸からの距離と全種を合計した植物被度 (a) および種多様性 (b) の関係
種多様性に与える潮風と植物間競争の影響の大きさを表す模式図 (c) も示す.

4.3.3 ヒトモトススキの現存量

菊池・相場 (2001) は，湿地の優占種ヒトモトススキについて，以下のような調査も行った．10 m×30 m の調査区を，湿地の海側から内陸側に向かって伸びるように設置し，手前から 10 m×10 m ごとにプロット 1，2，3 とした．プロット 1 は，コウライシバ帯との移行部で，ヒトモトススキ谷地坊主が出現し始める部分である．プロット 2 では，全面にヒトモトススキ谷地坊主がみられる．プロット 3 の海側ではヒトモトススキが谷地坊主をつくっているが，内陸側になると株が密集してマット状になっている．調査区内に生育するヒトモトススキについては，以下のような調査を行った．谷地坊主を形成している個体については，地上に盛り上がっている根茎の高さと周囲長，茎葉の高さを測り，根茎上に着生している植物の種類を調べた．谷地坊主を形成していない個体は根茎の部分が占める範囲を記録した．プロットにおけるヒトモトススキの現存量を求めるために，調査区外で刈り取り調査を行った．任意に選んだ 7 つのヒトモトススキ谷地坊主を刈り取り，根茎の部分と茎葉の部分に分けた．同様に，内陸の株が密集している部分では，$1\,m^2$ 内の地上部を刈り取った．現地でばねばかりを用いて湿重を量り，一部を鹿児島大学に持ち帰って乾重を量った．以上をもとに，ヒトモトススキ個体の乾重とサイズの相関関係を表す式を求め，プロット 2 および

3内の単位面積あたり現存量（植物体の乾燥重量）を推定した．プロット3内の株が密集している部分の現存量は，占めている面積×平均の高さで求めた．プロット1は個体数が少ないので計算しなかった．なお，ここでいう現存量は地上部の茎葉部分だけで，盛り上がった根茎の部分は地下部と見なし，含めていない．

ヒトモトススキの茎葉の現存量は，次のようになった．谷地坊主が全面にみられるプロット2で4.4 t/ha，ヒトモトススキが谷地坊主をつくっている部分と密集して生育する部分との移行部に当たるプロット3で11.2 t/ha，さらに内陸の株が密集している部分で19.5 t/haであり，内陸に行くほど現存量が大きくなっていた．あいにく，このプロット2および3については植物被度のデータがないが，草原と森林を比べればわかるように，被度が同じ100%でも現存量には大きな違いがあることもある．現存量が大きいほど，植生が高くなり，葉が何層にも重なり合って，背の高い植物が低い植物を激しく被陰することになる．その意味で，植物間競争の指標としては，被度よりも現存量の方が望ましいと考えられる．

（相場慎一郎・岩川文寛）

文　献

初島住彦（1991）：北琉球の植物，朝日印刷．

菊池尚美・相場慎一郎（2001）：屋久島の春田浜における植生の成帯分布と種多様性．堀田　満編，南西諸島における自然環境の保全と人間活動（平成12年鹿児島大学合同プロジェクト「離島の豊かな発展のための学際的研究－離島学の構築」自然班報告書），pp. 73-92，鹿児島大学理学部地球環境科学科．

宮脇　昭編著（1980）：日本植生誌屋久島，至文堂．

Nakanishi, H. and Nakagoshi, N. (1975) : Coastal vegetation in Yakushima Island, southern Japan. *Bulletin of the Biological Society of Hiroshima University*, **41**, 7-16.

中田　高・高橋達郎・木庭元晴（1978）：琉球列島の完新世離水サンゴ礁地形と海水準変動．地理学評論，**51**, 87-108．

鈴木邦雄（1980）：海岸植生の比較．宮脇　昭編著，日本植生誌屋久島，pp. 297-299，至文堂．

第5章
屋久島の森林の分布と特性

5.1 屋久島の森林の構造と機能

屋久島の植生の垂直分布は，海岸から標高約1000 m までの常緑広葉樹林（照葉樹林），約1000～1800 m の針広混交林（スギ林），標高約1800 m 以上の山頂部のヤクシマダケ草原の，3つの植生帯に大きく分けられるだろう．針広混交林では，上層をスギ，ツガ，モミなどの常緑針葉樹が占めるが，下層を構成するのは主に常緑広葉樹である．常緑広葉樹林と針広混交林の境界は明瞭ではなく，標高が上がるとともに，常緑広葉樹の上層に常緑針葉樹が徐々に混じるようになって，移り変わっていく．その意味では，常緑広葉樹林と針広混交林の違いは，常緑針葉樹の優占度の程度の違いでしかない．そこで，本節では，常緑広葉樹林を中心にしながら，可能な限り針広混交林も含めて，森林が標高に対してどのように変化するのかをみていきたい．

5.1.1 森林の状態を決定する要因

森林を，地上部の植生だけでなく地下部の土壌までを含めた生態系として考えると，ある場所に成立している森林がどのようであるかは，気候，生物相，地質，地形，遷移（その森林が成立してからの時間）という5つの要因によって決まると考えられる．自然現象または人間活動による攪乱も6つ目の要因として加えてもよいかもしれないが，これらは主に森林を破壊して遷移段階を前に戻す役割を果たすので，遷移要因に含めて考えることにする．これら5つの要因は必ずしも独立しているわけではなく，互いに関連していることもある．

地球全体をみてみると，植生の種類は降水量と気温によって決定されていて，森林は湿潤で寒冷でない気候のもとに成立する．さらに，その範囲内の降水量と気温の違いに応じて，さまざまな森林タイプが分類されている．屋久島では，標高が上がるとともに低下する気温が，植生の垂直分布を大まかに決めている．しかし，降水量にもかなりの地域差があり，低地より山地で多く，低地では東部より西部で少ない．

生物相が森林の状態を決めるというのは，約1400万年前といわれる屋久島が誕生して以来の地質学的スケールの長い歴史の中で，屋久島に渡って来ることができた生物だけによって森林が形づくられているということを意味する．屋久島にブナやミズナラがないことは有名で，本来ブナ林（落葉広葉樹林）があるべき気候の高標高帯（約1000 m以上）にスギが優占する針広混交林が広がっている．常緑広葉樹林をみてみると，たとえば屋久島にはカシ類が少ないことに気づく．アラカシ，イチイガシ，ツクバネガシなどは屋久島にはない．また，渡瀬線より南の奄美諸島以南の島々と比べてみると，熱帯性・亜熱帯性植物が貧弱である．これらの植物が気候的には生育可能な場合は，海を渡って屋久島に移住できる機会がこれまでなかったことになる．

植物は，さまざまなミネラルを土壌から吸収しているが，ミネラルのほとんどは，もともとは基盤となる岩石から風化によって土壌に供給されたものであるので，地質によって土壌養分条件が影響される（無機態窒素だけは，主に大気から窒素固定によって土壌に供給される）．さらに，岩石の種類によって，その上にできる土壌の水分条件も変わってくる．屋久島のほとんどは花崗岩からできているが，東部低地は堆積岩からなっている．土壌水分条件は，降水量と地質の両方を反映して変化する．

水は高いところ（尾根）から低いところ（谷）に向かって流れ，風は谷よりも尾根で強く吹く．このため，地形によって土壌水分条件が異なり，尾根は乾燥しがちなのに対し，谷は湿潤である．もともとは岩石（または大気）から供給されたミネラルは植物体内と土壌の間を循環しており，土壌に落ちた植物遺体が分解されて，土壌にミネラルが供給される．この分解速度は土壌が乾燥している尾根では遅くなる．さらに，植物は水溶性イオンとして土壌養分を根から吸収するので，乾燥していると土壌養分も吸収しにくい．そのほか，地形によって自然攪乱の種類も変わってくる．尾根では強風による被害が

頻繁に起こる。谷では水の流れによって表層土壌が洗い流され、豪雨のときには大規模な斜面崩壊が起こることもある。

何らかの原因で破壊された森林は、時間が経てば再生していく。この再生過程を遷移といい、遷移の結果、極相林と呼ばれる、それ以上変化しない状態に達する。屋久島は約6300年前の鬼界カルデラの噴火による幸屋火砕流に覆われているので、屋久島の森林はせいぜい6000年しか経っていないことになる。しかし、常緑広葉樹林帯では、1000年もすれば極相林になるといわれているので、もしそれ以来大規模な森林の破壊が起きていないなら、極相林と見なせる。屋久島では大雨の際の斜面崩壊（地すべりや土石流）が最も重要な自然攪乱要因で、その跡地には先駆性の樹種からなる林分（二次林）が成立する。台風の際の強風による攪乱は、起こる頻度が高いが、せいぜい大木が単発的に倒れて林冠に破れ目（ギャップ）をつくる程度なので、森林全体の遷移段階を前に戻すことはない。最近では、ギャップ形成とその後のギャップ内での植生遷移は、極相林の維持機構の一つとして考えられることが多い。森林の遷移を考えたときに、最も影響の大きいのは、人間による森林伐採である。屋久島では江戸時代から屋久杉が伐採され、現在の針広混交林の構造と組成を理解する上で、人為影響を無視することはできない（小林ほか、1982；岡田・大澤、1984）。スギは陽樹なので、スギの多い森林は伐採後の遷移過程にある可能性がある。常緑広葉樹林帯では、低地の森林はほとんど伐採され、果樹園やスギ造林地に置き換わってしまったが、そのまま放置され、二次林として再生している森林もある。それ以前にも低地の森林には里山として人手が加わっていたはずだが、それがどのような森林であったかは今となってはよくわからない。これに対し、山地には原生的な常緑広葉樹林が、まだまとまって残っている。これらの森林は、人里から遠く離れている上に特に有用な樹種があるわけではないので、おそらく原生的な状態で現在まで維持されてきたと思われる。ただし、単木的に混交していたスギやヤマグルマ（トリモチの原料）などが伐採された可能性はある。

以上、森林の状態を決定する5つの要因のうち、本節では特に気候、地質、遷移に着目する。生物相については第Ⅲ部で、地形については次の5.2節で詳しく述べられている。

5.1.2 土壌水分条件

屋久島は雨が多いことで有名で、乾燥が屋久島の森林に重要な影響を与えうるということは従来ほとんど考えられてこなかった。そのような中で、田川（1980）は、屋久島西部の国割岳西斜面の植生を調査し、乾燥がこの地域の植生に影響を与えていることを示唆していた。大澤ら（1994）は、西部の方が東部よりも乾燥ストレスが大きいという観点から、両者の低地森林の構造を比較した。しかし、屋久島の東部と西部の森林の土壌水分条件を比較測定した例はこれまでなかった。筆者は、2002年3月からテンシオメータを用いて、深さ30 cmにおける土壌水分条件を1か月に1回程度の頻度で継続して計測している（図Ⅱ.5.1）。テンシオメータは、土壌の水ポテンシャル（土壌が水を吸引する圧力）を測定する器具で、水ポテンシャルが大きいほど土壌が乾燥していることになる。その結果、夏から秋にかけては東部低地（標高170 m）より西部低地（280 m）の方が乾燥することを確認した。特に、2002年10月には西部低地の土壌はテンシオメータの測定限界（約80 kPa）前後にまで乾燥し、東部低地（約14 kPa）と比べて大きな違いがみられた。西部低地は東部低地に比べ、降水量自体が少ないのに加えて、斜面傾斜が急で露岩の割合が高く、午後の気温の高い時間に直射日光を受ける。また、地質をみると、東部低地は堆積岩なのに対し、西部低地は花崗岩である。一般に、花崗岩が風化してできる土壌は保水力が低いのに対し、堆積岩からできる土壌は保水力が高い。これらが複合的に作用して、西部低地では降水量から予測される以上に土壌が乾燥するのではないかと思われる。

また、東部では山地の2か所（570 mと1200 m）でも観測を行っており、標高が高いほど乾燥の程度が弱まることがわかった。1200 mの針広混交林の土壌水ポテンシャルの平均値は観測期間のほとんどすべてにわたって圃場容水量（多量の降水後に重力によって水が土壌から流出した直後の状態）に相当する6.3 kPa以下であり、乾燥ストレスはほとんどないと考えられる。森林の垂直分布の要因として気温だけが注目されることが多いが、降水量も標高によって大きく異なり、標高が高いほど降水量が多い。スギは湿潤な土地を好むので、屋久島独特のスギが優占する針広混交林の成立には、きわめて多湿な土壌条件が関与している可能性がある。

5.1.3 土壌養分条件

花崗岩由来の土壌は、貧栄養といわれる。屋久島に長命で巨大なスギが生育することの理由として、貧栄養の土壌条件が指摘されてきた。京都大学の北山兼弘教授に4か所の森林の土壌養分条件を分析してもらった結果では、堆積岩上の東部低地（170 m）

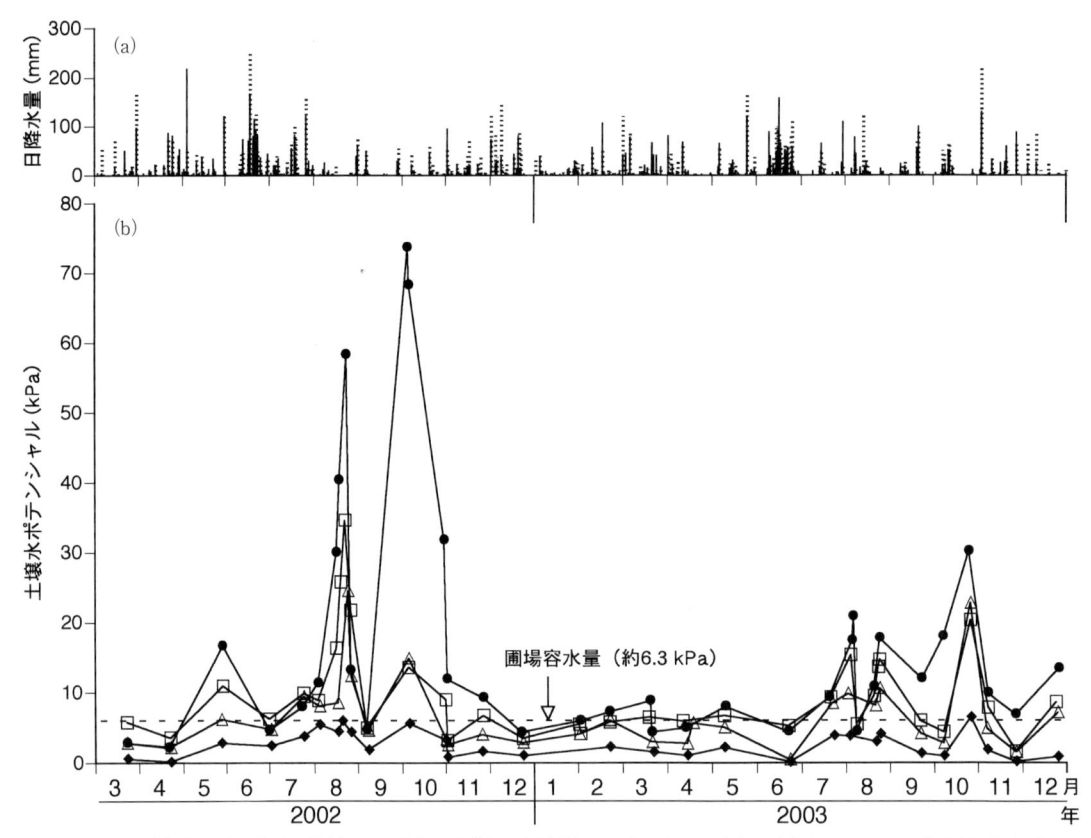

図 II.5.1 (a) 屋久島測候所（標高36 m 東部：点線）と尾之間アメダス（60 m 南部：実線）における日降水量（気象庁ホームページより引用）と (b) 4か所の森林において10地点の深さ30 cm に設置されたテンシオメータによって測定された土壌水ポテンシャルの平均値
─□─ 170 m 東部, ─●─ 280 m 西部, ─△─ 570 m 東部, ─◆─ 1200 m 東部.

と花崗岩上の西部低地 (280 m) を比べても，特に西部の方が貧栄養というわけではなく，土壌重量あたりの置換態カルシウムやマグネシウム含量などは，むしろ西部の方が豊富であった．ただし，西部では露岩の割合が高いので，森林の面積あたりに換算すると，土壌が薄い分だけ西部の方が貧栄養といえるかもしれない．いずれにしろ，東部低地と西部低地の間に大きな差はないと思われる．筆者は，東部低地と西部低地の環境条件の違いとしては，土壌養分よりも土壌水分の方が重要だと考えている．また，山地は低地に比べて無機態の窒素（硝酸イオンとアンモニウムイオン）が乏しい傾向があるが，同じ山地の針広混交林 (1200 m) と常緑広葉樹林 (570 m) を比べると，顕著な違いはなかった．

この土壌分析の結果で屋久島独特と思われたのは，標高が上がるとともに表層15 cm の有機態炭素と全窒素の含量（土壌重量あたり）が減少することである（図II.5.2）．一般的には，標高が上がるほど土壌有機物の分解が遅くなるので，土壌の炭素・窒素含量は増加するのが普通である．標高が上がるほど降水量が大きくなり，土壌が洗い流されていることが屋久島独特の現象を生み出している可能性がある．過去の調査結果（林野庁熊本営林局，1980）では，標高800 m 以下の常緑広葉樹林帯では同様の傾向がみられたが，800 m 以上の針広混交林で比較的高い濃度の有機態炭素と全窒素が報告され，1370 m のポドゾル化した土壌（土壌表層に腐植が集積するとともに，灰褐色の溶脱斑が認められる）では，極端に高い濃度がみられる．しかし，ポドゾル化した土壌を除けば，土壌の炭素・窒素含量が標高とともに増加しているとはいえない．

5.1.4 構造と種多様性

これまでに，多くの研究者が屋久島の原生林について研究を行ってきているので，構造と種多様性についてのデータをまとめてみた．森林構造は空間的なバラツキが大きいので，調査区が小さいと森林の平均的な状態を代表するとは限らない．研究者は，

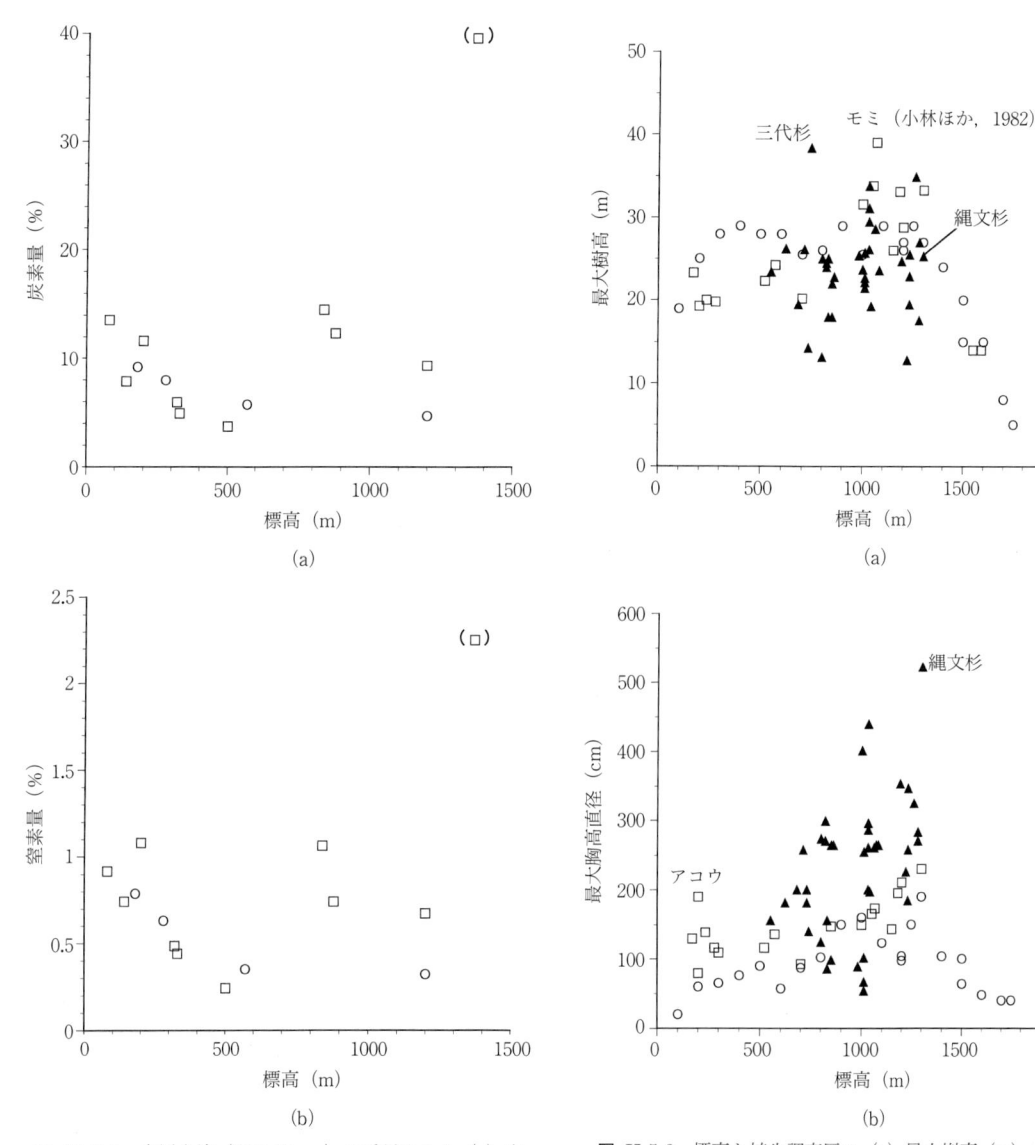

図 II.5.2 表層土壌（深さ15cm）の重量あたり (a) 有機態炭素量（%）と (b) 全窒素量（%）
○は北山・相場（未発表）のデータ，□は林野庁（1980）のデータから計算したもの．ポドゾル化した土壌（1370m）のデータには（ ）をつけてある．

図 II.5.3 標高と植生調査区の (a) 最大樹高 (m) または (b) 最大胸高直径 (cm) の関係
○は入倉（1984）が屋久島西部で得たデータ，□はそれ以外の研究のデータ．比較のためスギの巨樹・著名木のデータ（屋久杉自然館，1993）を▲で示す．

普通，よく発達した林分を選んで調査区を設定するので，最大直径や最大樹高については，調査区の大きさの違いはあまり問題にならない（図II.5.3）．同図には，屋久島西部で100〜600m²の調査区を用いて約100mおきに植生調査を行った入倉（1984）のデータとその他のデータを区別してプロットしてある．また，比較のため屋久杉自然館（1993）が行った屋久杉の巨樹・著名木調査の結果も示してある．最大直径・最大樹高ともに，標高100〜1000mの常緑広葉樹林ではほぼ一定だが，標高1000〜1300mの巨大な針葉樹がある針広混交林でピークに達し，1400mから山頂にかけて急激に小さくなる．有名な縄文杉（直径5.2m）はちょうどこのピークの上限の1300mにあって，ほかの巨樹に比べても一番高い標高にある．なお，標高200mの調査区で最大直径190cmを示しているのは，絞め殺し植物の一種で中空の幹をもつアコウであり，これを除くと最大直径は120cmとなり，ほかの常緑広葉樹林と同様になる．屋久島でこれまで報告された一番高い木は，小林ら（1982）がヤクスギランド

（標高 1065 m）で測定した樹高 39 m のモミで，屋久杉の巨樹・著名木調査で一番高いのは小杉谷（標高 740 m）にある樹高 38.4 m の三代杉である．なお，1983 年の原生自然環境保全地域調査で発見された花山大杉（標高 1150 m）は，樹高約 40 m といわれている．

森林面積あたりの，胸の高さでの幹の断面積合計を胸高断面積といい，森林の面積に対して樹木の幹が占める程度を表す．胸高断面積は幹直径が大きい個体ほど大きいので，現存量（植物体量）の目安として用いたり，種や生活型（広葉樹・針葉樹，常緑・落葉などの生態的性質の違いに基づく分類）の優占度を表すのにも適している．胸高断面積は，調査区が小さい場合は大きい値を示す傾向がある．たとえば，直径 1.2 m の樹木があるとすると，10 m 四方（100 m²）の調査区を設定した場合，その木だけで胸高断面積は 113 cm²/m² に達する．そこで，胸高断面積については，2500 m² 以上の大きさの調査区で行われた研究だけを選んだ（図 II.5.4）．研究者によって調査対象とする木の最小直径が違うが，小さい木は胸高断面積にほとんど影響しないので，それほど気にしなくてもよい．胸高断面積も最大直径や最大樹高と同じような傾向にあり，常緑広葉樹林では 50〜80 cm²/m² でほぼ一定，針広混交林では最低でも 70 cm²/m²，最大 140 cm²/m² にも達する．広葉樹（落葉・常緑両方を含む）だけのデータをプロットしてみると，針広混交林では 27〜63 cm²/m² もある．つまり，針広混交林が大きな胸高断面積をもつ理由は，広葉樹が減る代わりに針葉樹が増えるのではなく，広葉樹に針葉樹が付け加わる，あるいは，広葉樹が減る以上に針葉樹が増えているためである．同様の現象は，南半球などの針広混交林でもみられ，「付加的断面積」現象と呼ばれている．なお，落葉広葉樹は標高とともに増加する傾向にあるが，最大でも，標高 170 m の 7 cm²/m²（全体の胸高断面積の 15%），1590 m の 8 cm²/m²（12%）しかない．

極相林では，小さい幹ほど密度が高い．幹密度は最小直径が違うと比較が難しいので，さまざまな最小直径についてデータをプロットしてみた（図 II.5.5）．幹密度は，調査区が小さいと低めになると思われるので，面積 2500 m² 以上の調査区のデータを用いた．最小直径 20 cm の場合，幹密度は標高が上がるとともに減少している．そのほかの最小直径では，データのバラツキが大きく，明瞭な傾向はない．

種多様性については，調査面積と最小直径が違うと比較が難しい．そこで，面積 2500 m² 以上の調査区のデータだけを用いて，サンプルサイズの影響を受けにくいといわれている Fisher の多様度指数（個体数あたりの種数に対応する）を計算した（図 II.5.6）．念のため，最小直径が小さい調査区については，最小直径を変えて多様度指数を計算した．最小直径が 3 cm と 5 cm では多様度指数はほとんど同じだが，20 cm 以上だとほとんどの調査区で多様度指数がかなり大きくなった．屋久島には草本と

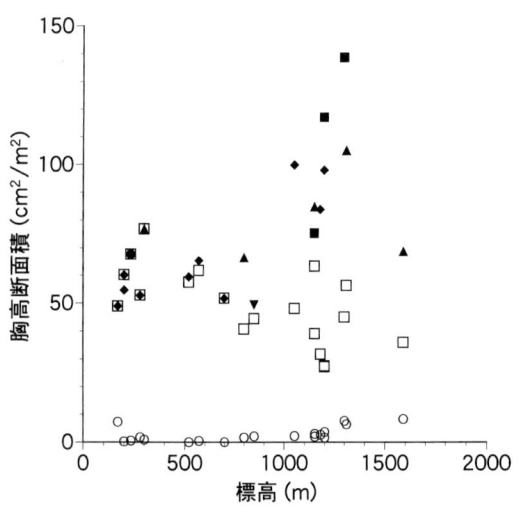

図 II.5.4 標高と胸高断面積の関係
調査下限直径が異なる調査区を区別し，広葉樹（落葉＋常緑）のみ，落葉広葉樹のみについても示す．
● 樹高≧1.3 m，▲ 直径≧1 cm，■ 直径≧3 cm，◆ 直径≧5 cm，▼ 直径≧20 cm，□ 広葉樹のみ，○ 落葉広葉樹のみ．

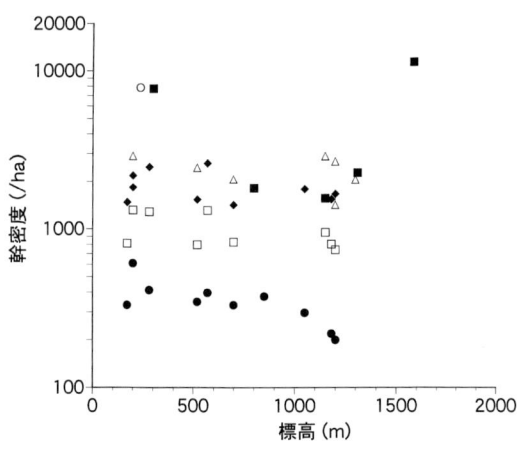

図 II.5.5 標高と幹密度の関係
縦軸が対数目盛りであることに注意．調査下限直径が異なる調査区を区別し，下限直径が小さい調査区の一部については，下限直径を変えて計算した．
○ 樹高≧1.3 m，■ 直径≧1 cm，△ 直径≧3 cm，◆ 直径≧5 cm，□ 直径≧10 cm，● 直径≧20 cm．

同じぐらいの背丈の低木（アリドオシ，イズセンリョウ，マンリョウなど）はそれなりに存在するが，樹木調査の対象となるぐらい高くなる低木性の樹種が少なく，たいていの樹種が直径20 cm以上に生育することを反映していると思われる．最小直径が同じ調査区を比べると，標高が上がるとともに多様度指数は小さくなっている．

5.1.5 階層構造

森林では，高さの異なる樹木が樹冠を広げ，それらが何層にも重なり合っている．森林の一番上で，樹冠が互いに接するようにして，直射日光を浴びている部分を林冠といい，地表に近い部分を林床という．このような森林の垂直方向の構造のことを階層構造という．森林の階層構造を考えるには，3つの観点がある．第1は葉群の階層構造，第2は個体の階層構造，第3は種の階層構造である．

まず，葉群の階層構造であるが，Koike and Hotta（1996）は，屋久島西部の2か所の常緑広葉樹林（標高30 m, 530 m）で，写真撮影によって葉群の密度分布を計算した．その結果，林冠の部分に葉が集中して分布していることが明らかであった．屋久島の常緑広葉樹林は，明瞭な林冠をもつことが特徴のようである．

続いて，個体の階層構造を樹高分布からみてみる（図II.5.7）．標高200 mの西部低地の常緑広葉樹林では，林冠層のピークはみられない．一番高い木

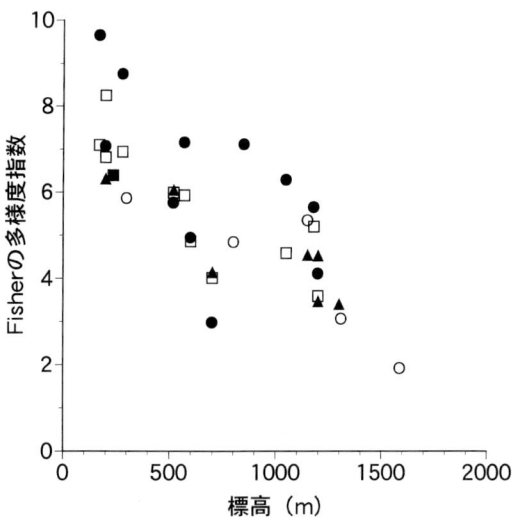

図 II.5.6 面積0.25 ha以上の調査区についての標高と木本の種多様性の関係
調査下限直径が異なる調査区を区別し，下限直径が小さい調査区の一部については，下限直径を変えて計算した．■ 樹高≧1.3 m，○ 直径≧1 cm，▲ 直径≧3 cm，□ 直径≧5 cm，● 直径≧20 cm．

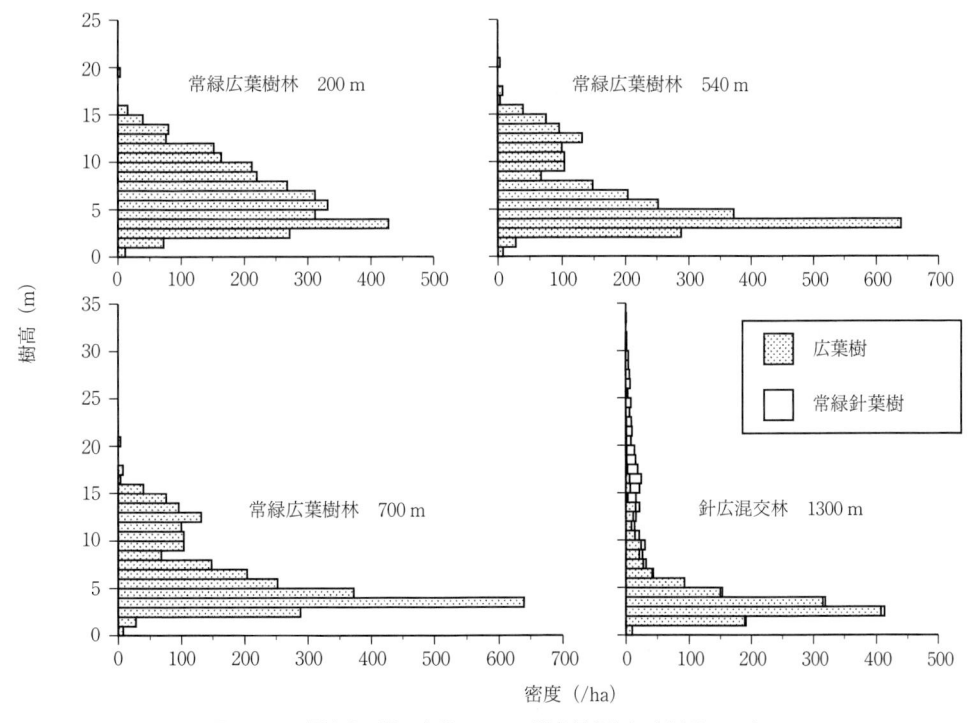

図 II.5.7 屋久島西部の森林における樹高頻度分布（直径≧2 cm）
常緑広葉樹林は相場（未発表）のデータ（調査区面積各0.25 ha，幹ごとのデータ），針広混交林は岡田・大澤（1984）（調査区面積1.08 ha，個体ごとのデータ）による．

の樹高は19.3 m である．西部山地（標高540 m，700 m）の常緑広葉樹林では，樹高10〜15 m のところに林冠を構成する個体からなるピークがみられる．最大樹高は22.3 m である．標高1300 m の針広混交林（岡田・大澤，1984）では，広葉樹の最大樹高は22.5 m で山地常緑広葉樹林と同じぐらいだが，その上に針葉樹からなる最大32 m にも達する層があることがわかる．屋久島の針広混交林は，林冠層のピークは明瞭ではないが，広葉樹からなる林冠層の上に針葉樹が突出するという「2段の林冠層」（木村・依田，1984）をもつといえる．

ただし，同じ樹高の木でもその樹冠の光環境は，周囲の林冠の高さに応じてさまざまである．個体の階層構造を考える場合，樹冠の上下関係を直接観察した方が各個体の光環境を適切に評価できる．甲山ら（1984）は，個体について，次のように4つの階層を区別した．1層木は，樹冠が樹層の上面を形成し，近接する他個体に抑制されていない．2層木は，樹冠が林冠層の上面を形成するが，近接する他個体に抑制されている．3層木は，樹冠が1層木または2層木の樹冠と接触しているが林冠層の上面に抜け出ていない．4層木は，樹冠が完全に林冠層から離れて下にある．なお，林冠にはところどころ倒木や立ち枯れた木によってできたギャップがみられ，ギャップ内の個体は樹冠が林冠に覆われていない．甲山ら（1984）は，ギャップ内の個体について周囲の林冠構造から3層木または4層木として扱った．ただし，ギャップは周囲よりも林冠が低い部分だと考えれば，ギャップ内の個体は1層木または2層木に分類され，その方が階層と光環境の対応関係がよいだろう．以上のような意味での個体の階層は，「樹冠位置指数」とも呼ぶことができるだろう（相場，2000）．

最後に，イスノキが優占する屋久島西部の山地常緑広葉樹林について，種の階層構造をみてみる．樹木調査の対象にならない林床植物としては，アリドオシなどの木本，ラン類などの草本，シダ類がある．直径2 cm 以上に生育する樹木については，高木，亜高木，低木という3つの階層に分けることができ，それぞれ特徴的な樹形を示していた（相場，2000）．高木（イスノキ，バリバリノキなど）は，林冠に達して樹高が頭打ちになった後でも，幹の直径を増大させながら樹冠を広げることができる種で，林冠の上部に樹冠を展開する．亜高木は，林冠に達するぐらいの樹高になると，幹直径と樹冠の増大が抑制されるようにみえる種である．低木（サクラツツジ，ヒサカキ）は，林冠にほとんど到達することのない種で，しばしば極端に傾いた幹をもつ．

これらの種特性は花のつけ方にも関連していて，高木はすべて林冠開花性樹種であり，低木はすべて林内開花性樹種である（湯本，1993）．亜高木の場合は，発達した林冠の下部に樹冠を展開する林内開花性樹種（ツバキ，サカキ，サザンカなど）と，林冠の隙間や林冠が低い部分に樹冠を展開する林冠開花性樹種（タイミンタチバナ，ミミズバイなど）の両方がある．甲山（1993）は，屋久島の山地常緑広葉樹林のデータを用いたシミュレーションモデルに基づき，低木が高木よりも高い繁殖能力をもつことによって，階層構造をなす樹種が光をめぐる競争にもかかわらず共存できるという，「森林構造仮説」を提出している．

5.1.6 動態特性

極相林（原生林）は，林冠ギャップの形成と修復を通じて維持されており，小さな空間スケールでは大きく変動しながらも，大きな空間スケールでは定常状態にあると考えられる．ギャップは，耐陰性が低く発達した林内では生きることができない樹種（先駆性樹種）が森林の中で生き残り子孫を残していくのに，特に重要である．屋久島の常緑広葉樹林では，アカメガシワ，カラスザンショウ，アブラギリなどが代表的な先駆性樹種である．屋久島では，Kohyama（1986, 1987）が南西部山地（標高490〜570 m）のイスノキが優占する原生常緑広葉樹林でギャップ動態を研究した．この森林では，2.7 ha の面積のうち，4.7% がギャップによって占められていた．ギャップと閉鎖林冠下の林分のそれぞれに調査区を設定したところ，ギャップには先駆性樹種はほとんど出現せず，その種構成は閉鎖林冠林分とほとんど同じであった．計 8000 m^2 の閉鎖林冠林分の調査区内で4年間（1981〜1985年）に実際に形成されたギャップ面積は，445 m^2 であり，これからギャップと閉鎖林冠林分の両方を含む森林のギャップ形成速度は，$445 \div (8000 \times 1.047) \div 4 \times 100 = 1.3\%$/年 となる．したがって，平均すると $1 \div 0.013 = 77$ 年間に1回，林冠がギャップになっていることになる．これは，調査区の樹木の直径を継続測定することによって，直径頻度分布と胸高断面積の変化から予測されたギャップ形成速度とほぼ一致した．

極相林では，閉鎖林冠の部分でも樹木個体が成長，枯死，加入することによって維持されている．個体密度は，枯死による減少と加入（調査下限直径への成長）による増加のバランスがとれてほぼ一定に保たれている．ただし，森林自体の不均一性やサンプル誤差のため，森林調査区のデータで死亡数と

加入数が完全に一致することはほとんどない．そこで，ここでは枯死率と加入率の平均を回転率と定義した．調査区の樹木の継続調査によって回転率を求めれば，平均的にどれぐらいの速さで樹木が入れ換わっているかがわかる．図II.5.8に示したのは，回転時間すなわち回転率の逆数で，調査下限サイズに達した後の樹木個体の平均余命を表す．調査区はギャップも含むような2000 m²以上のものだけ選んである．なお，枯死（もしくは加入）する確率は，普通，小さい木ほど高いので，調査下限直径が小さいほど森林全体の回転時間は短くなることが多いが，図ではそれほど違いはない．標高や下限サイズにかかわらず，回転時間は約100年（回転率1%/年）である．標高1180 mの調査地で下限サイズが5 cmのときの回転時間が大きくなっているのは，調査期間（2年間）にたまたま加入や死亡が少なかったためである．

以上のようにして求めた回転時間は，個体数に基づくものであるが，同様にして胸高断面積に基づいても回転時間を求めることができる．大径木の死亡は，小径木の死亡に比べると空間的にも時間的にも不均一である．調査区の大径木がたまたま死亡すると，胸高断面積が急激に減少してしまう．極相林では，長い目でみれば，死亡による減少と成長による増加（厳密には量は少ないが新規加入による増加も加える）のバランスがとれ，胸高断面積は一定になるはずである．そこで，林分レベルの胸高断面積の回転時間を求めるときには，時間・空間変動の小さい生残個体の成長に基づく方がよい．胸高断面積から求めた回転時間は標高が上がるとともに増加していた．低地では個体数に基づく回転時間と同じぐらいだが，山地では胸高断面積から求めた回転時間の方がずっと長くなる．これは標高が上がるほど樹木の成長が遅くなることを反映している．

5.1.7 原生林の長期動態

これまで述べた屋久島の極相林の動態特性は，比較的短期間（2〜5年）の継続調査に基づくもので，調査期間中に目立った「事件」がなかった場合の話である．長い期間の中では，森林にさまざまな「事件」が時折起こり，それが大きな影響を与えることもある．筆者らは，北海道大学の甲山隆司教授が屋久島南西部の2つの川の流域に設定した原生林調査区で，20年間にわたって継続的に調査を行ってきたので，その結果を少し紹介したい．小楊子川流域では，標高700 mの尾根の鞍部（Q1：面積0.2 ha）と標高540 mの谷底の緩斜面（Q2：0.25 ha）に2つの調査区が設定してある（甲山ほか，1984）．また，瀬切川中流の谷底の緩斜面には0.04 haの調査区が11個分散して設けられている（Kohyama, 1987）．ここでは，11個の調査区のデータをまとめた結果を示す．1993年9月に戦後最大級の台風（13号）が屋久島に接近し，強風によって屋久島南西部の森林に大きな影響を与えた（Bellingham et al., 1996）．屋久島測候所では55.4 m/秒の最大瞬間風速が記録された．上記の調査区の中では瀬切川調査区で影響が大きかった．多くの個体の幹が折れたり，根こそぎひっくり返ったりした（根返りと呼ぶ）ほか，枝葉が吹き飛ばされて全体的に林冠の葉の密度が薄くなったように思われた．小楊子川流域では被害は比較的軽かったが，Q1ではイスノキの大径木が根返りして大きなギャップができた．Q2では被害はごく軽微だった．その後，屋久島南西部の森林は強風による目立った被害を受けていない．1998年9〜11月にはマキ科の樹木（イヌマキ，ナギ）の葉を食害するキオビエダシャクというガの幼虫が大発生しているのが確認された．以上のような台風や昆虫による被害と地形の違いに応じて，3か所の森林はそれぞれ異なった動態特性を示している（図II.5.9）．

台風被害の軽微だった小楊子川Q2では，幹密度が20年間にわたって減少し続けている．主要な14種（イスノキ，バリバリノキ，イヌガシ，クロバイ，ナギ，サカキ，タイミンタチバナ，シキミ，ヤブツバキ，サザンカ，ミミズバイ，オニクロキ，ヒサカキ，サクラツツジ）をみても，やはり幹密度が減少しているが，種によりその程度が異なり，耐陰性の違いを反映しているようだ．小楊子川Q1では，

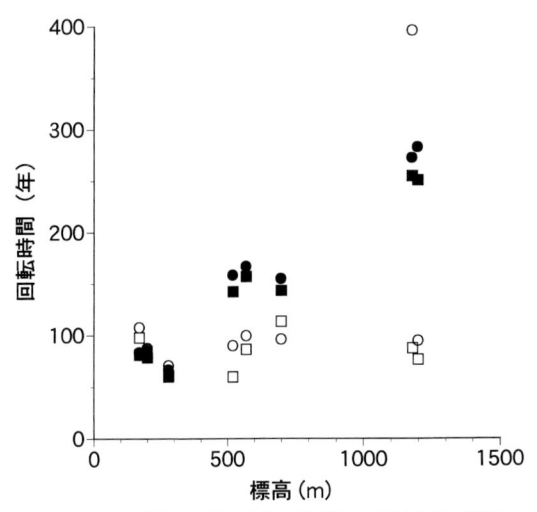

図II.5.8 標高と各種の方法で計算した回転時間の関係
□ 幹数（直径≧5 cm），○ 幹数（直径≧10 cm），■ 胸高断面積（直径≧5 cm），● 胸高断面積（直径≧10 cm）．

1993年の台風の後から幹数が増加している．特に，台風で形成されたギャップには多数のクロバイが新規加入してきている．この調査区に限らず，クロバイは屋久島の尾根にある常緑広葉樹林で先駆種的な役割を果たしている．瀬切川でも，1993年の台風の後から幹数が増加している．ただし，小楊子川Q1とは異なり，谷筋に多いバリバリノキとアブラギリの増加が顕著である．特にアブラギリは，1993年までは1個体の大径木のみが存在したのが，台風後に新規加入した多数の個体により，2003年には69個体へと増加している．Kohyama (1986) が調べたときには，アブラギリはギャップにさえほとんど出現しなかったのと比べて，大きな変化である．さらに瀬切川で顕著なのは，ナギの減少である．1998年11月の調査時に，キオビエダシャクによる食害のため丸裸にされた個体が多数目撃されたが，これらの個体の多くは，2003年の調査時には死亡していた．1993～1998年の間にすでに同様の減少がみられるので，この間にもキオビエダシャクの大発生があったのかもしれない．以上のように，まれに生じる攪乱を含むような長い時間スケールでみると，極相林ないし原生林といっても，1 ha に満たない空間スケールでは必ずしも定常状態にあるとは見なせないことがわかる．

5.1.8 遷移に伴う変化

筆者らは，屋久島北西部の標高300～800 m の常緑広葉樹林帯で，皆伐後に再生した二次林と，それらに隣り合う皆伐されていない森林（原生林）を調査した (Aiba et al., 2001)．これらの国林は国有林内にあり，二次林は1933～1953年（昭和8～28）に皆伐されたもので，調査時点で41～64年経過していた．調査地には炭窯の跡がいくつかみられ，一番高いところでは700 m 地点で確認された．伐採したその場で炭を焼いたのだと考えられる．

二次林は，原生林に比べて最大胸高直径が小さく幹密度が高いが，胸高断面積と地上部現存量（推定法については後述）には原生林と二次林の間で統計的な違いがなく，0.25 ha 以上の大きさの調査区で求められた常緑広葉樹原生林の値の範囲におさまった．つまり，常緑広葉樹林の胸高断面積と地上部現存量は，皆伐後約50年で原生林と同じレベルにまで回復している．

原生林では，標高が上がると555 m を境に優占種がスダジイからイスノキに置き換わった（いずれも常緑広葉樹）．二次林では，555 m より低い標高では切株から萌芽再生したと考えられるスダジイが優占していて，原生林とよく似た種組成を示してい

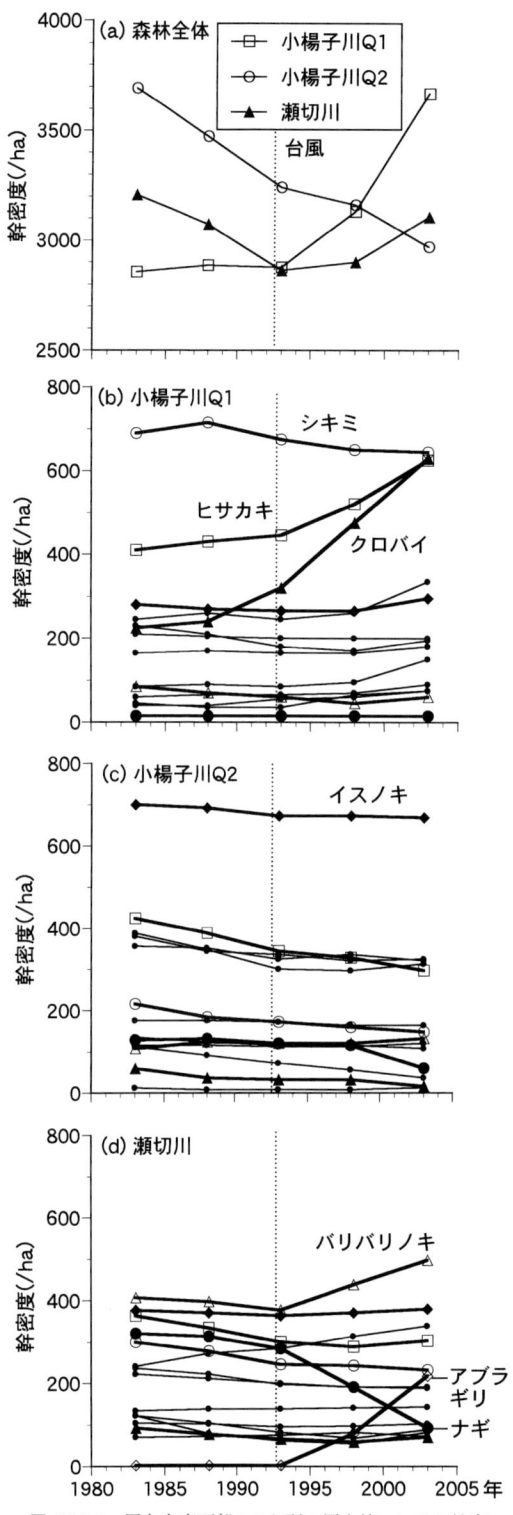

図 II.5.9 屋久島南西部の3か所の原生林における幹密度（直径≧2 cm）の動態
(a) 森林全体，(b)～(d) 各森林における主要14種の動態（瀬切川についてはアブラギリも示す）．

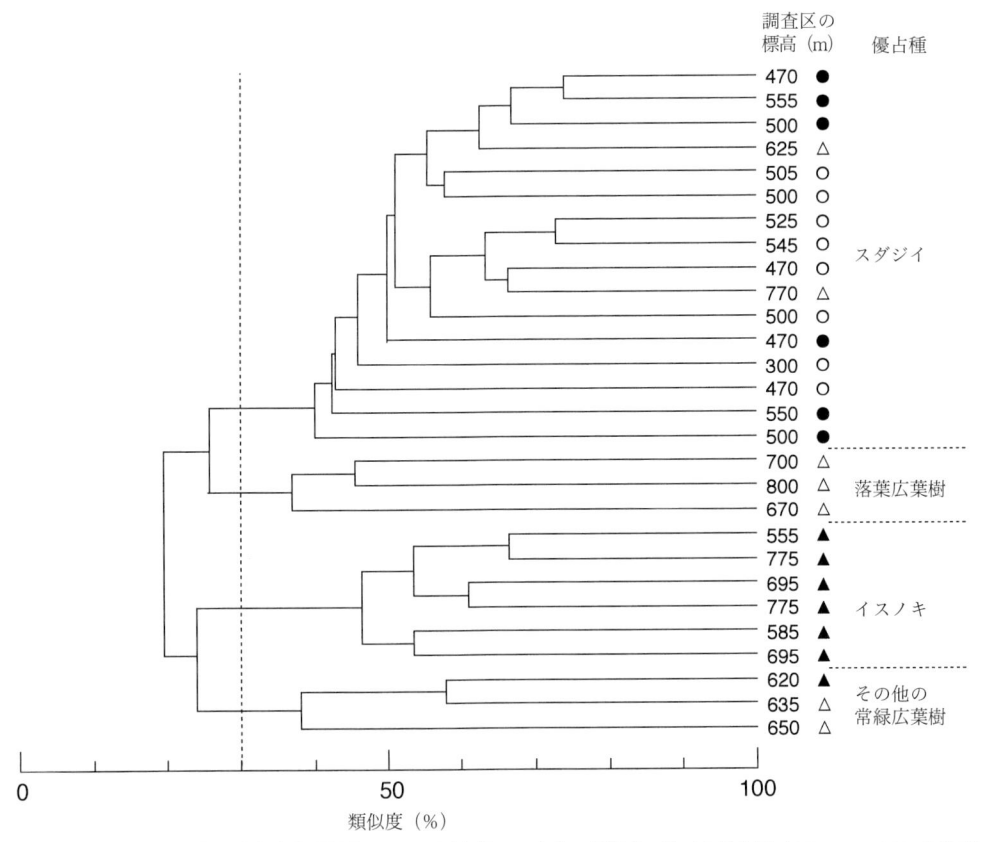

図 II.5.10 屋久島北西部の常緑広葉樹林帯における原生林と二次林の種組成に基づく樹状図（Aiba et al., 2001 を改変）
● 標高 555 m 以下の原生林，▲ 標高 555 m 以上の原生林，○ 標高 555 m 以下の二次林，△ 標高 555 m 以上の二次林．
類似度 30%（点線）で優占種の異なる 4 タイプの林分が区別できる．

た（図 II.5.10）．ところが，555 m より高い標高の二次林ではイスノキの優占度は低く，落葉広葉樹（エゴノキ，ヤクシマオナガカエデ，ヒメシャラ，ヤマザクラなど），スダジイ，その他の常緑広葉樹（ホソバタブ，イヌガシ，ヤブニッケイなど）が優占する 3 タイプの林分がみられた．イスノキはほとんど萌芽しないので，イスノキが優占する原生林を切ると，種組成が全く違った森林が再生することになる．

生物群集の多様性を評価するために，さまざまな指数が考案されている．最もわかりやすいのは，面積あたりの種数，もしくは幹数あたりの種数である．幹数あたりの種数に対応する指数として，前出の Fisher の多様度指数（α）がよく用いられる．ただし，同じ種数だとしても，群集を構成する種の優占度の均衡度が違えば，多様性も違うと考える方が自然である．すなわち，特定の種が優占している場合と，優占種がはっきりしない場合を比べると，種数が同じでも後者の方が多様だと考えられる．均衡度を表す代表的な指数が Pielou の均衡性指数（J'）である．さらに，種数と均衡度の両方を考慮した指数も考案されており，Shannon-Wiener の多様度指数（H'）がよく用いられる．

面積あたりの種数を比べると，二次林の方が原生林より多くなっていたが，α には差がなかった（図 II.5.11）．したがって，幹数あたりの種数に差はないが，二次林の方が幹密度（面積あたり幹数）が高いため，面積あたりの種数が多いことになる．一方，H' は二次林の方が原生林より大きく，J' には違いがなかった．したがって，均衡度に差はないが，面積あたりの種数が多いために，H' は二次林の方が原生林より大きいことになる．原生林と二次林の種多様性（面積あたりの種数：H'）の差は，原生林でイスノキの優占度が大きくなる，高い標高ほど明瞭であった．

二次林では，耐陰性の低い樹種（落葉広葉樹と一部の常緑広葉樹）が目立って増えていた．耐陰性が低い樹種は，暗い閉鎖林冠の下では育つことができない．したがって，原生林の中では，斜面崩壊の跡地や林冠ギャップなどの限られた場所で細々と暮ら

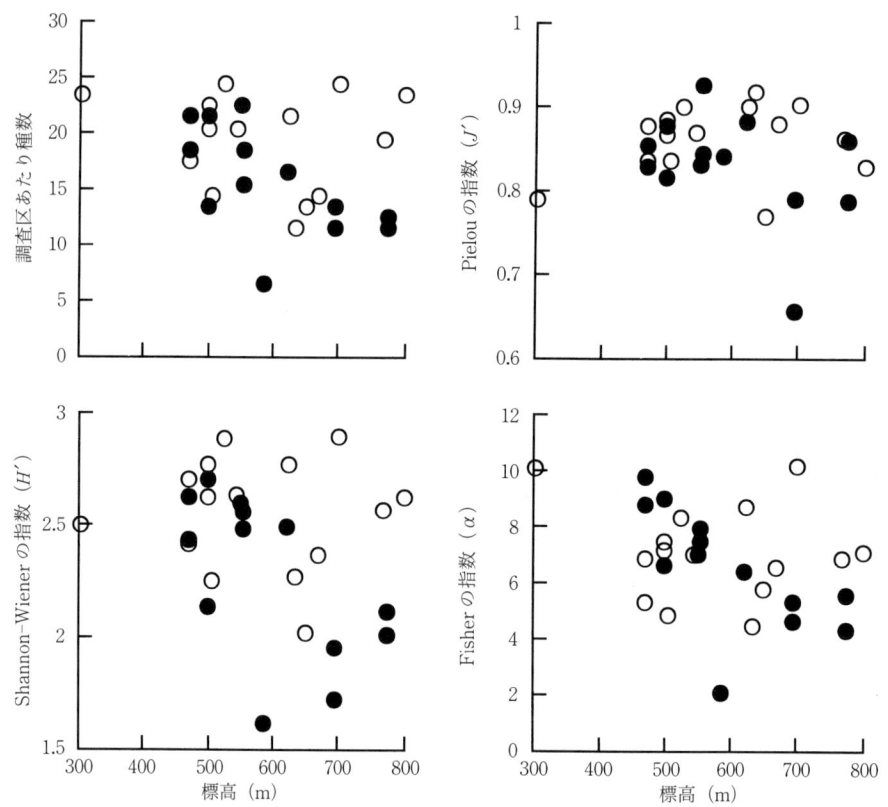

図 II.5.11 屋久島北西部の常緑広葉樹林帯における原生林（●）と二次林（○）の樹木（胸高直径≧5 cm）の多様度指数（Aiba et al., 2001 を改変）

している．伐採は，耐陰性の低い樹種に生育場所を与えることで，森林の樹木多様性を高める効果があると考えられる．

5.1.9 現存量

植物の体のほとんどは，光合成によって生産した炭水化物（糖）とそれから合成した有機物（2次代謝産物）でできている．これらの有機物は炭素を骨組みとしてできているので，植物の乾燥重量（現存量）の約50%を炭素が占めている．このため，巨大な樹木から構成される森林は莫大な量の炭素を蓄えていることになる．たとえば，鹿児島県の大隅半島で実際に伐採して計測した結果では，幹直径72 cm・樹高21 mのウラジロガシの地上部現存量は，約3.7 tであった（木村，1976）．樹木の現存量を伐採しないで直接量るのは無理なので，このような伐採データから現存量を推定する式を求めて，計測が容易な幹直径などから現存量を推定することになる．同じ幹直径でも，樹高が高い方が現存量は大きくなるので，直径だけよりも樹高も考慮した方が推定の精度が高いといわれている．ただし，樹高の測定も手間がかかるので，調査地の一部の木について測定して，直径から樹高を推定する式を求める方が一般的である．

以上のような方法で，屋久島の森林について面積

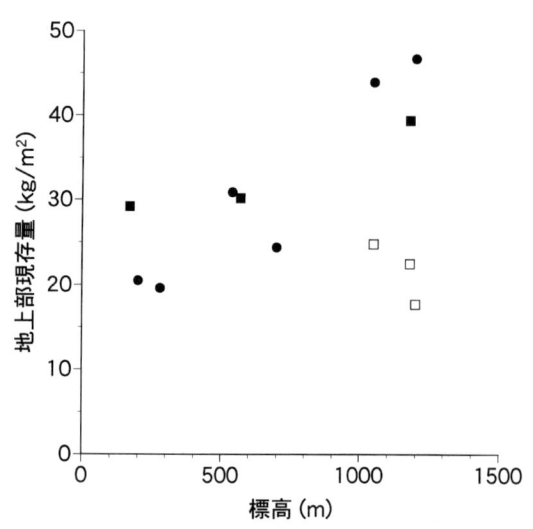

図 II.5.12 標高と地上部現存量の関係
標高1000 m以上の針広混交林については広葉樹のみについても示す．■ 東部, ● 西部, □ 広葉樹のみ．

あたりの地上部現存量を推定した（図Ⅱ.5.12）．西部低地の森林は，直径のわりには樹高が低いので，そのほかの森林より現存量が小さいようだ．標高1000 m以上の針広混交林は，常緑広葉樹林よりも胸高断面積が大きく樹高も高いので，現存量も大きくなっている．針広混交林について広葉樹だけのデータをプロットしてみると，胸高断面積と同様に，広葉樹が減る以上に針葉樹が付け加わるために，現存量が常緑広葉樹林よりも大きくなっていることがわかる．1200 mより高い標高の森林は，筆者が調べていないのでデータがないが，胸高断面積も樹高も低くなるので（図Ⅱ.5.3，Ⅱ.5.4参照），現存量はずっと小さくなると予想される．

5.1.10 リターの落下量

植物は光合成により，空気中の二酸化炭素から炭水化物を生産しており，その総量を総生産量という．総生産量の一部は呼吸のための基質として失われ（呼吸量），その残りが新たな植物体をつくるのに使われる（純生産量）．純生産量は，植物が大気から正味吸収した二酸化炭素量に対応する．純生産量の一部は，植物食の動物によって消費される（被食量）が，残りは幹などの長寿命の器官の成長に使われる（成長量）とともに，葉や花実のような寿命の短い器官をつくるのに使われる（枯死量）．したがって，純生産量＝被食量＋成長量＋枯死量である．森林では，被食量は普通，10％未満といわれているので，純生産量を大まかに推定するには，成長量と枯死量を調べればよい．成長量を調べるには，何年か間を置いて幹の直径を測る．前述の方法で幹の直径から現存量を推定すれば，現存量の増分が成長量になる．一方，枯死量の方はリタートラップという捕虫網のようなものを森林に仕掛けて，落葉および落枝（リター）の落下量を測定する．溜まったリターが腐ると重量が減るので，1か月に1回程度，中身を回収し，乾燥重量を量る．

常緑広葉樹は，春になって新しい葉を出すのと入れ替えるようにして古い葉を落とす．このため，常緑広葉樹林では，主に春に落葉のピークがあるといわれている．ただし，屋久島での調査の結果，落葉のピークが春1回だけなのは西部低地（280 m）だけだった（図Ⅱ.5.13）．東部低地（170 m）と東部山地（570 m）では，春ほどの大きさではないが，秋にも落葉のピークがみられた．東部低地には，落葉広葉樹のヒメシャラが多いので，秋にピークがみられるのだろう．東部山地（570 m）の秋のピークは，観察によればイスノキとサクラツツジの葉が多かった．ツツジ属には，春と夏の2回展葉し冬に春葉だけを落とす半常緑性（または半落葉性）の樹種が含まれるので，サクラツツジも半常緑性なのかもしれない．常緑針葉樹も春が展葉期なのだが，落葉は常緑広葉樹と違って秋に起こる．そのため，針広混交林（1200 m）では秋にも春と同じぐらいの大きさの落葉のピークがある．繁殖器官（花，実）には周期性がはっきりしたピークはない．一番突出したピークは，西部低地（280 m）の2001年秋のもので，マテバシイのドングリがその多くを占めていた．枝と樹皮は，7～10月に台風のときの強風に対応したピークがみられる．リターに占める各器官の割合をみると，どの森林でも60～70％程度が葉である．繁殖器官の割合は，山地（9～10％）よりも低地（15～19％）の森林の方が高い．

5.1.11 地上部純生産量

上記のリター落下量に現存量の成長量を加えて，地上部の純生産量を計算した．なお，新規加入個体の成長量については無視した．リター落下量，現存量の成長量，地上部純生産量は，いずれも常緑広葉樹林で低地（170 m，280 m）から山地（570 m）にかけて低下するが，1200 mの針広混交林では山地照葉樹林とほとんど変わらない（図Ⅱ.5.14）．現存量の成長量をみる限り，東部と西部の森林の間にはっきりした違いはみられない．現存量あたりの純生産量は標高とともに減少するので，針広混交林は大きな現存量をもっているおかげで，効率は悪くても比較的大きな地上部純生産量を示すことになる．1200 mより高い標高から山頂にかけては，現存量が小さくなっていくと予想されるので，地上部純生産量も低下していくだろう．

ところで，以上の結果は，測定，推定の容易な地上部についての結果であり，地下部の根の現存量，生産量については全く調べていない．一般に，森林では地下部の現存量は地上部よりもずっと小さいが，環境条件の厳しい森林では地下部の生産量が地上部を上回ることもある．屋久島での予備的な調査では，表層土壌（深さ≦15 cm）の細根の現存量は低地（170 m，280 m）よりも山地（570 m，1200 m）で大きい．今後は，地下部の現存量，生産量についても研究を進めていく必要がある．

5.1.12 リターの分解

植物は光合成によって炭水化物（炭素，酸素，水素からなる）を合成できるが，植物の生育には炭水化物以外にも各種のミネラル（炭素，酸素，水素以外の元素を含む）が必要で，植物は根から土壌中のミネラルを吸収している．ミネラルのほとんど（無

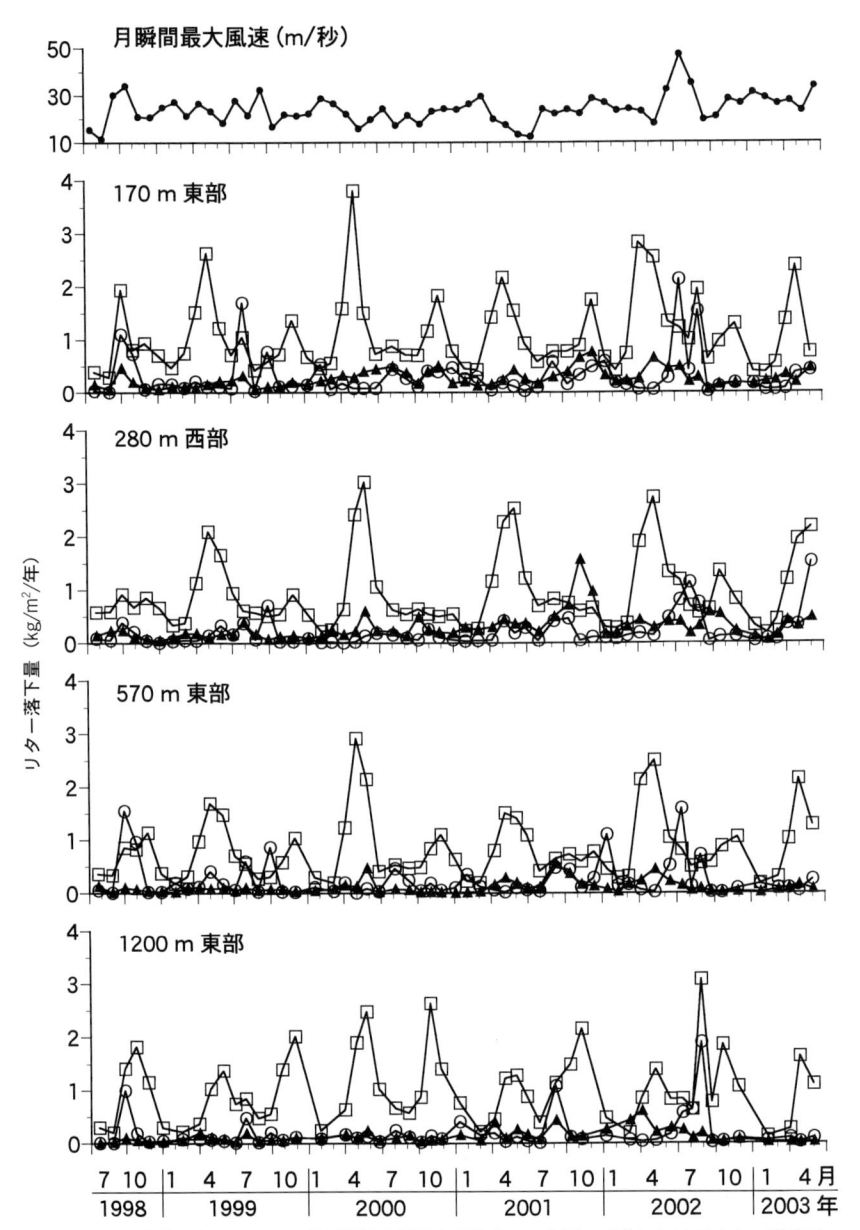

図 II.5.13 屋久島測候所における月瞬間最大風速と屋久島の4か所の森林におけるリター落下量の季節変化（1998年7月〜2003年6月）
─□─ 葉, ─▲─ 花・実, ─○─ 枝・樹皮.

機態窒素以外）は，もとを辿れば基盤となっている岩石から風化によって土壌に供給されたものである．窒素は岩石中にほとんど存在しないので，空気中の窒素ガスを土壌中の微生物が無機態窒素（アンモニウムイオン）として固定することによって，土壌に供給される．風化や窒素固定によって生態系に取り込まれたミネラルは，植物体内と土壌の間を循環することになる．森林生態系を植物と土壌からなるシステムとして考えると，1次遷移の初期では，系外からのミネラルの供給が卓越するが，遷移が進んで土壌が発達した森林では，ミネラルの大部分はリターの分解によって土壌に供給されている．その意味で，森林生態系はミネラルの循環については，閉鎖的な生態系であり，リターの分解が植物へのミネラルの供給を制限している．たとえば，窒素は光合成酵素の構成要素であるから，窒素の循環が滞ると，光合成が抑制され，森林の生産力も低下する可能性がある．

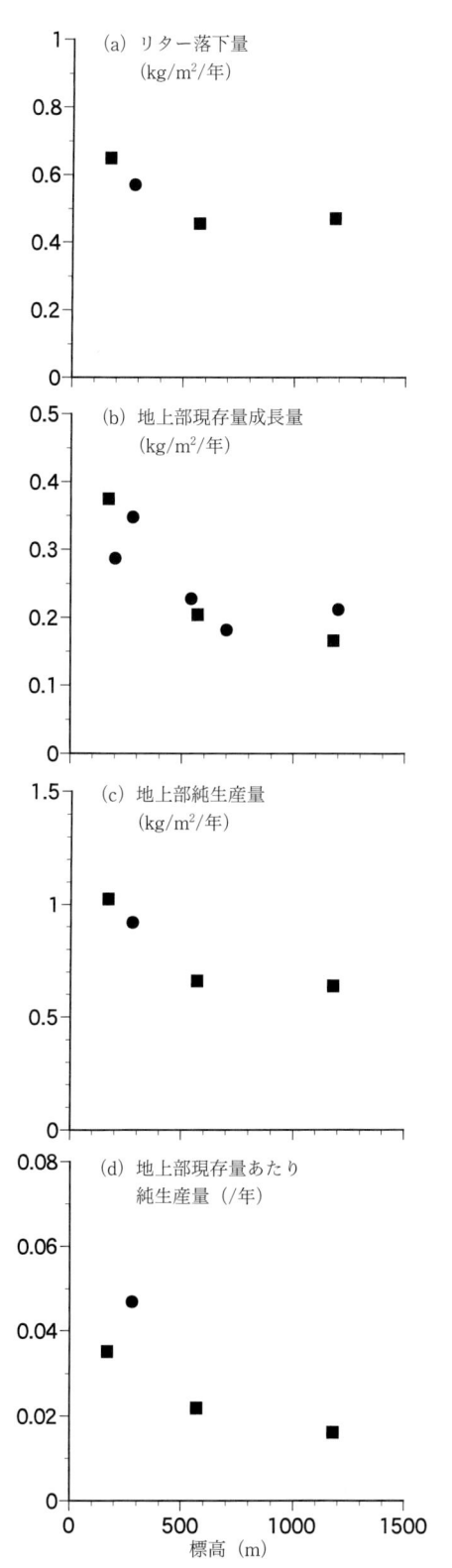

図 II.5.14 標高と地上部の物質生産に関する諸量との関係
■ 東部，● 西部．

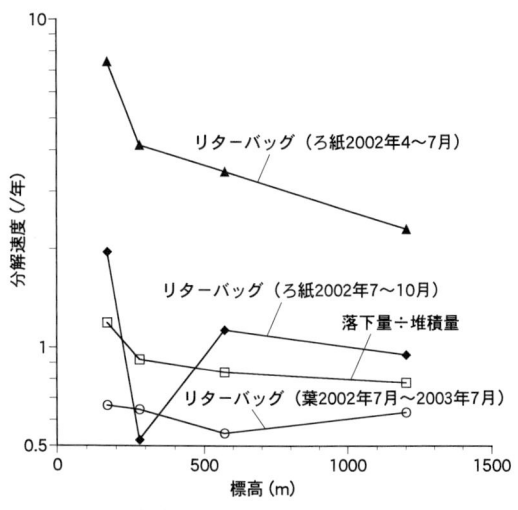

(a) リター落下量 (kg/m²/年)
(b) 地上部現存量成長量 (kg/m²/年)
(c) 地上部純生産量 (kg/m²/年)
(d) 地上部現存量あたり純生産量 (/年)

図 II.5.15 標高と各種の方法で求めた分解速度の関係
縦軸は対数目盛りであることに注意．

リターの平均的な分解速度を推定するには，リターの落下量を林床のリターの堆積量で割ればよい．ただし，リターの堆積量にも季節変動があるので，季節ごとに調査して平均値を用いる必要がある．この方法だと，分解速度の季節変化や時間の経過とともにどのように分解が進むのか，といったことはわからない．そこで重量を量った葉やろ紙を，網でつくった袋（リターバッグ）に入れて，重量の変化を追跡調査する方法も用いられる．ただし，葉をリターバッグに入れると網目よりも大きな土壌動物が分解に関与しないので，自然条件と比べて分解速度は遅くなる．植物の体は光合成によって生産した炭水化物とそれからつくられた有機物からできているが，有機物にはリグニンのように分解されにくい物質と炭水化物（セルロース，ヘミセルロース，糖など）のように分解されやすい物質がある．ろ紙はセルロースだけでできているので，リターバッグに入れたとしても，葉よりも分解速度が速くなる．屋久島での測定結果でも，以上のような傾向がみられた（図II.5.15）．標高が上がるとともに分解速度は遅くなるが，1200 m の針広葉混交林の分解速度は意外に速い．ろ紙のリターバッグを 2002 年 5～7 月（雨の多い時期）と 7～10 月（雨の少ない時期）に分解させたものを比べると，前者の分解速度がずっと大きい．また，2002 年 7～10 月では西部低地（280 m）の分解速度が一番低くなっている．このことは，ちょうど同じ時期に西部低地で土壌の乾燥が著しかったことと一致する（図II.5.1参照）．

5.1.13 屋久島の森林の特性

本節では，屋久島の森林の構造と機能について概

観してきた．屋久島の森林は，大きく，常緑広葉樹林と針広混交林に分けられる．常緑広葉樹林の構造や機能は，標高などの環境条件や，攪乱後の林齢に対応してさまざまな変異をみせる．本節では特に，従来注目されてこなかった降水量条件（もしくは土壌水分条件）が，これらの変異を説明する重要な要因の一つであることを主張してきた．常緑広葉樹林では，標高が上がるとともに，種多様性や生産量が顕著に低下する．標高によって優占種が交代し，このことが伐採後の森林の遷移に大きな影響を与えている．また，同じ低地でも東部と西部では，地上部現存量，生産量，分解速度などが大きく異なっていた．屋久島の低地の地質は，東部が堆積岩で西部が花崗岩である．降水量は東部の方が西部より多い．土壌をみると，東西の低地の間では，養分条件よりも水分条件の方に顕著な差がみられる．地質は，土壌養分条件にはあまり影響を与えないで，風化してできる土壌の透水性の違いを通して，降水量とともに土壌水分条件に影響しているように思われる．

針広混交林については，それほど多くの森林を調べたわけではないので，常緑広葉樹林と同じように環境条件に対応した大きな変異がみられるかどうかはよくわからない．しかし，常緑広葉樹林と比べたときに，針広混交林が高い現存量をもつにとどまらず，比較的高い生産量をもっていることは驚きである．針広混交林の土壌養分条件は特に貧栄養というわけではなく，分解速度も比較的高いので，気温が低いわりには土壌微生物の活性が高いのかもしれない．常緑広葉樹林の変異に降水量が大きく関係しているように，針広混交林の高いレベルの生態系機能にも，その多量の降水量が関係しているのではないかと思われる．しかし，多量の降水量は，土壌が酸素不足になるような過湿という程度にまで至れば，生態系機能を低下させる可能性をもつ．そうなっていないことには，花崗岩が風化してできる土壌は水はけがよいことが関係しているかもしれない．多量の降水量がなぜ生態系機能の低下に帰結しないのか，今後はこの点についても調査する必要があるだろう．

また，屋久島にもしブナやミズナラがあったら，ということを考えてみるのも，興味深いことである．ブナ林の現存量は，屋久島の針広混交林ほど大きくはない．ブナやミズナラが常緑広葉樹と混交する場合には，常緑広葉樹の上層に付け加わるというよりは，常緑広葉樹と同じ林冠層で常緑広葉樹に置き換わるようにして存在することになるだろう．胸高断面積，階層構造，地上部現存量をみると，屋久島の針広混交林は，常緑広葉樹林の上に陽樹的な性質をもつ常緑針葉樹が付け加わったような構造をもっている．このような特異な構造をもつことで，屋久島の針広混交林は高い現存量や生産量を示すのかもしれない．

（相場慎一郎）

文　献

相場慎一郎（2000）：照葉樹林の構造と樹木群集の構成．菊沢喜八郎・甲山隆司編，森の自然史，pp. 134-145，北海道大学図書刊行会．

Aiba, S., Hill, D. A. and Agetsuma, N. (2001): Comparison between old-growth stands and secondary stands regenerating after clear-felling in warm-temperate forests of Yakushima, southern Japan. *Forest Ecology and Management*, **140**, 163-175.

Bellingham, P. J., Kohyama, T. and Aiba, S. (1996): The effects of a typhoon on Japanese warm temperate rainforests. *Ecological Research*, **11**, 229-247.

入倉清次（1984）：屋久島西部における植生の垂直分布帯の構造．環境庁自然保護局編，屋久島の自然（屋久島原生自然環境保全地域調査報告書），pp. 353-374，日本自然保護協会．

木村勝彦・依田恭二（1984）：屋久島原生自然環境保全地域の常緑針葉混交林の構造と更新過程．環境庁自然保護局編，屋久島の自然（屋久島原生自然環境保全地域調査報告書），pp. 399-436，日本自然保護協会．

木村　允（1976）：陸上植物群落の生産量測定法，共立出版．

小林繁男・加藤正樹・余貞和仁・高橋正通（1982）：屋久島のスギ天然林 (2) 林分構造と更新過程．森林立地，**24**，10-17．

Kohyama, T. (1986): Tree size structure of stands and each species in primary warm-temperate rain forests of southern Japan. *Botanical Magazine, Tokyo*, **99**, 267-279.

Kohyama, T. (1987): Stand dynamics in a primary warm-temperate rain forest analyzed by diffusion equation. *Botanical Magazine, Tokyo*, **100**, 305-317.

甲山隆司（1993）：熱帯雨林ではなぜ多くの樹種が共存できるのか．科学，**63**，768-776．

甲山隆司・坂本圭児・小林達明・渡辺隆一（1984）：小楊子川流域の照葉樹原生林における林木群集の構造．環境庁自然保護局編，屋久島の自然（屋久島原生自然環境保全地域調査報告書），pp. 375-397，日本自然保護協会．

Koike, F. and Hotta, M. (1996): Foliage-canopy structure and height distribution of woody species in climax forests. *Journal of Plant Research*, **109**, 53-60.

大澤雅彦・武生雅明・大塚俊之（1994）：屋久島低地におけるリーフサイズが異なる2つの常緑広葉樹林の比較．環境庁自然保護局編，屋久島原生自然環境保全地域調査報告書，pp. 87-100，日本自然保護協会．

岡田　淳・大澤雅彦（1984）：屋久島原生自然環境保全地域におけるスギ林の構造と維持・再生機構．環境庁自然保護局編，屋久島の自然（屋久島原生自然環境保全地域調査報告書），pp. 437-479，日本自然保護協会．

林野庁熊本営林局（1980）：上屋久下屋久事業区の土壌．熊本営林局土壌調査報告，第23報，林野庁熊本営林局．

田川日出夫（1980）：屋久島国割岳西斜面の植生．鹿児島大学

理科報告, **29**, 121-137.
屋久杉自然館 (1993)：屋久杉巨樹・著名木，屋久杉自然館.
湯本貴和 (1993)：開花のフェノロジーと群集構造. 井上民二・加藤　真編，花に引き寄せられる動物, pp. 103-135, 平凡社.

5.2　地形に伴う植生パターン

　屋久島低地部の東西に発達する亜熱帯・暖温帯常緑広葉樹林は，群落構造やリーフサイズが大きく異なる（大澤ほか，1994）．すなわち東部の愛子岳の山麓に広がる常緑広葉樹林は最大樹高が20 mに達し，林冠は常緑広葉樹のウラジロガシ，スダジイ，ヤマビワ，ヒメユズリハ，モクタチバナなどの亜中形葉の樹種，エマージェント的に主にギャップに出現する落葉広葉樹のヒメシャラを主体に，小形葉のイスノキを交える．林の下層はサカキ，タイミンタチバナ，サザンカなどの小形葉樹種が卓越し，2層からなる階層構造を形成している．それに対して西部の半山周辺の常緑広葉樹林は，地形によって変化するが，イスノキ，ヒメシャラ，亜中形葉樹種が抜け落ちた種組成からなる小形葉林で，最大樹高が8.5～10 mの林冠を構成し，はっきりとした階層構造がみられない．こうした違いは，東部の海岸部における降水量が約5000 mmであるのに対して，西部では約2500 mmと半分であること，東側では西部と比較して堆積岩基岩の熊毛層で土壌が発達し栄養塩の蓄積も大きく，相対的に東側の方が湿潤・富栄養な立地であるのに対して，西側は花崗岩の風化土壌で乾燥・貧栄養なよりストレスの強い立地であることにより亜中形葉樹種の生育が抑制されるためと考察している．また，こうしたストレス傾度に従って上層から消失していくという常緑広葉樹林の構造的変容のパターンは，熱帯の山岳における標高傾度や緯度的な森林帯の推移においてもみられることが指摘されている（Ohsawa, 1991）．

　一般的に，植生帯内部での群落配置は，地形，土壌，水分条件などさまざまな要因に規定される立地条件を総合的に指標する尾根，斜面，谷というような地形傾度に沿った植生パターンが卓越する．すなわち，地形は物理的に水の動きを決めるので，表層物質や植物の生育に必須な栄養塩の移動を支配するため，尾根，斜面，谷で異なる立地条件を生み出している．

　ここでは，屋久島西部の半山における研究例から亜熱帯・暖温帯常緑広葉樹林における地形に伴う植生パターンについて，土壌特性の変化と群落の組成・構造変化を対応させながらみていくことにする．

5.2.1　地形に伴う土壌特性の変化

　屋久島のように他地域と比較して降水量が多く，台風接近時には，多量の降水と強風を伴う環境下では侵食作用が活発で，地形形成作用に大きな影響を与えている（秋山，2003）．花崗岩を基岩とする屋久島中央部の山岳域や西部の低地部では尾根に花崗岩の露岩がいくつもみられ，土壌は斜面と比較して浅い．尾根に隣接する斜面は露岩がむき出しとなった急崖を形成し，谷部に大きな花崗岩の転石がいくつもみられる．これらは花崗岩の深層風化によってできた崖錐堆積物で，斜面部はその滑落崖と考えられる（山本，1996）．土壌はこれらの隙間を埋めるように尾根の緩斜面や谷の一部に堆積している．このように土壌そのものが比較的限られた場所にのみ分布するが，半山において地形傾度に沿って土壌特性を比較すると，尾根と斜面で明らかに異なる特性を示す．

　実際に，半山において地形に対応した土壌特性や植生パターンの変化を調べるために尾根，斜面，谷といった地形単位を含む0.68 haのパーマネントプロットを設置し，トランシットコンパスを用いてパーマネントプロット内の100分の1の地形図を作成した（図II.5.16）．地形図をもとにして地形の形状や傾斜から頂部尾根，北斜面，上部谷壁斜面，南斜面という4つの地形単位を区分した（図II.5.17）．また，北斜面，頂部尾根，南斜面において土壌断面を作成し，各メッシュごとに表層土壌をサンプリングして土壌の理化学性を測定した．

　土壌深度は頂部尾根で54 cmと最も浅く，南斜面で130 cm，北斜面では80 cmだった．また，リターの厚さは頂部尾根で2.7 cmとなり最も厚く，南斜面で0.7 cm，北斜面1.8 cmだった．それに対してA層の厚さは頂部尾根で3 cm，南斜面で8 cm，北斜面で5 cmで有機物の蓄積は南斜面で最も多かった．有効水分量（植物が利用できる水分量）は，頂部尾根で3.3％，北斜面で5.0％，南斜面で5.1％となり，尾根と比較して斜面で高かった（表II.5.1）．有機物の分解量の指標となるC/N比（炭素・窒素比）は頂部尾根で18.2で最も高く，北斜面で16.7，南斜面で14.0だった．またアンモニア態窒素の量は地形間で差がなかったが，硝酸態窒素の量は頂部尾根で1.6 ppm，北斜面で4.8 ppm，南斜面で7.9 ppmと最も高かった．このことから，頂部尾根はリター蓄積型の乾燥・貧栄養な土壌であ

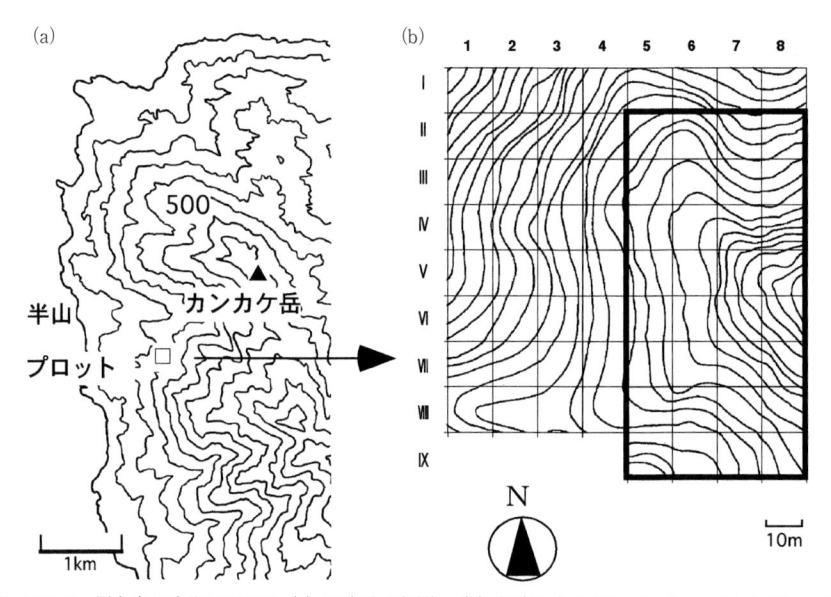

図 II.5.16 屋久島の半山における (a) 調査地の位置と (b) 設定した 0.68 ha のパーマネントプロット (b) の太線は土壌調査を行った範囲を示す.

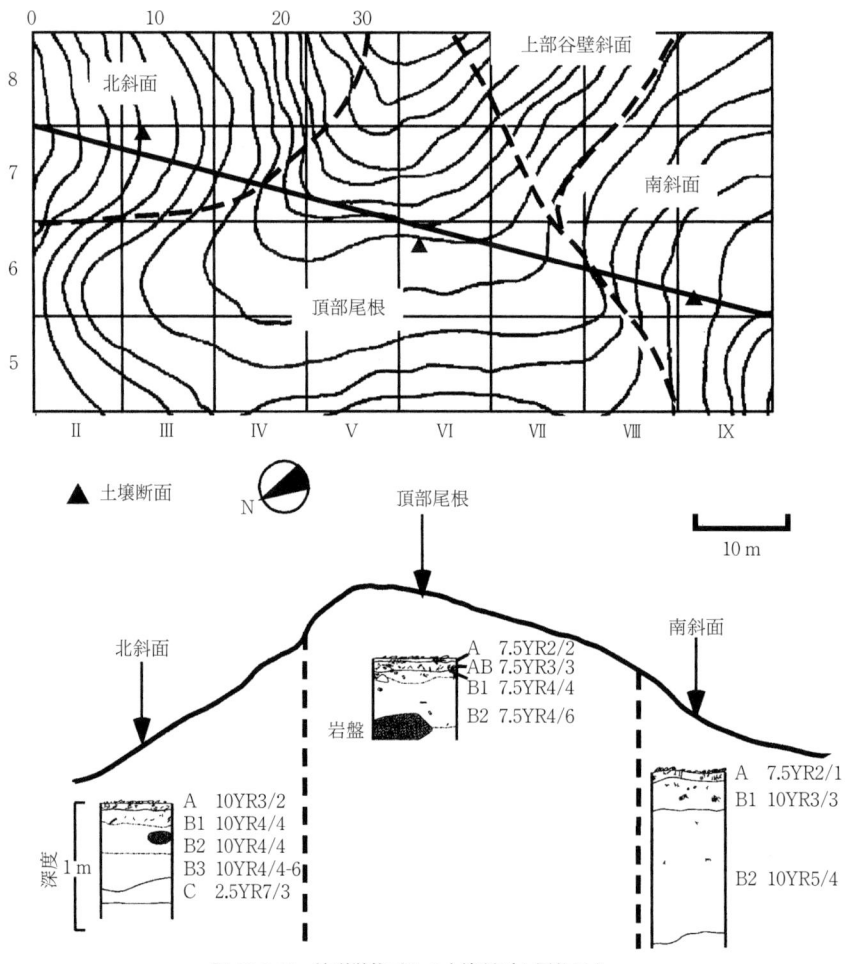

図 II.5.17 地形単位ごとの土壌断面と層位区分

表 II.5.1 4つの地形単位ごとの表層の土壌特性の変化
図 II.5.17 の各メッシュごとに表層（5 cm）の土壌を採取した．

	北斜面	頂部尾根	上部谷壁斜面	南斜面	ANOVA
斜面方位	N40E	N10W	S40W	S30W	
斜度（°）	40.94	30.20	32.00	16.40	ns
有効水分量（%）	4.72	3.57	3.50	5.25	**
pH	4.89	4.60	4.50	4.69	*
EC（μ/S）	227.57	148.73	204.66	193.13	ns
TC（%）	13.71	15.97	19.30	11.08	ns
TN（%）	0.84	0.87	1.16	0.80	ns
C/N比	16.13	18.39	16.54	14.16	**
NH_4^+-N（ppm）	2.43	2.82	3.50	1.78	ns
NO_2^--N および NO_3^--N（ppm）	5.19	1.36	7.28	7.18	**

* $p<0.05$, ** $p<0.01$, ANOVA：分散分析, ns：有意差なし．

るのに対して，斜面は腐植堆積型の湿潤・富栄養な土壌であることがわかった．

5.2.2 地形に伴う植生パターンの変化

0.68 ha のパーマネントプロットの中で胸高（1.3 m）以上の木本種に関して萌芽幹を区別して，胸高直径（DBH）と樹高（H）を測定した．屋久島のように，台風常襲地帯では何らかの傷害を受けている個体が多い．そこでそれぞれの個体について幹の傷害（先枯れ，先折れ，傾斜幹）を記録した．林冠種と下層種の区分に関しては，それぞれの種の最大胸高直径や最大高だけではなく，大澤・新田（1999）の記述を参考に芽タイプも考慮に入れた．スケール芽をもつ種の多くは林冠種，ヒプソフィル芽もしくは裸芽をもつ種の多くは下層種であった（表 II.5.2）．

a. 種組成

パーマネントプロット内の 68 個のサブコドラートを TWINSPAN 法（Hill, 1979a）という分類手法を用いて区分した．これは，全体をキーとなる種または種群を指標に順次二分して均質性の高いグループに分ける方法である．その結果 A，B，C，D という4グループに分類された（図 II.5.18(a)）．これら4グループの優占種は，グループ A はイスノキ，リンゴツバキ，スダジイで北斜面に対応していた．B はスダジイ，ヒメユズリハ，マテバシイ，クロバイ，イスノキ，ウバメガシ，サクラツツジ，モッコク，リンゴツバキ，タイミンタチバナ，サカキというように多数の優占種からなり頂部尾根に対応していた．C もウラジロガシ，マテバシイ，ヒメユズリハ，クロバイ，タイミンタチバナ，リンゴツバキ，イヌガシ，サカキ，サクラツツジというように多数の優占種から構成され，上部谷壁斜面に対応していた．ただし頂部尾根と上部谷壁斜面は地形と明瞭に対応しているわけではなく，同図(b) の I-2, 3 や VI-2, 3 のように地形的には上部谷壁斜面に属しているにもかかわらず，組成的には頂部尾根に類似するコドラートもみられた（同図(c)）．このことは同様に全体を種組成やその優占度に基づいて相対的に類似したグループを区分できる DCA 法（Hill, 1979b）による2次元展開図上で両者が他の2つの地形単位と比較して近接していることから，組成的に類似していると考えられる（同図(d)）．D はバリバリノキ，ウラジロガシ，フカノキ，モクタチバナ，サザンカ，モッコクで南斜面に対応していた．また，上部谷壁斜面と南斜面は幹折れや根返りに伴ういくつかのギャップを含み，リュウキュウマメガキ，アブラギリ，センダンなどの落葉広葉樹がみられた．このように，一見均質にみえる常緑広葉樹林の内部も詳しくみると，地形・土壌に対応した種群の分布の違いによってモザイク状の構造に区分できることがわかる．

b. 群落構造

4つの地形単位ごとに群落構造をみていくと，その違いがさらにはっきりする（表 II.5.3）．胸高断面積合計（BA）（m²/ha）は頂部尾根で最も大きく 94.6 m²/ha だったが，北斜面で 38.1 m²/ha，南斜面で 37.1 m²/ha というように小さかった．上部谷壁斜面は中間的な 68.8 m²/ha だった．BA の違いは，相対的に尾根は斜面と比較して地形的に安定しているのに対して，斜面では地すべりなどにより頻繁に攪乱されるために植物体現存量の蓄積量が相対的に小さくなると考えられる（Sakai and Ohsawa, 1993）．平均林冠高（m）は尾根（頂部尾根で 10.2 m，上部谷壁斜面で 10.7 m）で低く，斜面（北斜面で 12.5 m，南斜面で 11.6 m）で高かった（$p<0.01$, ANOVA：分散分析）．また 100 m² あたりの種数密度，均等度指数（J'），多様性指数（H'）の

表 II.5.2 地形単位ごとの種組成
4つの生活形ごとに示した．

生活形	種 名	科 名	リーフサイズ *1	芽タイプ *2	全プロットの合計			北斜面	頂部斜面	上部谷壁斜面	南斜面
					相対優占度(%)	最大胸高直径(cm)	最大樹高(m)	相対優占度(%)	相対優占度(%)	相対優占度(%)	相対優占度(%)
面積 (m²)					6800			700	1100	4500	500
常緑林冠種	イスノキ	マンサク科	Mi	N	4.09*	64.80	15.00	49.5*	5.3*	0.0	
	リンゴツバキ	ツバキ科	Mi	S	5.63*	29.00	14.00	10.0*	3.5*	6.0*	2.7
	スダジイ	ブナ科	Mi	S	10.29*	86.50	13.80	9.2*	33.9*	3.0	
	バリバリノキ	クスノキ科	No	S	2.17	42.10	14.00	7.8*	1.6	1.1	24.1*
	イヌガシ	クスノキ科	Mi	S	3.91*	35.50	15.30	6.3	0.5	5.1*	0.2
	マテバシイ	ブナ科	No	S	9.27*	50.70	15.00		8.0*	11.1*	
	ウバメガシ	ブナ科	Mi	S	1.95	83.30	10.50		5.2*	1.1	
	タブノキ	クスノキ科	No	S	0.77	51.70	15.30		2.4	0.3	
	ウラジロガシ	ブナ科	Mi	S	15.70*	138.50	18.00		1.1	22.0*	16.9*
常緑下層種	サカキ	ツバキ科	Mi	H	4.29*	27.00	12.10	5.6	3.4	4.3*	0.5
	タイミンタチバナ	ヤブコウジ科	Mi	H	5.38*	27.70	11.00	3.9	3.4*	6.1*	2.8
	ヒメユズリハ	ユズリハ科	No	S	9.54*	45.50	17.30	2.3	8.9*	11.0*	0.1
	ツゲモチ	モチノキ科	Mi	H	0.33	35.00	13.80	1.2	0.0	0.4	
	サクラツツジ	ツツジ科	Mi	S	3.73*	25.20	10.10	1.2	5.1*	3.6*	0.2
	モクタチバナ	ヤブコウジ科	No	H	1.79	36.60	13.30	1.1	0.4	1.7	12.1*
	クロバイ	ハイノキ科	Mi	H	8.52*	43.70	15.00	0.9	6.1*	10.5*	1.3
	モッコク	ツバキ科	Mi	H	3.54*	70.20	13.30	0.6	3.5*	3.0	7.9*
	フカノキ	ウコギ科	No	H	2.55	37.40	13.00	0.2	2.3	2.5	14.1*
	ボチョウジ	アカネ科	Mi	N	0.01	3.30	2.30	0.1	0.0	0.0	
	クロキ	ハイノキ科	Mi	H	0.27	20.30	12.30	0.1	0.1	0.4	0.2
	アデク	フトモモ科	Mi	H	0.34	19.00	10.10	0.1	0.3	0.4	
	ヒサカキ	ツバキ科	Mi	H	1.29	22.50	10.50	0.0	0.5	1.6	3.1
	シマイズセンリョウ	ヤブコウジ科	No	H	0.05	2.30	4.00	0.0	0.0	0.0	1.1
	ミミズバイ	ハイノキ科	No	H	0.14	19.70	11.50	0.0	0.0	0.2	0.5
	サザンカ	ツバキ科	Mi	S	0.72	19.10	11.00	0.0	0.6	0.5	9.0*
	シャシャンボ	ツツジ科	Mi	H	0.72	29.00	9.60		1.5	0.6	
	コバンモチ	ホルトノキ科	Mi	H	0.53	32.40	12.30		1.3	0.3	
	ヤマモモ	フトモモ科	Mi	H	0.38	29.80	11.70		0.5	0.4	
	クロガネモチ	モチノキ科	Mi	H	0.06	14.50	7.80		0.0	0.1	0.0
	モチノキ	モチノキ科	Mi	H	0.00	1.30	1.60		0.0		
	トキワガキ	カキノキ科	Mi	N	0.76	43.30	16.00			0.9	
	ホルトノキ	ホルトノキ科	Mi	H	0.21	31.70	14.00			0.3	
	シロダモ	クスノキ科	No	S	0.20	29.50	12.00			0.3	
	カクレミノ	ウコギ科	No	H	0.07	19.80	10.00			0.1	
	ヤマモガシ	ヤマモガシ科	Mi	H	0.00	3.20	3.50			0.0	
	ヤブニッケイ	クスノキ科	Mi	S	0.00	1.10	1.60			0.0	
	サンゴジュ	スイカズラ科	No	H	0.00	1.00	1.20			0.0	
落葉林冠種	リュウキュウマメガキ	カキノキ科			0.01	6.50	7.00		0.7	0.0	0.1
	アブラギリ	トウダイグサ科			0.03	4.80	4.30		0.0	0.0	0.5
	センダン	センダン科			0.55	56.70	20.00			0.8	0.0
	イヌビワ	クワ科			0.02	10.80	8.50			0.0	
下層落葉種	エゴノキ	エゴノキ科			0.17	22.50	9.50			0.1	2.6
	ヤブムラサキ	クマツヅラ科			0.00	1.30	2.20			0.0	0.0
計					100.00	138.50	20.00	100.0	100.0	100.0	100.0

* 優占種，*1 No＝亜中形葉種，Mi＝小形葉種，*2 S＝スケール芽，H＝ヒプソフィル芽，N＝裸芽．

5. 屋久島の森林の分布と特性

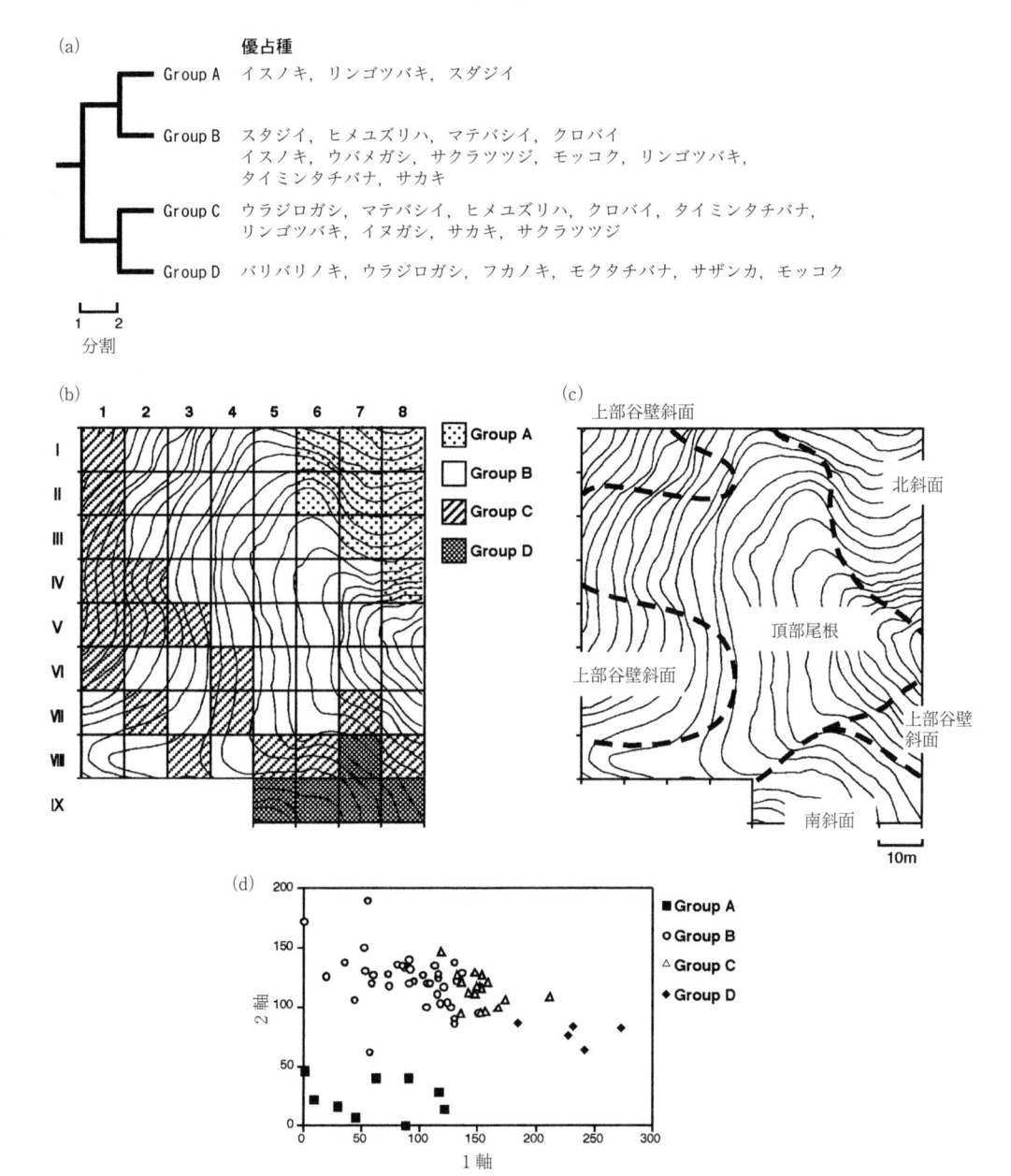

図 II.5.18 TWINSPAN法による68個のサブコドラートの区分を示したデンドログラムと区分された4つのグループの優占種 (a), 4つに区分されたサブコドラートの分布 (b), 地形変換線に基づく地形区分 (c), DCA法による2次元展開 (d)
4つの区分はTWINSPAN法による区分を示す.

平均値を地形単位ごとにみてみる. 多様性指数は情報理論に基づいて多様性が高いほど特定の種類を当てる確率が低くなると仮定した指数であり, 均等度指数は, その逆数で表される. 北斜面 (0.59), 南斜面 (0.70) と比較して頂部尾根 (0.72) では均等度指数が高く, また, 上部谷壁斜面では特に種数 (16.2) が多いために多様性指数 (3.87) が他の地形単位と比較して有意に高くなっていた ($p < 0.01$, ANOVA). すなわち尾根では, BAが大きく, 樹高が低く, 多種優占型の多様性の高い群落が形成されているのに対して, 斜面では, BAが小さく, 樹高が高く, 少数種優占型の多様性の低い群落が形成されていることがわかった.

また, 地形単位ごとの群落構造の変化がどうして

表 II.5.3 地形単位ごとの群落属性

地形単位	北斜面	頂部斜面	上部谷壁斜面	南斜面	計
面積（m²）	700	1100	4500	500	6800
最大胸高直径（cm）	64.8	86.5	138.5	46.1	138.5
最大高（m）	15.0	15.3	20.0	18.0	20.0
平均林冠高（m）	12.5	10.2	10.7	11.6	10.9
幹数密度（/ha）	3485.7	7790.9	8086.7	13540.0	7851.5
胸高断面積合計（m²/ha）	38.1	94.6	68.8	37.1	67.7
種数（/habitat）	21	32	42	25	43
種数（/100 m²）	12.0	13.8	16.2	14.8	15.2
均等度指数（J'）	0.59	0.72	0.72	0.70	0.76
多様性指数（H'）	2.61	3.58	3.87	3.23	4.12

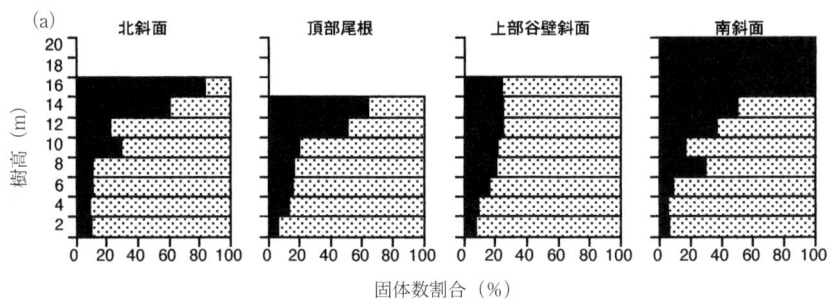

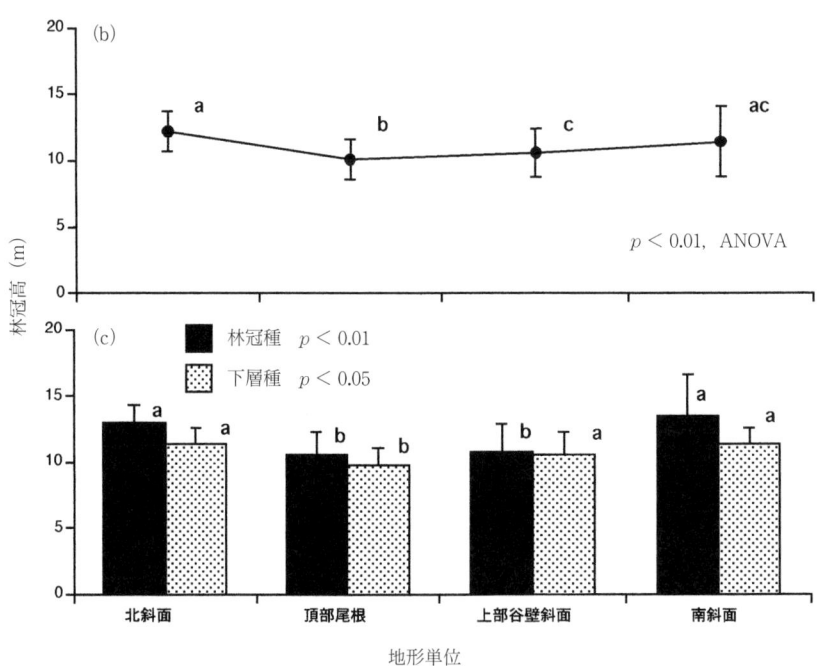

図 II.5.19 地形単位ごとの林冠種と下層種の高さ階ごとの（a）個体数割合，（b）平均林冠高，（c）林冠種と下層種の樹高変化

できるのか，階層構造に注目してみていくとわかりやすい．地形単位ごとの階層構造の違いを高さ階ごとの林冠種と下層種の個体数の割合で示したのが図 II.5.19 である．尾根では階層が分化せず最上層で林冠種と下層種が共存していたのに対して，斜面では林冠種が上層，下層種が下層というように階層別に上下の住み分けができていた．このことは，下層種の樹高は地形的にそれほど変化しない（平均

林冠種
スダジイ
マテバシイ
下層種
タイミンタチバナ
サカキ
クロバイ

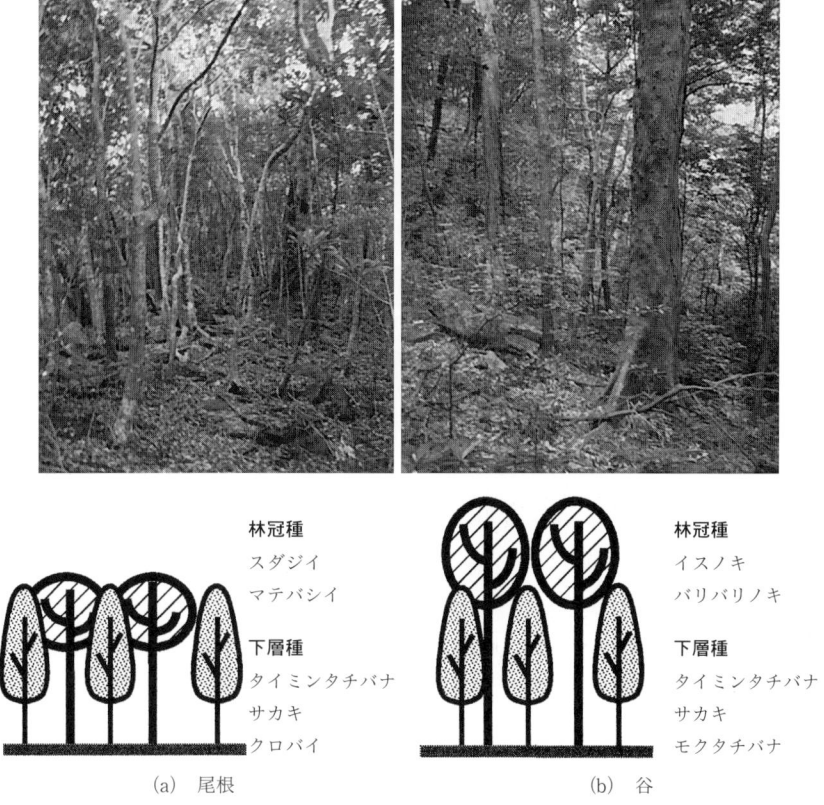

(a) 尾根

林冠種
イスノキ
バリバリノキ
下層種
タイミンタチバナ
サカキ
モクタチバナ

(b) 谷

図 II.5.20　地形による階層構造の変化（模式図）

10.6 m，標準偏差±1.70，変動係数0.16）が，林冠種の樹高が斜面から尾根に向かって減少する(11.1 m，±2.11，0.19)ことによることと考えられた（図II.5.20）．

5.2.3　地形的な植生パターンの位置づけ

屋久島の低地部に発達する亜熱帯・暖温帯常緑広葉樹林における斜面では，林冠種が群落の上層を，下層種が下層を形成し，2層からなる階層構造をもった群落がみられ，その林冠種が優占する，いわば多様性の低い群落が形成されているのに対し，尾根では，林冠種の樹高が減少するために下層種と林冠で共存し，特定の優占種をもたない，いわば多様性の高い群落が形成されている（図II.5.21）．こうした組成的，構造的変化は屋久島の東西における土壌や降水量の違いに基づく変化と基本的には同じパターンを示す．また，標高に沿ってみたときも，尾根沿いでは標高600 m以上になるとクロバイ，タイミンタチバナ，サカキ，サクラツツジなど下層種からなる小形葉林の中にスギやツガなどの針葉樹がパッチ状の群落をつくるが，斜面はイスノキなどの小形葉樹種を含むアカガシ，ウラジロガシ，バリバリノキなどの林冠種からなる亜中形葉林のままである（大澤，1984；大澤ほか，1994）．シキミやサクラツツジなどの一部の小形葉樹種は1000 m以上のスギ林帯の下層を構成するようになる場合もあることが知られている（大澤，1984）．こうしたパターンの違いを決めている詳細なメカニズムや要因に関しては，一般的に木の樹高を決めるのは土壌水分とそれを介した栄養塩の利用可能性であることが知られている（Kimmins，1987ほか）．たとえば，地上部に対する根の現存量比（root/shoot比）は，乾燥する立地では降水によって供給される水の滞留時間が短いことから効率的に水や栄養塩を吸収するために，相対的に地下部の現存量が増し，根系が発達していることが知られている（Jackson et al., 1996）．また，林冠種の直径と高さの関係を解析すると，斜面と比較して尾根ではおそらく光環境がよいことや風衝の影響などで早くに高さ成長から肥大成長に切り替わることも知られている（朱宮・大澤，1997）．したがって，尾根では乾燥し，土壌深度も浅いため林冠種は広く浅い根系が発達しており，かつ幹の太さに対して樹高が低くなっていると考えられる．このようにして林冠種の樹高が抑えられるため下層種

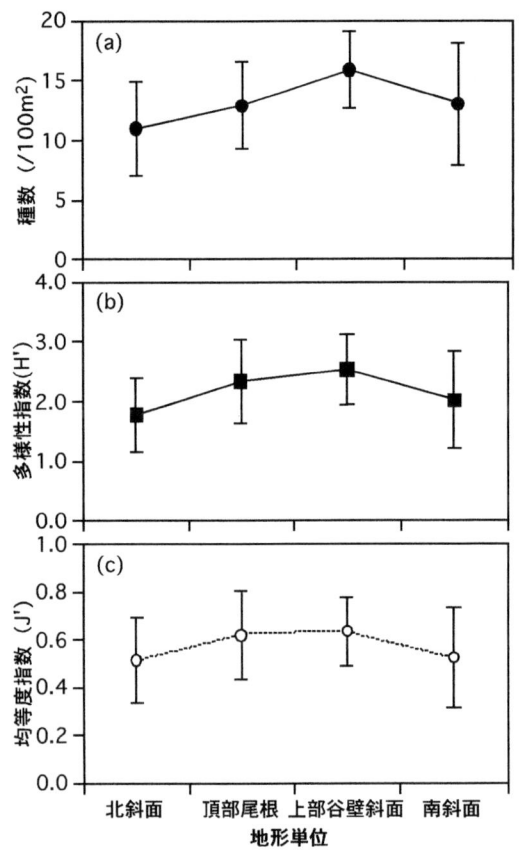

図 II.5.21 地形単位ごとの (a) 種数，(b) 多様性指数（H'），(c) 均等度指数（J'）

と林冠で共存するいわば単層の階層構造をつくる．こうした階層構造をもつために，尾根では斜面と比較して多くの優占種をもち，均等度の高い，いわば多様性の高い群落ができると考えられる．また，樹高成長と繁殖効率との間にはトレードオフの関係が知られており（Kohyama and Aiba, 1997），低温や乾燥などのストレス環境下では，樹高成長よりも繁殖をより早く開始するために樹高が抑制されること（酒井ほか，未発表）なども関係している可能性がある．

こうしたメカニズムを通じて，立地ごとの気温や土壌特性といった環境傾度（ストレス傾度）に対しての常緑樹林の植生パターンの変容は，まず林冠種の樹高が減少あるいは種そのものが消失することによってその下層を占めていた下層種が優占する，あるいは置き換わるという点において，環境傾度によらず同様のパターンを示すことがわかる．

5.2.4 構成種群の特性

葉のサイズや葉中窒素濃度などの葉特性に着目した研究から，半山周辺（屋久島西部）の常緑広葉樹は基本的に小形葉樹種が多いが，地形傾度に沿ってその分布をみてみると，斜面には小形葉樹種だけではなくモクタチバナ，ウラジロガシ，シマイズセンリョウなどの亜中形葉樹種やバリバリノキ，ミミズバイといった中形葉樹種からなる葉のC/N比の低い種群が分布するが，尾根にはスダジイ，モッコク，ヒメユズリハなどの葉のC/N比の高い小形葉樹種が多く分布するというように，葉特性の異なる種群が地形的に住み分けていることもわかってきた（朱宮・大澤，2001）．C/N比の高低は窒素利用効率や水分利用効率と関係していることが指摘されており（Osório et al., 1998など），こうした分布の違いは，乾燥・貧栄養な尾根では窒素利用効率や水分利用効率が高い種が分布し，斜面では低い種が分布している可能性があることを示唆している（Hanba et al., 2000）．地形傾度と種組成との関係は，最近の研究などから尾根に分布する種は，乾燥・貧栄養（特に可給態窒素濃度の不足）に耐性のある種が分布し，斜面では，光に対する競争力のある種が分布し，中間的な特徴をもつ種が地形によらず分布するということが知られており（Tateno and Takeda, 2003），半山におけるスダジイやマテバシイなど尾根の林冠種，バリバリノキ，イスノキなど斜面の林冠種の分布やタイミンタチバナ，サカキ，リンゴツバキなど下層種の分布はこうしたメカニズムによるのかもしれない．ただし，サクラツツジ，シャシャンボ，アデクなど葉の特性は，斜面に分布する種の特性をもちながら尾根に特異的に分布する種群などもみられることから，菌根菌との共生関係など，このような立地に生育できる他のメカニズムが存在するのかもしれない（朱宮・大澤，2001）．

また，斜面では地すべりなどにより，頻繁に攪乱される（下川・地頭薗，1984）だけでなく，屋久島は台風の主要な通過点にもなっており，特に斜面での根返りや幹折れを起こした個体もいくつかみられる．構成種の中にはマテバシイ，ウラジロガシ，モクタチバナなどのようにこうした攪乱に対して，萌芽更新を行うなどの攪乱耐性をもつ種もあり（Bellingham et al., 1996），屋久島の地形的な植生パターンをさらに複雑なものにしている．（朱宮丈晴）

文　献

秋山怜子（2003）：降雨特性を考慮した屋久島における崩壊発生条件に関する研究．安仁屋政武編，屋久島の成り立ちと生態系，pp. 39-46，筑波大学地球科学系．

Bellingham, P. J., Koyama, T. and Aiba, S. (1996) : The

effect of typhoon on Japanese warm temperate rainforest. *Ecological Research*, 11, 229-247.

Hanba, Y., Noma, N. and Umeki, K. (2000): Relationship between leaf characteristics, tree sizes and species distribution along a slope in a warm temperate forest. *Ecological Research*, 15, 393-403.

Hill, M. O. (1979a): TWINSPAN—a FORTRAN Program for arranging Multivariate Data in an Ordered Two-Way Table by Classification of the Individuals and the Attributes. Cornel University, Department of Ecology and Systematics, Ithaca.

Hill, M. O. (1979b): DECORANA—a FORTRAN Program for Detrended Correspondence Analysis and Reciprocal Averaging, Cornel University, Department of Ecology and Systematics, Ithaca.

Jackson, R. B., Canadell, J., Ehleringer, J. R., Mooney, H. A., Sala, O. E. and Schulze, E. D. (1996): A global analysis of root distributions for terrestrial biomes. *Oecologia*, 108, 389-411.

Kimmins, J. P. (1987): Forest Ecology, Macmillan Publishing Company.

Kohyama, T. and Aiba, S. (1997): Dynamics of primary and secondary warm-temperate rain forests in Yakushima Island. *Tropics*, 6-4, 383-392.

大澤雅彦 (1984): 屋久島原生自然環境保全地域の植生構造と動態. 環境庁自然保護局編, 屋久島の自然 (屋久島原生自然環境保全地域調査報告書), pp. 317-351, 日本自然保護協会.

Ohsawa, M. (1991): Structural comparison of tropical montane rain forests along latitudinal and altitudinal gradients in south and east Asia. *Vegetatio*, 97, 1-10.

大澤雅彦・新田郁子 (1999): 屋久島における常緑広葉樹の葉, 芽, シュート, 樹型特性と森林構造との関係に関する研究. 平成9年度屋久島における島嶼生態系の保全に関する調査研究報告書, pp. 62-73, 自然環境研究センター.

大澤雅彦・武生雅明・大塚俊之 (1994): 屋久島低地におけるリーフサイズが異なる2つの常緑広葉樹林の比較. 環境庁自然保護局編, 屋久島原生自然環境保全地域調査報告書, pp. 87-100, 日本自然保護協会.

Osório, J., Osório, M. L., Chaves, M. and Pereira, J. S. (1998): Effect of water deficits on 13 C discimination and transpiration efficiency of *Eucalyptus globulus* clones. *Australian Journal of Plant Physiology*, 25, 645-653.

Sakai, A. and Ohsawa, M. (1993): Vegetation pattern and microtopography on a landslide scar of Mt. Kiyosumi, central Japan. *Ecological Research*, 9, 269-280.

下川悦郎・地頭薗 隆 (1984): 屋久島原生自然環境保全地域における土壌の居留時間と屋久スギ. 環境庁自然保護局編, 屋久島の自然 (屋久島原生自然環境保全地域調査報告書), pp. 83-100, 日本自然保護協会.

朱宮丈晴・大澤雅彦 (1996): 地形に対応した常緑広葉樹の群落構造とその形成過程. 平成11年度屋久島における島嶼生態系の保全に関する調査研究報告書, pp. 218-239, 自然環境研究センター.

朱宮丈晴・大澤雅彦 (1997): 地形に対応した常緑広葉樹の階層構造とその形成過程. 平成7年度～平成8年度科学研究費補助金基盤研究 (B)(2) 研究成果報告書, pp. 65-95, 千葉大学.

朱宮丈晴・大澤雅彦 (2001): 屋久島の常緑広葉樹40種における葉中窒素濃度と地形分布. 平成10年度～平成12年度科学研究費補助金基盤研究 (B)(2) 研究成果報告書, pp. 17-36, 東京大学.

Tateno, R. and Takeda, H. (2003): Forest structure and tree species distribution in relation to topography—mediated heterogeneity of soil nitrogen and light at the forest floor. *Ecological Research*, 18, 559-571.

山本啓司 (1996): 花崗岩節理系と表層地形動態. 平成7年度科学研究費補助金 (総合研究A) 研究成果報告書, pp.3-22, 千葉大学理学部.

5.3 山地帯スギ林の構造と動態

樹齢1000年を超える巨木が林立するスギ (*Cryptomeria japonica*) の自然林は, 屋久島というと誰もが連想するほど, 屋久島を特徴づける森林ではないだろうか. さて, このスギが属するスギ科は現生のものでは9属約13種が知られ, スギ属, メタセコイア属 (*Metasequoia*), イヌスギ属 (*Glyptostrobus*), コウヨウザン属 (*Cunninghamia*), タイワンスギ属 (*Taiwania*) の5属が東アジアに, セコイア属 (*Sequoia*), セコイアデンドロン属 (*Sequoiadendron*), ヌマスギ属 (*Taxodium*) の3属が北アメリカに, タスマニアスギ属 (*Athrotaxis*) が南半球のタスマニア島にそれぞれ固有に分布している.

しかし, 生きた化石として知られるメタセコイア属を筆頭に, 多くの属が白亜紀から第三紀にかけては北半球に広く分布していたことが, 化石記録から明らかになっており, その後の大陸移動や気候変動の過程で分布域が縮小し, 現在ではそれぞれが限られた地域にのみ生き残ったと考えられている. かつて繁栄し, 現在では限られた地域にのみ遺存的に分布するスギ科樹木は現在どのような種と共存し, どのようにして世代交代を続けているのだろうか. 屋久島の森はこうした疑問を解決するための格好の場である. 特に, 地史的要因に加え, 人為的要因によりスギ科樹木の森林の分布域が縮小している現在では, 世界的にみても貴重な存在となっている.

そこで筆者らは, スギ自然林の更新機構を解明することを目的として, 岡田・大澤 (1984) により1983年に永久方形区が設置されて以来, 約20年間にわたり長期観測を続けてきた (武生ほか, 1994; 武生, 未発表). 本節では, スギ自然林の種類組成,

森林構造，および更新動態の特徴を，筆者らが行ってきた長期観測研究の結果を中心に紹介する．

5.3.1 スギ林の種組成と林分構造
a. 種組成

屋久島の標高約1000m以下の暖温帯域は，シイやカシが優占する常緑広葉樹林帯となっており，スギ林は標高1000m以上の冷温帯域に分布する．そして，標高1500mを超えると次第にスギの樹高が低下してスギ低木林となり，山頂域ではヤクザサの草原となる．そこで，スギ林が最もよく発達する標高に調査区を設置することとし，永田岳から西に延びる稜線上（花山歩道）の標高1300m地点に，1.08 haの永久方形区が1983年に設置された（図II.5.22）（岡田・大澤，1984）．この永久方形区では，胸高直径1cm以上の幹を対象に（サクラツツジとハイノキについては3cm以上），樹木センサス調査が10年間隔で行われている（武生ほか，1994；武生，未発表）．

スギ林を構成する樹木の種組成を，常緑広葉樹林帯と比較しながらみてみる．表II.5.4に示したように，標高500m以下のシイ林域では，林冠をブナ科のスダジイやウラジロガシ，マンサク科のイスノキやクスノキ科のタブノキといった常緑広葉樹が優占し，その下層もツバキ科，モチノキ科，ヤブコウジ科の常緑広葉樹が覆っているが，標高500mを超えカシ林域に入ると，常緑広葉樹の多くが欠落し，代わりに針葉樹のツガが出現し優占するようになる．さらに標高が上がりスギ林に入ると，高木性の常緑広葉樹はほとんど消え，林冠では針葉樹のスギ，ツガ，モミ，落葉広葉樹のハリギリなどが優占するようになる．高木性の常緑広葉樹の中で唯一常緑広葉樹林帯よりもスギ林で高い優占度を示すのはヤマグルマである．この種は被子植物にもかかわらず道管をもたず，針葉樹と同様に仮道管をもつという変わった特徴を有する．スギ林の下層は，サクラツツジやシキミ，ハイノキといった，シイ林域よりもカシ林域で高い優占度を示す亜高木性または低木性の常緑広葉樹が優占している．

スギ林の種組成についてさらに解析した結果，種組成は地形により変化していた（図II.5.23，表II.5.5：岡田・大澤，1984）．調査区内の小ピーク上ではスギよりもツガの優占度が高く，ソヨゴやアセビ，カナクギノキの出現頻度が高い．小ピーク周辺の尾根や急斜面ではツガの優占度が低下し，モミがスギやヤマグルマとともに高い優占度を示した．一方，谷頭部にはハリギリの大径木が出現し，スギとともに高い優占度を示した．斜面の中部や下部ではスギが広く優占し，落葉広葉樹のヤマボウシやコハウチワカエデ，リョウブが特徴的に出現していた．

次に，スギ林内の林床植生についてみてみる．地上高約2m以下で樹木センサスの対象とならない低木層と，地上高約0.3m以下の草本層の種組成

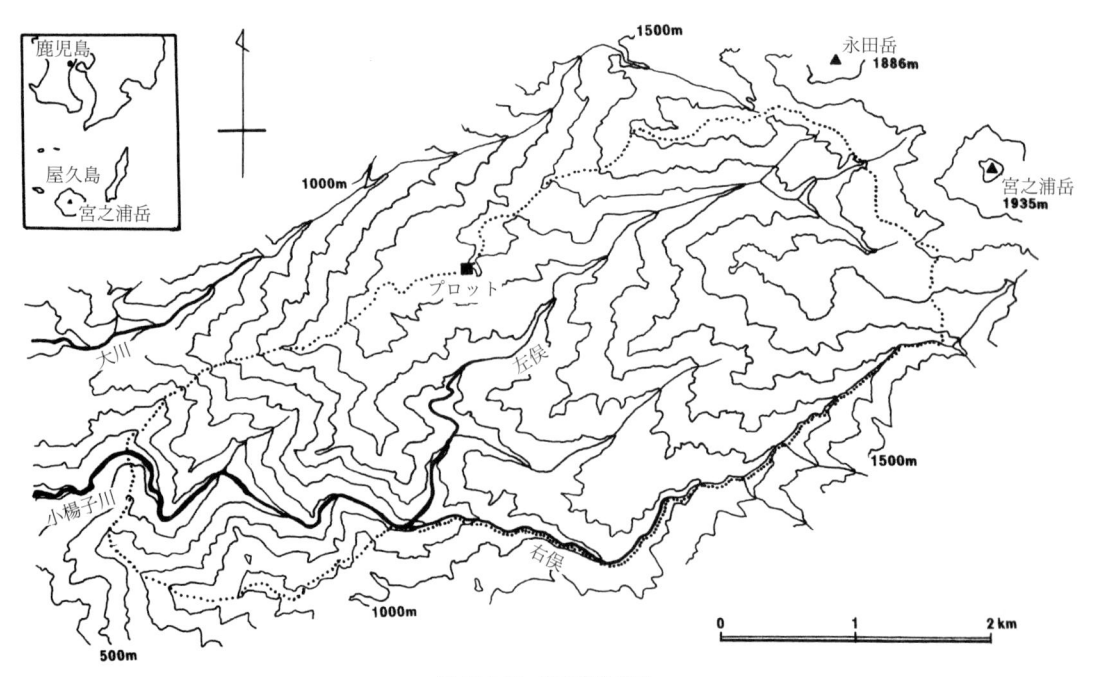

図 II.5.22 調査地位置図

表 II.5.4 標高による樹木（直径 10 cm 以上）の種組成の変化
調査区内での胸高断面積合計に基づく相対優占度（％）を示す．相対優占度が 0.5％未満の種は省略した．

種名 \ 調査区（標高）	愛子岳*1 (200 m)	荒川林道*1 (730 m)	花山歩道*2 (1300 m)
スダジイ	19.9		
ウラジロガシ	10.7	1.8	
ヒメシャラ	7.4	5.4	
タブ	7.3		
モクタチバナ	5.2		
フカノキ	4.7		
アコウ	2.8		
タイミンタチバナ	2.4	0.2	
ヒメユズリハ	2.2		
バリバリノキ	2.1		
ヤブニッケイ	1.5		
マテバシイ	1.5		
ヤマビワ	1.4		
トキワガキ	1.1		
モッコク	0.9		
サザンカ	0.7		
ツゲモチ	0.7		
ショウベンノキ	0.5		
リュウキュウモチ	0.5		
ツガ		41.0	5.5
イスノキ	19.4	30.5	
サクラツツジ	1.5	7.6	2.2
サカキ	1.3	4.1	0.3
リンゴツバキ	1.6	3.4	
イヌガシ	1.1	2.0	
シキミ		1.9	1.3
ホソバタブ		1.0	
スギ			59.3
ヤマグルマ		1.1	20.9
モミ			4.2
ハリギリ			4.1
カナクギノキ			0.8

*1 武生（未発表），*2 岡田・大澤（1984）のデータをもとに算出．

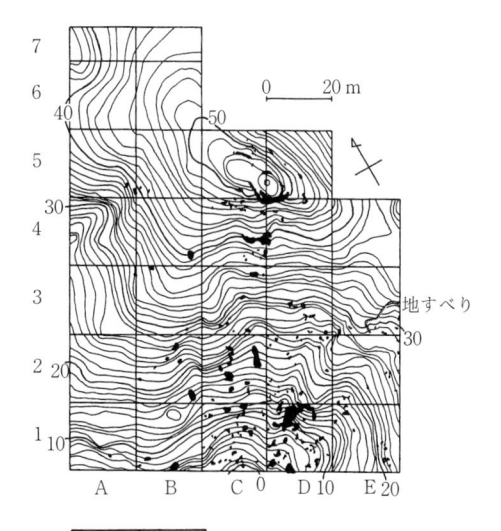

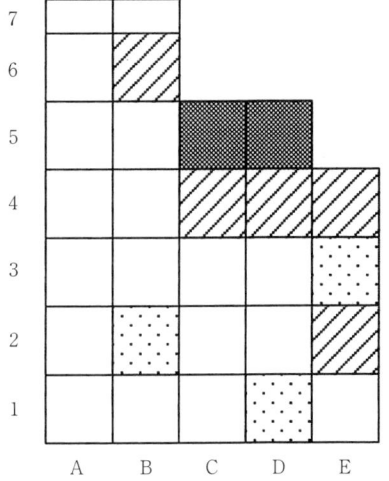

図 II.5.23 調査区内の地形（上）と，TWINSPAN 法によって分類された 4 つの群落タイプの 1983 年当時の分布
各群落タイプの種組成は表 II.5.5 を参照．

凡例：
- スギ-ツガ優占
- スギ-モミ-ヤマグルマ優占
- スギ-ヤマグルマ優占
- スギ-ヤマグルマ-ハリギリ優占

については，1 m × 1 m の小方形区を永久方形区内のさまざまな立地条件下に設置して調べている．林床植生の種組成は地形（尾根，斜面）だけでなく生育基質（地表面，マウンド，ピット，倒木上，根株上）と光条件（閉鎖林冠下，ギャップ）によっても異なっていた（表 II.5.6）．林床植生の種組成に大きな影響を与えているのは生育基質で，基質が土壌（地表面，マウンド，ピット）なのか樹木（倒木の幹，幹折れまたは伐採木の根株）なのかによって，林床植生は大きく異なっていた．土壌上の低木層ではハイノキが優占し，草本層ではコバノイシカグマやヒメチドメ，コケスミレが高い出現頻度で出現するのに対し，倒木上や根株上の低木層ではスギやサクラツツジが優占し，草本層ではコウヤコケシノブなどの着生シダが高い出現頻度で出現していた．同じ生育基質上でも，暗い閉鎖林冠下ではギャップに比べ極端に出現種数が減少していた．

b. 林分構造

スギ林の構造の特徴として，林冠木のサイズが大きいことがあげられる．表 II.5.7 に示すようにスギ林の最大サイズは低標高に分布する常緑広葉樹林

表 II.5.5　スギ林内での樹木の種組成

調査区内を 20 m×20 m（一部 10 m×20 m）に区切り，1983年当時の各メッシュにおける出現種の相対優占度（胸高断面積合計の相対値，岡田・大澤（1984）より引用）をもとに，TWINSPAN法（Hill, 1979）により種組成を分類した結果を示す．各構成種について，群落タイプごとに出現したメッシュの頻度（％）と出現したメッシュでの平均相対優占度（括弧内，％）を示す．

種名	スギ-ツガ優占	スギ-モミ-ヤマグルマ優占	スギ-ヤマグルマ優占	スギ-ヤマグルマ-ハリギリ優占
ツガ	100 (52.9)	60 (13.0)		
モミ	50 (8.4)	80 (23.6)	6 (9.7)	
ヒノキ		40 (0.7)	6 (0.1)	33 (0.1)
ソヨゴ	100 (1.2)	40 (0.1)	22 (0.4)	
ヤブツバキ	50 (0.0)		6 (0.5)	
サカキ	100 (0.4)	60 (0.3)	28 (0.9)	67 (1.3)
カナクギノキ	50 (8.8)		22 (2.2)	
アセビ	100 (0.9)	40 (0.2)	39 (1.0)	33 (0.3)
サクラツツジ	100 (8.0)	100 (2.2)	94 (4.3)	100 (1.1)
シキミ	100 (2.4)	80 (0.4)	94 (1.4)	100 (2.5)
ハイノキ	100 (0.9)	100 (1.6)	100 (2.0)	100 (0.7)
スギ	100 (17.4)	100 (37.8)	100 (70.9)	100 (51.9)
ヤマグルマ	100 (7.3)	100 (29.5)	100 (18.3)	67 (18.0)
ハリギリ		20 (6.9)		100 (30.7)
ヤマボウシ			11 (2.7)	
コハウチワカエデ			22 (2.1)	
ユズリハ			22 (0.9)	
ヒカゲツツジ			6 (0.1)	
リョウブ			44 (1.3)	
ツルアジサイ			6 (0.1)	
ヒメヒサカキ			11 (0.1)	67 (0.1)
ツクシイヌツゲ				33 (0.1)

帯のシイ林やカシ林の樹木に比べて非常に大きく，直径では約2倍，樹高では約1.5倍の差がある．バイオマスの指標となる胸高断面積合計（幹を円と仮定した幹の断面積の全幹についての合計値）の値も約2倍大きくなっている．また，本州の冷温帯にはブナ林が分布するが，ブナ林と比較しても樹木の最大サイズやバイオマスがスギ林では格段に大きいことがわかる．このように樹木の最大サイズが大きいことは世界各地に遺存的に分布するスギ科樹木の森林に共通する特徴で，一例として示した北アメリカのセンペルセコイア林では，最大樹高が約100 mと世界でも最も樹木のサイズが大きな森林となっている（Fujimori, 1977）．

スギ林内の構造について詳細にみてみると，種ごとに最大サイズの違いにより異なる階層に分かれて出現する傾向がみられる（図II.5.24：岡田・大澤，1984）．針葉樹のスギ，モミ，ツガ，落葉広葉樹のハリギリ，常緑広葉樹のヤマグルマは，樹高20 m以上に達し林冠層を形成するが，特に針葉樹の3種は林冠層を突き抜け，樹高30 m以上の超高木になる個体も多くみられる．次いで，太平洋側ブナ林の構成種である落葉広葉樹のコハウチワカエデやヤマボウシとともに，常緑広葉樹のシキミやサカキ，ユズリハが樹高10 m以上の亜高木層を形成する．その下層の低木層は，アセビ，サクラツツジ，ハイノキといった常緑広葉樹が優占している．林冠層と亜高木層の構成種では，樹高10 m以下の低木層に稚樹がほとんど出現しなかった．これはこれらの樹種では何らかの攪乱によりギャップが形成されたときに更新することを示している．一方，低木層の構成種の多くは小さなサイズの個体ほど多いという逆J字型のサイズ構造をもつことから，閉鎖林冠下でも順調に更新しているのではないかと推測される．実際に20年間観察した結果，各構成種がどのように更新しているか次第にわかってきたので，その結果を次項で紹介する．

5.3.2　20年間の動態

a.　台風による倒木とギャップ拡大

1983年に観察を始めてから8年目に当たる1991年に，このスギ林には大きな転機が訪れた．調査区下部の小さな谷の谷頭に位置していたハリギリの巨

表 II.5.6 スギ林内の林床植生の組成

永久方形区内に67個の1m×1mの小方形区を設置し、小方形区内の林床植生（地上高3m未満）の種組成をTWINSPAN法（Hill, 1979）によって分類した．この表には，各構成種について，組成タイプごとに出現したメッシュの頻度（％）を示す（武生，未発表）．

群落タイプ	ハイノキ型	コバノイシカグマ-ヒメチドメ型	コバノイシカグマ-アセビ型	アセビ-ツルアリドオシ型	コウヤコケシノブ型	サクラツツジ-アセビ型
地形	尾根・斜面	斜面	尾根	尾根・斜面	尾根・斜面	尾根・斜面
林冠	閉鎖林冠	ギャップ	ギャップ	ギャップ	閉鎖林冠	ギャップ
生育基質	地表	地表・マウンド・ピット	地表・マウンド・ピット	倒木上・地表	倒木・根株上	倒木上
平均コケ植被率	9.2	22.8	11.2	30.5	64.4	33.3
フタリシズカ	20.0	37.5	50.0			12.5
コバノイシカグマ	40.0	75.0	85.7	25.0		
サンショウソウ		18.8	35.7			6.3
オオバライチゴ		6.3	14.3			
ヤクシマハシカグサ		25.0	14.3			
ヒメチドメ		87.5	50.0			
シシガシラ		12.5	7.1			
ホウロクイチゴ		25.0	7.1			
コミヤマカタバミ		18.8				
ツガ		25.0				
コケスミレ		87.5	64.3	12.5		6.3
コナスビ		12.5	7.1	12.5		
ヤクシマミヤマスミレ		31.3	7.1			6.3
ヒメヒサカキ	40.0	18.8				6.3
イワヒメワラビ		31.3	28.6	12.5		6.3
フモトスミレ		18.8	21.4			12.5
トウゴクシダ	40.0	68.8	78.6	50.0	12.5	12.5
ハイノキ	100.0	68.8	71.4	75.0	75.0	25.0
モミ	20.0		7.1	12.5		
ヒサカキ		18.8	14.3	12.5		12.5
ハリギリ		25.0	0.0	12.5		12.5
ヤマグルマ		56.3	14.3	37.5	12.5	56.3
スギ		87.5	57.1	62.5	12.5	93.8
カナクギノキ		12.5	7.1	12.5		18.8
イワガラミ		6.3	14.3		37.5	25.0
サクラツツジ	40.0	62.5	42.9	87.5	50.0	87.5
ホソバコケシノブ					25.0	12.5
シキミ					50.0	25.0
ヒノキ				25.0	12.5	18.8
コウヤコケシノブ				50.0	87.5	6.3
コハウチワカエデ			7.1		37.5	
アセビ	20.0		71.4	87.5	62.5	50.0
オオゴカヨウオウレン	40.0		14.3	50.0		
ツルアリドオシ		6.3	21.4	87.5		18.8

表 II.5.7 屋久島のスギ林と他の森林タイプとの林分構造の比較
直径10 cm以上の幹を対象にした結果を示す．

森林タイプ	幹数密度（/ha）	胸高断面積合計（m²/ha）	最大直径（cm）	最大樹高（m）	文献
屋久島シイ林（標高200 m）	1050.0	63.1	132.2	20.0	武生（未発表）
屋久島カシ林（標高730 m）	1112.5	69.5	95.7	24.7	武生（未発表）
屋久島スギ林（標高1300 m）	618.5	134.7	230.0	33.2	岡田・大澤（1984）
箱根ブナ林	528.2	26.0	97.9	25.0	武生（未発表）
北アメリカセンペルセコイア林		338.3		97.0	Fujimori（1977）

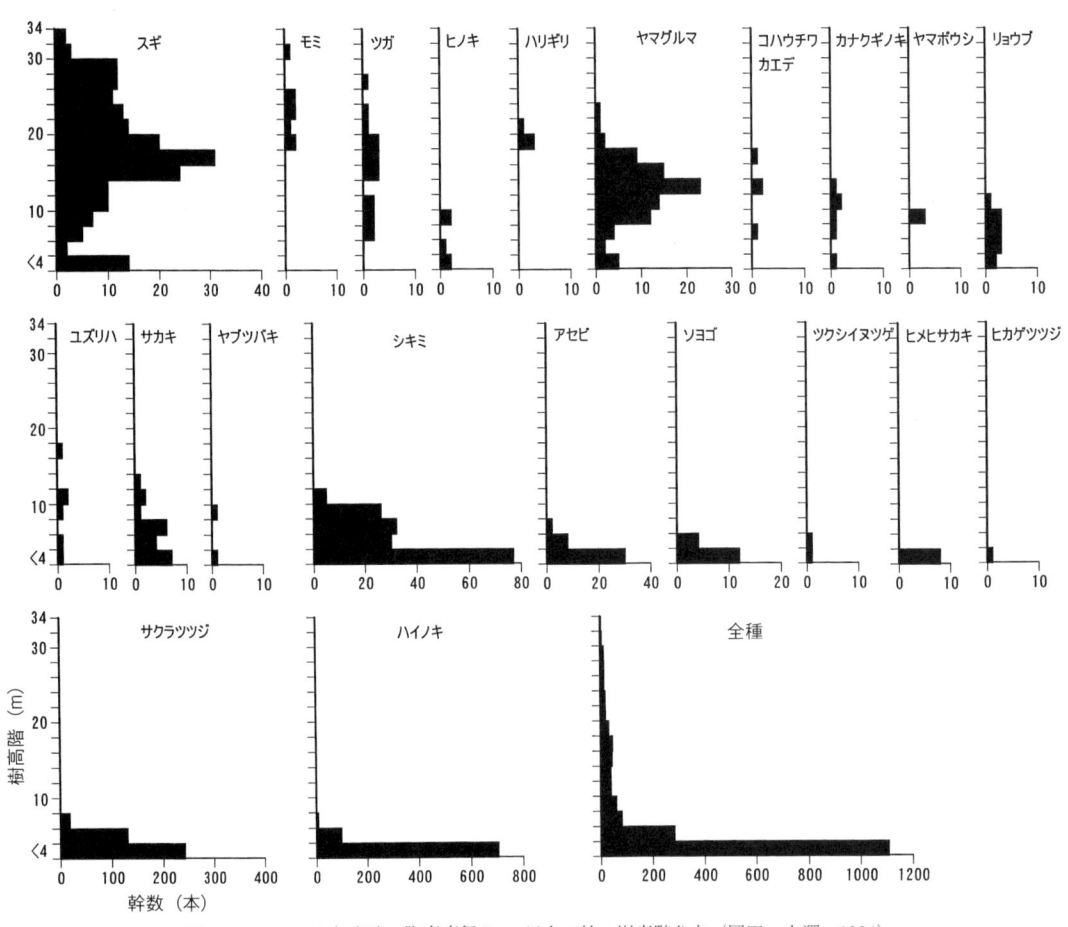

図 II.5.24　1983年当時の胸高直径3cm以上の幹の樹高階分布（岡田・大澤，1984）

木が台風により根返りを起こし，ギャップを形成した（図II.5.25）．次いで，1993年に日本各地に被害をもたらした台風13号が屋久島を直撃し，その際の強風によりハリギリギャップの周辺に生育していたスギやモミ，ツガなどの林冠木が次々に幹折れまたは根返りし，ギャップが大幅に拡大した（図II.5.26：武生ほか，1994）．その後もギャップ周囲の林冠木の死亡は続き，2003年の再調査の際にはギャップは尾根にまで達していた．これは林冠の上を渡ってきた風がギャップという孔に吹き込み，ギャップ周囲の幹を強く押したためではないかと考えられる．特に針葉樹のスギ，モミ，ツガの林冠木は樹高が高いために風の影響を受けやすいことが，幹折れや根返りが多くなったことの一因だろう．斜面下方に比べ上方で死亡した個体が多く，尾根に向かってギャップが拡大していったのは，わずかな標高差ではあるが尾根に向かうほど風が強かったためではないかと考えられる．その結果，ギャップ面積は1983年の349 m²（調査区面積の3.2%）から，1993

図 II.5.25　1991年の台風によるハリギリの根返り

年には1343 m²（同12.4%），2003年には3865 m²（同35.7%）と，20年間で約10倍に拡大した．このようなギャップの拡大現象は，これまで南アメリカの熱帯林（Grau, 2002）やカリフォルニアの針広混交林（Hunter and Parker, 1993）では報告さ

5. 屋久島の森林の分布と特性

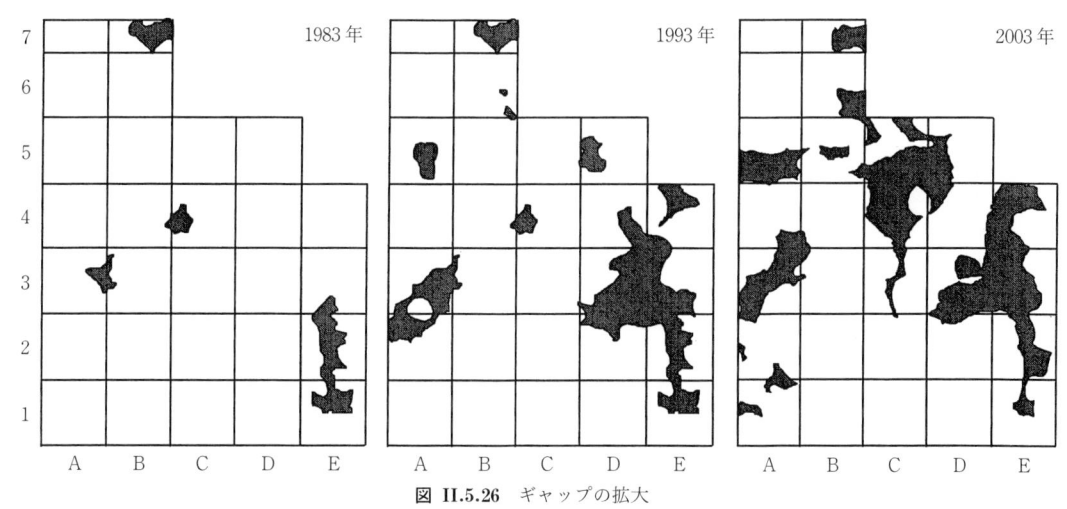

図 II.5.26 ギャップの拡大
グレーで囲んだ部分がギャップを示す．岡田・大澤（1984），武生ほか（1994），武生（未発表）より作成．

表 II.5.8 スギ林の群落構造の変化
直径1cm以上および5cm以上（括弧内）の幹を対象とした胸高断面積合計（BA）と幹数密度の20年間の変化．

	種　名	最大直径(cm)	最大樹高(m)	1983年[*1]		1993年[*2]		2003年[*3]	
				幹数 (/ha)	BA (m²/ha)	幹数 (/ha)	BA (m²/ha)	幹数 (/ha)	BA (m²/ha)
高木種	スギ	230.0	33.2	175.9 (162.0)	80.4 (80.4)	180.6 (163.0)	79.3 (79.3)	200.0 (167.6)	69.0 (69.0)
	ヤマグルマ	180.0	22.5	112.0 (109.3)	27.3 (27.3)	103.7 (101.9)	24.5 (24.5)	88.9 (88.0)	20.7 (20.7)
	ツガ	138.0	26.6	18.5 (16.7)	7.4 (7.4)	15.7 (15.7)	7.1 (7.1)	9.3 (9.3)	4.9 (4.9)
	モミ	120.0	30.2	7.4 (7.4)	5.8 (5.8)	7.4 (7.4)	5.8 (5.8)	6.5 (6.5)	4.8 (4.8)
	ヒノキ	30.0	8.6	4.6 (4.6)	0.1 (0.1)	3.7 (3.7)	0.1 (0.1)	2.8 (2.8)	0.01 (0.0)
	ハリギリ	220.0	21.2	3.7 (3.7)	5.5 (5.5)	3.7 (2.8)	2.0 (2.0)	2.8 (1.9)	1.3 (1.3)
亜高木種	シキミ	33.5	10.8	202.8 (112.0)	2.0 (1.9)	194.4 (84.3)	1.5 (1.5)	223.1 (84.3)	1.4 (1.3)
	サカキ	32.6	11.8	23.1 (19.4)	0.3 (0.3)	25.9 (20.4)	0.3 (0.3)	21.3 (17.6)	0.3 (0.3)
	リョウブ	38.5	10.1	17.6 (16.7)	0.5 (0.5)	19.4 (15.7)	0.4 (0.4)	25.9 (14.8)	0.4 (0.4)
	カナクギノキ	81.8	13.0	5.6 (4.6)	1.2 (1.2)	4.6 (3.7)	0.7 (0.7)	4.6 (3.7)	0.3 (0.3)
	ユズリハ	35.0	16.5	5.6 (4.6)	0.2 (0.2)	5.6 (4.6)	0.2 (0.2)	11.1 (3.7)	0.1 (0.1)
	コハウチワカエデ	66.5	16.0	3.7 (3.7)	0.5 (0.5)	3.7 (3.7)	0.6 (0.6)	3.7 (3.7)	0.6 (0.6)
	ヤマボウシ	33.5	9.5	2.8 (2.8)	0.2 (0.2)	2.8 (2.8)	0.2 (0.2)	2.8 (2.8)	0.2 (0.2)
	ヤブツバキ	11.6	8.2	2.8 (1.9)	0.0 (0.0)	2.8 (1.9)	0.0 (0.0)	1.9 (1.9)	0.0 (0.0)
低木種	サクラツツジ	29.0	7.8	— (419.4)	— (4.0)	— (354.6)	— (3.3)	— (247.2)	— (2.6)
	ハイノキ	16.0	7.3	— (237.0)	— (0.8)	— (275.0)	— (0.9)	— (258.3)	— (0.8)
	アセビ	27.6	6.3	59.3 (34.3)	0.4 (0.4)	67.6 (28.7)	0.4 (0.3)	86.1 (36.1)	0.4 (0.3)
	ソヨゴ	29.3	5.9	25.9 (16.7)	0.2 (0.2)	21.3 (14.8)	0.1 (0.1)	11.1 (8.3)	0.1 (0.1)
	ヒメヒサカキ	7.4	3.5	14.8 (1.9)	0.0 (0.0)	13.9 (4.6)	0.0 (0.0)	15.7 (5.6)	0.0 (0.0)
	ヒカゲツツジ	5.7	2.7	2.8 (0.9)	0.0 (0.0)	2.8 (1.9)	0.0 (0.0)	4.6 (1.9)	0.0 (0.0)
	ツクシイヌツゲ	8.3	5.7	1.9 (0.9)	0.0 (0.0)	1.9 (0.9)	0.0 (0.0)	1.9 —	0.0 —
	ヒサカキ	2.4	—					1.9 —	0.0 —
	合　計	230.0	33.2	690.7 (1180.6)	131.9 (136.7)	681.5 (1111.1)	123.4 (127.5)	725.9 (965.7)	104.7 (107.9)

[*1] 岡田・大澤（1984），[*2] 武生ほか（1994），[*3] 武生（未発表）のデータに基づく．

れているが，これが日本国内では最初の報告となる．

b. 構成樹種の個体群動態

ギャップの拡大は，森林の構造を大きく変化させた．調査区内の全種込みでの幹数（直径5cm以上の幹を対象）は，1983年の1180.6本/haから1993年には1111.1本/ha（1983年の94％），2003年には965.7本/ha（同82％）に減少した（表II.5.8）．また，胸高断面積合計は，1983年の136.7m²/haから1993年には127.5m²/ha（1983年の93％），

2003年には107.9 m²/ha（同79%）へと激減した．その内訳をみると，高木種では幹数の減少は小さいものの大径木が幹折れや根返りによって死亡したため，胸高断面積合計が大きく減少した．一方，低木種では幹折れや根返りした大径木の下敷きになって死亡したものが多いため幹数が減少した種が多く，特に林床で最も多いサクラツツジでは1983年に比べ，20年間で約半数にまで幹数が減少した．

幹数の変動を死亡と新規加入に分けて細かくみてみると，1983～1993年の10年間と1993～2003年の10年間とでは死亡と新規加入の関係が大きく変化していることがわかる（表II.5.9）．台風によるギャップ拡大が始まった1983～1993年の10年間では，ほとんどの種で死亡幹数が新規加入幹数を上回ったのに対し，1993～2003年の10年間では，死亡幹数を新規加入幹数が上回る種が多くなった（ただし，幹数の減少が著しかったサクラツツジとハイノキでは個体識別をして調査を行っていないため，死亡幹数と新規加入幹数を示すことができなかった）．特に，高木種のスギ，亜高木種のシキミ，ユズリハ，リョウブ，低木種のアセビでは死亡幹数も多かったが，新規加入幹数がそれを大幅に上回った．一方，スギ以外の高木種ではこの20年間に新たに加入した幹はほとんどなく，ギャップ拡大に伴う林冠木の死亡が進んだため，幹数の減少が進んだ．亜高木層を構成する落葉樹のコハウチワカエデ，ヤマボウシ，カナクギノキや常緑樹のヤブツバキでは，死亡，新規加入とも少なく20年間ほとんど幹数が変化しなかった．このように各階層の構成種群間で幹数の変化傾向は異なり，個体群回転率（死亡率と新規加入率の平均）は幹の最大サイズが大きくなるに従い，小さくなる傾向がみられた（図II.5.27）．

c. 構成樹種の更新過程（定着サイトと成長特性）

スギ林の構成樹種はどのように更新（世代交代）しているのだろうか．上述したように，ギャップの拡大により新規加入幹数が大きく増加した種がみられたので，これらの樹種について，2003年調査時の新規加入個体が調査区内のどこに出現したのかをみてみる．図II.5.28に示したように，高木種のスギでは新規加入個体の分布は明らかにギャップに集中していることがわかる．亜高木種のユズリハ，リョウブ，シキミ，低木種のアセビも，ギャップ内またはギャップの周囲に新規加入個体は偏って分布しており，ギャップの拡大による光環境の改善を機に

表 II.5.9 死亡率と新規加入率

直径1 cm以上および5 cm以上（括弧内）の幹について，1983～1993年と1993～2003年の2期間の死亡率と新規加入率を示す．nは死亡または新規加入幹数．岡田・大澤（1984），武生ほか（1994）および武生（未発表）をもとに算出．

	種 名	1983～1993年				1993～2003年			
		死 亡		新規加入		死 亡		新規加入	
		n	率（%/年）	n	率（%/年）	n	率（%/年）	n	率（%/年）
高木種	スギ	6 (4)	0.3 (0.2)	10 (0)	0.5 (0.0)	20 (9)	1.1 (0.5)	41 (10)	2.1 (0.6)
	ヤマグルマ	10 (10)	0.9 (0.9)	1 (1)	0.1 (0.1)	18 (16)	1.8 (1.6)	2 (1)	0.2 (0.1)
	ツガ	3 (1)	1.6 (0.6)	0 (0)	0.0 (0.0)	7 (7)	5.3 (5.3)	0 (0)	0.0 (0.0)
	モミ	0 (0)	0.0 (0.0)	0 (0)	0.0 (0.0)	1 (1)	1.3 (1.3)	0 (0)	0.0 (0.0)
	ヒノキ	1 (1)	2.2 (2.2)	0 (0)	0.0 (0.0)	2 (2)	6.9 (6.9)	1 (1)	4.1 (4.1)
	ハリギリ	1 (1)	2.9 (2.9)	1 (0)	2.9 (0.0)	1 (1)	2.9 (2.9)	0 (0)	0.0 (4.1)
亜高木種	シキミ	59 (34)	3.1 (3.3)	47 (0)	2.6 (0.0)	33 (14)	1.7 (1.7)	62 (2)	3.0 (0.3)
	サカキ	1 (0)	0.4 (0.0)	3 (1)	1.2 (0.5)	7 (4)	2.9 (2.0)	2 (0)	0.9 (0.0)
	リョウブ	2 (2)	1.1 (1.2)	4 (1)	2.1 (0.6)	2 (2)	1.0 (1.3)	9 (0)	3.9 (0.0)
	カナクギノキ	2 (1)	4.1 (2.2)	1 (0)	2.2 (0.0)	1 (0)	2.2 (0.0)	1 (0)	2.2 (0.0)
	ユズリハ	1 (1)	1.8 (2.2)	1 (0)	1.8 (0.0)	1 (1)	1.8 (2.9)	7 (1)	8.8 (0.0)
	コハウチワカエデ	0 (0)	0.0 (0.0)	0 (0)	0.0 (0.0)	0 (0)	0.0 (0.0)	0 (0)	0.0 (0.0)
	ヤマボウシ	0 (0)	0.0 (0.0)	0 (0)	0.0 (0.0)	0 (0)	0.0 (0.0)	0 (0)	0.0 (0.0)
	ヤブツバキ	0 (0)	0.0 (0.0)	0 (0)	0.0 (0.0)	1 (1)	4.1 (6.9)	0 (0)	0.0 (0.0)
低木種	アセビ	17 (10)	3.1 (3.3)	24 (3)	4.1 (1.1)	14 (14)	2.1 (3.9)	34 (9)	4.6 (3.6)
	ソヨゴ	8 (3)	3.4 (1.8)	3 (0)	1.4 (0.0)	12 (7)	7.4 (6.3)	1 (1)	0.9 (1.2)
	ヒメヒサカキ	3 (0)	2.1 (0.0)	2 (0)	1.4 (0.0)	0 (0)	0.0 (0.0)	2 (0)	1.3 (0.0)
	ヒカゲツツジ	0 (0)	0.0 (0.0)	0 (0)	0.0 (0.0)	0 (0)	0.0 (0.0)	2 (0)	5.1 (0.0)
	ツクシイヌツゲ	0 (0)	0.0 (0.0)	0 (0)	0.0 (0.0)	2 (1)	— —	2 (0)	— —
	ヒサカキ	— —	— —	— —	— —	— —	— —	2 (0)	— —
	全種込み	114 (68)	1.7 (1.3)	97 (6)	1.4 (0.1)	122 (76)	1.8 (1.6)	168 (24)	2.4 (0.5)

II.5.10 に主要高木種の実生と稚樹の出現幹数と最大樹高を立地ごとに示す．高木種の中で実生が出現したのはスギとヤマグルマのみで，他の種群では実生はほとんど出現しなかった．比較的多くの実生が出現したスギとヤマグルマでも，閉鎖林冠下には実生は出現せず，ギャップに集中して出現した．さらに，ギャップの齢が古いほど，実生数は多くなっていた．林床の生育基質をみると，地表面（土壌上）に出現する実生数は少なく，倒木の幹や根株（江戸時代の切株上）の上（図II.5.29(a)），根返り木がつくったマウンド（同図(b)）に多く出現する傾向がみられた．特に，樹高 0.3 m 以上の稚樹では地表面に出現した個体はほとんどなく，倒木，根株，マウンド上に偏って稚樹は分布していた．実生と稚樹数が多い立地では，コケ層の植被率が高くなっていた．倒木上に実生が偏って分布する現象は倒木更新と呼ばれ，各地の針葉樹林でしばしば観察されている現象である．針葉樹の実生は非常に小さいものが多く，根がリター層を越えて土壌層（A層）まで到達することができないため，地表面に生育する実生は降雨時の土壌侵食によって流されたり，夏の乾燥期に水ストレスによって枯れてしまう．一方，倒木上のコケの植被の中に生育する実生はそれらから保護されるために生き残れるのではないかと考えられている（Nakamura, 1992）．屋久島のスギ林では降雨量がきわめて多く，土壌，特にA層が非常に薄いこと（小野・大澤，1994），また花崗岩を母材とするマサ土で水はけがよいため，土壌侵食や乾燥時の水ストレスの影響が他地域に比べより一層厳しく働いているのではないかと考えられる．また，古いギャップほど最大樹高が高かったことは，ギャップが拡大し良好な光環境が維持されることが，スギやヤマグルマの実生・稚樹の生育に不可欠であることを示している．

スギ林の最大の特徴は，林冠木の針葉樹のサイズが大きいことであり，このことはこの森林が他の森林に比べ大きなバイオマスをもつことに寄与していた．林冠木のサイズが大きいことは，一方で大きなサイズのギャップ形成をもたらし，またギャップ拡大を促す一因ともなっていた．しかし，ギャップの拡大はスギ林の維持にとってマイナスではなく，むしろ実生の定着・成長にとってプラスとして働いていた．林冠木が死亡すると，その幹や根株，マウンドは実生にとって絶好の発芽・定着サイトとなり，またギャップ形成による光環境の改善が実生・稚樹の成長を促し，この森林の更新が進んでいくことが明らかになってきた．

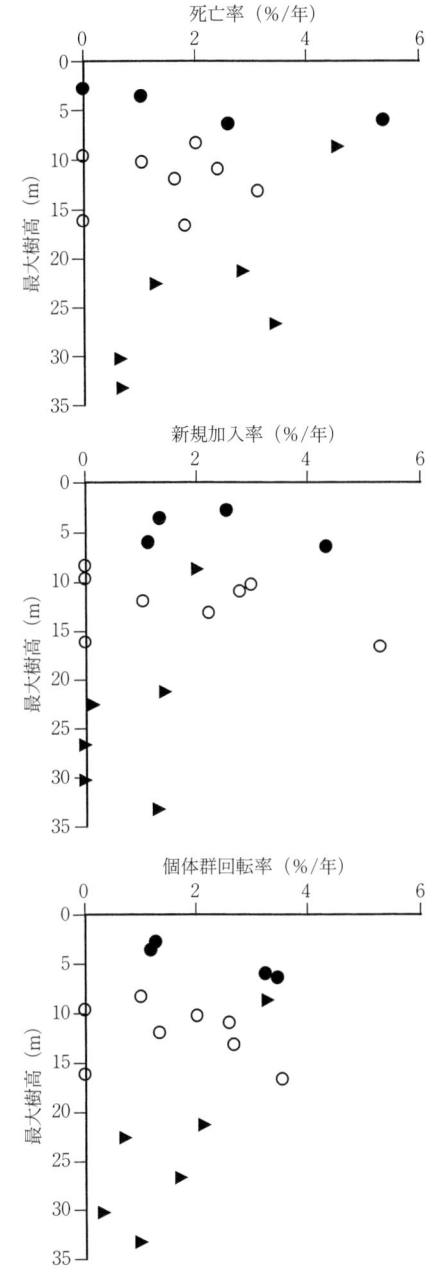

図 II.5.27 樹木の最大サイズによる死亡率と新規加入率，および個体群回転率（死亡率と新規加入率の平均）の違い

いずれも，胸高直径 1 cm 以上の幹を対象に，1983〜1993 年（武生ほか，1994）と 1993〜2003 年（武生，未発表）の 2 期間の平均値を示す．黒三角形は高木種，白丸は亜高木種，黒丸は低木種を示す．

実生・稚樹の成長が促進され，世代交代が進んでいることがわかる．

では，実生はどこに分布しているのだろうか．表

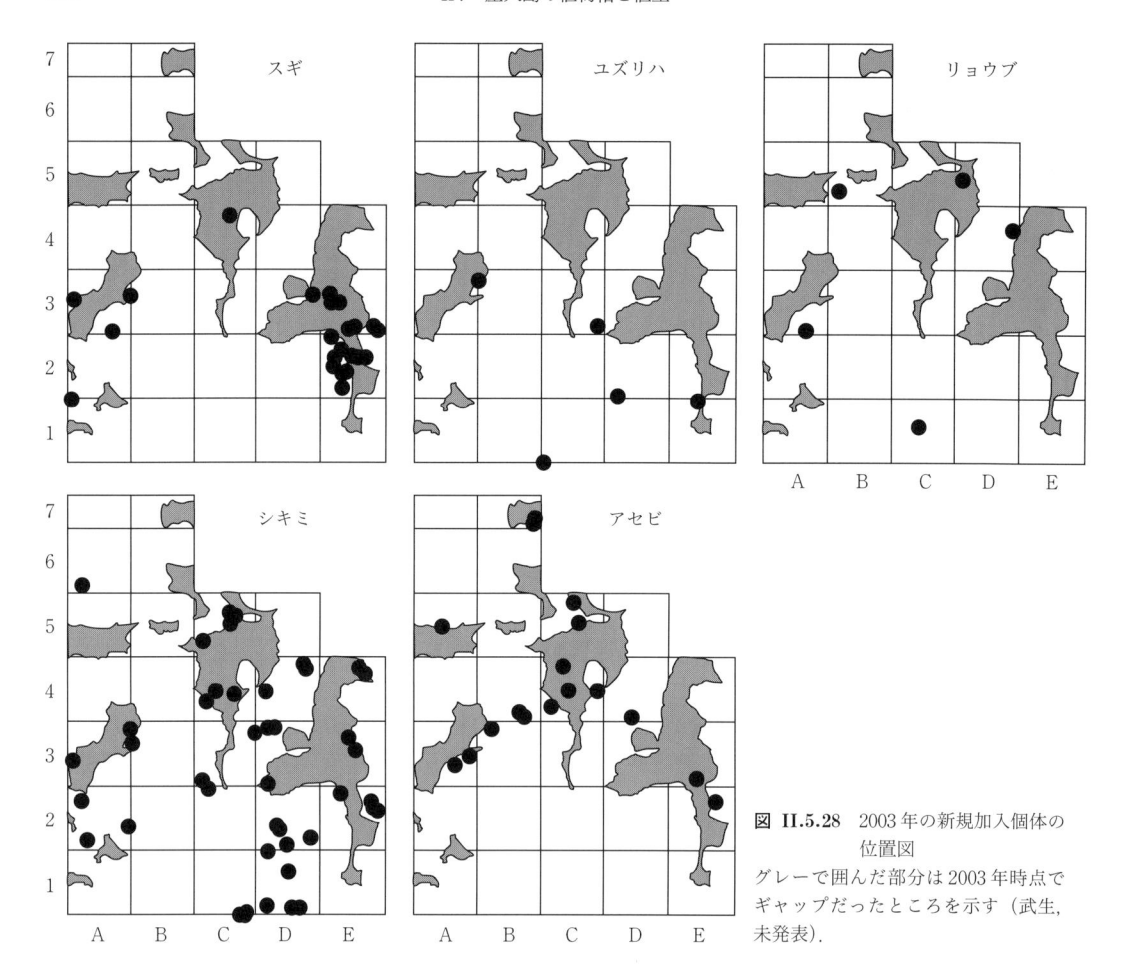

図 II.5.28 2003年の新規加入個体の位置図
グレーで囲んだ部分は2003年時点でギャップだったところを示す（武生，未発表）.

　さて，縄文杉に代表されるように，スギは非常に長寿命な種である（Suzuki and Tsukahara, 1987）．スギと同様に長寿命な種として知られる北アメリカのセンペルセコイア林では，30年間にわたる長期観測をしたものの，その死亡率は非常に低く（したがって長寿命），ギャップ形成などの森林の動きをほとんどみることができなかったことが報告されている（Busing and Fujimori, 2002）．筆者らの調査区以外のスギ林ではギャップが拡大している様子は観察されないことから，スギ林も本来は動きの乏しい森林なのであろう．しかし，いったん動き始めると非常にダイナミックに大きく動くことが，幸運にもこの研究では観察することができた．この森林が今後どのように変化していくのか，さらなる長期観測が必要である．
　　　　　　　　　　　　　　　（武生雅明）

文　献

Busing, R. T. and Fujimori, T. (2002): Dynamics of composition and structure in an old *Sequoia sempervirens* forest. *J. Veg. Sci.*, **13**, 785-792.

Fujimori, T. (1977): Stem biomass and structure of a mature *Sequoia sempervirens* stand on the Pacific coast of northern California. *J. Jap. For. Soc.*, **59**, 435-441.

Grau, H. R. (2002): Scale-dependent relationships between treefalls and species richness in a neotropical montane forest. *Ecology*, **83**, 2591-2601.

Hill, M. O. (1979): TWINSPAN—a FORTRAN Program for Arranging Multivariate Data in an Ordered Two-Way Table by Classification of the Individuals and Attributes, Cornell University, Department of Ecology and Systematics, Ithaca.

Hunter, J. C. and Parker, V. T. (1993): The disturbance regime of an old-growth forest in coastal California. *J. Veg. Sci.*, **4**, 19-24.

Nakamura, T. (1992): Effect of bryophytes on survival of conifer seedlings in subalpine forests of central Japan. *Ecological Research*, **7**, 155-162.

岡田　淳・大澤雅彦（1984）：屋久島原生自然環境保全地域におけるスギ林の構造と維持・再生機構．環境庁自然保護局編，屋久島の自然（屋久島原生自然環境保全地域調査報告書），pp.437-479，日本自然保護協会.

5. 屋久島の森林の分布と特性

表 II.5.10 主要高木種の立地タイプごとの平均実生数と稚樹数（括弧内）および実生・稚樹の平均最大樹高
立地ごとに1m²調査区を3区設け，その平均値を示す．ここでは樹高0.3m以下を実生，0.3m以上10m以下を稚樹とし，稚樹が出現したスギについてのみ平均稚樹数を示した（武生，未発表）．

種　名	林床/林冠	平均実生・稚樹数（本数/m²）					平均最大樹高（cm）				
		Gap 83	Gap 91	Gap 93	Gap 03	閉鎖林冠下	Gap 83	Gap 91	Gap 93	Gap 03	閉鎖林冠下
スギ	地表面	0.3 (2.3)	13.0 (0.0)	7.7 (0.0)	3.7 (0.0)	0.3 (0.0)	96.7	10.3	8.7	5.0	1.7
	倒木上	5.5 (4.5)	3.7 (1.0)	7.0 (0.0)	4.3 (0.0)	0.3 (0.0)	412.5	40.0	5.7	5.0	0.3
	根株上	×	×	4.7 (2.7)	×	0.0 (0.5)	×	×	50.0	×	27.5
	マウンド	×	24.3 (3.0)	×	×	×	×	210.0	×	×	×
	ピット	×	6.7 (0.0)	×	×	×	×	17.7	×	×	×
ヤマグルマ	地表面	0.3	1.3	0.3	0.7	—	0.3	2.0	0.7	1.0	—
	倒木上	0.5	10.7	5.3	2.7	—	1.3	4.7	3.0	2.0	—
	根株上	×	×	9.7	×	1.0	×	×	2.0	×	5.0
	マウンド	×	38.7	×	×	×	×	4.0	×	×	×
	ピット	×	1.0	×	×	×	×	2.0	×	×	×
ツガ	地表面	0.3	—	—	—	—	0.7	—	—	—	—
	倒木上	—	—	0.3	—	—	—	—	1.0	—	—
	根株上	×	×	—	×	—	×	×	—	×	—
	マウンド	×	0.3	×	×	×	×	1.0	×	×	×
	ピット	×	0.3	×	×	×	×	0.7	×	×	×
モミ	地表面	—	—	0.3	—	0.3	—	—	1.3	—	1.0
	倒木上	—	—	—	—	—	—	—	—	—	—
	根株上	—	—	—	—	—	—	—	—	—	—
	マウンド	×	—	×	×	×	×	—	×	×	×
	ピット	×	—	×	×	×	×	—	×	×	×
ハリギリ	地表面	—	—	0.3	0.3	—	—	—	1.0	0.7	—
	倒木上	—	—	0.3	0.3	—	—	—	0.3	0.7	—
	根株上	×	×	—	×	—	×	×	—	×	—
	マウンド	×	1.0	×	×	×	×	4.3	×	×	×
	ピット	×	—	×	×	×	×	—	×	×	×

×は調査をしていない．—は実生・稚樹が出現しなかった．
Gap 83：1983年以前からのギャップ，Gap 91：1991年に形成されたギャップ，Gap 93：1993年に形成されたギャップ，Gap 03：1993〜2003年の間に形成されたギャップ．

図 II.5.29 倒木（a）やマウンド（b）の上で成長するスギの実生・稚樹

小野昌輝・大澤雅彦 (1994)：屋久島原生自然環境保全地域の土壌と針葉樹3種の分布．環境庁自然保護局編，屋久島原生自然環境保全地域調査報告書，pp. 157-167，日本自然保護協会．

Suzuki, E. and Tsukahara, J. (1987): Age structure and regeneration of old growth *Cryptomeria japonica* forests on Yakushima Island. *Botanical Magazine, Tokyo*, **100**, 223-241.

武生雅明・大澤雅彦・尾崎煙雄・大塚泰弘・吉田直哉・本間航介・小野昌輝・江草清和 (1994)：屋久島原生自然環境保全地域におけるスギ林の10年間の群落動態．環境庁自然保護局編，屋久島原生自然環境保全地域調査報告書，pp. 3-19，日本自然保護協会．

5.4 スギ天然林の初期再生

終戦後の戦災復興に，材木の需要が高かったこともあって，屋久島のスギ天然林の伐採が進んだ．当時の営林署はスギの苗木を育て，スギの純林づくり，つまり植林をしたが，そのためには人件費を含めて多くの予算が必要であった．スギは明るいところで芽生え，成長する陽樹であり，種子には翅がついているので，風を利用してある程度の広い範囲に種子を散布することができる．現実に，ヤクスギランドに行く道路沿いでは，自然に芽生え成長した若いスギをたくさんみることができる．この事実から判断すると，多額の賃金を払って苗を育て，植える必要があったのかどうかが，筆者の頭の中で渦巻いていた．

そこで，1983年に屋久島西部の瀬切川左岸域のスギ天然林の大きな樹木が倒壊してできた空き地（ギャップ）と，それを囲む林床で，樹種の埋土種子と芽生えとを調査した．

表II.5.11は，5つのギャップと，攪乱を受けていない5つの場所で，それぞれ3地点を選び，300 cm²×3 cmの土壌を採取し，土壌中に含まれている埋土種子を数えた．表に示すように，スギの埋土種子はギャップの中と外とでほとんど差がない．埋土種子の総数でみても差はほとんどない．しかし，実生の数では表II.5.12に示すように，明らかにスギやサクラツツジが圧倒的にギャップ内で多い．この2つの結果から，スギの種子は林内に多少の偏りはあっても，およそまんべんなく散布されており，林冠木の倒壊や，伐採による森林の破壊によって日射が地表に届くようになると，一斉に発芽して，成長を始める姿を表から読み取ることができる．スギの実生が1 m²内に平均して9本芽生えているが，ギャップよりも皆伐の方が日当たりはよくなるの

表 II.5.11 5個のギャップ内外で，それぞれ土壌サンプル 300 cm²×3 cm を1地点3か所で設け，5地点の総埋土種子数を示す

	種 名	種子数/4500 cm²	
		ギャップ内	ギャップ外
林冠種	スギ	768	720
	イスノキ	40	42
	ヤマグルマ	334	297
	ヒメシャラ	13	78
	アカガシ	42	3
	モミ	20	9
	エゴノキ	10	3
	カラスザンショウ	3	3
	カクレミノ	5	6
低木種	シキミ	4	0
	サクラツツジ	597	309
	ハイノキ	18	6
	サカキ	11	3
林床種	ホウロクイチゴ	938	1038
	フユイチゴ	11	0
	その他の種	30	3
	計	2844	2514

表 II.5.12 9個のギャップ内外の1 cm²あたりの実生数（1983年調査）

	種 名	実生・稚樹数	
		ギャップ内	ギャップ外
林冠種	スギ	9.1	2.9
	イスノキ	2.1	0.6
	ヤマグルマ	2.1	0.3
	ヒメシャラ	1.3	0.2
低木種	シキミ	0.9	1.5
	サクラツツジ	29.4	1.6
	ヒサカキ	7.5	2.9
	ハイノキ	1.4	1.8
	イヌガシ	1.6	1.2
	クロバイ	1.0	0.6
	カクレミノ	0.4	0.2
	サザンカ	0.4	0.3
	その他の種	11.0	2.5
	計	65.2	16.6

で，表II.5.12のデータよりも多くの実生が出てくる可能性が高いものと考えられる．1 m²あたり9本の実生が発生しているが，この値は，成長する途中で必ず密度効果が現れ，枯れていく個体が出るほどの混み合いである．つまり，伐採跡にスギを植樹する必要はないということである．屋久島森林管理署では現在，「240年伐期の天然下種方式」を採用するに至った．つまり，スギは240年経ったら伐採

するが，伐採した跡は自然に落下した種子の発芽で再生させる，ということである．

スギを用材として活用するには，樹齢と樹木の大きさが揃っている方が扱いやすい．そのために人工林化が屋久島でも始まったが，人工林では対象となる樹木以外は除伐（人工林を管理するための作業は，間伐，除伐，蔓切り，枝下しがある）される．したがって，人工林内では生物の多様性がきわめて低い．屋久島のスギ林帯はただでさえ多様性が低いのに，人工林化するとさらにこの傾向が加速される．また，一斉植樹，一斉皆伐を繰り返すと，多量の木材を持ち出すので，土壌中の栄養塩類が不足し，畑と同じ運命をたどることになる．山地を畑化したことになり，肥料をやらなければならない状態になるであろう．現実に昔から杉林経営をしてきたスギの銘木産地では，樹木の成長が悪くなっているとの声もあがっている．

屋久杉は豊かな土壌に植えると，成長が非常に速いことがわかっている．鹿児島県の林業試験場で栽培している屋久杉の幹に釘を打っても，手で引き抜けるというほどで，成長が速いため，組織が詰まっていないことを示している．屋久杉は栄養分の少ない花崗岩の風化した「マサ土」に芽生え成長する中で，日本一の降雨量による栄養洗脱に直面し，まさにないないづくしで育ったからこそ高齢な，硬い屋久杉ができたのであろう．　　　　（田川日出夫）

文　献

田川日出夫・鈴木英治・富士篤也・藤井宏治・大平　裕・薄田二郎・塩谷克典（1984）：スギ天然林における種組成の高度による変化と再生産構造．環境庁自然保護局編，屋久島の自然（屋久島原生自然環境保全地域調査報告書），pp. 481-500，日本自然保護協会．

第6章
衛星からみた屋久島の植生

　地球観測衛星に搭載される観測機器は，地上の物体を識別する空間分解能も向上し，さまざまな目的に利用されている．森林生態系の分布とその変化状況の把握においても，利用が進んでいる．中でもランドサット衛星は1972年から地上観測を継続しており，30年以上にわたって世界のさまざまな森林の様子をわれわれに伝えてきた．特に，1981年以降のランドサット衛星に搭載された観測器，セマティックマッパー（TM）は，地上分解能（画素の大きさ）が約0.1 ha（30 m×30 m）で，7つの波長域のエネルギーを観測でき，森林調査での有効性が数多く報告されている．TMの7つの波長域には，可視光域，近赤外域，中間赤外域，熱域が含まれ，人間の眼でみえない葉緑素の活性や，葉の水分含有，表層温度の観測に利用されている．また，ランドサット衛星の飛行周期は16日で，2機の衛星が飛んでいたときは，世界中が8日ごとに観測されていた．

　ランドサット衛星は高度約700 kmを飛行し，その直下を観測しているため，地形による歪みが少ないのも特徴である．それでも，屋久島は高度差が大きいため，地形図と重ねると数画素のずれが生じることに注意しなければならない．そこで，標高データを併用した地形補正が必要となるため，全島の25 mメッシュ標高データを作成して利用している．

　本章では，このTM画像データを利用して，屋久杉天然林の把握と植生図の更新を通してみた屋久島の様子を示した．また，標高データを併用して，森林の崩壊や伐採状況など，衛星から観測された森林減少を分析した．なお，本章での「衛星データ」は，ランドサット衛星のTM画像データを指している．

a. 屋久島の衛星データ

　屋久島は，雲がかかっていることが多く，快晴時の衛星データが得られる機会は少ないが，それでも毎年1回くらいは比較的雲の少ない画像が得られている．衛星データは波長域別に観測器に入ってくるエネルギーをとらえるもので，各波長域での観測データに対してエネルギーの強弱を示す白黒画像がつくられる．カラー画像はそれらの各波長域の画像を合成してつくられるものである．可視光域の画像だけでカラー合成すると，人間の眼でみるのと同じような色調の画像となるが，屋久島では水蒸気による散乱が多く，地表がよくみえない青みがかった画像となってしまう．一方，波長の長いデータは水蒸気散乱の影響を受けにくいので，地表の様子がはっきりみえる．そこで，人間の眼ではみえない長い波長域のデータを合成したカラー画像を作成して，屋久島の概観をみた．図II.6.1は，その例で，中間赤外域，近赤外域，緑色域の衛星データを組み合わせた画像である．この画像で，濃い緑は針葉樹（屋久杉）の多いところで，鮮やかな緑は草地や若い広葉樹林である．また，海岸付近で島を取り巻くように，ピンクや紫などの箇所がみられるのは，さまざまな用途に開発されていることを示している．このカラー画像では，赤色系の箇所は土壌がみえているところで，湿っているほど赤い．このような画像を時系列的に並べることで，島の変遷が概観できる．

b. 植生把握のための衛星データ処理法

　衛星データに現れる地上被覆物は，波長域ごとのデータを計算機処理して識別した．これはデジタル処理と呼ばれ，恣意的な人間の判断が入りにくく，同じ基準で画像全体が処理できることから，よく行われている．平地や丘陵地の場合，衛星データの値を直接用いた判別分析などによる識別法が採用されている（大林，2002）．しかし，屋久島の場合は，処理に工夫が必要である．

　屋久島の衛星データをみて気づくのは，陰影が強いことである．これは，急峻な地形によって太陽光の入射強度が著しく異なるためである．同じ植生型でも太陽の当たり具合で反射強度も左右されるため，観測されるエネルギーが異なる．これが，同じ森林型でも陰影となって現れるのであるが，計算機を用いた普通のデジタル処理では，異なる森林型として判別されることになる．

　この問題を改善する手法として，筆者らはパターン展開法（中園ほか，2000）を導入した．この手法の原理は，「同類の物体からの反射は，太陽入射光

6. 衛星からみた屋久島の植生

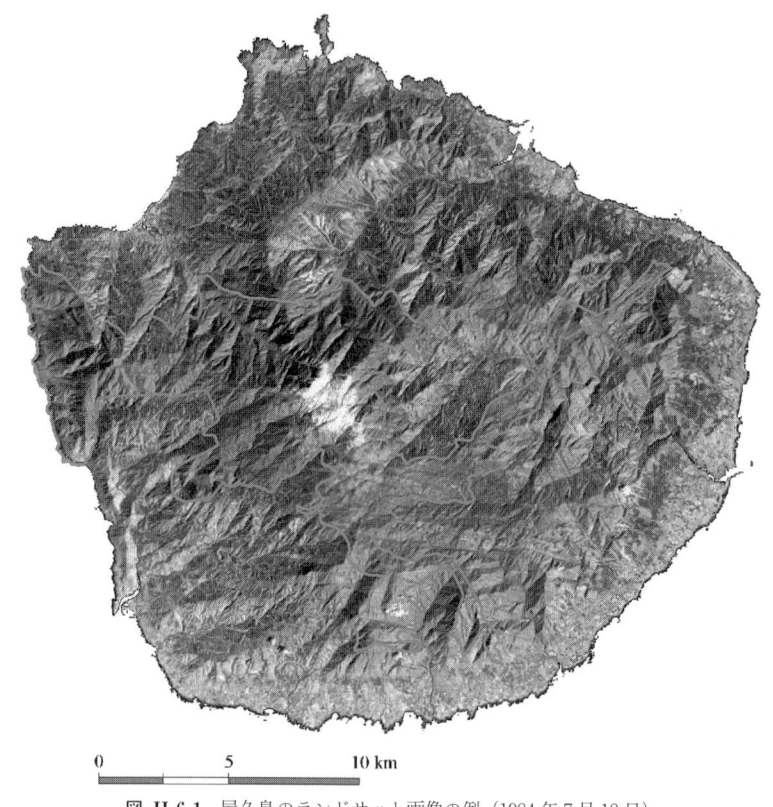

図 II.6.1 屋久島のランドサット画像の例（1984年7月18日）

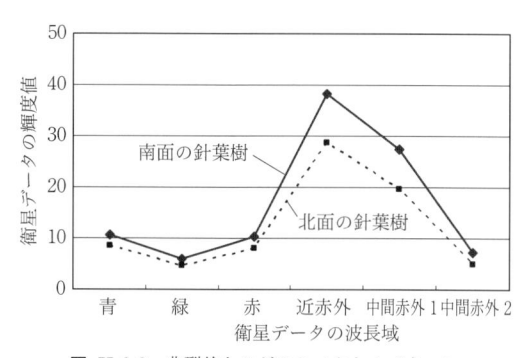

図 II.6.2 典型的なスギのスペクトルパターン

の強度が違っても，反射率はあまり変わらない」ということである．つまり，複数の波長で観測した場合，強弱の違いはあっても，全体的な反射のパターンはあまり変わらないことになる（図II.6.2）．そこで，衛星データの1点（画素）ごとに，可視から中間赤外までの6つの波長域のデータがつくるパターンに着目して，その点の被覆物を推定できるようにした．

パターン展開法を用いると，森林地帯の構成要素を針葉樹，広葉樹，土壌などとした場合，1画素（約0.1 ha）内のそれらの被覆割合に関する情報が得られる．その結果，裸地化した地域もこの手法で高精度に把握できる．パターン展開法による屋久島の針葉樹と広葉樹の識別では，春（5月）のデータが最適で，ヒメシャラ群落などの広葉樹林の分布も特定できた．ただし，この時期のデータでは常緑広葉樹と落葉広葉樹の識別はできない．

c. 植生図の更新

屋久島生態系の状況を概観するには，一般に植生図が使われている．植生図は航空写真と現地調査をもとに群落構造を単位として作成されることが多い．そのため，大縮尺の図がつくれるが，多大な時間と労力が必要となるため，適時に更新を行うのは困難で，現況を示していないことが多い．一方，衛星データは高頻度で得られるものの，それだけでは植生図と同等の情報を得ることはできない．その最大の理由は，植生図は群落構造に基づくものであるのに，衛星データは上層木における光の反射をとらえているにすぎないからである．衛星データから植生図のような主題図を作成するには，地上での確認が不可欠である．このことは，地球観測衛星に搭載されている観測器の分解能が航空写真レベルになっても変わりはない．

このようなことから，植生図作成における衛星デ

ータの有効な利用方法の一つは，既存の植生図の更新と考えられる．そこで，縮尺5万分の1の屋久島現存植生図（宮脇，1980）をデジタル化して地理情報システムのデータとしたものを用意した．これは，植生図に描かれている線を連続的にデジタル化した，いわゆるポリゴンデータである．衛星データのデジタル処理結果をこの植生図に統合化することで，図面の更新を試みた．

d. 屋久杉分布域の現況

衛星データを用いた植生図更新の項目として，屋久杉分布域を対象とした．処理法として，先に述べたパターン展開法を利用し，森林の構成要素を，針葉樹，広葉樹，裸地とした．衛星データの画素ごとに，これら3つの構成要素の関与する程度を求め，既知の屋久杉分布域との関連を分析して，屋久島全体を類型化した．

これらはデジタル処理であり，取得された衛星データに基づいて，地形の影響を軽減して画像全体を同じ基準で判別したものである．その結果は上層木における屋久杉の密度と直接的に関係するが，植生図上の森林型の類型化とは異なる．

さて，このようにして，得られた屋久杉分布域を現存植生図と合成すると，図II.6.3が得られた（カラーページも参照）．黒の次に濃い部分（カラーページでは赤い部分）は衛星データの尺度によって屋久杉はあまりないと判断した地域であり，現存植生図がつくられた1980年以降に屋久杉が伐採されて代替植生となった森林も含まれている．結局，この図は先に航空写真判読と地上調査によって得られた植生図に，衛星データの尺度による分析を加えたものといえる．そのため，両方の特徴の違いが現れている箇所も含まれ，すべてが「屋久杉分布の変化」を示すものではない．

それでも，図II.6.3は，1980年代以降の伐採活動が南西部を中心に行われてきたことを示しているといえよう．植生図にすでに示されている代替植生域の多くは，屋久杉林の伐採跡地であることを考慮すると，その拡大の様子をうかがうことができる．このように，地上調査に基づく情報と衛星データに基づく情報は相互補完的に利用されるのが，適切な利用法といえる．

衛星データの処理における基準をもとに推定した屋久杉分布域の結果を，世界自然遺産の指定域で集計したところ，72%が屋久杉分布域であった．また，指定地域の周辺にもまだ屋久杉が分布していることがうかがえる．

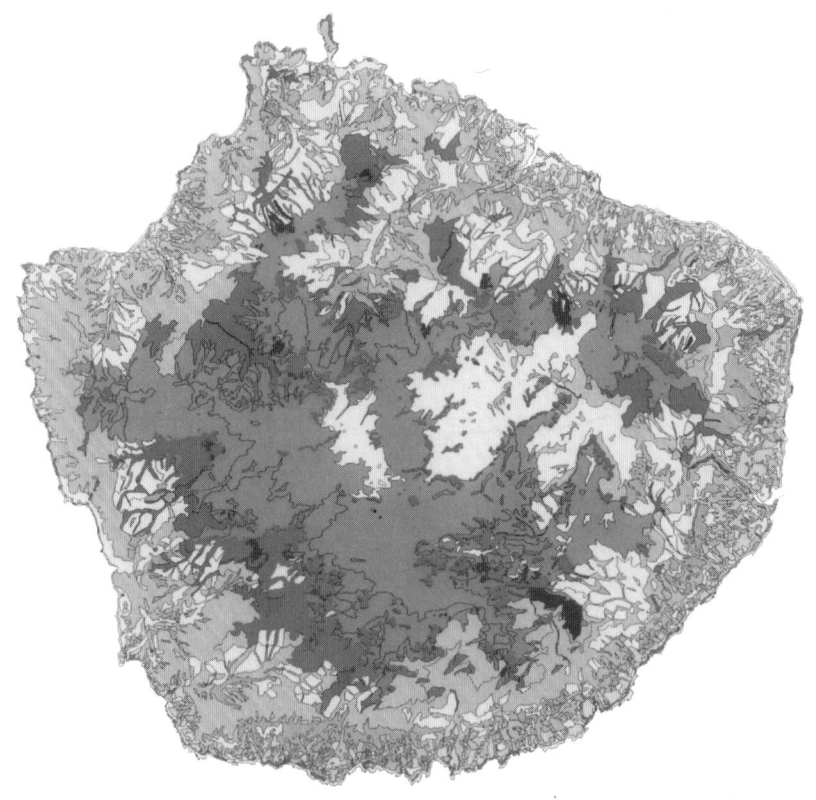

図 II.6.3　植生図と衛星データによる屋久杉分布域の同定（カラーページ参照）

e. 屋久島の森林減少

2時期の衛星データから，波長ごとの画像を適当に選んでカラー合成すると，2時期間の変化を強調した画像が作成できる．たとえば，1984年の赤色域のデータと，1997年の赤色域および近赤外域のデータを選択してカラー合成すると，この間に森林が裸地化した箇所を赤く，また伐採地に緑が回復した箇所を青く強調した画像をつくることができる（図II.6.4，カラーページ参照）．この画像から，南西部の規模の大きな伐採跡地が植生に覆われ始めた様子や，進行している小規模の伐採活動の様子がうかがえる．

実際に，これらの2時期の衛星データを用いて，森林が減少して裸地化した箇所をデジタル処理によって抽出したところ，裸地化した森林域の面積総計は1076 haとなった．これには，新しい伐採跡地が含まれるが，伐採後に森林として再生・回復した箇所は含まれていない．しかし，衛星データは植生被覆をスペクトルでとらえているだけで，伐採などによる裸地化を検出できても，その原因は特定できない．変化の要因分析を行うためには，衛星データの解析に，その他の情報を加味する必要がある．

25 mメッシュの標高データと衛星データとが重なるように処理し，標高データで地形解析を行って，画素ごとに斜面傾斜角を求めた．この傾斜角データと森林の裸地化率の関係を図II.6.5に示す．傾斜が急になるほど裸地化率が高い．特に，35°以上では急激にその割合が高まる．このことは，屋久島で35°以上の傾斜のところで起きる裸地化の原因の多くが崩壊によることを示している．一方，山麓での開発の多くは，構造物や農地への土地利用変化をもたらしているものである．また，屋久杉の分布域は標高約700 m以上にあり，その地域で裸地化率が多少高くなるのは屋久杉の伐採が原因と考えられる．

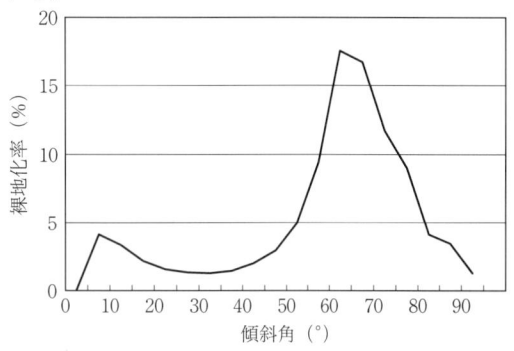

図 II.6.5 屋久島における斜面傾斜と裸地化率の関係

図 II.6.4 2時期（1984年と1997年）の衛星データによる変化強調画像（カラーページ参照）

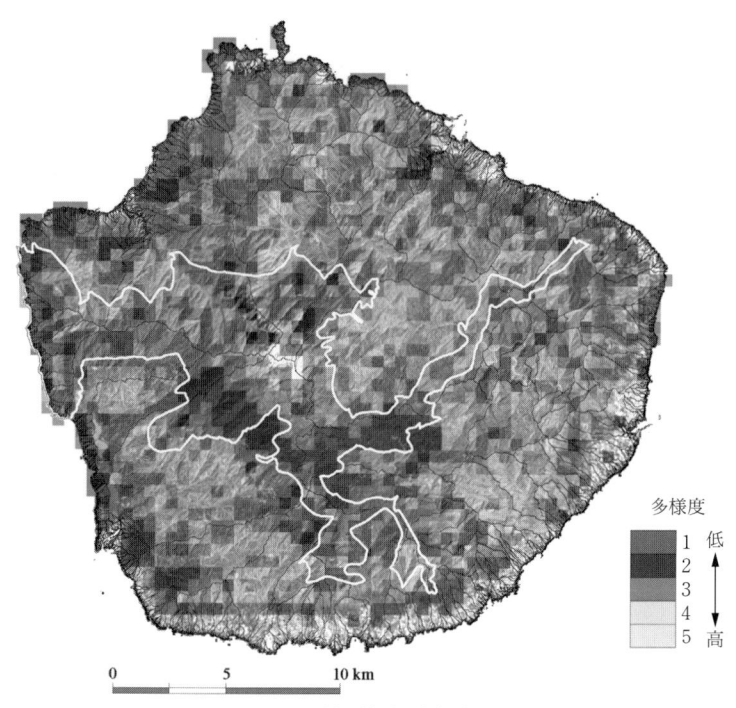

図 II.6.6 植生被覆の多様度区分

そこで，傾斜が急な箇所（35°以上）での変化は崩壊が原因と仮定し，標高1000m以下での伐採は林地開発と仮定すると，崩壊地と推定された箇所は約266 ha，屋久杉の伐採地と推定された箇所は約244 ha，山麓での開発面積は約566 haとなった．ただし，衛星データが得られた2時期の間に裸地化した箇所でも，再生あるいは回復した森林は含まれていない．いずれにしても，これらをさらに正確に識別するには個別に現地で照合するか，衛星による監視を継続する必要がある．

f. 衛星でみる植生の多様性

衛星データに現れる屋久島の林相は，多様である．その多様性を衛星データの画像処理の面から評価する方法を考察した．そして，季節の異なる画像を利用して季節変化の要素を取り入れるとともに，斜面方位や傾斜角も群落の多様性に影響を与えているものと考えて森林を類型化し，地域別にその多様性を評価する方法を提案した．

衛星データには地形による影響が含まれ，季節の異なるデータを利用することで，より詳細に立地環境の違いを加味した植生の類型化ができる．そのための処理手法としては，衛星データの分類によく利用されるクラスタリング手法が適用できる．そこで，屋久島の4月と7月の衛星データを利用して，森林域の画素に対してクラスタリング処理を施したところ，全島で247のタイプ（クラスタ）に分類できた．

類型化されたクラスタの出現頻度情報をもとに，生態学で用いられているシンプソン（Simpson）の多様度指数を適用して単位面積ごとに，多様度を算出した．図II.6.6は，そのようにして250mメッシュごとに多様度（森林クラスタ多様度）を評価した結果である．この結果によると，屋久杉が多く存在する森林地帯の多様度は低く，広葉樹の多い地域は多様度が高くなっている．多様度が低いのは上層木と地形を含めた反射スペクトルの均一性を示しており，屋久杉分布域はこの森林クラスタ多様度の点からも識別が可能である．

〔沢田治雄〕

文　献

宮脇　昭（1980）：日本植生誌屋久島，至文堂．
中園悦子・沢田治雄・川端幸蔵・穴沢道雄・永谷　泉・三塚直樹（2000）：青森天然ヒバの蓄積分布と利用可能量の推定．日本リモートセンシング学会誌，**20**-3, 34-46.
大林成行（2002）：人工衛星から得られる地球観測データの使い方，大成出版社．

III 屋久島の動物相と生態

ヤクシマトゲオトンボ（*Rhipidolestes aculeatus yakushimensis*）．九州本土と屋久島に分布する固有亜種．幼虫は林内の湿潤な岩場などに生息する．原名亜種は台湾と八重山諸島に分布し，奄美・沖縄諸島には別種オキナワトゲオトンボが生息する．

大木の根際腐朽部につくられたアギトアリ（*Odontomachus monticola*）の巣．九州本土では主に土中に営巣．元来，熱帯性の種だが，屋久島では標高 1200 m までみられる．

ヤクシマオニクワガタ（*Prismognathus tokui*）固有種とされているが，日本本土に広く分布するオニクワガタにごく近縁であるため，疑問もある．

ヤクシマルリセンチコガネ（*Geotrupes auratus yaku*）日本本土に広く分布するオオセンチコガネの固有亜種．

[撮影：塚田　拓]

荒川流域，標高 1200 m 付近の屋久杉林 [6月，安房林道沿線より]

小花之江河流域，標高 1600 m 付近の屋久杉林

[撮影：日下田紀三]

採餌中のヤクシカ（*Cervus nippon yakushimae*）［白谷雲水峡］
ニホンジカの亜種の中で最も体サイズが小さい．樹木の諸器官，昆虫，サルの糞などさまざまなものを採餌する．

白谷雲水峡の中央を流れる白谷川
美しい花崗岩の渓谷を形成している．

［撮影：日下田紀三］

採餌中のヤクシマザル（*Macaca fuscata yakui*）［西部林道］
（左）葉，（右）果実を食べている．屋久島のみに生息する固有亜種で，ホンザルに比べて，体サイズが小さい，体色が濃い，体毛が長い，などの特徴をもつ．

花山歩道，標高 400 m 付近の照葉樹林内部
照葉樹林は，住みかやさまざまな食料資源を動物たちに提供している．

［撮影：日下田紀三］

第1章

ヤクシカの生態と食性

1.1 ヤクシカの森林環境利用

a. ヤクシカと屋久島

ニホンジカ（*Cervus nippon*）は，中国大陸から日本列島，台湾，ベトナムなどに分布し，10数亜種に分けられる．そのうち日本には北海道から慶良間諸島まで，7亜種が生息しているとされている（マクドナルド編，1986）．ニホンジカは冷帯から亜熱帯までの幅広い環境に適応しており，形態の地域的変異も大きい．そのため，彼らの社会や生態は地域によってかなり異なっていると予測される．屋久島に生息しているヤクシカ（*C. n. yakushimae*）は，ニホンジカの中では最も体サイズが小さいといわれており（伊沢ほか，1996），体重はエゾシカ（*C. n. yesoensis*）の3分の1，ホンシュウジカ（*C. n. centralis*）の2分の1程度である（図Ⅲ.1.1）．このことから，ヤクシカは，ニホンジカがみせる社会生態の変異の一方の極を示していると考えられる．

これまで，ニホンジカの社会や生態については，さまざまなことが明らかにされてきた．ただし，その知見の多くは，落葉樹林帯で得られたものである．当然ながら，寒い地方と暖かい地方とでは，シカの生態も大きく異なっているに違いない．さらに，これまでのシカの調査地には，農耕地や牧草地，植林地が含まれている場合が多かった．もともと日本列島はほとんどが主に広葉樹に覆われていたと考えられるので，ニホンジカもその森林植生との相互作用の中で進化してきたはずである．そうなると，シカの進化や生態を知るには，広葉樹林が広く残された地域で研究することが重要となってくる．

幸い，屋久島には良好な照葉樹林が大規模に残されており，常緑樹林帯におけるシカの生態や，自然林におけるシカと植生の相互作用を研究するのに都合がよい．また一方で，屋久島には他の地域と同様に伐採を受けた林やスギ植林地も多い．こうした人為的な撹乱がシカに与える影響を把握するにも，自然林との比較があって初めて明確にできる．つまり，人為的撹乱に対してシカがいかに生態を適応させるのかを知るにも，屋久島はよい研究フィールドであるといえる．とはいえ，これまでヤクシカの研究が活発に行われてきたとはいいがたい．そこで，ここでは筆者らが数年間で集めた情報をもとにヤクシカの生態を紹介することにした．今後，より多くの情報が蓄積されれば，ヤクシカのイメージも変わる可能性があることを断っておく．

b. スギ植林とヤクシカ

一般に，動物がその地域にどれだけ住めるかは，その土地の生産性によると考えられる．生産性が高い地域には多くの動物が住めるし，生産性が低ければ住める動物は少なくなる．スギなどの人工針葉樹林は，植林後10数年も経つと植食動物に対する食物供給量が急激に減少することが知られている（高槻，1992など）．事実，屋久島のスギ植林地で植生

図Ⅲ.1.1 ニホンジカ3亜種の4尖の角
上から，エゾシカ（*Cervus nippon yesoensis*：苫小牧産），ホンシュウジカ（*C. n. centralis*：金華山島産），ヤクシカ（*C. n. yakushimae*：屋久島産）．4尖の角でも亜種間でこれだけ大きさが異なる．ただし，同じ亜種であっても角の大きさは個体や地域でかなり異なる．写真のエゾシカの角は比較的大きい個体のものである．また，金華山島のシカの角はホンシュウジカとしてはやや小さい．なお，ヤクシカでは4尖にまでなることは少ないようである．

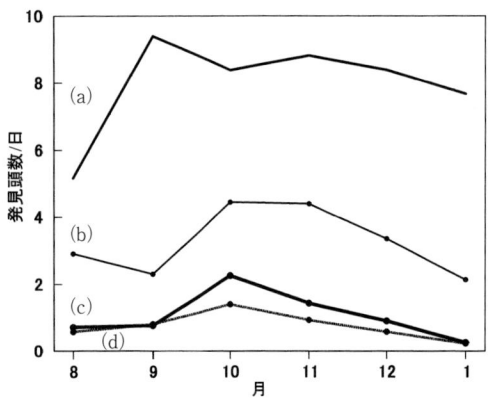

図 III.1.2 森林の状態とシカ発見頻度の関係
（大澤ほか，1995より作成）
(a) と (b) はスギ人工林が少ない森，(c) と (d) はスギ人工林が多く含まれる森．季節的な変動がみられるのは，繁殖や採食などの活動性が季節によって異なり，発見効率が変わったためと思われる．

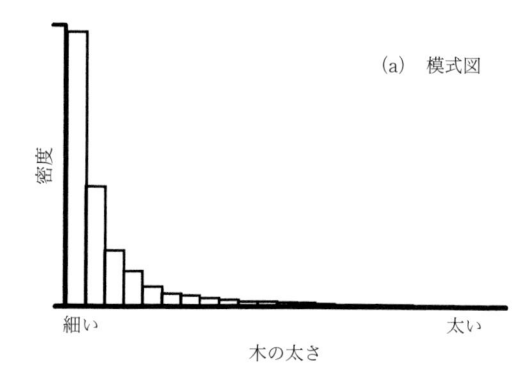

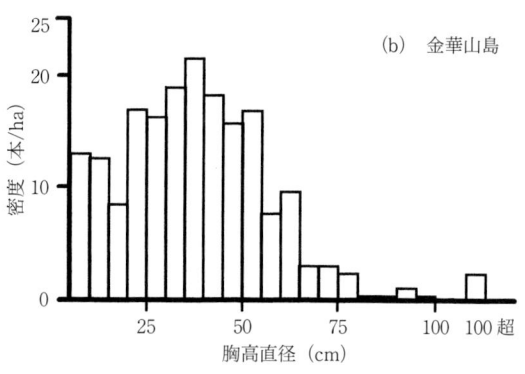

図 III.1.3 一般的な森林構造とシカの影響を受けた森林構造
（Maruhashi et al., 1998より改変）
(a) 一般的な森林の木のサイズクラスと密度の関係の模式図．
(b) シカの採食圧によって大きく森林構造が改変された金華山島での木のサイズクラスと密度の関係．

調査を行ったところ，当然ながらスギ植林地ではシカの主な食物になるであろう広葉樹はほとんど生育していなかった（大澤ほか，1995）．このスギ植林地は，屋久島では低〜中標高地域を中心に広くつくられてきた．それでは，植林によってヤクシカはどんな影響を受けているのであろうか．それを把握するために，スギ植林率の高い地域と低い地域で，ヤクシカの相対的な生息密度を調査してみた．その結果，スギ植林率の高い地域では低い地域と比べ，シカ生息密度が数分の1になっていることが示された（図III.1.2）．このことから，自然林がスギ植林に置き換わることで，いかに大きな影響をヤクシカが受けてきたのかをうかがい知ることができる．

c. 照葉樹林の構造とヤクシカ密度

それでは，人為的攪乱の少ない自然林において，ヤクシカはどのくらい生息しているのだろうか．屋久島西部の照葉樹林において，1998年から2001年にかけて，シカの生息密度を推定した．林道および森林内にセンサスルートを設定し，探索面積とシカの発見頭数をもとに推定したところ，少なく見積もっても40〜80頭/km²のシカがこの森に生息していると推定された（Agetsuma et al., 2003）．これは，他のニホンジカの生息地と比べても，かなり高い値である．

シカ密度がこのように高い地域では，その採食圧のために森林の構造が著しく変わってしまうことが多く報告されている．通常，自然林内では小さな木の密度が高く，太い木の密度は低い傾向にあり，樹木のサイズと個体密度の関係は逆J字型となることが多い（図III.1.3(a)）．しかし，シカが高密度になると，稚樹や小径木が減少してしまう（高槻，1989など）．たとえば，シカ密度が40〜60頭/km²の宮城県金華山島では小径木の密度が低く，むしろ太い木の密度が高い構造になっている（同図(b)：高槻，1989；Maruhashi et al., 1998）．また，北海道の洞爺湖中島では，シカ密度が30頭/km²を超えてから，たった4〜5年で小径木が激減し，森林構造が図III.1.3(a) の状態だったのが，同図(b)に近い状態にまで変化している（Kaji et al., 1991）．

それでは，屋久島西部の照葉樹林の構造はどう変化したのだろうか．1990〜1992年と2002〜2003年に胸高直径5cm以上の木について毎木調査を行い，その10数年間の森林構造を比較した（図III.1.4：日野・揚妻，2004）．その結果，1990〜1992年でも2002〜2003年でも森林の構造は小径木が非常に多く，大径木が少ない逆J字型になっていることがわかった．ただし，2002〜2003年では，10数年前と比べると小径木がやや減少していた．しかし，減少した樹種のほとんどはいわゆる先駆種で占

1. ヤクシカの生態と食性

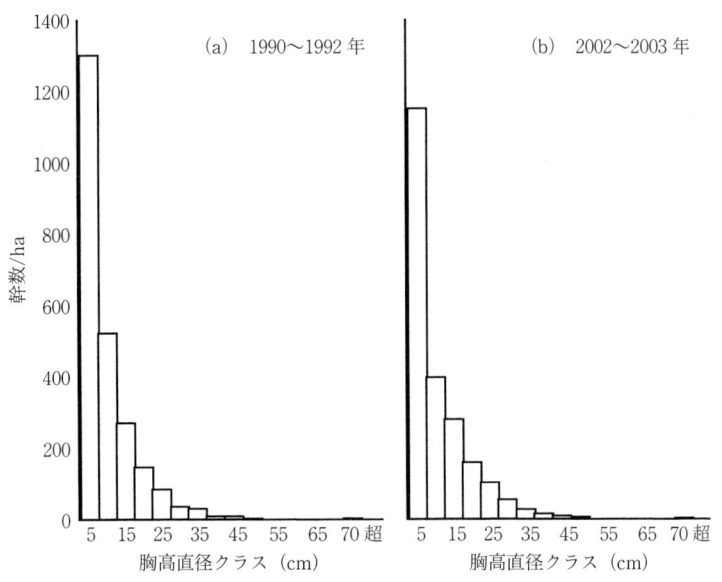

図 III.1.4 西部照葉樹林の森林構造（日野・揚妻, 2004 より改変）
(a) 1990〜1992 年と (b) 2002〜2003 年における胸高直径 5 cm 以上の木の密度. 10 年以上経っても森林構造は逆 J 字型に保たれている.

められていた（揚妻ほか, 2006）. さらに, この森林の全体の胸高断面積も増加していたので, 小径木の減少は森林が成熟していく遷移に伴って起きた可能性がある. シカの食圧は, もっと小さな木により強く効くとされている. そこで, シカの首が届く範囲の高さである 150 cm 以下の稚樹密度を 1998 年と 2003 年に調査し（揚妻ほか, 2004）, 両者を比較してみた（図 III.1.5）. ここでも, 5 年間で稚樹密度の著しい減少は確認できなかった. また, これら稚樹の密度は 17 万本/ha に達しており, 先の胸高直径 5 cm 以上の木を全部合わせた 2200 本/ha と比べても非常に高い. これらのことから, この照葉樹林にはシカが高密度に生息しているにもかかわらず, 10 数年間は森林構造が逆 J 字型に保たれており, それなりに安定していたことが示されたといえよう. もちろん, もっと時間が経過すれば, シカの採食圧により森林構造が変化する可能性はある. しかし, 少なくともこの森林では他の地域に比べ, その影響は低く抑えられてきたようである. その理由は何なのだろうか. これを解き明かすには, ヤクシカが森林をどのように利用しているのかを知る必要があるだろう.

d. ヤクシカの食物品目構成

屋久島西部の照葉樹林では, ヤクシマザルを人付けによって直接観察することにより, その社会や生態が研究されてきた. 筆者らはそれに倣って, ヤクシカについても人付けによって行動を詳しく観察することにした（図 III.1.6）. 行動を直接観察することは, 他の調査法に比べ, 多くの重要な情報を得ることができる. たとえば, シカが何を食べているかを調べるには, 殺したシカの胃内容物や糞を分析するのが一般的である（高槻, 1992 など）. ただし, この方法ではシカが木の葉を食べていたことがわかっても, それが生きていた葉なのか, 風で吹きちぎれて落ちた葉なのかは区別できない. しかし, 植物にとっては, 光合成を行っている葉と, 死んだ葉とでは意味が全く違う. また, 食物網の中では, 前者なら 1 次消費者だし, 後者なら分解者として位置づけられる. したがって, 植生に対するシカの影響を検討したり, 森林生態系におけるシカの役割を把握

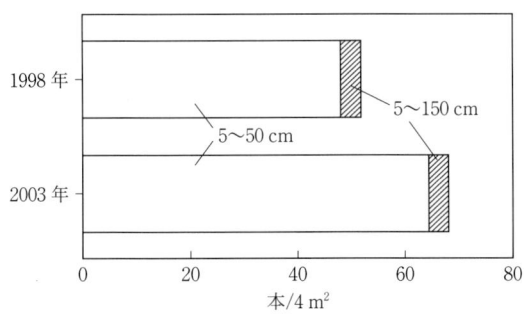

図 III.1.5 西部照葉樹林内における高さ 150 cm 未満の稚樹密度の 5 年間の変化（揚妻ほか, 2004 より作成）
1998 年と 2003 年に, ほぼ同じ場所 6 か所において 4 m² のコドラートをとり, そこに含まれる高さ 5 cm 以上, 150 cm 未満の稚樹を調査した.

図 III.1.6 観察対象のうち1頭のヤクシカ
推定年齢3歳の雄．筆者が個体追跡法による行動観察をしている最中に熟睡してしまった．

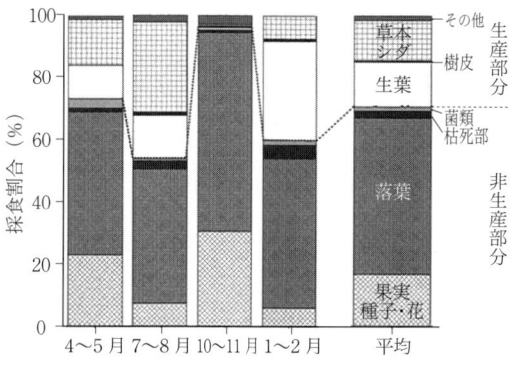

図 III.1.7 西部照葉樹林内におけるヤクシカの食物品目割合
（揚妻・揚妻，2003より改変）
各食物品目の採食時間割合を季節ごとに表している．なお，生産部分は光合成を行うのに必要な器官，非生産部分は再生産器官と死んだ器官．平均すると非生産部分が全体の7割を占める．

するには，生きている葉なのか，自然に落下した葉なのかはきちんと区別できなければならない．これは実際に彼らが食べているのをみてしまえば容易にわかることである．そこで，筆者らはシカの後をついて回り，彼らが1日にあくびを何回するかとか，おしっこを何秒間しているかなども含め（揚妻，2006a），つぶさに観察することにした．まだ調査が十分とはいえないが，それでも興味深いことがわかってきた．

これまでの調査から，シカたちは実に多くの植物種のさまざまな部位を食べていることがわかった．彼らは木や草の葉のほかにも，果実，種子，花，根，シダ類，コケ類，菌類などを食べていた．また，シカやサルの白骨をガリガリかじったり，鳥の死骸やサルの糞までペロっと食べてしまうこともあった．図III.1.7は，シカが季節ごとに採食していた食物品目の割合である（揚妻・揚妻，2003）．季節によらず，基本的に彼らの主食は落下した木の葉であった．ただし，落葉と一口にいっても緑色のままのものもあれば，紅葉したもの，それらが完全に乾燥して茶色くなったものまでさまざまである．シカは，その中でフカノキやハゼノキ，ホルトノキなどの赤や黄色に紅葉した葉を多く食べており，採食した落葉に占める紅葉，緑色葉，茶色葉の割合は，それぞれ52%，32%，16%であった．この照葉樹林の中には長い期間にわたり紅葉し，落葉する樹種も多い．そのため，紅葉はシカにとって季節的にも意外に安定して利用できる食物となっているようである．落葉の次に多いのが，落下した果実や種子，花などの再生産器官である．ハゼノキやマテバシイ，クスノキなどのほか，林床に落ちたさまざまな

種の果実，種子，花を採食していた．これに対し，生きている生産器官である樹木の葉や実生，草本類，シダ類の採食割合は思ったほど高くない．全国的にはシカが樹皮を食い荒らし，木々を枯らすことが問題となっているが，ここでは樹皮が食物品目に占める割合もわずかである．全体として落下物がヤクシカの食物に占める割合は7割に達している（図III.1.7）．これらのことから，ヤクシカは草食動物（herbivore）というよりは，果実食（fruigivorius）傾向のある葉食者（folivore）と見なした方がよいかもしれない．そして，森林生態系の中では，1次消費者というよりも，むしろ分解者としての役割がずっと大きいといえる．こうしてみると，ヤクシカは，われわれがもっているニホンジカのイメージとはだいぶ違っているようである．

e．ヤクシカとヤクシマザルの関係

筆者らがシカを観察している森には，サルも高密度に生息している．当然ながら両者が森の中で出会うことも少なくない．こうした出会いでは，サルがシカの背中に飛び乗ったり，シカがサルを押しのけたり，何かにびっくりして一緒に逃げたりと，さまざまな交渉がみられる．その中でもシカにとって重要なのは，サルが食物を供給してくれる点であろう（図III.1.8）．サルは自分たちが木の上で採食する際に，ポロポロと果実や葉を地面によく落とす．樹上で移動する際にも枝を揺らし，果実や葉を落とす．シカは樹上にあるものは自力では食べられないので，サルのおかげで食べることができるようになるのである．また，低木の場合には，サルが乗ることで枝がたわみ，シカの口に届く高さになることもある．こうなるとシカとサルは仲良く（？）伴食を行

図 III.1.8 サルがモクタチバナを採食している下で，落下物を採食するシカ（観察対象個体）上の矢印がサル，下がシカを示す．

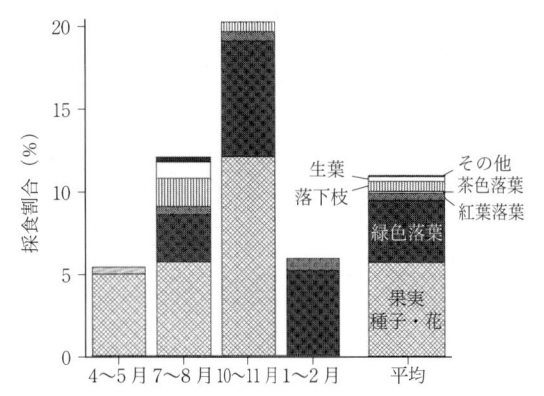

図 III.1.9 ヤクシカの食物品目に占めるヤクシマザルが供給した食物品目の割合（揚妻・揚妻，2003より改変）

平均するとシカは1割の食物をサルから供給されていた．なお，生葉はサルが低木に乗り，枝がたわんだことで，シカが採食できたものである．サルはシカに主に果実や種子などの再生産器官と緑色落葉をもたらしていることがわかる．

う．そのこともあり，シカはサルの声や木を揺らす音などによく聞き耳を立てている．ただし，シカがサルの遊動にずっとついて回ることは観察したことはない．シカは近くにサルが来るとそこに寄って行って，サルが落としたものを食べるが，サルの群れが行ってしまうとそのまま見送ってしまうことが多い．地面に座って反芻や休息をしているときには，サルが近くに来ているのがわかってもすぐには行かず，サルがどこかへ行ってしまった後に，おもむろにそこを訪れたりすることもあった．

それでは一体，サルはシカにどれほどの餌を供給しているのだろうか．サルが実際に落としているのを確認したり，サルの採食痕が残されているなど，サル由来であることがほぼ確実なものについて，シカの食物に占める割合を調べてみた（揚妻・揚妻，2003）．当然ながら，サルが落としたものでも，それが明らかでないものは除外しているので，この推定は過少評価である．その結果，季節的に割合が変わるが平均すると，シカの食物の1割がサルが落とした食物であった（図III.1.9）．サルが落とした食物の半分は果実や種子であり，栄養価が高い食物を

供給してもらっている．次いで，緑色落葉の割合が高い．サルが落とした緑色葉が紅葉などに比べて栄養価が優れているかどうかは，熱量やタンパク質，2次代謝物などを分析しないと，はっきりしたことはいえない．実際，普段シカは林床に緑色落葉があっても目もくれず紅葉を採食することも多い．いずれにせよ，シカはそれなりにサルが供給してくれる食物に依存していることがわかる．

f．ヤクシカの植生への影響

ニホンジカが高密度で生息している地域では，シカによる森林破壊が多く報告されてきた．これに対し，屋久島西部の照葉樹林に生息しているヤクシカは，高い生息密度のわりには森林への影響が小さいようである．この理由として，すぐに思いつくのは，ヤクシカがニホンジカとしては小型だということである．食物供給量が同じであれば，当然ながら小さな動物の方がたくさん住める．さらに照葉樹林の生産性は落葉樹林に比べ高いようなので（堤，1989など），食物供給量も大きいかもしれない．しかし，これだけで説明するには少し無理があるような気がしている．ヤクシカの体サイズがホンドジカの半分といっても，生きるためのエネルギー量は6割程度は必要となる．これは，体を維持するのに必要なエネルギー量が体重の4分の3乗に比例するためである．屋久島西部の照葉樹林には80頭/km^{2}のヤクシカが生息しているが，必要エネルギーからすると，ホンドジカ50頭/km^{2}に匹敵する．植生への影響がほとんど出ない生息密度は5頭/km^2（小金澤，1998）〜14頭/km^2（北海道環境科学研究

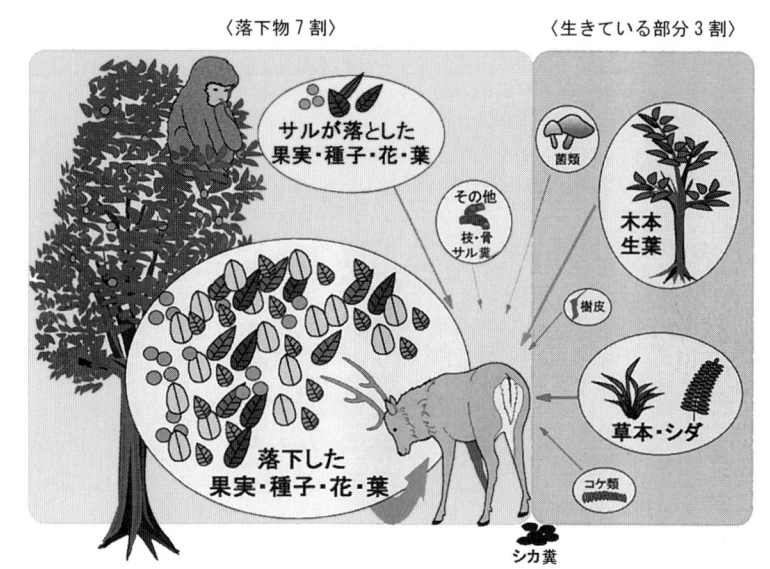

図 III.1.10 ヤクシカの食物源（揚妻・揚妻，2003 より改変）
森林内の落下物（リター）を栄養源とするのは分解者と考えることができる．そうすると，この森林生態系においては，ヤクシカは1次消費者としてよりも分解者としての役割の方が大きいことになる．

センター，2001 など）と指摘されており，そうだとすると調査地でも著しい森林破壊が急速に進行してよいはずである．

筆者は，ヤクシカが森林に与えるインパクトが小さいのは，彼らが安定した生息環境にあって，森林植生と安定的な相互作用を進化させてきたからではないかと考えている．屋久島西部は，この島の中でも自然度の高い照葉樹林が広く残されており，人為的影響の少ない地域である．そこに生息しているヤクシカは，食物の大半を，広葉樹が林床に落としたものに依存している（図III.1.10）．すなわち，植物が光合成を行う生産器官へのダメージを低く抑えているのである．また，サルの捨てた食物をリサイクル利用するのも，その影響を低くする一因であろう．もし，この森にサルがいなかったら，シカは生きた植物をもっと多く採食しなければならないかもしれない．これらのほかにも何らかのメカニズムによって森林への影響が緩和されていた可能性がある．この疑問に答えるためには，もう10年，20年間はヤクシカと森林の相互関係を見守っていく必要があろう．

g．人為攪乱に対する生態の適応

ニホンジカの森林破壊に関しては，捕食者であるオオカミが絶滅し，シカが異常増加したためと指摘する人も多い．しかし，さまざまな植食動物の個体群に対する肉食動物の影響を検証した研究成果をみると（Krebs et al., 2001；Skogland, 1991 など），捕食が植食動物の数を安定的に低く抑える効果が確認できることは，少ないようである．そもそも，肉食動物にとって獲物はたくさんいた方が都合がよい．その方がより簡単に，たくさん捕まえることができるからである．だから，彼らは植食動物が減らないように，未成熟個体や老齢個体を中心に捕食する．これらの個体は，もともと死亡率が高い．つまり，肉食動物はすぐに死んでしまう可能性の高い個体を選んで狩りをしているのである．そして同時に，植食動物が増えやすいように，繁殖力の強い個体を残しているともいえる．この意味で，肉食動物は，植食動物を食べるプロフェッショナルであり，安定的な相互関係ができ上がっていると考えられる．

捕食者がいなくても，シカが豊かな森林を維持してきた例もある．それが屋久島である．屋久島には，もともとシカを捕食する肉食動物は分布していなかったと考えられている（環境庁，1984）．しかし，屋久島では発達した森林が成立し，しかも多くの固有植物さえ進化させてきた．むしろ，シカがこの島の生物多様性を高めることに何らかの寄与をしてきた可能性も否定できないであろう．事実，一般的な傾向として，植物の生産性の高い地域では食植者の採食圧が植物種多様性を増加させることが報告されている（Proulx and Mazumer, 1998）．シカも植物を食べるプロフェッショナルであり，植物と安定的な相互関係を進化させてきたはずである．そ

うでなければ，この島ではシカはとっくの昔に絶滅していなければならない．

こう考えると，全国で報告されているシカによる森林破壊も，実は植食動物と森林の安定的な関係が壊れてしまったことが原因かもしれない．森林伐採や植林地化，その他の開発による生息地の改変，不規則に変化する狩猟・駆除圧など，彼らの生息環境はこの半世紀，自然の営みとは全く別の力で翻弄され続けてきた．不安定な環境にさらされれば，動物たちも当然，自らの生態をそれに合わせて変化させているはずである．すなわち，森林と安定的な関係を保ってきた伝統的な生態（安定型）から，不安定環境に適応するために短期的な生存を保障しようとする収奪的な生態（パイオニア型）に変化させたと考えられる（揚妻，1998，2006b）．このことがシカ個体群を不安定にさせたり，植生を著しく改変させる根本原因ではないだろうか．

自然が豊かといわれる屋久島にあっても，実はほとんどの森林は人為的攪乱を受けており（揚妻，1996），その影響は島全体に及んでいると考えられる．もし，ヤクシカ個体群が不安定となったり，植生破壊を起こすようであれば，ヤクシカの生態を変化させ，植生との関係を崩すインパクトがシカに作用したためであろう．屋久島にあっても，他の地域にあっても，ニホンジカと森林環境が本来どのように安定的な相互関係を進化させてきたのか，そして，どのくらいの攪乱でその関係が崩壊するのかについての知見はほとんどなく，今後の研究を待たなくてはならない． 　　　　　（揚妻直樹・揚妻-柳原芳美）

文　献

揚妻直樹（1996）：屋久島の自然保護と野生生物．ワイルドライフ・フォーラム，**2**, 23-32.

揚妻直樹（1999）：野生動物の保護管理と霊長類学．西田利貞・上原重男編，霊長類学を学ぶ人のために，pp. 300-326, 世界思想社．

揚妻直樹（2002）：自然林と人工林におけるヤクシカの生息密度・食物選択および植生に与える影響の比較．第49回日本生態学会講演要旨集，p. 181.

揚妻直樹（2006a）：やくしかノート3（あくび編）．生命の島，**73**, 33-37.

揚妻直樹（2006b）：野生動物の管理と保護．北海道大学北方生物圏フィールド科学センター編，フィールド科学への招待, pp. 98-108, 三共出版．

揚妻直樹・揚妻芳美（2003）：ヤクシカの採食品目構成の季節変動：採食行動の直接観察より．第50回日本生態学会講演要旨集，p. 140.

Agetsuma, N., Sugiura, H., Hill, D. A., Agetsuma-Yanagihara, Y. and Tanaka, T. (2003): Population density and group composition of Japanese sika deer (*Cervus nippon yakushimae*) in ever-green broad leaved forest of Yakushima, southern Japan. *Ecological Research*, **18**, 475-483.

揚妻直樹・揚妻芳美・辻野　亮・日野貴文（2004）：屋久島・照葉樹林の構造とヤクシカの生態．総合地球環境学研究所プロジェクト2-2：持続的森林利用オプションの評価と将来像, pp. 52-54, 大津市．

揚妻直樹・日野貴文・辻野　亮（2006）：シカ高密度生息下における照葉樹二次林の12年間の動態．第53回日本生態学会講演要旨集，p 239.

日野貴文・揚妻直樹（2004）：高密度のヤクシカは照葉樹林の構造を変化させていないのか？―屋久島西部地域10年間の推移―．第51回日本生態学会講演要旨集, p. 216.

北海道環境科学研究センター編（2001）：平成8～12年重点研究報告書―エゾシカの保全と管理に関する研究, 263 pp.

伊沢紘生・粕谷俊雄・川道武夫編（1996）：日本動物大百科2―哺乳類II, 155 pp., 平凡社．

Kaji, K., Yajima, T. and Igarashi, T. (1991): Forage selection by sika deer introduced on Nakanoshima Island and its effect in the forest vegetation. Proceedings of the International Symposium on Wildlife Conservation, The Vth International Congress of Ecology, Tsukuba and Yokohama, pp. 52-55.

環境庁自然保護局編（1984）：屋久島の自然, 714 pp., 日本自然保護協会．

小金澤正昭（1998）：栃木県におけるニホンジカ保護管理計画と管理方法．哺乳類科学, **38**, 317-323.

Krebs, C. J., Boutin, S. and Boonstra, R. eds. (2001): Ecosystem Dynamics of the Boreal Forest, 511 pp., Oxford University Press.

マクドナルド，D. W. 編（1986）：動物大百科4　大型草食獣, 161 pp., 平凡社．

Maruhashi, T., Saito, C. and Agetsuma, N. (1998): Home range structure and inter-group competition for land of Japanese macaques in evergreen and deciduous forests. *Primates*, **39**, 291-301.

大澤秀行・山極寿一・Hill, D. A.・揚妻直樹・鈴木　滋・Vadher, S. K. A.・Biggs, A. J.・松嶋可奈・久保律子（1995）：屋久島のスギ植林地における森林性動物の生活様式の変容．WWF-J自然保護事業報告書, 19 pp.

Proulx, M. and Mazumer, A. (1998): Reversal of grazing impact on plant species richness in nutrient-poor vs nutrient-rich ecosystems. *Ecology*, **79**, 2581-2592.

Skogland, T. (1991): What are the effects of predators on large ungulate populations? *Oikos*, **61**, 401-411.

高槻成紀（1989）：金華山島の自然と保護―シカをめぐる生態系―植食動物．生物科学, **41**, 23-33.

高槻成紀（1992）：北に生きるシカたち, 262 pp., どうぶつ社．

堤　利夫編（1989）：森林生態学, 166 pp., 朝倉書店．

1.2　白谷雲水峡のヤクシカの食性

屋久島北東部，宮之浦川支流白谷川の源流に位置する白谷雲水峡は，自然休養林として多くの観光客に広く親しまれている地域である（423.73 ha）．こ

こは鳥獣保護区に指定されていることもあり，比較的容易にヤクシカを観察することができる．筆者は，屋久島でエコツアーのガイドをしながら白谷雲水峡のヤクシカについて観察を続けてきた．ここではその食性に焦点を当て，森とシカとのかかわりについて考察したい．

a. 白谷雲水峡とは

白谷雲水峡（以下，白谷）は，標高約600～900mに位置し，植生的には照葉樹林から屋久杉の森への移行帯となる．ヒメシャラやハリギリなどの落葉樹の高木が点在するものの，基本的には照葉樹林で，標高が上がるに従いスギをはじめとする針葉樹の混生が増えてくる常緑樹の森である．林床植生はきわめて乏しく，ツバキ科の木本やサクラツツジ，ハイノキ，アリドオシ，センリョウなどの低木類や若干のシダ類を除いて，草本植物はほとんどみることができない．

中央を流れる白谷川は，いくつもの小滝をもち，むき出しの岩盤や巨岩の転がった美しい渓谷をなしている．渓谷沿いには，サツキなどの灌木やシダ類，ホソバハグマ，ヤクシマショウマなどの小さな渓流沿い草本植物が分布しているが，基本的に急峻で川原の草地といったものはない．

また，白谷はいわゆる雲霧帯に属し，雨や霧に覆われる日が多く，コケむした森が美しいことで知られている．林内でも岩や倒木，切株，さらには立木の上までもがことごとくコケに覆われている．このコケのマットは，樹上や岩上，切株上などに着生植物を育てる重要な水分保持の役割を担っている．このため，屋久杉の巨木の上などに何種類もの樹木が着生していることで知られている．

b. ヤクシカは何を食べているか

屋久島は，標高に応じて植生が変化するので，それに応じてシカの食性も変化する（Takatsuki, 1990）．白谷は照葉樹林から屋久杉林への移行帯で自然林に覆われており，沢沿い，林道沿いのごく少量を除いて，林床にはグラミノイド（イネ科，イグサ科，カヤツリグサ科の総称）は存在しない．したがって，主な食物は，樹木の枝葉，樹皮，実，花，シダ類，菌類，シカ角，骨などである．

ここでは木本種に注目して，白谷に分布する種（小原，1999に加筆修正）のうち，食痕や直接観察により，食べるもの，食べないものをまとめてみた（表III.1.1）．

現在白谷で確認されている木本種は，75種．このうち，何らかの形で食物として利用されているのが51種（全体の68.0%），また，白谷では確認していないが屋久島の他の地域で食べることが確認されていて，食べる可能性が高いものを加えると56種（74.7%）となる．食べるかどうか不明な種が15種あるが，このうち6種は，寄生，着生または蔓性で，地上には通常存在せず，また4種は，数が少なくほとんど見かけないもので，ここでは利用困難種と考えてよい．これらの利用困難種10種を除くと，食べる可能性のある木本種は，全体の86.2%にもわたることになる．

逆に，明らかに食べないと考えられる種は，センリョウ，アセビ，サザンカ，アブラギリの4種（5.3%）しかないことを考えると，ここでは存在するほとんどすべての木本種が，何らかの形で食物対象となっていることがわかる．

c. ヤクシカは何を好むか

それでは一体どのような種の枝葉を好むのか．春先にまとまって新芽の食痕がみられた，台風でできたギャップの藪を利用して食痕調査を行った（表III.1.2）．ここでは，シカが届く範囲に16種の木本種が出現し，このうち10種で食痕がみられた．種ごとの食痕数を木本種の出現率（すべての出現株数のうちある種の株数の占める割合）で割り，全種が同じ株数あったとした場合の食痕数（食痕指標）を求めた（市川，1996を改変）．その結果，イヌガシ，シキミが最も好む種（食痕指標620以上）で，次いでオニクロキ，ホソバタブ，ヒメシャラ，ヤマモモは比較的好む種（食痕指標130～330），ヒサカキ，ハイノキ，クロバイ，サクラツツジは特に好まないが食べる種（食痕指標100以下）と考えられた．

d. 食痕調査の落とし穴

しかし，これらの食痕は，すべて株の一部の枝葉をつまみ食いされたものであった．だからこそ樹種が判明したわけであるが，はたして食痕が残るということは，本当に好んでいるといえるのであろうか．シカを観察していると，台風などで倒木が出た場合，樹種によっては速やかにすべての葉が食べられてしまうということが，普通に観察されている．本当に好きなものは，口の届く範囲ですべて食べてしまうというのが，本来のシカの姿なのではないだろうか．

房総半島では，シカはアオキに対する嗜好性が高く，シカの個体数が増大するとアオキは消失すると報告されている（浅田ほか，1991）．白谷には現在アオキは分布していないが，屋久島でも非常に急峻でシカ密度が低いと考えられるモッチョム岳への登山道沿いでは，アオキが普通にみられる．白谷とほぼ同標高で，かつ高木層にはそれほどの違いがない場所にアオキが普通に分布していることを考え合わ

せると，白谷にアオキが存在しないのは，シカが食べつくしてしまった可能性が高いといえるであろう．すなわち，「食べつくさない」＝「食痕が残る」ということ自体が，すでにシカがそれほど好んではいないということの裏返しの可能性が高いのである．

e. ヤクシカが本当に好むものは何か

ヤクシカを直接観察していると，採食行動の大部分の時間を，落葉層の探索に費やしている．葉や木の実，花など，高木から落ちてきたものを拾い食いしているのである．中には，黄色くなったユズリハの葉や，茶色く変色した枯葉も拾って食べているものもいる．このような落葉にはたして栄養があるものか心配になってしまうが，いずれにせよ彼らにとっては口の届く範囲にある低木よりも，むしろ届かない範囲にある高木に嗜好性があるのではないかと考えられる．

しかし，残念ながらこうした林冠からの落下物は，食べられてしまうと，もう何も痕跡が残らない．また台風跡のギャップや土砂崩れ跡の裸地にみられる高木種の稚樹には，パイオニア種が多く，林内の樹冠を覆う極相種はそれほど出てこないので，先に行ったようなギャップでの食痕調査では不完全である．実際の成熟した照葉樹林の中で，彼らは何を好んで食べるのであろうか．そこで，高木でも地際に葉が出るひこばえに着目してみた．

白谷の林内を歩きながらひこばえが出ている木をチェックし，完食されているもの，部分的に食べられているもの，全く食べられていないものの親木の本数を数えた（表Ⅲ.1.3）．ひこばえが確認できた23種のうち，サザンカを除く22種で食痕が確認できた．完食した場合を1，部分的に食われた場合を0.5，食べられていないものを0として重みづけをし，その平均値を採食率としてパーセンテージで示した．

出たひこばえがすべて食べられてしまった採食率100％の樹種は，7種あった．データ数は十分とはいえないが，これらは好んで食べる種と考えても間違いはないであろう．この7種のうち，4種はクスノキ科のタブノキ，ホソバタブ，ヤブニッケイ，シロダモ，2種はブナ科のマテバシイ，スダジイ，そしてエゴノキ科のエゴノキであった．クスノキ科，ブナ科は照葉樹林の樹冠を構成する主要な科であるが，それぞれの科の他の種も高い採食率を示しており，白谷ではこの2科に対する強い嗜好性が明らかである．これらの科は，果実，堅果ともども利用されており，シカにとってはきわめて重要なグループと考えられる．照葉樹林に暮らすシカが，その優占的な科の樹木に対する強い嗜好性を示す点は興味深い．

逆に白谷の林内で主要な低木相を構成するツバキ科や，サクラツツジ，ハイノキは，採食されるものの採食率は低かった．

f. 植物の化学防御と物理防御

高槻（1989）は，植物がシカなどの草食獣に対して示す適応戦略として，「食べられない戦略」と「食べられる戦略」があるとした上で，「食べられない」戦略は，さらに化学防御と物理防御に分けられるとしている．高槻があげたニホンジカの不嗜好植物の一覧に基づき，白谷の木本相を分類すると（表Ⅲ.1.1参照），化学的防御を行う種が23種，物理的防御を行う種が6種あった．

このうち物理的防御を行う種は，すべて屋久島では食べられており，防御の効果は完全ではない．たとえば，長い棘をもつアリドオシも，ヤクシカは周囲の葉から1枚1枚ていねいにつまんで食べていく．しかし長い棘が錯綜している中心部はさすがに食べづらいようで，食害を受けたアリドオシは，周囲をせん定されて円柱状の樹形となってくる．とはいえ，結果的に完全に食べられてしまうということは少ないようなので，物理的な防御は限定的な効果をもつと考えられる．

化学的防御を行う種は，23種中17種（73.9％）が食べられていた．完全に食べないと思われるのは，アセビ1種のみで，先に述べた利用困難種を除くと，85.0％もが食べられていた．特にクスノキ科の3種については，先に述べたように特に好んで食べる傾向があることから，高槻の不嗜好植物はニホンジカ一般というよりは，地域によって異なると考えた方がよいであろう．

山村（1993）は，植物による化学的防御をさらに質的防御と量的防御に分けて解説している．タンニンやリグニンなどのように消化を妨げる物質を大量につくるものを量的防御，アルカロイドのように少量でも効く強い毒をつくるものを質的防御と呼ぶが，白谷で完璧な防御効果があったのは，質的防御を行う強い毒性をもったアセビのみであった．他の種の化学的防御について，高槻には質的防御，量的防御といった記載はないが，85％もの種が実際に食べられているところをみると，致死的な毒性ではなく，量的な防御に当たるものと推定できる．こちらも物理的防御同様，クスノキ科を除くと完全に食べられてしまうということはないので，限定的な効果をもつといってよいであろう．シカの側からみれば，食べすぎないというのが，これらの化学的防御に対する対抗策といえるのかもしれない．

表 III.1.1 白谷雲水峡

種　名	科　名	学　名	食べる	枝葉	樹皮	実	花	特徴*
アリドオシ	アカネ科	*Damnacanthus indicus*	○	○				物理防御
ムベ	アケビ科	*Stauntonia hexaphylla*	○			○		蔓性
ハリギリ	ウコギ科	*Dendropanax trifidus*	○					物理防御
カクレミノ	ウコギ科	*Kalopanax pictus*	○	○				化学防御
エゴノキ	エゴノキ科	*Styrax japonica*	○	○	○		○	
ヤクシマオナガカエデ	カエデ科	*Acer morifolium*	○	○				
リュウキュウマメガキ	カキノキ科	*Diospyros japonica*	△			△		
アカシデ	カバノキ科	*Carpinus laxifora*	○	○				
ヤブニッケイ	クスノキ科	*Cinnamomum japonicum*	○	○				化学防御
イヌガシ	クスノキ科	*Neolitsea aciculate*	○	○		△		化学防御
シロダモ	クスノキ科	*Neolitsea sericea*	○	○		△		化学防御
バリバリノキ	クスノキ科	*Litsea acuminata*	○	○		△		
カゴノキ	クスノキ科	*Litsea coreana*	?					化学防御・稀
カナクギノキ	クスノキ科	*Lindera erythocarpa*	○	○				
タブノキ	クスノキ科	*Machilus thunbergii*	○	○		△		
ホソバタブ	クスノキ科	*Machilus japonica*	○		○			
クサギ	クマツヅラ科	*Clerodendrum trichotomum*	?					化学防御・稀
シマサクラガンピ	ジンチョウゲ科	*Diplomorpha pauciflora*	?					
サンゴジュ	スイカズラ科	*Viburnum odoratissimum*	○					化学防御
スギ	スギ科	*Cryptomeria japonica*	○	○				化学防御
ヒノキ	スギ科	*Chamaecuparis obtusa*	?					化学防御
センリョウ	センリョウ科	*Sarcandra glabra*	×					
サクラツツジ	ツツジ科	*Rhododendron tashiroi*	○	○				
ヒカゲツツジ	ツツジ科	*Rhododendron keiskei*	?					着生
サツキ	ツツジ科	*Rhododendron indicum*	?					
アセビ	ツツジ科	*Pieris japonica*	×					化学防御
アクシバモドキ	ツツジ科	*Vaccinium yakushimense*	?					着生
リンゴツバキ	ツバキ科	*Camellia japonica*	○	○	△			化学防御
サザンカ	ツバキ科	*Camellia sasanqua*	×					
ヒサカキ	ツバキ科	*Eurya japonica*	○	○				化学防御
モッコク	ツバキ科	*Ternstroemia gymnanthera*	?					稀
ヒメシャラ	ツバキ科	*Stewartia monadelpha*	○	○				
サカキ	ツバキ科	*Cleyera japonica*	○	○				化学防御
アカメガシワ	トウダイグサ科	*Mallotus japonicus*	○		○			
アブラギリ	トウダイグサ科	*Aleurites cordata*	×					
ユズリハ	トウダイグサ科	*Daphniphyllum macropodum*	○	○				
アオツリバナ	ニシキギ科	*Euonymus yakushimensis*	○	○				着生

○：白谷で食べる，△：白谷では確認されていないが屋久島の他地域で食べる，?：不明，×：食べないまたはほとんど食べ
*物理防御・化学防御については，高槻（1989）に基づく．

いずれにせよ，屋久島では高槻のいう化学的・物理的防御は，限定的な効果しか発揮していない．ではこの手強いヤクシカを相手に，植物はやられっぱなしなのであろうか．

g. 第3の道—逃避—

ここで，先に述べた利用困難種を思い出していただきたい．屋久島で特徴的なのは着生というライフスタイルである．たとえばナナカマドは本来地上性の種であるが，屋久島では沢沿いの岩の上などを除くと，林の中ではことごとく屋久杉などの巨木の樹幹上に着生して生活している．この点に関して，ナナカマドは常緑樹の森の中では暗くて発芽できないが，林冠に近い樹上であれば，発芽のための十分な光を得られるから着生生活を送っていると解釈され

1. ヤクシカの生態と食性　153

の樹木および食樹リスト

種　名	科　名	学　名	食べる	枝葉	樹皮	実	花	特徴*
クロバイ	ハイノキ科	*Symplocos prunifolia*	○	○				化学防御
ハイノキ	ハイノキ科	*Symplocos myrtacea*	○	○				化学防御
オニクロキ	ハイノキ科	*Symplocos tanakae*	○	○				
ミミズバイ	ハイノキ科	*Symplocos glauca*	○	○				化学防御
ナナカマド	バラ科	*Sorbus commixta*	○	○				着生
ヤマザクラ	バラ科	*Prunus jamasakura*	○	○				
ホウロクイチゴ	バラ科	*Rubus sieboldii*	○			△		物理防御
ヤクシマキイチゴ	バラ科	*Rubus yakumontanus*	○			△		物理防御
オオバライチゴ	バラ科	*Rubus croceacanthus*	○			△		物理防御
ツタ	ブドウ科	*Parthenocissus tricuspidata*	?					蔓性
アカガシ	ブナ科	*Quercus acuta*	○	○		○		
ウラジロガシ	ブナ科	*Quercus salicina*	○	○		○		
スダジイ	ブナ科	*Castanopsis sieboldii*	○	○		○		
マテバシイ	ブナ科	*Lithocarpus edulis*	○	○		○		
コバンモチ	ホルトノキ科	*Elaeocarpus japonicus*	○	○				化学防御
ツガ	マツ科	*Tsuga sieboldii*	?					
モミ	マツ科	*Abies firma*	?					化学防御
イスノキ	マンサク科	*Distylium lepidotum*	○	○				
ヤクシマカラスザンショウ	ミカン科	*Zanthoxylum yakumontanum*	△	△	△			物理防御
ミヤマシキミ	ミカン科	*Sikimmia japonica*	○		○			
シキミ	モクレン科	*Illicium anisatum*	○	○	○			化学防御
ヤマボウシ	ミズキ科	*Benthamidia japonica*	△			△		
ヤクシマサルスベリ	ミソハギ科	*Lagerstroemia subcostata*	?					稀
イヌツゲ	モチノキ科	*Ilex crenata*	○	○	○			
ソヨゴ	モチノキ科	*Ilex pedunclosa*	?					化学防御・着生
ツゲモチ	モチノキ科	*Ilex goshiensis*	○			○		
マツグミ	ヤドリギ科	*Taxillus kaempferi*	?					寄生
オオバヤドリギ	ヤドリギ科	*Scurrula yadoriki*	?					寄生
タイミンタチバナ	ヤブコウジ科	*Myrsine seguinii*	○	○				化学防御
モクタチバナ	ヤブコウジ科	*Ardisia sieboldii*	△	△				
マンリョウ	ヤブコウジ科	*Ardisia crenata*	○	○				化学防御
ヤマグルマ	ヤマグルマ科	*Trochodendron aralioides*	○	○	○			着生
ヤマモモ	ヤマモモ科	*Myrica rubra*	○	○		△		化学防御
ツルアジサイ	ユキノシタ科	*Hydrangea petiolaris*	?					蔓性
ノリウツギ	ユキノシタ科	*Hydrangea paniculata*	○	○				
ヤクシマガクウツギ	ユキノシタ科	*Hydrangea luteovenosa*	○	○				
ヤクシマアジサイ	ユキノシタ科	*Hydrangea grosseserrata*	△	△				
リョウブ	リョウブ科	*Clethra barvinervis*	○	○				

ない.

ている．しかし，着生したナナカマドが台風などで樹上より剥がれ落ちてくると，たちまちシカに食われてしまうということが観察されている．光条件は重要であろうが，林冠ギャップでもナナカマドをみないことを考えると，ナナカマドは樹上へ逃げることでシカから防衛しているとも考えられる．

一般に落葉樹は，葉の寿命が短いため化学的防御を行うことは困難と考えられる．屋久島ではナナカマドのほか，アオツリバナなど落葉性の低木は，ことごとく屋久杉などの巨木の上に避難している．シカの届かない範囲に逃げることが，生き残るための最大の防御となっているようだ．常緑のヤマグルマも屋久島では地面より少し高いスギの幹や切株の上によく着生している．ヤマグルマは必ずしも林冠近

表 III.1.2 台風ギャップにおける低木種の出現率と食痕数

種　名	出現率	食痕数	食痕指標
イヌガシ	2.3%	15	655.0
シキミ	3.8%	24	628.8
オニクロキ	18.3%	60	327.5
ホソバタブ	2.3%	5	218.3
ヒメシャラ	3.1%	6	196.5
ヤマモモ	0.8%	1	131.0
ヒサカキ	13.0%	10	77.1
ハイノキ	9.9%	5	50.4
クロバイ	5.3%	2	37.4
サクラツツジ	13.0%	1	7.7
イスノキ	3.8%	0	0.0
センリョウ	3.1%	0	0.0
ミミズバイ	1.5%	0	0.0
モクタチバナ	0.8%	0	0.0
ヤブニッケイ	0.8%	0	0.0
アリドオシ*	18.3%	0	0.0

*アリドオシについては，葉が小さく，食痕の有無の判断ができなかった．

くに芽生えるわけではないので，光条件はさほど重要とは考えられない．土壌中の耐病性がないために着生生活を送っているといわれているが（小原，1999），これも倒れた場合は好んでシカに食べられてしまうことを考えると，シカからの逃避というのも重要な要素の一つと考えられる．

このほかに，ヤクシマガクウツギ，ヤクシマアジサイなどの渓谷の崖に生える植物も，一つの逃避形態と考えることができるであろう．

h. 天敵のいない森で

屋久島にはかつてオオカミがいたという記録もなく，ヤクシカは天敵のいない森の中で，綿々と生き続けてきた．1994年から白谷で行っているセンサスでは，白谷の個体数はきわめて安定しており，森とのバランスの中で一定の個体数が維持されていることが示唆された．生息密度は約20頭/km^{2}と推定されている（市川，1996，2003）．先に示したように，ヤクシカは，ニホンジカが一般に忌避するような植物まで食べて生き抜いてきた．その裏には，徹底した森の採食の歴史があると考えられる．すなわち，現在ある白谷の森の姿は，ヤクシカと照葉樹との長い長い闘いの上で成立した微妙なバランスと

表 III.1.3　ひこばえの採食率

種　名	科　名	ひこばえあり本数	完食本数	部分食本数	無食本数	採食率*
エゴノキ	エゴノキ科	3	3	0	0	100.0%
オナガカエデ	カエデ科	1	0	1	0	50.0%
イヌガシ	クスノキ科	6	4	2	0	83.3%
タブノキ	クスノキ科	9	9	0	0	100.0%
バリバリノキ	クスノキ科	1	0	1	0	50.0%
ホソバタブ	クスノキ科	3	3	0	0	100.0%
ヤブニッケイ	クスノキ科	1	1	0	0	100.0%
シロダモ	クスノキ科	1	1	0	0	100.0%
カナクギノキ	クスノキ科	2	1	1	0	75.0%
サンゴジュ	スイカズラ科	4	0	4	0	50.0%
サクラツツジ	ツツジ科	20	0	4	16	10.0%
サカキ	ツバキ科	14	3	7	4	46.4%
サザンカ	ツバキ科	5	0	0	5	0.0%
リンゴツバキ	ツバキ科	1	0	1	0	50.0%
ハイノキ	ハイノキ科	4	0	2	2	25.0%
アカガシ	ブナ科	8	4	4	0	75.0%
ウラジロガシ	ブナ科	13	8	5	0	80.8%
マテバシイ	ブナ科	2	2	0	0	100.0%
スダジイ	ブナ科	1	1	0	0	100.0%
イスノキ	マンサク科	3	0	1	2	16.7%
シキミ	モクレン科	6	0	3	3	25.0%
タイミンタチバナ	ヤブコウジ科	1	0	1	0	50.0%
ヤマモモ	ヤマモモ科	1	0	1	0	50.0%

*完食を1，部分食を0.5，無食を0として数値化．

照葉樹林の中で，ヤクシカはブナ科，クスノキ科といった樹冠を構成する優占的なグループを中心に利用するよう適応を遂げてきた．一方，ヤクシカと常に最前線で接してきた低木たちは，物理的・化学的防御を行い，これに対抗してきた．ヤクシカは，そうした低木をも，多品種，少量ずつつまみ食いすることによって，利用可能としてきたのであろう．実際の採食行動を観察していると，落葉層の探索のあいまに，近くのシダや低木の葉をつまんだり，キノコをかじったりと，さまざまなものをつまみ食いしながら移動していくというのが，一般的である．

　また，防御のおろそかな種に対して，豊富な雨とコケが着生という避難場所を設けた．結果として，多様な森林が白谷に維持され，これがまた台風などの際にシカに供給されるお年玉のような役割を果たしているのである．

　以上，白谷におけるシカと森とのかかわりついて，食性という面から考察してきた．しかしこれも現時点での動的バランスの1フェーズを考察しているにすぎない．白谷のシカは，周辺地域との自由な移動の中で生活しており，周辺地域とのかかわりも含めて，今後も大きく変化していく可能性がある．森とシカとの相互作用が，人的影響が少ない中で純粋に継続されていくことを期待している．

（市川　聡）

文　献

浅田正彦・蒲谷　肇・山中征夫（1991）：房総丘陵におけるニホンジカによるアオキの採食状況．森林防疫，**40**-11，10-14．

市川　聡（1996）：白谷雲水峡の屋久鹿．YNAC通信，**3**，2-7．

市川　聡（2003）：ヤクシカの個体数変動について．YNAC通信，**16**，2-5．

小原比呂志（1999a）：白谷雲水峡の樹木．YNAC通信，**9**，4-7．

小原比呂志（1999b）：ヤマグルマのぬれぎぬ．YNAC通信，**9**，15．

高槻成紀（1989）：植物及び群落に及ぼすシカの影響．日本生態学会誌，**39**，67-80．

Takatsuki, S. (1990): Summer dietary compositions of sika deer on Yakushima Island, southern Japan. *Ecological Research*, **5**, 253-260.

山村則男（1993）：植物と動物の相互関係の理論的考察：植物の防御戦略を中心に．川那部浩哉監修，地球共生系5 動物と植物の利用しあう関係，pp. 85-103，平凡社．

第 2 章

照葉樹林に住むヤクシマザルの採食戦略

a. 採食をめぐるコスト−ベネフィット

多くの霊長類は，果実，葉，草本，動物質など，さまざまな食物品目を採食しており，その採食割合は，季節的にも大きく変化する（Chapman and Chapman, 1990）。それらの食物品目の森林内における現存量や空間分布，それに含まれる栄養は大きく異なる。一般に，果実は繊維質が少なく単位重あたりのカロリーが成熟葉に比べ高いので，高質な食物と考えられている。しかしながら，果実は葉に比べると森林内の現存量は低く，利用できる期間も限定されている（Milton, 1993）。また，昆虫類などの動物質は，重要な栄養素であるタンパク質を多く含むが，探し出すのに時間と労力が求められる。このように，食物品目によって得られる栄養（ベネフィット）と，それを見つけ出すのに必要な労力（コスト）はかなり違っている。サルたちはこれらの食物品目を採食する際には，それを食べることで得られるベネフィットが，それを得るためのコストを少しでも上回るように戦略を練らなければならない。つまり，食べる食物の種類と活動内容を上手に調整する必要がある。ここでは，屋久島の照葉樹林に生息するヤクシマザルについて，食物品目と活動時間配分の関係を分析することで，彼らの採食戦略をみていくことにしよう。

b. ヤクシマザルの研究

ニホンザル（*Macaca fuscata*）は，ホンドザル（*M. f. fuscata*）とヤクシマザル（*M. f. yakui*）の2亜種に分けられている。ホンドザルは東北から九州まで広い分布域をもつが，ヤクシマザルは屋久島にのみ生息する。ヤクシマザルは，ホンドザルと比べると，体サイズがやや小さく，体色が濃い，体毛が長い，手足が短いなどの特徴がある（図III.2.1）。また，遺伝的多様性も低く，過去に非常に個体数が少なくなった「ボトルネック」を経験していると考えられる（早石，2004）。彼らは，海岸付近から標高1800 m以上まで屋久島のほぼ全域に生息しており（好広ほか，1998），亜熱帯から冷温帯までの幅広い環境に適応している。この中で，ここでは西部の海岸部に生息しているヤクシマザルについて取り上げる。そこは，ニホンザルの生息環境としては最も暖かい地域ということになる。

屋久島西部の海岸部にある照葉樹林では，1970年代よりサルの調査が始められた（丸橋ほか，1986）。当時，ニホンザルの研究はサルに餌を与え，人に馴らした上で，その行動を観察するという「餌付け」という手法が用いられることが多かった。しかし，屋久島西部では餌を与えず，ただひたすらサルに接近し，サルを研究者の存在に慣れさせるという「人付け」という手法がとられた。当初はサルに近づいていくとすぐに逃げてしまい，思うように観察はできなかったそうだが，根気強く「人付け」を続けることにより，やがてサルたちは研究者の存在をあまり気にしなくなったという。「餌付け」では，サルは人に対して餌をもらおうと媚びたり，脅したりするようになり，またサル同士の社会関係や採食・繁殖生態も大きくゆがんでしまう。これに対し，屋久島西部では「人付け」によってサル本来の社会や生態の観察が可能となったのである。以来，この地域では「人付け」によるサルの研究が続けられている。このおかげで，筆者も日がな1日サルたちにつき合って，彼らがいつ，どこで，何をしたか，何を食べたかを詳しく観察することができたのである。

図 III.2.1 日なたぼっこをするヤクシマザルの若い母親と赤ん坊

c. 照葉樹林における食物生産の変動性

彼らが生息している西部の照葉樹林は，植物種の多様性が非常に高い森林とされている（田川，1980）．また，それぞれの種の立地も，尾根，谷，海岸部など特定の地形に集中するものから，全体に一様に分布するものまでさまざまである．さらに，果実，種子，花，新葉，成熟葉を供給する季節も種によって異なる．図III.2.2の左側は，サルの主な食物品目である果実，種子，花，新葉，成熟葉，落下種子の現存量の季節変化を示している（Agetsuma, 1995a）．なお，ここでは種子について樹上で採食する場合（種子）と落下した後に林床で採食する場合（落下種子：主にドングリ）とでは採食の仕方が違うので，別の採食品目と見なしている．この森では常緑樹が多いために成熟葉の現存量の季節変化は小さいが，その他の食物品目に関しては，季節により大きな変動がみられる．サルたちはこのような空間的にも時間的にも変動の大きな環境に生息しているのである．

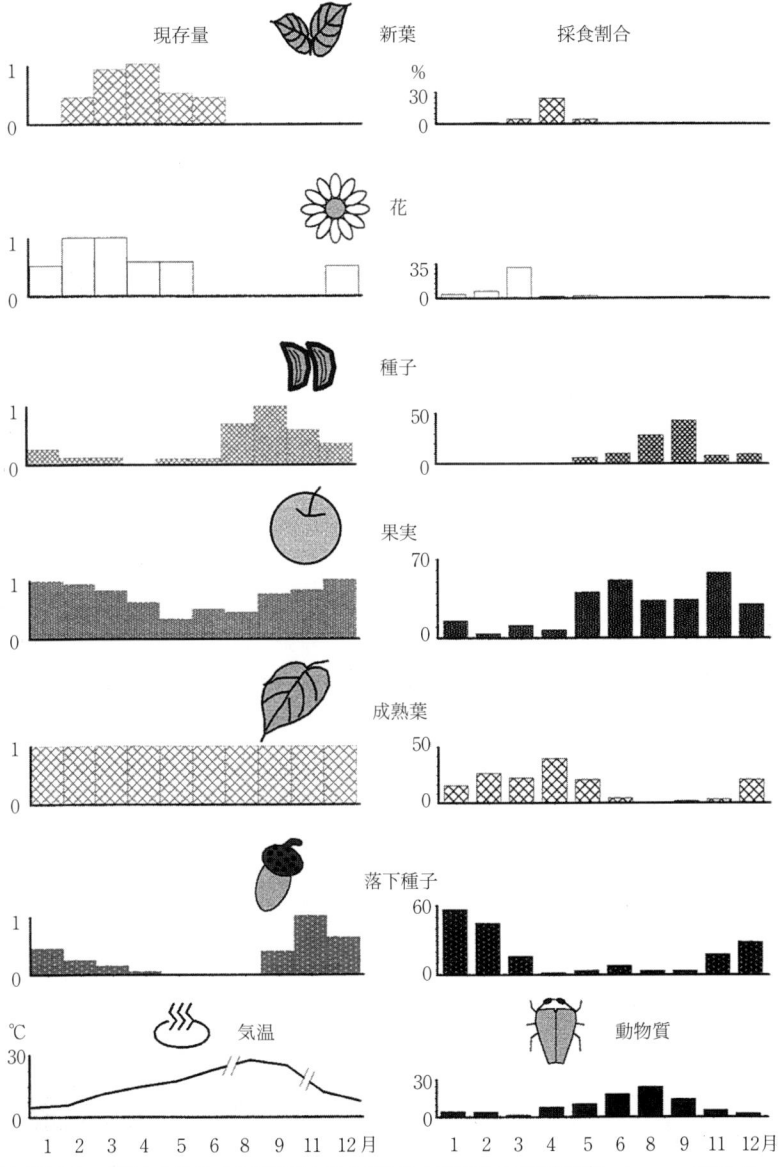

図 III.2.2 主要な食物品目の現存量と採食割合および気温の季節変化（Agetsuma, 1995a を改変）

各食物品目の現存量は相対値で表している．採食割合は採食時間に占める各食物品目を採食していた時間割合．気温は1日の最高気温の月平均．

d. 食物品目の季節変動

図Ⅲ.2.2の右側は，主要な食物品目の採食割合（採食時間割合）を示している（Agetsuma, 1995a）. 花は春に，新葉は初夏に，樹上にある種子と動物質（主に節足動物）は夏に，落下種子は晩秋〜冬に，成熟葉は冬〜初夏に採食されている．そして，果実は初夏〜初冬に多いものの，1年を通して利用されていることがわかる．ただし，こうした食物品目の季節変動の仕方は年によっても異なる．たとえば，落下種子の採食量や採食できる期間は，マテバシイのドングリの豊凶によって大きく左右される．マテバシイが豊作の年では，地表に残ったドングリが春先まで残り，主要な食物となるが，凶作の年は，秋の間にドングリはなくなってしまう．同様に，初夏に結実するヤマモモについても，その豊凶がその時期の食物品目に大きな影響を与える．ヤマモモが豊作の年は，ヤマモモ果実だけで初夏の食物の大半を占めるが（Agetsuma and Noma, 1995），凶作の年にはほとんど採食できない．その代わり，マテバシイやヤマモモが凶作の場合には，それらの時期には成熟葉がよく採食されるようになる（Hill and Agetsuma, 1995）．このように，彼らの食物品目は季節によっても，年によっても大きく変化している．

e. 活動時間配分の季節変動

それではサルたちの活動は季節的にどう変わるのだろうか．移動や採食は休息やグルーミング（毛繕い）などと比べて，活発な活動と見なすことができる．この活発な活動にかける時間は年間を通じて安定しており，7時間弱であった（図Ⅲ.2.3：Agetsuma, 1995b）．しかし，その内訳（移動時間，採食時間）は季節的に大きく変動していた．図Ⅲ.2.4は，サルたちが1日のうち何時間，移動と採食に費やしていたかをそれぞれ示している．採食時間は冬〜初夏に長く，夏場に最低になるのに対し，移動時間は初夏〜夏に長く，冬に最低になっているのがわかる．当然ながら，採食時間と移動時間には強い負の相関がみられる．このことから，彼らは限られた活発に動ける時間をうまく採食と移動に振り分けている様子がうかがえる．ただし，移動はより負担を伴う活動のようである．なぜなら，移動時間が長くなればなるほど日中に休息する時間が増加する傾向にあるからだ．移動による体の負担を，休息時間を長くとることによって解消しているのかもしれない（Agetsuma, 1995b；Agetsuma and Nakagawa, 1998）．

f. 食物品目と移動・採食時間の関係

それでは，食物品目によって採食時間と移動時間はどのように変化するか，みてみよう．各食物品目の採食時間割合と採食時間および移動時間について，相関分析を行ってみた（図Ⅲ.2.4：Agetsuma, 1995b）．その結果，果実，種子，動物質，菌類は，それらを採食すればするほど移動時間が増加し，採食時間が減少することがわかった．これに対し，成熟葉，新葉，花，落下種子はその逆で，それらを採食するほど採食時間が増加し，移動時間が減少している．なぜこのような結果になったのかは，それぞれの食物品目の分布状態と，食物としての質から説明することができそうである．

森林内の食物品目の分布は，サルがそれを見つけるために動き回る時間や移動距離に関係している．その食物品目が分散していたり，現存量が少なかったりすると，探すのに移動時間が長くかかる．そこで，果実，種子，花，成熟葉に関して，サルたちが実際に採食した木の平均サイズを求め，そのサイズ以上の木がこの森にどのくらいあったかを種ごとに集計してみた．すなわち，採食可能な木の密度を調べたのである．その結果，果実や種子を供給する木の密度は低く，成熟葉を供給する木の密度は高いことが示された（図Ⅲ.2.5：Agetsuma, 1995b）．そして，実際に，サルたちは成熟葉を多く食べるときに比べ，果実や種子を多く食べるときには広く分散する傾向にあることもわかった（Agetsuma, 1995c）．つまり，サルたちは，果実や種子を食べるために広く，そして長く移動していたのである．また，動物質や菌類（キノコなど）も他の食物に比べ，現存量が少ないと考えられるので，やはり探索コストの大きな食物と考えられる．これに対し，成熟葉は採食木の密度が高いので，それほど移動しなくても発見が可能である．

一方，食物の質はサルたちの採食量や採食時間に関係する．質が高ければ少量で必要量を満たせる

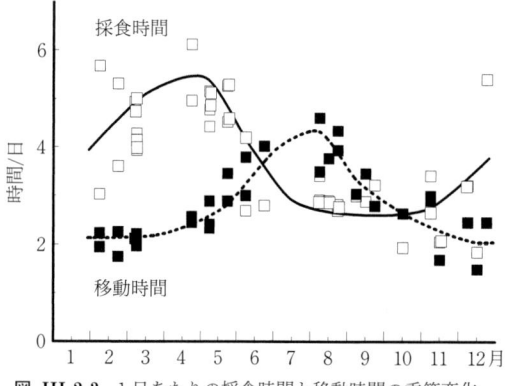

図 Ⅲ.2.3 1日あたりの採食時間と移動時間の季節変化
（Agetsuma, 1995b を改変）

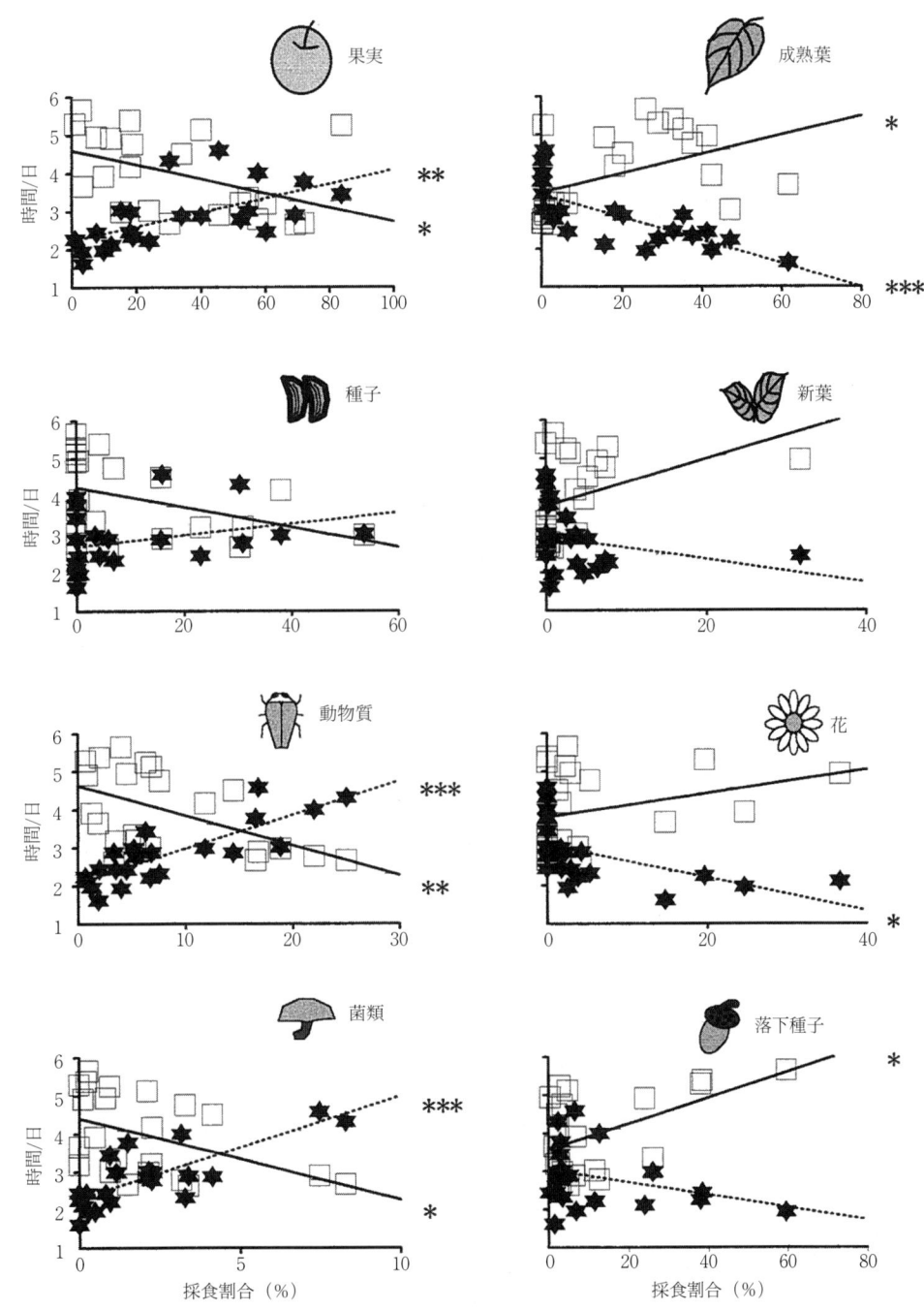

2. 照葉樹林に住むヤクシマザルの採食戦略　　*159*

図 III.2.4　各食物品目の採食割合と採食時間・移動時間の関係（Agetsuma, 1995b を改変）
─□─採食，…★…移動．有意な相関係数が得られた相関直線には＊を示している．＊：$p<0.05$，＊＊：$p<0.01$，＊＊＊：$p<0.001$．

し，質が低ければたくさん食べなくてはならない．このとき，単純に個々の食物品目の栄養価を調べるだけでは不十分な場合がある．というのは，いくら栄養価の高い食物でも，摘み取ったり，皮をむいたりするなど，食べる前の処理に時間がかかると，なかなか口に運ぶことができない．栄養価が低くてもガバガバ食べられれば短い時間で多くの栄養を取り込むことができる．したがって，食物の質を評価する場合には，サルたちが実際に単位時間あたりに取り込める栄養量を指標にした方がよいとされている

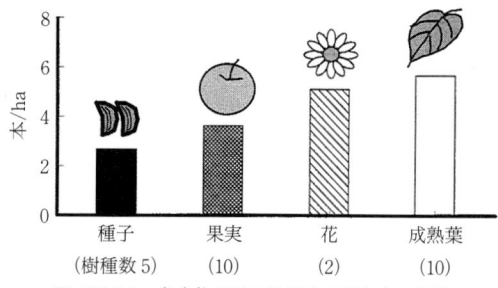

図 III.2.5 各食物品目を供給する採食木の密度
(Agetsuma, 1995b を改変)

サルが採食していた木の平均サイズ以上の木の密度を，種ごとに求め，平均した．

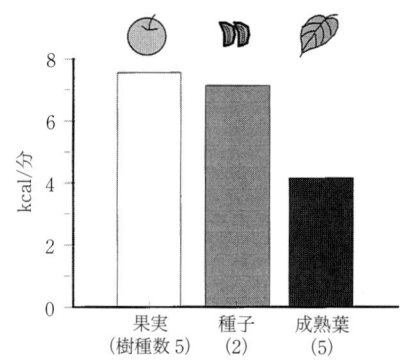

図 III.2.6 各食物品目のカロリー摂取速度
(Agetsuma and Nakagawa, 1998 をもとに作成)

各食物品目について1分間あたりに取り込まれたカロリー量を示す．宮崎県幸島において屋久島で採食されていたのと同じ種類の食物のカロリー摂取速度を平均した．

(中川, 1994). 屋久島ではこのデータは得られていないが，同じような海岸部の照葉樹林に生息する宮崎県幸島のニホンザルではこのカロリー摂取速度が調べられていた (Iwamoto, 1982). そこで，屋久島のサルが食べていたのと同じ樹種の果実，種子，成熟葉について，カロリー摂取速度を計算してみた．それによると，果実と種子は成熟葉に比べかなり単位時間あたりに得られるカロリー量が高い，すなわち質の高い食物であることが示された (図 III.2.6：Agetsuma and Nakagawa, 1998). このことから，果実や種子を採食する場合には採食時間は短くてよいが，成熟葉を採食する場合にはたくさん食べなくてはならず，採食時間が長く必要となることが理解できる．落下種子もそれを採食するほど採食時間が増加する食物となっていた．落下種子はそれ自体の栄養価は種子と大差ないはずだが，林床の落葉の中から1個1個探し出すため，なかなか口に運ぶことができない．事実，ドングリを1個見つ

けるのに何分も落葉を搔き分けなくてはならなかった場合も観察されている．したがって，落下種子は同じ場所にとどまって採食するので移動はあまりしなくてよいが，採食時間あたりの摂取栄養はあまり高くはならないものと考えられる．

以上のことから，食物の分布状態は移動時間に，食物の質は採食時間に影響を与えていることが示唆されるのである．

g. ヤクシマザルの採食戦略

それでは，1日の移動時間を採食にかかるコストと見なして，ヤクシマザルの採食戦略を考えてみよう．彼らは果実や種子などを採食する場合には，多くのコストをかけて採食していた．しかし，これらの食物品目は質が高いためにそのコストを相殺できていたと考えられる．一方，成熟葉などは森林内の現存量が多いのでコストをかけずに採食できるが，質が低いために長時間採食しなくてはならない．つまり，彼らは基本的には採食にかかるコストと，それで得られるベネフィット（栄養）をつり合わせるコスト-ベネフィットバランス戦略をとっていると考えられるのである (Agetsuma, 1995b).

ここまでは採食のコストとして移動時間だけを考えてきた．実は，もう一つ別のコストも存在している．それは気温である．哺乳動物は，体温を一定に保つために多くのエネルギーを投資している．気温は，この体温調整を通じて，サルの生態や行動に影響を及ぼしている (揚妻, 2000). サルは，気温の低下に伴って，体温維持により多くのエネルギーを割く必要があり，その分多くのカロリーを食物から得るようになる (Agetsuma, 2000). 屋久島の照葉樹林でも，冬は雪こそ降らないものの最低気温は3℃くらいまでに下がるので，そこに住むサルたちはやはり気温の影響を受けているはずである．図 III.2.2 をみると，果実の現存量は冬にピークを迎えている．しかし，サルたちは果実が最も多いこの時期に果実の採食を減らして，むしろ成熟葉の採食を増加させている．これは，気温の低下に伴い，長く移動してまで果実を採食しなくなり，よりコストのかからない成熟葉の採食を増加させていたためと推測される (Agetsuma, 1995a).

このように，彼らは基本的にはコスト-ベネフィットのバランス戦略をとっているのだが，実は時々その戦略から外れることがある．それは1本で大量の果実をつけるアコウが実ったときや，尾根部に集中して立地するヤマモモ果実（図 III.2.7）が大豊作になったときである．こういう時期には，サルたちは1日に何度もこれらの植物がある場所を訪れて，みんなで果実を採食する．同じ場所で高質の食物が

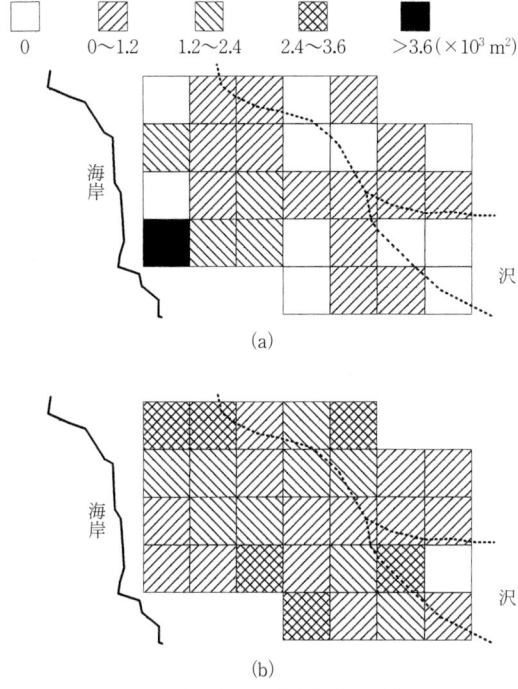

図 III.2.7 屋久島西部の照葉樹林内の (a) ヤマモモ および (b) タブノキとイヌビワの分布（Agetsuma and Noma, 1995を改変）
それぞれの種の分布密度は，各種の1haあたりの樹冠体積で表している．メッシュは100m四方．

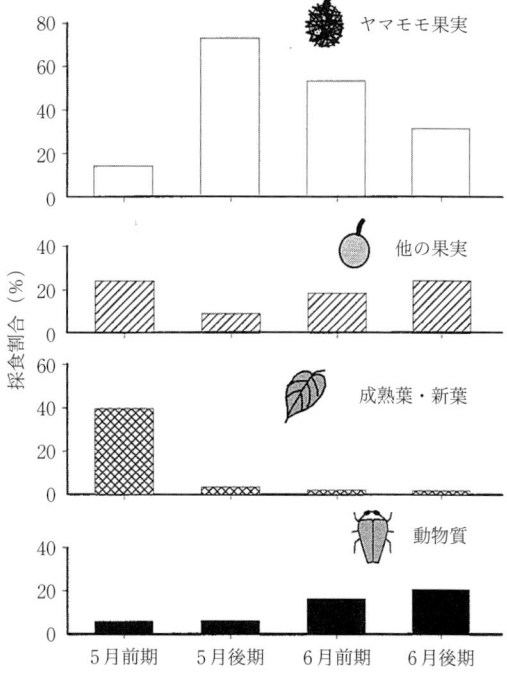

図 III.2.8 1990年5〜6月の各食物品目の採食割合（Agetsuma and Noma, 1995を改変）

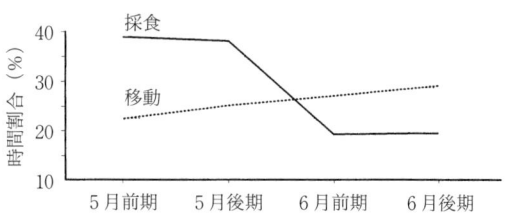

図 III.2.9 1990年5〜6月の1日あたりの採食時間と移動時間（Agetsuma and Noma, 1995を改変）

大量に得られるので，長く移動する必要もない．図III.2.8にヤマモモ果実が豊作だった1990年のサルたちの各食物品目の採食割合を，図III.2.9には活動時間配分を示す（Agetsuma and Noma, 1995）．これをみると，ヤマモモ果実が実る前の5月前期は成熟葉を採食しており，移動時間が短く，採食時間が長いというバランス戦略をとっている．しかし，ヤマモモが実り始める5月後期になると一気にヤマモモ果実を採食するのだが，移動時間は短いままである．6月に入るとヤマモモ果実が減少してしまったので，より均一に分布するタブノキとイヌビワの果実（図III.2.7）も多く採食し始めた．そのため，より広く，長い時間の移動が必要となり，徐々にバランス戦略に戻っていったのである（図III.2.8，III.2.9）．5月後期にみられたような低コスト-高ベネフィット戦略は，当然ながら最も効率のよい採食戦略であるが，それを許す状況になるのは，この照葉樹林では年に1〜2回あるかないかで，それも1回あたり半月程度であろう．この戦略を例外的なものととらえるかどうかは，いわばこの「ボーナス」が彼らの生存や繁殖にどれだけの影響を与えるのかで判断するべきであろう．

照葉樹林は，植物の生産性の季節変動，年変動，分布様式など，時間的にも空間的にも変動している環境といえる．こうした変動環境に対して，サルたちは，実に柔軟に採食行動を対応させているのである．

（揚妻直樹）

文　献

Agetsuma, N. (1995a): Dietary selection by Yakushima macaques (*Macaca fuscata yakui*): The influence of food availability and temperature. *International Journal of Primatology*, **16**, 611-627.

Agetsuma, N. (1995b): Foraging strategies of Yakushima macaques (*Macaca fuscata yakui*). *International Journal of Primatology*, **16**, 595-609.

Agetsuma, N. (1995c): Foraging synchrony in a group of Yakushima macaques (*Macaca fuscata yakui*). *Folia Primatologica*, **64**, 167-179.

揚妻直樹（2000）：ひなたぼっこをするサル―温熱生態学のすすめ―．杉山幸丸編著，霊長類生態学―環境と行動のダイナミズム，pp. 153-175，京都大学学術出版会．

Agetsuma, N. (2000): Influence of temperature on energy intake and food selection by monkeys. *International Journal of Primatology*, **21**, 103-111.

Agetsuma, N. and Nakagawa, N. (1998): Effects of habitat differences on activity budget in Japanese monkeys: Comparison between Yakushima and Kinkazan. *Primates*, **39**, 275-289.

Agetsuma, N. and Noma, N. (1995): Rapid shifting of foraging pattern by Yakushima macaques (*Macaca fuscata yakui*) as a reaction to heavy fruiting of *Myrica rubra*. *International Journal of Primatology*, **16**, 247-260.

Chapman, C. A. and Chapman, L. J. (1990): Dietary variability in primate populations. *Primates*, **31**, 121-128.

早石周平（2004）：mtDNA変異の地理的分布からみた屋久島ニホンザルの完新世の歴史．京都大学理学研究科学位論文．

Hill, D. A. and Agetsuma, N (1995): Supra-annual variation in the influence of *Myrica rubra* fruit on the behavior of a troop of Japanese macaques in Yakushima. *American Journal of Primatology*, **35**, 241-250.

Iwamoto, T. (1982): Food and nutritional condition of free ranging Japanese monkeys on Koshima islet during winter. *Primates*, **23**, 153-170.

丸橋珠樹・山極寿一・古市剛史編（1986）：屋久島の野生ニホンザル，201 pp.，東海大学出版会．

Milton, K. (1993): Diet and primate evolution. *Scientific American*, August, 70-77.

中川尚史（1994）：サルの食卓，285 pp.，平凡社．

田川日出夫（1980）：屋久島国割岳西斜面の植生．鹿児島大学理科報告，**29**, 121-137.

好広眞一・大竹　勝・座馬耕一郎・半谷吾郎・松原　始・谷村寧昭・久保律子・松嶋加奈・早川祥子・小島孝敏・平野晃史・高畑由紀夫（1998）：屋久島東部ヤクスギ林帯におけるヤクシマザルの分布と糞分析による食性の調査．霊長類研究，**14**，189-199．

第3章
屋久島の鳥類相と垂直分布

3.1 研 究 史

　琉球列島北部に位置する屋久島は，周囲 105 km，最高峰 1935 m で，1000 m を超える高峰が連なる地形急峻な山岳島である．また，雨量が多く，各種の森林が発達している．そのため，地理的，地形的，気象的に調査しにくく，屋久島の鳥類を対象とした調査研究は比較的少ない．主要なものでは，鳥類相と群集，環境について小川・宮沢（1968），小笠原・小林（1972），生物地理について森岡・坂根（1975），森岡（1976），垂直分布について白井（1956），花輪（1984），垂直分布と群集構造について江口・武石・永田・逸見・川路（1989，1992），カラ類の採餌生態について江口・永田・武石（1987）の研究がある．また，大学サークルの調査として佐久間（1986）などがあり，迫（1974），中川（1994），屋久島野鳥研究会（2001）などは鳥類リストを作成している．一方，古くは，Ogawa（1905），Kuroda（1925）などにより，当時屋久島で採集された鳥類の記録をみることができる．

　上記の論文や報告から，鳥類相や垂直分布についてはある程度知見が得られているが，他の分野についてはあまり研究されていないことがわかる．そのため，今後は，種や特定種群の生態学的研究，生息密度など数量的モニタリング，環境と鳥類相の変化，保全生物学的研究，DNA 解析による亜種や系統の研究などが期待される．

3.2 鳥 類 相

a．繁殖する鳥

　これまで，いくつかの屋久島産鳥類リストがつくられている．リストに含まれる種数は，つくられた年代，採用した文献によって異なる．少ないもので 121 種（花輪，1984），多いもので 200 種を超える（中川，1994）．この差は，まれに渡来する種や迷行した種の記録による．最新のリストは，屋久島野鳥研究会（2001）による『屋久島の野鳥目録』である．彼らは 1991～2000 年の観察記録に基づき，167 種（外来種を除く）を記載した．この記録は自らの観察に基づき，過去の文献の引用や伝聞を除外しているのが特徴である．そのため，現在の屋久島の鳥類相を最もよく表しているといえる．このリストをもとに，他の文献も参考にして生息時期によって鳥類を分類すると，留鳥が 31 種（18.6%），夏鳥が 7 種（4.2%），冬鳥が 33 種（19.8%），旅鳥が 28 種（16.8%），まれな種（迷鳥）が 68 種（40.7%）であった．また，島内で繁殖するあるいは繁殖の可能性が高い陸鳥類（アビ目，カイツブリ目，ミズナギドリ目，ペリカン目，コウノトリ目，カモ目，ツル目，チドリ目以外の鳥）の種は，留鳥が 23 種，夏鳥が 7 種の計 30 種であった．なお，屋久島野鳥研究会（2001）はコマドリ，ヤブサメを留鳥，アカヒゲを不明としているが，ここではこれらを夏鳥とした．

　屋久島で繁殖する鳥類とその亜種分化を表Ⅲ.3.1 に示した．白井（1956），小笠原・小林（1972），森岡・坂根（1975），森岡（1976）と比較すると，当時は繁殖すると考えられたアカコッコ，オオアカゲラ，ヤマセミは観察されず，クロサギ，ヒクイナ，ハクセキレイは繁殖していないとみられる．また，当時は不明だったオオコノハズク，ホトトギス，アカショウビンは繁殖の可能性が高い．一方，アカコッコ（亜種ヤクシマアカコッコ）は，Ogawa（1905）が 7 個体を採集し，Kuroda（1925），白井（1956）が少数を観察しただけで他の記録は見つからない．オオアカゲラ，ヤマセミは一時的な渡来のようで繁殖の可能性は低い．ハクセキレイの繁殖は 1 例のみであった（小笠原・小林 1972）．

b．鳥類相の特徴

　表Ⅲ.3.1 では，森岡（1976），日本鳥学会（2000）に基づいて繁殖種の亜種区分を行っている．屋久島には固有種が存在せず，固有亜種はヤクシマカケス（*Garrulus glandarius orii*），ヤクシマヤマガラ

表 III.3.1 屋久島で繁殖する鳥類とその亜種分化

	屋久島の亜種	分布系統	現状 留鳥/夏鳥	繁殖	観察頻度
固有亜種	ヤクシマカケス	九州・本州系	留鳥	繁殖推定	少数
	ヤクシマヤマガラ	広域分布	留鳥	繁殖	普通
準固有亜種	シマキジ	九州・本州系	留鳥	繁殖	普通
	タネアオゲラ	九州・本州系	留鳥	繁殖	普通
	オガワミソサザイ	九州・本州系	留鳥	繁殖	普通
	タネコマドリ	九州・本州系	夏鳥	繁殖	普通
	シマメジロ	広域分布	留鳥	繁殖	普通
奄美・沖縄と同亜種	ズアカアオバト	琉球系	留鳥	繁殖推定	普通
	アカヒゲ	琉球系	夏鳥	繁殖推定	稀少
	リュウキュウキビタキ	広域分布	夏鳥	繁殖	普通
	リュウキュウサンショウクイ	広域分布	留鳥	繁殖	少数
九州・本州と同亜種	カワガラス	九州・本州系	留鳥	繁殖推定	少数
	トラツグミ	九州・本州系	留鳥	繁殖推定	少数
	ヤブサメ	九州・本州系	夏鳥	繁殖	普通
	ヒガラ	九州・本州系	留鳥	繁殖	普通
	ホオジロ	九州・本州系	留鳥	繁殖	普通
	カラスバト	広域分布	留鳥	繁殖推定	少数
	キジバト	広域分布	留鳥	繁殖推定	少数
	ホトトギス	広域分布	夏鳥	繁殖推定	普通
	オオコノハズク	広域分布	留鳥	繁殖推定	普通
	アカショウビン	広域分布	夏鳥	繁殖推定	稀少
	カワセミ	広域分布	留鳥	繁殖	少数
	コゲラ	広域分布	留鳥	繁殖推定	普通
	ヒヨドリ	広域分布	留鳥	繁殖	普通
	イソヒヨドリ	広域分布	留鳥	繁殖	普通
	ウグイス	広域分布	留鳥	繁殖	普通
	セッカ	広域分布	留鳥	繁殖	少数
	サンコウチョウ	広域分布	夏鳥	繁殖	少数
	スズメ	広域分布	留鳥	繁殖	普通
	ハシブトガラス	広域分布	留鳥	繁殖	普通

(*Parus varius yakushimensis*) の2亜種, 準固有亜種（種子島と同亜種）はシマキジ（伊豆諸島などにも分布），タネアオゲラ，オガワミソサザイ，タネコマドリ，シマメジロの5亜種，奄美・沖縄と同亜種がズアカアオバト，アカヒゲ，リュウキュウキビタキ，リュウキュウサンショウクイの4亜種，九州・本州と同亜種がカワガラス，トラツグミ，ヤブサメ，ヒガラなど19亜種である．なお，屋久島のコゲラは，日本鳥学会（2000）ではミヤケコゲラとしているが，ここでは森岡（1976）に従いキュウシュウコゲラとした．

屋久島の繁殖鳥の生物地理的な位置づけについてみると，30種のうち琉球系はアカヒゲ，ズアカアオバトの2種にすぎず，これらは琉球系と同亜種である．一方，九州・本州系は10種で，そのうち5種が別亜種に分化している．残り18種は日本列島に広域に分布する鳥類である．したがって，森岡（1976）が指摘しているように，屋久島の繁殖鳥は，九州・本州系の種が多く亜種分化が進んでいるのに対し，琉球系の種は少なく亜種分化しておらず，屋久島の鳥類相が九州・本州の鳥類相と密接な関係をもって進化してきたことを示している．鳥類相からみると，屋久島は九州の属島といえる．

また，屋久島の鳥類相は，島としての一般的な特徴ももっている．九州では約75種の鳥類が繁殖しているのに対し，屋久島では30種と半分以下である．これは，九州に生息する近縁種が屋久島には生息しないことによる．その例として，屋久島ではホトトギス類はホトトギス1種，キツツキ類はコゲラ，アオゲラの2種，シジュウカラ類はヤマガラ，ヒガラの2種，カラス類はハシブトガラス1種が繁殖しているにすぎず，九州に生息するそれぞれのグループのカッコウ，ツツドリ，オオアカゲラ，シジュウカラ，エナガ，ハシボソガラスが繁殖せず通常は生息もしていない．このように，島の鳥類相は本土の鳥類相に比較して貧弱であり，本土の近縁種や

特定の分類グループの鳥類が欠落している．これには島の面積と本土からの距離が大きく関係しており，面積が増えるほど種数が増加し，本土から離れるほど種数が減少することが知られている．このような島の生物の種数に関しては，島に住むものの絶滅率と他地域からの移入率の動的平衡モデルで説明がなされている（樋口，1979）．

なお，琉球列島は渡り鳥の重要な渡りルートになっているため，屋久島には各種の渡り鳥が飛来する．ツバメ類，ムシクイ類，ヒタキ類，アトリ類など多くの小鳥類は，春秋の渡りの時期に通過する旅鳥であるが，種によっては発見しにくいため観察数は少ない．旅鳥のシギ類やチドリ類も少ないが，これは干潟などの生息場所がほとんどないためである．冬鳥は，カモ類，カモメ類，ワシタカ類が飛来するが，大部分は九州以北が越冬地であり，種数，個体数ともに少ない．

3.3 鳥類の垂直分布

a. 繁殖期

屋久島は 2000 m 近い標高があることから，植生には垂直構造がみられ，鳥類にもそれに応じた垂直分布がみられる．花輪（1984）は，南西部の花山歩道周辺の原生自然環境保全地域（標高 500 m 以上）を中心に調査（1983 年 6 月）を行った．また，江口ら（1989）も西部の永田歩道を中心とする調査（1983 年 5〜6 月）を行い，標高に応じた各植生帯に出現する鳥類と各種の選好する植生について，ほぼ同様の結果を得ている．

図Ⅲ.3.1 に，相観による大まかな植生帯と，主要な 13 種の鳥類の繁殖期における垂直分布を示した．調査地の植生帯は，相観によって上部から (a) 灌木・草原（1800 m 以上），(b) 針葉樹落葉広葉樹混交林（1200〜1800 m），(c) 針葉樹照葉樹混交林（800〜1200 m），(d) 照葉樹林（800 m 以下）に大まかに区分できる．これらの植生帯と鳥類の分布，各種の選好する植生は，おおよそ次のようである．

コマドリは，(a) では森林限界付近の沢沿いに上昇する矮生林ではかなり少数であるが，(b) の混交林ではヤクシマシャクナゲなどが密に繁茂する林床で比較的生息密度が高く，(c) 上部でもわずかに記録された．それ以下には生息していない．ウグイスは，(a) ではかなり少数であるが (b) 上部では多数が記録された（600 m 前後でも少数記録）．ヒガラは，(b) 上部で密度が高く (c) 上部まで分布し，混交林の密な林冠を主な生息場所としている．ミソサザイ，カケスは (b)，(c) に分布し，ミソサザイは主に林冠の閉鎖した沢の地上近くで，カケスは林冠から地上まで広い範囲で記録されている．キビタキ，メジロ，ヤマガラ，コゲラは，(b)〜(d) の広い範囲に分布している．キビタキは，照葉樹の暗い林で生息密度が高く，林の中層での記録が多い．メジロも，照葉樹林での密度が高く主に林冠で記録されている．ヤマガラは，比較的生息密度の高い種である．ヒガラとヤマガラは，混交林の密な林冠で記録されているが，ヒガラが針葉落広混交林を主体としているのに対し，ヤマガラは，標高の低い照葉

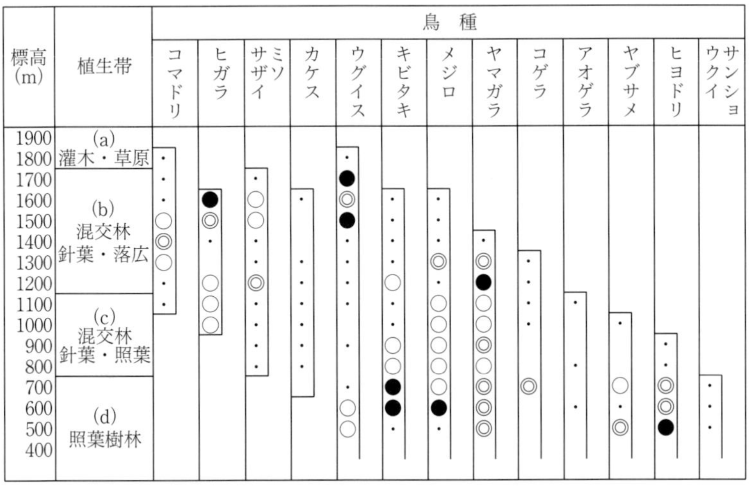

図 III.3.1 主要な種の繁殖期における垂直分布

●：6 羽/時以上，◎：4〜6 羽/時，○：2〜4 羽/時，・：2 羽/時以下．

樹林にも比較的多く生息している。コゲラは，(d) 上部での密度が比較的高かった。アオゲラ，ヤブサメ，ヒヨドリは，(c)，(d) が分布範囲である。アオゲラは生息密度が低く樹林の中層で少数が記録され，ヤブサメは照葉樹林の林床のブッシュ（藪）で，ヒヨドリは林冠で記録されている。サンショウクイは少数が (d) の林冠で記録された。

このように，屋久島では標高および植生帯と関連した鳥類の垂直分布がみられる。しかし，いくつかの植生帯に連続して出現する種が多く，また，ウグイスのように営巣可能なブッシュのある場所に出現する種もあり，標高および植生帯との関係とともに，樹林の構造や植物の密度，被度，あるいは微地形など，それぞれの種の営巣場所，生息場所の選択も反映されたものとなっている。

繁殖期における植生帯別の優占種は，(a) 灌木・草原ではウグイス，(b) 針葉樹落葉広葉樹混交林ではウグイス，ヒガラ，ミソサザイ，ヤマガラ，コマドリ，(c) 針葉樹照葉樹混交林ではヒヨドリ，キビタキ，ヤマガラ，メジロ，ヤブサメ，(d) 照葉樹林ではヒヨドリ，キビタキ，ヤマガラ，メジロ，ヤブサメであった。

b. 非繁殖期

非繁殖期には，繁殖期とは異なった垂直分布がみられる。花輪 (1984) は非繁殖期に中央部登山道から小杉谷，楠川歩道で (1983年11月)，江口ら (1992) は永田歩道や小杉谷などで (1983年11〜12月) 調査を行った。これらは調査地域が一部異なっているが，垂直分布についてはほぼ同様の結果を得ている。花輪 (1984) によると，留鳥のヒガラ，ヤマガラ，コゲラの分布に大きな変化はなく，ミソサザイ，ウグイス，カケスは下降し，ヒヨドリとメジロは上昇していた。ヒヨドリは北方の個体群が渡来し，メジロは群れで広い範囲を移動し，高標高地でも記録されている。また，夏鳥のコマドリ，キビタキ，ヤブサメはすでに渡去して，冬鳥のツグミ類（ツグミ，シロハラ，アカハラ）が比較的数多く飛来し，すべての植生帯に分布していた。厳冬期，特に積雪期には，多くの種がさらに標高の低い地域に下降すると考えられる。

11月の調査時には，モミやツガの毬果にヒガラ，ヤマガラが，また，ハリギリ，ヤマグルマ，ナナカマドなどの液果にツグミ，シロハラ，アカハラ，ヒヨドリが多数集まり採食するのが観察された。非繁殖期には，採食場所の選択が分布と大きく関連していると考えられる。

（花輪伸一）

文 献

江口和洋・永田尚志・武石全慈 (1987)：屋久島に生息するカラ類2種，*Parus varius* と *P. ater* の非繁殖期における採餌生態．屋久島生物圏保護区の動態と管理に関する研究，pp. 114-125, 文部省「環境科学」特別研究．

江口和洋・武石全慈・永田尚志・逸見泰久・川路則友 (1989)：屋久島における森林棲鳥類の垂直分布 I. 繁殖期．日本生態学会誌，**39**, 53-65．

江口和洋・武石全慈・永田尚志・逸見泰久 (1992)：屋久島における森林棲鳥類の垂直分布 II. 非繁殖期．日本生態学会誌，**42**, 107-113．

花輪伸一 (1984)：屋久島原生自然環境保全地域における鳥類．環境庁自然保護局編，屋久島の自然（屋久島原生自然環境保全地域調査報告書），pp. 569-585, 日本自然保護協会．

樋口広芳 (1979)：島に住む鳥の生態．日経サイエンス，9-8, 74-88．

Kuroda, N. (1925): A contribution to the knowledge of the avifauna of the Riu Kiu Islands and the vicinity (published by the auther).

森岡弘之 (1976)：鳥類から見た屋久島の生物地理的位置．国立科博専報，**9**, 163-171．

森岡弘之・坂根隆治 (1975)：鹿児島県口永良部島の鳥相 [付 屋久島産新鳥類]．鳥，24-97・98, 53-56．

中川暁之介 (1994)：屋久島並周辺海域の鳥類（第2版），屋久島鳥類観測所．

日本鳥学会 (2000)：日本産鳥類目録，346 pp., 日本鳥学会．

小笠原 嵩・小林恒明 (1972)：屋久島の鳥類とその生態．秋田大学教育学部研究紀要（自然科学），**23**, 50-67．

小川 巌・宮沢和人 (1968)：屋久島における鳥類に関する報告．信州大学農学部野外生物研究会会報，**1**, 37-62．

Ogawa, M. (1905): Notes on Mr. Alan Owston's collection of birds from the islands laying between Kyushu and Formosa. *Annot. Zool. Japon*, 5-175-232.

迫 静男 (1974)：屋久島の自然・動物．国立公園，**297・298**, 10-12．

佐久間和宏 (1986)：特集 屋久島の動植物 [IV] 鳥類．早稲田生物，**29**, 40-45．

白井邦彦 (1956)：屋久島の野生鳥獣及び屋久犬．鳥獣集報，**15-1**, 53-79．

屋久島環境文化財団 (2001)：屋久島の野鳥ガイド，88 pp., 屋久島環境文化財団．

第4章

屋久島の昆虫相

　屋久島の生物相を考えるとき，いくつかの重要な視点がある．まず，いうまでもないことだが屋久島は島である．氷河時代には何度か九州本土と接続したと考えられるので，生物地理学的には大陸島に属する．しかし，約7300年前の幸屋火砕流により生物相は壊滅的打撃を受けたともいわれ，その意味では大洋島の性格を合わせ持つ．第2に，近接する種子島と違い，島の大部分が急峻な山岳であり，最高標高はおよそ2000 mに達する．第3に，年間降雨量が2500〜10000 mmという多雨地帯である．第4に，気候的には暖温帯から亜熱帯への移行地帯に当たる．そして最後に，平地部の開発や低山地のスギ植林などの人為的影響や温暖化があげられる．屋久島の昆虫相は以上の諸要因に強く影響されていると考えられる．

　屋久島の昆虫相に関する研究は，1910年にドイツ人のH. Frieseによって3種のハナバチが記載されたことによって始まったといわれる．その後，1970年代初頭までの研究史は，名城大学農学部の岡留恒丸氏によって詳しく解説されている（岡留，1973）．同氏による昆虫目録は，当時知りえた文献上の情報と自身のコレクションに基づいた包括的なものであり，今日に至るも屋久島の昆虫に関するまとまったリストはこれ以外にない．1983年に環境庁自然保護局によって実施された「屋久島原生自然環境保全地域調査」には3人の昆虫学者が加わり，主に甲虫類，スズメバチ上科（スズメバチ科，アリ科），虫癭昆虫が調査された（中根，1984；山根，1984；寺山・山根，1984；湯川，1984）．1989年に出版された『日本産昆虫総目録』（平嶋監修，1989）は日本で初めての本格的な昆虫目録であり，掲載された全種について主要な島の分布情報が掲載されている．屋久島に分布する種は，この目録から拾い出すことが可能である．しかし，残念ながら後述するように，分類群によっては岡留のリストに比べ情報量が少ない．その後，山根ら（1999）は，南西諸島全域の有剣ハチ類・アリ類の分布を整理し，屋久島に産する種をほぼ網羅した．東ら（2001）は，琉球列島産の昆虫目録を出版し，7008種の昆虫を記録したが，残念ながら対象とした地域がトカラ列島以南であったため，屋久島に関する情報は十分でない．後述するように，岡留のリスト以後，今日までにカミキリムシ科，ガ類，トンボ類，直翅類などについて新しい知見が加わった．これ以外にも，各地の昆虫同好会誌などに断片的なものを含めて屋久島の昆虫に関する貴重な記録があると思われるが，これらを収集するのは容易でなく，今回は割愛せざるをえなかった．今後，分類群ごとにそれらの記録が整理される必要性を痛感する．

　屋久島の昆虫に関する生態学的研究について本格的にレビューする時間は，今回なかった．しかし，『屋久島・文献等データベース』（環境庁屋久島世界遺産センター，1998）でみる限り，屋久島の昆虫を材料にした生態学的研究は，きわめて少ないように思われる．最近，昆虫と他の動物や植物との種間関係に関する研究がやっと出始めた．たとえば，Maruhashi *et al.* (1999) は，屋久島低地における2次的種子分散との関係で糞虫類の活動について研究し，また，清野（2003）は，ニホンザルの餌としての昆虫について研究を開始した．ハナバチと餌源植物については，Yumoto (1988) や幾留（2005）の仕事がある．1998年から生物多様性研究と保全のための国際組織であるDIWPAのプログラム (IBOY) が動き出し，種々のトラップを使用した昆虫類のサンプリングが地域住民の参加も得て実施されているが (Yumoto and Matsubara, 1999)，その成果はまだ公表されていない．

　本章では，以上の諸成果と筆者自身の経験をもとにして，屋久島の昆虫相の特徴を考えてみたいと思う．

4.1　昆虫の種数

4.1.1　何種の昆虫がいるか

　ある地域に生息する昆虫の種数を正確に知ることは，容易でない．チョウやカミキリムシといった愛

好家の多い分類群では，詳細なリストが入手可能であるが，双翅目（ハエ，アブ，カ）や寄生性膜翅目（コバチ，ヒメバチなど）は研究者が少なく，同定が困難をきわめることもあって，リストづくりは遅々として進まない．屋久島の昆虫についても同様なことがいえる．前述したように，屋久島産昆虫の包括的リストは，岡留（1973）が唯一である．そこでは，21目1896種が記録されているが，その後の研究で相当の追加種があるはずである．しかし，多数の分類群についての膨大な分類学的論文に目を通すことは，今回は不可能であった．そこで，以下の方法でこれまでに記録された昆虫の種数を推定した．

まず，平嶋監修（1989）（以下，『総目録』と略称する）から，屋久島に分布すると明記されている種のみを目ごとにピックアップし，岡留（1973）（以下，『屋久島目録』と略称する）の種数と比較した．その結果，目ごとの種数は，『屋久島目録』が多い場合と『総目録』が多い場合とがあった．後者の場合は，15年間の研究の進展を意味しているが，前者の意味するところは理解しがたい．なぜ，種数が減ってしまったのかには，以下の3つの理由が考えられた．

①『屋久島目録』のリストに掲載されている種の同定が確認できないものがあったため，安全のため除外した，②『総目録』のリストでしばしばみられる「薩南」，「日本」，「汎世界」といった表現の中に，屋久島が当然のこととして含まれている，③当該分類群の担当者が『屋久島目録』を知らなかったか，意図的に無視した．

個々のケースについて，これらのうちどれが該当するかは確認できなかった．今回は，『屋久島目録』と『総目録』を比較し，目ごとに種数の多い方を採用した．仮に『屋久島目録』に誤同定が含まれていたにせよ，種数に関しては大きな誤りはないと考えられるからである．

次に，カミキリムシ科（森，1988），有剣類（山根ほか，1999），ガ類（柳田，1996），直翅類（山下，2001，私信），トンボ類（鹿児島県立博物館，1994）など，信頼の置けるリストが最近公表された分類群については，それらの情報を参考にして，種数を追加した．そのように計算した結果を表III.4.1に示した．総種数は24目3054種となった．この数字は，福田晴夫氏が1993年に書かれた未発表草稿（屋久町郷土誌のために書かれた「屋久島の昆虫」）にある「3000種を超えるであろう」という記述と合致する．しかし，今回の数字は最低の見積もりである．なぜならば，本来は『屋久島目録』と『総目録』の種構成をすべて比較し重複を数えた後に，少ない方でリストアップされている重複しない種の数を，多い方の種数に足さねばならないからである．しかし，この作業を素人が行うのはきわめて危険であるため，今回は単純な算出方法を採用したわけである．

表III.4.1の中で先ほど述べた5つの分類群の数字はある程度信頼できる．また，迷蝶を除くチョウの種数は，1973年から現在に至るまでほとんど変化していない．甲虫類全般は中根（1984）がその時点での過去の記録をほぼすべて網羅したリストをつくっているので，解明度はかなり高い．しかし，半翅目，双翅目，寄生性膜翅目に関しては，解明度は5割をはるかに割っている．たとえば，巨大なグループであるガガンボ科，ヌカカ科，ユスリカ科，アブラムシ類などの記録は0に近いし，コバチ類やコマユバチ類では，ごく少数の種が記録されているにすぎない．こうした事情を考えると，屋久島に生息する昆虫は4000種を楽に超えると考えられる．

4.1.2 平衡種数への道

島の面積とそこに生息する生物の種数との関係は，古くから注目されてきた．手短にいえば，小さな島には少ない種が，大きな島には多数の種が生息し，面積と種数の間の関係は簡単な式（アウレニウスの式）で表すことができる，ということだ．さらに，島と最寄りの大きな陸塊（供給源）からの距離も種数を決める重要な要因であり，同じ大きさの島であれば大きな陸塊に近いほど種数が多い（木元，1979にわかりやすい解説がある）．

それでは，屋久島には島の大きさに見合った数の昆虫の種がいるのであろうか．上述したように，昆虫の中には調査の行き届いていないグループがたくさんあるので，ここでは比較的よく調べられている分類群を例にとり，この疑問に答えたい．これまでに南西諸島について面積-種数関係が示されている昆虫のグループをいくつか紹介する．まず，チョウとハムシについての木元（1972）の先駆的な仕事がある．アリについては寺山・山根（1984），ドロバチ科と狭義のスズメバチ上科についてはYamane（1990）がある（図III.4.1）．いずれにおいても屋久島は回帰直線に基本的にフィットし，面積にふさわしい種数が生息しているようにみえる．ハナアブ（祝，2003）と，昆虫ではないが陸産貝類（冨山，1983）においては，屋久島は回帰直線よりやや低い位置にプロットされているが，全体の傾向からの大きなずれはない．以上の解析は供給源からの距離を考慮していないが，大まかにいって，屋久島には平

4. 屋久島の昆虫相

表 III.4.1 屋久島から記録された昆虫の種数

目	(a)『屋久島目録』	(b)『総目録』	(c) 最新文献	(a)～(c)に基づく推定種数
原尾目（カマアシムシ目）		8		8
粘管目（トビムシ目）	4	12		12
鋏小虫目（ハサミコムシ目）	0	0		0
総尾目（シミ目）	1	0		1
蜉蝣目（カゲロウ目）	12	0		12
蜻蛉目（トンボ目）	25	34	39（県博物館*, 1994）	39
積翅目（カワゲラ目）	18	1		18
直翅目（バッタ目）	1	22	59（山下, 2001, 私信）	59
竹節虫目（ナナフシ目）	2	0		2
蟷螂目（カマキリ目）	0	1		1
革翅目（ハサミムシ目）	7	3		7
紡脚目（シロアリモドキ目）	0	1		1
網翅目（ゴキブリ目）	12	11	15（県博物館, 1994）	15
等翅目（シロアリ目）	4	3	5（県博物館, 1994）	5
ガロアムシ目	0	0		0
嚙虫目（チャタテムシ目）	0	0		0
虱目（シラミ目）	2	3		3
総翅目（アザミウマ目）	0	1		1
半翅目（カメムシ目）	101	51		101
異翅亜目	(31)	(36)		
同翅亜目	(70)	(15)		
脈翅目（アミメカゲロウ目）	5	2		5
毛翅目（トビケラ目）	21	1		21
鱗翅目（チョウ目）	672	1082		1290
チョウ類	(53)	(50)	53（県博物館, 1994）	
ガ類	(619)	(1032)	1237（柳田, 1996）	
双翅目（ハエ目）	196	153		208
ハナアブ科	(7)	0	19（祝, 2000）	
長翅目（シリアゲムシ目）		0		
隠翅目（ノミ目）	1	0		1
鞘翅目（コウチュウ目）	648	811	918（中根, 1984）	941
カミキリムシ科	(106)	(126)	147（森, 1988）	
水生甲虫	(9)	(23)	25（松井ほか, 1988）	
撚翅目（ネジレバネ目）	1	2		2
膜翅目（ハチ目）	148	200		301
有剣類	(99)	(134)	235（山根ほか, 1999）	
計	1896			3054

*鹿児島県立博物館.

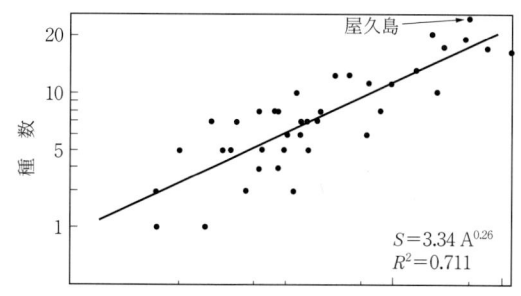

図 III.4.1 南西諸島におけるスズメバチ上科(狭義)でみられた面積-種数関係（Yamane, 1990）

$S = 3.34 A^{0.26}$
$R^2 = 0.711$

衡種数に近い種の数が生息していることになる．

　それでは，屋久島における生息種の数は，歴史的にみてどのように達成されたのであろうか．屋久島は，氷河時代に何度か九州本土と陸続きになり，最後のウルム氷期が終わった12000年前ごろから海進に伴い島として孤立したと考えられている．九州と陸続きの時代には，九州からいろいろな生物が渡ってきたであろう．さらに，南方から風や流木に乗って渡ってきた生物もいたであろう．その後，屋久島の生物相が順調な経過を辿ったとすれば，九州本土の種組成を色濃く反映した孤立化直後の過飽和な状態から，現在の面積と九州本土からの距離にふさわ

しい平衡種数をもつように徐々に推移したはずである（図III.4.2上）。生物地理学は，同じ面積であっても大きな陸塊の一部であったときの方が，孤立して島になった状態に比して，多くの種数を保持できたはずだと予想するからである。12000年前から現在まで，屋久島における生物の種数は平衡種数に向かい減少を続けたと考えられる（上からの平衡という）。

しかし，約7300年前に鬼界カルデラの形成に伴う幸屋火砕流が屋久島を襲った（町田・新井，1978）とすると，この単純なモデルは成り立たない（幸屋火砕流の年代については，従来およそ6000年前とされてきたが，最近7300年前に修正された：奥野ほか，2000）。この火砕流が屋久島の生物相にどの程度の影響を与えたかは想像するしかないが，数百℃以上の熱が一時的であるにせよ屋久島のほぼ全域を襲ったようである。ほとんどの植生は焼きつくされたと想像される。そうすると，屋久島の生物相は一時激減し，その後，約7000年をかけて種数は平衡へと向かい徐々に増加したということになる（図III.4.2下）。つまり，この場合は下からの平衡である。

火砕流の影響を考えた第2のモデルにも，火砕流によるダメージの程度によりいくつかのシナリオが考えられる。ここではクラカタウ型（リセットモデル：図III.4.2下のR）と中程度の被害を想定した型（マイルドモデル：図III.4.2下のM）を比較してみよう。後者がありそうなモデルである理由は，いかに高温の火砕流が襲ったとしても，土中や水中の生物の一部は生き残った可能性があるし，複雑な地形のため火砕流の影響をわずかしか受けなかった場所がありうるからである（黒沢，1987）。

もしリセットモデルが正しいとすると，現在屋久島にみられるすべての生物は約7000年の間に人為も含めた何らかの方法で移住してきたことになる。また73種（亜種，変種）に及ぶ多数の固有植物（丸野，1998）は7000年以内に独特の形質を進化させたことになるし，哺乳類（7種：コウモリと人為導入種は除く），爬虫類（7種），両生類（7種）（鮫島，1998；木場，1955）など，海を渡るのが苦手な大型動物もすべて自力ないし他力で渡来したことになる。ヘビの中には人間が運ぶとは考えられないマムシも含まれている。このようなことがありうるのであろうか。一方，田川（1994）は，屋久島の哺乳類相がイノシシ，タヌキ，ノウサギなどの中型普通種を欠いていることを「幸屋火砕流を犯人にしたてあげねばならないのだろうか」と述べている。

植物に関していえば，リセットモデルは論外であろう。なぜならば，土中には大量の埋土種子があり，また植物体の地下部は多少のことでは死なないからである。ここでは，論議を昆虫など小動物に限ることにしよう。すでに述べたように大型動物や植物の分布から考えるとマイルドモデルの方がありそうである。それでは，昆虫の中にこのモデルを支持あるいは反駁する例はないであろうか。昆虫は，自力飛行や風による移動，海流によるラフティングなどにより，海を越えた移動がよくみられる生物である（クラカタウへの昆虫の移住についてはThornton，1996参照）。しかし，それでも手がかりになるケースは存在する。黒沢（1987）は，幸屋火砕流による絶滅説を批判するに当たって，昆虫における屋久島固有属・種・亜種の多さをあげている。甲虫の中で固有とされた種のいくつかは，最近の鹿児島県本土における調査の進展で固有性が疑われているが（後述），甲虫の数属，ヤクシマオニクワガタ（固有種），ヤクシマエゾゼミ（固有種），ヤクシマトゲオトンボ（固有亜種），ヤクシマミドリシジミ（固有亜種）などの例が存在する（カラーページも参照）。このような固有性が，わずか7000年の間に成立することは非常に考えにくい。

次にヒントとなるのは，海を渡るのが苦手な種の存在である。直翅類の中には，フキバッタなど，翅が退化して飛翔できない種が存在する。屋久島には，紀伊半島以南に分布するセトウチフキバッタ，カマドウマ科4種，特産のヤクシマクロギリスなどが産する（種子島にはハネナシコロギスが分布する）（山下，2001；市川，1993）。セミ類は一般に長距離飛翔ができず，その分布は地史と深い関係にあるといわれるが（林，1986），屋久島には7種が生

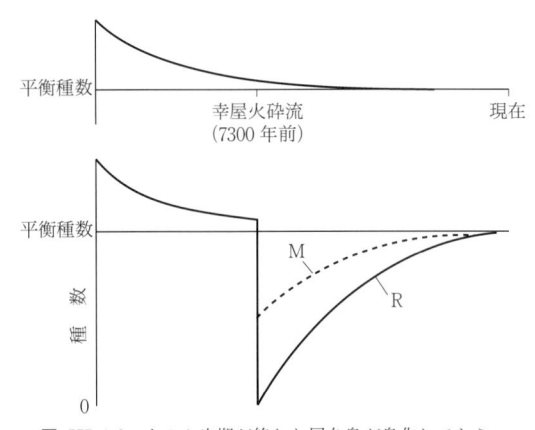

図 III.4.2 ウルム氷期が終わり屋久島が島化してから今日までの昆虫種数の推移についてのモデル
上：幸屋火砕流の影響を無視した場合，下：幸屋火砕流の影響を壊滅的とした場合（リセットモデル：R）と中程度とした場合（マイルドモデル：M）．

息する．大型のクワガタには飛翔できる種が多いが，やはり長距離移動は困難であり，またラフティングによる分散も得意でないが，屋久島には9種も生息し，そのうち1種は特産である（鹿児島県立博物館，1994）．成虫に飛翔能力のない大型オサムシの中ではマイマイカブリが代表格である．なお，石川（1988）は，本種の屋久島への分布拡大を最終氷期と推定している．屋久島固有のヤクシマコブヤハズカミキリ属（1種のみ）も飛翔能力がない（高桑，1988）．昆虫以外では移動能力のきわめて乏しい陸産貝類が50種も生息している（冨山，1983）．これらの昆虫などが，わずか7000年で移住してきたと考えるのには無理がある．

これまであげた昆虫は，生活史の少なくともあるステージには土中，朽木中，あるいはそれ以外の遮蔽物に隠れて，火砕流到着の際うまく生き延びた可能性がないとはいえない．しかし，これらの昆虫も生活史を通して考えると，餌やその他の資源として，植物や他の動物を必要とする．たとえば，セミやクワガタは樹木がなければ生活できない．昆虫にとっては火砕流をやりすごすだけでなく，その後も生活を続けねばならなかったはずである．もし火山学者がいうように，火砕流によって木炭ができるほどの高熱で焼かれ，森林を含むほとんどの植生が燃えつき，さらに厚い堆積物が地表を覆えば（町田，1977），遮蔽物の陰で生き延びた昆虫たちも，極端に悪化した環境にも耐えうるようなごく一部の種を除き，死を待つ以外はなかったであろう．したがってマイルドモデルは，火砕流のダメージをわずかしか受けなかった逃避地（避難場，レフュジア：refugia）の存在を前提にしない限り，部分的にしか成り立たないことになる．岩松・小川内（1984）は，小楊枝川流域では火砕流堆積物は30 cm〜1 mと一般に厚さは薄いが広範囲に分布し，調査地域の北西方向に厚くなると述べている．また，植生は相当の被害をこうむったであろうが，「地域性の問題もあり，島全体の植生との関連については，本地域だけの調査結果からだけで，云々することはできない」と慎重である．

この問題に対して重要な鍵を握っているのは，屋久島におけるニホンミツバチの存在である．このハチは，社会生活を営み，大木の樹洞に営巣し，多量の安定した餌資源を必要とするため，環境の激変に弱く，かつ分封によるコロニー増殖という制約から，海を渡る可能性は0に近い（クラカタウ諸島においても，分封型社会性ハチ類の移住は長距離移動で有名なオオミツバチ以外まだみられない：Yamane，1983）．したがって，もしニホンミツバチが屋久島に自然分布していれば，逃避地を前提としたマイルドモデルが決定的に有利になる．ところが問題はそう単純でない．というのは，鹿児島にはニホンミツバチを趣味で飼養する伝統があり，人間が屋久島に運んだ可能性を否定できないからだ．実際，安松京三氏による1930年代の記録には本種はみられず（Yasumatsu, 1934, 1936），また岡留（1973）のリストにもない．本種の屋久島からの確実な記録は意外と最近のものであるらしく，自然分布か人為分布かについての決着はついていない（ミツバチ研究家の玉川大学・吉田忠晴氏は自然分布説をとっておられる）．ニホンミツバチ以外の社会性ハチ類（スズメバチ，アシナガバチ，マルハナバチ）は屋久島に13種（人為導入が明らかなセイヨウミツバチを除く）分布するが（山根ほか，1999），これらは独立営巣をし，交尾済み女王による海を渡っての分散が可能である．

以上のことから，全体としてはマイルドモデルがありそうであるが，リセットモデル（あるいはそれに近いもの）も完全に否定されたわけではない．決着にはさらなる証拠の出現を待つとして，いずれにせよ，屋久島はまぎれもない大陸島でありながら，生物地理学的には大洋島の性格も強くもつ島であると結論できるだろう．

4.2 ファウナの特徴

4.2.1 分布要素

屋久島に分布している昆虫は，どこからやってきたのであろうか．この問題にアプローチするため，まずいくつかのグループを取り上げて，屋久島に分布する種の分布パターンを類型化し，それぞれの分布型に該当する種数の全体に占める割合をみてみよう．分布型は細分すればきりがないので，ここでは九州から台湾にかけての島嶼域における分布情報のみをもとに，以下の4型に分ける．つまり，①台湾には分布するが九州にはみられない種（主に東洋区系の種からなる：O型），②分布が南西諸島に限定される種（主に南西諸島固有種：E型），③台湾にも九州にも分布する種（東洋区系の種を多く含む広域分布種：W型），④九州にはみられるが台湾からは記録のない種（主に旧北区系の種からなる：P型）である．この類型化は，南西諸島に生息する昆虫の種組成を島間でごく大ざっぱに比較するために考案されたものであり，Yamane（1990）はドロバチ科（図Ⅲ.4.3）を，Ikudome and Yamane

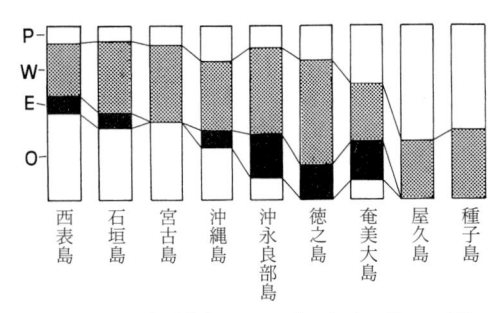

図 III.4.3 南西諸島の9つの島におけるドロバチ科ハチ類の4分布型の比率 (Yamane, 1990)

(1990) はハキリバチ科を，祝 (2003) はハナアブ科を用いて解析した．その結果，これらのグループではO型が0〜10%，E型が0〜6%，W型が33〜64%，P型が21〜67%であった．ドロバチ科とハキリバチ科はO型とE型を欠いていた．この結果からみる限り，屋久島のファウナは主に旧北区系種と東洋区系の広域分布種からなるといえる．これを奄美大島のO型11〜20%，E型23〜43%，W型32〜43%，P型0〜34%と比較してみると，屋久島の特徴が浮き出てくる．

小宮 (1980a, b) は，当時屋久島から知られていたカミキリムシ138種のうち119種を，18の主要な分布パターンに分けて詳細に分析した．その結果，屋久島のカミキリムシ相は多様な分布要素からなるが，日本固有が62種で全体の47%を占め，さらに台湾や朝鮮半島を加えると日本周辺固有は82種に達する．また屋久島固有が6種，屋久島を南限とする種が50種（全体の3分の1），屋久島を北限とする種が7種という数字が得られた．これら18の分布型を上記の4型に強引に当てはめると，O型0%，E型11%，W型27%，P型62%となった．W型の中にも多数の旧北区系種が含まれると考えられ，カミキリムシ科においては，上記3グループ以上に旧北区系の種が多いことが示された．

4.2.2 近隣他地域との種構成の類似性

屋久島のチョウ相を解析した江崎 (1921, 1929) は，東洋区系の種の比率は屋久島において高く，九州本島南部では目立って減少し，両地域間には明瞭なファウナの断絶があるとした．江崎 (1921) は九州と種子島・屋久島の間に旧北区と東洋区の境界線が存在すると主張し，三宅 (1919) の業績にちなみ「三宅線」と名づけた．陸生脊椎動物においては，旧北区と東洋区の境界線として奄美大島の北に「渡瀬線」が認められていたが，江崎 (1929) は，飛翔能力のある昆虫においては，渡瀬線がそれほど重要でないこと，境界線はあくまでも相対的なものであることを強調している．

それでは，現在この「三宅線」はどのように評価されているであろうか．分布境界線は，一般には地域間の種構成にギャップがみられる場合に引かれるが，通常，ファウナの移行は徐々に起こり，相当の幅をもった移行帯が存在する（寺山・山根，1999）．種構成の類似性を地域間で比較するのにはいろいろな指数が用いられるが，ここでは日本の昆虫についてしばしば用いられてきた野村-シンプソン指数を使った結果をいくつか示そう．この指数は，比較する2つの地域間で，共通する種数を2地域それぞれに生息する種数のうち小さい種数で割った値である．

屋久島を含めた日本産昆虫の島間における種構成の類似度は，ハムシ科 (Kimoto, 1967)，カミキリムシ科 (槇原, 1970)，アリ科 (寺山・山根, 1984：図III.4.4)，狭義のスズメバチ上科 (山根, 1984)，チョウ類 (木元, 1971) などで調べられている．これらの研究はチョウ類についてのものも含めて，江崎 (1929) の結論とは異なり，屋久島や種子島の昆虫相は九州本土のそれと最も類似していることを示している．白水 (1985) は「屋久島・種子島の蝶相は本質的には九州本島と全く同一」と断言し，江平・福田 (1998) も「（熊毛の昆虫相が）九州本島の昆虫相に近く，トカラ以南とは異なる傾向がみられる」と述べている．ただし，祝 (2003) が示した野村-シンプソン指数による相関図によれば，ハナアブ科においては屋久島，種子島，黒島の間に強い類似がみられる一方で，屋久島と鹿児島県本土のパターンの間には大きなギャップが存在する．今後，より多くの昆虫のグループについて同様の解析を進めるべきであろう．

屋久島や種子島の昆虫相が基本的には九州本土の出店的性格をもつことの理由は，すでに述べたように，屋久島が九州本土と陸続きであった時代に形成された昆虫群集の一部（あるいはかなりの部分）が幸屋火砕流を生き延び，その後も中琉球からよりも九州本土からの移入が大きな比重を占めてきたため

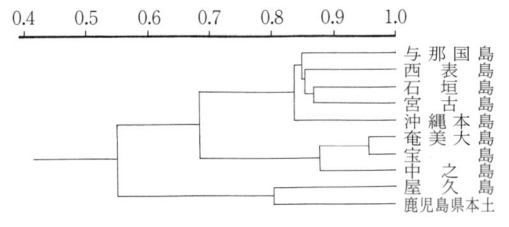

図 III.4.4 野村-シンプソン指数を用いた南西諸島産アリ類における島間の種構成の類似 (寺山・山根, 1984)

であろう．しかし，屋久島において旧北区系の種が保存されてきた背景には，高い山の存在が重要であった可能性がある．この点を明らかにするには，屋久島における昆虫の垂直分布を徹底して解明すること，最高標高が282mしかない種子島の昆虫相との厳密な比較をすることが必要である．

4.2.3 南限種・北限種・固有種
a. 南限種と北限種

屋久島を南限あるいは北限とする昆虫類の種数は，いくつかのグループで判明している（福田，前掲未発表草稿；江平・福田，1998）．ある種が屋久島を南限（あるいは北限）とすると認定するには，2通りの方法がある．一つは，その種の全分布域を視野に入れ，ヒマラヤ，台湾，中国，朝鮮半島，極東ロシアなどにおける生息の存否を考慮する場合である．もう一つは，日本本土から琉球列島にかけての島嶼域のみを対象にする場合である．前者ではその種の分布域の全体像が，後者では日本の島嶼部での分布拡大の様相が浮き彫りにされる．たとえば，クロスズメバチは日本における南限が屋久島・種子島であるが，国外も含めると台湾の山岳やヒマラヤまで分布する．ここでは，日本本土から琉球列島にかけての島嶼域のみを対象にして，南限種と北限種の率を比較してみたい．

結論的にいうと，数の上では南限種が圧倒的に多く，北限種はとるに足らない（表III.4.2）．たとえば，チョウでは南限14種（26%）に対して北限種は0である．その他のグループでも傾向は同じである．表に示したグループの中で南限率が最も低いのはセミ科の14.3%で，最も高いのはハナバチ群の74.7%である．トンボ類で南限率が低い（18.4%）のは，屋久島に平地部が少なく池や沼が少ないことに一因があると考えられる．北限率は，最高でもハナアブ科の5.3%である．

このような一般的傾向がみられることの理由としては，まず現在の屋久島が九州本土からわずか60kmしか離れていないのに対し，一番近い大きな島である奄美大島までは200kmも離れていることがあげられる．しかも屋久島のすぐ隣には種子島があり，種子島から九州本土はさらに近い．一方，屋久島と奄美大島の間にはトカラ列島が飛石状に連なっており，昆虫の分散にとって重要な役割を果たしてはいるが，それぞれの島が小さいこと，たびたび火山噴火の影響を受けていることから，安定した移動ルートとはいいがたい．つまり，九州本土から屋久島には入りやすいが，そこから南へ分布を拡大することは容易でないため，屋久島を南限とする種は多くなる．一方，南から屋久島まで辿り着いた昆虫は，九州本土へも容易に移動できるため，屋久島を分布北限とする種は少なくならざるをえない．

もし，屋久島と種子島が九州本土と陸続きであった氷河期に九州本土から入ってきた昆虫のうち，幸屋火砕流を生き延びた種が多数あるとすれば，このことも屋久島・種子島に南限種が多いことの理由となりうる．氷河期には屋久島と奄美大島は現在より接近したと考えられるが，両者を隔てる海は依然として広かったと考えられる．さらに屋久島には高い山が多く，屋久島を分布南限とする温帯性種は，氷河期以降の温暖化に対しては山に逃げ込むという手段があった．氷河期，間氷期を通じて屋久島が九州本土に近かったという事情に加えて，温帯性の種が亜熱帯気候に進出することの一般的な困難性があるかもしれない．一方，熱帯・亜熱帯起源と考えられる多くの昆虫が本州西南部にまで分布を拡大している．福田（前掲未発表草稿）は，そのような例として，ミカドアゲハ，ムラサキシジミ，タテハモドキなど21種のチョウをあげている．現在，気候の温

表 III.4.2 屋久島を日本における分布南限・北限とする種および固有種

昆虫のグループ	屋久島総種数	南限	北限	固有	文献
チョウ類	53	14 (26.4%)	0 (0.0%)	0 (0.0%)	福田（1992）ほか
カミキリムシ科	138	56 (40.6%)	7 (5.1%)	6 (4.3%)	小宮（1980a, b）
アリ科	75	25 (33.3%)	3 (4.0%)	2 (2.7%)	山根ほか（1999）
スズメバチ上科（広義）[*1]	49	18 (36.7%)	1 (2.0%)	2 (4.1%)	山根ほか（1999）
アナバチ群	31	13 (41.9%)	0 (0.0%)	0 (0.0%)	山根ほか（1999）
ハナバチ群[*2]	63	47 (74.7%)	3 (4.8%)	0 (0.0%)	山根ほか（1999）
ハナアブ科	19	6 (31.6%)	1 (5.3%)	0 (0.0%)	祝（2003）
タマバエ科	30[*3]	9 (30.0%)		2 (6.7%)	湯川（1984）
セミ科	7	1 (14.3%)	0 (0.0%)	1 (14.3%)	県博物館[*4]（1994）ほか
トンボ類	38	7 (18.4%)	2 (5.3%)	0 (0.0%)	県博物館（1994）ほか

[*1] アリ科とコツチバチ科を除く，[*2] *Sphecodes* を除く，[*3] 17の未同定種を含む，[*4] 鹿児島県立博物館．

暖化に伴い，南方からやってくる昆虫類は増えつつある．そして，屋久島まで到達したものは，遅かれ早かれ，九州本土にも出現するのが普通である．こうしたことはおよそ6000年前にあった温暖期（ヒプシサーマル）にも起こり，今日の分布にもその名残があるかもしれない．

b．固有属・種・亜種

屋久島に固有な昆虫について黒沢（1987）は，水生昆虫に特産種はない，陸生種の中でも特産種のみられるグループは原尾目，粘管目，鞘翅目の一部などの土壌性昆虫類，半翅目，双翅目，鞘翅目，膜翅目などに限られている，鞘翅目および双翅目などでは固有種は特定の科に集中している，と述べている．また，甲虫では特産属が5つ（ツヤチビゴミムシ属，ヤノヒラタハナムグリ属，ヤクシマコブヤハズカミキリ属，アオクチナガハナゾウムシ属，シロズキクイゾウムシ属）もあり，これは琉球列島の中でも特異といえると指摘している．

甲虫における特産属の多さが，幸屋火砕流を生き延びた昆虫が少なくないであろうという推論にとって，根拠の一部になっていることはすでに述べた．ここで問題になるのは，それぞれの属の認定がどのようになされたかであろう．筆者は甲虫が専門ではないので，安易な判断は禁物であるが，少なくとも上記5属のうち，ヤクシマコブヤハズカミキリ属についてはその独立性に疑問が出されている．日本のコブヤハズカミキリ類は3属に分けられているが，高桑（1988）によれば，これらは鞘翅の形態に基づいており，頭胸部，腹部，脚には3属の間で重要な差はなく，鞘翅を外してしまえば，属に分ける理由は見当たらないという．鞘翅における見かけ上の特殊化は，ちょっとした個体発生上の変化によって生じてしまうようである．さらに，mtDNAの一領域であるCOIを用いた分子系統では，ヤクシマコブヤハズカミキリはセダカコブヤハズカミキリ属の範囲に含まれてしまう（中峰，2004）．他の4属についても，慎重な再検討が必要と思われる．

固有種の大部分は，翅がないなど移動能力の乏しい昆虫と土壌中など外界から遮蔽された環境に住む昆虫である（江平・福田，1998；黒沢，1987）．このことが，幸屋火砕流を生き延びた昆虫が少なからず存在することの理由として，しばしば持ち出されることは先述した．しかし，固有種についても1種ごとに本当に固有であるかを再検討する必要がある．たとえば，ヤクシマムカシアリとヤクシマハリアリは，有剣類の中で例外的な固有種として有名である．しかし，前者に関していえば，ムカシアリ属の種はきわめてまれであることから日本産のいずれの種についても採集記録がごく少なく，分布範囲はほとんどわかっていないというのが実情である．また，この属の中で種を識別する信頼に足る形質についても評価が定まっていない（将来いくつかの種が1種に統合されるかもしれない）．もう一つの種であるヤクシマハリアリは，九州本土に普通に生息するテラニシハリアリとの形態上の差が軽微であり，オス交尾器の比較を含めた再検討が必要である．アリ以外ではヤクシマアリバチが世界で屋久島のみから採集されている．この種は東洋区系であるシナアリバチ属に属し，日本ではこの属に含まれる唯一の種であり，屋久島固有の可能性がある．

ヤクシマミドリカミキリ，クロモンヒゲナガヒメルリカミキリ，ヤクシマナガタマムシ，ワタナベナガタマムシなどは最近まで屋久島固有と考えられていたが，いずれも大隅半島の肝属山地で発見され，屋久島固有ではないことが判明した（森，1991；藤田，1991；江平・福田，1998）．肝属山地の昆虫相は最近になってやっと本格的に調査され始め，オオスミヒゲナガカミキリのような大型のカミキリの新種も見つかっている（鮫島，2002）．屋久島固有と思われていた昆虫が，肝属山地など九州本土で今後さらに発見される可能性がある．一方，亜種レベルでの分化は，いくつかの種で明らかに生じている．キリシマミドリシジミの屋久島固有亜種（ヤクシマミドリシジミ），ヤマキマダラヒカゲとジャコウアゲハの屋久島固有亜種などが有名な例であり，カミキリムシ科やクワガタムシ科にも固有亜種が知られる．

このように，固有とされてきた属については再考が，固有種については大隅半島など九州本土で徹底的な探索が必要であると考えられる．また，固有亜種についても九州本土の集団との厳密な比較が再度必要であろう．もし今後の研究で固有属や固有種の数が極端に減少すれば，屋久島の昆虫相が意外と新しいと結論されるかもしれない．そうすると，翅の退化した昆虫が少なからず存在するにせよ，リセットモデルに近いことが起こった可能性が高まるのである．

4.3　昆虫の垂直分布

屋久島は，1800m級の山が7つも鎮座する山岳島である．植生は，低地の照葉樹林帯，照葉樹林～屋久杉林移行帯，屋久杉林帯，風衝低木林帯と移り変わり，山頂付近ではヤクシマダケが優占する草

原となり，日本全体の縮図ともいえる垂直分布を示す（湯本，1995）．それでは，昆虫でもそのような顕著な垂直分布がみられるのであろうか．意外なことに，屋久島の昆虫について垂直分布が詳しく調査された例はあまりない．垂直分布が明らかになることにより，植生の変化に対応した昆虫群集の変化，高標高帯が昆虫の種数に貢献している度合い，高い標高が温帯性の種の温存に貢献している度合い，温帯性種の屋久島における適応の実態などがわかるはずである．

まず，非常によく調べられているはずのチョウであるが，鹿児島県環境生活部環境保護課監修（1998）

『図説屋久島』に使われている図などは，すべて福田ほか（1957）という古い資料に依拠していることがわかる．福田ほか（1957）は採集記であるが，当時すでに垂直分布に十分注意を払いながら記録をとられた著者らの先駆性に驚く．このときに記録された35種のうち，標高500 m以下の低地でみられたのが27種，500〜1000 mの間でみられたのが19種，1000 m以上でみられたのが16種であった．低地でのみみられたのは12種，1000 m以上でのみみられたのは3種にすぎなかった．ちなみに，鹿児島県環境生活部環境保護課監修（1998）に掲載されている改訂分布図（図III.4.5）は，屋久島の土着チョ

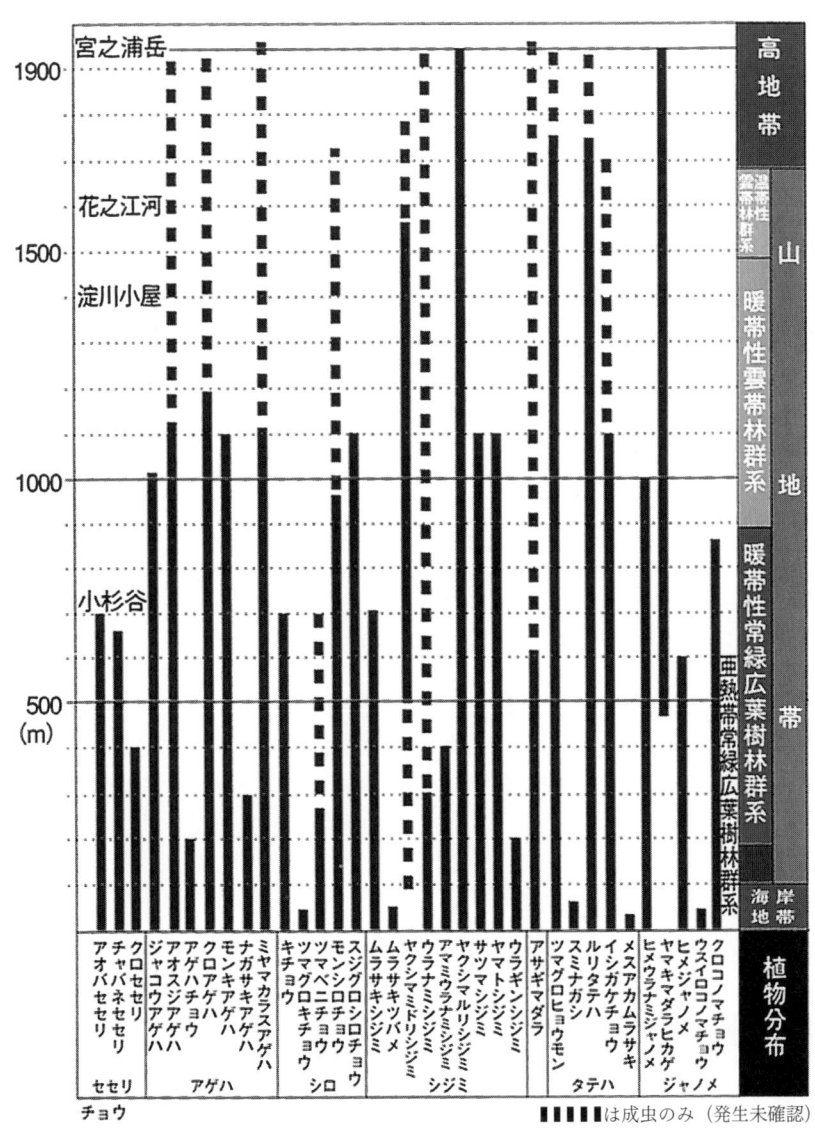

図 III.4.5 屋久島におけるチョウ類の垂直分布（福田ほか，1957 を鹿児島県環境生活部環境保護課監修，1998 が改変）

ウ類すべてが標高500 m以下で生息可能であることを示している．福田（1992）は，屋久島のチョウ相は高地性のキリシマミドリシジミとヤマキマダラヒカゲの存在を除いて，低島である種子島のチョウ相とほとんど同じとみてよいと結論している．

屋久島に分布する7種のセミはすべて標高1000 mより下でみることが可能で，そのうち6種は標高200 m以下でみることができる．分布が最も上に偏っているのは，特産種であるヤクシマエゾゼミであり，標高700～1600 mでみられる（図III.4.6）．アリについては，白谷雲水峡ルートと花山ルートで，標高ほぼ0 mから山頂までの調査記録がある（寺山・山根，1984）．両ルート合わせて47種が得られた．いずれのルートにおいても，平地から300 m

の間で最大の種数が記録され，1500 m付近までは種数が徐々に減り，それ以上になるとかなり急激に減少した（図III.4.7，III.4.8）．1000 m以上でのみ採集されたのが6種（ただし，そのうち1種は，低標高でのサンプリングの不十分さによると判断される），1500 m以上のみで採集された種は存在しなかった．一方，500 m以下でのみ採集された種は21種であった．

以上の結果を総合すると，低地に最も多くの種が生息し，標高1000 m前後の寄与率もかなり高いが，高標高帯は昆虫相の豊富さにほとんど寄与していない．もちろん，昆虫のグループによって高標高帯の貢献度は異なるであろうが，上述の大きな傾向は変わらないと思われる．屋久島の1500 m以上の

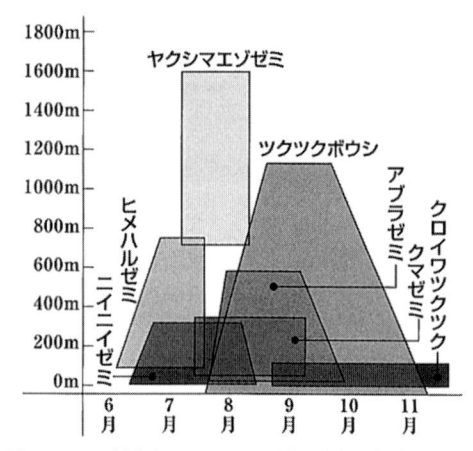

図 III.4.6 屋久島におけるセミ類の垂直分布（中田編，2003）

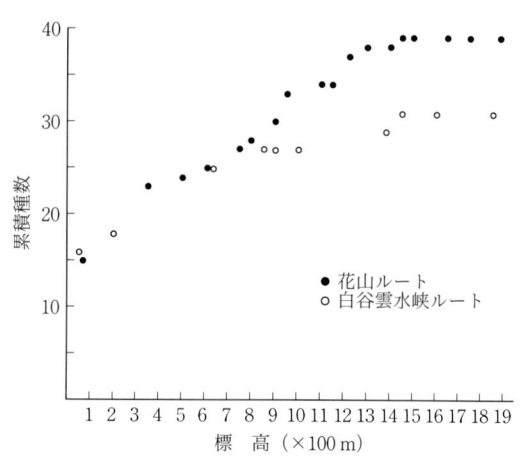

図 III.4.8 屋久島の2つの調査ルートにおける高度上昇に伴うアリの累積種数の増加（寺山・山根，1984）

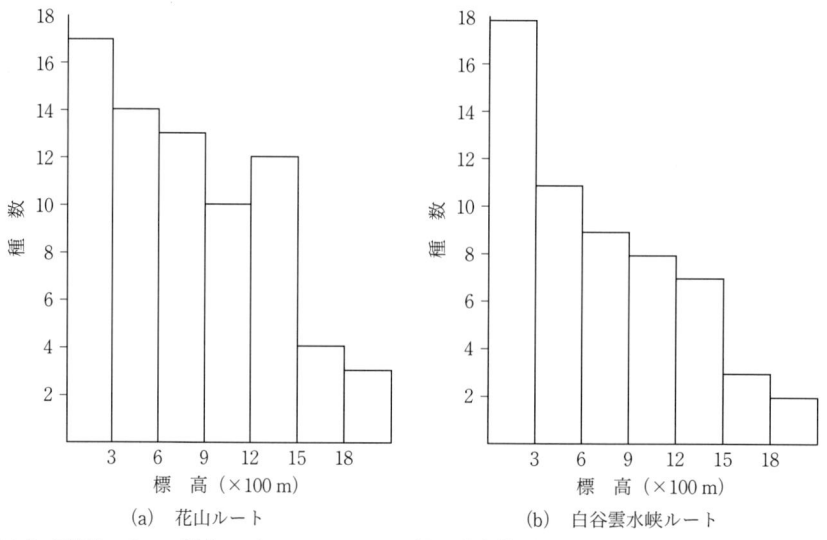

図 III.4.7 屋久島の2つの調査ルートにおいて300 mごとの高度帯で得られたアリの種数（寺山・山根，1984）

(a) 花山ルート
(b) 白谷雲水峡ルート

標高帯は，気候区分でいえば東北から北海道南部にかけての平地〜低山地に相当するから（湯本，1995），そのことだけからいえば，昆虫相はもっと豊富でなければならない．屋久島高地に冷温帯性の昆虫の多くを欠いているのは，おそらく氷河時代にあってさえ，それらの種が屋久島までは到達できなかったこと，幸屋火砕流による打撃の後の温暖期にあっては，それらの種の供給源が近くになかったことが原因であろう．

4.4 種間関係と生態

屋久島の昆虫に関する生態学的研究は，ごく少ない．ここでは，最近なされたいくつかの研究をかいつまんで紹介するにとどめる．昆虫と植物の相互作用については，訪花と送粉にかかわる研究が，低地人里（標高 200 m 以下），1200〜1600 m の冷温帯林，山頂付近の灌木帯で実施されている．低地人里では，1982 年，1983 年の 2〜10 月にハナバチの定期・定量サンプリングがなされ，40 科 80 属 106 種の開花植物が確認され，そのうち 27 科 57 属 65 種でハナバチの訪花がみられた．採集されたハナバチは，6 科 20 属 47 種 1215 個体で，種でみると温帯系種が全体の 4 分の 3 を占めた（幾留，2005）．種数，個体数ともにピークは初夏と初秋にみられ，花の数が減少する盛夏（7〜8 月）には落ち込んだ．アカガネコハナバチが最も優占したが，第 2 位と第 3 位はメンハナバチ属の種で占められ，これは他の地域ではみられない特異的な現象であった（幾留，2005）．また，湯本（1993）は，愛子岳の標高 150 m 付近のプロットで開花植物と送粉者について詳しい解析を行っている．Yumoto（1988），湯本（1993）は，屋久島の冷温帯林における開花植物を林冠型と林床型に分けて，それらを受粉させる動物を比較した．前者は普通，蜜腺が露出するタイプの花をもち，ハナバチ，ハナアブ，コガネムシ，カミキリムシなどの日和見主義的な昆虫によって送粉される．後者は，釣鐘状，壺状など，蜜腺が露出しないタイプの花をもち，マルハナバチや鳥など，特殊な送粉者が関与している．

清野（2003）は，ヤクシマザルの雌 2 個体を夏期と冬期に追跡し，採食行動や餌内容を調べた．その結果，雌では夏期は果実・動物食中心，冬期は果実食中心であった．餌となった動物を摂食の頻度でみるとアオバハゴロモが多く，その他，地上で偶然見つけたバッタ，セミ，クモ類や，朽木崩しによる昆虫類や多足類などがあった．興味深いのは，アメイロオオアリやホソウメマツオオアリを発見した場合はすべて食べるが，アシジロヒラフシアリの場合は必ず食べ残した．これは，アリがもっているにおいに対する好き嫌いを反映している可能性がある．ヤクシマザルの昆虫食の研究はまだ始まったばかりであるが，動物食の頻度や好まれる餌に，他の地域との文化的な相違が見つかっている（Agetsuma and Nakagawa, 1998）．Maruhashi et al. (1999) は，屋久島における糞虫（食糞性コガネムシ）相を低地と高地で比較するとともに，シカの糞とサルの糞に誘引される種相の違い，糞虫による糞に含まれていた植物種子の 2 次的運搬について調査し，植物と動物，動物の種間関係を研究することの重要性を示した．昆虫のそれぞれのグループの種リストや垂直分布を調べるだけでは，屋久島の昆虫相をトータルに理解することができない．植物や他の動物種との相互関係を解明して初めて，昆虫相が生き生きととらえられる．今後の研究の進展を期待したい．

最後に，いわゆる放浪種のモニターの重要性を指摘して本章を終えたい．チョウの場合は，土着種と迷蝶の区別がかなり明確になされうる．なぜなら，日本で見つかるほぼ全種について食草や生活史の概略が判明しており，長期にわたる生息モニタリングがなされているからである．それに比べ他の昆虫群では，土着・偶産の区別は一般に困難であり，害虫化するおそれのある放浪種であっても，素早くチェックする体制が整っていない．環境省は 2005 年 1 月 31 日，特定外来生物に指定する第一陣の種リストを公表した．そこでリストアップされている昆虫はすべてアリであり，その中で最も警戒されているのがヒアリである．ごく最近，このヒアリが台湾，香港，中国南部に侵入したことが報道され，筆者も標本を確認した．南西諸島では要注意の放浪性アリが数種存在するが，幸いに屋久島ではまだこれらの侵入は最小限にとどまっている（下野・山根，2003；寺山，1986）．屋久島の自然生態系を保全するには，今後，放浪種の監視がきわめて重要になることを強調しておきたい．

（山根正気）

謝　辞

本章を書くに当たり，前 鹿児島県立博物館館長の福田晴夫氏は多数の文献を紹介して下さったのみでなく，原稿に目を通され貴重な助言を下さった．幾留秀一（鹿児島女子短期大学），中田隆昭（屋久島環境文化財団），鮫島真一（鹿児島市），山下秋厚（鹿児島市），吉田忠晴（玉川大学）の諸氏にも屋久島の昆虫や屋久島に関する文献について多くの情報を提供していただいた．小林哲夫氏（鹿児島大学）からは，幸屋火砕流についてご教示をいただいた．以上の方々に厚くお礼申し上げる．

文献

Agetsuma, N. and Nakagawa, N. (1998): Effects of habitat differences on feeding behaviors of Japanese monkeys: comparison between Yakushima and Kinkazan. *Primates*, **39**, 275-289.

東 清二監修 (2002)：増補改訂 琉球列島産昆虫目録，沖縄生物学会．

江平憲治・福田晴夫 (1998)：熊毛の昆虫相．鹿児島県立博物館編，熊毛の自然（鹿児島県の自然調査事業報告書V），pp.72-77，鹿児島県立博物館．

江崎悌三 (1929)：蝶類の分布より見たる屋久島と九州本島との動物地理学的関係．日本生物地理学会会誌, **1**, 47-56.

藤田 宏 (1991)：九州本土に屋久島があった！ 月刊むし, **240**, 14-15.

福田晴夫 (1992)：鹿児島のチョウ, 春苑堂出版．

福田晴夫・久保快哉・櫛下町鉦敏 (1958)：屋久島の蝶類採集報告．*SATSUMA*, **19**, 3-13.

林 正美 (1986)：南西諸島におけるセミの種分化．木元新作編, 日本の昆虫地理学—変異性と種分化をめぐって, pp.92-98, 東海大学出版会．

平嶋義宏監修 (1989)：日本産昆虫総目録 I・II, 九州大学農学部昆虫学教室・日本野生生物研究センター．

市川顕彦 (1993)：カマドウマニュース XII. バッタリギス, **98**, 51.

幾留秀一 (2005)：屋久島人里地域における野生ハナバチ相の生態的研究．鹿児島女子短期大学紀要, **40**, 1-20.

Ikudome, S. and Yamane, Sk. (1990): The distribution of megachilid bees in the Ryukyu Islands, Japan (Hymenoptera, Apoidea). *Bulletin of the Institute of Minami-Kyushu Regional Science, Kagoshima Women's Junior College*, **6**, 73-93.

石川良輔 (1988)：オサムシ相の起源と分化．佐藤正孝編, 日本の甲虫—その起源と種分化をめぐって, pp.23-32, 東海大学出版会．

岩松 暉・小川内良人 (1984)：屋久島小楊子川流域の地質．環境庁自然保護局編, 屋久島の自然（屋久島原生自然環境保全地域調査報告書）, pp.27-39, 日本自然保護協会．

鹿児島県環境生活部環境保護課 (1996)：図説屋久島, 屋久島環境文化財団．

鹿児島県立博物館 (1994)：「鹿児島と世界の大昆虫展」図録, 鹿児島県立博物館．

木元新作 (1972)：日本列島におけるチョウ類およびハムシ類の地理的分布にみられる規則性．日本生態学会誌, **22**, 40-46.

木元新作 (1979)：南の島の生きものたち, 共立出版．

Kimoto, S. (1982): Zoogeography and ecology of the Ryukyu Archipelago with special reference to leaf beetles (Coleoptera: Chrisomelidae). *Entomologia Generalis*, **8**, 51-58.

清野未恵子 (2003)：ヤクシマザルの採食行動の夏期と冬期の比較．鹿児島大学理学部地球環境科学科卒業論文．

小宮次郎 (1980a)：屋久島のカミキリムシ（上）．月刊むし, **112**, 3-18.

小宮次郎 (1980b)：屋久島のカミキリムシ（下）．月刊むし, **113**, 7-19.

黒沢良彦 (1987)：屋久島の昆虫．日本の生物, **1-11**, 35-40.

槇原 寛 (1970)：琉球地史とカミキリムシ科分布比較．*Leben*（鹿児島大学生物研究会誌）, **9**, 2-59.

Maruhashi, T., Chen, J.-J., Inoue, M., Masuno, T., Sazanova, I., Shimada, Y., Pan, Y.-W. and Walusiku, M. (1999): Dung beetles activities in the lowland forest of Yakushima Island with regard to secondary seed dispersal. Yumoto, T. and Matsubara, T. eds., Yakushima, International Field Course (IFBC), pp.133-154, DIWPA, Kamiyaku Town, CER, and JISE.

松井英司・高井 泰・田辺 力 (1988)：鹿児島県の水棲昆虫相．*SATSUMA*, **100**, 61-115.

三宅恒方 (1919)：昆虫学汎論（下）, 裳華房．

森 一規 (1988)：鹿児島県産カミキリムシ分布表．*SATSUMA*, **100**, 119-148.

森 一規 (1991)：大隅半島南部のカミキリムシ．月刊むし, **240**, 4-13.

中峰 空 (2004)：セダカコブヤハズカミキリの分子系統解析．昆虫DNA研究会ニュースレター, **1**, 19-23.

中根猛彦 (1984)：屋久島に産する甲虫類について．環境庁自然保護局編, 屋久島の自然（屋久島原生自然環境保全地域調査報告書）, pp.587-631, 日本自然保護協会．

中田隆昭編 (2003)：屋久島の昆虫ガイド, 屋久島環境文化財団．

岡留恒丸 (1973)：屋久島の昆虫, 屋久町教育委員会．

奥野 充・福島大輔・小林哲夫 (2000)：南九州のテフロクロノロジー——最近10万年間のテフラ——．人類史研究, **12**, 9-23.

鮫島正道 (1998)：熊毛の両生類・爬虫類相．鹿児島県立博物館編, 熊毛の自然（鹿児島県の自然調査事業報告書V）, pp.78-83, 鹿児島県立博物館．

鮫島真一 (2002)：オオスミヒゲナガカミキリ発見談（こんなに大きいのに, 名前が浮かばない！）．月刊むし, **376**, 2-5.

下野綾子・山根正気 (2003)：沖永良部島におけるアリの多様性．離島学の構築, **3**, 11-29.

白水 隆 (1985)：蝶類の分布からみた日本およびその近隣地区の生物地理学的問題の2〜3について．白水隆著作集I, pp.1-33, 白水隆先生退官記念事業会．

田川日出夫 (1994)：世界の自然遺産 屋久島（NHKブックス686）, 日本放送出版協会．

高桑正敏 (1988)：コブヤハズカミキリ類の属種分化の距離．佐藤正孝編, 日本の甲虫—その起源と種分化をめぐって, pp.153-164, 東海大学出版会．

寺山 守 (1986)：アリ—その分布拡大と種組成の変化．桐谷圭治編, 日本の昆虫—侵略と攪乱の生態学, pp.43-51, 東海大学出版会．

寺山 守・山根正気 (1984)：屋久島のアリ—垂直分布を中心に—．環境庁自然保護局編, 屋久島の自然（屋久島原生自然環境保全地域調査報告書）, pp.643-667, 日本自然保護協会．

Thornton, I. (1996): Krakatau: the Destruction and Reassembly of an Island Ecosystem, Harvard University Press (Cambridge and London).

冨山清升 (1983)：中・北部琉球列島における陸産貝類相の数量的解析．日本生物地理学会会報, **38**, 11-22.

Yamane, Sk. (1983): The aculeate fauna of the Krakatau Islands (Insecta, Hymenoptera). *Reports of the Faculty of Science, Kagoshima University (Earth Sciences and Biology*), **16**, 75-107.

山根正気 (1984)：屋久島のスズメバチ相．環境庁自然保護局編，屋久島の自然（屋久島原生自然環境保全地域調査報告書），pp. 633-642, 日本自然保護協会．

Yamane, Sk. (1990): A revision of the Japanese Eumenidae (Hymenoptera, Vespoidea). *Insecta Matsumurana NS*, **43**, 1-189.

山根正気・幾留秀一・寺山　守 (1999)：南西諸島産有剣ハチ・アリ類検索図説，北海道大学図書刊行会．

山下秋厚 (2001)：鹿児島県内バッタ目の分布．*SATSUMA*, **124**, 133-165.

柳田慶浩 (1996)：鹿児島県の蛾類研究の現状と課題．*SATSUMA*, **113**, 72-73.

Yasumatsu, K. (1934): Les Hemenopteres de l'ile Yakushima. *Mushi*, **7**, 61-67.

安松京三 (1936)：屋久島の膜翅類（第2報）．福岡博物学雑誌，**2**, 35-36.

湯川淳一 (1984)：屋久島の虫えい形成昆虫相，とくに，タマバエ類（双翅目）による虫えいの分布．環境庁自然保護局編，屋久島の自然（屋久島原生自然環境保全地域調査報告書），pp. 669-685, 日本自然保護協会．

Yumoto, T. (1988): Pollination systems in the cool temperate mixed coniferous and broad-leaved forest zone of Yakushima Island. *Ecological Research*, **3**, 117-129.

湯本貴和 (1993)：開花のフェノロジーと群集構造．井上民二・加藤　真編，花に引き寄せられる動物―花と送粉者の共進化―, pp. 103-135, 平凡社．

湯本貴和 (1995)：屋久島―巨木の森と水の島の生態学，講談社．

Yumoto, T. and Matsubara, T. eds. (1999): Yakushima, International Field Biology Course (IFBC), DIWPA, Kamiyaku Town, CER, and JISE.

第5章

屋久島の森のダニ─ササラダニ類─

　落ち葉がふんわりと堆積した森の地面．そこには，あたかも森の妖精たちのような可愛らしい姿をしたダニがひっそりと暮らしている．そのダニはササラダニ類と呼ばれ，生物学者ですらその姿をみた人は少なく，一般のダニのイメージとはかけ離れた生活を営んでいる．特に，鬱蒼と茂り，湿り気の多い屋久島の森は，ササラダニ類にとって最上の住みかであると思われる．ここでは，世間には知られていないササラダニの屋久島における分布や生態について，その一面を紹介したいと思う．

　ササラダニ類の高度分布については，筆者が1974年に屋久島で行った調査結果をフランスの専門誌に英文で発表したもの（Aoki, 1976）に基づいて書いた．また，林床での微小生息域については，本書執筆のための調査を2003年に行い，そのオリジナルなデータをここに提供した．

a. ササラダニ類とは

　ダニ類は，一般には人畜にたかる寄生虫と思われているが，ダニ全体からみれば寄生性の種類の割合は低く，大部分は自由生活を営んでいる．その中でも，土壌表層部に住み，落葉やカビなどを栄養源にしているササラダニ類は，生息密度の高さからみても，種数の多さからみても，他のダニを圧倒している．

　体の大きさは最小0.2 mm，最大1.5 mm，0.5 mm前後のものが多い．体は甲殻類のように堅く，体色は褐色〜黒色のものが多い．体表面にさまざまな突起や見事な彫刻を施した種が多く，顕微鏡で拡大して観察すると，その形の面白さにひかれる（江原，1980）．

　森林土壌を主要な住みかとするが，草原，湿原，果樹園，畑，庭園，都市の植栽下の土壌など，少しでも土と植物のあるところなら，至るところに生息している．環境の変化に鋭敏に反応して種組成を変えるため，指標生物として環境診断に利用する試みがなされている（青木，1995；原田・青木，1997）．

b. 屋久島における高度分布─安房海岸から宮之浦岳山頂まで─

　屋久島は，鹿児島県の南の海上に位置しながら，標高の高い山々を抱えている．九州本土で最も高い祖母山（1757 m）よりも高い山が屋久島には6つもある．その最高峰は宮之浦岳（1935 m）で，海岸域が暖温帯の中でも亜熱帯に近い気候であるのに，山頂近くは冷温帯に属している．そのような島でササラダニ類がどのように分布し，標高によって種組成を変えていくか，大変興味をそそられるのである．

　かなり前の話になるが，1974年の晩秋，1人で屋久島のササラダニの高度分布調査に出かけた（図Ⅲ.5.1）．筆者はまだ35歳，初めて上陸する島に胸がときめいていた．最も低い地点として屋久島東南部の安房の海岸を選び，そこからヤクスギランド，紀元杉，淀川小屋，花之江河，翁岳，栗生岳を経て宮之浦岳山頂まで，ほぼ標高100 mおきに土壌を採取することにした．もちろん，土壌採取の順は荷かつぎが楽なように，山頂から海岸に向かって山を下りながら，20地点で行った（図Ⅲ.5.2）．

　調査結果はすでに発表済みであるが（Aoki, 1976），その概要をここに述べておこう．採集されたササラダニ類は全部で109種に達した．やはり，これだけの標高差をもつ島であるから，予想どおりの種の豊富さである．その中には波しぶきをかぶる安房の海岸草原から宮之浦岳の山頂にまでわたって生息するナミツブダニ，クワガタダニなどや，海岸から1680 mの高さまで分布するヤマトクモスケダニ，ヒメヘソイレコダニなどもあるが，大部分の種はそんなに広い範囲に生息せず，種ごとに限られた標高域に分布していた（図Ⅲ.5.3）．最も高いところに生息していたのは，コワゲダルマヒワダニ，その他種名未確定の3種で，標高1750 mから山頂の1935 mにかけての岩隙植生や，丈の低いヤクシマザサ地帯に分布が限定されていた．ヤクシマツノバネダニ，ミツバダルマタマゴダニ，ヒメリキシダニなど10種は，山頂から1400 m地点までの冷温帯の雲霧帯林に，ヒラタオニダニ，フジイレコダニは，山頂から900 m地点まで分布範囲を広げている．マイコダニ，ナミコバネダニは，1400 mから下，670 mまでの暖温帯の雲霧帯林に生息している．逆に，標高の低いところに限定される種も多

図 III.5.1 「小生，野外へ出るとみちがえるほど元気になるのであります」（青木，1983 より）
1974 年 11 月，未知のササラダニを求めて屋久島へ単独調査．現地から国立科学博物館の同僚に出した絵手紙．

図 III.5.2 屋久島におけるササラダニ類の調査地点
高度分布調査（1976 年）：宮之浦岳山頂から安房まで（S1〜S20），林床の微小生息域調査（2003 年），白谷雲水峡（■）．

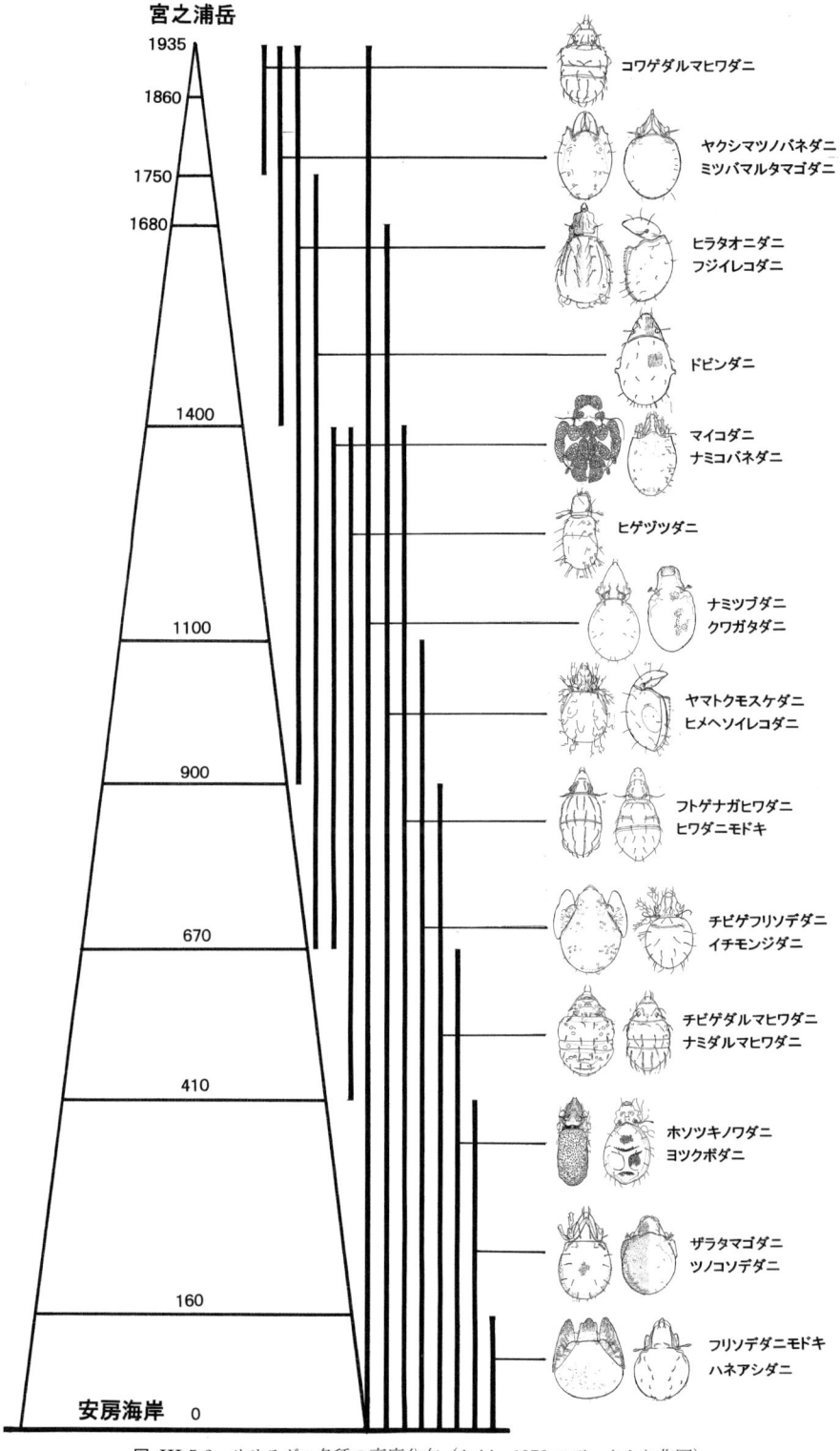

図 III.5.3 ササラダニ各種の高度分布（Aoki, 1976 のデータより作図）
異なる標高範囲に対応して分布する代表的な種 1〜2 種を右側に示した．図中の数字は標高（m）．
1974 年 11 月 14 日調査．

く，フリソデダニモドキ，ハネアシダニなど16種は，海岸から標高160 mまでの亜熱帯的な常緑広葉樹林域に，ザラタマゴダニ，ツノコソデダニなど13種は，海岸から410 mまでの常緑広葉樹林域に限って生息している．このように，屋久島では日本本土であったなら，かなり広範囲の土地を含めなければみられない生物の高度分布が，狭い範囲に集約されて観察されるのである．

c．林床での微細分布

標高差による高度分布は，大まかにみた生息状況であるが，1つの林の中で細かく生息状況を調べてみるのも面白い．森林の林床は，実に複雑な状態をしている．落葉，枯枝，落果，朽木，倒木などの植物遺体，コケ，キノコなどさまざまなものに覆われている．平均体長が0.5 mmと体の小さいササラダニ類は，これら林床の被覆物を選択して，種ごとに最も好むものの中に潜んで暮らしていると思われる．そこで，これらの被覆物の種類ごとにサンプリングを行ってみると，それぞれに異なる種組成を示すことがわかっている（Aoki, 1967）．そこで，屋久島の森でも同様な調査を試みてみたくなり，本書への原稿執筆のための資料を得るためにもと，2003

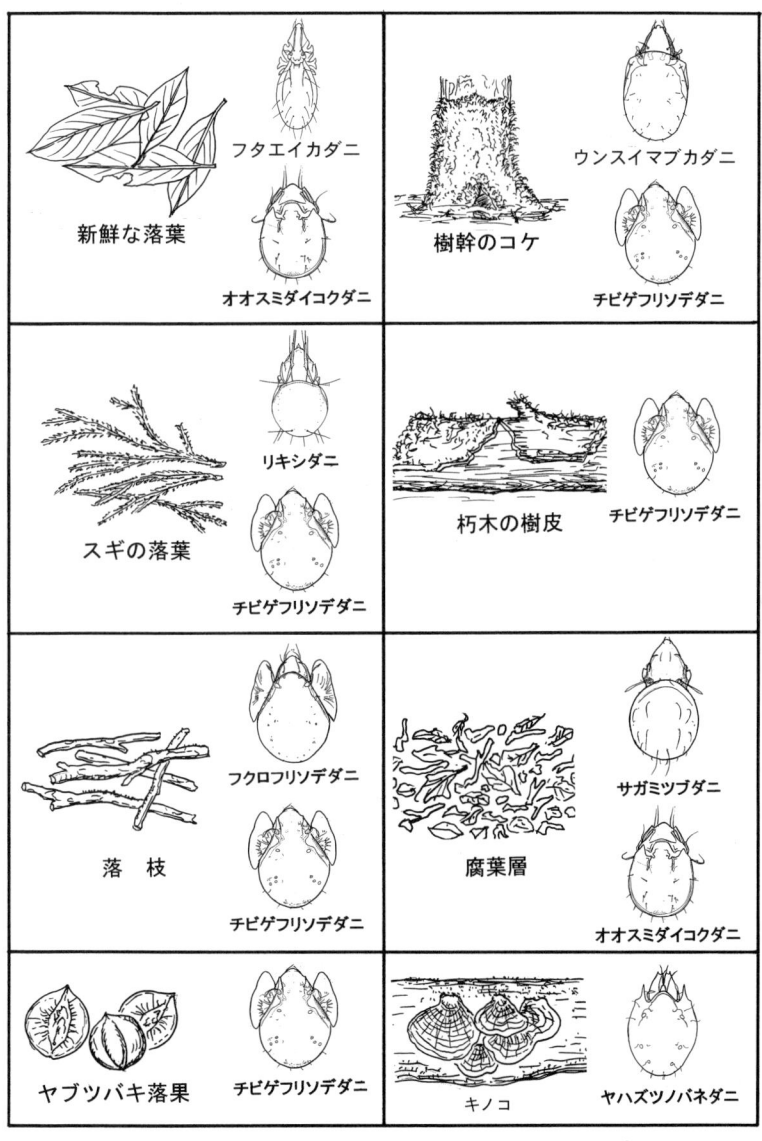

図 III.5.4 森林の林床に堆積する植物遺体，コケ，キノコなど個別サンプリングによってわかったササラダニ類の微小生息域
それぞれのサンプルから最も多く分離された種を1～2種示す．2003年10月8日調査．

年秋に屋久島へ向かった．

調査した場所は，屋久島の北東部の山中にある白谷雲水峡で（図III.5.2参照），スギと常緑広葉樹の混交林である．地面を這いずり回り，さまざまな林床堆積物を種類ごとに別々に拾いとり，それぞれ1～2 l のサンプルとした．採取したサンプルは翌日に持ち帰り，小田原市の神奈川県立生命の星・地球博物館に設置されているツルグレン装置に投入し，2日間60W白熱電球で照射し，ササラダニを分離抽出した．

それぞれのサンプルから得られたダニのうち，最も個体数の多かった種を1～2種選んで図示したものが図III.5.4である．チビゲフリソデダニはスギの落葉，落枝，ヤブツバキの落葉，樹幹のコケ，朽木の樹皮の5種類の堆積物に，広く多数の個体が出現した．つまり，本種はあまり選り好みをしない種である．しかし，その他の種は，かなり偏った生息状況を示した．オオスミダイコクダニが新鮮な落葉と腐葉層で多かったが，それ以外の種は1種類の堆積物のみに多く生息していた．すなわち，フタエイカダニは新鮮な落葉，リキシダニはスギの落葉，フクロフリソデダニは落枝，ウンスイマブカダニは樹幹のコケ（ウツクシハネゴケ），サガミツブダニは腐葉層，ヤハズツノバネダニは倒木に生じたキノコ（チャウロコタケ）で，それぞれ最も多くの個体が見出された．ササラダニ類は生きた植物を栄養源とするものではないので，どの植物にしかつかないということはないが，やはり自分たちの住みかとして，または食物として，林床に堆積しているものの中から，最も適したものを選択していることがわかる．このように，ササラダニの各種は，それほど厳格にではないが，種ごとに異なる微小生息域（マイクロハビタット）をもっており，それによって同じ森林の林床で多くの種が見事な住み分けを行っていることになる．

d. 注目すべき種

屋久島から発見された100種を超えるササラダニのうち，特に分布上注目すべき種として，以下のものがあげられる．

i) **ヤクシマツノバネダニ** *Parachipteria truncata* Aoki, 1976（図III.5.5(a)） 宮之浦岳の頂上近く，標高1860 m の岩上のコケと土壌から25

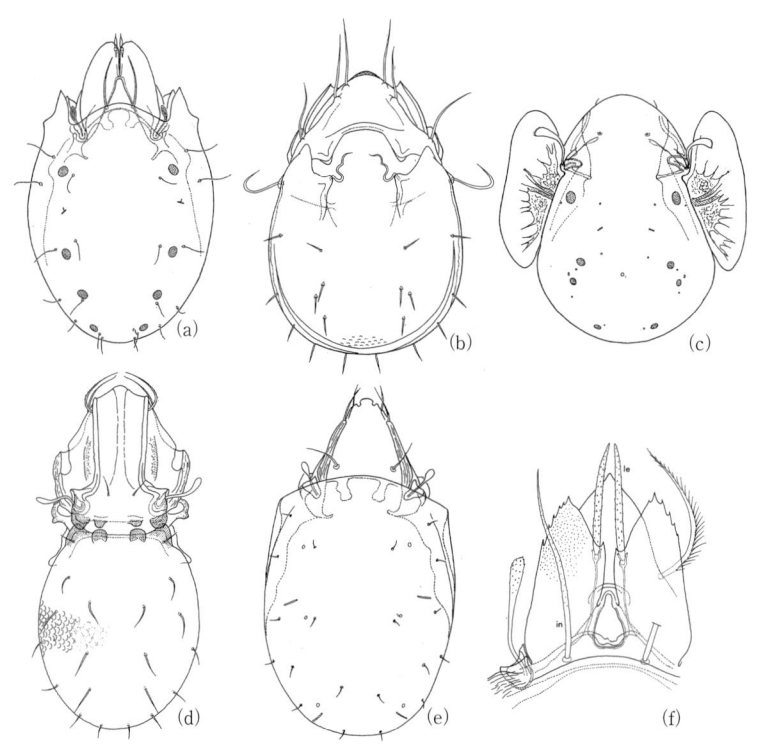

図 III.5.5 屋久島で採集された注目すべきササラダニ類
(a) ヤクシマツノバネダニ，(b) オオスミダイコクダニ，(c) ヤンバルフリソデダニ，(d) コブイカダニ（以上，Aoki, 1976, 1981, 1996, 1982 より），(e) ウンスイマブカダニ（青木, 2006 より），(f) フタツメノコギリダニ（前体部のみを示す：Aoki, 1976 より）．

頭が採集され，1976年に筆者によって新種として記載された．その後，いまだに他所からは発見されず，屋久島の山頂付近にしか生息しない固有種と考えられる．体長 383〜422 μm．

ⅱ）**フタツメノコギリダニ** *Prionoribatella impar* Aoki, 1967（同図(f)）　前種と同じ場所から 16 頭が採集され，やはり筆者によって新種として記載されたものであるが，その後，意外なことに京都の京大芦生演習林（標高 690 m）で採集された（Kaneko and Takeda, 1984）．今のところ，それ以外での採集記録はない．体長 334〜358 μm．

ⅲ）**オオスミダイコクダニ** *Nippobodes brevisetiger* Aoki, 1981（同図(b)）　ダイコクダニ科には日本産 5 種が知られているが，いずれも分布域が限られており，本種も大隅諸島すなわち屋久島と種子島からのみ記録されている．今回の調査（2003

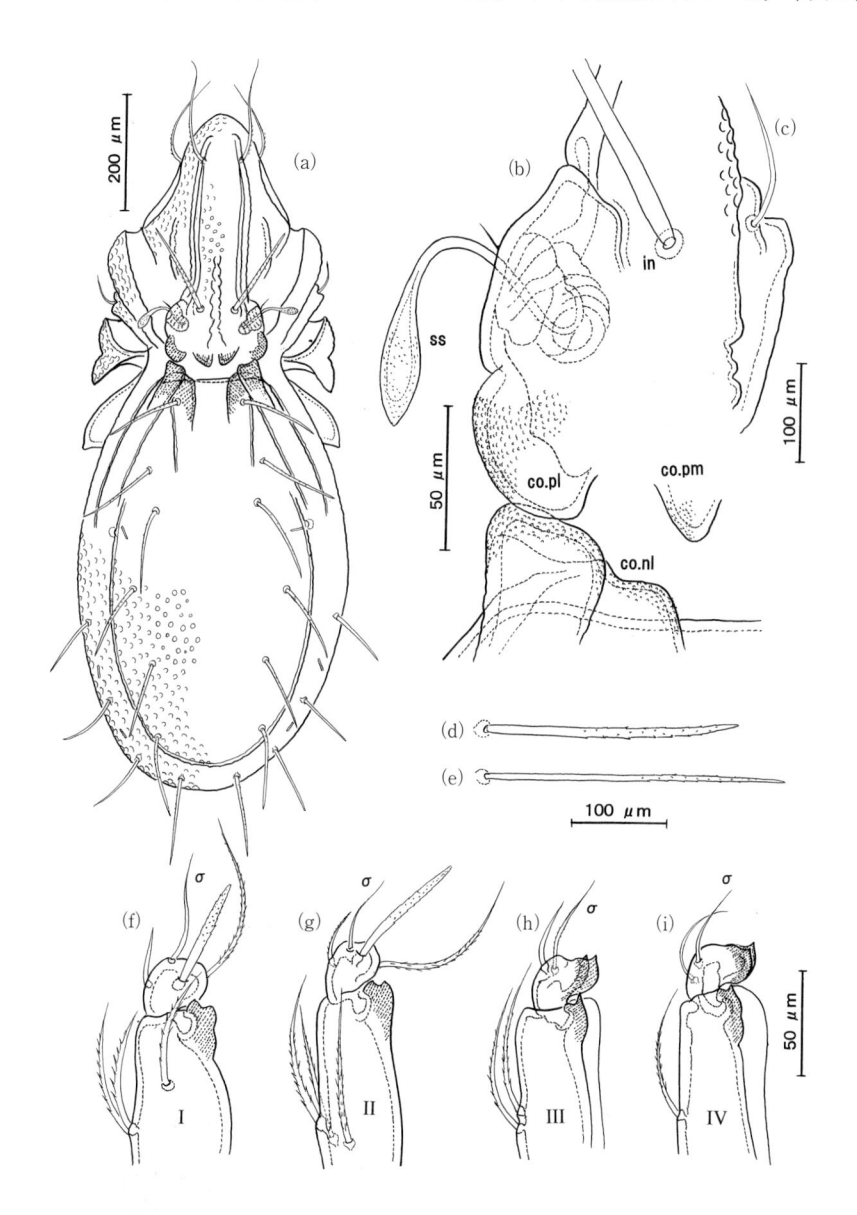

図 **III.5.6**　タイ国産で，今回初めて日本から記録されるフタエイカダニ（新称）
Acrotocepheus duplicornutus Aoki, 1965
(a) 背面，(b) 前体部と後体部の接合部にある突起物とその前方にある胴感毛，(c) 第 1 脚庇の外側部分と胸条毛 1c，(d) 背毛 c，(e) 背毛 h_1，(f)〜(i) 第 I 脚〜第 IV 脚の腿節先端部と膝節，特徴的な付属突起を示す．

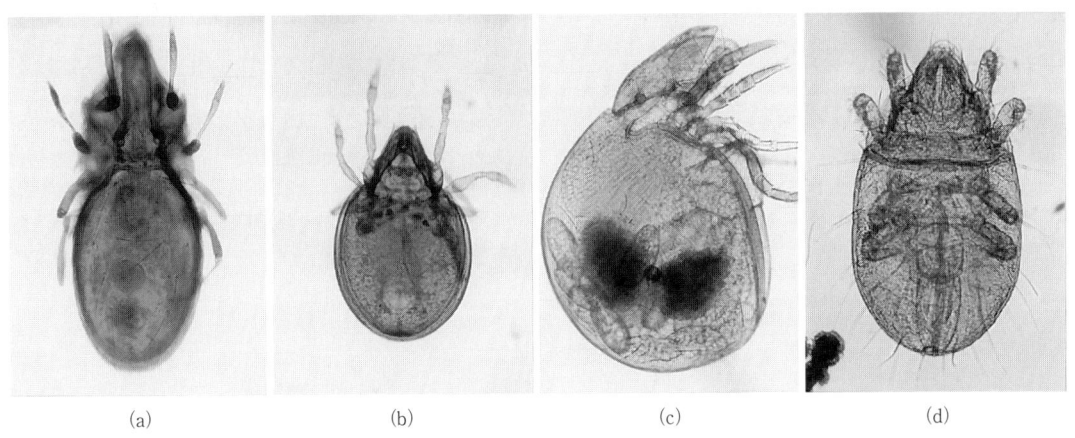

図 III.5.7 屋久島産ササラダニ類 4 種
(a) フタエイカダニ（新称）*Acrotocepheus duplicornutus* Aoki, 1965（日本新記録），(b) ユワンタマゴダニ *Liacarus montanus* Aoki, 1984（奄美大島原産，屋久島新記録），(c) ジャワイレコダニ *Indotritia javensis* (Sellnick, 1928), (d) ジャワツツハラダニ *Lohmannia javana* Balogh, 1961（屋久島新記録）．

年 10 月 8 日）でも白谷雲水峡で多くの個体が採集されている．体長 555～625 μm．

iv) コブイカダニ *Dolicheremaeus distinctus* Aoki, 1982（同図(d)）　奄美大島の大和村大棚のスダジイ林土壌から採集された 1 頭だけに基づいて新種として記載された珍種で，今回の調査（2003 年 10 月 8 日）で白谷雲水峡の森林土壌（腐葉層）から 5 頭が採集され，屋久島が第 2 の産地として新たに記録される．体長 500 μm 前後．

v) ヤンバルフリソデダニ *Allogalumna rotundiceps* Aoki, 1996（同図(c)）　沖縄本島の西銘岳中腹の常緑広葉樹林の土壌から採集された 4 頭に基づいて記載されたもので，今回の調査（2003 年 10 月 8 日）で白谷雲水峡の土壌（腐葉層）から 1 頭だけが採集され，屋久島が新記録地となる．体長 212～219 μm．

vi) ウンスイマブカダニ（新称） *Birobates nasutus* Aoki, 2006（同図(e)）　新種として記載されたばかりの種で，白谷雲水峡の樹幹に生じたコケ（ウツクシハネゴケ）から 19 頭が採集された．吻の先端に 1 対の切れ込みがあるのが特徴．体長 195～240 μm（Aoki, 2006）．

vii) フタエイカダニ（新称） *Acrotocepheus duplicornutus* Aoki, 1965（図 III.5.6）　最近まで日本産のイカダニ科のヤリイカダニ属にはヤリイカダニ（沖縄島，西表浜）とケマガリイカダニ（奄美大島）の 2 種のみが知られていた．今回の白谷雲水峡での調査（2003 年 10 月 8 日）でも本属のダニが採集されたが，既知の 2 種とは異なり，タイ国原産の日本未記録種であることがわかった．本種の特徴は，前体部の胴感杯のすぐ後ろにある突出部が耳朶状に丸くなっており，それに相対する後体部の突起が二重になっていること（図 III.5.6(a)，(b)）である．屋久島で採集されたものは，前体部の縦桁の間隔がやや狭いこと，第 4 脚庇の外縁がやや丸みを帯びていることなどで，タイ国のものとわずかに異なるが，同種と判断してよいと考えられる．ここに写真（図 III.5.7(a)）も掲げ，新しく和名をつけ，日本新記録種として報告しておく．林床に堆積している広葉樹とスギの新鮮な落葉から 5 頭が採集された．体長 980～1200 μm．

現在，筆者の手元にある屋久島での採集品の中には，正体不明のササラダニがいくつもあり，その中のあるものは新種である可能性が高い．鬱蒼とした屋久島の森林の奥深く，どのような未知のダニが生息しているか，調べるほどに興味が尽きない．

（青木淳一）

文　献

Aoki, J. (1965): A preliminary revision of the family Otocepheidae (Acari, Cryptostigmata). I. Subfamily Otocepheinae. *Bull. Natn. Sci. Mus. Tokyo*, 8, 259-341.

Aoki, J. (1967): Microhabitats of oribatid mites on a forest floor. *Bull. Natn. Sci. Mus. Tokyo*, 10, 133-138, pls. 1-2.

Aoki, J. (1976): Vertical distribution of oribatid mites in Yaku Island, South Japan. *Rev. Ecol. Biol. Sol*, 13, 93-102.

Aoki, J. (1981): Discovery of the second species of the genus *Nippobodes* from Ohsumi Islands (Acari: Oribatei). *Bull. Biogeogr. Soc. Jpn.*, 36-4, 29-33.

Aoki, J. (1982): New species of oribatid mites from the southern island of Japan. *Bull. Inst. Envir. Sci. Tech. Yokohama Natn. Univ.*, 8, 173-188.

青木淳一 (1983)：自然の診断役　土ダニ (NHK ブックス 438), 244 pp., 日本放送出版協会.

青木淳一 (1995)：土壌動物を用いた環境診断. 沼田　真編, 自然環境への影響予測—結果と調査法マニュアル, pp. 197-271, 千葉県環境部環境調整課.

Aoki, J. (1996) : Two new species of oribatid mites of the family Galumnidae from Okinawa Island. *Edaphologia*, No. 56, 1-4.

Aoki, J. (2006) : New and newly recorded species of oribatid mites from the Ryukyu Islands (Acari : Oribatida). *Bull. Natn. Sci. Mus. Tokyo*, Ser. A (Zoology), **32**, 29-33.

江原昭三編 (1980)：日本ダニ類図鑑, 全国農村教育協会.

原田　洋・青木淳一 (1997)：ササラダニ類による環境の自然性の評価の事例と検討. 横浜国大環境研紀要, **23**, 81-92.

Kaneko, N. and Takeda, H. (1984) : A preliminary study on oribatid mite communities in the cool temperate forest soils developed on a slope. *Bull. Kyoto Univ. Forest*, No. 56, 1-10.

IV 人の暮らしと植生のかかわり

炭焼窯跡［河原，標高 150 m 付近］

海岸段丘，人里，山［南部より］

［撮影：日下田紀三］

第1章

屋久島低地部における自然利用と植生遷移

屋久島の低地部とは，島の中央の花崗岩の山体を取り巻く低平な丘陵部のことである．これは，約6000万年前，古第三紀に堆積した熊毛層群と呼ばれる頁岩～頁岩砂岩互層の地層からなり，それが最終間氷期以降に隆起して形成されたなだらかな海成段丘である（磯，1984）．島の西側は屋久島の山体をつくる花崗岩が直接海に没しており，この丘陵部分はみられない．

北緯30°に位置する屋久島では，海岸近くは冬でも月平均気温が10℃以下になることがなく，日本では数少ない亜熱帯的な気候である．この低地部は，多くの亜熱帯生物の分布北限となっているとともに，「洋上アルプス」と呼ばれる急峻なこの島の中では，限られた平地の部分であり，人々の生活の主な舞台となっている．平成12年（2000）の屋久島の人口は13875人で，すべてがこの段丘上に生活している．段丘の部分を標高200m以下とすると，屋久島全面積の約29.4%に当たる（熊本営林局，1982）．

屋久島における産業別人口の推移をみると，昭和50年（1975）以前は圧倒的に農業人口が多く，農業の島であった（自然環境研究センター，2000）．海岸沿いに分散する耕地は，総面積の2%といわれる．最も古い大正9年（1934）のデータでは，農業人口が約10500人で全人口の74%，その後，戦後復員のころまでは70%以上を占めていたが，昭和30年（1955）以降急激に減少し，昭和50年ごろには950人前後でほぼ横這い状態になる．昭和60年（1985）以降は屋久町のみのデータであるが736人（屋久町全体の22.9%），平成2年（1990）は599人（19.4%），平成7年685人（20.0%），平成12年530人（15.5%），と微変動している．その間に増加したのはサービス業や卸・小売業を主体とする第3次産業で，これが昭和60年の43.8%から，平成2年49.7%，平成7年50.9%，平成12年59.3%，と着実に増加している（屋久町，1999，2004）．

こうした産業構造の変化に伴い，低地部の利用の仕方も変化しており，貴重な北限亜熱帯の生態系と人々との調和的な共存について，具体的な方策を立てる必要性が増している．そのためには，人々がこれまでどのように自然を利用し生活してきたのかを知ると同時に，人間活動が低地部の生態系に与える影響を把握し，適切な保全，管理手法を策定する必要がある．

ここでは特に，人による生態系の改変の諸相を自然利用という見方でとらえ，その後の自然回復を遷移過程に着目して生態学的視点から見直してみたいと思う．

1.1 低地部の土地利用と自然利用の生活誌

屋久島の主要な25すべての集落は，島の周回道路で結ばれ，この海成段丘上に立地し，西部を除いて島をぐるりと取り囲んでいる（図Ⅳ.1.1）．低地部の地形はほぼ平坦なので，各集落の境界は，尾根などの地形ではなく段丘面を刻む河川によって境されている．それぞれの集落は歴史が異なり，現在でも隣り合う集落で方言が全く異なるという場合もある．それに伴って，土地利用様式にも違いがあった．それにもかかわらずどの集落も似たりよったりで機能的な分化がほとんどみられないと梅棹（1951）は述べているが，その点は今日においてもほぼ当てはまる．どの集落も山に向かっては前岳を経て奥岳まで細長い扇形にその空間領域を有している．この扇形は，奥から海岸に向かって順に奥岳，前岳，里に区分できる．奥岳はいわば聖域であるから地元の人々による利用は行われていなかった．わずかに前岳斜面が，薪炭林や近年ほどではないにしても一部スギ植林地として利用されてきた．ほとんどの生活は，この低地部分で営まれてきた．各集落の水源は前岳の山脚部に当たるところにあって，谷口に取水堰を設けたり湧水などを利用している．山に近いところは牧場や果樹園，特にハマヒサカキを防風垣として用いたポンカンやタンカン園などに使われている．さらに集落周辺は畑や水田であるが，その作物もかつてのサツマイモ（唐イモ），サトウ

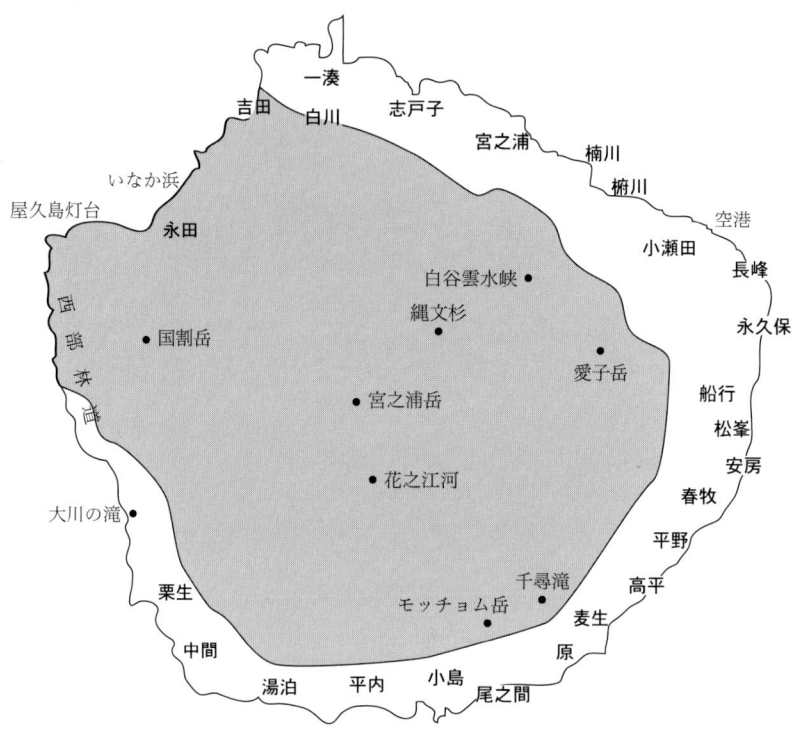

図 IV.1.1 屋久島を取り巻く主要な集落
網掛け部分は花崗岩地帯．

キビから，最近はジャガイモ，エンドウなどへと，これまでに大きく変遷した．現在では，水田になっているところはかなり減ってしまった．

海を見下ろす海崖の上や砂浜海岸などの，しかも水利がよいところには，すでに6000年前から人が住みついた痕跡がある．開畑のときに縄文・弥生時代の土器や石器が出土し，住居跡があちこちで見出されている（たとえば平内，栗生など：屋久町郷土誌編さん委員会，1993）．現存する古くからの集落は，16世紀以降，平 清盛を祖々父とする平家一門に連なる種子島家の家臣などが開いたものが多いことが，墓石の碑文などからわかっている（屋久町郷土誌編さん委員会，1993）．そのことから，屋久島には平家の落人が住みついたと言い伝えられているのである．

明治中ごろ以前には，自分の家に近い土地は，園地，菜園などといわれ，個人の所有地として陸稲，唐イモ（サツマイモ），ムギ，蔬菜などを耕作していた．この園地は，たとえば宮之浦では1軒あたり5反歩（50 a）程度であった（三橋，1943）．大正9年（1920），屋久島の天然記念物調査を行った田代（1926）は，耕地がみられるのは河谷に沿って発達した集落周辺に限られ，水田は水が得られるごく限られたところにしかないと述べている．集落と集落の間では「未開墾地と荒廃地の間にわずかに畑がみられる」と記述しており，当時から切替畑としての利用がなされ，未開墾地はやがて畑として利用され，また荒廃地は畑として利用した後，放置されている状態を指すものと考えられる．また，屋久島の栗生をはじめとしてかなりの土地で牧畑と呼ばれる耕作法があった（三橋，1943）．これは，切替畑が耕作放棄後，低木林などの林地になるまで放置して，土地が肥沃になるまで待つ方式であるが，牧畑では，一定の土地を二分し，耕地と牧場を5年ごとに交替させるというものである．畑では唐イモ，ムギをつくり，地力が衰えると牛馬を放牧するのである．こうした二圃式とも呼べるような牧畑耕作は，明治12年（1879）の地租改正とともに消滅したらしい．これは東南アジアからヒマラヤでもよくみられる"bush fallow"（いわゆる焼畑）と"grass fallow"（牧畑が相当）の2つの方式に対応するもので，ブータンヒマラヤの場合は，前者が湿潤で土地も肥沃な低標高の照葉樹林帯で普遍的であるのに対して，後者の放牧草地と畑を交替させるのは，乾燥谷と呼ばれる集落が集中する，標高の高い草原やマツ林地帯で行われている（Ohsawa et al., 2002; Roder et al., 1992）．このように焼畑的な切替畑と，grass fallow に相当する牧畑の両方が，屋久島でも

かつて広く行われていた点は，非常に興味深い．しかも，これは屋久島のみにとどまらず，種子島，隠岐島などでも広く行われていた（三橋，1943）．そうしてみるとヒマラヤで広くみられる耕地と放牧地のさまざまな混在方式（大澤，1984b）が東の端の日本にまで到達していることになり，この点についてさらに詳細に調査を進める必要がある．

昭和15年（1940）に屋久島に渡った宮本（1974）は，当時知り得た多くの興味深い記録を残している．明治，大正のころの水田には，湧き水を利用し，山津波の跡地で平地が広がっていた「セマチ」と呼ばれるごく狭い土地に開田したものが多かった（宮本，1974）．そこでは代かきは馬に雑草を踏み込ませて緑肥とし，耕作していた．屋敷周辺の園地を除く集落から遠い共有地であれば，誰でも自由に畑を拓くことができて，その開墾地を「コバ」と呼び，拓いて耕作すれば，その間はその人の管理する土地となるという自由な利用がなされていた（三橋，1943）．コバは宮崎県でも焼畑のことを指すが，必ずしも焼畑ではなくても開拓地をそう呼んでいたようである．コバでは野菜や唐イモをつくっていたが，やせてくると放っておいて山に返す．焼畑的な耕作をする切替畑では，伐採，火入れの後，1年目には唐イモ，2年目には甘蔗（サトウキビ），3年目にはアワをつくるが，そのころには収穫が減るので，放棄して別の場所に移動する（三橋，1943）．しかし，切替畑という言い方には，焼畑だけではなく耕作者が切り替わるという意味もあった．屋久島では平木（ひらぎ）が税だったので，農地に対する課税はなく，土地そのものは共有のものという発想だったようで，耕作していなければ，共有に返すものと考えていた．集落によって多少の違いはあるようだが，屋久島では集落の中の土地を小区画に区切って畑などに利用したが，その地割りを，毎年人々が集まって，くじ引きで切り替えた．これを，切替あるいは割替え，その畑を切替畑と呼んだ．小瀬田の切替畑の例では，三圃式といえるような方式で，1年目に唐イモ，2年目に陸稲，3年目には再び唐イモをつくり，その後，山に返す（宮本，1974）．したがって，特に私有という意識がなく，明治18年の地租改正の実施のときに家の近傍の園地などを除いて，すべてが官に帰属させられてしまったところが多かった．集落によって個人に切り分けたところ，共有林として残した部分などが混在していたらしい．栗生では道路や河川沿いに一律，間口3.3mごとに区切り，帯状に耕作地を割り振ったという．もちろんその後に売り買いしたこともあって，個人の所有地としては面積はまちまちになっているところもあ

る．このような地割りは，同じ島津の支配下にあった沖縄の地割り制度（仲松，1977）とよく似ている．

屋久島で，こうした伝統的な方式がなくなったのは，明治32年（1899）に設立された農会の技術指導があって，焼畑による切替畑は土地によくないので常畑にするようにとすすめられたためといわれる（宮本，1974）．切替畑のときであれば，耕作によってやせてきた土地や，使われなくなった土地は遊ばせておいて自然の過程によって植生遷移が進んで自然に肥沃化していく，伝統的な焼畑耕作の場合と同様，合理的なシステムであった．しかし，常畑化することによって，やせてくれば肥料を入れなければならず，土地は次第に自然が本来有する自律的，自己維持的な系から乖離していくことになる．当時の近代化によってシステムの一部分だけの効率を重視するような技術指導が自然のシステムを壊していく様子がみえてくる．地租改正によって名目上，共有地はその時点の耕作者が所有することになったが，地域によっては，共有地が第二次世界大戦後までみられた（上屋久町郷土誌編集委員会，1984）．共有地がほぼ消えたのは，戦後の農地改革などを経て，昭和30年代といわれる．

屋久島南部は，海崖となっており，良港が少ないにもかかわらず漁業に依存する部分が大きかった．漁業といえども，自然利用が陸の植生に与える影響は大きい．たとえば，平内でも大正初期ごろまでは，カツオ漁やトビウオ漁が行われており，集落周辺の森林は，これらの魚の乾燥のために焚く薪のために伐採されていた．特にマツは火力が強く，よく利用されていた（宮本，1974）．しかし，島外からやってくる機械力を駆使した漁船による漁などが盛んになるにつれ，良港がなく，小型漁船しか使えないこともあって，漁業も不振となった．大規模な農地の開墾が行われ，サツマイモやサトウキビの栽培が始まったのはそのころからである．たとえば，平内地区では戦後西開墾，上の牧などに入植が行われ，農地が拡大していく（屋久町郷土誌編さん委員会，1993）．一部の共有地を貸し出してあった畑地帯は，戦前から戦中にかけて開田したところもある．しかし，これも昭和45年（1970），デンプン工場，製糖工場の閉鎖によって転作を余儀なくされ，ジャガイモ，エンドウなどに移行した．ところが，エンドウは連作を嫌い，同じ畑では7年以上続けると病害のおそれがある．労働力の減少や農業そのものの困難さは，耕地を遊休化させる．耕作放棄地の中には，放棄後遷移が進んでウラジロエノキ先駆林となっているところもある．最近では，再耕地化が困難になるという理由で，農協などの援助で，作物

図 IV.1.2 平内で行われているポンカン園の造成

をつくるわけではないが畑をトラクターで耕している場合もあった（2003年）．それも立ち行かなくなると，こうした古い農地をブルドーザーなどで区画整理して，ポンカンやタンカン園にする作業なども行われている（図IV.1.2）．大正13年（1924），台湾から導入したポンカンの栽培が次第に軌道に乗り，平内地区を含む島の南部の人々の生活を支えている．ただ，これも九州本土などとの生産地競争が激しく，必ずしも順調ではない．

最近の屋久島低地部における土地利用の変化を，平内地区を例としてみてみよう．1969年，1980年，2002年の3つの時期について，空中写真と地形図を併用しながら現地調査で調べたものである（宇津澤，2004）．いずれの時期も，二次林が40%前後で，最も多い．1969年には二次林41%，田畑が20%ほどで2番目，次いで自然林（13%），植林地（10%）であった．1980年には二次林が37%，草地（19%）が2番目，次いで田畑（13%），自然林（12%）となり，この間に変化が大きかったのは，植林地や二次林が草地や果樹園などに変化したものである．その後，2002年では二次林45%，草地が16%，次いで自然林（11%），果樹園（8%），田畑（7%），植林地（5%），道路（5%）となった．二次林や果樹園が増えている．耕作放棄などにより草原となっている状態から，遷移が進んで二次林になっているところや，牧畜のために草地化されているところもある．草地は畑放棄地などに成立したススキ，チガヤ，シマスズメノヒエなどが優占する先駆草地や，帰化したネピアグラスの草地も多い（後述）．2003年における屋久町南部地区（高平，麦生，原）での作付け状況を屋久町の資料（2003年6月5日現在）でみてみると，最も大面積を占めているのは休耕地30.1%で，以下，5%以上を占めているのは果樹園（タンカン）25.9%，水稲12.1%，緑肥（ソルゴー）7.0%，ヤマイモ（ソロヤム）6.0%，施設園芸（花卉，マンゴーほか）5.6%，ガジュツ5.2%，の順であった．休耕地が最大の面積を占めるのは，前に触れたような意味での切替畑的な発想が根底にあるのかもしれない．

1.2 奥岳と低地部のかかわり

ところで屋久島全体の土地利用を考えたとき，奥山（屋久島では奥岳という）のほとんどを占める国有林は無視できない．藩政時代にあっても奥岳は島津藩の「お立山」（禁伐林）とされたわけではない．しかし，奥岳のスギは神様のもので，伐採するときにはお許しを請うた（宮本，1974）というように，村人にとって日常的に利用する山ではなかった．村人たちは，時々の用材供給の求めに応ずるために，大径木などは台帳までつくって管理しており，いわば自主管理の立山であった．明らかに島民は，平坦部の共有地とは別な土地という意識をもっていたのである．その島民に，地租改正の下準備のため明治6年（1873）に来た役人が，奥岳をそのままにしておくと，課税されたときに大変だからということで線引きを変えさせ，その範囲は村人のものではないようにさせた．その結果，奥岳部分はすべて国有林とされてしまったのだといわれている（宮本，1974）．これが後に，島民を長年にわたって苦しめることになる，有名な国有林下戻行政訴訟のきっかけである．藩政時代には，人々は前岳の山麓部分を薪炭林として利用していた程度で，奥岳は貢租としての平木を採るために山に小屋掛けして手作業で伐採していたにすぎない．明治になってからは土地の係争問題もあって，20年間，人々は前岳すら利用しなかったので林相が回復し，当時としても学術的に貴重な森林が残された（田代，1926）．

ただ，奥岳についてみれば，集落の信仰の場でもあり，たとえ私有あるいは共有が可能であったとしても，誰も私有したいなどとは思わなかったであろう．それに付け込まれて官有とされてしまったのは，時代の変わり目の社会システムが変化する際に起こりがちな出来事とみることもできる．しかし，それだけでなく，この問題は実は土地に対する人々の本質的な考え方の変遷を反映しているように思われる．人々が自然に強く依存した生活をしているうちは，土地に対する考え方に大きな違いはなかったと考えられるが，その生活が土地から遊離してくるにつれて，命を育む神聖な土地という，本来もって

いた観念は薄れ，同時に土地の私有，あるいは利用についての人々の間の感覚のずれが大きくなる．日本では領主や地主による土地の領有や所有権が強く，あまり私権としての土地所有という意識は強くなかったが，戦後の農地改革とともに明確に個人による土地所有が確立した（大和田，1981）．その結果，屋久島では，現実にそれまで維持してきた私有林や，時には共有林まで，林業会社に売却するようなことも起こっている．

たとえば，アメリカ先住民のラコタ族の場合，彼らが聖地としてきたマト・ティピラ（クマの泊場の意味，「デビルズ・タワー」で知られる）の岩山は，先住民たちは誰一人それを私有しようなどと考えたりはしない．ところが，こともあろうにその聖地に，これはアメリカ国民の共有の土地だからとロッククライミングの場として使う権利を主張し，ハーケンを打ち込むクライマーが出てきたのである．もちろん先住民はこれに反対したが，今ではその麓に登山用品を売る店やロッジまでできた（McLeod et al., 2002）．何世代もそこに住み，土地は神のものだからとあえて私有を主張しなかった先住民と，国有地は誰でもそこを最大限利用する権利はあるはずだというクライマーたちの相克は，国立公園の管理，先住民の土地に対する信仰を宗教と呼ぶのかといった宗教論争まで絡んだ複雑な議論を巻き起こしている．屋久島の場合は，これまで皆の共有の土地だからとあえて私有権を主張しなかったところに付け込まれて国有地化されてしまうというもので，土地に対する人々の意識という同様の問題が根底にある．

奥岳は屋久島の人々にとって，一品法寿（宝珠）大権現として彦火火見命（山幸彦）を祀る聖域である．年に2回の岳参りは海岸で夜明けの波打ち際の砂を集めて，それをもって山頂に登り，供えて，帰路にはシャクナゲの小枝を持ち帰って，それを浜に供えたり，あるいは集落の各家々に配ったという（山本，1998，本書第VI部第1章；中島，1998ほか）．海と山をつなぐこのような儀式の意味に，ここでは深入りしないが（たとえば中島，1998参照），いずれにしても五穀豊穣，無病息災を祈るこうした民間信仰に始まる行事では，さまざまな要素が加わり変質していくのは，時代とともに生きる民俗の当然の姿であろう．ただし，一般的な南島の人々の精神世界の枠組みで考えると，山は先祖のよりどころ，海の向こうは来世の楽園と考えられており，そうした側面を否定することはできない．島の人々は海と山の接点に住まい，こうした行事を通じて山と海がつながる全体としての島を折々に意識化していたのであろう．

1.3 集落の成立と自然林の保護

屋久島では，集落は海岸に面してあることが多く，海岸側や集落のまわりに家々を保護する森林がみられる．それらの一部は恵比寿様を祀った社の社叢となったり，海岸林叢とつながって魚附保安林，防風保安林として昔から保護されていた（田代，1926）．当時，このような森林には，アコウ，ガジュマル，タブノキ，オガタマノキ，ナタオレノキなどの巨樹がみられた．南部では，コウシュウヤク，モクレイシなども生育していたほか，海岸林には，ハカマカズラ，ナシカズラ，モダマなどの蔓植物も巨大になり，オオタニワタリ，シマシシラン，シシラン，アオネカズラなどの着生シダ類も生育し，奇観を呈すると述べている（田代，1926）．すでに田代（1926）が調査した時点で，宮之浦海岸の社叢は失われ，湯泊海岸のナンテンカズラが全滅するなど，十分な調査を経ずに失われてしまったものも多い．特に当時，小瀬田の集落を取り巻く森林，楠川神社の社叢などは低地の植生として屋久島でも代表的であり，特に貴重なもので，保護の必要があると述べている．これらの林分も集落に近いがゆえにさまざまに人手が入り荒廃し，失われてしまったものが多い（大山，2000）．1992年にまとめられた屋久島の野生植物目録でもナンテンカズラは絶滅かと記載されている（濱田，1992）．それでも一部の海岸林には，ヤマコンニャク，マルバサツキなど稀少種が生育している（大山，2000）．屋久島というと一般の関心は屋久杉にしか向かない傾向があるが，集落が位置する低地部は，亜熱帯の北限であると同時に人々の生活の場であり，そこに残る自然林は人々の文化と結びついている．自然林の保護を通じた生活文化の伝承が急がれねばならない（Ohsawa, 2005）．

ところで沖縄では，古くからある集落には必ず守護神（祖先神）を祀ってある御嶽と呼ぶ森がある（仲松，1977）．戦争で失われたり，合併などで集落の移動があって失われて新しく御嶽の森を設定した場合は，先駆相ないし途中相の二次林やリュウキュウマツ林などになっている場合も多くみられるが，古くからある集落では鬱蒼とした森になり，しかも聖なる場所であるから一般には立ち入りが禁止されて，自然林がよく残っている．たとえば名護市には約60か所の御嶽林があるとされるが（新里ほか，1979），名護市の現在の行政区の字と集落は55であるから，ほぼ区と同数の御嶽の森があることにな

る．それらは名護市周辺に分布する主要な森林タイプ，すなわち極相のイタジイ（スダジイ）林型，石灰岩地に成立するクワ科植物を主体とし多様な林冠樹種を含む混交林型，先駆的ないし途中相的なリュウキュウマツ林型，海岸のハスノハギリ林型などを含んでおり，生態学的に本来の自然とその立地を知る上で重要なだけでなく，民俗学的視点からも保護・保全していくことが必要であるとしている（新里ほか，1979）．

屋久島の南西端にある栗生は，かつて琉球との直接貿易も行われていた．路地に石敢當を置くなど，琉球文化の影響が現在でもあちこちにみられる（図IV.1.3）．

しかし，屋久島の集落には沖縄の御嶽の森のような，墓所を囲む立ち入りや伐採を控えるような保護された自然林がほとんどないのを筆者は不思議に思っていた．ところが最近，平内には集落内部に鬱蒼とした森があるのを知り，土地の人に聞いてみると，この集落を初めて拓いた人の先祖を祀ってある場所だという．その一帯に住んでいた種子島氏の家臣・岩川一族の祖霊が鎮まる聖地ということであるから，これなどは御嶽の森そのものと見なせる．このような祖先を祀る場所（かつては墓地であった）が森になって残っている例は，屋久島ではほかにはあまり知らない．宮本（1974）は，小瀬田の墓所にはどういう人の墓かわからないが鳥居の立っている墓があり，それは村の総先祖の墓ではないかと述べている．これなども，草分け家の墓所を特別視しているのかもしれない．

その一方で，沖縄にも屋久島にも特に御嶽のような森はもたず，墓石だけが並んでいる墓地も多い．それらは多くが海岸に面した丘の上や，時には集落の最前面の砂浜に近いところにある．南島では昔から，渚は現世と来世としての「ニライカナイ」と呼ばれる神の国の境界とする意識があり（谷川，2004），そこに墓所をつくったものであろう．このように，屋久島では集落構造や人々の土地や自然に対するかかわりの端々に南の琉球と北の島津の影響がみられる．しかも，かつてはこうした集落を取り巻く自然に，北限の生物をはじめ多くの貴重な植物が生育していた．屋久島のように，多様な生態系が標高に応じて成層し，人々の生活領域が偏在している場合には，島全体を視野に入れた統合的な保護システムの設定が急がれる．

1.4　低地部における自然・半自然植生と遷移

自然林は，世界遺産地域に含まれる西部林道沿いに一部残るが，集落が分布する平坦部では，ほとんどは放射状に流下する河川沿いに残る林帯や前述した海岸林である．空中写真をみても，これらの川沿いはちょうど拠水林のような形で集落や農耕地の中を緑の森林帯が幾筋も海に向かって伸びているのがわかるし，前岳から見晴らすことによっても様子がよくわかる（図IV.1.4）．

これらの自然植生は主にスダジイ林であるが，湿潤な林床に多くの稀少なシダ植物やラン類（ヤクシマネッタイラン，ヤクシマアカシュスラン，ヤクシマシュスラン，ヤクシマヒメアリドオシランなど）が生育しているところもあって，貴重な植物の生育地になっている（岩川，2000）．

屋久島南部の平内とその周辺地域を，空中写真や現地調査で，いくつかの景観構成要素に区分し，植物群落が卓越している景観要素を単位として，その遷移的位置づけを調べた（宇津澤，2004）．自然林に近いものとしては，前述したように，水源の森周

図 IV.1.3　栗生集落に残る石敢當

図 IV.1.4　前岳斜面からみた平内集落と周辺の景観

辺や，岩が多く水田にできないために残されたスダジイ林がある．二次林は，薪炭林，人工林伐採跡地に再生した遷移途中の林分，畑放棄地に再生した林分などさまざまである．今となっては過去の土地履歴がわからないところも多く，植生の種組成や構造などから再生林分とわかる程度である．それ以外はスギ植林地が点在している．

植生遷移の舞台となるのは，台風による斜面崩壊などの裸地化と，人間活動に伴う土地造成や耕作放棄地の出現による裸地化などがある．西部林道，栗生林道，南部林道など，多くの林道沿線で起こる斜面崩壊は，時にきわめて規模が大きく，頻繁に通行止めになる．これら山の中で出現する広大な崩壊地の植生遷移も自然のプロセスとして重要ではあるが，ここでは低地部に限って遷移のパターンを概観してみよう．

低地部では，人為的な裸地化が卓越する．かつては切替畑による数年〜十数年ごとの定期的な耕作と耕作放棄のサイクルによるもの，薪炭林や植林地の造成などを含む森林伐採，また，最近では道路建設や土地造成など土地利用変化に伴う裸地・放棄地の出現などがある．切替畑に伴う裸地の出現とその後の植生回復は，次の作付けに必要な土壌の肥沃度を得るためであり，せいぜい多年草〜低木林段階の周期的な遷移の繰り返しである．最近も栗生集落のはずれでススキ草地で刈り取り作業が行われていたが（図IV.1.5），この場合は刈り取った茅をポンカン園のマルチングに使うためと聞いた．

現在，畑放棄地のようになっていても，再度開墾して使うといった利用をしているところもある．ここでは，焼畑のように一種の休閑の形をとっているのである．また，前に触れたが，毎年耕起している場所でも，作物をつくるためというより，雑草がはびこって，遷移が進んでしまい，やがて樹木が侵入すると再び畑に戻せなくなるので耕している場合もある．これは，後継者の若者が島を離れてしまったので，農協の職員にトラクターを持ち込んで耕起だけしてもらっている畑の持ち主からうかがった話である（2003年）．したがって，畑放棄地といっても履歴が複雑で，単純に放棄後の年数といった尺度で位置づけできない場合も多い．薪炭林のように萌芽再生による二次林であれば，先駆種から途中相，さらに放置すれば極相林へと遷移が進むので，遷移に伴う植生変化や土壌形成の大きな傾向をとらえることができる．

低地部で放棄された農耕地（畑，牧場，果樹園，その他）や造成地，林地の脇の放棄地など，再生植生がみられる場所で植生の組成，構造，土壌特性など，環境要因を調べた宇津澤（2004）と三好（1997）の研究に主に基づいて，屋久島低地部の遷移についてみてみよう．裸地から始まる遷移は，大きく一年草，二年草，多年草などが優占する草本期の遷移と，そこに低木が侵入し，やがて先駆性高木，途中相の高木，極相林へと樹木が交代していく木本期の遷移に分ける．

1.5 草本期の遷移

草本段階の遷移は，造成地，放棄畑などから始まる．ほとんどがメヒシバ，ネピアグラス（帰化種），シマスズメノヒエ（帰化種），ススキ，チガヤなどのイネ科草本が優占する一年草，多年草群落である．

メヒシバ，ネピアグラスは，耕作直後の比較的土壌条件がよい畑放棄地に出現する．シマスズメノヒエ群落は，それに比べると土壌が貧弱な造成後1〜2年の裸地に多くみられた．そのことは土壌条件によく現れており，土壌中のC, N含量でみるとシマスズメノヒエ群落（C：1.1%とN：0.1%）は，ネピアグラス群落（1.9%と0.2%）の約半分と貧栄養な立地であった．さまざまな遷移段階の部分群落をモザイク的に含むススキ，ツワブキ群落は，造成地，刈り取り草地，また遷移が進んだ多年草段階の草地など，多様な立地に出現するが，土壌中のC, Nの含量はそれぞれ5.3%と0.3%であり，草本段階の遷移のうちに急速な土壌栄養塩の回復がみられることがわかる．ススキ群落になると，かなりの数の木本植物の実生や稚樹を交えており，時にはススキ草原に樹木が点在するようなサバンナ的な景

図 IV.1.5 栗生集落の西，かつてのサツマイモ畑の跡地を茅場として利用している．集めた茅（ススキ）はポンカン園のマルチングに使う

観を示すことがある．それぞれの群落における構成種の生活型組成，種組成をみると，土着種のススキ群落では，一年草のコミカンソウ，ベニバナボロギクなど，二年草のオオアレチノギク，多年草のススキ，ツワブキ，オオバボンテンカ，チヂミザサなど，またシダ類のコシダ，ワラビ，タマシダなど多様な生活型をもつ種が共優占種として出現するほか，木本実生も含んで多様である．また，平均種数も29種で，草本群落の中で最も大きな値を示した．

これらの草本群落に出現する樹木の実生は，落葉低木のウラジロフジウツギ，アマクサギ，アオモジ，イヌビワ，オオムラサキシキブ，ゴンズイ，サンショウ，落葉高木のアブラギリ，センダン，ヤクシマオナガカエデ，エゴノキ，常緑樹はシマイズセンリョウ，クロバイ，モクタチバナ，ヤマモガシ，ウラジロエノキ，ヒメユズリハ，タブノキ，クスノキなどがある．低木種はススキとほとんど同じ高さで共存しているが，落葉，常緑の高木種がススキの草丈を越えるようになると，被陰によって陽地性の草本が消え始める．

1.6　先駆木本期から極相林への遷移

先駆木本が優占する森林は，ほとんどが樹高12 mに達することもあるウラジロエノキ林と樹高5 m程度のアカメガシワ林の2タイプである．ウラジロエノキは，田代（1926）によればもともと栽培したものから逸出したものだというが，今日では広く分布し，屋久島が北限である．ウラジロエノキ林は下層にタマシダ，ホウロクイチゴが優占し，林齢が進むとアオノクマタケラン，フウトウカズラ，カラムシなどもよく出現し，比較的湿って肥沃な立地（C：13.6％とN：0.9％）に多い．それに対してアカメガシワ林には，ススキ，クズ，サキシマフヨウが普遍的に出現し，やや乾燥気味のやせた立地（4.4％と0.2％）となっており，適地が異なる．ウラジロエノキ林は造成地，伐採跡地，耕作放棄地など多様な立地で優占したが，アカメガシワ林はすべてが耕作放棄地であった．いずれの先駆群落も階層は単純で，木本はほとんど林冠一層しかなく，下層は多年生草本が密生する．先駆木本のウラジロエノキがほぼ最大に達した胸高直径30 cm程度になると，下層にタブノキなどの極相林を構成する常緑広葉樹の実生・稚樹が出現する．

屋久島でよくみられる先駆種にはほかにアブラギリ，カラスザンショウがある．これらの種は林縁や林内のギャップなどによく出現するという傾向がはっきりしている（三好，1997）．特にアブラギリは比較的大型の種子を埋土種子として土壌中にもち，伐採された跡の土地やギャップ，また大規模な崩壊地などで一斉林を形成することもある（図IV.1.6）．花山登山道沿い標高690 mのタブノキ，イヌガシ，イスノキなどが優占する原生林地域では，崩落斜面，林内ギャップのいずれにおいても先駆木本群落はアブラギリが優占ないし構成種として出現した（大澤，1984a）．ところが平内地域では，アブラギリを含む林分はわずか2プロットのみであり，もともと森林でなかった耕作地などの裸地には少ないようである．

極相林の土壌条件について比較してみると，スダジイ林ではCが16.7％，Nが1.1％である．明らかに，上述した遷移初期のアカメガシワ林，ウラジロエノキ林などに比べると土壌が肥沃であるが，ウラジロエノキ林でも胸高直径が28 cm以上，林齢で20年以上になるとほぼスダジイ林の値に近づく．比較的樹齢が進んだスギ植林でも，スダジイ林と似た値になっている．

それ以外の先駆木本群落は，イヌビワ，アマクサギ，ゴンズイ，モクタチバナ，フカノキなどが優占するものである．アマクサギ群落は，最大樹高も2.5 mしかなく，低木群落であるが，そのほかにヌルデ，タラノキ，ゴンズイなどの先駆低木を交え，多年草など草本期の次の遷移段階に成立する先駆性低木群落である．下層にはイイギリなど次の遷移段階を構成する先駆高木の実生も出現する．モクタチバナやフカノキは，極相林の下層にも出現する常緑低木や高木であり，種子が鳥によって散布されることからも，侵入能力が高い種である．

種による侵入，分布拡大能力を知る上で，どこに

図 IV.1.6　大川林道で発生した大規模崩壊の跡地に一斉に再生したアブラギリ

でもみられるスギ植林地の下層にみられる種は，よい指標になる．スギの純林で種子をつける親木はないので，下層に出現する実生はいずれも外部から新たに侵入したか，埋土種子由来と見なせるからである．調査したすべてのスギ植林地の下層に出現した木本種は，タブノキ，ヒメユズリハ，ヤマモガシ，フカノキ，ショウベンノキ，イヌビワ，モクタチバナ，ボチョウジ，オオムラサキシキブである．スギ植林でない林分も含めて，調査した集落周辺のさまざまな遷移段階にある林分全28プロット中，タブノキは15プロット，ヒメユズリハは11プロットに出現し，最も出現頻度が高く，分布拡大能力が大きな普遍的な分布を示す種である．それに対して極相林の優占種のスダジイは6プロットにしか出現せず，それもスギ・ヤマモガシ林に出現した1プロットと薪炭林起源のスダジイ・ヤマモモ・シャリンバイ・ヒメユズリハ林を除くと，いずれもスダジイが優占する極相林に出現するものであった．土壌まで撹乱を受けてしまうと，その後の侵入や遷移途中段階での新たな侵入などが最も難しい種といえよう．低地部を歩いていても，スダジイがみられる林分はもともとの自然林の様子を残している遺存的な群落である．上述した先駆種のアブラギリ，常緑低木のヒサカキなども先駆種ではあるが，出現は森林の伐採跡地などに限られる傾向がある．

そのことも反映してか，木本段階の種多様性は極相のスダジイ林で圧倒的に高い値を示す．木本層種数は約26種，林床の種数45種に達する．それ以外の遷移途中相の林分ではいずれも木本が20種以下，林床は林型によってあまり差異はなくいずれも20種前後である．スギ植林は，土壌条件がスダジイ林と類似しており，林冠ないし亜高木層の種数はスダジイ林に次いで高く，大きな種のプールになりうる．しかし，下層は均質で暗いためか，スダジイ林に比べると種数が半数以下と少なく，先駆林と同じか，それよりも低い値となっている．

おわりに—土地利用と植生遷移を踏まえて—

屋久島低地部の土地利用と人々の自然利用の変遷を概観し，低地における植生遷移の一例を南部の平内，小島地区でみてきた．耕作放棄地や二次林はかつては切替畑として繰り返し利用されていたと考えられるが，今日では耕作と放棄がいわば無秩序に行われ，さらに多様な土地利用に伴ってさまざまな遷移段階の植生がモザイク状にみられる．草本から木本段階へと移行していく遷移パターンは一般的であるが，遷移の開始段階での裸地の出現要因によって，特に初期段階では多様な先駆群落がみられた．集落周辺における裸地の形成は，最近では休閑地，放棄耕作地，造成地，スギ植林や二次林などの伐採跡地が主たるものであるが，かつては斜面崩壊による裸地や崩壊地，自然林の伐採跡地などもかなりあったようだ．前にも述べたように，屋久島では常畑であっても耕作地が固定的でなく，一時的に放棄されて草地化し，やがて数年もすると先駆林になる例も多い．耕作放棄後，植林地にされることもある．自然林としては，地区境などに残る川沿いの森林は谷壁斜面の森林としては残されても，平坦面は利用され，斜面の際まで耕地，牧場，植林地，二次林などに改変されている．ごくわずか水源付近を取り巻いて森林が残されているのみである．谷筋に光が当たるようになると，明るくなるだけでなく，乾燥によって，林床のシダ類やラン類などが消えてしまう．すでに明治のころに神社林やその中の稀少な種が失われつつあることが危惧されていたのである．古くから森林として維持されてきたところにはスダジイが優占し，同時に下層植生を含めて多くの稀少種が生育しており，豊かな組成を示すことからも，たとえ小面積であっても残存している自然林は厳重に保護していくことが求められる．遷移の結果，成立したウラジロエノキ，アカメガシワなどの先駆二次林は，成長量は大きいが，土壌も未発達で，種多様性は極相林の半分以下である．もともと自然林や自然性の高い二次林などを伐採した跡地には，アブラギリのような耕作放棄地とは異なる特別な種が優占林を形成する．

今後，低地部の開発がさらに進展することが予想されるが，これまでの土地利用の歴史を踏まえて，適切な低地部の自然資源の分布状況の把握・評価を行い，保護と開発・利用の明確な区分が必須となろう．特に，小面積であっても自然林としての継続性がみられる林分は，文化的な意味も踏まえた遺産として，その価値を評価し，保護していくことが将来に向かって大切なこととなろう．　　（大澤雅彦）

文　献

濱田英昭（1992）：屋久島野生植物目録，濱田英昭（鹿児島市）．

磯　望（1984）：小楊子川流域の地形．環境庁自然保護局編，屋久島の自然（屋久島原生自然環境保全地域調査報告書），pp. 41-61, 日本自然保護協会．

岩川文寛（2000）：屋久島における希少種の生育環境としての低地常緑広葉樹林の重要性．自然環境研究センター編，平成11年度　屋久島における島嶼生態系の保全に関する調査研究報告書, p. 373, 環境庁．

岩松　暉・小川内良人（1984）：屋久島小楊子川流域の地質．環境庁自然保護局編，屋久島の自然（屋久島原生自然環

境保全地域調査報告書), pp. 27-39. 日本自然保護協会.
鹿児島県屋久島事務所土地改良課 (2003)：県営かんがい排水事業屋久島岳南地区計画概要書ほか資料.
上屋久町郷土誌編集委員会 (1984)：上屋久町郷土誌, 上屋久町教育委員会.
熊本営林局 (1982)：屋久島国有林の森林施業, 日本林業技術協会.
McLeod, C. et al. (2002): In the Light of Reverence, Sacred Land Film Project, Earth Island Institute.
三橋時雄 (1943)：屋久島・種子島における土地制度と原始的農法. 経済史研究 **21**-1, 40-59.
宮本常一 (1974)：屋久島民俗誌, 未来社（原著は 1943）.
三好弘子 (1997)：攪乱立地における先駆性木本種の出現パターン. 千葉大学大学院自然科学研究科 1996 年度修士論文.
中島成久 (1998)：屋久島の環境民俗学—森の開発と神々の闘争, 明石書店.
仲松弥秀 (1977)：古層の村 沖縄民俗文化論, 沖縄タイムズ社.
大澤雅彦 (1984a)：屋久島原生自然環境保全地域の植生構造と動態. 環境庁自然保護局編, 屋久島の自然（屋久島原生自然環境保全地域調査報告書), pp. 317-351, 日本自然保護協会.
大澤雅彦 (1984b)：東ネパールの田や畑. 沼田 眞編, 生態調査のすすめ—ヒマラヤの人々の生活と自然—, pp. 47-54. 古今書院.
Ohsawa, M. (2005): Nature and conservation of the Yakushima Island Biosphere Reserve, Japan. Final Report The 9th Meeting of UNESCO-MAB East Asian Biosphere Reserve Network, pp. 66-75, UNESCO Regional Office in Beijing and Jakarta.
Ohsawa, M. et al. (2002): Secondary succession and soil development in tseri-farming system, Shemgang, southern Bhutan. Ohsawa, M. ed., Life Zone Ecology of the Bhutan Himalaya III, pp. 125-143, University of Tokyo.
大和田啓氣 (1981)：秘史日本の農地改革, 日本経済新聞社.
大山勇作 (2000) 屋久島における生態系保護上残したい海岸, 低地林. 自然環境研究センター編, 平成 11 年度 屋久島における島嶼生態系の保全に関する調査研究報告書, pp. 347-372, 環境庁.
Roder, W. et al. (1992): Shifting cultivation systems practiced in Bhutan. *Agroforestry Systems*, **19**, 149-158.
新里孝和ほか (名護市教育委員会) (1979)：名護市の御嶽林（名護市天然記念物調査報告 2), 名護市教育委員会.
自然環境研究センター (2000)：平成 11 年度 屋久島における島嶼生態系の保全に関する調査研究報告書, 環境庁.
谷川健一 (2004)：渚の思想, 晶文社.
田代善太郎 (1926)：鹿児島県屋久島の天然記念物調査報告. 天然記念物調査報告 植物の部（第 5 輯), pp. 63-149, 内務省.
梅棹忠夫 (1951)：ヤク島の生態. 思想, 9 月号, 35-48.
宇津澤紀子 (2004)：屋久島低地部における二次遷移と土壌特性. 東京大学大学院新領域創成科学研究科生物圏機能学分野 2003 年度修士論文.
屋久町 (1999, 2004)：平成 10, 16 年度版 統計やく, 屋久町企画調整課.
屋久町郷土誌編さん委員会 (1993)：屋久町郷土誌 第 1 巻 村落誌 (上), 屋久町教育委員会.
屋久島観光協力推進委員会編 (1969)：屋久島の自然, 八重岳書房.
山本秀雄 (1998)：岳参りの起源と歴史. 環境庁霧島屋久国立公園屋久島管理官事務所編, 地域の伝統的風習を活かした国立公園管理のあり方, pp. 17-20, 環境庁.

第2章

屋久島国有林の施業史

2.1 国有林経営の開始まで（明治・大正期）

　江戸時代に島津藩領であった屋久島は，版籍奉還とともに島の約8割強が明治政府の官林とされ，鹿児島県令の管轄となり，明治12年（1879）の地租改正および同14年の官民有区分を経て，同15年に農商務省の主管となった．同19年に全国に林区制度が実施され，屋久島は鹿児島大林区署の管轄となり，宮之浦に派出所が置かれた．同24年に派出所が屋久島小林区署に格上げされ，宮之浦，小瀬田，安房，原，平内，栗生，永田，一湊の7か所に保護区（監視所）を置いて盗伐の監視に当たった．

　土地の古老によれば，当時，各集落に置かれた林区署職員は「ヤマホウ」と呼ばれ，官林から柴や薪を持ち帰ろうとする住民を見張り，警察巡査よりも怖い存在であったという．住民は日々の燃料や住宅資材の大半を山林に頼っていたから，官吏との間には相当の緊張関係があったものと思われる．

　官林編入以前は，薩摩藩が屋久杉やヒノキなどの木材の島外持ち出しを禁止し，事実上の専売制度を敷き，平木と呼ばれる屋久杉の薄板を年貢として島民に生産させ，鹿児島に運ばせていた．一方，スギ以外の樹木は伐採が認められ，ヒノキは曲げ物に，若いスギやタブは建築材に，ミヤコダラ（ハリギリ）は器具材に，シイやカシなどの広葉樹は薪炭材として利用されていた．しかし，官林編入以降，基本的にこうしたことは認められなくなり，住民は日常必要な木材を集落共有林に頼るほかなく，しだいに生活の不便を生じることとなった．

　明治32年，国有林野下戻法が発布されると，上屋久村，下屋久村は相次いで下戻し申請を議決し，同33年，申請書を政府に提出したが，申請のほとんどは不許可となり，同37年，両村は国を相手に下戻しの行政訴訟を起こした．大審院まで争われた訴訟は大正9年（1920），住民側の敗訴となり，国の所有が確定した．

　当時は日々の煮炊きのほか，鰹節・鯖節製造，製糖，樟脳製造などに薪が使われており，困窮した島民は県知事や林区署長への陳情を繰り返した．また，一部島民が本土の代議士らに山林下戻しの口利きを依頼し，報酬として下戻し後に山林経営の権利を等分する契約を結び，村会がこれを追認したため，反対派が実力行使の構えをみせるなどの騒動も持ち上がり，島民の間に社会不安が広がった．

　鹿児島大林区署は事態の収拾を図るべく，大正10年5月，次のような内容を盛り込んだ「屋久島国有林経営の大綱」を発表した．

① 約42000 haの国有林のうち，いわゆる前岳（島外縁部に位置する愛子岳，モッチョム岳などの山々の海岸斜面）の部分約7000 haに特別の作業級（同じ基準，作業方法により管理される森林の総称）を設定し，特に地元住民の利益となる取り扱いをする．

② 特別作業級の森林では，自家用薪炭材は（島民に）無償譲渡し，商用の製炭原木や一般資材用の木材は安価で払い下げる．また，これらの伐採跡地でスギ植林に適する箇所では，住民が植林し伐採利益を国と分け合う部分林を設定する．また，開墾に適する土地は住民に貸し付ける．

③ 奥岳区域の伐採や造林では地元住民の雇用に配慮する．また，地場産業たるトリモチ製造の原料（ヤマグルマ）供給に努める．

④ 林道は，地元住民の便宜も考慮して建設し，島の外周道路についても費用分担に配慮する．

　大綱の発表により島内の混乱は収束に向かい，大綱は後に屋久島憲法と呼ばれるようになる．当時，島民にとって森林は日常の燃料供給源であり，また，山稼ぎすなわち賃金労働の場でもあった．下戻しは大義とともに実生活の問題であり，国有林当局が島民を実質的に閉め出すことをしなければ，訴訟に至らなかったかもしれない．一方，訴訟の背後には大資本の動きがあったといわれ，国vs大資本の構図も透けてみえる．島民勝訴の場合には民間資本による伐採が進んだことも考えられる．

　大綱以前にも，国有林としての経営は行われていた．大正12年の施業案（屋久島国有林の最初の経営計画）によれば，明治維新前後には森林監視や海

運に従事した藩役人が去り，本土の人間が島民を誘って盛んに盗伐を行ったという．鹿児島大林区署の管下となってからは山中のコスギ（樹齢200～400年程度の比較的若く，幹のまっすぐなスギ）の払い下げが行われたが，これに乗じた無断伐採が後を絶たなかったため，大正期には払い下げを中止し，もっぱら国の斫伐（伐採のこと）事業所からの供給に限ったところ沈静化したという．すなわち，訴訟期間中は所有権が確定しないこともあって，本格的な森林経営は行われず，地元で必要な材を少量売り払う程度であった．

斫伐事業については，統計では大正5年から伐採の数字がみられる．事業所はかつて薩摩藩の事業施設があった楠川分かれ付近に置かれ，宮崎から技術者を呼んで監督に当たらせたという．同施業案によれば，大正4年にはコスギの伐採と植栽を行い，また，大正5年には御大典記念事業としてコスギの森林を皆伐し，伐採前に生えていた稚樹や周囲のスギから落ちた種で次世代のスギを育てる天然更新が試みられ，経過は良好であったという．コスギのほかに屋久杉倒木の切り出しも行われた．材は山中で20～30貫（75～110 kg）の盤木（厚板）に挽き，もっぱら楠川まで1日の道のりを人夫が担いで搬出したという．

林業関係者の話によると，楠川分かれ一帯のコスギは島内にみられる他のコスギよりも樹齢が高かった（500年程度）という．これは，儒学者・泊如竹の伐採建議よりも前に伐採され，その後に再生したことになる．また，江戸中期に薩摩藩による伐採が楠川分かれ一帯に入った際，樹齢100年前後の細いスギが多く生えていたことから，小杉谷の名がついたという．後述するが，昭和初期までは楠川分かれ付近が小杉谷と呼ばれ，楠川から尾之間まで島を南北に抜ける交通路でもあった．

一方，山麓の平地部ではスギ，ヒノキ，クスノキなどの造林が行われた．安房などには樟脳の製造業者もあり，長峰，永久保，船行などに民官合わせて数百 ha のクスノキの造林地があったが，生育状況は概してよくなかったという．

| 2.2 | **本格的国有林経営の開始（昭和初期）** |

大正9年（1920）の判決で国の所有が確定し，経営の大綱が示されてから，国有林の経営は本格化し，施業案（経営計画）が作成されるとともに，小杉谷への軌道建設や斫伐事業所の移転拡充が進められた．施業は小杉谷におけるコスギやツガなどの伐採と，前岳～中腹での広葉樹の伐採が主体で，大正10年には植生の垂直分布を保護する学術参考保護林も設けられた．施業案（大正12年：図IV.2.1）の方針は，次のようなものであった．

① 針葉樹が多く自生する中腹以上から奥岳では，コスギやツガを建築用材として伐採する．一部のコスギを残し，これから次世代のコスギを育成し，100年後に再び一部を残して伐採する．この繰り返しにより，樹齢100～500年のスギが混立する森林をつくる．

② 広葉樹の割合が多い中腹以下の区域では，広葉樹を中心にコスギ，ツガなどを伐採し，その跡にスギ，ヒノキ，クロマツなどを植林し，100年で伐採する．

③ 前岳区域では，薪炭材生産に向く広葉樹が多いことから，シイ，カシ，クス，タブ，イスノキなどを皆伐し，切株からの萌芽により再生させ，25年周期で伐採を繰り返す．

④ 「経営の大綱」において薪炭材を住民に無償で伐採させることとした前岳の委託林では，③と同じ薪炭材の伐採とする．なお，各集落がスギの植林を希望する場合はこれを認める．

⑤ 典型的な植生の垂直分布を保全するため，宮之浦岳周辺から愛子岳，モッチョム岳，国割岳の三方に至る稜線に学術参考保護林（4277.88 ha：図IV.2.2）を設定し，伐採は禁止とする．

①の場合，伐採はもっぱら国の事業所が行ったが，②や③では森林の区画ごとに立木を木材業者に売り渡す（買い受けた業者が伐採する）ことが多く，また，④の委託林では集落組織が伐採するのが普通であった．施業の履歴を，図IV.2.3に示す．

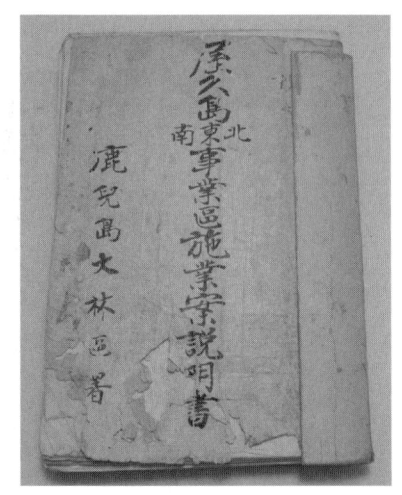

図 IV.2.1 最初の施業案（経営計画）（大正12年）

①の施業では，コスギ（樹齢200〜400年）を1 haあたり100本残す程度（樹冠が森林の3割を覆う程度）に伐採し，ツガは建築用に，広葉樹も製炭用に伐採された．伐採後は残したスギから種が落ち，発芽・生育することを期待した．さらに，人手でこれを補助すべく，ところどころ地表の落葉や枝を取り除き，草や灌木を刈り払い，1 haあたり4000本あまり（1.5 m間隔程度）のスギ若木を育てることを目標とした．その際，混ざって生えるツガ，モミは将来の建築用材として残し，サクラ，ハリギリなど広葉樹もスギの成長を妨げない範囲で残すこととされた．発芽・生育状況を毎年確認し，灌木などに覆われそうなときには刈り払うなど手間がかかったが，土壌が薄く，岩や木の根，倒木なども多い奥岳では人為的に植えるよりも合理的で，また，ツガ，ハリギリなどとの競争・淘汰の下で強いスギが残ると考えられていた．

残したコスギ（1 haあたり100本）は，うち80本を100年後に伐採し，残る20本は将来とも伐採せず，樹齢800年を超える屋久杉として残していくこととされた（図IV.2.4）．一方，発芽・成長したスギは，100年かけて直径30 cmあまりに成長させ，その時点で伐採するが，1 haあたり80本は残し，先に残した20本（樹齢300〜500年）と合わせて100本のスギが常に残り，次代の種を落とすよう考えられていた．すなわち，100年おきに樹齢100年程度のスギを収穫しながら，遠い将来，樹齢100年，200年，500年などのスギからなる森林をつくる計画であった．

こうした中で，伐採前からある樹齢800年以上の屋久杉については一切禁伐とされ，また種子生産力が弱いとして親木にも含められないなど，別扱いであった．こうした施業の方法は，大正末期から終戦ごろまで，小杉谷小中学校跡地からウィルソン株周辺に至る北側の斜面や，荒川ダム対岸，太忠川一帯で行われた（図IV.2.3(a)）．

スギの若木は，成長に十分な陽光を必要とし，また，厚い落葉の上では種が発芽しても根が土まで届かず，枯れる確率が高い．このため，国有林ではハイノキ，シキミなどの灌木を刈り払ったり，落葉を取り除いて発芽場所を整えた．これに対して，国有林になる以前の江戸時代の伐採跡地では，切株の上にコスギが生えている．これは，切株や倒木の上は地面より高い分だけ灌木に覆われたり，落葉が厚く溜まる確率が低いことや，湿度が高い屋久島では株や倒木を覆うコケから水分を得られるためと思われる．「お礼杉」といって切株上に苗木を植える習慣もあった．薩摩藩に納める平木（薄板）の製作には，手作業でも割りやすいまっすぐな部分が必要だったことや，根張り部分は直径が大きく伐採に手間がかかることなどから，切株の部分が放棄されたものと思われる（土埋木といい，2.7.1項で詳説する：図IV.2.5）．

ところが，屋久島でも愛子岳の裏斜面（103〜105林班）や小田汲川上流の森林には株が残っておらず，コスギ，屋久杉とも比較的少ない．こうした箇所は地元農民により伐採された箇所であるといわれ，かつての伐採主体により今日の植生が異なるのは興味深い．また，根株を含めて伐採する現代の施業では，競合する雑灌木を刈り払ったり，補助的に苗木を植え込むことが多い．

一方，②の施業は，標高900 m以下で行われ，主として製炭用広葉樹の皆伐と，スギやクロマツなどの植栽が行われた．安房から小杉谷への軌道が安房川の支流である千頭川を渡る地点（標高360 m）には，官行斫伐所の一つとして太忠岳事業所が設けられ，林内での伐採と製炭作業が盛んに行われた（図IV.2.6）．

③や④の施業は，主として前岳で行われ，製炭用の広葉樹が皆伐されて，林内各所に設けられた炭焼窯で炭が焼かれた．炭焼窯への丸太の搬入や炭の運び出しは主に馬で行われ，地面に細い木を枕木のように並べた木馬道が各所に設けられ，その上で木橇を引いて丸太や炭俵が運ばれた（図IV.2.7）．伐採後は切株から再生する萌芽を利用して25年後周期で製炭用の伐採を行う計画であったが，実際には燃料革命による炭の需要減から伐採されないまま，昭和40年代になってパルプ材として伐採され，クロマツや

図 IV.2.2 学術参考保護林が設定された栗生岳から愛子岳を望む

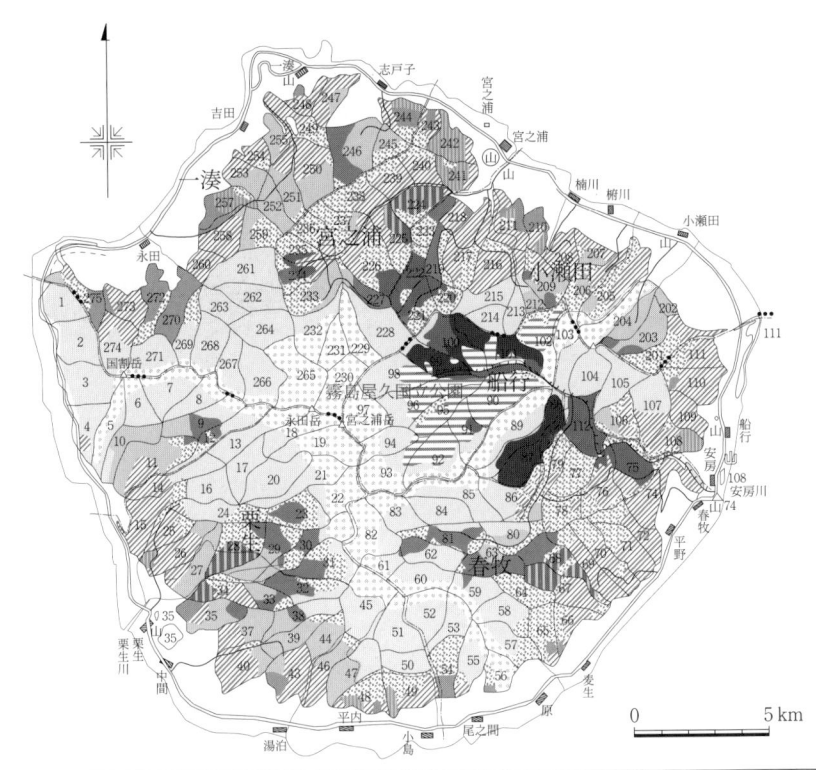

区分		施業の履歴	区分		施業の履歴
(a)	■	大正末期から昭和20年ごろまで，針葉樹の多い森林が一部のスギを残して伐採され，現在，針葉樹と広葉樹の混在した林となっている区域．	(g)	≡	昭和26年以降，主に国の事業所が針葉樹の多い森林を皆伐し（20 ha規模），スギ人工林となった区域．
(b)		主として昭和初期から同20年代までの間に，各集落の薪炭材用に広葉樹林が皆伐（20〜60 ha規模）され，広葉樹二次林となった区域．委託林（共用林）．	(h)		昭和48〜57年ごろ，国の事業所または伐採業者により，針葉樹の多い森林または広葉樹林で10 ha規模の皆伐が行われ，スギ人工林となった区域．
(c)	▦	さらに昭和40年代以降にパルプ材として皆伐（20 ha規模），スギ人工林となった区域．	(i)		昭和58年以降，国の事業所または伐採業者により，針葉樹の多い森林または広葉樹林で2〜7 ha規模の皆伐が行われ，スギ人工林となった区域．一部は0.2 ha規模の択伐が行われ，スギ天然林となっている．
(d)		主として昭和初期から同20年代までの間に，主に国の事業所が製炭・パルプ用に広葉樹林を皆伐し（20〜60 ha規模），広葉樹二次林となった区域．共用林を含まない．	(j)		大正10年に，学術参考保護林，および同13年に天然記念物に指定された区域．
(e)	▥	さらに昭和40年代以降にパルプ材として皆伐（20 ha規模），スギ人工林となった区域．	(k)		昭和39年以降，国立公園，自然休養林，原生自然環境保全地域などに指定され，または自然保護要請などにより伐採対象から外された区域．森林生態系保護地域．
(f)	▨	主として昭和20年代後半から同40年代にかけて，広葉樹林が伐採業者に立木販売され，20 ha規模の皆伐が行われた後，スギ人工林となった区域．共用林を含む．	(l)		伐採が行われていない地域．

図 IV.2.3 屋久島国有林施業履歴図（現在の森林計画書などから復元）

図 IV.2.4 コスギの森林（小杉谷 99 林班）

図 IV.2.5 山中の土埋木（切株）（小杉谷 93 林班）

図 IV.2.6 炭焼窯と炭俵の保管状況（太忠岳事業所）
昭和 30 年の台風 22 号被害状況写真から．内部がよくわかる．

図 IV.2.7 炭焼窯と木馬道（太忠岳事業所）
昭和 30 年の台風 22 号の被害調査写真から．

図 IV.2.8 安房製綱所（昭和初頭）

スギの植林地に変わった箇所が多い（図IV.2.3(c)）．

一方，前岳には稜線に近いほど急傾斜となる山が多く，こうした場所では伐採作業の足場が悪いこと，搬出が不便なこと，窯の粘土をこねるための水が得られないなどの事情から伐採が行われず，自然度の高い植生が残された（図IV.2.3(l)）．このように，前岳の植生分布には，製炭作業が大きく影響している．

また，このころ，奥岳から中腹では，トリモチ（黐）を生産するためのヤマグルマの伐採が行われていた．伐採した樹の皮を泥水に漬けて3〜4か月発酵させたものを水にさらし，トリモチとし，樽に詰めて本土へ出荷され，パッキングなどゴム製品の代用に使われたという．島内には官民いくつもの加工場があり，下屋久営林署安房製綱所の遺構は，現在の屋久町運動公園の近くに残っている（図IV.2.8）．

2.3 機械化（昭和初期）

大正末期〜昭和初期には，伐採・搬出のための施

設の建設が進み，これらを利用した伐採技術が発達した．特色は自然エネルギーを利用する機械化が進んだことで，現在ではみられないものも多い．

大正12年（1923），それまで楠川分かれ付近にあった官行斫伐所が現在の小杉谷休憩舎付近に移転・拡充され，「安房官行斫伐所」として発足した．安房から現在の荒川登山口を経て楠川分かれまで森林軌道が敷設され，斫伐所は木材生産と製炭作業の拠点となった（図IV.2.9）．さらに，荒川登山口と新しい斫伐事業所の中間にある太忠川では，ペルトン水車を動力とする製材工場が建設され，スギやツガなどの丸太から板や角材が生産された．当時は，全国でも進んだ製材工場であったという．伐採は新事業所の周辺から始められたが，一時期軌道の不具合いで機関車が小杉谷まで入れなかったことがあり，その間は太忠川一帯や現在の荒川ダム対岸で伐採が行われたという．なお，戦後まで楠川分かれの旧斫伐事業所一帯が「小杉谷」の名で呼ばれ，新事業所周辺は「生産場」と呼んで区別されていたという．

初期の木材生産事業は，基本的に人力と重力を利用したものであった．伐採作業は斧と鋸によっていた．伐り倒された木は，枝を払い，幹をいくつかの丸太に切り分けてから，藪の中を人力で転がして修羅に乗せ，森林軌道またはインクラインまで落とし，トロリー（無蓋車）に積みこんで貯木場まで輸送された．

修羅とは，山中の木を使って大きな滑り台または樋のようなものを組み立て，その中を丸太が滑り降りていくものである．ブレーキもなく，丸太の速度は斜面の傾斜と修羅の路線形で決まり，急傾斜の場所では丸太を土手に衝突反転させるスイッチバックで勢いを殺したという．

インクラインは，ケーブルカーと同じ原理で，急勾配の斜面に設けた線路の上を2台のトロリーが上下するものである．山頂部のドラムに2台のトロリーからのケーブルが互いに反対向きに巻かれ，上のトロリーが丸太を積んで下ることでもう一方のケーブルを巻き取り，下から空車のトロリーを引き上げる仕組みであった．常に下りのトロリーが重いため動力を必要とせず，手動ブレーキのみで操作された．下りのトロリーは終点に着くとケーブルから外され，自重で軌道を下った（図IV.2.10，IV.2.11）．

インクラインは，小杉谷のほか，宮之浦，永田，栗生など各地にあり，架線集材機の能力が向上する昭和30年代まで盛んに使用された．何段も設けられるのが普通で，これと軌道との組み合わせで山中から海沿いの貯木場までトロリーが直通する仕組みであった．太忠川一帯や縄文杉登山道「乱れ橋」上流では7段のインクラインを使って，また，現在の荒川ダム対岸でも軌道とインクラインによって伐採が行われたという．

図 IV.2.10 太忠岳第2号インクライン（斜距離220m，平均斜度23°）

図 IV.2.9 安房官行斫伐所の製炭用集合窯（昭和4年）

図 IV.2.11 安房付近を走るトロリー（昭和31年）

2. 屋久島国有林の施業史

森林軌道は軌間762 mmの軽便規格である．線路敷の幅約2 mと林道の3分の2ほどで，上空からみても森に隠れてほとんどわからない．自然の傾斜を利用して重量物を運ぶことができ，かつ林道より開削幅が小さく建設費が安いという理由から，大正から昭和初期にかけて全国の林業現場で採用されていた．

屋久島では大正11年に安房から小杉谷に向けて建設が開始され，翌年に小杉谷（楠川分かれ）までの14 kmが完成したとされる（一説には，明治期にはすでに前岳部分に軌道があり，薪炭材運搬に使われていたともいわれる）．建設作業はもっぱら発破と，ノミとツルハシの手掘りによって行われた．平均勾配は4％あり，上りは空車トロリーを数台積み重ねて牛や馬で引き上げた．昭和元年（1926）にはガソリン機関車が導入されて，1台の機関車に12～14台の空車トロリーを連結して上がった．下りは1台のトロリーに1人ずつ作業員が乗りブレーキ操作のみで安房の貯木場まで走行した（図IV.2.12）．途中の平坦部で止まらないようにするのがコツであったという．

軌道の開通により，山中で厚板に割ってから楠川歩道を人肩で搬出されていた屋久杉は，丸太のまま安房へ降ろされるようになり，屋久杉資源の開発が本格化した．

軌道は木材運搬だけでなく，島の電力を賄う安房川の千尋滝発電所，安房第一発電所，大淵の取水堰などの建設にも使われた．しかし，維持経費がか

図 IV.2.13 森林軌道は常にメンテナンスが必要

さみトラック輸送より20％も割高であったため（図IV.2.13），小杉谷の伐採終了とともに安房林道にその役割を譲った．その後，安房から荒川登山口までは電力会社の専用線となり，現在は荒川登山口～小杉谷間のみが土埋木搬出に使用されている．

林内での木材運搬には，一部で架線集材機も用いられたが，この時期のものはまだ初歩的な地面を引きずるタイプであった．集材距離も短く，集材範囲も架線から両側20 mほどと狭かった．終点では傾斜したツガなどの自然木を支柱に用い，これに搬器を押し当てながら荷を吊り上げ，傾斜木の下に作業フロアを設けて玉切り（幹を丸太に切る作業）などを行った．

2.4　皆伐施業の展開（昭和10年代）

昭和10年代に入ると戦時色が強まり，屋久島国有林でも生産増強が企図された．昭和12年（1937）の日中戦争勃発をきっかけに，それまで米英に依存していたパルプ材の自給が国策とされ，また，兵器用材（カシ），満鉄（満州鉄道）向け枕木（同），軍用材（モミ，ツガ，マツなど）の生産も強化されていった．栗生および宮之浦に軌道と斫伐所が設置され，前岳と奥岳の中間域に当たる広葉樹の多い地区で枕木や製炭用の伐採が行われた．一方，小杉谷では引き続き天然スギの保残木施業が行われ，皆伐も導入された（表IV.2.1）．

宮之浦では昭和の初めから集落近くの委託林（242林班など）や224林班で伐採と製炭が行われていたが（図IV.2.3(c)，(e)），昭和12年に森林軌道が建設され，右岸斜面の伐採が進んでいった．軌道は貯木場（現 環境文化村センター）を起点とし，

図 IV.2.12　インクラインのバンドブレーキを操作する職員（昭和2年）

表 IV.2.1 昭和10年代の施業

伐採地	斫伐所(しゃくばつ)	軌道	目的	伐採方法	更新方法
安房川中流（75林班）	太忠岳	安房―小杉谷	製炭	皆伐	天然更新
小杉谷（99, 100林班）	小杉谷	安房―小杉谷	建材など	皆伐, 保残木	天然更新
宮之浦川（225, 226林班）	宮之浦	宮之浦	製炭	皆伐	スギ植栽 天然更新
永田（257, 270林班）			製炭	皆伐	天然更新
黒味川上流（28, 34林班）	栗生	栗生	製炭	皆伐	天然更新

益救（やく）神社の裏から上屋久営林署（現 森林環境保全センター）の裏を抜け，宮之浦川を渡って右岸を遡った．終点付近には宮之浦斫伐所，宮之浦小学校岳分校，上屋久林業修練所（林業技術者，作業員の養成機関）などが設けられて林業の拠点となった．斫伐所は主として周辺の広葉樹林分を伐採し，用材を搬出するとともに，林内に窯をつくって炭に焼き，跡にスギやクロマツを植えた．昭和15年ごろ以降の伐採地はほどなく戦争中放置され，戦後にスギが植えられた．その一部は益救参道途中のスギ林として残っている．

栗生にも事業所と森林軌道が設置され，広葉樹主体の森林で皆伐施業が行われた．軌道は現在の栗生森林事務所を起点に黒味川の谷をジグザグに遡り29林班に達し，トロリーはすべて馬で引き上げていた．事業所は途中の28林班に設けられ，主として伐採と製炭作業に従事し，職員の住宅などもあった．カシ，イスノキ，タブなどが林内の窯で炭に焼かれ，軌道で栗生港へ運ばれ船積みされた．伐採後の林地の大部分は切株からの萌芽再生に委ねられ，25年周期で薪炭材として伐採される計画であったが，炭の需要減などもあり，約40年後の昭和50年代になってパルプ材として伐採され，スギやマツが植えられることになる（図IV.2.3(e)）．一方，34林班の一部には昭和10年代からスギが植えられ，現在では立派なスギ林になっている（同図(f)）．

木材生産量を増やすには新たな労働力が必要だったが，もともと漁業と農業を主とし合間に山稼ぎに入る島社会では，伐採や搬出の専門技術をもつ人は少なかった．本土でも木材需要が増加し，技術者を呼ぶにも簡単ではなかった．林業修練所はこうした事情から地元で林業技術者を育成しようとしたものであり，島の高等小学校卒業生を対象に，2年間の長期修練生と半年間の短期修練生の2コースを設けた．女子定員も募集するなど画期的な一面もあったが，戦局の悪化とともに中断していった．

戦時中は戦争資材調達が至上命令となり，食料や機関車の燃料にも事欠く中で，昭和18年に16000 m³の材を生産したが，手近な場所から伐れるだけ伐ったため，施業計画は大幅に乱れ，翌19年にはついに事業所閉鎖を余儀なくされた．昭和22年の署長手記では，小杉谷には職員がおらず，橋も爆撃または腐朽で落ち，国有林は機能停止状態であったという．

2.5　復興資材生産と皆伐・人工造林（昭和20年代〜30年代前半）

戦後の事業の再開には，まず人手・食料不足が課題であった．対策として昭和23年（1948）に鹿児島刑務所の囚人50人と看守10数名を島に招き，大株軌道（現在の縄文杉登山道）の乱れ橋付近に宿舎を設けて丸太のトロリー運搬，製炭などに従事させた．これは3年ほど続いたが比較的うまくいったという．昭和24年には台湾から鹿児島の知覧に引き揚げてきていた技術者を小杉谷に呼び寄せ，集材に従事させた．彼らは戦前に台湾の阿里山で台湾ヒノキなどを集材した経験があり，昭和25年ごろに小杉谷に導入された架線集材機を使いこなして長大な屋久杉丸太の集材に活躍した．こうして事業が再開されたものの，伐採量は計画の3分の1程度にとどまった．

昭和26年に編成された第4次経営案では，復興資材の需要を満たすため，奥岳の大部分の地域を開発対象区域に編入するとともに，奥岳区域における施業方法が，大正期以来の①の方法から全面皆伐とスギ植栽に変更された．これは，当面の伐採量を増やすためと，親木を残す天然更新の成績が戦争中の手入れ不足もあって必ずしもよくなかったためであった．伐採量は戦前水準に戻り，とりわけスギやツガなど建築用針葉樹材の生産が増加した．小杉谷に加え，中瀬川（70林班），小瀬田（205, 206林班），志戸子（246林班），一湊（249, 250林班），岳之川（275林班）などでも皆伐施業が開始され，スギやクロマツが植えられていった．小杉谷では伐

図 IV.2.14 小杉谷集落（昭和36年）

採が奥部へと進み（91，95林班），宮之浦でも軌道が耳崩中腹（226，222林班）へ延伸され，大規模な皆伐が行われた（図IV.2.3(d)）．龍神杉へ至る益救参道の途中には，今でも当時の軌道や事業所，炭焼窯などの跡をみることができる．なお，この時期に前岳～奥岳の中間区域では伐期齢が70年に引き下げられたが，小杉谷など奥岳区域の伐期齢は引き続き100年とされた．

昭和28年7月に離島振興法が制定され，鹿児島県は電源，道路，屋久杉を柱とする屋久島離島振興計画を策定した．こうした動きに合わせて国有林でも昭和29年ごろから小杉谷事業所の官舎を増やすなど施設整備を進め，製炭作業を行っていた太忠岳事業所および栗生事業所を廃止して人員を小杉谷に統合し，官営事業の軸足を製炭から建築材に移していった．小杉谷では20 ha前後の皆伐区画が連続的に設けられ，軌道も延長されていった．奥岳での施業方法が植栽に変わったことから造林専門の作業班も置かれ，伐採地の植林や下刈りなどに従事した．最盛期の小杉谷事業所には130人の職員がおり，家族を含め600人を超え，小中学校もあった（図IV.2.14）．

昭和31年には，小杉谷事業所に九州最初のチェーンソーが導入された（現物が屋久杉自然館に展示）．現在のものと異なり非常に重く，振動も大きく，作業環境としては劣悪で，操作の習熟にも時間を要した．伐採のほか，倒した幹を切断したり，太すぎてトロリーに載らない材を縦割りする作業に多く使われたようである．架線集材も進歩し，長距離の集材が可能となって生産量の増加を後押しした．

2.6 高度成長期の施業（昭和30年代後半～40年代前半）

昭和30年代に入ると木材の需要が高まり，昭和32年（1957）に国有林生産力増強計画，同36年に木材増産計画が策定された．屋久島でも同33年に編成された施業計画で伐採の考え方を変更し，それまでは森林の蓄積を維持できる範囲内としていたものを，一時的に蓄積が減少しても将来の成長によって回復が見込まれる範囲までとした．また，従来禁伐とされていた樹齢800年以上の屋久杉も伐採対象となった．

これに続く昭和37年からの施業計画では広葉樹を中心に木材生産量がほぼ倍増され，前岳の斜面では伐採地が山麓から連続的に設けられ，その規模は実質的に数十haになった．また，共用林でも集落の伐採した薪炭材がパルプ材として九州各地へ運ばれていった．昭和38年の屋久島森林開発（株）設立後，伐採は一段と増加し，新たに栗生（27林班），湯泊（43，46林班），麦生（66林班），吉田（253，254林班），永田（258，260林班）などの集落共用林で本格的な皆伐が開始され，中間（40林班），中瀬川（70林班），宮之浦川（217，239，240林班），一湊（252林班）などの国有林でも伐採が始まった（図IV.2.3(f)）．ただし，山頂や稜線の近くは急傾斜で崩壊しやすいなどの理由で伐採対象から外された（同図(l)）．また，戦前に薪炭用広葉樹を伐採していた船行や宮之浦の一部の共用林では伐採は行われなかった．一方，栗生地区（15，25，26，37林班：同図(f)）の伐採はやや遅れて昭和40年代から増加し，昭和30年代後半～40年代前半が屋久島国有林における木材生産のピークとなった（図IV.2.27参照）．

こうしたことの背景には，昭和30年代に広葉樹パルプの需要が急増したことがある．昭和37年からの施業計画で伐採量の大幅増が企図された．屋久島森林開発の設立も，当時の伐採搬出業者が増産続きで余裕がなかったため，林野庁の働きかけにより，十條製紙，王子製紙，中越パルプなど7社が出資して，新たに設立したものであった．同社は伐採のほか，跡地でのスギ植林も行い，昭和43年にはチップ工場を安房と栗生に開設し，チップ加工を行った．最盛期の同45年には伐採・造林現場約200名，工場約70名の従業員を抱え，70000 m³あまりのチップ材を生産した．これは屋久島の国有林総伐採量の約半分に当たる．しかし，昭和50年代に入って伐採地が奥地へ移り，チップに向かない針葉樹の混交割合が高くなったため，原料調達効率が低下した．さらにオイルショック後の不況などで経営環境が悪化し，第4次施業計画（昭和57年度～），第5次施業計画（同62年度～）における大幅な伐採量縮減も追い打ちとなって，昭和61年に解散した．

設備の一部は地元企業に引き継がれているが，今日では事実上チップ生産は行われていない．

昭和30年代は，高度成長で紙の需要が伸びたことや，1ドル＝360円の相場下で輸入チップが高くついたことから，製紙原料の需要が国内の広葉樹林に集中した．鹿児島県でも本土に加え奄美大島や徳之島などから広葉樹材が伐採・移出された．新聞用紙，業務用紙，家庭用紙など広範に用いられ，高度成長期の社会の発展を支えた．広葉樹（照葉樹）林が至るところにみられ，貴重なものと見なされなかった時代でもある．今日，樹齢の高い照葉樹林は大変貴重なものとなり，一方，1ドル＝110～120円の為替相場下で広葉樹チップの9割方が輸入されている．前岳の広大な伐採地は，高度成長期に豊かになった日本社会が島に残したインパクトであり，それはわれわれ日本人の足跡でもある（図IV.2.15）．

一方，共用林の伐採地では，屋久島林業公社によりスギやクロマツの造林が進められた（図IV.2.3(c)，(e)，(f)）．同公社は昭和36年に県，町，地元集落の出資により設立され，国および地元集落との間で将来の伐採時に収益を分け合う分収契約を結んで植林を進めた．当時は国がスギ・ヒノキなどの針葉樹の拡大造林を指導し，木材価格も高く，植林が収益事業になると見込まれたことから，各集落ともパルプ材の伐採跡地で造林を行おうとしたが，資金力がなかったため，公社を設立し，その信用力で造林資金を調達して植林を進めようとしたものであった．公社造林の植え付けや下刈りなどの作業には地元農家などが動員され，彼らにとってよい収入になった．当時は屋久島にポンカンやタンカンが導入されて間もないころで，資材や施肥などの投資を必要としつつ収入がない時期であったため，果樹農家は造林作業の収入でこうした投資を賄ったという．昭和50年代になって果樹が結実するようになると，今度は果樹収入が得られる反面，農作業が忙しくなり，共用林の作業は森林組合に任せるようになっていったという．

パルプ材の生産が急激に伸びる一方で，奥岳を中心とする針葉樹の伐採量は昭和30～40年代を通じて減少傾向を辿った（図IV.2.3(g)）．これは主な供給地の小杉谷で伐採に適する森林が少なくなっていったことなどによる．伐採箇所はしだいに標高の高い箇所へと移っていったが，標高1300 m付近から上では幹の伸びが悪くなる傾向があり，建築用柱材に適さないため伐採されなかった．後にこうした区域は森林生態系保護地域に指定されることになる．

昭和38年の冬には，小杉谷でも屋根まで達する積雪となり（図IV.2.16），奥地への通勤ができず，事業所付近にある昭和初期の斫伐・天然更新施業地の保残コスギを伐採した．これは親木の伐採であり，施業体系を崩したばかりでなく，軌道沿いに散乱した根株や枝が，登山者から「屋久杉の墓場」と批判を浴びることとなった．

伐採跡にはスギが造林され，主として屋久島の天

図 IV.2.15 前岳のパルプ材伐採後に植えられたスギ林（栗生地区）

図 IV.2.16 昭和38年の積雪
(a) 停帯するトロリー（1月上旬），(b) 尾根まで埋まった小杉谷の石塚集落（同下旬）．

然スギの種から育てられた苗（実生苗）か山中で自然に発芽した苗（山引き苗）が使われたが，不足する分は吉野杉（奈良県）や飫肥杉（宮崎県日南地方の品種）の種・苗木が使用された．これらの品種は小杉谷では全般的に成長が悪く，現在，間伐などで淘汰される傾向にある．

小杉谷のコスギの伐採は昭和40年代前半でほぼ終了し，その後伐採は荒川地区（ヤクスギランド～淀川登山口一帯）および栗生地区（大川，黒味，小揚子林道沿線）に移っていった．小杉谷事業所は昭和45年8月18日に閉鎖され，人員は安房や栗生に移転した．小杉谷に暮らした人は島内外に多く，今でも「山を下りる」という言葉には格別の情が漂う．安房への軌道運材も昭和43年度いっぱいで終了し，荒川地区から木材輸送を行うため建設された安房林道にその役を譲った（現在の県道安房公園線：図Ⅳ.2.17）．

荒川・栗生で行われた伐採は，昭和40年代後半の記録によれば，作業員10人程度を1班とし，各班ごとに架線・集材機一式をもち，1班が年2か所程度の伐採をこなした．伐採面積は1か所で2～8 ha（昭和48年以降は1～5 ha：図Ⅳ.2.3(h)，(i)）であった．荒川地区では針葉樹がおよそ8割を占め，中にはコスギの純林に近い林分もあったという．1 ha あたりの蓄積は500～600 m³ であった．伐採木の中で最も太いものはスギよりもモミやツガであることが多く，江戸時代にスギが選択的に伐られ，モミ・ツガが残されたことを示唆している．関係者の話では，小杉谷や荒川地区のスギはほとんどがコスギであったが，中には樹齢1000年を超えるいわゆる屋久杉もあり，大きなものは直径3 m に達し，空洞木が多かったという．何らかの理由により江戸時代の伐採を免れたものであろう．同じく江戸期の伐採を免れたモミの大木には500年程度のものが多かったといい，一般にモミ類は短命（200～300年）であることを考えると，むしろ例外的に長命な例と思われる．一方，栗生地区ではイスノキ，シイ，カシなどの広葉樹が8～9割を占め，蓄積は300～400 m³ であった．

島一周道路

大正12年の施業案によれば，当時，島の各集落を結ぶ道は，集落内で幅2 m，集落間では幅1 mにも満たない山道で，アコウやフカノキが覆いかぶさり，川には橋がなく，宮之浦川，安房川，栗生川では小舟に乗り両岸間に渡されたロープをたぐりながら渡った．宮之浦～安房は歩いて丸1日を要し，物資輸送はほとんど人肩によって行われ，30貫（約100 kg）を担ぐ力持ちが少なくなかったという．

大正末期に鹿児島大林区署が森林資源の開発を計画した当時，屋久島の各港は設備が貧弱で本土船が接岸できず，丸太を本格的に積み出せる状況ではなかった．このため，島で唯一直接接岸の可能性があり，また防波堤の建設も計画されていた安房港に島内各地からスギ材を集めることとし，そのために島一周道路（軌道）の建設を計画した．これはまた「経営の大綱」で表明されたように，島民生活の便宜のためでもあった．

大正11年6月から安房～栗生間の測量が開始された．軌道としての許可が降りず測量途中で自動車道に変更されたが，同年のうちに安房から栗生に向け下屋久村沿岸林道が起工，昭和5年に終点に達した（図Ⅳ.2.18）．また，上屋久沿岸林道は大正13年に起工され，昭和7年に終点永田集落に達した．幅員は3 m（下屋久林道は1 m分を村費で足して4

図 Ⅳ.2.17　閉山後の小杉谷
（左）春になるとかつての択伐施業地に生えたヤマザクラで埋めつくされる．
（右）登山者の弁当をねらうイタチ．

図 IV.2.18 麦生集落内道路（昭和 6 年）

m 幅），各河川には木橋が架けられた．宮之浦川，安房川，栗生川はコンクリート架橋であったが，建設に 2 年以上を要し，地元の不満と期待は大変なものであったという．現在，宮之浦の県道橋の脇に残る宮之浦川橋は，当時からのものである．安房川には東洋一といわれた 117 m の吊り橋が架けられたが，現存しない．

なお，永田～栗生間は昭和 39 年に工事が始まり（西部林道），昭和 42 年に完工し，島一周道路が全通した．これらはいずれも昭和 40 年代の半ばに営林署から県に移管され，改良が施されて現在の県道になっている．

2.7 自然保護への対応（昭和 40 年代後半～）

2.7.1 伐採量の縮減

高度成長期には，屋久島の自然環境の価値も広く認識され始め，昭和 39 年（1964）に霧島屋久国立公園が指定された．国有林もその 47％ が公園区域となったことから，伐採，造材などの経営と自然保護の調和を模索すべく学識経験者らによる調査を開始し，昭和 44 年に「屋久島国有林の自然保護に関する調査報告」をまとめた．この報告では伐採面積の縮小，花山地域および国割岳北面の保護林設定，荒川および白谷展示林の設置などが指摘され，昭和 45 年，同 47 年の 2 回に分けてこうした措置を進め，保護地域はそれまでの約 2 倍の 8300 ha になった．

戦争直後まで，建築用針葉樹材を主に産した小杉谷のほか，製炭用では栗生（黒味），船行共用林，楠川，宮之浦共用林，宮之浦川右岸，永田など，伐採地域が比較的限られていた．しかし，昭和 30 年代以降は，島外へのパルプ材供給増などのため，中間，湯泊，平内，麦生，中瀬川，小瀬田，宮之浦川左岸，一湊，一湊川，白子山集落周辺，永田土面川方面など伐採地が一気に増加し，至るところ裸山という状況が現出した．これに対し住民の間で反対の気運が高まり，昭和 48 年には，上屋久町から原生林の保護に関する申し入れが国有林当局に対してなされた．当時は林業や木材加工で生計を立てる住民も多く，全島伐採禁止の署名運動と林業との共存を指向した署名運動が同時に展開され，公開討論会が催されるなど，島を二分する議論となった．

こうした議論を受けて，国有林では昭和 47 年の森林計画で皆伐区画を 15 ha 以下（場所によって 10 ha もしくは 5 ha 以下）に制限し，隣接区画との間に幅数十 m の樹林ベルト（保護樹帯）を残すこととした．これは従来の施業方法と比べて風当たりなど気候変化を緩和し，土砂流出や景観への影響が少なく，動物の移動経路が維持されるなどの効果はあるが，いわば虫食い状に伐採地が並び，森林の様相が大きく変わるものであることに相違なく，しだいに少なくなる天然林から木材需要を賄う苦肉の策でもあった．昭和 52 年からの森林計画では，さらに保護樹帯の設置が強化されるとともに，伐採に適する天然林が一層限られてきたため，伐採量は針葉樹，広葉樹とも大きく減少した（図 IV.2.27 参照）．

一方，こうした高度成長期にあっても，奥岳区域の西部地域国割岳斜面，永田川上流域，宮之浦川源流部，花山地域，島南部の鈴岳・割石岳周辺の森林は伐採されていなかった．大正 10 年（1920）の保護林設定（図 IV.2.3(j)）から外れ，昭和 26 年以降，伐採対象区域に区分されたものの，伐採が軌道などの施設投資を回収すべく施設ごとに集中的に行われたことから，かえって軌道から外れた地域には伐採が及ばなかったものと思われる．これらの天然林は前述の報告書を受けて自然休養林，保護林，国立公園第 1 種特別保護地域など保護地域に区分されていった（図 IV.2.3(k)）．花山地域は開発のための林道を通す計画であったが計画変更され，昭和 45 年に学術参考保護林に，同 50 年には自然環境保全法に基づく原生自然環境保全地域に指定された．

昭和 54 年，記録的な豪雨で永田・土面川が氾濫し，折からの高潮と相まって集落に大きな被害を及ぼした．地域住民は国有林の過伐が原因として国を相手に訴訟を起こし，国有林経営に大きなインパクトをもたらした．その後，昭和 56 年に瀬切川右岸の伐採反対運動が起こり，国有林は昭和 58 年に右岸を保護林に変更するとともに，国割岳北側斜面を伐採対象から除外した．

昭和 57 年に熊本営林局は「屋久島国有林の森林施業に関する報告書」をまとめ，天然林施業を導入

した．これは，一斉に植えて40年で皆伐するそれまでの方法とは異なり，①800年以上の屋久杉とその予備軍たるコスギを保護し伐採禁止とする，②その他のコスギを0.2 haずつ徐々に伐採，③伐採後は天然更新，④更新後240年で伐採する，というもので，②の伐採を30年おきに，240年で対象区域を1巡するように行うことにより，全体で0～240年のスギ林が配置され，かつ，高齢の屋久杉も保存されるというものであった．こうした手法は9，12，31林班などで行われたが，すべてのスギ伐採を一斉に切り替えると伐採量が急減し，影響が大きいことから皆伐（5 haを上限）も併用された．伐採地は栗生（黒味31林班，大川上流9，12林班），荒川（63，68，69林班），小瀬田（女川上流），宮之浦川上流（耳崩～高塚山），志戸子川上流などであった（図IV.2.3(i)）．また，この時期には前岳～中間区域の広葉樹伐採も1か所10 haに制限されるようになった（図IV.2.19）．

屋久杉生立木の生産量は，年間4000 m³内外で推移したが，平成に入って2000 m³から1000 m³弱へと減少し，伐採可能な森林の減少から，生産チームを年間稼働させることは困難となった．全国的にも平成9年（1997）から国鉄と国有林野事業の債務問題にかかる国会論議が行われ，営林署を全国で300から98に，職員を20000人から5000人に，木材生産などの事業を直接実行から民間委託に切り替える方針が打ち出された．

このため，平成13年度を最後に，森林管理署では天然コスギの生産事業所を閉じ，職員は人工林の間伐などに従事するようになった．現在では屋久杉工芸品の貴重な原料である土埋木を，民間委託により生産するのみとなっている（図IV.2.20）．

土埋木について

土埋木は，天然のスギであって，①江戸時代の切株または伐採後の山中放棄木，②時代を問わず自然に倒れたり枯れたりした木，を伐り出しているもので，基本的には地上にあり，土中に埋もれているわけではない．

土埋木は，大正末期からその高品質な木目が知られ，楠川歩道から細々と搬出が行われていた．本格的な利用は，昭和30年代初頭に鹿児島の木材業者が太忠岳事業所の閉鎖に伴う余剰職員を雇い入れ，倒木・根株類（当時はこう呼ばれていた）の払い下げを受けたのが始まりである．払い下げを受けた倒木・根株はその場で大鋸を用いて厚さ20 cm程度の厚板に割り，人力で小杉谷事業所まで運び，事業所職員に頼んでトロリーで安房に降ろし，鹿児島で主として障子の腰板に加工したという．このころの倒木・根株は正規の生産対象ではなく，立木伐採の際に副産物として出たものを払い下げていたようである．

図 IV.2.19 保残されたコスギと伐採後に植えられたスギ（9林班）

図 IV.2.20 土埋木の造材作業（石塚国有林：左）と集材の様子
集材は，ヘリコプターと森林軌道を使って行われている．

営林署が倒木・根株類の生産を始めたのは，昭和40年代に入ってからであり，小杉谷事業所の作業職員が休日を使って試験的に伐採・搬出したのが始まりであるという．しかし，生産が本格化すると問題も生じた．通常の樹木と異なり，数百年も地上でコケや土をかぶり，根株が岩を抱いていることも多い．このため，チェーンソーが砂や岩に当たって摩耗し，作業中に何度も鋸歯の目立て（とぎ直し）が必要で非常に作業能率が悪かったのである．当時，伐採手の賃金は出来高制であったため，通常の樹木の伐採と倒木・根株のそれとで伐採手の収入が大きく違うこととなり，労働問題に発展した．下屋久営林署は営林局に対し，倒木・根株類は土中に埋もれているため作業能率が悪く，出来高制を一律に適用することにはなじまないと説明し，これを受けて営林局では倒木・根株類に限って日給制を適用することとし，給与表に「土埋木」の区分が設けられた．それ以降，倒木・根株類は「土埋木」と呼ばれるようになった．

土埋木は，木目が細かいことで知られるが，標高の低い箇所や土壌の肥えた場所にあるものは空洞材が多く，高標高地や岩場など栄養条件の悪い箇所にあるものは芯まで詰まっていることが多いという．成長の早い部分は腐朽しやすく，高齢になって成長が衰えたり厳しい条件下で成長が遅かった個体ほど腐朽しにくいものと考えられる．また，断面に多数の穴があいているものはレンコン材と呼ばれ，台風などで幹を折られ，折損部から腐朽が下向きに進んだものだという（図IV.1.21，IV.1.22）．長い一生の間に台風に遭うことも多く，こうしてレンコン材が形成されるのではないだろうか．一方，中央が大きく空洞化した土埋木は，根から腐朽が入って空洞になったものだという．空洞とレンコンの形成の仕方が異なるのも面白い．レンコン材は縦に製材して

図 IV.2.22　頂部が欠損した屋久杉（90林班）

和室の欄間に使われてきたが，近年は住宅の和室数が減ったことから，使い道が少なくなっている．

2.7.2　森林生態系保護地域の設定と世界遺産登録

平成元年（1989）に国有林の保護林制度の見直しが行われ，それまでの学術参考保護林は，優れた森林を広い面積にわたって保護し，生物多様性をはじめ総合的に森林の保全を図る森林生態系保護地域などに再編・拡充されることになった．屋久島でも，平成4年に森林生態系保護地域の設定が行われ，保護面積がそれまでの約8300 haから15000 ha（島の3割，国有林の4割強）に拡大された．保存区域（コアゾーン）9800 haと保全利用区域（バッファゾーン）5000 haからなり，保存区域は既設登山道以外に原則として立ち入りをせず厳正に保護し，保全利用区域は教育・レクリエーションなどのための歩道設置を行う区域として，白谷雲水峡などもこれに含まれる．このような取り組みを経て，屋久島は平成5年にユネスコの世界自然遺産リストに登録された．

2.7.3　縄文杉ほか巨木の保全

縄文杉は昭和41年に広く紹介されて以来，来訪者が増え，根元周りの踏み付けによる植生の消失，樹皮の損傷が激しくなるとともに，撮影などのために周囲の樹木が伐採されたこともあって周辺の土壌が流出し，根が露出して損傷が著しくなった．また根を保護すべく持ち込まれた腐葉土やチップ，炭，砂などが長年の間に腐敗し，酸素欠乏状態をつくり

図 IV.2.21　レンコン材

出していた．

このため，森林管理署では，平成10年に樹木医の診断を受け，樹勢回復工事を行った．腐敗土壌を取り除いて通気パイプを埋め，土壌改良材，珪藻土，水ゴケ，周辺林内から採取した腐葉土などを盛り，土留柵を設けた．その後の観察では新たな発根やミミズの生息が確認された．類似の工事を平成10年から同12年にかけて，紀元杉，仏陀杉，翁杉，大王杉，弥生杉に施している．

また，縄文杉および仏陀杉に観賞・展望デッキを設置した．樹木を人間から保護する目的での設置であり（白谷雲水峡，ヤクスギランドの木道も同じ），むしろ人間を自然界から隔離するためのものともいえる．縄文杉を訪れる登山者，観光客の数は60000人ともいわれるが，地元ガイドの協力もあってマナーはよく，根元の踏み付けの害はみられない．

しかし，平成17年5月，縄文杉の樹皮が縦7cm，横8cmにわたってはぎ取られた．被害箇所には鋭利な刃物のようなもので切り取った跡があり，傷は大小含め12か所に及んだ．森林管理署では速やかに樹木医による傷口の修復作業を行い，その後は傷口の周囲からカルス（傷口を塞ぐ組織）の発達が認められており，今後定期的に状況を観察していくこととしている．

また，同年12月には，縄文杉の枝（長さ4.4m，もとの周囲2.4m）が積雪の重みなどから落下しているのが発見された．森林管理署では関係機関と協議し，落下した枝を屋久杉自然館に輸送して保存・展示してもらうこととしたほか，研究機関に試験片を提供している．

2.7.4 ヤクタネゴヨウの保全

ヤクタネゴヨウ（*Pinus armandii* var. *amamiana*）は，種子島と屋久島にのみ生育するマツの一種である．かつては相当の個体数が生育していたものと思われ，大正12年の施業案においても屋久島で約5900 m^{3}の蓄積が推定されている．加工しやすい材質であることなどから，古くから建築材のほか，特に種子島でトビウオやキビナゴを獲る丸木船に利用され，急速に減少していった．現在の生育数は，種子島で100〜200個体，屋久島で1500個体前後といわれ，屋久島でも西部林道や平内の前岳斜面に孤立木状に残っているにすぎず，環境省のレッドデータブックで絶滅危惧種ⅠB類に分類されている．松食い虫の被害を受けているほか，酸性雨の影響も指摘されている．

一般に，生物種の遺伝的多様性の平衡状態を保つ（遺伝的に劣化させない）ためには，500個体規模の集団が必要といわれるが，この規模に達しているのは屋久島西部地区のみで，しかもそこですら個体減少に伴い孤立化が進み，自然状態で交配が起こりにくくなっていると考えられる．実際に，ヤクタネゴヨウでは自家受粉による発芽不能な種子の割合が高くなっている．

このため，九州森林管理局では種子島の自生地を保護林に指定するほか，人為的な増殖を行うこととし，種子島と屋久島に各1か所，採種林を造成して，遺伝的多様性の高い種子の生産を始めている（図Ⅳ.2.23）．採種林の造成は，自然木の種子では自家受粉が多く遺伝的多様性に乏しいことや，不稔種子が多くて使えないためである．まず現地でヤクタネゴヨウの穂先を採取し，熊本の苗畑でチョウセンゴヨウなどの台木に接ぎ木し，養生したものを種子島，屋久島各1か所の採取林に植え，それぞれ自然に交配させる．自生地とは受粉が起きない距離を保ち，島を越えての交配もしない方針である．森林総合研究所と林木育種センター九州支場が集団の遺伝的解析および保全方針のアドバイスを，林木育種協会が接ぎ木作業を，森林管理署が採種林の造成管理をそれぞれ担当し，市民グループ「屋久島ヤクタネゴヨウ調査隊」，「種子島ヤクタネゴヨウ保全の会」が自生地の調査や松食い虫被害拡大防止作業などを積極的に行い，また，地元でフォーラムを開催するなど，民・学・官の協力関係の中で保全活動が進められている．近い将来，採種林から種をとることとしているが，こうした大型木本植物の種の保存を図る取り組みは，世界的にも例がないといわれている．

図 Ⅳ.2.23 森林管理署構内に植えられているヤクタネゴヨウ

2.7.5 自然休養林の管理運営

屋久島の森林の雰囲気を手軽に楽しめる場所として親しまれている「白谷雲水峡」と「ヤクスギランド」は，昭和44年の熊本営林局委託調査「屋久島国有林の自然保護に関する調査報告」で「レクリエーション利用に当たっての厳正な地域区分」が報告されたことを受けて設置された．昭和45年の施業計画で荒川地区217 haの展示林を，同47年の施業計画で白谷地区327 haの展示林を設定し，それぞれ「屋久杉鑑賞林」（同46年7月6日オープン，後にヤクスギランドと改称），「白谷雲水峡」として公開した．標高800～1000 m（白谷雲水峡），1000～1200 m（ヤクスギランド）に位置し，遊歩道や吊り橋は署の作業班や民間の林業会社により整備され，ランド内「沢津橋」は作業班長の姓に因んでいる．

その後の利用者増に伴い，歩道周辺の植生荒廃や橋の傷みが目立ってきたことから，平成4～10年に，①林地の崩壊防止，②植生保全，③歩道の安全確保を目的に各橋の架け替えと木道・歩道の整備が行われた．木道は運動靴で歩ける遊歩道となり，それ以外はやや本格的なハイキングコースとなっている（図IV.2.24）．整備に当たっては森林を傷めないよう，モノレールを仮設して資材搬入を行った．白谷雲水峡ではひりゅう橋の資材搬入のため作業道を開設し，休養林にふさわしくないとの批判を浴びた．その後，作業道脇の植生が徐々に回復し，現在は傾斜の緩い散策ルートとして利用されている．

現在，自然休養林では，来訪者の方に自然環境保全推進協力金の納入をお願いし，協力をいただいている．協力金制度はその使途への利用者の理解が重要であり，納入された協力金は「天柱橋」の架け替えをはじめ全額が白谷雲水峡とヤクスギランドの管理費用に充てられている．

平成5年のヤクスギランド来訪者は51891人（通年），同8年の白谷雲水峡来訪者は11740人（4～12月）であったが，最近の「癒し」ブーム，屋久島の森が舞台のモデルとされたアニメ映画「もののけ姫」人気なども手伝って，平成15年には，ランド116020人，雲水峡75124人（いずれも通年）となっている．この数字から，屋久島への観光客約20万人のほぼ全員がどちらかへ足を運んでいると思われる．手軽に森林を観賞できる休養林は，世界遺産への登録に当たって観光客の圧力から奥岳の保護区域を守るバッファーとしても評価された．

平成9年9月には台風で白谷雲水峡に通じる道路が不通となり，1年4か月休園した．また，ヤクスギランドでは「蛇紋杉」が倒れた．折しも主要な屋久杉の遺伝子保存を計画中であったため，研究機関と協力してその枝を採取し，熊本の林木育種センター九州支場で接ぎ木した．この苗木の一部は，平成16年4月に小杉谷の著名木遺伝子保存林に里帰りしている．

平成13年9月には，屋久杉の倒木を利用したヤクスギランド内の「天柱橋」が，集中豪雨に伴う増水で沢の中に押し出され，通行できなくなった．このため，前後のルートを2年にわたって閉鎖し，利用者の方々には大変ご迷惑をおかけした．現在は新

図 IV.2.25 雪の重みでツガが折れ，ヤクスギランドの暗い森に隙間ができた（2004年1月）

図 IV.2.24 ヤクスギランド小花歩道

橋が整備され，長年親しまれた旧橋の一部は屋久杉自然館の入口に展示されている．

多い年には雲水峡，ランドとも1m以上の積雪となり，南国特有の湿った雪の重みで木が倒れ，歩道が塞がれ，その後には日当たりのよい空間ができている（図IV.2.25）．歩道の倒木処理をするたび，静かな自然林といえども長い年月の間にダイナミックに動いていることを実感する．

2.8 現在の森林施業と森林の将来像

現在の天然スギ林での施業は，240年を目標に30年ごとに択伐と天然更新を繰り返す方式となっていて，当面はその谷間に当たるため伐採計画はない．

一方，島には10000 haを超える人工林がある（うち7割は国有林）．多くは植えてから25～40年程度を経過し，間伐を必要としている．民有林では国，県，町から所有者への補助金によって，国有林では森林管理署によって間伐が進められている．また，共用林では屋久島林業開発公社の後身である鹿児島県森林整備公社が間伐を行っており，国および各集落との間で伐採後に収益を分け合う分収林契約が結ばれている．

人工林のスギ（「地スギ」という）は，大部分が屋久島の天然スギの種（または自然に芽生えた稚樹）を採取して育てた屋久杉の子孫である．本土のスギと比較して一般に背が低く，先端が丸く，枝は太く，長く，先端に葉が固まって茂る特徴がある．背が低いことは，台風の多い島の風土に適している．しかし，幹が全体に先細りなため，角材にすると無駄が多く，材の強度はあるが重く，堅く，釘が打ちにくい，鋸歯の減りが早いなど，使い勝手がよいとはいえない．

しかし，島には島の風土で育った木材がよいはずである．目の細かいものはシロアリにも強い．20年前後の若い材は丸棒や杭として，太くなれば柱材として，家屋のほかにもガレージ，バス停の小屋などさまざまな用途が考えられ，間伐を進めることにもつながる．ぜひとも間伐材を多方面に使っていただきたいと思う．

これら人工林を含め，現在，国有林の施業方針を示すと次のようである（図IV.2.26）．

① 奥岳のスギ造林地およびスギ択伐施業地（同図(e)，(f)）： 伐採齢を240年とし，それまでは間伐を繰り返し針葉樹と広葉樹の混合した森林に仕立てる．

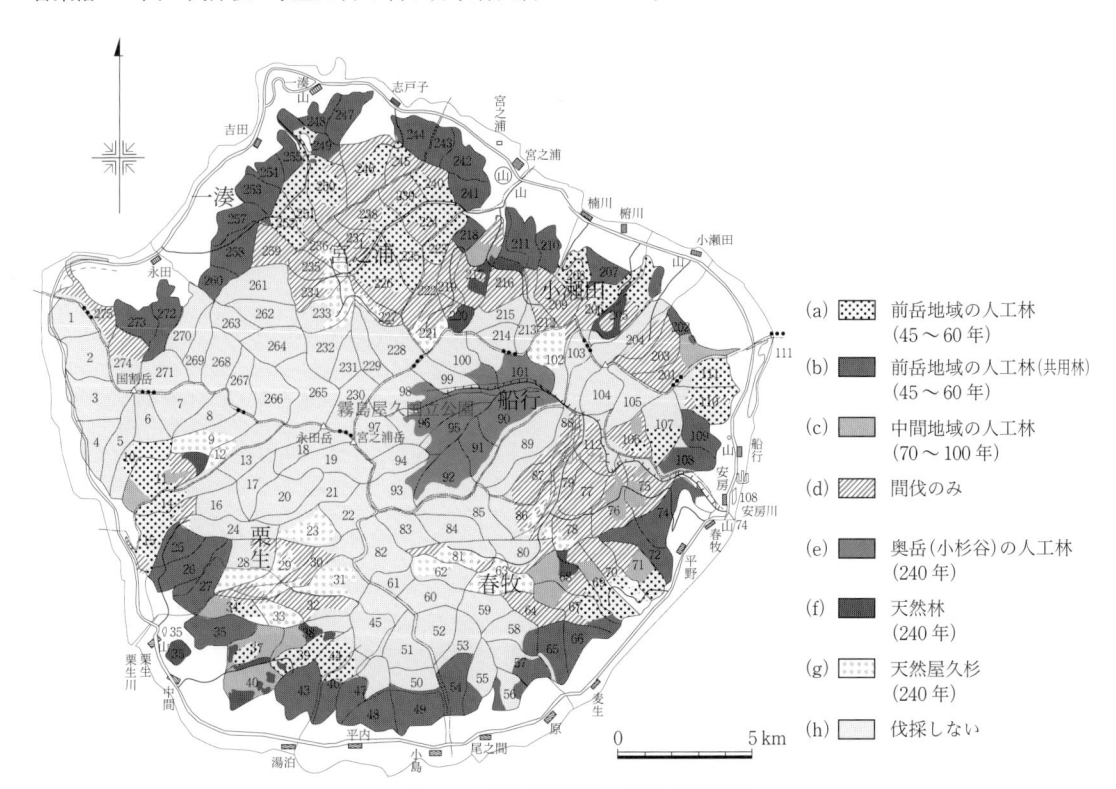

図 IV.2.26 屋久島国有林の森林施業概念図

図 IV.2.27 屋久島国有林収穫量推移（樹種別）

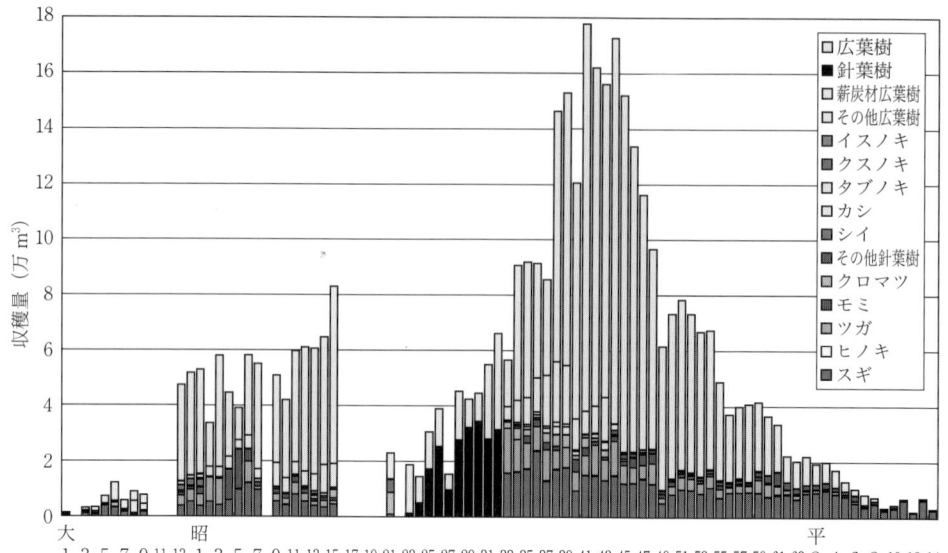

大正2年，同10〜12年，昭和8年，同16〜20年，同22年については，データが入手できなかった．
昭和23〜32年については，樹種別の統計がないため，「針葉樹」と「広葉樹」の2区分で表示．
大正3〜昭和21年，昭和33〜43年については，樹種によらず薪炭材として伐採された量を「薪炭材広葉樹」として表示．

②前岳のスギ造林地（同図(a)〜(c)）： 伐採齢を50〜100年とし，人工林として手入れを行う．

③急傾斜地や土砂崩壊のおそれのある斜面（前岳，奥岳）（同図(d)）： 天然林では原則として伐採を行わず，人工林についても間伐にとどめ，針葉樹と広葉樹の混合した森林に誘導する．

④森林生態系保護地域（世界遺産区域）や白谷雲水峡などの自然休養林（同図(h)）： 伐採を行わない．

⑤屋久杉天然林施業地（同図(g)）： 30年周期で択伐を行うが，現在はその谷間に当たるため伐採休止．

⑥その他の天然林においては基本的に伐採は予定せず，必要な場合のみ間伐を行う．

このような施業により，将来は屋久島の森林の半分以上が200年を超える森林に育っていくことを企図している．また，前岳人工林の間伐をはじめ，奥岳のスギ造林地や択伐施業地において50年，100年で間伐された木材が地域の人々に利用され，屋久島らしいライフスタイルや街づくりに役立てられていくことを期待したい． （稲本龍生）

協　　力

九州森林管理局企画調整室，屋久島森林管理署，同署屋久島森林環境保全センター，同署宮之浦班・船行班・春牧班・栗生班，(有)愛林，高田久夫（以上，順不同・敬称略）．

文　献

暖帯林屋久島特集（1994）：暖帯林，平成6年号，熊本営林局．

石田堅三郎（1981, 1982）：屋久島沿岸林道紀聞(1)〜(4)．暖帯林，昭和56年7月号〜57年1月号，熊本営林局．

鹿児島大林区署（1914〜）：鹿児島大林区署事業統計書（大正3年〜）．

鹿児島大林区署（1923）：屋久島南東北事業区施業案説明書．

上屋久町郷土史編纂委員会（1984）：上屋久町郷土史．

上屋久営林署（1941）：上屋久営林署業務概要—昭和16年．

上屋久営林署（1951）：上屋久経営区第四次経営案説明書．

熊本営林局（1924〜）熊本営林局事業統計書（大正13年〜）．

熊本営林局（1938）：上屋久林業修練所開所式とその概要．

熊本営林局（1972）：南西島地域施業計画区第2次地域施業計画書．

熊本営林局（1982）：南西島地域施業計画区第4次地域施業計画書．

九州森林管理局（2001）：熊毛森林計画区施業実施計画書及び施業実施計画図．

下屋久営林署（1951）：下屋久経営区第四次経営案説明書．

V 世界遺産屋久島の利用と保全

花崗岩の山と熊毛層海岸の滝［モッチョム岳，トローキ滝］（© 屋久杉自然館）

花崗岩の谷［千尋滝，鯛之川］（© 屋久杉自然館）

花崗岩の海岸［永田灯台］

［撮影：日下田紀三］

安房川・千尋滝と，発電所の導水管・送電線 　　荒川ダム

積雪の永田岳と，永田の里・永田川［1月］

［撮影：日下田紀三］

タンカン畑とモッチョム岳［2月］

里と高平の海岸線［高平岳山頂より］

［撮影：日下田紀三］

第1章
環境文化村構想とその後

1.1 環境文化村構想とは

　この10年で屋久島は大きく変わった．島内純生産は1.5倍に，人口は長期低落から横ばい，増加に転じた．これは，全国離島のこの10年の人口減少率がほぼ14%であることと比べると，際立った数字である．こうした現象がもたらされたのには，直接的には平成5年（1993）の世界遺産登録効果があり，さらにその背景には，屋久島環境文化村構想という計画と事業の実践があった．

　屋久島環境文化村を一言でいえば，「自然を基軸とした新たな地域づくりの試み」ということだ．そして，さまざまな課題を内包しつつもその試みはおおむね成功したと考えられる．

　本章は，筆者が平成2〜5年に鹿児島県の担当課長としてかかわった屋久島環境文化村構想の経緯と概要，その結果もたらされた10年後の地域社会の状況をまとめて提示することを目的としている．

1.1.1 屋久島の自然と社会

　屋久島は鹿児島市から130 km，本土最南端の佐多岬から60 km南に浮かぶ島である．面積505 km²と日本の離島で5番目に大きく，島の北東には種子島，南にはトカラ列島があり，さらに南には奄美群島がある．

　島のほぼ真ん中にある宮之浦岳は，標高1935 mと九州で最も高い．約1400万年前に褶曲運動によって海底が隆起してできたこの島は，島というより花崗岩の塊である．「ひと月に35日雨が降る」といわれ，海岸際の比較的少ないところでも年間4300 mmの降雨量がある．中腹から山頂にかけては8000〜10000 mm降るとも推定されている．

　南海上の隔絶，大規模孤島，高い標高，花崗岩の上の薄い地層，大量の降雨といった条件は，この島の動植物相をきわめて特徴あるものとした．植生は，海岸際のマングローブ林から山頂のヤクザサ帯まで，ほぼ日本列島を写したようにきれいに垂直分布している（図IV.1.1）．薄い土壌は年輪をきわめて緻密にして，樹齢1000年を超える屋久杉の存在を可能にした．ちなみにこの島では，樹齢1000年以下のスギはコスギ（小杉）と呼び習わしている．屋久杉だけでなく，ツガ，ヒメシャラ，ヤマグルマなど，すべて巨大に育つ．また，ランが70種自生するなど，濃密な植物相がある．その一方で，地史的な海面上昇下降の狭間で本土から渡り損ねたのか，ブナはない．

　「シカ2万，サル2万，人2万」と昔からいわれてきたように，動物相も豊富だが，不思議なことに，ウサギ，イノシシ，タヌキ，キツネなどはいない（タヌキは最近発見された．島外から持ち込まれ，定着したと思われる）．本土と島が分断した時期と関係しているらしい．なお，シカとサルの生息数は，どちらもせいぜい数千頭とみられている．

　山地率は95%と高く，ほぼ森林である．集落および農地は海岸部に散在している．可住地面積率は5%で全国平均の4分の1，農地は，標高でほぼ100 mかせいぜい200 m以内にある．森林のほとんどは国有林が占め（屋久島全森林の84%），民有林はわずかである．

　自然が優れていることから，島の中腹以上に重複して，国立公園（21000 ha，島面積の48%），原生自然環境保全地域（1200 ha），名勝天然記念物（4300 ha），森林生態系保護地域（1500 ha）と，保護のための規制措置がとられてきた．屋久島の世界遺産登録は，平成5年（1993）のことである．

　人口は約14000人，島民は海岸際を一周回する県道沿いの24の集落に分かれて居住している．島を南北に等分して，上屋久・屋久の2町がある．町役場は島の北の宮之浦（上屋久町），南の尾之間（屋久町）にある．最大の集落は宮之浦で約3300人，第2は安房（屋久町，約1300人）．なお，島の中腹の小杉谷には，国有林伐採従事者のための集落があり，当時の人口は500人で，小中学校まであったが，昭和45年（1970）に撤退し，今は学校跡地が残るのみとなっている．

　島の産業は就業者比率で，第1次15%，第2次23%，第3次62%（平成12年（2000）現在）と，

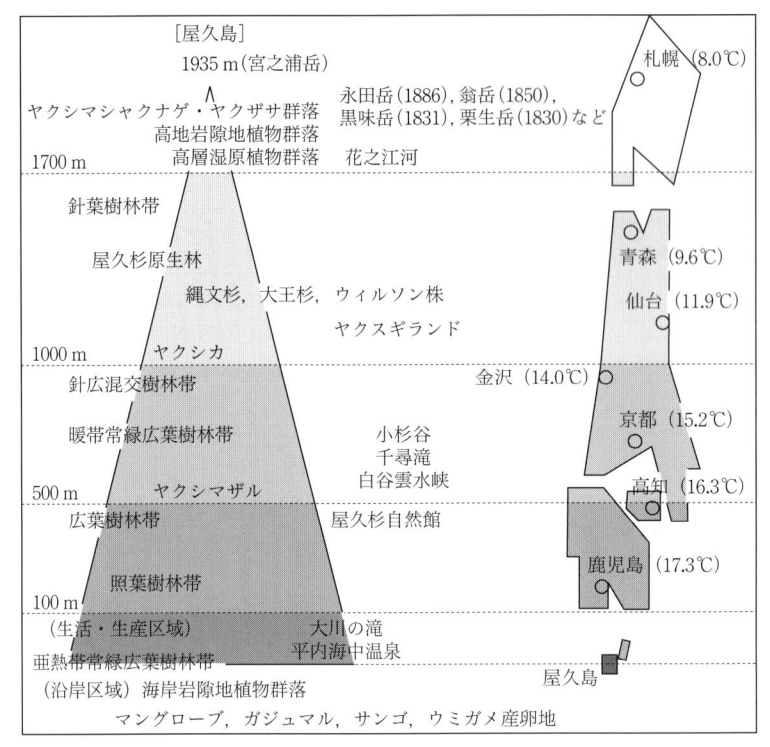

```
                    [屋久島]                              札幌 (8.0℃)
               1935 m(宮之浦岳)
    ヤクシマシャクナゲ・ヤクザサ群落    永田岳(1886), 翁岳(1850),
        高地岩隙地植物群落         黒味岳(1831), 栗生岳(1830) など
   1700 m   高層湿原植物群落        花之江河
                                                    青森 (9.6℃)
         針葉樹林帯
                                                    仙台 (11.9℃)
         屋久杉原生林
              縄文杉, 大王杉, ウィルソン株
                            ヤクスギランド
   1000 m          ヤクシカ                        金沢 (14.0℃)

         針広混交樹林帯                               京都 (15.2℃)
                               小杉谷
         暖帯常緑広葉樹林帯        千尋滝
                               白谷雲水峡
    500 m          ヤクシマザル                      高知 (16.3℃)

         広葉樹林帯           屋久杉自然館
         照葉樹林帯                              鹿児島 (17.3℃)
    100 m
        (生活・生産区域)         大川の滝
                            平内海中温泉          屋久島
        亜熱帯常緑広葉樹林帯
        (沿岸区域) 海岸岩隙地植物群落
           マングローブ, ガジュマル, サンゴ, ウミガメ産卵地
```

図 V.1.1 植生区分模式図（総合基本計画抜粋）
日本各地の主要な都市と屋久島の標高を年平均気温で対比させてある.

第3次産業比率が高い．林業の島でありながらほぼ国有林に特化した林業であり，民間林業は発達していない．昭和40年代初頭まではサトウキビ，サツマイモ（甘藷）がつくられ，デンプン工場もあったがすでになく，近年はポンカン，タンカン，実エンドウなどが小規模ながら成功している．漁業は出荷額で6億4000万円，トビウオ，サバなどの水揚げが多い．魚種は日本で一番豊富との記録があるが，必ずしも漁業生産には結びついていない．

工業は，屋久電工が水力発電（一部火力）をしつつ研磨材，鉄強化剤などを生産している．屋久島が電気の島であることは特筆しておくべきであろう（屋久電工の平成13年度発電量は3億2000万kWh）．

観光は，近年最も成長した産業であり，入り込み観光客で約15万人．食堂，売店，レンタカーなどの関連産業の伸びが著しい．

島民所得は低く，鹿児島県平均の67%（平成元年），物価は高く（これも県平均の11%高），ガソリンは3割近く高い．高校はあるが大学進学希望者は鹿児島市などにしばしば高校留学し，市内の病院への入院費用も含め，現金収入の少ない島民の家計圧迫要因となってきた．

両町の財政規模はそれぞれ60億円程度，自主財源比率は18%である．公共事業は年間100億円，港湾，土地改良，道路の順で大きい．

1.1.2 環境文化村構想
a. 県基本計画および経緯

鹿児島県の長期計画である総合基本計画は，平成2年に策定された．屋久島環境文化村構想は，その中に14ある戦略プロジェクトの一つとして提案されたものである．戦略プロジェクトは，県が政策上特に力を入れるべき事業であるとの宣言であり，また，文化，農業などの各部門と県内各地域にむらなく配分されるように意図されたものである．屋久島については，優れた自然を活かして環境学習の場にするという，やや特化的・部分的な計画でもあった．そうした事情を物語る事実として，直前に策定されたリゾート構想にも屋久島の一部が入っていることがあげられよう．ようするに政策上の空白地帯だったのだ．

平成初めの屋久島の状況は，所得格差がはなはだしく，インフラ整備が不十分で産業も未発達，要するに典型的な地方地域，離島であった．したがって，当然島民サイドの要請は，現金収入の拡大につながる産業育成，誘致や，より端的な財政配分，たとえば公共事業増を求めていたのである．

また，この時期までは，生態学者などの専門家，大学山岳部などに注目される存在ではあったが，観

光は未だ本格化しておらず，一般的な観光地としては認知されていなかった．その一方で，自然の中に住みながら島民のライフスタイルや意識はどんどん都市化しつつあった．

当時の屋久島の置かれた状況として，筆者が今でもよく覚えているのは，屋久島から東京に就職した若者が出身地を聞かれ，屋久島と答えても通じず，「種子島の隣の……」と説明してようやく得心してもらったとの話だった．

そうした中で，屋久島環境文化村構想は出発したのである．

b．3つの委員会

屋久島環境文化村構想のねらいは，このときすでに環境学習ということを越えて，「自然を基軸とした地域づくり」であったが，より具体的には次の3つをねらいとした．

① 従来型の公共事業や企業誘致ではない新たな地域づくりの試み．
② 自然保護と経済の統合への仕組みづくり．
③ 地域の立場からの自然保護の確立．

こうしたねらいは，当然のことながらこれまでの行政の計画づくりと異なったプロセスを要求する．それはすなわち，計画策定のプロセスそのものを計画の一部として進めていくこと，島民の幅広い参加によって議論を深め，計画づくりを地域との関係において強固なものにすること，島内外に議論を拡大すること，などであった．そしてその具体的な形が，屋久島環境文化懇談会（島外知識人），マスタープラン検討委員会（県内学者），地元研究会（島民）の3つの委員会の設立だったのである．

屋久島環境文化懇談会は主として理念を，マスタープラン検討委員会は専門的技術計画を，地元研究会は地元の立場での提案を，というのが大きな仕分けであったが，実体上は渾然一体として計画策定のための議論がなされた．これらの委員会は当然のことながらすべて公開で開催された．3委員会の累積開催回数合計は，1年8か月の間に18回である．

特筆すべきは環境文化懇談会のメンバーで，日本を代表する知識人が集まった．また，1年半で都合6回，鹿児島，屋久島，京都，東京において開催され，その出席率は9割に及んだのである（表V.1.1）．

c．環境文化懇談会—主たる意見—

懇談会は，毎回200〜300人の聴衆を集めて開催された．主として構想における理念部分の確立がこの懇談会の役割であったが，メンバーの議論はしばしば文明論に及び，日本の将来展望にわたる議論となった．同時に，具体的な提案もしばしばなされた．世界遺産登録も，平成3年4月の第1回懇談会（鹿児島市で開催）での提案がきっかけとなっている．

以下に，委員の主たる意見を紹介する（屋久島環境文化懇談会報告書より抜粋）．

i）梅原 猛委員 「21世紀における最大の人類の問題は地球環境問題であり，人類は人間中心の自我の原理を共存の原理に代え，進歩の理念を循環の原理に代えなければならないが，そのような原理は日本の基層的な文化の中に含まれている．それは，今なお国土の67％が森であり，その森の約半分は天然林であるという日本の中に生きているのである．

私は，日本がそのような森と海の国であるとすれば，やはりそれにふさわしいシンボルがなくてはならぬと考える．日本三景は文人趣味が強すぎ，また富士山もいささか国家主義などの手垢がつきすぎる．

それに対して屋久島は新鮮である．そこには亜熱帯から亜寒帯までの植生が密生し，生物の種類もまことに豊富である．屋久島を日本のシンボルにすることによって，日本が21世紀の人類の最大の課題である自然環境保全運動の先端に立たねばならない．」

ii）福井謙一委員 「屋久島は，人類が自然の特殊性を認識し，感得するのに最適な道場の一つと

表 V.1.1　屋久島環境文化懇談会委員名簿
（役職は平成5年当時のもの）

学識経験者	秋山智英	(社)海外林業コンサルタンツ協会長
	井形昭弘	鹿児島大学長
	上山春平	京都市立芸術大学長
	梅原 猛	国際日本文化研究センター所長
	大井道夫	(財)国立公園協会理事長
	兼高かおる	旅行ジャーナリスト
	下河辺 淳	東京海上研究所理事長(座長)
	C・W・ニコル	作家
	瀬田信哉	前 環境庁長官官房審議官
	沼田 眞	(財)日本自然保護協会長
	日高 旺	(株)南日本新聞社長
	福井謙一	(財)基礎化学研究所長
代表住民	大山勇作	屋久島野生植物研究所主宰
	日高光志	農業(屋久町郷土史編さん委員)
地元町	矢野勝巳	上屋久町長(平成4年5月〜)
	荒木健次郎	前 上屋久町長(平成3年4月〜4年4月)
	日高十七郎	屋久町長
国関係者	内田弘保	文化庁長官(平成4年4月〜)
	秋本敏文	国土庁地方振興局長(平成4年7月〜)
	小島重喜	前 国土庁地方振興局長(平成3年11月〜4年6月)
	櫻井正昭	環境庁長官官房審議官(平成4年9月〜)
	塚本隆久	林野庁次長
県	土屋佳照	鹿児島県知事

して地球の遺してくれたたぐいまれな存在である．この島が，いかに特殊な環境条件に守られて，今日まで存在を保ちえたかを考えるとき，人類全体としてこの遺産を守り抜く決意が必要であることは明白である．

人間の歴史にとって，自然とのかかわりは大きな意味をもった．あらゆる生物のうちで，人間のみが自然の美を感じて芸術を生み，自然の神秘に打たれて科学をつくった．人間は生まれながらにしてこのような特殊性を具(そな)えている．これがヒトのDNAの特徴の一つである．やがて人間は，科学の成果を自然に対して当てはめ，自らの都合に合わせて自然を変える術(すべ)を覚えた．これが技術である．科学と技術は，互いに相手の発展を加速し合い，人間の欲と結びついて強大で制御しにくいものになった．その結果，人類は，計り知れない利便と安楽を得たが，一方，地球上の自然は大きく変化した．その変化が修復可能な間に，人類は地球上の自然の特殊性や脆さに気づかねばならない立場にある．

私のひたすらの願いは，屋久島の自然が現実にこの（開発への欲望と自然保護の）両者の橋渡しをするだけの力をもつことを，すべての関係の方々の努力によって示されることである．」

iii) C・W・ニコル委員 「まず申し上げたいのは，将来にわたりどのような計画がなされるにしろ，最優先されるのは島民の暮らしだということである．福利厚生，健康および雇用機会といった点に広く考慮しなければならない．屋久島には昔ながらの生活があり，歴史がある．そこに生きる人々の幸福と誇りとを損なうようなことがあっては，断じてならないのだ．屋久島の将来は自分たちの手にかかっているのだという，島民一人一人の自覚なくしては希望の光は望めない．

ほかに例をみない恵まれた自然環境，その多種多様さを考えるとき，レンジャー育成のための大学を設置するのに，屋久島はまさに理想的な土地といえる．国際社会にも門戸を開き，観察，研究，フィールドワークから安全対策，救援活動，強制執行に至るまで，幅広く専門的な教育を行うのだ．」

iv) 下河辺 淳委員 「屋久島環境文化村構想は，一つ一つのアイデアの積み重ねで始まり，100年経って人間が自然に対して素晴らしい語りかけ，働きかけをしたと思えるような仕事でありたいと思う．現代文明社会の中で，真の人間の豊かさとは何であるのか再び問いかけることであり，人類の歴史の1ページに記録されるべき事業である．その原点は，そこに住み，自然と共生する暮らしの中に発見する人間の感性であり，生活の手法である．

世界は今，歴史的な混乱期にある．産業革命以降20世紀は科学技術文明によって発展してきているが，その光栄とともに，否定されるべき諸現象が発生して，科学技術文明を越える新しい文明を求めている．資本主義と対決する社会主義という構図も限界を迎え，新しい世界秩序が模索されている．国民国家を越えて地球と人間の関係から改めて人間秩序のあり方が課題となっている．人間と自然とのかかわり合いについて，全地球的な規模で論争となっている．

屋久島環境文化村構想が21世紀に向けて，このような課題に一石を投ずることができたならば，世界に貢献する日本としてこんなに素晴らしいことはないと思う．

私は，このような考え方から，国際的な学者村を屋久島に創設することを提案したい．この学者村で，世界の学者たちが自由に出入りして，屋久島環境文化の研究に参加することができるように考えたい．学者村は，国立の共同研究施設として，国際屋久島環境文化研究所とも呼ぶべき研究機関としたい．

この学者村に住む人々は，学者であると同時に自然の中で生きる人間として，農林水産業に働く人々との作業交流があってほしい．屋久島の農林水産業が，21世紀に向けて，どのような展開を示すか大きな関心がもたれていることから，学者たちがどのような貢献をするのか興味のあるところであり，かつ学者たちの研究にどのような現実感が生まれてくるのか注目すべきことであると思う．」

d. 構想内容

平成3年4月29日の懇談会を皮切りに進められた構想づくりは，ほぼ1年半後の平成4年秋に3委員会の成果がそれぞれまとめられた．その全容は，4年11月に策定されたマスタープランに総合されている．ここでその概要を述べる．

i) 5つの理念 「共生」，「循環」，「参加・交流」，「国際」，「環境学習」の5つを，構想の理念，柱とする．

「共生」とは，島の人々が歴史的に自然とかかわってきた生活スタイルそのものであり，「岳参り」*

---

* 岳参りとは，聖なる山＝奥岳への信仰行事であり，現在もまだ生きている．各集落を代表する若者たちは春秋の彼岸に，山頂まで2～3日の行程で塩や海藻など海の幸を持参し，山の神に豊漁，安全，一家安穏などを祈る．山からはシャクナゲを持ち帰り，山の霊気を里にもたらす．人々はシャクナゲの小枝をもらい，各家の床の間に飾るのである．第VI部の第1章で詳しく解説されている．

などにいまだに生きている．その生活文化は21世紀に目指すべき共生型社会の原型としての価値をもつ．

「循環」は，屋久島がまさに水の島であって，自然・環境を認識する際に最も実感をもって感じられるものである．また，水から出発してゴミその他の物質循環をも内包している．

「参加・交流」は，自然を保護し地域の生活を支え豊かにしていくためには，自然保護と生活との対立を乗り越えようとする地域自らの意志が，計画づくり，事業実践に最重要であるとともに，島を超えた広い参加や支援が，島民だけでは解決できない課題克服の必須条件でもあることを意味している．また，島を訪れる観光客も何らかの意味で自然育成，地域づくりに貢献すべきであるとのメッセージも込められている．

「国際」，島外との関係は遺産条約を強い契機として，必然的に国内にとどまらず，国際的な交流をも含むものとなる．

「環境学習」は，地域の人々が屋久島の自然や自然と人との歴史的かかわりについて再認識し，地域での生産や生活を新たな未来に向けて組み立て直す契機としようとするものだ．また来島者にとっては，島の自然と生活を体験することを通して自然を知り，自然との共生の知恵を学ぶことに意味がある．環境学習のこうした考え方を上位に置くことによって，屋久島における観光の将来の姿にも好ましい影響を与えるであろう．

ii）**ゾーニング計画および分散政策**　地域における自然環境の保全活用と管理のために，植生を中心とした自然，土地利用実態，生活実感＝主として景観意識，保護制度指定状況などをオーバーレイし，3区分した．これはほぼ標高による同心円となった．保護ゾーン，ふれあいゾーン，生活文化ゾーンの3区分ごとに，それぞれ異なる保全活用方針を定めた．

ゾーンという大枠を島民に明らかにすることによって，島全体の土地利用についての大まかな合意を

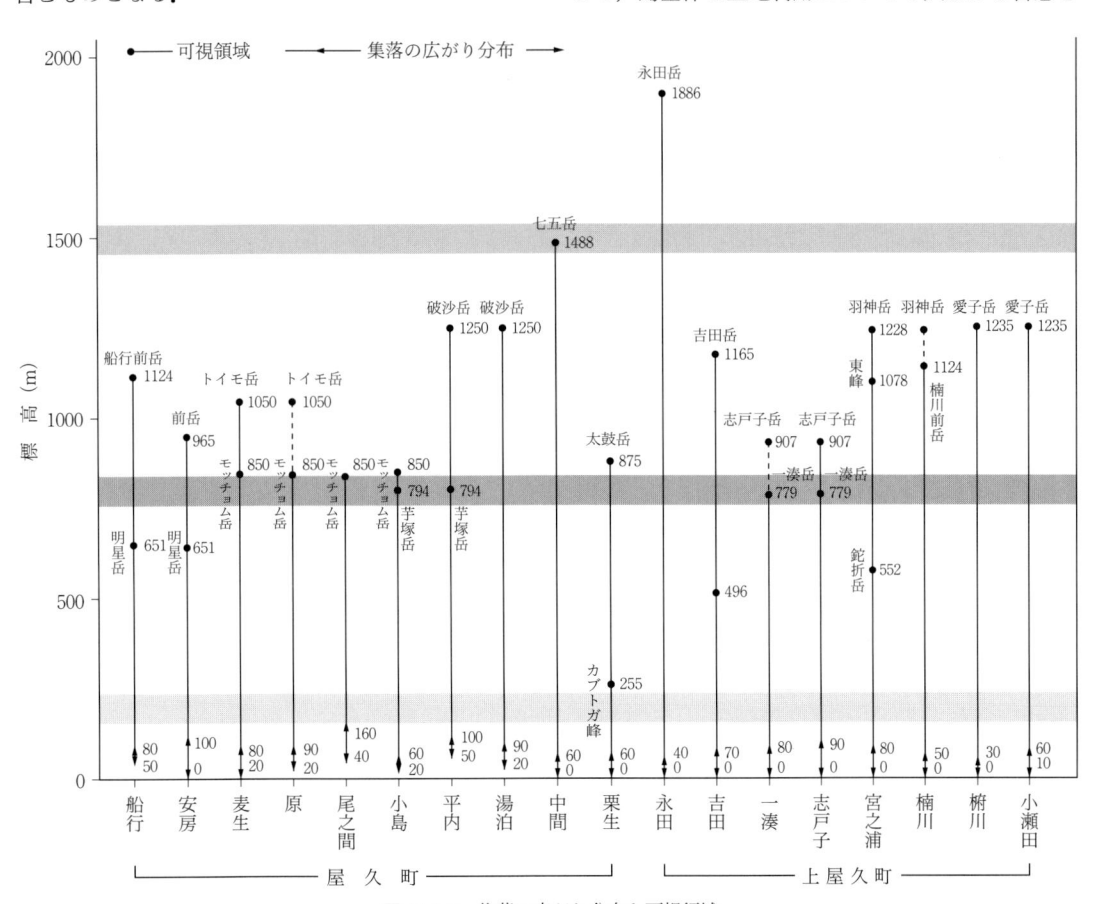

図 V.1.2　集落の広がり分布と可視領域

屋久島の集落からは，標高1000m前後の前岳に阻まれて，奥岳は全くみえない．唯一永田集落から永田岳がみえるのが例外である．こうした視覚構造もあって，住民意識の中での奥岳の聖域としての感覚は，より高まっていると考えられる．

形成し,さらに保全再生などの方向づけを住民協同で図ることが可能になる.担保は,既存の保護制度指定などであるが,海岸部生活域を中心とした生活文化ゾーンには上屋久・屋久両町の環境保全条例対応も考慮する(これは平成7年,両町の環境条例として実現した:図V.1.2, V.1.3).

観光客増が想定されることから,趨勢に任せるのではなく,集中を防ぐこと,また,手づくりの観光地形成を図り,付加価値を高めることを目的とした.具体的には,海岸部に利用拠点を整備し(その後,千尋滝周辺など県,町によって10数か所整備された),島全体としての利用分散と奥岳地域の過剰利用を防ぐ方策とする.

iii) 提案メニュー群 環境文化村構想を実現するための戦略的かつ具体的な提案として,同時に試行錯誤しつつ長期間をかけて完成させていく計画

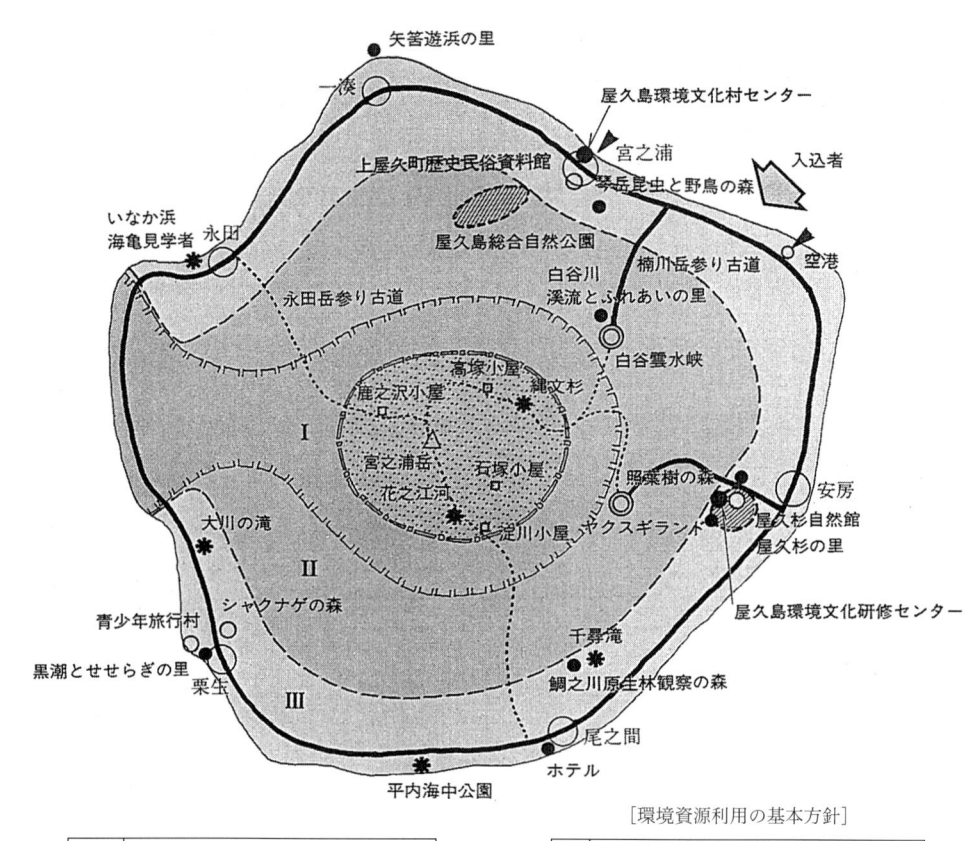

ゾーン区分	自然と人とのかかわりからみたゾーンの意味
I. 保護ゾーン	屋久島の原生地域の核心部であり,世界の財産であると同時に,人々の信仰や畏敬の対象である空間としても保護すべき区域
II. ふれあいゾーン	生態系を保全しながら,限定された範囲内で産業を含む自然と人とのかかわりが行われる区域
III. 生活文化ゾーン	自然と人とのふれあいが盛んに行われるとともに,自然と共生する豊かな生活文化が育まれる区域

[環境資源利用の基本方針]

I	・人手を加えず,かつ人の入り込みについても調整し,人々と自然との信仰や畏敬の念を介した歴史的かかわりを尊重しつつ,自然の遷移に委ねる
II	・自然環境の保全を前提として,自然と人とのふれあいを高めるためのルートや拠点を整備する ・保続性のある林業生産と,その機能を活用した産業体験の場を整備する.損なわれた自然の修復を図る
III	・自然環境と調和した豊かな生活空間の実現を図るとともに,そのために必要な基盤を整備する ・マス利用の集中傾向の分散化を図るとともに,そのための滞在拠点を形成する

図 V.1.3 ゾーン区分とネットワーク模式図(上)および各ゾーンの意味づけ

とするために，次の5つの視点による事業群が提案された．これは，できるものだけ掲げるのではなく，できるものからやる，との精神に基づいて書き込んだ（表V.1.2）．

なお，平成8年に，構想に基づく中核施設として，屋久島環境文化村センター（上屋久町，延床面積2700 m²）と，屋久島環境文化研修センター（屋久町，延床面積2800 m²）という2つのセンターが完成した．それに先立つ平成5年3月には，構想の進行管理と施設の管理運営機関として，屋久島環境文化財団が設立された．財団には，懇談会メンバーが特別顧問として参加している．

e. 世界遺産

屋久島を世界遺産にという考えは，平成3年4月29日のみどりの日（当時）に初めて出された．鹿児島市で開かれた第1回屋久島環境文化懇談会で，国立公園協会理事長の大井道夫委員が提案した．この時点で，日本は世界遺産条約そのものにまだ加盟しておらず，まず政府として条約を締結し，その後屋久島を世界遺産に登録するための調整，諸手続きを行う必要があった．

世界遺産条約は，優れた文化遺跡や自然地域を人類全体のために残すべき遺産として保護・保存することを目的として，昭和47年（1972）に採択され

表 V.1.2 環境文化村整備のための事業体系（平成4年）

	事 業 項 目	事 業 例
環境学習施設の整備・研究	(1) 環境学習施設	屋久島環境文化村センター（仮称），屋久島環境文化研修センター（仮称） 環境学習プログラム開発 小さな博物館 屋久島環境学習ネットワーク
	(2) 研究施設	屋久島野生生物保護センター，研究者ネットワーク，国際屋久島環境文化研究所
環境形成事業の展開	(1) 自然の保全活用のための基盤整備	環境と文化のむら整備事業 情報案内システムの整備
	(2) 自然利用活動の調整・管理	環境キップ制度，特定国立公園重点管理事業
	(3) 生活空間における環境基盤整備	屋久島環境道路整備事業 高度汚水処理事業，ゴミの再資源化事業，上水道の整備 商店街再開発 クリーンエネルギーモデル事業の展開
	(4) 環境形成のための社会条件整備	環境条例（仮称）の制定 環境モラルコードの策定，「生命の砂　一握り運動」の展開
ボランタリー協力事業の推進	(1) ネットワーク形成	環境文化ボランティアネットワーク，文化人ゲストハウス
	(2) 参加・協力の仕組みづくり	屋久島ファンクラブ，顧問会議（仮称），環境文化村推進会議 クレジットカードの発行，「環境文化企業」の募集，生涯学習の町づくり
	(3) 運営のための組織	屋久島環境文化財団
新たな地域産業の創出	(1) 高付加価値型商品づくり	「環境文化村ブランド」の創設 ソフト商品の開発事業，手づくり商品の開発事業，環境文化村薬草・香料植物園
	(2) 1次産業の活性化	環境文化村果樹園 環境文化村ブランドを軸にした農林水産品づくり
	(3) 「環境産業」創出の試み	
	(4) 自然体験型観光「エコツアー」の開発	活動プログラムづくり エコツアーのための基盤整備（継続的な調査，人材育成） 利用調整方策と連携
国際的交流の展開	(1) 交流の仕組みづくり	芸術家・研究者版「屋久島いとこ」制度，環境文化芸術際（ビエンナーレ）
	(2) 情報の発信	屋久島自然情報誌，屋久島自然解説ガイドブック，文化村情報誌 「屋久島環境文化村　東京フォーラム」事業，国際シンポジウムの開催 顕彰制度

注：ここに掲げた事業は，文化村の実現のために必要な事業を，熟度にかかわらず体系化したものであり，民間と行政が一体となって推進するものである．

た．わが国は20年後の平成4年（1992）に先進国ではほぼ最後に締結した．平成17年7月現在の締約国数180か国，事務局は，パリのユネスコ世界遺産センターにある．

世界遺産には，文化遺産，自然遺産，複合遺産の3つのカテゴリーがあり，合わせて812（うち自然遺産160）が登録されている．わが国では，白神山地，屋久島，知床の3自然遺産のほか，姫路城など10件の文化遺産が登録されている（複合遺産は0件）．屋久島は，国立公園などを中心に約10000 haが自然遺産として登録されている．

自然遺産の登録状況は近年きわめて厳しく，世界にない特徴ある生態系と，それを守る管理が要請されている．

結果として，平成5年12月にコロンビアで開かれた世界遺産委員会において，屋久島は東北の白神山地，文化遺産の姫路城，法隆寺とともに世界遺産になった．この実現の裏には，下河辺座長，梅原猛委員などによる政府首脳への強い働きかけがあった．

日本初ということもあって，地元での受け止め方には複雑なものがあった．島民の正直な気持ちは，戸惑いと同時に国立公園，国有林その他によって自分たちの島の森林，自然であるにもかかわらず，これまで国によって規制されてきたことへの根強い生理的反発ということだったろう．すでに国立公園などで手を縛られているのに，今度は世界遺産で足も縛るのか，といったように．しかし，世界遺産登録による効果は，この当時考えられていたよりはるかに劇的なものがあった．テレビ，新聞などが予想を超えて大きく取り上げ，世界遺産写真集などが次々と発売されたことである．しかもそれらは継続した．その結果は，屋久島の観光人気という形で現れる．

1.2　構想その後

この10年の屋久島は，他の離島（地方地域）ではみられない社会経済の変化があった．住民の間でもその変化は実感されている．変化には，島民所得の向上やインフラ整備の進展などと，環境保全への取り組みなど，屋久島ならではの変化がある．また，変化のスピードが戸惑いを生み，住民の評価を左右している面もある．現在の生活への満足度，便利さ，住み心地など住民実感には複雑な要素が絡まっているが，加えて住民自体の欲求水準の変化もある．その一方で，彼ら自身による地域の再認識が進み，自信と矜持が広がっていることも確かである．

こうしたことを総合的にみれば，屋久島の社会は，変化からより高度な目標への，定着のプロセスを着実に歩んでいると考えることも可能である．こうした動きを確かなものとするためには，さまざまな現象的課題をなんとか克服し，持続的発展のための資源としての自然，固有の文化の見直しにとどまらず，屋久島ならではの新しい形の文化の創出にまで進めていくことが必要となる．

1.2.1　データによる屋久島の10年
a.　人　　口

屋久島の人口のピークは，昭和35年の24000人である．その後減少を続け，平成2年時点では，13860人であった．この10年でその流れが変わり，10年間で49名が増加している．これは全国離島平均が12%減なのと比べると画期的な数字である．19歳から39歳までの比較的若年層の島外からの転入がこの結果をもたらした（図V.1.4）．

b.　純生産および就業構造

平成10年の島内純生産額は329億円，同元年との比較では1.5倍の伸びとなっている．第2次，第3次産業が高まり，第1次産業は比率を下げた．ただし，第1次産業でも林業・漁業の下げが大きく，農業は4割近い伸びを示している．

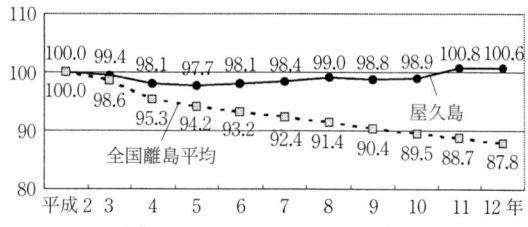

図 V.1.4　平成2年を100とした人口推移（屋久島および全国離島平均）
『住民基本台帳』により，各年4月1日現在のデータをもとに作成．口永良部島は含めない．

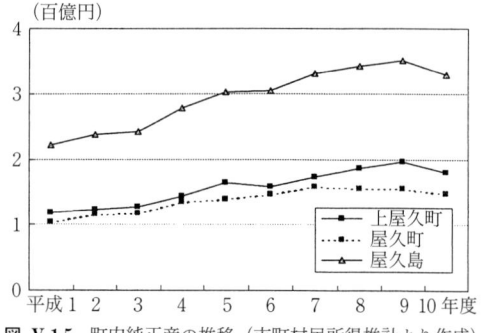

図 V.1.5　町内純生産の推移（市町村民所得推計より作成）

1. 環境文化村構想とその後

表 V.1.3 産業別純生産額の推移

区　分	純生産額（百万円）		構成比（%）		伸び
	平成元年度	平成10年度	平成元年度	平成10年度	
第1次産業　小計	2537	2111	11.4	6.4	0.83
1．農業	1031	1441	4.6	4.4	1.40
2．林業	911	209	4.1	0.6	0.23
3．水産業	595	461	2.7	1.4	0.77
第2次産業　小計	6849	11005	30.8	33.5	1.61
4．鉱業	196	173	0.9	0.5	0.88
5．建設業	4167	7125	18.7	21.7	1.71
6．製造業	2486	3706	11.2	11.3	1.49
第3次産業　小計	13730	20780	61.8	63.2	1.51
7．卸小売業	2535	3396	11.4	10.3	1.34
8．金融・保険・不動産	1765	2074	7.9	6.3	1.18
9．運輸・通信	1892	2125	8.5	6.5	1.12
10．電気・ガス・水道	315	1619	1.4	4.9	5.14
11．サービス業・公務	7223	11566	32.5	35.2	1.60
計	23116	33896	104.0	103.0	1.47
帰属利子	882	1003	4.0	3.0	1.14
純生産額合計	22234	32893	100.0	100.0	1.48

資料：町民所得統計報告書（熊毛地域の概況より）．

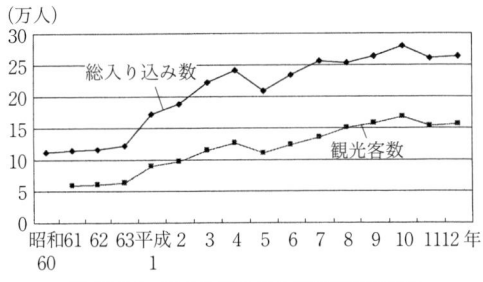

図 V.1.6　総入り込み数と観光客数の推移

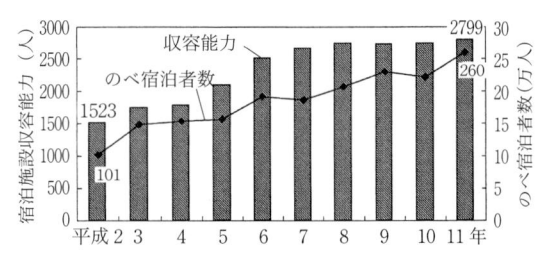

図 V.1.7　屋久島の宿泊施設収容能力とのべ宿泊者数の推移（離島統計年報をもとに作成）

1人あたり町民所得は1.38の伸び，県民所得比は87.1%であるが，平成元年の66.6%と比べるとその差は縮まっている．

就業構造は，第1次産業が8.9ポイント減少した反面，第3次産業が11.8ポイント上昇している（図V.1.5，表V.1.3）．

c.　観　光

観光入り込み数は，平成12年度で15万5000人（島総入り込み数19万1000人），昭和63年比で2.6倍となった（図V.1.6）．

宿泊収容力は平成元年の1602名から同11年には2799名に，施設数は49から86に増加，ともに1.7倍となっている．観光客の平均宿泊日数は1.7日であり，増加傾向にある（図V.1.7）．

レンタカーは，平成4年の107台から同12年の318台へ，ほぼ3倍となった．

土産物売り上げは，遺産登録前に比して4億円増の18億円，観光関連産業全体の就業者数は3割強の伸びとなっており，観光産業の影響が大きいことをうかがわせている．

奥岳地域への入り込みは，平成12年で観光客数の3割弱の約46000人程度，そのうち3万人近くが縄文杉登山と考えられる．

d.　エコツアー関連，その他

屋久島のエコツアーガイド数は，平成2年時点で0だったが，現在では，180名は超えていると推測されている．鹿児島大学の平成11年アンケート調査によれば，エコツアー参加者の68%が女性，居住地は関東47%で関西22%，女性に人気があり，利用者は大都市圏集中型となっている．「ほぼ満足」以上が84%と，高い評価を得ている．

また，平成9年には島の長年の懸案であった総合

病院（11診療科目，病床数139）が開業した．これまでは，種子島を含めた地域医療計画上，建設は困難との見方が強かったから，これもある種の世界遺産波及効果の一つと考えてよいだろう．

1.2.2 運動論としての環境文化村構想

屋久島環境文化村構想による計画と事業の実践を，筆者らは「屋久島方式」と名づけた．その意味するところは，これまでに前例のない地域づくりのプロセスと目標のために，新しい手法を確立する必要があったからだ．また，計画づくりのプロセスから事業実施まで100年がかりの長年月の試み，増殖する計画＝運動論として考えたからである．

自然の側から考えた場合，これまでの地域振興事例では，保護か開発かの二者択一を迫られ，しばしば開発が優先されてきた．この試みを成功させるには，そうした図式的対立を超えた屋久島ならではの新たな手法を創出する必要があった．

地域づくりは，経済やインフラ整備など基盤的条件にかかわる．と同時に地域の人々の意識にも深くかかわっている．環境文化懇談会への日本を代表する知識人の参加，熱心な議論は，島の人々の誇りと屋久島の価値の同定に，決定的な効果をもった．また，懇談会メンバーの人選は，屋久島や鹿児島県において以上に，東京，霞ヶ関において，より驚きをもって受け止められた．屋久島は自然生態的には隔絶型大規模離島として独立性の高い性格を有している．しかし，物流や人流，公共投資などをみれば，島外との関係を無視していかなる計画も描きようがないことは明らかである．弱小地域屋久島にとって島外の支援は前提条件であり，とりわけ霞ヶ関の中央官庁に注目させ，彼らの支援を引き出して，以後の展開を有利に運ぶことは，好悪を越えた必須要件でもあったのである．

同じ考え方から，地域づくりの目標を，これまでのどこの地域にもない突出した文明論的な高みをもったものにすることが重要であった．それは例のない先端的で先鋭的な試みだからこそ，注目も知恵も情報も，時には資本も，集まるに違いないからである．これは地域計画を考える際の，地域の意味，範囲ともかかわる問題である．現代社会は，市場における経済的流通を考えるまでもなく，計画対象地域と域外地域はあらゆる面で複雑な関係性をすでにもっており，むしろ積極的にその関係を意識した上での地域計画がつくられる必要がある．その場合，経済だけではなく，観光に訪れる人が，屋久島の自然を充実させるために何ができるのか，といったボランタリーな関係をも視野に入れておくことが肝要で

ある．なぜならそのことによって，経済だけの地域とのかかわりにすぎないいわゆる観光から，初めて脱皮する可能性が見出せるからである（表V.1.4）．

しかし，こうした高度な計画づくりは，その高みの分だけ困難さを伴う．脆弱な地域と高い理念は，まさにそのことにおいて破綻しかねないのだ．この矛盾を克服していくためには，計画づくりのプロセスそのものを地域と共有し，ともにつくっていくということしかない．人々は計画づくりに参加することによって，自らの意識を改革し責任も共有することになるからである．3つの委員会の公開開催は，そうした意味を強く意識したものであり，また，マスコミ報道を通じて，議論を広く知らしめる効果をもねらったものだった．3委員会の委員構成は，おおよそ屋久島について一家言をもつ専門家らを，等しく同じテーブルに着けることともなった．

しかし計画を共有するために大事なことは，委員会の形態のみではなく計画そのものが，地域の人々の実感と乖離しないものであることだ．ゾーニング3区分が，自然生態や保護制度指定だけでなく島民の景観，伝統的自然認識や土地利用に基づいてなされたのは，この意味においてである．

こうした総合的な計画を策定する上で重要なことは，自然環境にかかわらず社会経済的，歴史的なデータを集められるだけ集め，並べて分析することである．議論が袋小路に入ったときに，最後に物をいうのはこうした実態のリストであり，具体的な事実である．たとえば，屋久島は本土の文化的影響が強く，南方・奄美の文化的痕跡は，明示的には「まつばんだ」という屋久島の古謡音階などにかすかにうかがえる程度である，というような．

さらに強調されるべきは，理念・哲学の重要性である．優れた哲学は，本来，誰にでも一瞬で理解されるものであり，多様な価値観をもつ住民が長期的な目標をもち続ける際の，必須要件である．理念的目標を共有することによって，人々は自らの誇りを再確認し，計画は成功の可能性を高めるからだ．

屋久島環境文化村構想は，優れた自然を保護することが先にあったのではなく，屋久島という地域における最も優れた地域振興計画は，他地域との最大の競合的資産が自然であったということから出発している．言い換えれば，その一点において，地域との共感が成立したとみることもできるだろう．

最後に『屋久島環境文化懇談会報告書』の末尾に掲げられている，哲学者・上山春平氏の文章を紹介する．彼の考えは，この構想の出発点でもあり，将来の屋久島の目標そのものでもあると考えるからで

1. 環境文化村構想とその後

表 V.1.4　屋久島をめぐる近年の動き（新聞記事，環境省提供資料をもとに作成）

年次	地元行政（県，町）の動き		民間その他の動き		国の施策など	
H2 (1990)	6月	県，「屋久島環境文化村」を戦略プロジェクトに位置づけ	4月	大川の滝，「日本の滝100選」に選出		
	10月	上屋久町林地活用計画策定				
H3 (1991)	4月	環境文化懇談会鹿児島会議開催	3月	日本自然保護協会，屋久島自然研究センター開設	7月	環境庁長官来島，世界遺産条約早期批准を要請中である旨公表
	5月	屋久島環境文化村研究会発足	7月	少年少女の屋久島エコツアー実施		
	6月	屋久島環境文化を語る会開催				
	7月	環境文化村マスタープラン研究委員会設置				
H4 (1992)	6月	「生命の砂 一握り運動」開始	4月	ウミガメ研究会，ウミガメ産卵率過去最低との調査結果発表	3月	「霧島屋久国立公園屋久島縄文杉登山のあり方検討報告書」
	10月	県，総合保養地域の整備に関する基本構想策定			3月	屋久島森林生態系保護地域設定
	11月	屋久町，高能力浄化槽導入	8月	猿害対策のため改良型電気柵の導入	6月	世界遺産条約批准国会承認
	11月	環境文化村マスタープラン発表			9月	政府，世界遺産に屋久島を推薦
H5 (1993)	2月	上屋久町野生生物研究舎完成	7月	(有)屋久島野外活動総合センター（YNAC）設立	4月	ヤクスギランドの森林環境整備協力金の徴収開始
	3月	屋久島環境文化財団設立	10月	ピースボートジャパンクルーズ，屋久島入り	4月	屋久島森林林業総合振興計画発表
	5月	環境文化村中核施設整備基本計画策定	12月	日本自然保護協会，遺産地域登録に当たり「管理計画」策定	5月	環境庁，酸性雨測定離島局設置
	7月	上屋久・屋久両町，屋久島憲章制定			12月	世界遺産リストに登録決定
	11月	『巨樹著名木戸籍台帳』刊行				
H6 (1994)	1月	「屋久島フォーラム in TOKYO」開催	3月	NHKなどによる屋久島シンポジウム開催	6月	登山急増問題について，関係機関連絡会議開催
	4月	屋久島特産品協会設立	3月	屋久島いわさきホテル着工	6月	屋久島山岳部利用対策協議会発足
	4月	上屋久町，観光パトロール員制度発足	5月	屋久島の自然と環境権シンポジウム開催	7月	環境庁，県道改良で再アセスメント要請
	5月	上屋久町，夜のウミガメ産卵時間の立ち入り禁止規制試行開始	5月	ゴールデンウィーク中に入り込み1万人を記録	10月	一湊漁港防波堤新設工事，サンゴ群を残せるように計画変更
	10月	上屋久町，楠川登山口休憩所設置	5月	屋久島高校で環境講座開催		
			9月	夏期縄文杉登山1日平均100人を記録		
H7 (1995)	7月	両町，同一の環境条例を施行	4月	トッピー安房航路開設	3月	ヤクスギランド遊歩道完成
	10月	両町，電気自動車5台導入，試験走行開始．小瀬田にエコステーション設置	5月	屋久島研究自然教育グループ，屋久島高校で研究発表	3月	屋久島森林環境保全センター発足
			7月	環境文化財団，環境学習セミナー試行	4月	環境庁，世界自然遺産保全緊急対策モニタリング調査などを開始
			7月	小さな地球・屋久島モデル，国連大学で開催	9月	屋久島世界遺産地域連絡会議発足
					10月	世界遺産地域管理計画発表
H8 (1996)	4月	荒川登山口にトイレ整備	1月	環境文化村推進会議開催	1月	屋久島パークボランティアの会発足
	6月	県教委，「太古から未来へのふれあい体験 in 屋久島・種子島」実施	6月	「千頭川の渓流とトロッコ」，「残したい日本の音風景100選」に選出	4月	屋久島世界遺産センター開所
	7月	環境文化村センター，環境文化研修センター開所	10月	鹿児島大学屋久島国際シンポジウム開催	4月	縄文杉隔離展望台完成
	10月	全国水環境保全市町村シンポジウム開催	12月	屋久島小さな地球村研究会発足	4月	白谷雲水峡の森林環境整備協力金の徴収開始
					7月	遺産センター，「屋久島の自然展」開催

表 V.1.4（続き）

年次	地元行政（県，町）の動き		民間その他の動き		国の施策など	
H9 (1997)	3月	両町，環境基本計画策定	2月	「漁民の森」づくりへ，一湊白川上流に落葉樹4000本植樹	2月	屋久島世界遺産等調査研究推進地域連絡会議設置
	3月	屋久島環境学習ネットワーク会議発足	9月	屋久町湯泊「杜の家」の若者を中心に「沢筋トラスト」設立	5月	屋久島島しょ生態系調査検討会
	6月	県，西部林道改修計画を白紙に			9月	会，「岳まいり歩道」入口看板整備
	11月	島一周道路整備検討委員会設置	11月	「巨木と語ろう全国フォーラム」開催	10月	世界遺産登録3年後の状況点検
	12月	屋久島議員連盟,「屋久島会議」開催				
H10 (1998)	9月	両町，西部林道現状維持を県に要望	7月	第4回国際野外生物学コース開講，屋久島塾旗揚げ	11月	林野庁，縄文杉の樹勢回復事業実施
	10月	環境文化財団特別顧問会議開催	8月	屋久島野外生物学コース開催		
	10月	屋久島国際シンポジウム開催	11月	世界遺産国際ユースフォーラム開催		
	12月	第2回「屋久島会議」開催	11月	「日本ウミガメ会議」開催		
H11 (1999)	1月	屋久島一周道路整備検討委員会，西部林道現状維持の提言	2月	屋久島ガイド連絡協議会設立準備委員会発足	3月	外務省，「99グローバル・ユース・エクスチェンジ・プログラム」を屋久島で開催
	4月	上屋久町，屋久町クリーンセンター竣工	3月	屋久島観光協会発足	3月	「屋久島の自然地域における保護と利用のあり方調査報告書」
	4月	屋久町「ぽん・たん館」落成	3月	トッピー宮崎―種子屋久航路廃止	6月	島嶼生態系の保環に関する研究の結果報告会開催
	7月	上屋久町，アイランドテラピー構想策定	7月	鹿児島大，入山者数自動カウンター設置		
	10月	世界遺産フォーラム開催	9月	ヤクタネゴヨウマツ分布調査		
H12 (2000)	3月	合同庁舎に電気自動車導入	1月	日米インタープリター・トレーニングセミナー開催	2月	世界自然遺産としての自然環境と生物多様性ワークショップ開催
	3月	県，林野庁と荒川登山口―小杉谷間の森林軌道の利用協定締結	2月	「屋久島の森林と人」シンポジウム開催	3月	環境庁，屋久島の登山道等整備方針検討調査をとりまとめる
	3月	県，小杉谷山荘跡に仮設トイレ設置	2月	屋久町で廃棄物ゼロに関するワークショップ開催	5月	屋久島山岳部利用対策協議会，町道荒川線において5日間のマイカー規制を実施
	4月	縄文杉，弥生杉，紀元杉「森の巨木」に	4月	「屋久島文化デザイン会議」開催		
	4月	縄文杉登山のためのトイレ検討会開催	5月	「屋久島エコフェスタ2000」開催		
	5月	屋久町子ども議会開催				
	5月	世界遺産会議開催				
H13 (2001)	1月	県，総合計画で「屋久島環境文化村構想の推進」を主要プロジェクトに位置づけ			1月	環境省，入山者数自動カウンター設置
	4月	共同研究「屋久島プロジェクト」を鹿児島大学が中心となって実施			2月	環境省，「屋久島地域山岳利用管理方針検討調査」第2回検討委員会開催
	5月	原生自然環境保全地域フォーラム開催			3月	環境省による「平成12年度生態系多様性地域調査（口永良部島）」がまとまる
	10月	オーストラリアのクイーンズランド州政府の環境専門家が来島，エコツーリズムについて講演			7月	環境省，インターネット自然研究所サービス開始
	12月	第5回「屋久島会議」開催			11月	環境省，グリーンワーカー事業で登山道補修事業を開始
H14 (2002)					2月	環境省，霧島屋久国立公園（屋久島地域）を拡大，20989 haとなる
					3月	環境省，「屋久島山岳部交通利用実態調査検討会」開催
					3月	環境省，「屋久島地域登山道管理マニュアル策定委員会」開催

ある.
　その全文は，以下である.
「私は，最初の懇談会の席で，屋久島と私の住んでいる京都が，共通な難問をかかえている点について，次のように指摘した.
　（1）　屋久島と京都は，どちらも，かけがえなく貴重な遺産をもっている.
　（2）　それぞれの自然と文化の抜群の遺産を，大事に保存して欲しい，という国民的もしくはそれ以上の規模の人びとの要求がある.
　（3）　こうした保存の要求と住民の生活の必要との矛盾を，どのように解決すればよいか，という問題が，屋久島と京都の住民には，共通に課せられている.
　屋久島の住民の方々は，私ども京都の住民と同じく，それぞれ，自らのうちに，保存と生活の矛盾を感じながら，この矛盾の解決がいかにむずかしいかを，痛感されているにちがいない.
　しかし，住民のなかには，保存の側を強調する人びとと共に，生活の側を強調する人びとが存在することも事実である．このばあい，保存の側が，住民外の広汎な世論の支持を期待できるのに対して，生活の側は，世論の非難，言論の心理的抑圧を受けやすい．
　私は，私どもの懇談会が，保存の側を一方的に強化し，生活の側に対する抑圧を強める役割をはたす結果にならぬよう終始念願してきたのであるが，この点にかんして，事務局の方々が，私の念願を上廻わる配慮を示されたことを，たいへん有難く思った.
　屋久島環境文化村構想は，屋久島の住民の自発的な意欲の一環となるのでなければ，実現の可能性はありえない．そのためには，屋久島における自然の保存と住民の生活との矛盾の解決にたいして，保存を強調する側が，強力な支援を行う用意が必要であろう.
　これまで，懇談会事務局や屋久島環境文化研究会によって，さまざまな注目すべき提案が行われてきているが，私は，とくに次の三点の優先的実現を期待したい.
　（1）　屋久島環境文化村構想の長期にわたる推進の拠点となる組織と施設を早急につくること.
　（2）　環境文化村の名にふさわしい，高度な汚水・ゴミ処理施設を，住民の創意と熱意をともなう自発的協力のもとに，計画的に，早急に充実すること.
　（3）　保存と生活の矛盾を解決するための不可欠な手がかりとして，屋久島環境文化研究会の提案する「ゾーニング」を，法制面をふくめて早急に具体化すること.」

　　　　　　　　　　　　　　　（小野寺　浩）

文　献

鹿児島県（1992a）：屋久島環境文化懇談会報告書.
鹿児島県（1992b）：屋久島環境文化村マスタープラン報告書.
環境省（2002）：共生と環境の地域社会づくりモデル事業（屋久島地域）報告書.

第2章
屋久島におけるエコツーリズム

2.1 屋久島におけるエコツーリズムの現状と今後の方向

屋久島では，エコツアーガイド（エコツーリズムにおける中心的な役割を果たす者．主に自然や文化などを解説することを目的に案内するガイド）が180名を超えるといわれている．おそらくエコツアーガイドの数では日本最多の地域になるだろう．これだけ多くのガイドが営業できる理由は，屋久島の山，森，海，川には語りつくせぬだけの魅力があるとともに，屋久島でガイドを始めた先駆者たちがリピーターを呼び込めるほどの興味深いプログラムをつくり上げた成果ではないだろうか．今では屋久島のガイド産業は2億円産業と推定され（環境省，2001），他の業種への波及効果もあることから，屋久島の観光を語る上で，ガイドは欠かせぬものになっている．

現在，縄文杉などへの登山，白谷雲水峡などの森歩き，リバー・シーカヤック，沢登りなどのさまざまなツアーが実施されている．しかし，ガイドの質を確保する制度などが未整備であることによるマナーやルールの未徹底，ガイド間のトラブル，また，利用者とガイドとの間に誤解が生じている現状もみられるようになった．また，地域住民においては，エコツーリズムのあり方についての共通認識も形成されていないという現状もある．このような問題意識を踏まえ，環境省が平成15年（2003）から開始した屋久島のエコツーリズム推進事業において，屋久島のエコツーリズムを推進する組織である「屋久島地区エコツーリズム推進協議会」（以下，推進協議会）が平成15年9月2日に設置され，地元行政や（財）屋久島環境文化財団，屋久島観光協会，環境省などにおいて，屋久島におけるエコツーリズムのあり方などが検討されている．

屋久島でエコツーリズムを推進する上で，どのような問題があるのだろうか．エコツーリズムの概念にも左右されるが，ここでは環境省の「エコツーリズム推進会議」で，エコツーリズムとは「自然環境や歴史文化を対象とし，それらを体験し学ぶとともに，対象となる地域の自然環境や歴史文化の保全に責任をもつ観光のありかた」としており，この観点で，屋久島のエコツーリズムの問題点と今後のあり方を考えてみたい．

なお，屋久島などの現在の状況について，屋久島自然保護官事務所の山崎自然保護官に補足・修正していただいた．

2.2.1 ガイドにおけるルールづくりを

屋久島において，近年，エコツアーガイドの需要が急速に高まり，夏のシーズンなどでは短期間で集中的に利益をあげることもできる．そのため島内外からガイド業への参入者が増えてきている．新規事業者の中には，自然環境に関する優れた知見や，屋久島における長年の貴重な体験を有するガイドもいるが，現状では資格やルールがなかったことから，知識や経験が少ないガイドの参入により，ガイドの質の低下が懸念されてきた．

そのため，（財）屋久島環境文化財団では，ガイドの能力向上を目的にしたガイドセミナーを実施するとともに，推進協議会では，ガイドの質を確保するために，行政だけでなくガイド代表者も交えて屋久島ガイド（主に野外において有料で屋久島を案内したり解説したりする者）の登録・認定制度について検討を重ね，平成18年（2006）4月から登録制度をスタートさせるとともに，屋久島ガイド名鑑（http://www.yakushima-eco.com/index.html）による情報発信を開始した．

また，世界自然遺産登録の要素ともなった，植生の垂直分布をはっきりとみることができる西部地域においては，近年，屋久島の新たなツアーポイントとして注目を集め始め，今後の利用者の増加と自然環境への悪影響を心配する声が聞かれるようになった．

そこで推進協議会では，自然資源の価値を損ねることなく，将来にわたって利用し，観光地としての魅力を保っていくため，保全と利用のルールづくりに取り組んだ．地元住民の代表，ガイド事業者，地

元有識者を交え，利用状況を把握するとともに，保全と利用のルールとして定めるべき事項について検討し，今後の課題を整理した．

今後，屋久島のガイドの価値を高めていくために，より高いレベルのガイドをつくる認定制度づくり，ガイドの能力を向上させるための研修制度の充実，自然環境への負荷が懸念される地域の保全と利用のルールづくりとその運用，研究機関・ガイド・推進協議会が連携したモニタリングの仕組みづくり，制度運営の仕組みづくり，情報収集・提供の仕組みづくりなどを進めていくことが必要と思われる．

2.1.2 地域経済に貢献するために

屋久島では，エコツアーの参加者各1人に 10,000円前後〜15,000 円ほどの料金を設定している場合が多い．そのため料金が高いという指摘もある．しかし，野外で利用者の安全を確保することや，また参加者に説明が十分に伝わることを考えた場合，ツアー参加者は少人数にならざるをえない．地域の産業としてエコツーリズムを継続していくこと，また高度な技能と知識をもつガイドを確保していくことを考えた場合，ある程度単価を高く設定することが必要と考える．また，利用者が事前に料金設定の説明を受け，満足して支払っているようであれば，サービスの内容に応じて，多様な料金設定が認められるべきであろう．

現状では，島外出身のガイドが多いが，地元出身のガイドも増えてきている．ガイド業を持続可能な新たな産業として地域に定着させるためには，地元出身者を優先したガイド研修を行い，質の高いガイドを育てていくシステムが必要になる．

また，地元では，ガイドは島外出身者が多いことから，ガイド業を短期間で高収入が得られる金儲けの商売として冷ややかにみている面がある．しかし，島外の視点があるからこそ，地域の人が当たり前に思う自然環境や文化をエコツアーのプログラムに取り込めたともいえる．島外出身者が地域に入り込むことによって刺激を受け，また新たな視点が生まれることも評価した上で，島外出身者と地元出身者の連携を模索していかなければならない．

そこで，地域住民にも，エコツーリズムの導入が地域の利益として受け取れるように，推進協議会では，里の資源を利用した，地域住民が参加する里のエコツアー（農林漁業体験，祭り・歴史文化の伝承などを含む新たなプログラム開発）を進めているが，さらには，地元の受け入れ体制として，屋久島の観光をコーディネイトする組織づくりや，地元の人材育成（屋久島高校では環境コースが平成12年に新設された）などを検討していく必要がある．

2.1.3 屋久島の観光を持続可能にするために

エコツーリズムは，これまで過疎地域の多くが，自然環境を開発する公共事業や大規模リゾートにより地域経済を支えてきたことから，自然を保護しつつ観光で地域経済を支える代替策として提案された経緯がある．そのためエコツーリズムは持続可能な観光として，当該地域の自然環境を保全するものでなければならない．

エコツーリズムを推進することにより，本当に自然環境が保全できるのか，屋久島を例に考えてみたい（図V.2.1）．

a．利用者のマナーを向上させる効果

登山口から縄文杉までを往復する登山ルート（日帰りする場合は，往復8〜10時間を必要とする）においては，登山経験の少ない登山者が多い（環境省屋久島自然保護官事務所サブレンジャーアンケート調査結果，平成13年）．そのため，登山者のマナーが悪化するおそれがあるが，現状では登山道におけるゴミのポイ捨てなどは少ない．全般的に，登山者自身のマナーが以前に比べて向上していることがその理由としてあげられるが，そのほかにも，ガイドの存在が利用者のマナー向上に効果をあげていると思われる．落ちているゴミを拾ったり，マナーに関する注意をするほか，ガイドの存在自体が利用者のマナーに反する行為を間接的に抑止する効果もあると思われる．このように，ガイドは屋久島におけるマナーを利用者に広報し，周知させる重要な役割を担うことができる．

b．エコツーリズムによる利用者の分散効果

エコツアーは，ガイドの説明により，豊かな自然に限らず里地などでも，その場所の魅力を引き出すことができる．そのため利用者の分散効果があるといわれており，屋久島でも多くの興味ポイントを創出することに成功している．しかし，屋久島に関する観光の情報は，縄文杉登山を中心にしたものが多いことから，観光客にとっては，縄文杉は一度は行ってみたい場所になっている．また，ガイドツアーに参加すれば登山経験が少なくても気軽に縄文杉へ登山できるため，むしろ縄文杉への集中を加速させている状況がある（屋久島山岳部利用対策協議会における調査結果）．その結果，利用の分散は起こりつつあるが，縄文杉への利用の集中を緩和させるまでには至っていない．

なお，利用者が多い縄文杉ルートにおいては，登山道や公衆トイレの整備を集中的に進めている．ある程度の利用の集中であれば，適切かつ集中的な施

図 V.2.1 (a) 第2展望台より望む宮之浦岳と (b) 投石平
いわゆる縄文杉登山のルートではない.

設整備とゾーニング（保護と利用の地域区分）を行うことにより，効果的に自然環境を保全することが可能である．

また，利用の分散を図る場合は，自然環境に影響を与える地域が拡大しないよう注意しなければならない．これまで一般の利用者が行かなかったような場所でエコツアーを実施する場合は，今まで自然環境への影響を受けなかった地域に影響を与えるおそれがある．そのため，利用のための詳細な計画を定めたゾーニングを行うなど，地域全体の利用のあり方を慎重に検討していく必要がある．

c. 利用する地域や人数の制限

上記のa，bにより自然環境の保全効果が現れない場合は，さらに場所や人数を規制することが必要になる．地域のガイドを含む関係者や関係機関が話し合い，ツアーを企画しない地域を選定する，また1日あたりの利用者数を制限するなどの自主的なルールをつくる方法が考えられる．また，国立公園では，自然公園法の改正により，利用調整地区内の利用者数の調整などを行うことも可能になり，それらの活用も今後検討できる．

利用者がもたらす自然環境への影響は，地域ごとに異なり，まだ科学的な知見が十分に得られていないことから，人数規制などを行う場合は，当面はモニタリングを行いながら，試験的に実施していく必要がある．

屋久島でエコツーリズムの議論はまだ始まったばかりであるが，屋久島の観光を語る上でエコツーリズムは必要不可欠なものになっている．事業者がそれぞれ創意工夫しながらガイドツアーを企画し，そのツアーに参加する観光客が増えてきた．少人数であれば，自然環境への影響は少ないが，多人数になることにより，さまざまな自然環境への影響が懸念されるようになり，地域におけるルールが必要になってきた．

エコツーリズムは，受け入れる地元側が主導権をもって，持続可能な観光にしていくものである．環境省は，平成15年度にエコツーリズム推進事業，16年度からはモデル事業を実施し，屋久島の地域住民とともに，屋久島の今後のあるべき姿を議論し，エコツーリズムに関する地域ルールをつくり上げていくことを目指してきた．さらに，全国的なエコツーリズムの検討として，小池百合子環境大臣（当時）を議長とし，関係省庁と連携してエコツーリズム推進会議を開催し，平成16年6月に，エコツーリズム憲章の制定，エコツアー総覧の公開，エコツーリズム推進マニュアルの作成など，5つの推進方策をとりまとめた．

今後は，これらのさまざまな取り組みをもとに，屋久島が持続可能な，世界遺産の島としてふさわしい，より素晴らしい観光地になることを願っている．

（東岡礼治）

文　献

環境省（2001）：平成13年度共生と循環の地域社会づくりモデル事業（屋久島地域）報告書，p.122，富士総合研究所．

2.2 屋久島におけるエコツーリズムを地元ではどう考えるか

ここ10年ほど前から屋久島においても急激にガイドの数が増え，「エコツアー」なるものが一般化した．観光客数が急激に増えたわけではない．エコツーリズムが旅行客に浸透したわけでもない．パソ

コンの普及とともに，インターネットによる情報収集・提供が容易になったためである．

屋久島のような離島からの情報を得るにはネットが最適であり，ネット時代を迎えて離島の情報を簡単に大量に提供できるようになった．試しにネットで「屋久島」をキーワードにして検索してみよう．大変な情報量である．逆に多すぎて目的のホームページを見つけ出せない状況でもある．

このような大量の情報で，観光客にとっては「屋久島の旅＝エコツアー」という図式が成り立っている面もあるが，一方では屋久島の観光が登山やトレッキング，カヌー，ダイビングなどの自然観光であるため，初めての自然体験という不安や安全，便利さのためにガイドを利用しているようである．

このような状況から，国内では最もガイドの利用者数が多く，年間 30000 人以上の利用者がある．そのため島内でも 100 名を超えるガイドが生活できるのである．

屋久島が 1993 年に世界自然遺産に登録されて 13 年．島の自然の素晴らしさはもとより，マスコミで数多く取り上げられて，全国的によくその存在が知られるようになったことや，国際テロや SARS ウイルスの影響で海外旅行の一部が国内旅行に切り替えられたこともあり，屋久島の観光客数は緩いカーブながら増加し続けているものの，ここ数年，少し陰りがみえている．

その一方，「観光客の増加で島の自然が荒れた」とか，山岳地帯のトイレ問題，客の自然に対するマナーの問題など，観光客の側の問題とともに，ガイドや民宿などの急増に伴って，サービスの低下や内容・質の問題などといった島側の受け入れ態勢の問題も多くなってきた．さらには客を募集して送り込む観光企業側の問題，あるいは観光客自体の観光に対する認識の問題なども問われるようになってきた．はたしてこのままでよいのだろうか．対外の問題はともかくとして，当の屋久島側の問題は屋久島の住民自らが考え，解決しなければならない．

島が世界自然遺産に登録される前年，鹿児島県と地元上屋久・屋久の両町は「屋久島環境文化村事業」を立ち上げ，「自然と人の循環と共生」をテーマに事業を展開していた．この事業では自然体験型観光として「エコツアー」を開発・推進し，新たな地域産業の育成を図ることにしていたし，その具体的活動として，住民に島の自然や文化を学ぶ研修会やセミナーの開催，観光業を対象にマナーや接客，郷土料理など，ガイドを対象にした安全や知識・文化などの研修事業を数多く実施してきた．さらに，環境文化研修センターにおいては，エコツアーのプログラム開発とともに研修施設でそれらのエコツアーを実施してきた．しかし，この環境文化村事業の中で，「屋久島のエコツーリズムとは何か」が問われることはなかった．

こうした現状の中で，どうしても「屋久島の観光とは何か」ということを明確にしていく必要が出てきた．島の人々がどのような観光を目指しているのかということである．しかし，そこには「50 年後，100 年後の屋久島が目指す姿」はなかった．「自然と人の循環と共生」というテーマはあまりにも大きすぎると同時に，テーマを実現するための「屋久島の観光のあり方」が示されていないのである．

たとえば，島最大の観光地であるヤクスギランドや白谷雲水峡において，急峻な山肌を縫うように横切っているアクセス道路がある．これは昭和 40 年代の国有林伐採のための林道であり，当時は屋久杉をはじめとする常緑広葉樹の原生林が伐り開かれ，大量の木材が運び出された道である．1 車線の狭い林道が県道となり，観光道路となり，県道規格の 2 車線道へと拡張工事が進みつつある．目指すところは大型バスが安全にすれ違い，大量の観光客を自然の中へ送り込むための道路である．

現在では年間，ヤクスギランドで 10 万人，白谷雲水峡で 7 万人の観光客がある．2006 年のゴールデンウィークの白谷雲水峡で 1 日 1000 人を超えた．自然観光，自然体験型観光にとって，はたしてこれでよいのか，屋久島の観光とはこれまでと同じマスツアーを目指しているのだろうか．

「屋久島の観光のあり方」が問われないままに拡張工事が推し進められているのである．工事は自然を破壊しながら進められる．屋久島の自然体験型観光にとって本当に拡張工事が必要なのか，もっとほかに屋久島らしいアクセス方法はないのだろうか，真剣に考える必要がある．そういう意味では，道路づくりが観光資源を破壊しているともいえる．

国内においてもエコツアー，エコツーリズムに関心が高まってきた．観光客の多くも体験型観光に興味を示している．エコツアーに参加した人の多くにも「またぜひ参加したい」との意向が強い．

世界自然遺産をもつ屋久島にとって，そこには世界遺産にふさわしいエコツーリズムがあり，エコツアーが展開されてよいはずである．つまり，屋久島の観光にとって最もふさわしいのが「エコツーリズム」という「考え方」であった．

「屋久島エコツーリズム」とは，「屋久島独自の」という意味をもっている．その地域にはその地域独自の自然があり，人々の生活や文化，歴史がある．エコツーリズムにも地域独自性があるべきであろ

う．

　基本的には日本エコツーリズム協会の以下の3つの基本的概念に従い，屋久島らしい独自のエコツーリズムを構築することである．

　① 自然，歴史，文化などの地域固有の資源を生かした観光を成立させること．

　② 観光によってそれらの資源が損なわれることがないよう，適切な管理に基づく保護，保全を図ること．

　③ 地域資源の健全な存続による地域経済への波及効果が実現することをねらいとすること．

　このエコツーリズムの概念は，資源なくして観光は成立せず，地域住民の参画なくして資源は守れず，経済効果なくして住民の参画は望めず，という3つの認識の上に成り立つ，観光産業と自然保護と地域振興の歩み寄りと融合の形である．エコツーリズムの目的は，その波及効果によって地域の暮らしがより豊かになること，地域の資源が守られること，訪れた観光客に自然や文化とふれあう機会が提供されることである．エコツーリズムの魅力は，環境保全はいうに及ばず，観光産業が成立し，地域振興に重点を置くことである．

　これまでの観光では，地元はみせるだけで大きな経済効果は期待できなかった．土産物関係，宿泊関係の一部のみで，地元民からは掛け離れた存在であった．今でもその傾向は強い．この観光を，本来の主体である住民の手に取り戻すには，住民が主体となるエコツーリズム，エコツアーが最も有効である．しかもインターネットの時代．これからは住民が直接情報を発信し，直接観光産業に参画できる時代である．

　住民を核に，住民の意思で，住民のための屋久島観光．それが「屋久島エコツーリズム」の中心である．屋久島に生き，屋久島を守り，屋久島の未来を切り開くのも住民である．このような考え方をベースに，筆者らは「屋久島エコツーリズム」の検討を始めたところである．

　平成14年（2002），屋久島環境文化財団の支援を受けて，島内関係機関や団体を一堂に集めて「屋久島エコツーリズム支援会議」を立ち上げ，同年9月から平成15年10月まで11回の会議で検討し，「屋久島エコツーリズムの推進のための指針及び提案等」として取りまとめた．その後，環境省による屋久島地区エコツーリズム推進モデル事業の支援を受け，地元上屋久町，屋久町の両町が中核となって「屋久島地区エコツーリズム推進協議会」を設立．ガイドの登録・認定制度や里地のツアープログラム開発を推し進めている．

（大山勇作）

| 2.3 | 屋久島におけるエコツアーの試みと現状 |

a． 屋久島野外活動総合センターの設立

　屋久島野外活動総合センター（YNAC（ワイナック）：Yakushima Nature Activity Center）を設立したのは，屋久島が世界遺産に登録された1993年7月である．

　当時，われわれは「屋久島の本当のすごさは山や海や川に優れた自然が残されていて，日本の自然のモデルのようなところである」という認識から，屋久島の自然を総合的に紹介できるガイドシステムを模索していた．そのころ，屋久島環境文化財団が「エコツアーの支援」を基本戦略に置き，われわれにもエコツアーのモデルコースをつくってほしいとエコツアーに関する資料を送りつけてきた．その資料でいわれている「エコツアー」というものは，まさしくわれわれがやろうとしていることであった．そこで，屋久島では初めての「屋久島エコツアー」としてYNACは旗揚げをした．

　YNACのエコツアーの原点は，縄文杉に代表されるような屋久島の特別な自然をみせるだけではなく，屋久島の自然はかつては日本のどこにでもあった自然であること，そしてそれがこの50年ほどの間に他の地域では急速に失われてしまったことを知ってもらいたい．そして，その自然が山の上から海の中まで一つのつながった生態系であるということを認識してもらいたいことである．

　しかし，決して勉強会のような堅苦しいものではなく，本来の自然の中で遊ぶことの楽しさ，自然の中でゆったりとした時間を過ごすことの気持ちよさを感じることで，ふと自分が住んでいる町の自然のことに目を向けていただければYNACのエコツアーは成功したといえる．そのために，登山やカヌー，ダイビングなどの手段を使って自然の中に入っていくのだが，これはあくまでも手段であり目的ではない．自分の力で歩く，漕ぐ，泳ぐなどのアプローチの中で，自然に対して視線を低くしてじっくりと観察し，そこにある自然がなぜそうなのかを考え，生態系というものを理解していくことが目的である．そのお手伝いをすることがエコツアーガイドの役目だと考えている．

b． YNACのこだわり

　YNACを設立した当時，エコツアーの専門ガイド会社が民間で立ち上げられた例は全国でも数少なかった．そのため，YNACの設立は，全国でも注目を集め，1996年の日本旅行業協会（JATA）主催のエコツアーシンポジウムを皮切りに，エコツー

リズム推進協議会（JES），日本アウトドアネットワーク（JON），国土交通省，環境省などのさまざまなシンポジウム，セミナーでの事例発表，パネリスト，講演と声がかかるようになった．

そこでYNACが参加者の注目を集めたのは，まず民間でエコツアーの専門会社を立ち上げ，経営が成り立っているという事実だった．

これまでエコツアーは，ボランティアによる自然保護や環境教育の場であるという認識が強かった．そして，エコツアーは儲からないと思われていた．また，地元屋久島でも，「自然は眺めているだけでは飯は食えない，木を切り，道路をつくり，開発をしないと食っていけないのだ」という声が聞こえてきた．それに対して，われわれは，「自然をみせることで食っていける道がエコツーリズムである」と主張してきた．ここでYNACをつぶしてしまっては，やはりエコツアーは「ボランティアの世界」であり，「みているだけでは食えないもの」になってしまう．そのようなプレッシャーを感じながらも何とか10年を迎えることができた．この10年でYNACはエコツアーがビジネスとして成立するということを実践をもって証明したのである．そして，現在屋久島ではエコツアーやガイド業が産業として定着し始めたのである．

もう一つ注目を集めたことは，「エコツアーは情報産業である」というYNACの主張であった．この考えは，エコツアーを考える上で非常に重要なことである．

料金についてを考えてみると，YNACを設立した当初，YNACはボッタクリだという噂が流れた．それまでの山岳ガイドは，たとえばガイドの日当15000円を参加者が人数割りすればよかった．参加者が3名であれば，3名で15000円で，1人あたりでは5000円でよかった．しかし，YNACでは，参加者1名につき15000円という料金を設定した．参加者3名では総額45000円という料金になる．このことをどう考えるかはわれわれにとって非常に重要な問題であった．そこで，「エコツアーは情報産業である」という考えに至った．つまり，タクシーに3人で乗れば2000円の料金を頭割りすればいい．しかし，2000円の映画をみる場合，一人一人が2000円ずつ支払うことになる．これは，タクシーという移動手段を2000円で買うことと映画という情報を一人一人が2000円で買うことの違いである．YNACは，15000円分の情報を売っているのであり，その価格に相当する情報を提供しなければならない．そのために，ガイドブックに書かれている程度の情報だけではなく，自然科学全般の最新の情報やオリジナルのデータに基づく情報をもとにしたプログラムが必要なのである．そして，それらの情報が参加者一人一人に確実に伝えられなければならないため，1人のガイドが責任をもてる人数もおのずと限られ，少人数制となってくるのである．

また最近，カヌーに乗せればエコツアーであるとか，普通の観光では行けないところへ連れて行くのがエコツアーであるというような風潮があるが，決してそうではない．一般の観光地でも，あるいは観光地ではない里地においても，そこには独自の自然，文化，歴史があり，その地におけるリアリティーのある情報提供がされれば，エコツアーは可能なのである．エコツアーは，手段やフィールドの価値に加え，ガイドが提供する情報が重要な要素であるといえる．

c．屋久島でのガイド業

YNAC設立当時には冷ややかな視線でみられていたガイド業も今では，ガイド数は100名を超えたともいわれ，2億円産業とも3億円産業ともいわれるようになってきた．この成長を支えたのは，観光客のニーズの変化が大きいと思われる．人々は，自然環境への関心の高まりに伴い，より深い自然とのかかわりを求め，エコツアーという言葉は知らなくてもこれまでのような大人数で観光地を巡っていくマスツアー型の観光では満足できなくなっているのではないだろうか．価格が安いことよりも，多少料金が高くても本当に自然の中に浸ることができる内容の濃いツアーを望んでいる．また，自然ばかりでなく，ガイドとの出会いや他の観光客との出会い，地元の人とのふれあいを望んでいるのである．またそれに加え，世界自然遺産登録や，屋久島の森を舞台のモデルとしたアニメ映画「もののけ姫」の影響など，屋久島への注目が集まった上に，多方面にわたるガイドの存在が屋久島でのガイド付きツアーに対する需要を伸ばしてきたものと思われる．また，インターネットによる独自の情報提供，宣伝・集客が可能になり，パックになった選択の余地のない旅行から，自分の好みにより自由にツアーを組み合わせることができるようになった．このことは，観光客の屋久島に対する期待を，自然の素晴らしさだけを体感するだけではなく，自分の旅を自在につくる楽しみにまで広げさせた．今後も，ますます屋久島におけるガイド付きツアーは需要が伸びてくるものと思われる．

屋久島の観光業の発展において，ガイドの存在が非常に重要であることはいうまでもないが，これからの課題として，屋久島にガイド業を根づかせてい

くためには，規制による品質の一元化ではなく，屋久島の多様な自然環境を活かした多様なガイド業を保障するとともに，幅広い地域産業との結びつきを強めるエコツーリズムの実践にあると思う．屋久島において観光業を中心に地域自体が活性化していくことが，これからもさらに屋久島の魅力となっていくことを期待したい．

(松本　毅)

第3章
公園計画と自然保護

a. 国立公園・屋久島の誕生

世界遺産条約（正式名称は，世界の文化遺産及び自然遺産の保護に関する条約：Convention Concerning the Protection of the World Cultural and Natural Heritage）の条文には，「（締約国は）自国の領域内に存在するものを認定し，保護し，保存し，整備し及び将来の世代へ伝えることを確保することが第一義的には自国に課せられた義務であることを認識する」とある．屋久島が1993年に世界遺産リストに登録された際，自然公園法に基づく国立公園の核心部分と，自然環境保全法に基づく原生自然環境保全地域の，2つの地域が登録された．

本章では，島面積約50000 ha の 5 分の 1 を占める，屋久島の世界遺産地域の法律に基づく保護と利用について，特に国立公園の観点から考察することとする．

まず，国立公園の制度がいつごろできたのか．19世紀末にアメリカにおいて世界初のイエローストーン国立公園が誕生したことはよく知られている．日本では，アメリカの影響を受け，1931年（昭和6）に国立公園法が制定され，1934～1936年の間に日光，瀬戸内海，霧島などの12の国立公園が指定された．その後，第二次世界大戦が勃発し，国立公園行政の予算・人員が余儀なく削減された．

1945年8月15日，第二次世界大戦の終焉の日を迎えたにもかかわらず，国立公園行政を担当していた厚生省において，当日付けで担当官が内閣総合計画局戦災復興部に出向となって，公園行政の直接の担当者が皆無となる事態が生じた．

しかし一方において厚生省は，平和国家再建の一助とするために国立公園行政復活を定め，3か月後，出向していた技師を同省に迎えて，国立公園行政の復活第一歩を踏み出した．時を同じくしてわが国に進駐した連合軍総司令部（GHQ）は，日本政府に対し，「美術品・記念物及び文化的歴史的地域・施設の保護・保存に関する覚書」（1945年11月）を発して，あらゆる手段を講じて美術品・記念物などの維持・管理を行うよう指示し，当時の12の国立公園をはじめ，日本三景や全国の景勝地の現状について報告を求めた．また，GHQの国立公園担当官ポマム大尉から「日本の国立公園行政は，GHQの指導なしに行ってはならない」との指示が出された．

この間，厚生省の国立公園関係職員は順次復員し，業務に携わるようになったが，戦前の空白を埋めるべく，書類の整理や国立公園が存在する地方自治体との連絡に終始した．

GHQ の要請により，アメリカ内務省国立公園局から派遣されたチャールズ・リッチーは，1948年の4月から8月まで日本に滞在し，わが国の国立公園行政担当職員とともに，全国の国立公園および同指定希望地の多くを視察した．また，国立公園行政担当者との意見交換を繰り返し，その報告（覚書）が当時の GHQ 公園担当部局の長からわが国に手渡されたのは1949年のことであった．これがいわゆる「リッチー報告書」で，戦後のわが国の国立公園のあり方，財政・組織も含み管理運営の発展に多大な貢献をなした一種の勧告文である．

1950年ごろから，自然公園体系という新しい構想が検討されるようになった．当時，すでに国立公園に準ずる区域を国定公園として指定した地域が3件あったこと，国土の開発利用は，観光を目的とした開発や国民の保健休養を目的とした開発方法もありうること，アメリカにおいても国立・州立・郡立公園（自然公園）をもって体系づけていることなどの理由から，わが国においても国立公園，国定公園，都道府県立自然公園を一体とした，いわゆる自然公園体系が構想され，1951年の国立公園審議会において了承された．同時に自然公園体系整備の基本となる「自然公園法案要綱」について国立公園審議会に諮問が行われるとともに，「自然公園候補地の選定」についても諮問が行われ，1952年，19の自然公園の候補地が答申された．その際，これら候補地をそれぞれ国立・国定公園とするか，既設の国立公園の区域拡張とするか，2つ以上の候補地を合わせて1つの公園にするか今後の調査の上決定すること，さらに，あらかじめ保護・利用計画案を提示することの意見が付された．これは，従来の公園指

定がまず区域を定めて指定され，後日公園計画が決定されていた方法を改め公園計画も勘案の上，審議会として答申したいという考え方に基づくものであった．19 の候補地は，北から八幡平，三陸海岸に始まり，最も南が屋久島であった．その後も 19 の自然公園の候補地について審議が繰り返され，1954 年，かねてからその景観の重要性，特異性が認められていた屋久島について，屋久杉の原始性の適正な保護を条件に，単独の国立公園候補地として決定された．

答申を受けた候補地は，所定の手続きを経て 1955 年，1956 年と順次指定が行われた．しかし，屋久島の指定は林野庁との協議に日時を要し，指定はなかなかできなかった．

当時屋久島では，国有林の大増伐計画に加えて，大規模な水力発電の開発構想があり，高度経済成長政策のもとでは，自然保護の声はきわめて脆弱なもので，10 年にわたる話し合いの結果も，従来とられてきた屋久杉原始林保護の計画を一部強化すること，すなわち，国立公園特別保護地区として，林野庁が所管する国有林の保護林の区域に加えて約 1700 ha を追加することでようやく関係各省の調整が整い，1964 年，霧島屋久国立公園として指定された．

1954 年の国立公園審議会の答申時点では，屋久島は独立した国立公園に指定すべきとの考えであったが，10 年の間に方針転換が行われた．その理由は，当時の自然公園の利用増大に対処することを考慮し，残された風景地を再検討しつつ，利用上密接な関係にあるもの，すなわち，霧島，錦江湾地域と合わせて 1 つの公園にしようとしたためである（環境庁自然保護局，1981）．

b. 世界遺産条約への登録

1992 年 6 月，わが国は国会の承諾を得て，世界遺産条約締結に係る受諾書を条約事務局に提出し，締約国となった．当時，環境庁以外の霞ヶ関の役人は世界遺産条約には全く興味・関心がなく，環境庁職員が哲学者の梅原 猛氏を説得し，時の首相に働き掛けたことでようやく締約国になることができたことを記しておきたい．条約締結の手続きと並行して，わが国における世界遺産の候補地について検討・調整を行う目的で，外務省，文化庁，林野庁，環境庁など，6 省庁からなる連絡会議が設置された．

自然遺産については，自然環境保全地域，国立公園などを所管する環境庁，天然記念物などを所管する文化庁，森林生態系保護地域などを所管する林野庁が，国内の遺産の保護制度を所管するという立場で検討を行った．

当時，環境庁は，所管する保護制度の中でも，自然の資質が高い自然環境保全地域，国立公園などを主体に，世界遺産のクライテリア（選定基準）に照らして候補地の検討を行い，自然環境保全地域の指定地域である白神山地，原生自然環境保全地域および国立公園の指定地域である屋久島の 2 地域を推薦する方向で調整を図った．

検討に当たっては，自然環境保全審議会，関係自治体などの意見も聞き，最終的には関係省庁の連絡会議において文化遺産とともに政府として推薦を決定した．以上の経緯を踏まえ，1992 年 10 月，わが国は「世界遺産リスト」に記載する自然遺産の候補地として，屋久島と白神山地をユネスコの世界遺産委員会に提出し，1993 年 6 月のビューロ会議を経て，同年 12 月，両地域は世界自然遺産として登録された．

このビューロ会議において，屋久島の世界遺産候補地に対し，遺産地域への人の入り込み増大への対処も考慮した管理計画の策定と管理のための調整システムの確立を促された．このため，1995 年 9 月，現地で管理を行っていた関係行政機関（当時の環境庁九州地区自然保護事務所，林野庁九州森林管理局，鹿児島県，鹿児島県教育委員会）により屋久島世界遺産地域連絡会議が設置され，また，同年 11 月，屋久島世界遺産地域管理計画が環境庁，文化庁および林野庁によって策定された．

さらに，世界遺産リストに登録する際に，おおむね 3 年後に委員会から調査団を派遣し，管理の状況についてモニタリングを行うことが勧告されていたため，1997 年 10 月，IUCN（国際自然保護連合）の専門家が屋久島を調査し報告書をまとめている．その概要は，まず全般的な事項として関係行政機関の連携を強化すること，地域住民の協力を得ることを指摘しており，また，個別事項として，地元 2 町の屋久島世界遺産地域連絡会議への正式メンバー参加，縄文杉に至る歩道の整備のあり方の再検討，西部車道（通称，西部林道）の改良についての悪影響の認識*，島全体としての管理の検討，遺産地域の

---

* 1999 年，生態系への影響が懸念されていた屋久島の県道上屋久永田屋久線（西部車道）の改修工事について，鹿児島県の検討委員会は，自然保護を第 1 に考えるべく，必要最小限の防災対策にとどめるべきとの提言を出した．この改修工事については，1997 年，一部の拡幅計画を白紙撤回しており，この提言を受けて，鹿児島県は西部車道の拡幅計画を断念した．また，検討委員会は，屋久島の道路整備は「世界遺産を後世に引き継ぐため貴重な自然環境を保護し，住民の生活を支える」との理念を打ち出し，その上で「西部車道は維持管理を基本とし，必要最小限の範囲で防災対策を図り，自然環境や景観に配慮する」こととなった．

拡大と境界線の改善，管理のための人員配置の必要性，利用施設の整備にかかわる予算配分の再検討などについて指摘している（大澤ほか，2000）．

c. 国立公園指定39年目の全般的な公園区域および公園計画の見直し

屋久島の国立公園は，1975年に原生自然環境保全地域の指定に伴う区域の一部削除，1983年に亜熱帯から冷温帯に至る植生の垂直分布がみられる屋久島西北部地域の保護規制強化に伴う区域拡張および保護規制計画の変更が行われた．しかし，筆者が屋久島に赴任した1998年4月の時点では，まだ公園指定当初から，公園区域および公園計画の全般的な見直し（再検討）は行われていなかった．再検討が実施ができないことに伴う弊害の主なものとしては，国立公園制度のもとで保護すべきところが保護できなかったり（千尋滝や大川の滝，アカウミガメの日本一の産卵地であるいなか浜など），縄文杉への登山口である荒川登山口からその途中までの安房川に沿った森林軌道（トロッコ）敷きが車道計画として位置づけられていたことで登山道の整備ができなかったことなどである．

屋久町安房にある環境省の事務所（屋久島世界遺産センター内）には，歴代のレンジャーが作成した国立公園の区域拡張・保護規制計画強化の変更案が書類棚に複数保管されていたが，地元の関係機関である林野庁，鹿児島県，上屋久・屋久両町などとは，いずれも調整未了のものであった．

このままではらちがあかないと考えた筆者は，九州地区を統括している九州地区国立公園・野生生物事務所（現在の九州地方環境事務所）に相談し，専門家による検討会を設置し，意見を集約した上で国立公園の再検討案を作成し，関係機関との調整を進めることとした．検討会の名称は，「屋久島の自然地域における保護と利用のあり方検討会」として，座長に田川日出夫先生（当時，鹿児島県立短期大学長）に就任していただいた．1年間かけて検討し，以下のような結論に至った．

① 国立公園制度，森林生態系保護地域制度，町の条例などの各種制度を利用した動植物および自然景観の保護・保護の強化を行うこと．具体的には，山岳部から人里，海岸，海中のそれぞれの地域についての保護規制地域の範囲・規制内容に関し，科学的な根拠に基づいて見直すとともに，各種制度の整合性を図ること．

② 野生動植物の生息・生育環境を把握し，悪化が懸念されるものについては，防止対策・保護増殖を図ること．

③ 一部地域への過剰な利用を回避するため，利用の分散化を図ること．また，屋久島の多様な自然環境を体験できる場を創出すること．

特に，③に関し，縄文杉への登山道のルートを変更すべきか否かが公園計画を見直す上で最も重要なポイントとなり，検討会では，新たなルートの設定は条件付きで必要であるとの結論に至った．

検討結果を踏まえ，縄文杉への登山ルートは既存の荒川登山口からのルートに加え，上屋久町側からも宮之浦川中流域を起点にアクセスできるものとする再検討案を作成し，地元関係機関との調整を行ったが，安房をはじめ屋久町の観光振興を妨げるものとして屋久町が猛烈に反対したため，宮之浦川中流域から縄文杉に至るルートはその途中の龍神杉までとすることでようやく両町の調整は決着した．調整の途中，屋久町の日高町長と問題のルートを一緒に歩いたり，個別集落ごとに説明会を開催して意見交換を行ったり，地元調整が終わると，海上保安庁，通商産業省，農林水産省，建設省などの国の出先機関と調整を行うなど，当初案の提示からおよそ2年越しで出先の作業は終わった．

出先の調整が終わると，環境省の本省が霞ヶ関の関係省庁と大臣協議を行うこととなっており，その手続きを経て，中央環境審議会の審議・答申を受け，2002年2月19日，国立公園指定から38年ぶりに公園区域および公園計画の全般的な見直しが終了した．この結果，屋久島の国立公園面積は，2262 ha増加し，20989 haとなった（表V.3.1，図V.3.1，V.3.2）．以下にその概要を示す．

i) **公園区域の拡張** 屋久杉の自然林がみられる原生自然環境保全地域西方地区，白谷雲水峡地区，七五岳周辺，千尋滝周辺，大川の滝周辺，旧宮之浦歩道（益救参道）沿線や永田歩道沿線，安房川河畔，栗生・中間沿岸部の公園利用上重要な地域（第2種特別地域または第3種特別地域に指定）．

ii) **保護規制計画の強化** 地域の自然環境の状況を踏まえ，世界自然遺産の登録となっている西部車道沿線を第1種特別地域から特別保護地区に変

表 V.3.1 2002年見直しによる霧島屋久国立公園（屋久島地域）地域地区別面積（単位：ha(%)）

陸　　域				海　　域
特 別 地 域				海中公園地区
20989 (100)				
特　別 保護地区	第1種 特別地域	第2種 特別地域	第3種 特別地域	3か所
7478 (36)	2595 (12)	2010 (10)	8906 (42)	114.4
公園区域　20989 (42)				

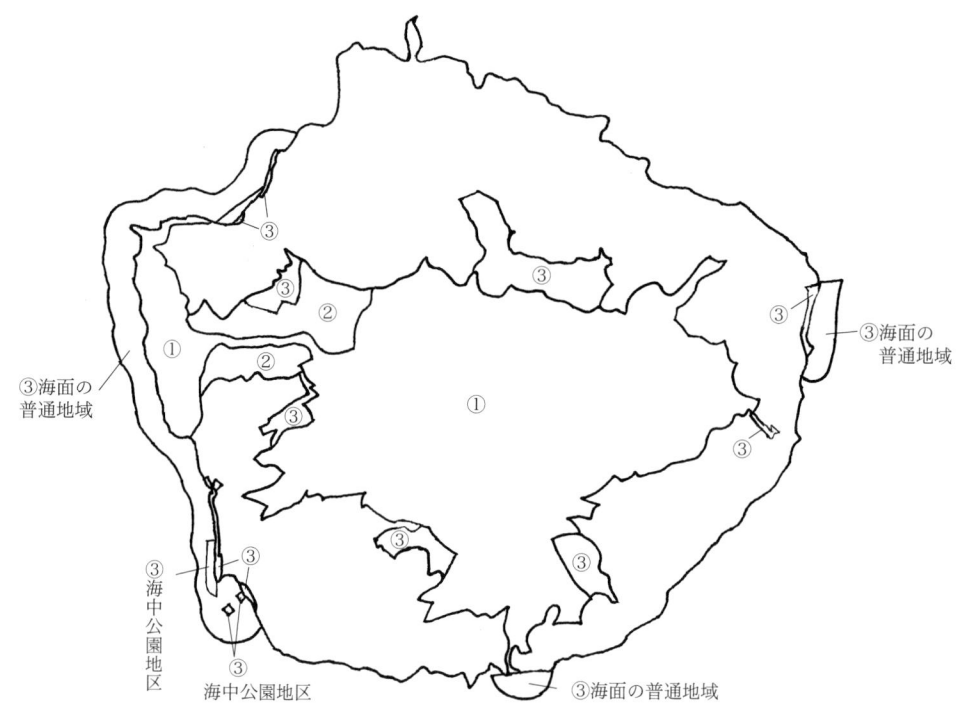

図 V.3.1 公園区域および公園計画の見直し
①1964 年 3 月 16 日，②1983 年 1 月 14 日，③2002 年 2 月 19 日．

■ 特別保護地区　■ 第 1 種特別地域　■ 第 2 種特別地域　□ 第 3 種特別地域

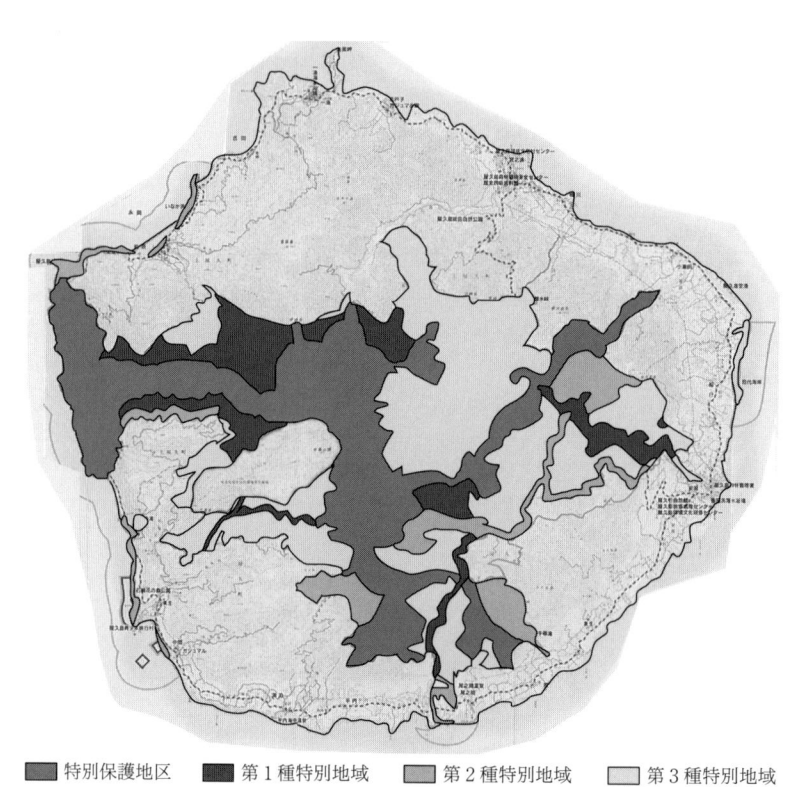

図 V.3.2 2002 年見直し後の霧島屋久国立公園（屋久島地域）の地域区分
（環境省屋久島自然保護官事務所パンフレットより）

更．また，1997年にIUCNの調査団から保護規制強化を指摘されていた大王杉，夫婦杉をはじめとするスギの自然林がみられる大株歩道一帯を第3種特別地域から特別保護地区に変更するなど．

iii) 車馬などの乗入れ規制地域の指定　アカウミガメの日本最大の産卵地である永田いなか浜・前浜，アカウミガメの産卵および枕状溶岩地形がみられる田代海岸を指定．

iv) 海中公園地区の指定　生物多様性の高い造礁サンゴ群落および熱帯魚などの優れた海中景観がみられる栗生沿岸部の114.1 haを，屋久島初の海中公園地区として指定．

v) 保護施設計画の変更　日本最南端の高層湿原である花之江河，小花之江河の植生を復元するため，植生復元施設を追加．

vi) 利用計画の変更　縄文杉への登山ルートなど，一部地域への過剰な利用の回避，利用分散を図りつつ，屋久島の多様な自然環境を体験できる場を創出する観点から歩道，園地などの利用施設計画の追加，変更を行った．

vii) 公園区域の削除　屋久町役場周辺の市街化が進んでいる一帯は，国立公園から削除した．

2002年，屋久島の公園計画の再検討はでき上がったものの，筆者が当初作成した案と比較すると，関係機関との調整のためあきらめざるをえなかった部分がある．屋久島では，海から標高2000m級の山岳部に至る生態系の変化がきわめて短距離の中に顕著にみられ，それが世界自然遺産たるゆえんの一つである．屋久島の西部地域以外で，特に温暖・湿潤な屋久島南部地域において，河川沿いに生態系の垂直方向の保護・再生を行うことが必要だと考えている．田川先生の話では，先生が学生のころ，植物採集に屋久島を訪れたときは，周回車道を走っていても，シダ植物が木々の枝からたわわに垂れ下がっていたとのことである．このような風景をもう一度再生することは，生態系を保護する上でも必要性は高い．南部地域には，ほんの少しこのような部分は残されてはいるが，動植物の絶滅の速度は想像以上に速いものであるため，緊急に保護・再生を行う必要がある．

屋久島で生まれ育った知人から，昔は，トビウオが産卵のために海岸に群れ集まっていたが，最近はみられなくなったと聞いたことがある．今後，数十年，数百年の時を経て，屋久島の自然環境の保護・再生が行われ，また昔の風景が恢復できることを夢見ている．

(田村省二)

文献

環境庁自然保護局 (1981)：自然保護行政のあゆみ—自然公園50周年記念—, pp. 89-117, 第一法規出版．

大澤雅彦ほか (2000)：平成11年度屋久島における島嶼生態系の保全に関する調査研究報告書, pp. 104-113, 自然環境研究センター．

VI 屋久島の人・歴史・未来

引き潮の隆起サンゴ礁，春田浜でのイソモン（貝）採り

地区の神様が祀られている御岳への伝統的参拝行事・岳参り．現在でも各集落の住民によって，毎年行われている［2005年，春牧地区の参加者記念写真］．

トビウオ漁［5月，屋久島東南部沖］

稲刈り［7月，麦生］．背後はモッチョム岳．

タンカンの収穫［2月，麦生］

［撮影：日下田紀三］

第1章
屋久島の岳参り

屋久島に，岳参りという行事がある．

岳参りとは，どのような行事のことをいうのか，起源について，内容について，さらに，現在どのような方法で継承されているのかについて，記しておきたい．

a. 岳参りとは

一口に「岳参り」とは何をいうのかと聞かれたら，御岳に祀られている権現結びの神，俗にいう「一品法寿大権現」に，島の繁栄を誓願し，その成就に感謝する参拝の行事であると答えている．

期日は，旧暦4月が祈願のための登山，旧暦8月が解願のための登山で，年2回である．

農村においては豊作祈願の行事であるが，漁村においては豊漁祈願の行事である．

漁村では，住民の生活が漁に左右される関係から，随時行われる．

大漁のときには「万の祝い」といって，とれた魚を供物として持参して，岳参りする習慣があり，昔は頻繁に行われた．

万の祝いとはすなわち，カツオの場合は船1艘につき10000匹以上とれたときに行われるもので，サバも同様である．トビウオの場合は，1網端（2艘1組）で5万〜10万匹とれたときを大漁として祝ったようである．

現在は，漁業そのものが衰退したので，昔どおりの行事はみられなくなった．

権現のいます御岳とは，宮之浦岳，永田岳，栗生岳，黒味岳などを指す．島の中央部にそびえる標高の高い山々で，俗に奥岳と称する．

奥岳の外側を取り巻く標高の低い山々は，前岳と称する．

屋久島の村落は，島の周囲を取り囲む，堆積岩質の台地の上に発達したので，あらかたが海に面している．村落の背後にそびえている山々が前岳で，各村落ごとに1つか2つの前岳をもっている．

奥岳のみならず，前岳もまた岳参りに重要なかかわりをもっており，それについては後述する．

b. 起源

岳参りの起源については諸説があるが，日蓮宗と関連づけて考える人が多いようである．

『熊毛郡宗教史資料』によると，長享年間（1487年ごろ），屋久島に地震が頻発した．鳴動がやまず，島民は不安になり，動揺し，心の安まるときがなかった．領主の種子島時氏は，折よく種子島に巡錫（じゅんしゃく）中の京都本能寺の日増上人（後の本能寺第7世管長）に，鳴動を鎮めるための祈禱をお願いした．日増上人は快く引き受けて，屋久島に渡り，御岳を望見できる永田村の長寿院に入って祈禱を行った．使僧を3回御岳に送り，法札を納めたが，鳴動はなかなかおさまらなかった．容易ならない事態であると見て取った日増上人は，みずから永田岳に登り，頂上にある笠石という巨大な洞穴に7日間，おこもりをして，鎮災の法華経を読誦（どくじゅ）したところ，鳴動はやみ，その後は何事もなく，屋久島は今に至るまで鳴動・怪異のたぐいは起こらないということになっている．

このとき日増上人は，「一品法寿大権現」の文字を石碑に刻して，山頂の洞穴に建てた．

後年，これに倣う者が多く，石碑の数は次々と増えて，奥岳，前岳の各所に，風化した「一品法寿大権現」の碑石が1000基も数えられるに至った．

それゆえ岳参りは，日増上人への感謝の念に基づくものであるとも考えられるのである．

しかし，岳参りの起源には異説がないわけではない．

屋久島には，南島で唯一，『延喜式』（えんぎしき）に載っている官社・益救神社（やくじんじゃ）がある．古来，「須久比の神」の別称をもつ神社で，南島のすべての神社を支配していた．後一条天皇の御宇（1016〜1035年）に，一品の神階を授けられたといわれる．益救神社の奥の院は，御岳の頂上にあり，御岳を御神体にしていた．この神社が巨樹を尊崇する「霊山神木」不伐の思想を芽生えさせ，山岳信仰を深く根づかせたといわれる．

岳参りは，この山岳信仰に起源をもつとも考えられる．

さらに，別の一説もある．

文安（1444年〜）から永正（1517年〜）のころ，

楠川村に本拠地を置いて，御岳に登って修行する，紀州熊野の山伏たちがあった．岳参りも，この修行僧たちに導かれて始まったのではないかとの説もあるが，今はその説をとらない．

山伏たちの中には，採薬・探鉱という別目的によって行動するグループもあったので，岳参りと軽々に結びつけるのでは，いかがなものであろうか．

c. 行事の内容

次は，行事の内容について述べる．

岳参りのコースは，近年，昔とはかなり変わったものになってきている．

昔は，各村の背後の前岳から，奥岳へ通ずる山道伝いに，徒歩で登山したものである．そのために，登山道の途中に，何か所も詣りどころの石祠（四国八十八ヵ所の霊場に似た性格のもの）が設けてあり，路々詣りどころの石祠に立ち寄りながら，頂上を目指したものだった．

しかし近年，安房林道などが観光道路として整備されたことによって，奥岳の中腹まで安易に自動車を利用して登れるようになったために，昔ながらのひたむきな，お遍路さん式の性格は薄れてしまい，山間の小さな詣りどころの石祠は無視されて，立ち寄る者は少なくなった．

岳参りに欠かせないはずの古風なならわしは消えつつあり，山神への感謝をかみしめながら，一歩一歩，石祠をめぐりつつ登山するという岳参りの精神そのものが薄れてきたともいえる．

年に2回だった参拝が，1回に減ってしまった村落もある．

全く行われなくなった村落さえある．

屋久島の村落の中では，楠川村などは，今でも古風なしきたりを守って，岳参りを続けている．

楠川村を例にひいて，内容を紹介すれば，次のとおりである．

岳参りの行事は年2回．

旧暦の4月と8月の好日に，しきたりに従い，村役人立ち合いの上で，代表者4人が選ばれる．

代表者には，主として青年が選ばれた．穢れ(けが)がなく，体力に恵まれているため，山祭りにふさわしいからであるが，また一つには，昔からこうした祭儀が，若衆組（青年団）の主催するものと考えられていたからでもある．

代表者4人は，2組に分けられる．

奥岳を目指す主役2人（楠川村の場合，奥岳は標高1589 mの石塚山）と，前岳のみに登る添役2人である．

出発の前夜，代表者は楠川村にある本蓮寺という氏寺にこもって汚れを祓(はら)う儀式を行う．さらに，里宮の鳥居の前浜で，海水に浸って，みそぎをする．御岳へのお供え物として，洗米(せんまい)，酒，海藻（ホンダワラ），白砂（竹筒に入れる），賽銭を用意する．

当日は，村役人と，村人（村人すべてではなく，個人的に岳の神に願い事があって，それを代表者に委託した人々）が，楠川神社の前に揃って，代表者の出発を見送ることになっている．

ただし，1日目に出発するのは，先発の主役2人のみである．

主役2人は，その日のうちに石塚山の頂上まで登って，頂上の洞穴前にお供え物を供えて，一晩，おこもりをする．翌日，祭事を済ませて下山する．

一方，後発の前岳組（添役）は，先発組の下山する日の早朝，里宮を発って前岳（楠川岳）に登る．山頂で行う祭事は，両組とも変わらない．

両組は，申し合わせの時刻に，聖地の三本杉（俗界と天界の境目とされている地点）で合流して，一緒に村落へ帰るならわしである．

一方，楠川の村人は，正木(まさき)（前岳の山麓と村落との境目と見なされている地点）まで，代表者を出迎える．

正木には，代表者をねぎらうための直衣の御馳走(なおらい)が用意されている．

これを「サカムカエ」といい，村の長老も顔をみせるが，料理は各自持参である．屋久杉製の弁当箱などに詰めた，主婦たちの自慢の料理が披露される．

宴席の正面に代表者をすえて，参拝の報告がなされ，次回に向けて反省点の吟味があって，酒宴となる．昔はにぎやかに木挽歌も歌われた．

岳参りのときの服装は，今は登山服であるが，昔は尻ばしょりのモモヒキ，脚絆(きゃはん)に，山わらじ（アシナカという）を履いた．

ところで，岳参りの対象である「一品法寿大権現」の碑石の形状であるが，供養塔式であったり，墓石型であったり，さまざまである．近代のものは竿石だけの墓石型が多い．

竿石は，高さ40〜50 cm，幅18〜20 cmの角型．それに四角形の高さ50〜60 cm，幅15 cmの台座がついている．屋根付きの宝形造りのものもある．

石材は安山岩（火山岩，色は灰・黒色）であったり，山川石（水成岩，黄色）であったりする．

建立された年代は不明のものが多い．江戸中期以前に遡るものは，風化が進んで文字の判読ができないからである．

不思議なのは，屋久島は花崗岩の島でありながら，石質が弱いためか，地元の石が用いられていないことがある．石敢當や恵比寿神像には自然石もみ

られるというのにである.

また,「一品法寿大権現」の刻字についても不審感を抱かされる点がある.「法寿」の文字が,時代によって異なることである.

上代のものは,すべて「法寿」と刻んであるのに,江戸期に入って元禄年間以降になると,「宝寿」,「宝珠」が使用されるようになるのは,いかなる理由によるものか,研究の余地がありそうである.

なおまた,山麓に近い詣りどころには,疱瘡神(ほうそう)や,眼の神,歯の神などの諸神も同居しているところがある.

藩政期のつらい山中での労働に苦しめられた島民の,健康管理の姿を映した民俗が,今日まで残されているということであろうか. （山本秀雄）

第2章

屋久島西部地区の変遷

　屋久島の西部地区とは，上屋久町永田集落と屋久町栗生集落間，島の西側部分の総称である．この間は屋久島花崗岩帯が直接海に落ち込む断崖の地で，平地部が少ないために大きな集落の発達はなかった．だが，全く人の住んだ気配がないわけではない．小規模の人の定住があったが，小規模で短期間であったため，その歴史記録は残っていない．

　詳しく調査したわけではないが，永田地区に生まれ少年時代を過ごし，島で生活してきた筆者の記憶に基づき，その変遷を追ってみたい．

　今回は十分に調査する余裕はなかったが，地域の古老からの聞き取りや，役場の戸籍台帳などの掘り起こしを行えば，近代の変遷はいくらかでも明らかになるであろう．

a. 西部地区にあった集落と暮らし

　西部地区には永田側から，屋所（ヤレゴ），灯台（近くにイワゴ），半山（ハンニャマ），川原（カワラ），瀬切（センギェ）などの小集落があった．各集落の概要を記すと以下のようになる（図VI.2.1）．

　屋所：　やどごが訛ってヤレゴと呼ばれる．ヤレゴは永田岬（屋久島灯台）の永田側にある小さな入り江の海岸近くにあり，昭和30年代前半ごろは，2～3世帯が住んでいた．永田集落から屋久島灯台まで，当時は人が通るだけの山道があり，筆者は永田小学校の高学年時と中学校時であったか，2回ほど遠足で行ったことがある．このときにヤレゴを通ったのだが，段々畑が少しあり，2～3軒の家屋があったのを記憶している．現在は，集落や畑のあった山手を一周道路（県道上屋久屋久線．一般に西部林道と呼ばれる）が通り，ミカン園（ポンカン，タンカンなど）の掛小屋があるだけで，永田へ移住した．

　当時の段々畑に植えられていたのは主にサツマイモである．永田でそうであったように，冬にはムギを植え，サトイモや陸稲，アワ，ソバなども植えていたであろう．それらの穀物に野菜や果物など，自給自足分である．収入は炭焼きや木材，シカ猟などの林産物であったようだ．昭和30年（1955）であったと思う．このヤレゴに永田地区に初めて鉄索（鉄の索道でワイヤーロープという．原理はロープウェイと同じ）ができ，山奥から一気に木材を運び出すというので父に連れられてみに行ったことがある．それまでの木材や炭材の搬出は，「シュダ」と呼ばれる木材でつくった滑り台や木馬（木のソリで人が引く）であったから画期的だ．

　灯台：　明治31年（1898）に竣工・点灯．昭和30年ごろでも3～4軒の職員住宅があり，永田の水力発電所からの送電はあったものの，ディーゼルエンジンによる自家発電もあった．ここも西部林道の開設により定住はなくなり，1998年の点灯100年のころから無人化の灯台となった．東南アジアから中東へつながる重要航路であり，太平洋戦争中も大きな爆撃は受けず，灯台は当初の薩摩石（黒色凝灰岩）の石造りのままである（図VI.2.2）．

　永田から灯台までの山道は1里3合（5.2 km）といわれ，遠足にはちょうどよかった．灯台の前方沖側には恵比寿様が祀られてある．また，灯台の尾根のすぐ南側，観音岬との間の谷に岩処（いわごう→イワゴ）があり，昭和の初期まで数軒あったらしいが，現在もまだ1軒だけ残っている．

　半山：　はんやまが訛ってハンニャマと呼ばれる．屋久島灯台から川原（カワラ）までの半分道という意味であろう．

　屋久島灯台の南にみえる岬を観音岬と永田地区の人は呼んでいる．昔はここにも恵比寿様を祀ってあったらしい．郷土芸能「飛び魚招き」の歌詞の中にも「岬観音岬」が出てくるほど，漁場としてもよいところだ．この観音岬を回り込み，カズラカケと地元の漁師が呼ぶ半山断崖を回り込んだ小さな入り江が半山である．カズラカケは花崗岩の絶壁に石英層が網の目のように入り込んだもので，蔓が這い回っているようにみえるので「カズラカケ（葛掛け）」と呼んだところである．海上からのみみられる．

　この集落には何軒あったか不明だが，昭和40年（1965）には「田中さん」が1軒であった．畑も少しはあったが，シカ猟や炭焼きが主で，それ以前は医療実験用としてサル猟も行われていた．シカは住民のタンパク源として古くから狩猟対象であった

2. 屋久島西部地区の変遷

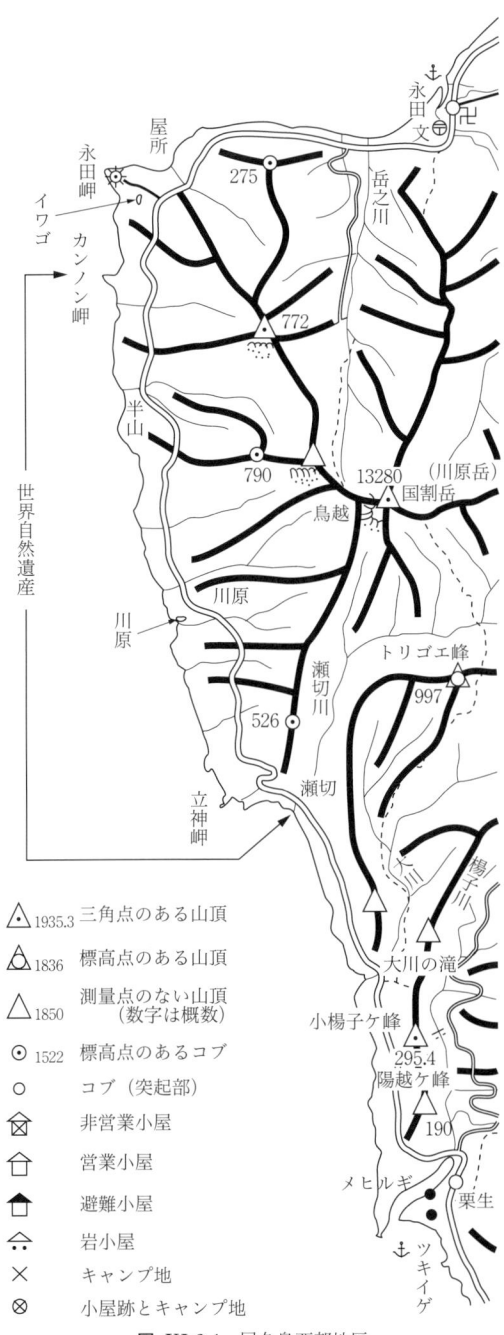

図 VI.2.1 屋久島西部地区

記号凡例：
- △ 1935.3 三角点のある山頂
- △ 1836 標高点のある山頂
- △ 1850 測量点のない山頂（数字は概数）
- ⊙ 1522 標高点のあるコブ
- ○ コブ（突起部）
- ⌂ 非営業小屋
- ⌂ 営業小屋
- ⌂ 避難小屋
- ⌂ 岩小屋
- × キャンプ地
- ⊗ 小屋跡とキャンプ地

図 VI.2.2 明治31年に竣工された灯台

図 VI.2.3 放棄された集落・川原

し，サルは昭和12年（1937）以前から動物園用に捕獲されていた．戦後になって医療実験用に島内各集落から大量に捕獲されたことがあったが，この半山一帯は松田文雄氏の猟場であった．つまり，2〜3世帯の集落であったようだが，子どもたちは学校があるので永田集落に住んでいた．

川原： かわはらが訛ってカワラと呼ばれる．この集落から人がいなくなったのはいつごろか定かでない．少なくとも昭和40年に筆者がここを訪れたときはすでに住居はなく，畑や住居跡は樹木に覆われ，木材も腐っていた．それらの状況から5〜6年，あるいは10年くらいも前に放棄された集落であったと思う（図VI.2.3）．

数年前，この集落近くで昔の松脂（まつやに）採取の痕跡を残す木片が見つかった．永田集落で松脂が採取されていたのは昭和27〜31年（1952〜1956）ごろだったと思う．筆者の家ではそれら採取された松脂を集め，一斗缶に詰めてハンダで封をして出荷していた．小学生のころで，ハンダに興味があって覚えている．つまり，そのころはこの川原辺りでも松脂が採取され，同時に松林があったことを意味する．このころにはまだ人が住んでいたであろう（永田から歩いて採取に来たとは考えられない）．また，これらの松林はその後，明生林業によってパルプ材とし

て伐採されてしまうことになる．

集落跡は現在も残るが，サツマイモやサトイモ，野菜などの畑地はあったが，自家の食料用が主で，現金収入は炭焼きや狩猟，永田地区でカツオ漁が盛んだった明治の終わりごろはカツオ節製造用の薪の生産もあったと思われる．炭焼窯の跡，木馬道の跡なども残っている．

集落跡の海岸には，一部コンクリートが張られた船着き場があり，これらの集落からの生産物の搬出は船を使い，海路に頼っていたことがうかがえる．屋久島の集落を結ぶ主幹道（永田～宮之浦～安房～栗生）の建設は，大正11年（1922）に始まり，昭和7年（1932）に林道として完工した．約82kmの車道が開通したのである．これ以前の荷物の運搬には多くして船が使われていた．

瀬切：せぎれが訛ってセンギェと呼ばれる．屋久島には上屋久町と屋久町の2町があるが（近く合併して屋久島町となる），大川の滝近辺が両町の境である．つまり「瀬切」は行政上永田集落の範囲になる．これまでの西部地域にあった集落はすべて永田に属するのである．正確には上屋久町大字永田小字瀬切になる（ただし，昔の字図では瀬切の範囲は半山辺りまでになっている）．だが，瀬切は栗生に近く，生活物資なども栗生に頼ることから，栗生集落の付属の集落とみられていた．

この瀬切の歴史も，地名の由来もよくわからないが，海からみてこの瀬切川の河口から左右の両岸は花崗岩の玉石が続き，瀬（岩場）がここだけ途切れている．船を着けて乗り降りするには厄介な場所である．そんなところから瀬切と名づけられたのであろうか．人の定着も定かでない．太平洋戦争後の開拓の時代に入植があったか，あるいは明生林業の伐採が始まってからできた集落ではないかと思われる．明生林業の伐採事業の根拠地はこの瀬切集落にあり，伐採終了とともに集落もなくなった．

b．西部林道開通前後のころ

筆者が昭和40年にここを歩いたときには，栗生からこの瀬切川までは幅2mほどの歩道ができており，荷車は通れたと思う．栗生集落も明治のころカツオ節製造の拠点の一つであった．つまり大量の薪が必要であり，薪を運ぶのに馬車や荷車を使った．それだけよく利用されていた道ということである．また，前年の昭和39年から西部林道（現在の県道上屋久屋久線）の工事が始まっており，ある程度整備されていたと思われる．しかし，大川の滝や瀬切川にはまだ橋はなかった．また，このときは瀬切の集落には至っていない．すでに集落はなくなっていたのではないかと思う．

明生林業が伐採を始めたのはいつごろかわからないが，昭和35年ごろ，半山の手前，観音岬で山火事があり，そのころが伐採事業の最終段階と思われる．ゆえに昭和27～28年ごろ，この瀬切から伐採が始まり，川原，半山と伐り進んでいったのではないだろうか．瀬切はそれらパルプ材（クロマツ）伐採の前進基地であったように思われる（図VI.2.4）．昭和も30年ごろになると発動船が多くなり，集落は栗生に移るとともに作業現場へは効率よく船で行くようになったようである．それらのことから瀬切は短い期間の集落であったようだ．

昭和40年正月当時，瀬切の先，立神（タテガミ）岬の手前にはワイヤーロープが張られ，海岸には木材運搬船がいた（図VI.2.5）．明生林業による最後の整理が行われていたころと思われる．

江戸時代からであろう．屋久杉が伐採され，あるいは低地にあったヤクタネゴヨウが丸木船や船材として伐採されるなど，あるいは木炭や薪の生産，シカ猟などで山道が至るところに切り開かれていた．しかし，この西部地区は急峻で利用価値がなかったためか，それらの山道が残っていない．永田～栗生間は国割岳（標高1323m）を乗り越すルートと，海岸線の小集落を結ぶルートの2つの山道があった．

筆者が昭和40年の1月，栗生～永田間を歩いた

図 **VI.2.4** パルプ材伐採の前進基地・瀬切

のは，この海岸ルートを辿るためであった．栗生から瀬切川までは人の往来も割合と多く，道もよかったのだが，瀬切川からは昔の山道になった．道は急に登りになり，立神岬のかなり上に登る．現在の県道のすぐ下に昔の道が残っている．ここまでは昔の道を辿れたが，ここから先は辿れずに，藪の中を進み，川を下って海岸に出て海岸沿いに歩き，揺瀬（ユンゼ）を経て川原集落跡地まで1日かかった．

揺瀬は大波のとき，大きな岩がゴトンゴトンと揺れて音がすることからそのように名づけられた．文化7年（1812）4月11日，伊能忠敬の屋久島測量が終結したのもこの揺瀬である（図VI.2.6）．島の東の安房から二手に分かれて測量を開始し，実動のべ16日（8日間）を要して西側のこの揺瀬で合測．島の一周測量を終えた．

江戸末期の当時はまだ山道もあったであろうが，戦後は発動船で船が便利になると陸路は利用されなくなり，特に明生林業の伐採があった跡は一面のススキやイバラ，萌芽林などで藪となり，山道は消えて辿れなくなっていた．海岸の岩場にセメントの跡があり，道であったことを示していたところもあった（図VI.2.7）．

川原集落跡で野宿し，海岸伝いを行くのはきわめて危険度が高いこと，川を遡るとどこかで山道を横切るはずなので，やはり山道を辿る方が得策と思い，日の出とともに次の谷を遡って30分ほどで，予想どおり山道に出ることができた．これを進めば半山に行き着くはず．尾根へと登る道は樹林帯に入ると割合とよく残っていて辿ることができた．登る途中に遠くでイヌの鳴き声が聞こえた．「半山の人が狩猟にでも出てきたのか」と思いながらしばらく登ると，突然に顔なじみの永田の人たちが数人現れた．何と筆者を捜索する先発の人たちであった．さらに船からの捜索隊も出るころで，10時には永田と栗生から捜索本隊が出る予定になっているという．とんでもない，私はこんなに元気なのに……．

ここからはその山道を伝い半山の集落に出て，田中さん宅でお茶をご馳走になっているとき，捜索の漁船（わが家の船）が海岸伝いに近づいて来た．筆者は歩き続けたかったが，「10時までに連絡を」とのことで半山から船に乗り，灯台で電話を入れてギリギリで捜索本隊は出動せずに済んだ．わずか一晩の野宿であったが，西部地区の道は昔からの難所で，永田住民にはある程度恐れられた隔絶の場所であった．

図 VI.2.5 木材の運搬用に立神岬の手前に張られたワイヤーロープ

図 VI.2.6 大波のとき大きな岩が揺れて音をたてることから名づけられた揺瀬

図 VI.2.7 かつては道があったことを示す海岸の岩場のセメント跡

前にも少し触れたが，永田〜栗生間の県道，上屋久屋久線が着工したのは昭和39年9月であり，昭和42年3月に開通した．この道路は林野庁による林道として開設したため，屋久島では俗に「西部林道」の名前で呼んでいる．以後は町道に移管し，さらに県道に移管したものである．西部林道は国有林と民有林の境界付近を通っており，道から下，海岸側が民有地であり明生林業の所有地である．

ただ，平成5年（1993）12月の世界自然遺産登録の折り，山頂から海岸までの連続した植生を残すため，西部地区は海岸一帯の民有林，明生林業の所有地も含めて世界遺産とした．そのため世界遺産内の民有地は鹿児島県による買収が進められている．なお，世界自然遺産の範囲は，観音岬の尾根から瀬切川までの範囲である（図VI.2.1参照）．

c. 西部地区の歴史

歴史的には屋久島は種子島家の領土であったが，一時期，ちょうど種子島に鉄砲が伝来した1543年ごろ，薩摩半島の豪族「ネジメ氏」の領土となり，1年後にはその鉄砲で屋久島を取り戻したが，1595年には島津氏の領土となった．江戸時代も島津氏のものであったが，明治の廃藩置県や官民有地区分事業により国有地と民有地に分けられた．このとき永田地区は住民の資産づくりとして西部地区を大きく民有地にしたのである．つまり，現在の西部林道より海側は永田地区民の共有土地であり，共有林（所有者は国）でも部分林でもない，集落が所有する民有林である．ただし，集落は自治体ではなく，土地の所有ができない．そのため，集落の代表者「区長」の名義で所有した．世界遺産地域に入る観音岬辺りまでは個々人の所有する土地であるが，観音岬辺りから大川の滝までは集落の土地であり区長名義の土地であった．いわゆる共有地であり，集落の許可があれば誰でも開墾して住めたのである．

薩摩藩時代の屋久島の集落の土地はこのような集落共有地であり，個人へ区分けしての無償貸付制度のようなものであった．大地主-小作制度などはなかったので，共有地を区割りして数年ごとに持ち畑を変えていたようである．個人所有が始まったのは明治の官民有地区分事業以降で，田畑は当時の区分け分と自分で開墾したところは個人所有に，山は植林したところは自分の山になった．

ただ，永田地区が官民有地区分事業の折り，大川の滝までという広大な土地を民有地として確保したのは，やはり江戸時代から続く屋久杉伐採を主とする山稼ぎが島民の生活の主体であり，海は天候や豊漁・不漁の差が大きく不安定であったからである．国有林がこれまでどおり伐ることができないのなら，自分たちで造林し，安定した林業にしようという思いがあった．そのためには土地は多い方がよい．できるだけ多くの土地を確保し，個人でスギを植えた部分は個人の土地としてスギの造林を奨励したのである．また，永田集落は屋久島で最初（大正15年）に，屋久島水力発電株式会社を住民が設立して電気事業を始めるほどに先見性があった．植えたスギが将来は電柱材として高価に売れることをもくろんだが，現実には太平洋戦争後の高度経済成長期に建築材として大きな収益をあげた．

また，大正時代の初めごろ，それまで屋久島沿岸で大漁していたカツオが遠洋へと移動してしまった．そのため，永田集落では瀬切の山林500haを抵当に農林銀行から3000円を借り，60tの発動漁船「永田丸」を建造し，遠洋漁業に乗り出した．しかし不漁続きで返済もできなくなり，500haの山は抵当流れで銀行のものになってしまったという．この抵当流れを明生林業が買い取り，パルプ材の伐り出しを始めたのであろうか．永田地区は昭和30年ごろ，瀬切地区の残りの部分を明生林業に売り，永田地区に島内初の上水道を設置したという経緯もある．

西部地域内でも，現在の県道から海岸地帯はこうした人々のかかわりの歴史があるが，県道から上部はほとんど人手が加わっていない照葉樹の原生林であるという．しかし，森の中を歩いてみると屋久杉やヤクタネゴヨウの切株が点々と残っている．過去にはこんな急峻な人里離れた森の中まで踏み入り，木材を切り出していたのだ．

明生林業の伐採が終わって45年ほどにもなる．筆者が歩いたときから40年にもなる．川原集落跡など，再び照葉樹の森に還ろうとしているが，まだ落葉樹も多く混生しており，本来の照葉樹林に還るにはもう少し時間が必要である．

ただ，もともとの民有地であった西部の森は，クロマツの多い森であった．ここだけでなく屋久島全体の海岸帯はクロマツが多かったのである．つまりは古くから照葉樹の森が人々に利用され，その空間にクロマツが生えたものと思われる．西部地区の海岸帯のクロマツはパルプ材として伐採されたが，その他のクロマツは昭和40年ごろ以降の松食い虫（マツノザイセンチュウ）によってほとんど絶滅してしまった．西部地区に伐り残されていたクロマツも松食い虫に枯れ，現在のクロマツはその生き残りであり，松食い虫は今，ヤクタネゴヨウを絶滅に追い込みつつある．

西部地区は世界遺産となり，これからは人手によ

る変化は生じないが，森はこれからも自然条件によって変わり続ける．松食い虫もそうだが，今またシカの増えすぎによる林床植生の絶滅や，タヌキの侵入による生態系の破壊など，緊急の対応が必要な問題も発生している．屋久島の森林は林床植生が豊かなことが特徴の一つである．10年も前の西部地域の森床は，屋久島南限種や北限種，固有種などを含む林床植生が豊かであった．それが今は一面の落ち葉で覆われている．この島に人が住み着いて以来続いてきたシカの捕獲がなくなり，自然と人の共生が崩れた姿である．

本来の世界遺産の自然はどうあるべきか，世界遺産の森がどんな森か，基礎データも少ないのが現実である．

（大山勇作）

第3章
「学びの島」の歴史と未来

a. サル学者,猟師に出会う

　野生のサルを研究しようとして学者がこの島を訪れたのは,1952年6月のことだった.宮崎県の幸島でニホンザルが最初に餌付けされる前のことで,「京都大学霊長類研究グループ」は,日本各地で野生のサルたちに接近を試みていた.川村俊蔵と伊谷純一郎は,6月22日の早朝に安房港へ上陸,下屋久営林署を訪ねた後,島を一周し,宮之浦岳,永田岳に登頂して,7月12日に再び安房港より出帆している.

　こう書くと,まるで今の観光コースを辿っているようだが,当時は島の西部に車の通る道はなく,村々で人にたずね,宿を頼みながらの手探りの旅だった.2人の目的は,屋久島各地で猟師に会ってサルの話を聞くこと,野生のサルを自分の目と耳で確かめることだった.当時,野生ニホンザルの姿をみるのは日本中どこでも至難の技で,サルたちの自然生活はまだ多くの謎に満ちていたのである.当時の2人の意気込みと,屋久島の猟師たちとの会話の一端を,京都大学霊長類研究グループが孔版で出版した『屋久島のシカとサル』から読み取ることができる.

　川村と伊谷が会った人々の中で,この報告に名前のあげられている23人中13人が猟師である.2人は,日々猟師の話に耳を傾け,猟師の案内で山を登り,サルたちとの遭遇を果たした(図VI.3.1).2人が感嘆したのは,屋久島の森に日本のどこよりもサルの食物が豊富にあることで,サルが予想をはるかに越える高密度で生息していることだった.しかし,サルたちは急峻な岩場を含む林中に暮らしていて,人里に姿をみせることはめったになく,畑荒らしをするサルもいなかったようだ.サルが唯一接触する人間は猟師だけで,しかもサルを捕らえるために銃ではなくロウヤワナ(ドウと呼ばれる島独特の罠で,サルを生け捕りにするために用いられた)を用いていたために,山中でサルはあまり人間をおそれてはいなかった.

　2人が猟師たちから聞き込んだサルの群れの全容は,1970年代後半から筆者らが10年以上の歳月をかけて調べ上げた結果とほとんど変わらなかった.屋久島の猟師たちがいかに正確に野生のサルの暮らしを観察していたかがわかる.ヤクシマザルの群れは他の日本各地に生息するニホンザルに比べて,規模が小さく,遊動域が小さく,隣接群とより敵対的な関係にあった.屋久島に独特な照葉樹林の中で,ヤクシマザルが長い年月をかけてつくり上げた社会である(図VI.3.2).2人は特に多くの群れが連続して分布する点を重視して,屋久島に将来研究にふさわしい4つの場所を選んでいる.もし,そのわずか1か月後に幸島で野生ニホンザルが餌付くことがなかったならば,ニホンザル研究はもっと早く屋久

図 VI.3.1　ヤクシマザル
(a) 雄と子ザル.(b) 赤ん坊は毛が黒いのが特徴である.

図 VI.3.2　屋久島西部域に海岸線から山頂部まで途切れることなく分布する森林

図 VI.3.3　皆伐された森林の跡地は至るところにあった（1970年代）

島で始まっていたかもしれない．

すでに川村・伊谷両氏も，2人の出会った猟師の方々も，ほとんどが鬼籍に入られた．もはや，当時の山とサルの様子を語る者は残っていない．この報告の中で2人は，屋久島のサルの生活に関するいろいろな言葉があること，人々が食用や薬用としての利用も含めてサルと密接な関係を保ってきたことに，驚きと敬意の目を向けている．そして，島外からやって来る密猟者の取り締まりを訴え，シカと同様に，サルを原生林とともに保護することの重要性を強調している．

サル学を創始した2人の研究者の姿勢は，そのまま今のわれわれに受け継がれている．筆者らの学びは，この猟師たちとの出会いで始まったのである．屋久島の森の先達たちとその自然観を学ぶ，というのが研究者と屋久島との最初の接点だったと思う．

b. 屋久島の再発見

1950年代，1960年代は，屋久島が開発の名の下に徹底的に切り刻まれた時代だった．1957年には国による大面積皆伐が始まり，1961年には屋久島林業開発公社が発足．1964年には島一周道路の建設が始まって，屋久島は林業と土木の島と化したのである．一方で，森林保護の対策も講じられた．1954年には屋久杉原始林が天然記念物に指定され，1964年には霧島屋久国立公園が成立し，1969年には屋久杉鑑賞林「ヤクスギランド」が設置された．しかし，これらの手は遅きに失した感がある．1970年にそれまで林業の中心となってきた小杉谷が閉鎖されたことをみても，すでにほとんどの森林が切りつくされていたことがわかる（図VI.3.3）．しかも，それまで屋久島では開発も保護もすべて国や県の主導で実施されていた．1904年の国有林下戻請求行政訴訟に敗北して以来，島の人々は屋久島の将来に対して明確な意思表明をしてこなかったのである．

転機は1970年代に訪れる．1972年に地元の有志により屋久杉原生林の全面伐採禁止を求めて「屋久島を守る会」が結成された．この働きかけを受けて，1973年に上屋久町議会は「屋久杉原生林の保護に関する決議」を採択し，林野庁に対して伐採計画の中止を訴えることになった．続いて，屋久島を守る会は，伐採が予定されていた瀬切川右岸地区の保護を求め，1982年に国立公園区域の見直しを実現させた．この決定は，国民注視の中で行われた．国の施策が伐採・植林から保護・非破壊的利用へと方向転換したことを，内外へ印象づけた出来事だった．この地区にある，屋久島で最も美しい森林を子孫に残そうという意見が，ついに地元の人々の主張となって結実したのである．このとき，日本霊長類学会も環境庁へ要求書を提出し，屋久島を守る会の運動を支えた．研究者と島の住民がともに協力し合い，屋久島の自然に学ぶ方法を見つけようという姿勢がここから生まれることになる．

この歴史的事件の前後に，花山原生自然環境保全地域の指定，ユネスコによる「生物圏保護区」の指定，西部地区の国立公園第3種から第1種への格上げ，などが次々に決定される．こうした動きに応じて，環境庁による「花山原生林総合調査」や文部省による「生物圏保護区の基礎研究」が一斉に始まり，多様な分野の研究者が屋久島で協力して調査に励むことになった．さまざまな大学の研究者や学生が島に長期滞在して調査を行うようになり，多くの新しい発見がなされた．その成果は，国際的な学術雑誌に掲載され，屋久島は世界でも有数の自然を有する島として，国際的に名を知られるようになった．

1975年に初めて屋久島を訪れた筆者は，西部地域でヤクシマザルの調査に従事しながら，これらの活動に参加した．しかし，研究者と地元の人々との

活動がどうもうまくかみ合わないという印象をもった．当時，屋久島にはUターンして都会から戻ってきた若者たちが増えつつあり，自らの手で屋久島を知ろうとし始めていた．地元の若者たちによる「屋久島を記録する会」，「屋久島郷土誌研究会」，「屋久島ウミガメ研究会」などが次々に誕生した．だが，研究者たちはこれらの活動に参加しておらず，調査で得た成果を地元で発表する機会をもたなかった．島には標本や資料を保管できるような施設がなく，島の将来を見据えて研究者と地元の人々が自然の価値を共有するには，程遠い状況だったのである．

そこで筆者は，1983年に（財）日本モンキーセンターという民間の博物館に研究員として採用されたことを機に，民間の協力による博物館活動を屋久島で展開できないかと関係者に働きかけてみた．こうして1985年に結成されたのがアコウ（イチジクの仲間）という意味の「あこんき塾」である．日本生命財団の助成を受け，モンキーセンターの所長が代表者になって組んだプロジェクトだったが，活動の主体となったのは地元の若者と，当時屋久島に滞在していた京都大学や鹿児島大学の学生たちだった．モンキーセンターの学芸員，（財）自然保護協会の研究員，鹿児島県文化財保護指導委員，上屋久町社会教育課長，屋久町神山小学校教頭，（有）恵命堂工場長，屋久島産業文化研究所所員，画家，主婦，大学教員が研究分担者兼ご意見番として参加した．あこんき塾は，20歳代の若者を中心に，これまで地元で価値がないと思われてきた自然をさまざまな視点からもう一度見つめ直し，明日の屋久島を築くための教材にしようという共通認識で出発したのである．

あこんき塾の活動は，まず，地元で自然観察会と講演会を開催することから始められた．最初に行われたのは「サシバの渡り観察会」で，屋久島の各所に参加者を配置して南下するサシバの数を数えた．日本野鳥の会とNHKの協力を得て全国ネットでこの情報を流し，屋久島が渡り鳥の世界でどう位置づけられているかを学んだ．また，屋久島各地で農作物の被害をもたらしているヤクシマザルについて観察会と討論会を催し，サルの生態を学ぶとともに農業に従事する地元の人々と猿害対策について話し合った．自然観察会は月に1回開催され，島内外から専門家を招いて解説してもらったり，講演会を開いたりした．これらの活動には地元の霧島屋久国立公園管理事務所が全面的に協力し，日本自然保護協会には自然観察指導員研修会を開催してもらった．おかげで地元には自然観察指導員が何人も誕生し，以後の観察会を地元の手で指導していく道が開けた．

日本モンキーセンターは，この時期に愛知県犬山市で公開シンポジウム「ヤクニホンザルの謎を追って」を開催し，全国の研究者や博物館関係者の屋久島への関心を高めた．シンポジウムには上屋久町社会教育課長と「屋久島を守る会」の代表者が出席し，地元の生活者，教育者としての意見を述べた．日本モンキーセンターは普及誌「モンキー」に特別号として「屋久島特集」を掲載し，研究者による調査報告ばかりでなく，屋久島における自然保護活動，自然保護教育について地元の意見のほか，屋久島に伝わるサルの伝統的猟法などについての記事や屋久島関係文献リストを載せた．伝統的猟法のロウヤワナは，かつて川村，伊谷と森を歩いた猟師に実際に制作過程を再現してもらって記事にした（図VI.3.4）．その出会いは感概深いものだった．また，これらの成果を写真やパネルにしてモンキーセンターで特別展を開催し，それをそっくり屋久島へ運んで上屋久町，屋久町でそれぞれ1週間ずつ公開展示会を催して地元への還元を試みた（図VI.3.5）．

あこんき塾では，屋久島で期待される博物館的活動としてさまざまな計画が討論された．屋久島各地の微気象の観測，地質調査，照葉樹林の分布や生

図 VI.3.4　元猟師の岩川 正さんに復元してもらい展示されたロウヤワナ

図 VI.3.5 屋久島で開催された特別展

態，磯の観察や魚の生態，野草の利用法，樹木の伝統的利用，昔ながらの遊びの発掘など，変化に富む屋久島の生活環境の中で自然と人との接点に対する人々の多様な関心がうかがわれる．これらの計画を実行に移す対策として，自然観察会を定期的に開くためのネイチャートレイルの設定や，各部落で身近な自然を解説するための案内版の設置，情報センターの設立など，多くの意見や要望が出された．あこんき塾の活動は2年間で終了したが，ここで話し合われた計画は島の人々に受け継がれ，現在までにさまざまな形で実現している．

c. 自然から学ぶのは誰か

あこんき塾によって研究者と地元の人々が一致協力して教材づくりに励んだことは，屋久島における博物館活動の一里塚として位置づけることができる．開催した自然観察会をもとに，多くの手づくりの教材が作成された．このうち本として発行できたのは『ヤクシマザルを追って：西部林道観察ガイド』だけであったが，この活動形態はその後あちこちで開かれるようになった自然観察会に踏襲されている．1986〜1988年にトヨタ財団の助成を受けて実施された「おいわあねっか屋久島」という活動にも，あこんき塾の精神が受け継がれている．おい（わたし）もわあ（あなた）も自分の言葉で自分たちの文化を語ってこそ，ねっか（みんな）の屋久島を築くことができるという発想である．この活動は，植物の宝庫といわれる屋久島で，人と植物との伝統的な付き合いを知ろうとする目的で，急速に失われようとしている知識を島の古老から聞き取ることに主眼が置かれていた．

同じ時期に地元で発刊された「生命の島」は，屋久島産業文化研究所という民間の団体による情報誌であり，屋久島の人々が自らの手でさまざまな活動を企画し，それを島外へ発信する大きな原動力となった．その精神は創刊号（1986）の「生命を真に生かすことによって，すべてのものに新たな価値を見出し，島全体が豊かに富み栄える道を拓こうではないか」という言葉に表現されている．公共団体に依存し何はともあれその援助に期待するというのではなく，幅広い参加による民間独自の自由な創意的な活力によって自立しようという意欲がそこにはあふれていた．「生命の島」の誌上で島内外のさまざまな立場にある人々が意見を述べ合ったことは，その後の屋久島の活動に大きな影響を与えた．島の現状と将来を論じ合う場が広がり，やがて「広く島内・島外へ意見を求めて将来の方針を決定する」という空気が，人々にも行政にも根づいていったと思われるからである．

このころになると，町，県，国も屋久島の豊かな自然を学ぶ対象として重視し，保全と持続的利用へ向けて大がかりな事業が始められた．1989年に屋久町は屋久杉自然館を完成させ，1992年に鹿児島県は「屋久島環境文化村構想」を発表，翌年に屋久島は世界遺産に指定される．1995年には上屋久営林署が屋久島森林環境保全センターに改組され，1996年には県立の屋久島環境文化村センターが上屋久町に，国立の屋久島世界遺産センターが屋久町に設立された．

しかし，鹿児島県は世界遺産となった屋久島西部地区を走る西部林道の拡幅工事を計画していた（図VI.3.6）．それを知った研究者たちは，いかに環境に配慮した道路づくりであっても，この計画が海岸林から山頂部まで連続する世界有数の森林植生を著しく侵害すると考えた．島内一周道路は島民の悲願であり，観光利用に不可欠であるとする県と，大型バスを通行させるための大規模な工事は世界遺産として利用可能な将来の価値を著しく低下させるとする研究者とが対立したのである．日本霊長類学会，国際霊長類学会，日本生態学会が，県と環境庁に要望書を提出し，地元でもさまざまな意見が飛び交っ

図 VI.3.6 未舗装だったころの緑の天蓋のある西部林道　現在ではすべてが舗装されている．

図 VI.3.7 西部林道で自然観察会を開いた「足で歩く博物館」

た．結局，工事は凍結される運びとなったが，この決定は，何より地元の人々が，屋久島の自然資源の将来の価値を慎重に見極めようとして自制した結果であると筆者は思う．林道拡幅工事では総額20億円に上る予算が計上され，地元の雇用を増やすことになっていた．大型バスの通行によって観光客の大幅な増加と経済の活性化が見込まれる．それを棒に振ってまで，あえて自粛する道を選んだのは，公共事業による県や国の対策が必ずしも島民の希望に沿った成果を出してこなかった歴史があったからであろう．1979年に永田地区の土面川で起こった土石流による被害は，その原因が上流域の過伐にあるとして林野行政のあり方に大きな疑問を投げかける出来事であった．屋久島の山も海も人為の影響を受けて大きく様変わりし，安全な暮らしを脅かすほどに崩壊していたのである．

西部林道の工事凍結を受けて，研究者たちは西部域の自然を地元のために活用する企画を立案することに責務を感じるようになった．この世界的に価値の高い森を保全しながら有効に活用するには，どうしたらよいか．少なくともその価値を屋久島の住民とともに認識し，それが生み出す利益を地元に還元する方法を見つけ出さねばならない．地元の人々や町の関係者と討論の末に生まれた案は，屋久島オープンフィールド博物館構想だった．西部域を中心にエコミュージアム的活動を推進し，ここにある自然を教材として島内，島外の人々が集い，学習する場として活用する．そのために，民間，行政，研究者が一致協力して活動することで，将来の道が開けてくるのではないかと考えたのである．

当時，西部林道では「足で歩く博物館」という自然観察会が毎月開催されていた（図VI.3.7）．これはあこんき塾の遺産ともいうべきもので，研究者や地元の有識者が講師となって西部林道を歩き，自然の面白さを体験する活動だった．地元ばかりでなく，島外からの参加者もあった．また，ヤクシマザルや植物を調査している研究者が中心になって結成した「屋久島研究自然教育グループ」があり，中高生，学校の教職員，一般の人々を対象に，屋久島で行われている研究をわかりやすく紹介する活動も行われていた．屋久島オープンフィールド博物館構想が発表され，西部林道拡幅工事が凍結された1998年には，西太平洋アジア生物多様性国際ネットワーク（DIWPA）が主催する「野外生物学コース」が屋久島で開かれた．京都大学生態学研究センターが事務局となって，アジア各国から大学生が集い，屋久島の自然の中で生物学を学んだのである．

これらの試みは，1999年に全国の大学生を対象にした「上屋久町フィールドワーク講座」として実を結ぶことになった．全国の大学生を対象に参加を公募し，夏に1週間をかけて学生たちが屋久島でフィールドワークの基礎を習得する講座を開講したのである．講師はこれまで現地で調査を行ってきた研究者がつとめ，島の人々も有識者として実習の講師となった．地元の上屋久町が主催し，屋久島環境文化財団，京都大学霊長類研究所，京都大学生態学研究センターが共催として加わった．応募者は屋久島について思うことをレポートに書いて申請し，それをもとに上屋久町と研究者のグループが14名の参加者を選んだ．実習は，「人と自然」，「植物と森林」，「鳥の暮らし」，「ヤクシマザルを追って・命を結ぶサルの糞」という4つのコースに分かれて行われ，最終日には各班が学習した内容について発表会を行った．期間中毎夜，島の住民を対象に研究者が「生涯学習講座」を開き，中日には島の人から自然，文化，歴史について講義を受けた．毎夜，島の人々が焼酎を片手に学生たちと議論する姿がみられた．「屋久島が日本であることがよくわかった」という

図 VI.3.8　(a) 屋久島でアフリカの NGO を招いて開かれた国際シンポジウム「森の保全とエコツーリズム」，(b) アフリカからの参加者と屋久島の森を裸足で歩く

図 VI.3.9　コンゴでは自然保護活動に地元の子どもたちが積極的に参加している
(a) 世界遺産カフジ・ビエガ国立公園（コンゴ）にゴリラをみにやってきた地元高校生たち．アフリカでは，ゴリラはエコツアーの対象となっている．
(b) 自然と人の共生を目指して環境教育活動を行っているコンゴの NGO ポレポレ基金の 10 周年記念式典で，学習の成果を発表する子どもたち．

学生の意見が非常に印象的だった．それほど日本の地域は孤立し，もはや外国よりも遠い存在となっていたのである．フィールドワーク講座は，上屋久町と京都大学の協力のもとに現在も続けられている．

1990 年代の終わりには，地元の人々が研究者に呼びかけて，「屋久島ヤクタネゴヨウ調査隊」という研究グループが発足した．ヤクタネゴヨウは，屋久島と種子島だけに分布するマツの固有種で，もう1000 本あまりしか生き残っていない．その生存状態を調べ，穂木を接ぎ木で育てて増殖を図るのが目的である．1980 年代に地元の有志によって結成された屋久島ウミガメ研究会も，日本最大の上陸数を誇る永田の海岸でウミガメの調査を長年続けている．これらの活動は，屋久島固有の自然を調べ，それを後世に残そうという動きが次第に地元主導になってきていることを示している．

屋久島の自然教育活動には課題も多い．明日を担う若い世代に自然から学ぶ喜びや大切さをどう伝えていくか，その方法はまだ手探りの状態にある．屋久島の子どもたちですら，屋久島の自然に親しむ機会がめったにない現状なのである．2001 年に，アフリカのケニアとコンゴ民主共和国で森の保護と環境教育に取り組む現地の人々を日本へ招き，屋久島で「森の保全とエコツーリズム」という国際シンポジウムを開いたことがあった（図VI.3.8）．アフリカでも屋久島でも，「地の者」こそが地域の主人公であり，自然や文化の多様性の守り手であるという認識は共通していた．しかし，アフリカでは地元の自然を用いた環境教育を学校に任せずに，地元のNGO が主体的に行っていた．屋久島ではエコツアーのガイドを職業としている人が多いのに，あまり子どもたちに自然の重要性を体験学習させていないのではないか，という批判がアフリカのエコツアーガイドからあった．豊かな自然資源の持続的な利用を観光に重きを置くか，教育目的で推進するかという視点の違いがそこにはあった．ケニアやコンゴで

は，政府と外国企業による自然資源の収奪が郷土の荒廃と文化の消滅をもたらしたとする思いが強い．明日を担う子どもたちの教育を外の人間に任してはおけないという気持ちがある．筆者はそれを10年にわたるコンゴのNGO（ポレポレ基金）との付き合いで学んだ（図VI.3.9）．実は屋久島も同じような歴史を背負っているのである．

人為の力の及ばない自然のありようから何を学び，何を伝えるのか．アフリカには昔から部落あげての自然教育の伝統があり，屋久島にもつい最近まで自然を子どもたちに体験させて教える文化があった．毎年春になると子どもたちが奥岳に登り，各部落の神様にお参りをする「岳参り」という慣習がある．しばらく多くの部落で途絶えていたが，近年これが復活する運びとなった．「山ん学校21」という，遊びを通して地元の子どもたちと自然に親しむ活動も始まっている．ぜひ，新しい自然の知識を盛り込んで，さまざまな「岳参り」，「森参り」，「川遊び」を地元の子どもたちに経験してもらい，それを島外の子どもたちと分かち合ってほしいものである．そのときこそ，森を切らず，道を拡幅せずに多大な犠牲を払って地元の人々が残した屋久島の自然が，次世代への大きな贈り物となるに違いない．

（山極寿一）

文　献

あこんき塾（1994）：ヤクシマザルを追って—西部林道観察ガイド，あこんき塾．

安渓遊地・安渓貴子（2002）：あなたが屋久島の未来だ—アフリカからのことづて．生命の島，**59**，43-52．

兵頭千恵子（2001）：屋久島の森を守る—世界自然遺産への道（かごしま文庫72），春苑堂出版．

伊谷純一郎（1994）：屋久島の自然と人—古い野帳より—．生命の島，**30**，25-29．

環境庁自然保護局編（1984）：屋久島の自然（屋久島原生自然環境保全地域調査報告書），日本自然保護協会．

川村俊蔵・伊谷純一郎（1952）：屋久島のシカとサル，京都大学霊長類研究グループ；うち「ヤクシマザルの自然社会」をモンキー，**28**-3・4・5合併号，103-111（1984）に採録．

文部省「環境科学」特別研究「屋久島生物圏保護区の動態と管理に関する研究」研究班（1987）：屋久島生物圏保護区の動態と管理に関する研究．「環境科学」研究報告集，B 335-R 12-12．

長井三郎（2002）：山ん学校21．生命の島，**60**，76-82．

大牟田一美（1996）：ウミガメのおはなし．生命の島，**38**，18-22．

大竹　勝・三戸幸久（1984）：明日の屋久島への提言：オープン・フィールド博物館を考える．モンキー，**28**-3・4・5合併号，90-93．

大山純一（1984）：屋久島の自然と教育．モンキー，**28**-3・4・5合併号，70-72．

柴　鐵生（2002a）：あの十年を語る①屋久島の原生林を残せ！　生命の島，**60**，92-96．

柴　鐵生（2002b）：あの十年を語る③屋久島の林政と保護政策．生命の島，**62**，85-88．

高畑由紀夫・山極寿一編（2000）：ニホンザルの自然社会—エコミュージアムとしての屋久島，京都大学学術出版会．

寺田康久（1997）：屋久島の中学生・高校生の生活意識と「環境の島」への対応—アンケート調査（1996年1月）より—．南日本文化，**30**，59-83．

屋久島研究グループ（1998）：屋久島オープン・フィールド博物館構想．上屋久町委託研究報告書．

山極寿一（2002）：アフリカと屋久島をむすぶ民間国際交流のこころみ：国際シンポジウム「森の保全とエコツーリズム」．エコソフィア，**9**，78-79．

山極寿一（2003）：内戦下の自然破壊と地域社会—中部アフリカにおける大型類人猿のブッシュミート取引とNGOの保護活動．池谷和信編，地球環境問題の人類学，pp. 251-280，世界思想社．

山極寿一（2006）：サルと歩いた屋久島，山と渓谷社．

山尾三省（2000）：屋久島方式ということ．生命の島，**52**，39-42．

湯本貴和（1995）：屋久島—巨木の森と水の島の生態学—，講談社 BLUE BACKS．

屋久島の自然と人―あとがきにかえて―

　本書の意図は，世界遺産として広く知られてはいるが，これまでの科学的な成果についてまとまった本がないというギャップを埋めようと企画された．「はじめに」にも述べたように，屋久島は島嶼としての特徴と日本の南方亜熱帯域にある高山という2つの特性を合わせ持っている．このように，世界的にみても興味深い屋久島の自然のさまざまな側面について科学的に知ることによって，屋久島の自然を理解すると同時に，そこに暮らす人々の生活と自然とのかかわりを知りたいというのが本書の意図である．

　これまで私自身，ネパール，ブータンなどのヒマラヤ，東南アジア，中国南西部，さらに遠くアフリカの西にあるカナリア諸島など，世界の特に亜熱帯や熱帯高山を中心に，さまざまな地域で同様のアプローチで地域の自然をとらえる試みをしてきた．私の専門である植物生態学とそれを取り巻く気候，地形，地質，土壌が中心であるが，こうした調査をネパールヒマラヤで始めた1960～1980年代当時は，リーダーの沼田　眞千葉大学教授の考え方もあって，動物や人間にかかわる民家調査をはじめ，人々のさまざまな生業などについても調査をしてきた（たとえば，沼田　眞編『生態調査のすすめ』古今書院，1984）．

　当時，私は海外に出向いて調査をしながら，日本についてもそうした目でトータルに地域の自然をとらえて，人々の生活とのかかわりを明らかにしたら，これまでの一つの専門領域だけの調査とは違った自然と人とのかかわりがみえてくるのではないかと考えていた．もちろん，これまでにもそうした試みが日本でもなかったわけではないが，多くは自然に偏っていたり，民俗に偏っていたりして，人々の生活と，取り巻く自然まで含めた総合的な研究というのはそれほど多くない．そうはいっても，本書においても民俗学ないし，人々の生活誌という側面についてはほとんど触れることはできなかったので，統合的にみるといっても主体は自然科学の各分科の間の統合の域を出られなかった．それでもいくつかの論考においては，人による自然利用のあり方などについて論じた部分も含めて，方向性は示すことができた．

　それぞれの執筆者は，個別に屋久島で研究してきたが，屋久島という大変にまとまりのよい地域を共通の場としているので，上述したような統合的な自然と人のかかわりとしての屋久島像がみえてくる．何人かの研究者は，実際に共同研究を行ってきた仲間であるが，さらに視野を広げるために，それ以外の研究者にもお願いして執筆いただいた．その結果，少なくとも自然科学的にみた屋久島についての総合的な視点を提供できたと思っている．

　いくつかのそうした側面を私なりにまとめてみると，以下のようになる．

　①屋久島は，熱帯と温帯の移行的な生態系という意味で，亜熱帯的である．その基礎に，気候学的亜熱帯像があることはいうまでもない．雨の島，屋久島と呼ばれるが，その雨の原因一つとってみても，温帯の特徴である梅雨前線や温帯低気圧による降雨を主体とし，それに加えて，特に山岳域では熱帯の低気圧である台風による大量の雨を受けて，屋久島の特徴としての日本一の降雨量が実現されている．まさに熱帯と温帯の中間的な位置をよく示している．気温の特性についても，一方で冬の寒気の影響を強く受けると同時に，夏はむしろ以南の琉球諸島の特徴であるプラトー状の高温期を示すなどは，その一例である．

　植物や動物，特に鳥類や昆虫類などの分布特性は，たとえば北限種に比べると南限種が圧倒的に多いという特徴が共通してみられる．その理由の一つは，以南には高山がないということにある．九州から屋久島，さらに以南の島々になると，垂直分布帯が，上からそっくり1つないし2つ欠けてしまう．屋久島以南では多くの種が失われ，南限をなすことは理解できる．北限種は少ないといっても，南方から分布した種や北限の群落としての構造は，特徴的である．屋久島の森林帯は，相観によっ

て，標高1000m付近で照葉樹林とスギを主体とする針葉樹林に区分されてきた．温度条件や群落組成などを詳しく調べてみると，スギ帯の森林が，熱帯山地型の常緑広葉樹林の林冠に温帯性針葉樹のスギ，モミ，ツガがエマージェントとして加わった形になっている．

②南の高山として，標高に伴う気候条件と植物の種類やその分布特性などに，移行的な特性がみられることは上述したとおりであるが，特に屋久島の植物については，いくつもの「奇妙な現象」があることが明らかになった．奇妙というのは，未だにそれが科学的に解明されていないという意味であるが，まだまだ未知の自然を多く有しており，屋久島の植物とその進化については解かれるべき興味深い事実が多くあることがわかる．たとえば，ヤクタネゴヨウ，ヤクシマリンドウなどの隔離分布がある一方で，当然あってよいアラカシ，ヤマツツジのような種が分布しないなどは，その一例である．屋久島で典型的にみられる植物の矮化現象についても，今回，新しい有力な仮説が提起された．

植物の形態やフェノロジーという面では，常緑樹の芽の構造や分枝様式を詳しく調べると，熱帯的な連続成長から周期成長（休眠期をもつ）へという移行的な特性をもった種が多くみられる．そのメカニズムの解明は，これからの研究に待たねばならないが，これが温帯に向かって季節性が増大することに対応した植物の適応的進化によっていることは，明らかである．上述したように，屋久島は，熱帯型の常緑樹が温帯型の落葉樹，あるいは古型の針葉樹などに移行するという，地球レベルで重要な移行がみられる興味深い島であるが，照葉樹林の林冠木のブナ科は，九州南部に比べて半分程度しかない．他方で，12種と多くの古型の温帯性針葉樹が分布し，多様なシダ類，コケ類も特徴的で，古代の森のイメージがあるのもあながち根拠がないわけではない．

③屋久島の森林の多様化は，標高による変化だけではない．特に低地部では，島の東西の地質の違いによる差も大きい．しかし，それは単に地質だけではなく，同じ西部の花崗岩地域でも地形に伴う水分条件，それに伴う栄養条件の違いなどによって，同じような森林の組成的・構造的変化がみられるなど，森林の多様化のパターンは一般的である．常緑樹林や針葉樹林は，台風による攪乱，崩壊による攪乱によって，それぞれに特徴的な裸地化プロセスを有しており，その跡地は遷移と呼ばれる過程を経て回復していくが，遷移開始時の地表状態，遷移の各段階を担う主役の種の存在によって大きく変化する．大規模な斜面崩壊の跡地における植生再生の痕跡を丹念に調べることによって，なぜ屋久島では巨木のスギが残されたのかが明らかにされた．残積性とも呼ばれる尾根は，比較的安定した立地を提供し，流下する水によって侵食される谷部では不安定な斜面となり，その違いを反映して，屋久杉と呼べるような巨木のスギは，その多くが1000年規模で安定的な尾根に残っている．それでも，こうした尾根部のスギなどの巨木が倒壊するような攪乱（主に超大型と呼ばれるような台風の直撃）が起これば，地形的な変化も誘発し，そのことが新たなスギの更新をもたらすという実例も，20年前に設置した永久調査区で観察され，記録されている．

④屋久島の動物相では，なんといってもヤクシカとヤクシマザルがよく知られている．本来森林性であった日本のシカについて研究するには，現在でも森林が卓越している屋久島は，最適なフィールドである．人工林の割合，照葉樹林の林分構造などとヤクシカの生活との関係が詳しく調べられた．特に興味深い点は，シカの食べ物には落下物が多いという点である．落葉，落果，種子，花などが食べ物の7割に達している．西部林道などでよく観察されるように，サルが樹上で葉や果実を食べながら下に落とすと，それを待ち受けたようにシカが地上で食べている．その食物としての割合もほぼ1割程度と推定された．こうしたヤクシカの生態を，森林が卓越した屋久島の環境とともに考えてみると，森林環境の中で進化してきた本来の日本のシカの生態を考える上で重要な示唆を得ることができる．白谷雲水峡で調べた例によると，確認されている75種の樹木のうち，餌にする可能性のある木本は86.2%にのぼることが明らかになった．

⑤屋久島の鳥類は，これまでさまざまな研究者によって100～200種が記録されているが，最近ではその中間，約150種程度と考えられている．繁殖する鳥類はそのうち30種であるが，そのうち琉球系は2種であるのに対して，九州・本州系は10種と多く，植物などと同様，南限種が多い．垂直分布をみるとさすがに厳冬期には高地には少ないようだが，低地から高地まで多くの鳥類が生息している．

昆虫は 4000 種を超えると推定されている．グループごとに調べられた南限種，北限種は，ほかの分類群と同じように，南限種が多く，北限種は少ない．これまで述べてきた理由に加えて，そこには最終氷期に陸続きになったということが大きく効いている可能性ももちろんある．それでも 7300 年前に幸屋火砕流によって生物相が壊滅的打撃を受けたとする見解もあり，その場合はそれまでの蓄積はご破算になるので，大洋島的な性格をもつ可能性もある．アリ相などで詳しく調べられた垂直分布によると，高地での種多様性がかなり貧弱であった．

　⑥屋久島は，古来森林の島であった．種子島氏の経営する森林資源でよく知られていた．それがゆえに年貢は平木（ひらぎ）と呼ばれるスギの割り板で納められ，米の石高とはならなかった．したがって，生活の主体は山にあったが，同時に人々が住む低地部では漁業や農業も当然ながら行われていた．しかし，それらの産物は島外に持ち出されて商業ベースで市場に出回ることは少なく，基本的に自家消費型であった．今日においても，トマトやキュウリなどのごく普通の野菜ですら，島外から持ち込まれるものが小売店に並び，地元の産品は，周回道路に沿って設けられた無人市に出回る程度である．

　こうした屋久島における農・林業と土地利用は，低地部における植生景観を形づくってきた．遠望するとかなりの土地が畑放棄地のような様相を呈するが，それでもクズやススキが生い茂った草むらに入ってみると，部分的に切り開いて作物をつくっていたり，その痕跡があちこちにみられたりする．栗生から大川の滝に至る県道沿いの二次林も，中に入ってみるとほとんどは段畑の跡で，ていねいな石組みが続いている．栗生の方のお話によると，戦後すぐから昭和 30 年代くらいまでは，一面のサツマイモ畑だったという．切替畑と呼ばれる焼畑的な利用の仕方や，割り替えによる所有者が切り替わる制度の名残と思われる面が今でも残っていて，耕作していないときには放棄地のような休閑状態を呈する．

　西部林道沿いにいくつかの集落があったことはこれまでにも知られていたが，その具体的な様子についてもある程度明らかになった．炭焼き，サツマイモなどの栽培のほか，松脂の採取なども行われていた．クスノキの樟脳，トリモチ，染物のためのシャリンバイの採取なども広くみられたことは郷土誌などでも記述されているが，当事者の具体的な記述が得られた．今後エコツーリズムの観点から，こうした歴史的遺跡群を活用する動きがあるようだが，きちんとした利用のルールなどが立てられる必要がある．いつの間にか消えてしまうといったことがあってはならない．

　⑦屋久島の世界遺産が自然遺産だけでないことはもちろんである．そこに住み，島を支えてきた人々の生活があって初めて，世界遺産となる．その意味で，島の人々がこれまで大切にしてきた空間認識を継承して，今後の利用へとつなげていくことは大切である．浜，里，前岳，奥岳という聖域に至る傾度は，そのまま南島から太平洋諸島の島々で広く知られる空間認識と共通する部分があり，それは海の向こうの来世，地上の現世，祖霊の拠りどころとしての奥岳における前世というとらえ方でもある．岳参りに代表される島の信仰は，一部にみられる総祖先を祀る「御嶽の森（うたき）」のような森厳の存在とつながると思われるが，現在そのことはあまり人々に意識されていないようにもみえる．

　島の未来への展望は，どこまで過去を遡れるのかに反投影されているように思う．豊かな数千年を経た樹木に支えられた森は，多くのことをわれわれに語りかけながら，その未来を指し示しているとみることもできよう．

　本書の出版については，多くの方々のお世話になった．屋久島での 20 年以上の長い間いつも調査に協力し，多くのことを教えていただいた島の方々に著者一同に代わり御礼を申し上げたい．そして，こころよく執筆を引き受けていただいた研究者はもちろん，本書の企画のはじめの段階からこころよく相談に乗っていただき，辛抱強く何度も励ましていただいた朝倉書店編集部の方々に，心から御礼を申し上げたい．

大 澤 雅 彦

西部林道周辺地域と屋久島をめぐる近代年表

年次	西部林道周辺地域関連の出来事	屋久島の歴史 森林資源の利用・開発	屋久島の歴史 自然保護の動向	屋久島の歴史 行政・その他の出来事	国・県の社会的背景
文禄4 (1595)		・島津氏、屋久島置目をつくり、屋久杉の他国への搬出を禁止する。			・太閤検地 (1582).
慶長17 (1612)		・島津氏の直轄領地になる (森林資源の利用に着目して)。		・島津氏、屋久島に代官を置く。	・江戸幕府成立 (1603).
寛永19 (1642)		・儒学者・泊如竹の進言で、屋久杉の伐採が始まる。			
享保13 (1728)		・手形所規模帳により、屋久杉取り扱いの基準がつくられる。		・代官に代わり奉行統治となる (1695).	・享保の改革 (1716～45).
文化5 (1808)		・島津氏、屋久杉条令で、屋久杉の伐採を制限する。			
天保14 (1843)		・島津氏、山稼奨励達書 (平木や用材の確保) を出す。			・天保の改革 (1841～1843). ・ペリー来航 (1853).
明治2 (1869)		・藩有林は官有林となる。		・鹿児島県に属する (1871).	・版籍奉還 (1869). ・大隅国を鹿児島県に併合 (1873). ・鳥獣猟規則制定、公園設置に関する大政官布告 (1873). ・地租改正条例布告 (官有林・民有林の区分始まる) (1873).
明治12 (1878)				・地租改正に着手する (村民の入会地は慣習によって民有地と国有地に認定) (～1880).	・西南戦争 (1877).
明治15 (1882)	・官林調査が実施される。				
明治19 (1886)	・鹿児島大林区の宮之浦出張所が設置される。				
明治22 (1889)	・官民有林境界踏査が行われる。				・大日本帝国憲法発布.
明治23 (1890)	・「民有山林御引戻願」が提出される。				・日清戦争 (1894～1895).
明治32 (1899)	・「国有土地森林原野下戻法」が施行される。			・永田灯台が竣工する (1898).	・狩猟法制定 (1895). ・森林法制定 (1897). ・国有林野法公布 (1899).

年表

年			
明治33 (1900)	・国有土地森林原野下戻法による下戻申請を住民が行う.		
明治36 (1903)	・農商務省, 住民からの官有地下戻の申請を不許可とする.		
明治37 (1904)	・住民, 不許可を不当として, 国有山林下戻請求の行政訴訟を起こす (1920年, 住民敗訴).		・日露戦争 (〜1905).
明治41 (1908)		・永田集落に永田橋が竣工する. ・アメリカの植物学者アーネスト・ヘンリー・ウィルソン博士が, ウィルソン株を紹介する.	・桜島大爆発, 大隅半島とつながる (1914). ・第一次世界大戦 (1914〜1919). ・史蹟名勝天然記念物保存法公布(1919).
大正9 (1920)		・田代善太郎が内務省の天然記念物調査を行う (現地調査は1921, 1922年).	
大正10 (1921)	・屋久島大林区署 (国) が屋久島国有林開発の基準方針や森林経営の関係を示す「屋久島国有林経営の大綱」《屋久島憲法》を発表する (生立木, 枯損木の禁伐, 倒木古株の限定採取など屋久杉についての慎重な管理施策).	・郡制廃止, 郡役所は県出先となる.	
大正11 (1922)	・屋久島国有林のうち約4314 haが保護林に指定される.	・農商務省, 屋久杉学術参考保護林を4343 ha設定する.	
大正12 (1923)	・屋久島小林区署を分割して, 上屋久・下屋久両署を設置する (小杉谷事務所開設：1924〜1970). ・森林軌道 (安房〜小杉谷, 16km) が完成する.		・関東大震災.
大正13 (1924)		・内務省, 屋久島スギ原始林を天然記念物に指定する.	・台湾よりポンカンを移入する (黒葛原兼成による) (1925). ・ラジオ放送開始 (1925).
昭和元 (1926)		・郡役所廃止, 熊毛支庁が設置される. ・屋久島水力電気(株)が営業開始. 嶽野川発電所が運転開始. 永田吉田, 一湊で電気の使用が始まる. ・島を周遊する林道が完成するまでは, 人がやっと通れるくらいの道が多く, 急坂が多かったため, 人肩や馬による荷物の運搬は, 人肩や馬によっていた (明治〜昭和初期).	

263

264　　　　　　　　　　　　　　　　　　　　年　表

年次	西部林道周辺地域関連の出来事	屋久島の歴史			国・県の社会的背景	
		森林資源の利用・開発	自然保護の動向	行政・その他の出来事		
昭和3 (1928)		・国有林伐採跡地への植林事業が始まる。 ・各集落有林が統一される。				
昭和5 (1930)		・栗生を終点とする下屋久治岸林道が開通する。			・国立公園法公布 (1931)。	
昭和7 (1932)		・上屋久治岸林道が完成する（島内81.6km開通）。			・霧島など初の国立公園指定 (1934)。	
昭和10 (1935)				・永田〜宮之浦〜栗生間の道路の完成により，同エリアをタクシーが通行するようになる。		
昭和12 (1937)		・軍需用木材として国有林の臨時伐採が始まる。			・日中戦争（〜1945)。 ・第二次世界大戦（〜1945)。	
昭和14 (1939)				・このころから終戦直後まで，馬車や人力による荷物運搬に戻る。	・太平洋戦争 (1941〜1945)。	
昭和19 (1944)		・「国有林材増産に関する件」で農林大臣各営林署長に通達（従来の事業規定および施業案）が出される。				
昭和20 (1945)		・上屋久森林組合が結成される。			・太平洋戦争終結。	
昭和21 (1946)	・終戦直後は，サツマイモをつくり，炭を焼いて海に降ろして運ぶという生活。 ・地元の次男・三男が畑の開墾のために入っており，他所から来た人は炭焼きが中心であった（ずっと古い時代には，6〜7人が入植していた)。	・営林事業が再開される。	・県，屋久島・錦江湾国立公園化のための調査を実施する。		・日本国憲法公布。	
昭和22 (1947)	・明生木材（株）（後の明生林業（株)）設立 (1947)。 ・明生木材が競売により土地を取得する (1951)。				・林野庁設置 (1949)。 ・文化財保護法，国土総合開発法 (1950)。 ・サンフランシスコ平和条約，日米安全保障条約調印 (1951)。	

年				
昭和27 (1952)	・伊谷・川村両氏による最初の調査が行われる。約21日間かけて島のほぼ全域を調査する。 ・実験用ニホンザルの供給事業が開始、1969年まで17年間続けられる。西部地域のサルが対象に。		・屋久島と錦江湾が国立公園候補地に決定する。	・十島村、日本復帰。 ・トキが特別天然記念物に。
昭和28 (1953)			・屋久島スギ原始林が、国の天然記念物として指定替えされる。	・離島振興対策実施地域に屋久島が指定される。	・奄美群島、日本復帰。 ・テレビ放送開始。 ・離島振興法制定。
昭和29 (1954)			・文部省、特別天然記念物に屋久杉原始林を指定する。		・第5福竜丸、ビキニ環礁で被爆。
昭和30 (1955)		・燃料としての薪炭の需要が急速に減退、パルプ用材の需要が急増したため、パルプ原木の伐採が大々的に行われるようになり、広葉樹など伐採後のスギへの樹種転換を進める機運が高まる。		・島を周遊する道路（林道）の管理権が県に移管され、屋久島バスが定期的に運行するようになる（永田～宮之浦～栗生間）。	・ニホンカモシカが天然記念物に。
昭和32 (1957)	・明生林業が施業にチェーンソーを導入する。	・林野庁、「国有林経営合理化大綱」を示し、国有林生産力増強計画を定める（木材需要の増大に並行して、用材生産重視の立場になる）。 ・熊本営林局、屋久島などを中心とする第1次経営計画（皆伐方式）（5年間の標準伐採量 306400 m²）を策定する。 ・このころ、小杉谷でもチェーンソーが導入され、森林の大規模伐採時代が始まる。		・村制から町制となる（1958～1959）。	・自然公園法施行（国立公園法改定）（1957）。 ・日本生態学会、原生林保存声明書提出（1959）。
昭和35 (1960)	・このころから、松脂採り（鹿児島県薩摩林業に出荷）が始まる。			・屋久島電工、炭化珪素やフェロシリコンなどを製造する。	・国民所得倍増計画決定。
昭和36 (1961)		・屋久島林業開発公社設立（各地区の共用林組合が町、県と一体になって組織し、共用林の人工造林を推し進める）。 ・第2次経営計画（1962～1966）（標準伐採 876100 m²）。		・種子島～屋久島航路で、毎日の運行が開始する（1962）。	・全国総合開発計画決定（1962）。

年次	屋久島の歴史					国・県の社会的背景
	西部林道周辺地域関連の出来事	森林資源の利用・開発	自然保護の動向	行政・その他の出来事		
昭和38 (1963)	・このころから、クロマツの伐採が始まる (?)。	・屋久島森林開発(株)が発足する (広葉樹林の立木処分による伐採と、跡地の請負造林を目的に設立)。		・屋久島空港開港。 ・荒川尾立ダム完成。		・狩猟法が鳥獣保護及狩猟ニ関スル法律に改称。
昭和39 (1964)			・厚生省、霧島国立公園に屋久島を編入指定し、霧島屋久国立公園となる (うち自然保護地区6100 ha)。 ・鳥獣保護区1か所 (10 ha) が指定される。			・林業基本法制定(1964). ・東京オリンピック開催(1964). ・国際生物学事業計画(IBP)開始(1964). ・日本学術会議、自然保護についての勧告提出 (1965). ・林野庁、スーパー林道事業開始 (1965).
昭和41 (1966)	・明生林業の実質的施業は、このころまで続いた。		・縄文杉が紹介される。			・人口1億人突破。
昭和42 (1967)	・西部林道が開設され、島内一周が可能となる。	・第3次経営計画 (～1971) (標準伐採量873600 m²)。				・公害対策基本法制定。
昭和43 (1968)	・西部林道が県道に認定される。 ・県自然保護協会が県道大臣に対し、屋久島西部花山地区の完全保護について陳情がなされる。					・自然休養林制度。 ・科学技術庁、種子島宇宙センターでのロケット打ち上げ開始。
昭和44 (1969)		・第1次地域施業計画 (45～51計画期間)。	・熊本営林局の調査団が屋久島を調査し、その結果、学術参考林が1240 ha拡大される。 ・花山と荒川が学術参考林に指定される。 ・屋久杉の保護の問題で、厚生大臣が視察を行う。 ・屋久杉保護林、7912 ha拡大する。			・新全国総合開発計画決定。 ・初の公害白書発行。
昭和45 (1970)		・小杉谷事業所閉鎖 (屋久杉生産の中継基地としての役割を終える)。				・大阪で万国博覧会開催。
昭和46 (1971)		・第2次地域施業計画 (47～56計画期間)。		・「フェリー屋久島」就航。		・環境庁設置。 ・ラムサール条約採択。 ・ユネスコの人間と生物圏計画 (MAB) 開始。

年表

年	屋久島林業・自然保護関連	交通・その他	一般事項
昭和47 (1972)	・第1次計画変更（47〜56計画期間）。	・フェリー「第二屋久島丸」就航。 ・宮之浦〜口永良部間で町営船「大陽丸」就航。	・自然環境保全法制定。 ・沖縄返還。 ・日本列島改造論。 ・札幌冬季オリンピック開催。 ・国連人間環境会議で「人間環境宣言」採択。 ・ユネスコ総会で世界遺産条約採択。
昭和48 (1973)	・京都大学霊長類研究所の東氏による、西部林道周辺中心とした野生サルの調査が始まる。		・第一次オイルショック。 ・ワシントン条約採択。 ・緑の国勢調査開始。
昭和49 (1974)	・屋久島自然休養林に、荒川地区（通称ヤクスギランド）と、白谷地区（通称白谷雲水峡）が指定される。		・国土庁設置。
昭和50 (1975)	・屋久杉土埋木の営林局直営搬出が始まる。		・環境庁、原生自然環境保全地域を指定する（約1219 ha）。 ・国立公園管理官事務所が開設される。
	・国割岳鳥獣保護区として、国割岳鳥獣保護区が設定される。 ・西部林道総合調査（〜1977）で、毎年サルの生息数調査が行われ、西部林道周辺域のサルの生息実態が明らかになり始める。		・沖縄海洋博開催。
昭和51 (1976)	・第3次地域施業計画（52〜61計画期間）		・ロッキード事件発覚。
昭和52 (1977)	・上屋久・屋久森林組合合併、「屋久島森林組合」として発足する。		・環境庁、環境保全長期計画策定。 ・三全総決定。
昭和54 (1979)	・永田集落が土石流に襲われる。		・第二次オイルショック（1979）。 ・ワシントン条約、ラムサール条約加入（1980）。 ・国際自然保護連合（IUCN）、世界環境保全戦略発表（1980）。
昭和56 (1981)	・瀬切川上流部の原生林約860 haが営林署によって伐採されそうになるが、「屋久島を守る会」の反対活動などが国を動かし、森林保全を重視した施業方針に転換していった（〜1982）。		・ユネスコの"BIOSPHERE RESERVE（生物圏保存地域）"に屋久島が指定される。
	・第4次地域施業計画（57〜66計画期間）（屋久杉の保残を方針とする）。		

年次	屋久島の歴史				行政・その他の出来事	国・県の社会的背景
	西部林道周辺地域関連の出来事	森林資源の利用・開発	自然保護の動向			
昭和57 (1982)	・西部林道拡幅工事が開始される。 ・霊長類研究グループが環境庁と鹿児島県に対して、拡幅工事を考え直すよう要望書を提出する。				・町営船「第2太陽丸」就航。	
昭和58 (1983)	・屋久島の国立公園区域の拡張により、瀬切川流域が国立公園に指定され、西部林道周辺地域が第1種特別地域に指定される。 ・屋久島西部地域における動植物相の垂直分布、ヤクシマザル、ヤクシカをはじめ多くの生物についての重要性が指摘され、標高の異なる地域での広域調査が行われるようになる。 ・京都大学霊長類研究所が西部地域に近い永田に観察センターを建設し、他大学と共同で研究者、学生が屋久島に長期滞在して調査を行うようになる。		・屋久島の国立公園区域が拡張する(瀬切川流域)。 ・文部省「環境科学、特別研究「屋久島生物圏保護区の動態と管理に関する研究」(〜1985)。 ・環境庁「屋久島原生自然環境保全地域調査」(〜1984)。			・国際海洋法条約署名。 ・国連「環境と開発に関する世界委員会」設立。
昭和59 (1984)	・国割岳鳥獣保護区が国から県に移管される。		・県、縄文杉保護対策事業を開始する。 ・日本モンキーセンターが特別展示「屋久島の森とサル」を開催する。			・緑化推進運動計画決定。 ・グリコ森永事件。
昭和60 (1985)	・(財)日本モンキーセンターにより「屋久島における人と自然の共生をめざした博物館活動」に関する博物館振興に関する実践的な研究」が地元で実施される(〜1986)。 ・このころ、上記のような博物館活動の必要性を認識した研究者をつなぐ、「あこんき塾」という組織ができ始め、活動の主体となる(2年足らずで中断)。 ・このころ、日本モンキーセンターが公開シンポジウム「ヤクニホンザルの謎を追って」を開催。研究成果の地元への還元や交流を図る。 ・上屋久町議会で、西部林道拡幅に関する環境影響評価の実施が決定され、その結果瀬切川から永田方面へ3km区間の拡幅工事が決定した。	・屋久杉土埋木のヘリコプターによる搬出が始まる。				・筑波科学万博開催。

年　表

年				
昭和61 (1986)	・名目上，このころまで，パルプ材伐採の会社（明生林業のことか）が存在した (1988)． ・このころ，鹿児島県から西部林道の拡幅計画が出される． ・「あこんき塾」の精神や構想を受けて，1986～1988年にトヨタ財団の助成を受けて，「おいわおねつが浜と，島という活動が実施され，植物と人とのかかわりについて古老から聞き取りを行うなどの活動がなされた．			・チェルノブイリ原発事故 (1986)． ・四全総決定 (1987).
平成元 (1989)	・第5次地域施業計画（62～72計画期間）(1988)．	・県，ウミガメ保護条例を制定する (1988)．		
平成元 (1989)	・このころ，瀬切川から永田方向へ3km程度は拡幅工事が続く．	・屋久杉のすべてを知ることができる屋久杉自然館として，10月に屋久町立屋久杉自然館が開設される．	ジェットフォイル「トッピー」就航．	・消費税創設． ・ベルリンの壁崩壊． ・東西冷戦終結．
平成2 (1990)	・国割岳保護区全域が特別保護地区に指定される（国割岳鳥獣保護区特別保護区となる）． ・上屋久町林地活用計画において，群状択伐による天然下種更新の施業が行われる（約10年前から実施）． ・西部林道・国割岳・瀬切川流域の活用についての提案がなされる．	・県，花之江河全対策事業を開始する (～1991). ・県，総合基本計画を策定．戦略プロジェクトの一つとして「屋久島環境文化村」の整備が始まる． ・「超自然スーパーネイチャー屋久島」のタイトルで印刷発行する．		・自然公園法改正． ・花と緑の博覧会開催． ・過疎地域活性化特別措置法． ・地球温暖化防止行動計画決定．
平成3 (1991)	・このころ，研究者が中心になり，「屋久島研究自然教育グループ」が組織され，大学生，中学生，教職員，一般の人々を対象とした野外観察会などが行われた．	・「屋久島環境文化村マスタープラン」の策定作業が始まる．		・森林法一部改正． ・林野庁，森林インストラクター制度開始． ・雲仙普賢岳で火砕流発生． ・湾岸戦争勃発．
平成4 (1992)	・森林生態系保護地域（主に林道より高標高部分が保全利用地区，保存地区）が設定される．	・森林生態系保護地域（熊本営林局）が設定される． ・人と自然との共生をうたった「屋久島環境文化村構想」を発表する．	・猿害対策のため改良型電気柵が導入される． ・ジェットフォイル「トッピー2」就航．	・バブル崩壊． ・世界遺産条約締結． ・リオデジャネイロで環境と開発に関する国連会議 (UNCED) 開催．
平成5 (1993)	・前年の「環境影響評価調査」に基づき，鹿児島県により西部林道の改修（拡幅）計画が発表される． ・日本霊長類学会が西部林道の拡幅に関して要望書を環境庁と県に提出する． ・西部林道周辺地域が，世界自然遺産地域に登録される．特に西部遺産地域は動植物の垂直分布の価値が認められ，海岸線から奥岳の頂上部までを遺産地域に含まれた．	・世界自然遺産登録をきっかけに，以後，観光客が急増．エコツアー，山の案内をなりわいとするガイド業者が増え始める． ・民間エコツアー会社の（有）屋久野外活動総合センター (YNAC) 設立． ・環境庁「屋久島原生自然環境保全地域調査」（第2次）(～1994). ・両町，屋久島環境文化財を制定する．	「フェリー屋久島2」就航．	・生物多様性条約締結． ・環境基本法制定． ・温暖化防止条約採択． ・環境庁，種の保存法制定．

年次	屋久島の歴史					国・県の社会的背景
	西部林道周辺地域関連の出来事	森林資源の利用・開発	自然保護の動向	行政・その他の出来事		
平成6 (1994)		・ゴールデンウィーク中に屋久島入り込み1万人を記録する（うち登山者3000人）。	・日本人類学会が「屋久島における自然との共生は何か」というシンポジウムを鹿児島大学で開催する。	・屋久町、人口増加へ。・「屋久島いわさきホテル」が着工する。		・環境庁、環境基本計画を閣議決定。・建設省、環境政策大綱策定。・関西空港開港。
平成7 (1995)	・明生林業が環境庁長官、知事、上屋久町宛に土地買い上げ要望を提出する。・「足で歩く博物館を作る会」（足博）が発足。西部林道周辺の自然をテーマと場所を変えた観察会を開催する。	・上屋久営林署が森林環境保全センターに改組され、「屋久島の森シンポジウム」が開催される。	・両町、同一の環境条例を施行する。	・ジェットフォイル「トッピー3」就航。		・生物多様性国家戦略策定。・阪神・淡路大震災。・地下鉄サリン事件。
平成8 (1996)	・西部林道の改修（拡幅）に対する、学識経験者や地元住民からの反対意見を反映して、影響を最小限に抑えることを前提に、再度環境影響評価調査、を実施することになる。		・屋久町安房に環境庁の「世界自然遺産センター」が開設される。・屋久島環境文化財団の「屋久島環境文化村センター」、「屋久島環境文化研修センター」が開設される。			・自然公園法施行令改正。
平成9 (1997)	・新たに実施した環境影響評価調査結果に基づき、県および、西部林道事務所が、道路拡幅計画を白紙にもどすことを発表する。・鹿児島県屋久島事務所が、災害復旧事業で明生林業から土地を購入する。		・両町、環境基本指針、基本計画を策定する。	・町営船「フェリー太陽」就航。		・環境影響評価法制定。・消費税5%に引き上げ。
平成10 (1998)	・「屋久島の一周道路整備検討委員会」（事務所は県道路建設課屋久島事務所）を設置。16名の委員により、西部林道のあり方が検討される。・屋久島オープンフィールド博物館構想づくりが進む。		・世界遺産国際ユースフォーラムが開催される。			・NPO法人法制定。・国土庁、五全総策定（国土規模での生態系ネットワーク形成）。・文部科学省、新学習指導要領　総合的学習」に環境位置づけ。
平成11 (1999)	・西部林道を中心に屋久島の自然を学ぶ「上屋久フィールドワーク講座」が開設される。毎年8月に行われ、現在まで続く。		・現NGO法人「ヤックネ調査隊」が絶滅危惧種ヤクタネゴヨウマツの調査を始める。・世界自然遺産フォーラムが開催される。			・鳥獣保護法改正。・情報公開法制定。

年表

平成 12 (2000)			・有珠山，三原山噴火．
平成 13 (2001)			・環境庁から環境省へ改編． ・新・生物多様性国家戦略の決定．
平成 14 (2002)	・国立公園の公園区域，特別保護地区の変更により，西部林道周辺地域のほとんどが国立公園特別保護地区に含まれる（永田灯台付近は第2種特別地域）．	・国立公園の公園区域，特別保護地区が見直され，公園区域が拡大する．	・日韓共催サッカーW杯開催．
平成 15 (2003)		・第11回環境自治体会議が開催される．	・自然再生推進法施行． ・有事関連法，イラク復興支援特措法成立，自衛隊イラク派遣． ・新潟県中越地震発生，死者48名．
平成 16 (2004)	・屋久島地区エコツーリズム推進協議会設立．		
平成 17 (2005)	・明生林業の土地が鹿児島県に買い取られる（10年後には環境省に移管される予定）．	・屋久島ガイド登録・認定制度が施行される（屋久島ガイド登録を開始）． ・エコツアー業者が180名を超え，屋久島でのエコツアーが完全に定着する．	・永田浜がラムサール条約に登録される．	・高速船「ロケット」就航． ・愛知県で万国博覧会開催．

屋久島地区エコツーリズム推進協議会第4回西部地域の保全・利用作業部会（2006年2月23日）資料（下記文献に基づく）を一部改変・加筆．

文献
・「上屋久町郷土誌」（昭和59年3月）
・上屋久町ホームページ「上屋久町政のあゆみ」
・「永田のあれこれ〜社会科郷土資料1960」（牧　善一）
・「永田小学校100周年記念誌」
・「屋久島環境文化村マスタープラン報告書」（平成4年11月，鹿児島県）
・「新・生物多様性国家戦略」（平成14年8月，環境省）
・「霧島屋久国立公園屋久島地域管理計画関連資料作成業務報告書」（平成10年，メッツ研究所）
・「霧島屋久国立公園（屋久島地域）区域及び公園計画図」（平成14年，環境省自然保護局）
・共同通信ホームページ
・（社）生命の島，創刊号，14号，15号，19号，27号，30号，33号，43号，52号
・（社）鹿児島県森林整備公社ホームページ
・「屋久島西部林道周辺国民有地の買土山に係る経緯」（平成17年，鹿児島県）
・「屋久島におけるこれまでのエコ・ミュージアム的活動（山極寿一：京都大学理学研究科）」（屋久島オープンフィールド博物館ホームページ）
・「生命の森に学ぶ―屋久島オープンフィールド博物館の夢」（エコソフィア4号，1999）
・WWF活動報告　助成事業「足博発足！」（1995年9月，WWF）
・第3回西部地域の保全・利用作業部会（2006年1月23日）での山極寿一氏講演内容および提供資料

索　引

欧　文

C/N 比　124
DCA 法　119, 121
DIWPA　167
IUCN（国際自然保護連合）　238
NGO　257
TWINSPAN 法　119, 121

ア　行

アウトポスト型分布　82
アオゲラ　166
アオバハゴロモ　177
アオヤギソウ　52
アカウミガメ　241
アカガシ　38
アカコッコ　163
アカハラ　166
アカヒゲ　163, 164
アカホヤ火山灰　19
アカマツ　40
秋雨　5
アコウ　88
あこんき塾　254
亜中形葉　63, 117
亜熱帯・暖温帯常緑広葉樹林　77, 117
亜熱帯林　73
アブラギリ　88
アフリカ山地林　77
アマクサギ　88
アマミアオネカズラ　90
アマミアワゴケ　52
奄美大島　39, 173
アマミカタバミ　52
アマミゴヨウ　37
アマミスミレ　52
アマミテンナンショウ　49
アマミノクロウサギ　49
アラカシ　38
アラゲサクラツツジ　47
アリ科　172
アレロパシー効果　56
アンモニア態窒素　117

イイギリ　88
石敢當　194, 244
イズセンリョウ　52

委託林　200
イタドリ　44, 94
イチイ　40
イチイガシ　38, 39
1 次帰化地　95
1 次消費者　145
イッスンキンカ　49
一斉交代　62
一斉林　196
遺伝的多様性　213
移動性高気圧　13
イヌガヤ　40
イヌブナ　38
イヌマキ　40
イワギク　45
インクライン　204

魚附（うおつき）保安林　193
雨季　1
ウグイス　165
ウスギモクセイ　48
御嶽（うたき）　193
御嶽林　193
ウバメガシ　38
ウミガメ　257
ウラジロエノキ　60, 87
ウラジロガシ　38, 39
ウラスギ　41
ウルム氷期　169
ウンスイマブカダニ　186
雲帯林　79
雲霧帯　76, 79
雲霧帯林　180
雲霧林　56, 76

衛星データ　138, 139, 141
腋芽　70
エコツアー　225, 232, 234, 257
エコツアーガイド　225, 230, 233, 235, 257
エコツーリズム　230, 232, 235
枝下し　137
餌付け　156
エビネ属　43
猿害（えんがい）　227
『延喜式』　243
鉛直シアー　8

オイルショック　207
オオアカゲラ　163

オオイタドリ　94
大株歩道　241
オオゴカヨウオウレン　37, 53
オオスミダイコクダニ　185
オオハマボウ　89
オオヤクシマシャクナゲ　46
オガワミソサザイ　164
沖縄　39
沖縄トラフ　19
オキナワハグマ　48
奥岳　189, 221, 243
オタカラコウ　49
お立山　192
尾根　82
飫肥（おび）杉　209
オモテスギ　41
お礼杉　201
温帯　1
温帯型垂直分布　74
温帯系植物群　42
温帯系針葉樹　40
温帯系針葉樹林　41
温帯樹木　70
温帯性針葉樹　77, 85
温帯低気圧　5
温度季節性　84

カ　行

海岸植生　96
海岸林　193
海岸林叢　193
階層構造　107, 108, 117
海中公園地区　241
回転率　109
皆伐　205-207, 210
化学防御　151
ガクウツギ　53
学術参考保護林　200, 211
カクチョウラン　90
カケス　165
花崗岩　19, 27, 82
カゴメラン　89
火砕流　170
果実　146, 157
果樹園　189
ガジュマル　88
下層　61
下層種　119

芽タイプ 119
カタフィル 66
カツオ節 199, 248
カミキリムシ科 168, 172
上屋久町フィールドワーク講座 256
カヤ 40
カラマツ 41
芽鱗 68
ガ類 168
カロリー摂取速度 160
カンカケ岳 18-22, 27
乾季 1
環境学習 220
環境教育 257
環境傾度（ストレス傾度） 124
官行斫伐所 201, 204
環境診断 180
環境保全条例 222
岩隙植生 180
観光入（い）り込み数 225
観光産業 234
岩塊尾根 82
幹周囲長 31, 34
肝属山地 174
カンツワブキ 37
間伐 137, 211, 215, 216
幹密度 106
官民有地区分事業 250
官林 199

キオビエダシャク 109, 110
気温 11
　――の鉛直構造 14
　――の逆転 13
気温減率 11
鬼界カルデラ 19, 20, 170
機関車 205
キキョウ 44
気候 102
季節現象（フェノロジー） 59, 61
季節風 1
季節変化 59, 157
季節変動 157, 158, 161
キッコウハグマ 48
キナバル山 51
キバナノコマノツメ 52
キビタキ 165
逆J字型 144
ギャップ 103, 108, 127, 128, 130, 136
休閑 195
旧北区系種 171-173
休耕地 192
九州 39, 171, 173
休眠 64
休眠芽 61
胸高断面積 106, 128, 145
胸高直径 145

共生 220, 233
強制上昇 9
共存の原理 219
京都 229
共有地 191
共用林 207, 215
極相性樹種 66, 70
極相林 108, 196, 197
拠水林 194
キリエノキ 87
切替畑 190
キリシマエビネ 43
霧島屋久国立公園 238, 253
均等度指数 119
木馬道（きんまみち） 201, 248
菌類 146, 158

空中湿度 76
空洞木 209
クスノキ科 151
クスノキ・カシ群 84, 85
国割岳 18, 21-23, 27
クヌギ 38
熊毛層群 19, 27, 189
クラカタウ諸島 170, 171
クラスタリング手法 142
クリ 38
クロスズメバチ 173
クロベ 41
クロマツ 40
クロモジ型成長 65
クワイバカンアオイ 52, 53
クワガタ類 171
軍用材 205
群落構造 117

景観要素 194
傾斜 141
原生自然環境保全地域 73, 79, 210, 217, 237
現存植生図 140
現存量 100, 101, 112, 156

コアゾーン（保存区域） 212
広域分布種 171, 172
豪雨 8
降雨特性 5
公園計画 238
耕作放棄 191, 195
公社造林 208
高出葉 66, 68
更新動態 126
降水強度 9
降水原因 7
降水日数 5
降水量 5, 102, 103, 116
豪雪 56

耕地 190
甲虫類 174
高度分布 180, 182
荒廃地 190
幸屋火砕流 19, 20, 27, 34, 167, 170-172, 174
紅葉 146
コガクウツキ 53
小形葉 63, 117
国際自然保護連合（IUCN） 238
国際的な学者村 220
国際屋久島環境文化研究所 220
国有林 192
国有林経営 199, 200
国有林下戻行政訴訟 192, 199, 253
国有林生産力増強計画 207
国立公園 217, 237
国立公園第1種特別保護地域 210, 239, 240
コゲラ 165
コケ類 146
コスギ（小杉） 200, 217
コスト 156
コスト-ベネフィットバランス戦略 160
個体群回転率 132
個体追跡法 146
コナラ 38
コバ 191
コバノアマミフユイチゴ 52
コビトホラシノブ 52
コブイカダニ 186
コマドリ 163
コメススキ 52
固有種 76, 170, 171, 173, 174, 185
小楊枝川 30, 31, 33, 34
昆虫相 167
昆虫類 167

サ 行

菜園 190
サイカイツツジ 46
最寒月平均気温 83
採種林 213
最大樹高 105
最大直径 105
サキシマフヨウ 88
サクラツツジ 46, 47
ササラダニ類 180
サタツツジ 46
サツキ 46, 52
薩摩藩 199-201, 250
サツマベニサツキ 47
里 189
サル猟 246
山岳信仰 243

索引　　　275

参加・交流　220
山塊効果　76
サンショウクイ　166
山地植生テンプレート　73
山頂現象　76
山地林　64
山麓帯　79

潮風　96, 98, 99
自家受粉　213
シカ猟　246
地スギ　215
自然観察会　255
自然観察指導員　254
自然休養林　210, 214
自然教育　257, 258
自然公園体系　237
自然体験型観光　233
自然の持続的利用　255
自然の特殊性　219
自然保護　210, 234, 254
持続可能な観光　231
シダ類　146
湿地　97
湿度　11
シナダレスズメガヤ　91
シバニッケイ　70
指標植物　30
指標生物　180
島一周道路　209
シマキジ　164
シマコウヤボウキ　90
島津氏　199, 250
シマメジロ　164
四万十層群　19
地元研究会　219
斫伐（しゃくばつ）　200
シャシャンボ　52
社叢　193
車馬などの乗入れ規制地域　241
周期成長　63, 65
宗教　193
集材機　205
自由大気　15
集落　189
　　──からの可視領域　221
樹型　69
宿泊収容力　225
種子　146, 157
シュスラン属　44
樹勢回復工事　213
種多様性　98, 104, 106, 111, 148, 197
出葉　60
シュート　60
シュート・フェノロジー　60
樹皮　146
修羅　204

樹齢　31, 34
循環　220, 233
　　──と共生　233
　　──の原理　219
純生産量　113
硝酸態窒素　117
蒸発散　16
上部谷壁斜面　119
縄文杉　212, 225, 231, 239
照葉樹林　73, 77, 143, 150, 156, 250, 252
攪乱　8
常緑広葉樹　59
常緑広葉樹林　83
常緑広葉樹林帯　83
常緑性のブナ科植物　38
常緑葉　64
食害　109, 110
食痕　150
植食動物　148
植生回復　30
植生図　139
植生遷移　195
植生帯　96
植物遺体　183
植物間競争　98, 99
食物供給量　147
食物網　145
植林地　143, 189, 195, 197
植林率　144
除伐　137
シライトシュスラン　89
シラカシ　38
白谷雲水峡　149, 184, 214
白谷川　30, 31, 33
シリブカガシ　38, 39
シロバナヘビイチゴ　52
シロハラ　166
人為（的）攪乱　143, 144, 148
信仰　193
人工造林　206
人工林　211, 215
薪炭材　199, 200
深層崩壊　28, 29
薪炭林　189, 195
伸長成長　69
伸長速度　69
侵入能力　196
新葉　157
針葉樹林　77
針葉樹林帯　83
森林軌道　200, 204, 205
森林限界　15, 75
森林構造　144
森林生態系　145
森林生態系保護地域　145, 208, 212, 217
森林総合研究所　213
森林破壊　147

森林伐採　149

ズアカアオバト　164
水源　189
垂直分布　73, 74, 102, 163, 165, 173-175, 200, 230
垂直分布帯　63, 73, 84
垂直分布帯区分　79
水分利用効率　124
水平分布　73
水力発電　218
スギ　30, 31, 33, 34, 40, 41, 189, 197
　　──の樹皮　56
スギ科　125
スギ天然林　136
スギ林　73
スケール　68
スケール芽（鱗芽）　66-68, 119
スズメバチ上科　172
スダジイ　38
ストレス傾度（環境傾度）　124
砂浜　97
炭焼き　246
炭焼窯　201, 248
住み分け　77

聖域　189
生活型群　81
生活文化　193
西高東低　11
製材工場　204
生産性　143
成熟葉　157
生息密度　144
生態系の分化　80
セイタカアワダチソウ　92
製炭　206
生物圏保存地域　73
生物相　102
生物多様性　148
西部林道　20, 210, 238, 255
西部林道拡幅工事　256
セイヨウタンポポ　91
世界遺産　73, 223, 255
世界遺産委員会　238
世界遺産条約　223, 237
世界遺産登録効果　217
世界自然遺産　140, 224, 235, 250
世界複合遺産　224
世界文化遺産　224
積算温度　60
節理性岩崩落　28, 31
セマチ　191
セミ類　170, 176
遷移　102, 103, 110, 145, 194-196
全縁　63
先駆種　66, 70

先駆木本期 196
全島伐採禁止の署名運動 210
先発枝 69,70
戦略プロジェクト 218

草原 96
相互関係 148
相対湿度 16
草本期 195
ソテツ 40
ゾーニング 221,232
園地 190

タ 行

体温調整 160
第三紀遺存植物種群 77,85
帯状分布 96
耐性限界 60
台風 1,109,113,128,130
大洋島 171
大陸島 171
台湾 171
タイワンアオネカズラ 90
タイワンクリハラン 90
タイワンジュウモンジシダ 90
タイワンヤマツツジ 46
多雨 11,56
卓越風 3,8
岳参り 73,193,220,243,258
タネアオゲラ 164
種子島 172,173,243
タネガシマヤマツツジ 46
タネコマドリ 164
多様性指数 119
暖温帯常緑広葉樹林 77
暖温帯落葉樹 49
タンカン 208,218
単葉 63

地域経済 231
地域振興 234
チェーンソー 207
地形 102,117
地形解析 141
地形形成作用 117
地質 102
稚樹 145
地租改正 190,199
窒素利用効率 124
チップ工場 207
着生 98,152
着生植物 56,76,98,99
チャンチンモドキ 48
中形葉 63
中間温帯 77

頂芽 61
長期観測研究 126
超高木 128
チョウ相 172
頂部尾根 119
チョウ類 168,172,175
鳥類相 163
直翅類 168
著名木遺伝子保存林 214
地割り 191

通常葉 66
ツガ 40,41
ツクシショウジョウバカマ 50
ツクバネガシ 38,39
ツクバネソウ 50
ツグミ 166
対馬暖流 56
ツブラジイ 38
つまみ食い 155
ツヤチビゴミムシ属 174
梅雨 5
ツリシュスラン 90
ツルアリドオシ 50
蔓切り 137
ツルラン 44,90

低気圧 1
逓減率 83
低出葉 66
テイショウソウ類 48
停滞前線 6
定着サイト 132
低地林 64
デジタル処理 138
天然下種方式 136
天然記念物 73,190
天然更新 207,215
天然林 210,216
展示林 210
展望デッキ 213
展葉 60

トイレ問題 233
同時枝 69,70
動態単位 82
島内純生産 217
逃避 154
逃避地（レフュジア，避難場） 82,171
動物質 158
倒木更新 133
倒木・根株類 211
東洋区系種 172
トカラアジサイ 53
特定外来生物 177
特別保護地区 238
土砂災害 29

土壌 102
土壌栄養塩 195
土壌水分条件 103,116
土壌断面 33
土壌特性 117
土壌養分条件 103
土石流 28,29
土層 28
土地の利用価値 248
土地利用 189,192,248
トビウオ 218,243
土埋木 201,211
土面川 29,30
トリモチ 199,203
ドロバチ科 171,172
トロリー 204
トンボ類 168

ナ 行

永田災害 29
ナギ 40
ナツトウダイ 45
ナナカマド 152
ナラ型成長 65
南限種 59,173
ナンゴクアオキ 52
南西諸島 19,171
南西モンスーン 1
南東モンスーン 1
南部林道 90

肉食動物 148
2次帰化地 95
2次着生 57
日本三景 219
ニホンジカ 143
ニホンミツバチ 171

根返り 130
熱帯型常緑広葉樹林 85
熱帯型垂直分布 74
熱帯下部山地林 77
熱帯樹木 70
熱帯上部山地林 77
熱帯多雨林 64
熱帯低気圧 1
熱帯低地多雨林 76
年較差 59,73
年枝 66
年変動 161

農地改革 191
ノハラクサフジ 45
野村-シンプソン指数 172
法面緑化工事 95

ハ 行

葉 59
　——の原基 66
　——の寿命 60,61
　——の生活型 59
梅雨 5
梅雨前線 1,5
バイカオウレン 53
バイカツツジ 46
ハイノキ・ヤブコウジ群 84,85
廃藩置県 250
ハイヒカゲツツジ 46,50
ハイポポディウム 70
ハキリバチ科 172
博物館活動 254
畑放棄地 195
パターン展開法 138,139
ハチジョウシュスラン 89
伐採 200,203,248
伐採跡地 140
パッチサンプリング法 82
パッチダイナミクス 81
パッチ単位 82
発電所 205
バッファゾーン（保全利用区域） 212
花 146,157
ハナアブ科 172
ハナイカダ 44
ハナガガシ 38
ハナバチ 177
花山歩道 81
ハムシ科 172
バラモミ 40
春田浜 96
パルプ材 205,207,208,247,248
半自然植生 194
伴食 146
版籍奉還 199
半山プロット 23,25,27

ヒカゲツツジ 46,50
東シナ海の陸化 49
ヒガラ 165
ひこばえ 151
微小生息域（マイクロハビタット） 184
ピット 127
被度 98
人付け 145,156
ヒトリシズカ 44
避難場（レフュジア，逃避地） 82,171
ヒノキ 40,41,53
ヒプソフィル 66
ヒプソフィル芽（苞芽） 66-68,119
ヒマラヤ 75,191
ヒメカカラ 51

ヒメクリソラン 90
ヒメコイワカガミ 37
ヒメコナスビ 50
ヒメコマツ 40
ヒメタムラソウ 52
ヒメツルアリドオシ 50
ヒメヒサカキ 37
ヒメミヤマコナスビ 52
ビャクシン 40
ヒュウガカンアオイ 53
氷河時代 169
標高データ 141
表層物質 28-34
表層崩壊 28,29
表層崩壊跡地 30-33
ヒヨドリ 166
平木 191,199,201
ヒロハノコメススキ 52

フィッシュ・リーフ 69
フェノロジー（植物の季節現象） 59,61
複葉 63
腐植堆積型土壌 119
フタエイカダニ 186
フタツメノコギリダニ 185
フタリシズカ 44
普通葉 69
復興資材生産 206
物理防御 151
ブナ 38
ブナ科 38,151
ブナ型成長 65
分解 113-116
分解者 145
分解速度 115
分散政策 221
分枝型 69
分収林 215
分布拡大能力 196

兵器用材 205
平衡種数 168,170
ベネフィット 156

苞芽（ヒプソフィル芽） 66-68,119
崩壊跡地 33
崩壊地 142
萌芽更新 124
豊作祈願 243
放射冷却 15
ホウチャクソウ 50
防風垣 189
防風保安林 193
苞葉 68
豊漁祈願 243
放浪種 177
北限種 59,173

牧場 190
北西モンスーン 1
北東モンスーン 1
保護器官 66
保護施設計画 241
保護樹帯 210
保護林 210
捕食者 148
保全利用区域（バッファゾーン） 212
ホソバハグマ 37,48,52
保存区域（コアゾーン） 212
哺乳類相 170
ポプラ型成長 65
ボランタリー 226
ボランティア 235
ポンカン 208,218

マ 行

マイクロハビタット（微小生息域） 184
マイヅルソウ 50
埋土種子 196,197
マイマイカブリ 171
マウンド 127
前岳 189,199,221
牧畑 190
枕状溶岩地形 241
マサ土 137
マスタープラン検討委員会 219
マテバシイ 38,158
　——の豊凶 158
マナー 231,233
マニホールド成長 65
マルバサツキ 46,47
マルバテイショウソウ 48
マルバニッケイ 69,70
満州鉄道 205

未開墾地 190
幹折れ 130
ミズナラ 38
ミソサザイ 165
密度効果 136
ミナミスギ属 41
ミネラル 102,113,114
ミミズバイ 71
三宅線 172
宮之浦岳 180,217
ミヤマムギラン 90

ムヨウラン類 44
ムラクモアオイ 53

名勝天然記念物 217
銘木杉 57
メジロ 165

芽タイプ 66
芽の構造 66, 69
面積-種数関係 168, 169

木材増産計画 207
「もののけ姫」 214, 235
モミ 40, 41, 53
モンスーン 1

ヤ 行

八重山 39
ヤクシカ 143, 150
　——の食性 150
　——の食物品目 146
屋久島 229, 232, 237, 238
　——の産業別人口 189
　——のツアーポイント 230
　——の農業人口 189
ヤクシマアオイ 52, 53
ヤクシマアジサイ（ヤクシマコンテリギ） 53, 54, 154
ヤクシマイトラッキョウ 38
ヤクシマエゾゼミ 170, 176
ヤクシマオナガカエデ 37, 46
ヤクシマオニクワガタ 170
屋久島オープンフィールド博物館構想 256
ヤクシマガクウツギ 55, 154
ヤクシマカケス 163
屋久島花崗岩 19, 27
ヤクシマカラスザンショウ 46
ヤクシマカワゴロモ 37
屋久島環境文化研修センター 223
屋久島環境文化懇談会 219
屋久島環境文化財団 230, 234
屋久島環境文化村構想 217, 255
屋久島環境文化村事業 233
屋久島環境文化村センター 223, 255
屋久島国有林経営案 206
「屋久島国有林経営の大綱」（屋久島憲法） 199, 200
屋久島国有林施業案 199, 200
「屋久島国有林の自然保護に関する調査報告」 210
「屋久島国有林の森林施業に関する報告書」 210
ヤクシマコブヤハズカミキリ属 171
ヤクシマコンテリギ（ヤクシマアジサイ） 53, 54, 154
ヤクシマサツキ 46
ヤクシマザル 146, 156, 177, 252
　——の移動 158
　——の活動時間配分 158

　——の休息 158
　——のグルーミング 158
　——の採食 158
　——の食物品目 156
ヤクシマサルスベリ 46
ヤクシマシオガマ 37, 52
ヤクシマシャクナゲ 46
ヤクシマシュスラン 89
ヤクシマショウジョウバカマ 50
屋久島森林環境保全センター 255
ヤクシマスミレ 51
屋久島西部地区 230, 246, 255
　——の変遷 246
屋久島世界遺産センター 255
ヤクシマダイモンジソウ 52
ヤクシマツノバネダニ 184
屋久島低地部 87, 189
　——の生活誌 189
屋久島灯台 246
ヤクシマトゲオトンボ 170
ヤクシマノギク 90
ヤクシマハリアリ 174
屋久島方式 226
ヤクシマミツバツツジ 46
ヤクシマミドリシジミ 170, 174
ヤクシマムカシアリ 174
ヤクシマヤマガラ 163
ヤクシマヤマツツジ 46, 52
ヤクシマラン 90
屋久島離島振興計画 207
ヤクシマリンドウ 48, 49
益救（やく）神社 243
屋久杉 57, 217
　——の分布 140
　——の森 150
屋久杉鑑賞林 214
屋久杉原生林 253
屋久杉工芸品 211
ヤクスギランド 214, 253
ヤクタネゴヨウ 40, 90, 213, 250, 257
屋久/種子地域 39
谷地坊主 98, 99
ヤブサメ 163, 166
ヤブニッケイ 70
山稼ぎ 206, 250
ヤマガラ 165
山崩れ 28, 29, 31-33
ヤマグルマ 56, 199, 203
ヤマザクラ 46
ヤマセミ 163
ヤマツツジ群 46, 47
ヤマハギ 94
ヤンバルフリソデダニ 186

有剣類 168

有効水分量 117
優占型 82
優占種 119

要求限界 60
葉的器官 66
葉面積 63
吉野杉 209

ラ 行

裸芽 66, 67, 119
落葉 146, 151
落葉広葉樹 59, 153
落葉広葉樹林 77
落葉性のブナ科植物 38
裸地化 195
落下種子 157
ランドサット 138

リゾート構想 218
リター 113-115, 148
リター蓄積型土壌 117
リーフサイズ 63, 117
隆起サンゴ礁 96, 97
リュウキュウアセビ 52
琉球海溝 19
琉球弧 19
琉球文化 194
利用計画 241
鱗芽（スケール芽） 66-68, 119
林冠種 119
林冠層 61
林業修練所 206
林業の機械化 203
林床植生 126
林床堆積物 184
林道 199, 209
鱗片 68
林木育種センター 214

レフジア（逃避地，避難場） 82, 171
レンコン材 212
レンジャー育成 220
連続成長 63, 65

ロウヤワナ 252

ワ 行

渡瀬線 59, 172
割替え 191

編集者略歴

大澤雅彦（おおさわ まさひこ）

1946年	北海道に生まれる
1973年	東京大学大学院理学系研究科 博士課程単位取得満期退学
現　在	東京大学大学院新領域創成科学 研究科教授 理学博士

山極寿一（やまぎわ じゅいち）

1952年	東京都に生まれる
1980年	京都大学大学院理学研究科 博士課程修了
現　在	京都大学大学院理学研究科教授 理学博士

田川日出夫（たがわ ひでお）

1933年	韓国ソウルに生まれる
1961年	九州大学大学院理学研究科 博士課程修了
現　在	屋久島環境文化財団中核施設館長 理学博士

世界遺産 屋久島
―亜熱帯の自然と生態系―　　　　　定価はカバーに表示

2006年10月30日　初版第1刷
2007年 1月30日　　　第2刷

編集者　大　澤　雅　彦
　　　　田　川　日　出　夫
　　　　山　極　寿　一

発行者　朝　倉　邦　造

発行所　株式会社　朝　倉　書　店
東京都新宿区新小川町6-29
郵便番号　162-8707
電　話　03(3260)0141
FAX　03(3260)0180
http://www.asakura.co.jp

〈検印省略〉

© 2006 〈無断複写・転載を禁ず〉　　　中央印刷・渡辺製本

ISBN 978-4-254-18025-1　C 3040　　Printed in Japan

前千葉大 西田　孝・千葉大 宮路茂樹・千葉大 山口寿之・
東大 大澤雅彦・前千葉大 栗田子郎著

自 然 史 概 説

10187-4　C3040　　　　A 5 判 184頁 本体2900円

自然界のすべての諸現象を対象に時間軸を中心として，総合的に把握しようとするのが自然史である。その中から，宇宙の歴史，地球の歴史，化石（古生物）の自然史，植生の自然誌，霊長類の歴史について，わかりやすくていねいに解説した

農工大 福嶋　司・前千葉高 岩瀬　徹編著

図説 日 本 の 植 生

17121-1　C3045　　　　B 5 判 164頁 本体5400円

生態と分布を軸に植生の姿をカラー図説化。待望の改訂。〔内容〕日本の植生の特徴／変遷史／亜熱帯・暖温帯／中間温帯／冷温帯／亜寒帯・亜高山帯／高山帯／湿原／島嶼／二次草原／都市／寸づまり現象／平尾根効果／縞枯れ現象／季節風効果

江戸川大 太田次郎監訳　前常磐大 藪　忠綱訳
図説科学の百科事典 1

動 物 と 植 物

10621-3　C3340　　　　A 4 変判 176頁 本体6500円

多様な動植物の世界について，わかりやすく発生・形態・構造・進化が関わる様々な事項をカラー図版を用いて解説。〔内容〕生物学用語解説／壮大な多様性／生命の過程／動物の摂餌方法／動物の運動／成長と生殖／動物のコミュニケーション

武蔵工大 田中　章著

Ｈ Ｅ Ｐ 入 門
―〈ハビタット評価手続き〉マニュアル―

18026-8　C3046　　　　A 5 判 244頁 本体4500円

野生生物の生息環境から複数案を定量評価する手法を平易に解説。〔内容〕HEPの概念と基本的なメカニズム／日本でHEPが適用できる対象／HEP適用のプロセス／米国におけるHEP誕生の背景／日本におけるHEPの展開と可能性／他

東大 武内和彦著

ランドスケープエコロジー

18027-5　C3040　　　　A 5 判 260頁 本体3900円

農村計画学会賞受賞作『地域の生態学』の改訂版。〔内容〕生態学的地域区分と地域環境システム／人間による地域環境の変化／地球規模の土地荒廃とその防止策／里山と農村生態系の保全／都市と国土の生態系再生／保全・開発生態学と環境計画

北大 中村太士・北大 小池孝良編著

森 林 の 科 学

47038-3　C3061　　　　B 5 判 240頁 本体4300円

森林のもつ様々な機能を2ないし4ページの見開き形式でわかりやすくまとめた。〔内容〕森林生態系とは／生産機能／分布形態・構造／動態／食物（栄養）網／環境と環境指標／役割（バイオマス利用）／管理と利用／流域と景観

阪大 森本兼曩・森林総研 宮崎良文・環境省 平野秀樹編

森 林 医 学

47040-6　C3061　　　　A 5 判 384頁 本体6500円

森林療法確立の礎。〔内容〕Ⅰ．森林セラピーと健康（背景／自然・森林セラピー／森林と運動療法／森林療法と精神療法／森林とアロマテラピー／森林薬学）Ⅱ．森林・人間系の評価（森林・自然と感性医学／森林環境の設計／森林の特性と健康）

全国大学演習林協議会編

森林フィールドサイエンス

47041-3　C3061　　　　B 5 判 176頁 本体3800円

大学演習林で行われるフィールドサイエンスの実習，演習のための体系的な教科書。〔内容〕フィールド調査を始める前の情報収集／フィールド調査における調査方法の選択／フィールドサイエンスのためのデータ解析／森林生態圏管理／他

進化生物研 駒嶺　穆監訳
筑波大 藤村達人・東大 邑田　仁編訳
オックスフォード辞典シリーズ

オックスフォード 植物学辞典

17116-7　C3345　　　　A 5 判 560頁 本体9800円

定評ある"Oxford Dictionary of Plant Science"の日本語版。分類，生態，形態，生理・生化学，遺伝，進化，植生，土壌，農学，その他，植物学関連の各分野の用語約5000項目に的確かつ簡潔な解説をした五十音配列の辞典。解説文中の関連用語にはできるだけ記号を付しその項目を参照できるよう配慮した。植物学だけでなく農学・環境科学・地球科学およびその周辺領域の学生・研究者・技術者さらには植物学に関心のある一般の人達にとって座右に置いてすぐ役立つ好個の辞典

V.H.ヘイウッド編　東大 大澤雅彦監訳

ヘイウッド 花の大百科事典

17114-3　C3545　　　　A 4 判 352頁 本体36000円

25万種にもおよぶ世界中の"花の咲く植物＝顕花植物／被子植物"の特徴を，約300の科別に美しいカラー図版と共に詳しく解説した情報満載の本。ガーデニング愛好家から植物学の研究者まで幅広い読者に向けたわかりやすい記載と科学的内容。〔内容〕【総論】顕花植物について／分類・体系／構造・形態／生態／利用／用語集【各科の解説内容】概要／分布（分布地図）／科の特徴／分類／経済的利用【収載した科の例】クルミ科／スイレン科／バラ科／ラフレシア科／アカネ科／ユリ科／他多数

上記価格（税別）は 2007 年 1 月現在